Pepels (Hrsg.)
Fallstudien zum Marketing

www.kiehl.de

Fallstudien zum Marketing

Von
Prof. Werner Pepels (Hrsg.)

kiehl

Herausgeber:
Prof. Werner Pepels

ISBN 978-3-470-**66241**-1

Kiehl ist eine Marke des NWB Verlags

Satz: SATZ-ART Prepress & Publishing GmbH, Bochum
Druck: Stückle Druck und Verlag, Ettenheim

Vorwort

Der vorliegende Band „Fallstudien zum Marketing" kommt dem wachsenden Bedürfnis in Ausbildung und Management nach belastbaren, aktuellen Fallstudien im Bereich Marketing nach. Tatsächlich sind gegenwärtig kaum realistische, im deutsch-sprachigen Raum basierte Fallstudien zu Marketingthemen vorzufinden. Daher haben sich erfahrene Autorinnen und Autoren zusammengetan, um diesen Band zu schaffen. Die Einzelbeiträge decken dabei die komplette Bandbreite des Marketing ab – von Marktforschung über Marketing-Mix-Instrumente und Marketingstrategie bis zu sektoralen Besonderheiten. Alle Fallstudien entstammen der realen Marketingpraxis, jedoch war es in einigen Fällen zur Wahrung von Betriebs- und Geschäftsgeheimnissen erforderlich, den Absender zu anonymisieren.

Die Beiträge enthalten exakte Situationsbeschreibungen und daraus folgende Entscheidungsprobleme. Es werden zudem aussagefähige Lösungshinweise gegeben und die tatsächlich in der Unternehmenspraxis gewählte Entscheidung des jeweiligen Unternehmens dargestellt. Die (Muster)Lösungen werden durch theoretische Erkenntnisse gestützt und durchgängig mit Abbildungen, Umsetzungsbeispielen, Literaturhinweisen etc. unterlegt. Daraus entstehen ein differenzierter Transfer von der Theorie auf die Praxis und eine fundierte Übertragbarkeit auf mutmaßlich ähnlich gelagerte Ausgangssituationen. Für die durchgängige Qualität bürgen dabei die Verfasserinnen und Verfasser der Beiträge, die sowohl über akademische Ausbildung als auch berufspraktische Erfahrung sowie langjährige Hochschullehrertätigkeit verfügen und somit die Brücke zwischen Lehre und Anwendung schlagen können.

Das vorliegende Leistungsergebnis ist nur durch gute Teamarbeit darstellbar. An erster Stelle sei daher den Autorinnen und Autoren für ihre kompetente und kollegiale Unterstützung gedankt. Ohne ihr Engagement wäre dieser Band nicht möglich gewesen. Ebensolcher Dank gilt dem Team des Kiehl-Verlags, vor allem Frau Corinna Ziegler, für die stets konstruktive und kooperative Zusammenarbeit. Unser Team wünscht nunmehr allen Leserinnen und Lesern im Studium an Hochschulen und beruflichen Ausbildungsstätten sowie in der anspruchsvollen Marketingpraxis viel Erfolg bei der Nutzung der vorliegenden Erkenntnisse.

Werner Pepels
Krefeld, im August 2015

Feedbackhinweis

Kein Produkt ist so gut, dass es nicht noch verbessert werden könnte. Ihre Meinung ist uns wichtig. Was gefällt Ihnen gut? Was können wir in Ihren Augen verbessern? Bitte schreiben Sie einfach eine E-Mail an: **feedback@kiehl.de**

Als kleines Dankeschön verlosen wir unter allen Teilnehmern einmal pro Monat ein Buchgeschenk!

Einführung in die Fallstudienmethodik in der betriebswirtschaftlichen Lehre

Von Prof. Werner Pepels

1. Ausgangsidee

Die Fallstudienmethodik wurde von der Harvard Business School (HBS) bereits vor über einem Jahrhundert eingeführt. Die Grundlage bildet ein Ansatz zur Weiterbildung von Managern, übrigens vorwiegend Naturwissenschaftlern, die über die Vermittlung abstrakten betriebswirtschaftlichen Wissens hinaus daran interessiert sind, dieses **Wissen auf praktische Problemstellungen – analog zu den Problemen, mit denen sie im betrieblichen Alltag konfrontiert sind – zu transferieren**. Damit ist zugleich die Zielsetzung der Fallstudienmethodik umschrieben, die nunmehr im Rahmen der modernen Studiengangskonzepte (Bologna-Prozess) auch hierzulande wieder an Aktualität gewonnen hat.

Die Fallstudienmethodik wurde im deutsch-sprachigen Raum lange Zeit heftig kritisiert und sogar offen abgelehnt. Fraglich ist danach vor allem, inwieweit die Bearbeitung konkreter Praxisfälle einen Erkenntnisgewinn für andere Entscheidungssituationen hat, weil diese doch immer wieder einzigartig und somit Problemlösungsmethodiken letztlich nicht übertragbar sind. Zu unterscheiden ist dabei sicherlich danach, ob Fallstudien den Ausgangspunkt des Wissenserwerbs bilden und aus deren Erkenntnissen dann induktiv auf den generalisierenden Erkenntnisgehalt geschlossen werden soll oder ob Fallstudien auf der Basis von fachlichem und methodischem Wissen aufbauen und dieses deduktiv durch konkrete Anwendungsfälle veranschaulichen. Ersteres ist sicherlich fragwürdig, Letzteres aber durchaus empfehlenswert.

Der Grundgedanke der Fallstudienmethodik besteht darin, durch Schilderung einer realitätsnahen Entscheidungssituation das abstrakte Wissen zu „erden" und insbesondere die Komplexität (schwer durchschaubare Interdependenzen) realer Entscheide zu verdeutlichen. Idealerweise handelt es sich um die wirklichkeitsgetreue Aufzeichnung eines Problems, mit dem Manager bzw. Management-Teams konfrontiert werden, verbunden mit den zur Entscheidung erforderlichen Fakten, Meinungen, Erwartungen und Randbedingungen. Dabei sind von vornherein unbegrenzte Optionen für Lösungen gegeben (offener Entscheidungsraum). Eindeutige Lösungen sind daher kaum möglich, vielmehr geht es um die Stringenz der Lösungsentwicklung, die dann auch – unabhängig von den konkreten Ausprägungen – auf analoge Probleme transferierbar ist und dort zu besseren Entscheidungen führen kann. Ob eine Lösung freilich in der Realität besser gearbeitet hätte als eine andere, bleibt immer spekulativ.

2. Anforderungen

Damit eine Fallstudie diese Funktion übernehmen kann, hat sie eine Reihe von Anforderungen zu erfüllen. Der jeweilige Fall muss, wenn schon nicht real, so doch zumindest von **hoher Realitätsnähe** sein. Dies bedeutet also nicht, dass es sich immer um reale Vorfälle handeln muss, wohl aber, dass diese Vorfälle, obgleich fiktiv, dennoch so oder so ähnlich in der Unternehmenspraxis vorkommen können. Dabei muss eine Fallstudie, abhängig von ihrer Zielgruppe, ein mehr oder minder hohes Maß an **Komplexitätsreduktion** leisten, indem sie auf wesentliche Ausgangsfaktoren und Rahmenbedingungen fokussiert und weniger relevante Faktoren vereinfacht oder auch weglässt. Fallstudien im wissenschaftlichen Bereich müssen zudem die **akademische Systematik des Fachs** aufgreifen bzw. bei übergreifender Anlage die Systematiken der relevanten Fächer. Eine notwendige Relevanz der Fallstudie wird erreicht, wenn die zu Grunde liegenden Ausprägungen ein in Theorie und/oder Praxis bedeutsames Problem adressieren.

Eine Fallstudie soll die Bearbeiter schließlich zu einem **praxisnahen, selbstständigen Handeln** motivieren. Dies wird erreicht, indem die Bearbeiter zur Bewältigung der Fallstudienaufgabe Überlegungen anstellen und Tätigkeiten durchführen müssen, die auch in einer beruflichen Situation bzw. einer Situation der Unternehmenspraxis vorkommen oder vorkommen können. Dazu zählen die Recherche von Informationsquellen und die Beschaffung relevanter Informationen, das Ausfüllen von Formularen/Checklisten, die Interpretation von Textdokumenten und (auch fiktiven) Belegen, die Überprüfung von Zahlen und Fakten, etwa Budgets, Kennwerte, Kapazitäten etc., und die Nutzung der informationstechnischen Infrastruktur. Dabei kann je nach Anlage eine hohe Zahl an Informationen angeboten werden, aus denen dann die relevanten herauszufiltern sind, oder aber eine recht geringe Zahl von Schlüsselinformationen, die vielfältige Denkoperationen und Interpretationen zulassen.

Im Regelfall werden Fallstudien in Gruppen bearbeitet, wodurch zusätzlich die **Sozialkompetenz** der Teilnehmer gestärkt wird. Dabei stellt sich regelmäßig heraus, dass die Arbeit in Teams nicht – wie zunächst vermutet – leichter, sondern im Gegenteil deutlich schwieriger ist als die Einzelbearbeitung. Dies liegt in den abweichenden Naturellen der Beteiligten begründet (Kultur, Belastbarkeit, Arbeitsethos, Zuverlässigkeit etc.). Häufig werden Fallstudien zu didaktischen Zwecken auch mit enger Zeitbindung angelegt („Keep them busy“), um den Entscheidungsdruck der Realität nachzubilden. Gerade dabei stellt sich nicht selten heraus, dass die Teamarbeit zwar zu einem besseren Ergebnis führt als die Einzelbearbeitung, dies aber um den Preis eines weitaus höheren Aufwands. Inwieweit sich dies „rechnet“, hängt letztlich von der Einzelbetrachtung ab.

3. Typisierung

Fallstudien können verschiedene Auslegungen haben. Bei der **Entscheidungsfallstudie** werden alle für die Fallbearbeitung erforderlichen Informationen angeliefert und konkrete Aufgabenstellungen formuliert. Die Kunst der Bearbeitung liegt dann in der Sichtung, Interpretation und Schlussfolgerung dieser Daten und Fakten. Beim **Beurteilungsfall** wird die Fallsituation hingegen konzentriert geschildert und mit einer Entscheidungsfrage abgeschlossen. Hier steht die Analyse des geschilderten Problems im Vordergrund; die Verinnerlichung der Zusammenhänge und Abhängigkeiten führt dann zu einem spezifischen Ergebnis, das zweckmäßig oder unzweckmäßig sein kann. Dies ist die einfachste Form der Fallstudienmethodik.

Die **Problemfallstudie** hingegen ist sehr umfangreich angelegt. Dazu gehören Angaben zur Geschichte des Unternehmens, zu seiner Organisation, der Wertschöpfung, der Finanzsituation etc. Darüber hinaus werden die handelnden Personen häufig auch in ihrer Disposition skizziert (Risikoscheu, Handlungsdruck, Erfahrungs-Background etc.). Dabei werden nicht alle relevanten Faktoren expliziert, sondern sind teilweise erst durch Extrapolation aufzudecken. Zusätzlich wird auf Umfeldfaktoren hingewiesen (etwa PESTEL). Meist bezieht sich die Fallschilderung auf wahre Begebenheiten, teils auch verfremdet, und sie endet in einer Entscheidungssituation (Cliff Hanger). Die Kunst der Bearbeitung liegt in der Bewertung der zahlreichen Informationen und der Selektion der dabei als bedeutsam angesehenen.

Im Rahmen des **Informationsfalls** geht es vor allem um die Identifizierung und Recherche von Informationen. Dazu wird eine Begebenheit (Incident) aus der Praxis geschildert und mit der Aufgabe versehen, welche Erwägungen die Entscheider wohl im konkreten Fall bewogen haben dürften, so vorzugehen wie beschrieben und welche alternativen Möglichkeiten es gegeben hätte und warum diese nicht präferiert wurden, wohl aber die getroffene Entscheidung und wie diese sich komparativ im Erfolg darstellt. Schließlich stellt im **Untersuchungsfall** ein Problem den Ausgangspunkt der Arbeiten dar. Dazu werden keine weiteren Informationen gegeben, vielmehr sind diese eigenständig zu beschaffen. Dafür kommen vor allem praxisrelevante Quellen in Betracht. Absicht ist die Formulierung einer passenden Problem- und Entscheidungsfrage.

4. Phasen

Allen Fallstudienauslegungen ist gemein, dass sie in mehrere Phasen unterteilt werden können. Vorgeschaltet sind die **Bildung von Arbeitsgruppen** und die Schaffung eines gemeinsamen Verständnisses von Form und Inhalt der Fallstudienbearbeitung. Die **Konfrontationsphase** dient der Erfassung der Problemsituation und somit des Entscheidungsspektrums, das zu bearbeiten ist. Dies erfordert eine **Situationsanalyse**, also die Trennung von Wesentlichem und Unwesentlichem, die Identifikation der entscheidungsrelevanten Daten und Fakten etc. In der **Informationsphase** werden die relevanten Daten und Fakten dann geordnet und ausgewertet bzw. – falls nötig – auch erst beschafft. Analog zum Suchschema wird beabsichtigt, Klarheit über die Ausgangssituation zu erreichen. Darauf folgt die **Explorationsphase**, in der auf der Basis des aktuellen Wissensstands alternative Lösungsoptionen entwickelt werden. Dabei ist Quantität durchaus gegenüber Qualität zu bevorzugen. In der darauf folgenden **Strukturierungsphase** werden diese Optionen dann kritisch reflektiert und in Bezug auf die Aufgabenstellung relativiert. Dazu werden die komparativen Vor- und Nachteile einer jeweiligen Lösung diskutiert. Zugleich werden in der **Evaluationsphase** Bewertungskriterien zur Präferierung einer Lösungsoption gebildet (Scoring/Nutzwertanalyse) und die realen Bewertungen durchgeführt. In der **Konklusionsphase** wird die präferierte Option dann ausgearbeitet und stringent entscheidungsorientiert entwickelt. Sofern eine reale Lösung vorhanden ist, kann diese in der **Auflösungsphase** mit der entwickelten Lösung verglichen werden. Hierbei sind Abweichungen aufzuklären und zu erläutern. Falls keine reale Lösung vorhanden ist, kann die Empfehlung immer noch in Bezug auf ihre Stringenz mit der Aufgabe beurteilt und daraus ein Feedback abgeleitet werden.

5. Kritische Bewertung

Der Fallstudienmethodik werden zahlreiche Vor- und Nachteile in Bezug auf ihre Eignung zur Entwicklung von Handlungskompetenzen zugeschrieben. Als **Vorteile** sind folgende zu nennen:

- Fallstudien ermöglichen es, theoretisch erworbenes Wissen auf praktische Situationen anzuwenden. Dadurch wird eine handlungsorientierte Aktualisierung und Aktivierung des bekannten Wissensstands erreicht.
- Durch bewussten Informationsüberschuss, wie er geradezu typisch für den Management-Alltag ist, wird eine fokussierende Sichtung und Bewertung von Informationen erzwungen. Tatsächlich besteht nämlich zumeist eine Informationsarmut in der -flut.
- Die Anwendung vermittelter Fach- und vor allem Methodenkompetenzen wird gefördert. Damit wird einerseits deren Praxisrelevanz deutlich, andererseits wird deren Verständlichkeit durch Konkretisierung verbessert.
- Die Auseinandersetzung mit komplexen Szenarien trainiert die Fähigkeit zur Komplexitätsreduktion, einer in der Praxis kaum zu unterschätzenden Anforderung. Dies ist gerade angesichts begrenzter Ressourcen (Zeit, Manpower, Budget etc.) zentral.
- Die Bearbeitung in Gruppen fördert die sozialen Kompetenzen der Beteiligten. Dies wird meist von einer – zumindest eingangs – erhöhten Motivation zur Mitarbeit begleitet. Damit werden wichtige Soft Skills trainiert.
- Es erfolgt eine generalisierbare Anleitung zur kritischen Analyse von realistischen bzw. realitätsnahen Problemsituationen, die so oder so ähnlich typisch für das Management sind und damit den Berufseinstieg bzw. -aufstieg erleichtern.
- Das Denken in Zusammenhängen wird gefördert, entgegen der überwiegend fachspezifischen Aus- und Weiterbildung. Gerade in Führungspositionen ist die Generalistenkompetenz gefordert, vor allem unvoreingenommen zuzuhören, statt vorgefasste Meinungen zu haben.
- Die Fallstudiendidaktik kommt der Lernsituation von Berufstätigen und vorgebildeten Teilnehmern deutlich mehr entgegen als traditionelle Formen der mehr oder weniger unidirektionalen Wissensvermittlung, die selbst bei interaktiver Anlage statisch bleiben.

Demgegenüber seien aber auch einige gewichtige **Nachteile** genannt:

- Der Zeitaufwand zur Bearbeitung von Fallstudien ist vergleichsweise hoch. Dies gilt vor allem, wenn Fallstudien zusätzlich zu traditionellen Formen der Wissensvermittlung eingesetzt werden, die deutlich effizienter sind. Dann stellt sich häufig die Frage, was höher wiegt, ein Mehr an Wissenserwerb oder ein Mehr an Wissensanwendung. Gerade im deutsch-sprachigen Raum überwiegen nach wie vor die Fachkompetenzen, obgleich Fallstudien eine höhere Effektivität aufweisen dürften.
- Je nach Anlage der Fallstudie ist es schwierig bis unmöglich, reale Informationen zu recherchieren, weil es sich z. B. um historische Fälle handelt, die der betrieblichen Geheimhaltung unterliegen, oder die Unternehmensbeispiele „konstruiert" sind. Dann finden Lösungsversuche auf schlechterer Wissensbasis statt als in der Praxis

vorhanden und ein positiver Lerntransfer bleibt fraglich. Man bewegt sich vielmehr im Raum von Spekulationen.

- Fallstudien veralten rasch, sodass sie ständig durch neue ersetzt werden müssen. Eine Fortschreibung der alten Fallstudieninhalte ist hingegen zumeist nicht möglich, da Entscheide immer nur im historischen Kontext zu akzeptieren sind. Andere Szenarien führen dann logisch auch zu anderen Entscheiden. Insofern entsteht ein hoher Aufwand bei der Generierung von Fallstudien, damit diese realitätsnah bleiben.
- Je nach Anlage der Fallstudie ist mehr oder minder umfangreiches fachspezifisches Wissen (Technik, Branche, Wettbewerb, Rechtsprechung etc.) erforderlich, das kaum vorausgesetzt werden kann, zugleich aber die Lösung des Falles zu weiten Teilen determiniert. Sofern kein solches Domänenwissen verfügbar ist, erschöpfen sich die Bemühungen in Vermutungen und durchaus angreifbaren Annahmen. Zurück bleibt nicht selten Verwirrung auf höherem Niveau.

6. Anhaltspunkte

Der Autor hat langjährige Erfahrung in der Fallstudienbearbeitung mit Studierenden an anwendungsbezogenen Hochschulen und anspruchsvollen Weiterbildungseinrichtungen (FH, BA, VWA etc., im In- und Ausland). Dabei haben sich immer wieder **typische Probleme** in der Bearbeitung herausgestellt.

Die **Fallschilderung ist nicht aussagefähig und suffizient**. Es fehlen entscheidungswesentliche Inhalte, die dann zu einer Mehrdeutigkeit der Interpretation und einer mangelnden Determiniertheit der Empfehlungen führen. Dabei ist a priori schwer einzuschätzen, welche Themenkomplexe berücksichtigt werden sollen, weil deren Relevanz stark von der gewählten Lösungsmöglichkeit abhängt. Hier hilft eine Verengung der Aufgabenstellung auf gut durchschaubare Fragestellungen.

Die **Fallschilderung ist ohne Domänenwissen außerhalb der BWL**, erst recht des Marketing, **nicht adäquat zu bearbeiten**. Die Folge sind kaum belastbare Vermutungen, welche die Aussagefähigkeit mindern. So spielen Spezifika, etwa in Form von Rechtsfragen, Technikfähigkeiten, Branchenusancen etc., eine große Rolle für die Einschätzung der Realitätsnähe gefundener oder erwogener Lösungen. Daher sind notwendigerweise Angaben zu den Randbedingungen der Problemlösungssuche zu machen, die tendenziell restriktiv auszulegen sind.

Die **Gruppenarbeit stellt sich als kompliziert und frustrierend heraus**. Dies gilt selbst dann, wenn sich die Teilnehmer vorher bereits seit geraumer Zeit kannten, denn es ist ein Unterschied, ob man unter Zeit- und Leistungsdruck zusammenarbeitet oder seine Freizeit gemeinsam verbringt. Gegenüber der Praxis stellt dies insofern noch eine Erleichterung dar, als man sich dort die Teammitglieder in der Regel nicht frei aussuchen kann. Zu überlegen ist, bei Konflikten direktiv („von oben") einzugreifen, was zwar der Effizienz dient, aber zugleich einen wichtigen Lernaspekt nimmt.

Die Gruppe teilt sich in zwei oder mehr Untergruppen auf, die nicht ausreichend miteinander kommunizieren. Es ergibt sich ein Lagerdenken („Wir" versus „Ihr"), sodass die Teillösungen nachher nicht konsistent zusammenpassen. Dies gilt vor allem bei interdisziplinär angelegten Fallthemen, die häufig fragmentiert statt integriert bearbeitet werden. Hier sind **Gruppenkoordinatoren (Linking Pins)** wichtig. Die Gruppe sollte zudem „atmen", d. h. möglichst wenig Zeit gemeinsam verbringen, außer zum Erfahrungsaustausch und zur Verteilung von Aufgaben (Assignments) und diese dann getrennt abarbeiten.

Die Gruppenzusammensetzung weist immer wieder Treiber und Getriebene auf. Erstere organisieren, koordinieren und strukturieren, letztere verhalten sich passiv und wollen nicht selten von der Initiative der Treiber profitieren. Da Teams hierarchieneutral aufgebaut sind, hilft hier nur Überzeugungsarbeit, die nicht unmittelbar der Sache zugute kommt, sondern lediglich den Voraussetzungen für die Problemlösung dient. Aber auch dies ist Teil der gewünschten Realitätsnähe.

Es gibt **keine Vergleichsbasis für die Arbeitsergebnisse**, sodass deren Zweckeignung auf bloßer Vermutung beruht. Dies ist unbefriedigend, weil damit keine oder nur eine eingeschränkte Feedback-Möglichkeit gegeben ist. Der Ablauf gleicht eher einer „Sandkastenübung" als der Vermittlung von Rüstzeug für Managementkompetenzen; die Effektivität bleibt eng überschaubar. In der Diskussion gibt es immer vielfältige Gründe für und wider aufgezeigte Lösungen, denn denkbar ist vieles, möglich durchaus alles.

Die **Zeitachse bei der Bearbeitung gerät immer wieder aus dem Blick**. In der Annahme, die Arbeit ginge zügig voran und eine plausible Lösung sei bereits aufgrund der ersten Problemsicht erreichbar, wird gerade zu Beginn viel Zeit verschenkt. Später greifen dann hektische Bemühungen um sich, die so verlorene Zeit wieder aufzuholen. Sinnvoll ist es daher, die Teilnehmer zu **Milestone-Planungen** aufzufordern, d. h. welches (Zwischen-)Ziel muss bis wann erreicht sein, damit die Deadline eingehalten werden kann. Denkbar, wenngleich einschränkend, ist hilfsweise die Vorgabe von Zeitkontingenten für bestimmte Teilaufgaben.

Gelegentlich stellt sich die **Präsentation der Fallstudienergebnisse** als notleidend heraus. Dies liegt nur teilweise an mangelnder Erfahrung und Souveranität in der Verteidigung eigener Standpunkte gegenüber realen Auftraggebern der Fallstudie oder Lehrenden als deren Beurteiler. Als problematisch erweist sich vor allem, dass die Arbeitsergebnisse vorher nicht ausreichend zusammengetragen und hinreichend konsolidiert worden sind. Hier schafft ein **Probelauf (Dry Run)** Abhilfe (auch in Bezug auf Raumhelligkeit, Projektionsfläche, Hardware-Software-Kompatibilität, Timing etc.).

Insgesamt **wird der Arbeitsaufwand zur Lösung einer Fallstudienaufgabe regelmäßig unterschätzt**. Die Fallschilderungen klingen häufig vordergründig trivial und suggerieren damit eine vorgeblich leichte Lösbarkeit der Aufgabe. Zumeist packt die Teilnehmer dann aber im Verlauf doch der Ehrgeiz, sodass sie einen überproportionalen Arbeitseinsatz zu leisten bereit sind, um zu tragfähigen Ergebnissen zu gelangen. Häufig lässt die Begeisterung für Fallstudien in Folge dann aber auch spürbar nach.

7. Bewertung

Die Fallstudienbearbeitung kann in zwei Formen erfolgen: erstens zur Selbstkontrolle des Leistungsstands (der Lerneffekt besteht dann im Wissen um adäquate ökonomische Methoden und deren Anwendung in der Praxis) oder zweitens als Form der Leistungsstandskontrolle durch Dritte. Das Ergebnis ist dann Bestandteil einer gewünschten Zertifizierung. Legt man letztere Form zu Grunde, besteht die **Fallstudienbearbeitung** regelmäßig aus **drei Teilen:**

- Erstens dem **Prozess zur Erarbeitung der Inhalte**. Um diesen einer Bewertung zugänglich zu machen, ist ein **arbeitsbegleitendes Coaching** erforderlich. Dann aber ist der Weg zur Lösung ebenso wichtig wie die Lösung selbst. Parameter zur Bewertung sind dabei Faktoren wie Eigeninitiative, Streitschlichtung, Moderation, Einbringung akademischer Methoden, natürliche Autorität etc. Dies führt zu einer Differenzierung zwischen einzelnen Teilnehmern. Alternativ dazu kann auch eine Einheitsnote für die gesamte Gruppe vergeben werden.
- Zweitens **Inhalte und Form der schriftlichen Ausarbeitung**. Im Zuge einer akademischen Fallstudie ist es hier unerlässlich, mit Begriffsabgrenzungen und zu Grunde gelegten Definitionen zu arbeiten. Wichtig ist, dass die Ergebnisse nicht auf Laienverständnis beruhen, sondern theoriefundiert abgeleitet sind (Deduktion). Weiterhin ist die Logik des Transfers dieser theoretischen Grundlagen auf die praktische Aufgabenstellung zentral. Rein formal müssen auch die Anforderungen an wissenschaftliches Arbeiten erfüllt sein (also Zitierung, Literaturangaben, Verzeichnisse etc.).
- Drittens, falls gewünscht, **Inhalte und vor allem Form der mündlichen Präsentation**. Es ist sinnvoll, den schriftlichen und den mündlichen Teil dabei als Ergänzung und nicht als redundate Addition zu sehen. Wichtige Stellgrößen sind hier die Rollenaufteilung, die Körpersprache (Gestik, Mimik, Statik), die Verbalsprache (Lautstärke, Deutlichkeit, Stimme) und das Halten von Blickkontakt zum Auditorium. Die Charts sollten prägnant gestaltet sein (wenig Text/große Typo, Bildelemente, Figur-Grund-Differenzierung, mitlaufende Gliederung etc.). Bedeutsam ist auch die Dramaturgie der Präsentation (Gedächtnisanker, Einbau interaktiver Elemente, Medieneinsatz etc.).

Für die **Bewertung** dieser Teile ist die Anlegung geeigneter Kriterien erforderlich, die vorab bekannt gemacht worden sind. Bezogen auf die **schriftliche Ausarbeitung** handelt es sich um Kriterien wie

- analytische Vorgehensweise (Gliederung)
- Praxisbezug (Deduktion)
- Problemlösungseignung (Pragmatik)
- kritische Würdigung der Fakten
- Aufmachung
- Sprachlevel
- eigener Leistungsanteil
- sachliche Richtigkeit
- Gesamteindruck etc.

Bezogen auf die **mündliche Präsentation** handelt es sich um Kriterien wie

- inhaltliche Stimmigkeit
- zusätzliche Erkenntnisse (gegenüber Handout)
- Aufmerksamkeitsgewinnung
- Interesseweckung
- Strukturierung des Vortrags
- Argumentation der Empfehlung
- Initiative bei Fragerunde
- Qualität der Charts etc.

8. Literatur

Aigner/Meyer/Rößl, Marketing-Fallstudien für Klein- und Mittelbetriebe, Wien 1993

Kaapke/Froböse, Fallstudien zum Handelsmanagement, Stuttgart, Berlin, Köln 1999

Speth/Bemer, Theorie und Praxis des Wirtschaftslehre-Unterrichts, 10. Auflage, Rinteln 2010

Voeth/Kleine/Reinkemeier, Fallstudien und Grundlagen der Betriebswirtschaftslehre, 2. Auflage, Herne, Berlin 1998

Zacharias/Kuhn, Einführung in die Fallstudienmethodik, in: Koch/Zacharias (Hrsg.), Gründungsmanagement, München 2001, S. 419 - 426

Gesundheitsfördernde Innovationen mit Functional Food

Von Prof. Dr. Alexander Magerhans und Prof. Dr. Günter Buerke

1. Lebensmittel mit Mehrwert im Spannungsfeld traditioneller und moderner Produkte

Lebensmittel mit Funktionen, die über die **Grundernährung** und das reine **Geschmackserlebnis** hinausgehen, haben eine lange Tradition. Maggi beispielsweise wurde schon von den frühen Industriearbeitern geschätzt, weil sie das kohlenhydratreiche Suppenpulver während der Mittagspause schnell und einfach zubereiten konnten (*Gutjahr, 2014*).

Mit Kaffee werden viele Menschen morgens erst so richtig wach, Schokolade konnte immer schon etwas Stress im Berufsleben oder in der Freizeit ausgleichen und kleine Glücksgefühle erzeugen und Hustenbonbons mit Eukalyptus- oder Salbei-Ingredienzien lindern Halsschmerzen bei Erkältungsproblemen. Heutzutage werden die Konsumenten zudem mit probiotischen Jogurts, Nahrungsergänzungsmitteln, Margarinen mit Omega-3-Fettsäuren, Säften mit Antioxidantien konfrontiert. Die Welt von **Functional Food** bzw. der **funktionellen Lebensmittel** wird stetig breiter.

Abbildung 1 zeigt im Überblick ein Spektrum an weiteren Begriffen, die im Zusammenhang mit Functional Food zu nennen sind:

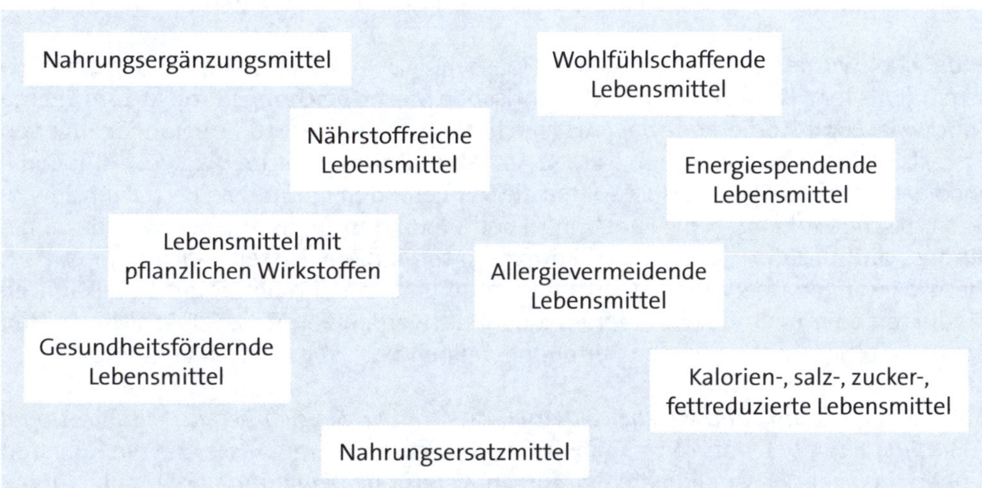

Abb. 1: Begriffe, die im Zusammenhang mit Functional Food genannt werden

Auf dem deutschen Markt sind eine Vielzahl von Functional Food-Produkten zu finden. Bereits 2009 identifiziert *Gutjahr* etwa 1.400 Lebensmittel (in 41 Warengruppen) mit gesundheitlichem Mehrwert (*Gutjahr, 2009, S. 40*).

Funktional Food ist nicht einheitlich oder gar rechtlich definiert. Nestlé erläutert funktionelle Lebensmittel so, dass diese zusätzlich zu ihrem reinen Nährwert noch einen **gesundheitlichen Nutzen** aufweisen. Vermutete Wirkungen sind ein verbesserter Gesundheitszustand, ein gesteigertes Wohlbefinden oder eine Verminderung von Krankheitsrisiken (*Nestlé, 2015a*). Um die wissenschaftliche Fundierung von „Functional Food-Produkten" hervorzuheben, werden in der Fachpresse gelegentlich auch Umschreibungen wie beispielsweise *„wissenschaftlich getriebene Lebensmittel"* verwendet (*Pilar, 2014, S. 2*).

Tatsächlich sind derartige Lebensmittel nicht generell mit Zutaten angereichert, sondern es kann durchaus auch vorkommen, dass den Lebensmitteln unerwünschte Ingredienzien oder Wirkungen entzogen werden. Diese Lebensmittel werden als „Free From-" oder „Frei-von-Lebensmittel" bezeichnet und erfreuen sich ebenfalls einer zunehmenden Beliebtheit bei den Verbrauchern und nehmen mittlerweile eine bedeutende Position in den Sortimenten des Lebensmitteleinzelhandels ein (*o. V., 2015a, S. 36 - 37*).

Die Europäische Kommission versteht unter Functional Food:
„... a food that beneficially affects one or more target functions in the body adequate nutritional effects in a way that is relevant to either an improved state of health and well-being and/or reduction of risk of disease. It is consumed as part of a normal food pattern. It is not a pill, a capsule or any form of dietary supplement" (*European Commission, 2010, S. 7*).

Fragt man die Verbraucher direkt nach Functional Food oder funktionellen Lebensmitteln, dann haben die meisten Menschen derzeit noch keine klare Vorstellung von diesen Begriffen und können diese auch nicht näher erläutern oder erklären.

Ende 2014 wurden an der Ernst-Abbe-Hochschule Jena im Fachbereich Betriebswirtschaft (EAH Jena FB BW) in einem studentischen **Marktforschungs-Projekt zum Thema Functional Food** Studierende der EAH Jena befragt. In den der Studie vorangegangenen Pretests stellte sich zunächst eine große Abwehrhaltung zu dem Schlagwort Functional Food heraus. In der Studie selbst sollten die Studierenden nunmehr einschätzen, inwiefern typische Wirkungen, die Functional Food-Produkten zugeschrieben werden, einen Einfluss auf ihr Informations- und Kaufverhalten haben. Es stellte sich heraus, dass diese Wirkungen überwiegend bekannt waren und von den Befragten zu bekannten Produkten oder in Produktkategorien eingeteilt werden konnten. Tatsächlich werden derartige Lebensmittel von den Befragungsteilnehmern sogar schon genutzt.

Auf die Frage *„Aufgrund welcher Eigenschaften haben Sie sich bereits mit Functional Food-Produkten beschäftigt?"* ergaben sich interessante Ergebnisse, die einen ersten Einblick in die Interessengebiete der jungen Zielgruppe gewähren und in Abbildung 2 wiedergegeben sind. Dabei hatten die Teilnehmer die Möglichkeit, mehrere Argumente auszuwählen (Mehrfachnennungen). Im Rahmen der Datenaufbereitung wurden die Ergebnisse zunächst nach ihren relativen Häufigkeiten sortiert. Zusätzlich wurden die Daten differenziert nach Geschlecht aufbereitet.

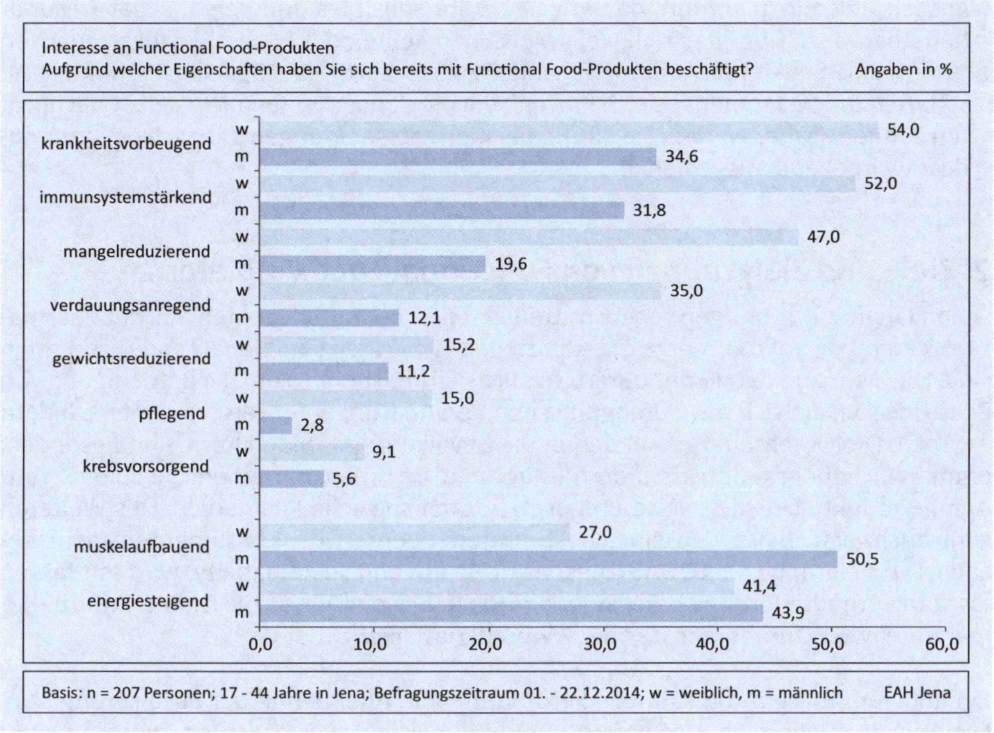

Abb. 2: Bevorzugte Functional Food-Bereiche unter Studierenden der EAH Jena/FB BW

Insgesamt ließen sich drei zentrale Ergebnisse aus der Befragung ableiten:

- **Ergebnis 1:** Es ist erkennbar, dass es bereits zahlreiche Argumente bzw. Beweggründe gibt, die dazu führen, dass sich sowohl Frauen als auch Männer mit dem Thema „Functional Food" beschäftigen.
- **Ergebnis 2:** Bei der Mehrzahl der Kriterien (7 von 9) fallen die relativen Häufigkeiten der weiblichen Teilnehmer höher aus. Vorrangig geht es Frauen um Gesundheitsaspekte (wie z. B. „krankheitsvorbeugend", „immunsystemstärkend", „mangelreduzierend" oder „verdauungsanregend"). Männer hingegen interessieren sich eher für die beiden Kriterien „muskelaufbauend" und „energiesteigernd". Zusammenfassend könnte man sagen, dass Frauen sich für Eigenschaften von Functional Food interessieren, die nach innen wirken, und Männer eher an einer Steigerung bzw. Verbesserung sichtbarer Körpermerkmale (z. B. ihrer Muskulatur) interessiert sind.
- **Ergebnis 3:** Die Bedeutung „gewichtsreduzierender" und „pflegender" Eigenschaften hat dagegen sowohl für Frauen als auch für Männer eine eher untergeordnete Bedeutung. Noch weniger interessant sind „krebsvorbeugende" Eigenschaften von Functional Food-Produkten. Bezüglich der ersten beiden Kriterien könnten die fehlende Notwendigkeit (wer ein „Ideal"-Gewicht hat, benötigt keine gewichtsreduzierenden Produkte) und bisherige Negativerfahrungen (z. B. im Zusammenhang mit Diät- und/oder Pflegeprodukten) als Begründung herangezogen werden. Das Thema Krebs bzw. Krebsvorbeugung ist im Bewusstsein junger Menschen oft nicht stark

ausgeprägt. Hinzu kommt, dass dies ein sehr sensibles und persönliches Gesundheitsthema ist, über das sich viele Menschen keine oder kaum Gedanken machen bzw. machen möchten. Außerdem handelt es sich bei diesbezüglichen Produkteigenschaften um „Vertrauenseigenschaften", die die Konsumenten nicht selbst nachprüfen können. Daher werden sie häufig bei Kaufentscheidungen gänzlich oder zumindest weitgehend ausgeblendet.

2. Ziele und Zielgruppen von Functional Food-Anbietern

Schon längere Zeit bringen Lebensmittelhersteller oder Produzenten aus der Pharmazeutik Produkte auf den Markt, die explizit dem Marktfeld Functional Food zuzuordnen sind. Die Ziele sind dabei sehr unterschiedlich. Einmal geht es um die Befriedigung von Bedürfnissen, die sich aus demografischen Veränderungen in verschiedenen Ländern ergeben. Die Gesellschaften, in denen die Bevölkerung rapide altert, sind besonders empfänglich für gesundheitsfördernde Produkte im Lebensmittelbereich (oder für Anti Aging-Produkte beispielsweise umgesetzt durch spezielle Kosmetika). Des Weiteren kann auch versucht werden, einen bestimmten Lebensstil der Konsumenten anzusprechen. Die Zielgruppe der **LOHAS** (Lifestyle of Health and Sustainability) wird seit Jahren als starke Trendzielgruppe bezeichnet (vgl. dazu beispielsweise die Online-Informationen unter www.trendbuero.de oder www.zukunftsinstitut.de).

Ein anderer Beweggrund kann die Verbreitung von **Allergien** in der Bevölkerung sein. Die Anlage zu Allergien wird vererbt; in China beispielsweise werden aufgrund einer genetischen Besonderheit Milchprodukte, die laktosefrei sind, verstärkt nachgefragt und daher in China auch vermehrt angeboten.

Nicht zu vergessen ist die stetige Professionalisierung der **Arbeitswelt**, die vielfach den Stressfaktor für die Beschäftigten erhöht. Hier setzen sowohl leistungsunterstützende als auch emotionsstabilisierende (Lebens-)Mittel an. Im Gegensatz hierzu steht das Paradoxon des empfundenen immer größeren Freizeitstresses bei faktisch klar geregelten Wochenarbeitszeiten.

Schließlich gibt es Bestrebungen, Lebensmittel in **Entwicklungsländern** anzubieten, die nicht einfach nur popularly positioned sind (d. h. kleine Portionen, die eher der Kaufkraft entsprechen), sondern die Zutaten enthalten, die bestimmten Mangelfaktoren in der Ernährung der ärmeren Bevölkerungsschichten begegnen.

3. Praxisbeispiel Nestlé

Anhand des Nahrungsmittelkonzerns Nestlé wird im Folgenden aufgezeigt, wie die bisherigen Überlegungen zu Functional Food-Produkten in der realen Marken- und Produktwelt umgesetzt werden können und worauf das Marketingmanagement dabei besonders achten sollte.

Im Jahre 1843 begann die Erfolgsgeschichte von Nestlé mit einer Fabrik für Limonaden- und Wasserabfüllung. 1867 wurde eine spezielle Babynahrung, die damals den Namen „Kindermehl" trug, vom Firmengründer *Heinrich Nestlé* entwickelt. Damit war der Grundstein für den heute größten Nahrungsmittelkonzern der Welt gelegt. In den folgenden Jahrzehnten der Firmengeschichte wurden durch zahlreiche Fusionen weitere Lebensmittelmarken (z. B. 1905 Anglo-Swiss Condensed Milk, 1947 Maggi, 2003 Nestlé Mövenpick) in das Firmenportfolio aufgenommen (*Nestlé, 2014a*). Durch den schon seit längerer Zeit anhaltenden Megatrend „Gesundheit" stehen die Chancen gut, dass sich Nestlé auch in Zukunft erfolgreich weiterentwickeln und seine weltweite Marktposition ausbauen wird. *Kristina Gnirke* verweist in ihrem Artikel *„Pizza statt Pillen"* (*Wirtschaftswoche, 20.01.2014*) auf eine Aussage des Gesundheitsökonomen *Heinz Locher*, der insbesondere an der *„Schnittstelle zwischen Nahrungsmitteln und Medikamenten"* ein großes Chancenpotenzial sieht. Allerdings gibt *Locher* in diesem Zusammenhang zu bedenken, dass zunächst die Forschung gefordert sei, für die Wirksamkeit derartiger Kombinationsprodukte belastbare Studien vorzulegen (*Gnirke, 2014, S. 62 - 63*). Es bleibt daher spannend, wie sich der Nahrungsmittelmarkt im Allgemeinen und das Produkt- und Markenspektrum von Nestlé zukünftig entwickeln wird.

Die **Konzernzentrale** von Nestlé hat ihren Hauptsitz in Vevey und Cham in der Schweiz. Als weltgrößter Lebensmittelkonzern ist Nestlé gleichzeitig auch das größte Schweizer Industrieunternehmen. In 2013 erwirtschaftete Nestlé weltweit einen **Umsatz** in Höhe von 92.158 Mio. CHF. Das **operative Ergebnis** betrug 14.047 Mio. CHF (15,2 % des Umsatzes). Der Reingewinn lag bei 10.015 Mio. CHF (10,9 % des Umsatzes). Es wurden 4.928 Mio. CHF in Sachanlagen investiert (5,3 % des Umsatzes).

Bei Nestlé waren 2013 insgesamt 333.000 **Mitarbeiter** beschäftigt. 28 % aller Beschäftigten arbeiten in Europa (10.175 davon in der Schweiz). Der Anteil der Beschäftigten aus Nord- und Südamerika ist mit 32,5 % noch etwas größer. Die verbleibenden 39,5 % aller Beschäftigten sind in Asien, Ozeanien und Afrika für das Unternehmen tätig.

Das **Absatzgebiet** von Nestlé erstreckt sich über 196 Länder. In 86 Ländern unterhält Nestlé insgesamt 447 eigene **Produktionsstätten**. Davon befinden sich 140 in Europa, 164 in Nord- und Südamerika und die restlichen 143 in Asien, Ozeanien und Afrika. Im Geschäftsjahr 2013 wurden 6 Fabriken erworben und 11 veräußert.

Diese Zahlen vermitteln einen ersten Eindruck und zeigen die Dimensionen des weltgrößten Lebensmittelkonzerns auf. Auch für die Zukunft hat man sich bei Nestlé ambitionierte Ziele gesetzt (z. B. profitables Wachstum), die unter Berücksichtigung der Ressourceneffizienz angestrebt werden sollen (*Nestlé, 2014c, „Schlüsselkennzahlen konsolidiert", S. 56*).

Als Abrundung der Konzernvorstellung sind die Unternehmen, die zu Nestlé Deutschland gehören, sowie deren Einbindung in die Konzernstruktur in Abbildung 3 wiedergegeben.

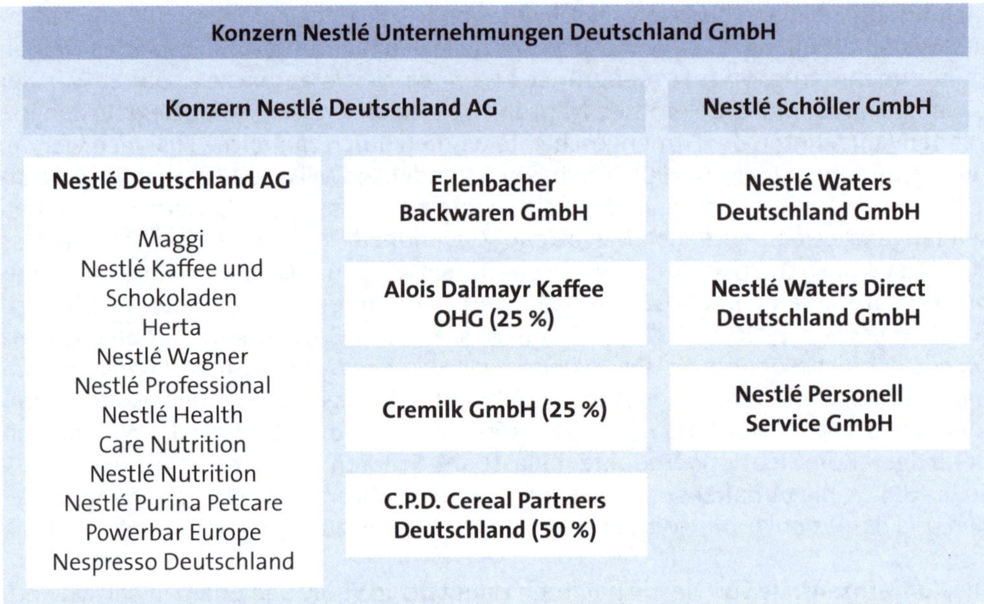

Abb. 3: Überblick über den Nestlé-Konzern

Quelle: *Nestlé (2014, S. 4)*

Heute produziert Nestlé an 20 verschiedenen **Standorten** in Deutschland. Beispielsweise befinden sich Werke in Euskirchen, Groß-Gerau, Hamburg, Neuss, Schwerin und Uelzen. 2013 erzielte Nestlé Deutschland einen Umsatz in Höhe von 3.496 Mio. €. 80 % davon wurden im deutschen Markt erwirtschaftet; 20 % der Umsätze entfielen auf die Europäische Union sowie Zentraleuropa. Es gibt jedoch auch Produkte (z. B. Babynahrung), die global (insbesondere in Asien) vertrieben werden. Die Verwaltung von Nestlé Deutschland befindet sich an 10 verschiedenen Standorten in ganz Deutschland (z. B. in Mainz, München und Nürnberg). Die Verwaltungszentrale hat ihren Sitz in Frankfurt am Main (*Nestlé Fortschrittsbericht, 2013, S. 4*).

Insgesamt arbeiten ca. 12.790 **Beschäftigte** für Nestlé Deutschland. Etwas mehr als 350 Mitarbeiter kümmern sich als leitende Angestellte oder Top Manager um die gesamte Unternehmensführung. An allen Produktionsstandorten arbeiten rund 7.300 Mitarbeiter im gewerblich-technischen Bereich. In den unterschiedlichsten Arbeitsgebieten erlernen rund 400 Auszubildende einen Beruf. Damit zählt Nestlé Deutschland zu einem der wichtigsten Ausbildungsbetriebe der Lebensmittelbranche (*Nestlé, 2014b, S. 4*).

Marken haben für Nestlé als reinen Markenhersteller eine ganz besonders große Bedeutung. In der Selbstdarstellung auf www.nestle.com heißt es daher auch „*... wir stellen leidenschaftlich gern Lebensmittel her*" (*Nestlé, 2015b*). Die Marken von Nestlé sind auf den einzelnen Online-Auftritten (www.nestle.com und www.nestle.de) in verschiedene Kategorien eingeteilt. Da auf beiden Webseiten jeweils eine andere Kategorisierung vorgenommen wird, ist in Abbildung 4 ein zusammenfassender Auszug aus der gesamten **Nestlé-Markenwelt** zusammengestellt (*Nestlé, 2015b; Nestlé, 2015c*).

Ceralien/ Cereals z. B. Clusters, Cini Minis, Lion Cereals und Nesquick Knusper-Frühstück	**Produkte für die Küche/ Culinary, chilled & frozen food** z. B. Buitoni, Herta, Maggi, Thomy und Original Wagner
Eis- & Milchprodukte/ Ice Cream z. B. Mövenpick und Lactalis Nestlé Milchprodukte	**Produkte für Großverbraucher/ Food service** z. B. Nestlé Professional und Schöller Direct
Erfrischungsgetränke/ Bottled Water z. B. Contrex, Frische Briese, Nestea, Poland Spring, S. Pellegrino und Vittel	**Produkte für Mutter & Baby/ Baby foods** z. B. BEBA, Bübchen, Cerelac und Gerber
Heißgetränke/ Coffee z. B. Caro, Coffee-Mate; Nescafé, Nespresso und Nesquick	**Schokolade & Süßwaren/ Chocolate confectionery** z. B. Chocolait Chips, KitKat, Lion und Smarties
Medizinische Ernährung/ Healthcare nutrition z. B. Alfamino, Impact, Modulen IBD und Optifast	**Tiernahrung/ Petcare** z. B. Bakers Complete Bonzo, Felix und Matzinger

Abb. 4: Auszug aus der Nestlé-Markenwelt

Quelle: *Nestlé (2014a, 2015c)*

In **Deutschland** wurden im Laufe der Zeit für die verschiedenen Zielgruppen ganz unterschiedliche Marken entwickelt, im Markt eingeführt und als erfolgreiche Marken etabliert. Andere Marken kamen durch Aufkäufe hinzu und bereichern seitdem das 50 Marken umfassende Nestlé-Markenportfolio. Beispielsweise zählen dazu bekannte Marken wie Maggi, Thomy, Nescafé, KitKat, Smarties und Nespresso (*Nestlé, 2014b, S. 4*).

Die **Managementphilosophie** von Nestlé Deutschland wird ganz maßgeblich durch ein **umfassendes Qualitätsverständnis** geprägt. Alle Unternehmensbereiche fühlen sich dem Nestlé-Qualitätsprogramm „Qualität ist mehr“ verpflichtet. Mit dieser Qualitätsinitiative intendiert Nestlé weit mehr als ein „übliches" Nachhaltigkeitsprogramm. Bei Nestlé wird daher intern die Bezeichnung „Qualität hoch vier" bzw. „Q4" verwendet. Damit wird zum Ausdruck gebracht, dass sich das gesamte Qualitätsprogramm auf vier Säulen stützt. Im Einzelnen sind dies „Ernährung", „Umwelt", „Gesellschaft" und „Sicherheit" (*Nestlé, 2014b, S. 6*). Das erweiterte Qualitätsverständnis von Nestlé ist in Abbildung 5 visualisiert.

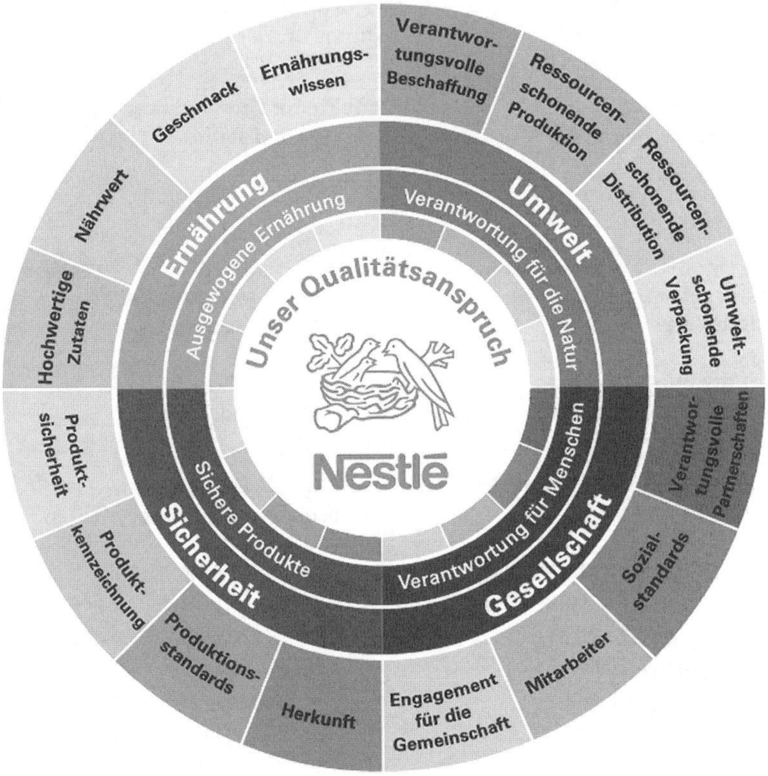

Abb. 5: Der „Qualität hoch vier Kreis" von Nestlé

Quelle: *Nestlé (2014b, S. 54)*

- **Ernährung:** Die Lebensmittel von Nestlé sollen für eine möglichst ausgewogene Ernährung sorgen, hochwertige Zutaten mit Nährwert enthalten, gut schmecken und dadurch zu einem gesunden Lebensstil der Kunden beitragen. Angestrebt wird dies u. a. durch eine kontinuierliche Verbesserung der Nährwerte.
- **Umwelt:** Entlang der Wertschöpfungskette will Nestlé sich darum kümmern, dass die entstehenden Umweltbelastungen so gering wie möglich ausfallen. Den ersten Ansatzpunkt sieht man in der Beschaffung (z. B. durch einen verantwortungsvollen Wasserverbrauch in der Landwirtschaft); ein weiterer Baustein ist die ressourcenschonende Produktion und Distribution. Außerdem versucht Nestlé, das Verpackungsrecycling zu fördern sowie Lebensmittelabfälle zu vermeiden. Um diese Ziele zu erreichen, wurden in allen Wertschöpfungsstufen anerkannte Umweltstandards verpflichtend eingeführt.

- **Gesellschaft:** Nestlé möchte auch Verantwortung für die Menschen übernehmen. Die Mitarbeiter sollen in Nestlé einen attraktiven Arbeitgeber finden, der ihnen einen sicheren und vielfältigen Arbeitsplatz bietet und sie langfristig über Sozialstandards absichert. Dieses Grundverständnis weitet Nestlé auf alle Partnerschaften entlang der Wertschöpfungskette aus und setzt sich für die Bekämpfung von Kinderarbeit in Zulieferermärkten ein. Darüber hinaus engagiert sich Nestlé durch die Initiative *„Youth Employment"* für junge Mitarbeiter.
- **Sicherheit:** Die von Nestlé produzierten Produkte sollen sicher und einfach zu handhaben sein. Um diesem Anspruch gerecht zu werden, wurden ein Qualitätsmanagement und einheitliche Produktionsstandards eingeführt. Darüber hinaus sollen detaillierte Produktkennzeichnungen den Verbraucher über Inhaltsstoffe und Herkunft der Produkte informieren.

Im Bericht zur gemeinsamen Wertschöpfung 2013 *„Nestlé in der Gesellschaft – Gemeinsame Wertschöpfung und unsere sozialen Verpflichtungen 2013"* befindet sich ein **Leistungsüberblick 2013**, der darüber Auskunft gibt, wie sich wichtige Leistungsindikatoren von Nestlé Deutschland im Vorjahresvergleich verändert haben. An dieser Stelle werden ausschließlich ausgewählte Leistungsindikatoren aus der Rubrik „Ernährung" dargestellt. Interessierte Leser finden den vollständigen Bericht auf der Website von Nestlé Deutschland (www.nestle.de) in der Rubrik „Medien" (Bericht zur gemeinsamen Wertschöpfung 2013):

- **Nährstoffe:** 2013 enthielt das Sortiment von Nestlé 4.778 Produkte mit gesteigertem Gehalt an nährstoffreichen Ingredienzien oder wichtigen Nährstoffen. 2012 waren es dagegen „nur" 4.691.
- **Reduzierte Zucker-, Fett- und Natriumwerte:** 2013 kam es zu einer enormen Ausweitung der Produktanzahl mit einem gesenkten Natrium-, Zucker-, Fett- und Kaloriengehalt sowie einem reduzierten Anteil an künstlichen Farbstoffen. Nestlé erweiterte das Produktsortiment um etwas mehr als 900 derartige Produkte.

Die Grundaussagen, die man bei Nestlé bzgl. einer ausgewogenen Ernährung vertritt, wurden bereits im Zusammenhang mit dem Qualitätsprogramm „Q4" kurz angerissen. Um ein besseres Verständnis dieser Qualitätsdimension zu gewährleisten, werden im Folgenden 13 Aussagen wiedergegeben, die der Nestlé-Konzern als **Selbstverpflichtung** formuliert hat (*Nestlé, 2014e, S. 8 - 14*):

- *„Wissensführerschaft in kindlicher Ernährung durch ein fundiertes Verständnis der Ernährung und der Lebensgewohnheiten von Kindern,*
- *branchenführend in Ernährungs- und Gesundheitsforschung durch interne Programme und externe Kooperationen mit Spitzeninstitutionen,*
- *ernährungstechnisch ausgewogene Produkte für Kinder,*
- *Reduktion des Risikos von Unterernährung durch Mikronährstoffanreicherung,*
- *weniger Natrium (Salz) in unseren Produkten,*
- *weniger Zucker in unseren Produkten,*

- *Reduzierung des Gehalts an gesättigten Fettsäuren und Entfernung von Transfetten aus teilweise gehärteten Ölen aus unseren Produkten,*
- *Förderung des Verzehrs von Vollkornprodukten und Gemüse, auch durch gesünderes Kochen zu Hause,*
- *Nährwertinformationen und -aufklärung auf all unseren Etiketten,*
- *Portionsangaben,*
- *Förderung von gesunder Ernährung und Lebensweise/Sport,*
- *Förderung von gesundem Trinken im Rahmen eines gesunden Lebensstils sowie*
- *Einführung von Programmen zur Ernährungserziehung für bessere Ernährungsgewohnheiten.*

In einzelnen Aussagen werden verschiedene Charakteristika von Functional Food-Produkten (z. B. Mikronährstoffanreicherung) angesprochen. Außerdem wird deutlich, dass Functional Food-Produkte sowohl **zielgruppenbezogen** (z. B. Personen in Emerging Markets[1] oder kleine Kinder), **länderbezogen** (z. B. bestehen andere Anforderungen in europäischen, asiatischen und afrikanischen Ländern), aber auch **kontextbezogen** (z. B. Einstellungen zu einer gesunden Lebensweise) zu betrachten sind.

Am Beispiel von Nestlé lassen sich verschiedene **marketingpolitische Zielsetzungen** aufzeigen, die mit dem Angebot von Functional Food-Produkten realisiert bzw. angestrebt werden können. Zur Verdeutlichung dieser Überlegungen haben wir exemplarisch vier Marketingziele abgeleitet. Diese werden im Folgenden anhand des Praxisbeispiels Nestlé diskutiert (*Nestlé, 2014e*).

1. Marketingziel: *„Durch Functional Food Produkte soll eine Produktdifferenzierung/-qualifizierung in bestehenden Nahrungsmittelsegmenten erreicht werden."*

Nestlés Selbstverpflichtung: *„Ernährungstechnisch ausgewogene Produkte"* (*Nestlé, 2014e, S. 9*)

Die Nestlé Nutritional Foundation hat einen Kriterienkatalog zur Bewertung von Lebensmitteln entwickelt, der auf den Empfehlungen der WHO sowie anderer globaler und lokaler Institutionen basiert. Im Nestlé Nutritional Profiling Systems werden Produkte von Nestlé auf die Einhaltung dieses Kriterienkatalogs überprüft. Konkret geht es dabei darum, den Nährwert der jeweiligen Produkte zu bestimmen und festzustellen, ob sie die Anforderungen der Nestlé Nutritional Foundation erfüllen können (*Nestlé, 2014, S. 42*). In der folgenden Tabelle ist der Jahresvergleich 2012 und 2013 zentraler Leistungsindikatoren zum Themenkomplex „Ernährung" zusammengestellt.

[1] Damit sind aufstrebende Märkte wie beispielsweise Indien oder Mexiko gemeint.

Ernährung		**2012**	**2013**
Produkte, welche die Kriterien der Nestlé Nutritional Foundtion erfüllen oder übertreffen (in % des Gesamtumsatzes) [b]	FP4	75,7	76,0
Infolge ernährungs- oder gesundheitsspezifischer Überlegungen überarbeitete Produkte [c]	FP7	6.692	7.789
Zahl der Produkte mit gesteigertem Gehalt an nährstoffreichen Ingredienzen oder wichtigen Nährstoffen [c]	FP7	4.691	4.778
Zahl der Produkte mit gesenktem Gehalt an Natrium, Zucker, Transfetten, Fett, Kalorien oder künstlichen Farbstoffen [c]	FP6	3.317	4.221
Zahl der im Rahmen des 60/40+-Programms analysierten und verbesserten oder bestätigten Produkte (Umsatz in Mio. CHF) [d]	PR1	31.720	33.001
Produkte mit Brabded Active Benefits (Umsatz in Mio. CHF)	FP7	6.455	6.836
Produkte mit Nestlé Ernährungskompass (in % des weltweiten Umsatzes) [e]	PR3	96,8	92,5
Produkte in der EU mit Angabe des Richtwerts für die Tageszufuhr auf der Packungsvorderseite (in % des Umsatzes) [f]	PR3	99,3	99,3
Produkte mit spezifischen Portionsangaben (Umsatz in Mio. CHF) [g]	PR3	26.190	26.700
Bestandseinheiten von Popularly Positioned Products	FP4	6.367	9.562
Popularly Positioned Products (Umsatz in Mio. CHF)	FP4	11.960	11.803

(b) Umfang der Überprüfung 2013: 74,9 % des Gesamtumsatzes von Nestlé.

(c) Basis: Berichte von rund 75 % der weltweiten Produktentwicklungsteams. Ein Produkt kann gleichzeitig weniger von einer Ingredienz und mehr von einer anderen enthalten.

(d) Dieser KPI reflektiert die Dynamik unseres 60/40+-Programms. Bei unveränderten Parametern sind diese Bewertungsresultate maximal drei Jahre gültig.

(e) Ausgenommen: Heimtiernahrung und in den USA Dreyer's sowie die lizenzierten Marken Häagen-Dazs und California Pizza Kitchen.

(f) In EU 28 plus Norwegen, Schweiz, Adria-Region, Ukraine und Moldawien. Ausgenommen: normale Kaffee-, Tee- oder Wasserprodukte, Produkte für Nestlé Professional, Geschenkschokolade, Gewürze, Heimtiernahrung, Nestlé Health Science und Nestlé Nutrition.

(g) Produkte, die als Einzelportion verkauft werden und die Kriterien der Nestlé Nutritional Foundation erfüllen oder übertreffen; oder die über bzw. mit einem Spender bzw. Porzionierer verkauft werden, sodass sie als Portion abgegeben werden, welche die Kriterien der Nestlé Nutritional Foundation erfüllt oder übertrifft; oder die an Betreuungspersonal verkauft werden zusammen mit ausführlichen Informationen zur Anpassung der Portion an die jeweiligen Ernährungsbedürfnisse. Dies repräsentiert derzeit nur einen Teil des Portfolios an Produkten mit Portionsangaben.

Leistungsindikatoren für Nestlé in der Gesellschaft und für die gemeinsame Wertschöpfung (Auszug: Ernährung)

Quelle: *Nestlé (2014b)*

Beispiel 1 – Weniger Salz: In Deutschland gibt es einen Tagesrichtwert für die Zufuhr von Salz (6 g pro Tag). Dieser wird häufig (deutlich) überschritten. Nestlé arbeitet kontinuierlich daran, den Salzgehalt der eigenen Produkte schrittweise zu reduzieren. Als Beispiele seien dazu Produkte der Marke Maggi (z. B. Suppen, Saucen und Fix-Produkte) genannt. Im Maggi-Produktportfolio will Nestlé bis 2016 eine durchschnittliche Reduktion des Salzgehalts in Höhe von 10 % realisieren (*Nestlé, 2014b, S. 17*).

Beispiel 2 – Weniger Zucker: Schon seit längerem sind die negativen Folgen eines übermäßigen Zuckerkonsums bekannt (z. B. Karies, Diabetes und Übergewicht). Dies gilt insbesondere bei Lebensmitteln, die vorrangig von Kindern konsumiert werden. Bereits für 2013 hatte sich Nestlé daher dieses Ziel gesteckt und konnte dies auch erreichen: Bis zu diesem Zeitpunkt wurde der Zuckergehalt in den Cerealien auf weniger als 9 g Zucker pro Portion (30 g Cerealien ohne Milch) reduziert. Um dies sortimentsweit bei Produkten für Kinder umzusetzen, war immerhin eine Reduktion des Zuckeranteils um 17 - 30 % erforderlich. Die überarbeiteten Cerealien haben mit 78 % Umsatzanteil zudem eine enorm große Bedeutung für Nestlé Cereals Partner Deutschland (*Nestlé, 2014b, S. 17*).

Beispiel 3 – Weniger gesundheitlich bedenkliche Fettsäuren: Damit sind Transfettsäuren angesprochen, deren Aufnahme aus gesundheitlichen Gründen auf ein Minimum reduziert werden sollte. Bei Nestlé soll daher langfristig der Anteil an Transfettsäuren aus gehärteten Fetten in allen Produkten auf einen Anteil von unter 1 % gesenkt werden. Erste Erfolge kann Nestlé schon heute vorweisen: 98 % aller Produkte enthalten weniger als 1 % gehärtete Fettsäuren. Im Kaffeemix „Nescafé Latte Macchiato" konnte beispielsweise der Anteil von 4,5 auf 2,7 g pro Portion gehärteter Fettsäuren gesenkt werden. Die Mitarbeiter in der F&E-Abteilungen von Nestlé werden weiterhin versuchen, die Vorgaben der Nestlé Nutritional Foundation zu erfüllen. Bis 2016 ist es daher das erklärte Ziel, bei allen Produkten, die diesen Vorgaben nicht genügen, den Anteil an gehärteten Fettsäuren um durchschnittlich 10 % zu senken. Darüber hinaus sollen Transfettsäuren aus teilweise gehärteten Fettsäuren vollständig aus allen Nestlé-Produkten eliminiert werden (*Nestlé, 2014b, S. 18*).

Beispiel 4 – Natürliche Aromen und Farbstoffe: Langfristig soll es bei Nestlé keine künstlichen Aromen und Farbstoffe mehr geben. Dies ist besonders wichtig bei Produkten und Lebensmitteln, die hauptsächlich oder zumindest verstärkt von Kindern konsumiert werden. Bei Nestlé Wagner wird bereits vollständig auf den Einsatz künstlicher Aromen verzichtet. Lediglich der verwendete Käse enthält noch den künstlichen Farbstoff Beta-Carotin. Durch gezielte Marktforschung möchte Nestlé die Akzeptanz der Verbraucher abfragen und erforschen, inwiefern auch „hellerer" Käse auf den Wagner-Produkten von den Verbrauchern angenommen wird. Als weiteres Beispiel können hier die Produkte aus dem Produktbereich Nestlé Schöller dienen. 50 % des Umsatzes wird durch Produkte ohne künstliche Aromen und Farbstoffe generiert (*Nestlé, 2014b, S. 18*).

2. Marketingziel: *„Mit Hilfe von gesundheitsfördernden Lebensmitteln will man dem Megatrend Gesundheit folgen und in neue Geschäftsfelder, die insbesondere hohe F&E-Kompetenzen sowie eine enorme Finanzkraft erfordern, eintreten."*

Nestlés Selbstverpflichtung: *„Branchenführend in Ernährungs- und Gesundheitsforschung durch interne Programme und externe Kooperationen mit Spitzeninstitutionen"* (*Nestlé, 2014e, S. 8*)

Der Übergang zwischen gesunder Ernährung und Lebensmitteln als Medizin erscheint im ersten Moment nicht sehr groß zu sein. Tatsächlich sind aber erhebliche Kompetenzen bis hin zur Zellforschung notwendig, damit Lebensmittel entwickelt werden können, die positive Effekte bei bestimmten Krankheiten erzielen. Langfristig gehen die Überlegungen in diesem „klinischen" Bereich sogar soweit, dass eine personalisierte Ernährung in Betracht gezogen wird (*Alich/Dörner, 2014*). In den nachfolgenden Beispielen werden die Bestrebungen zu gesünderen Lebensmitteln aufgezeigt.

In den letzten Jahren hat Nestlé seine **Lebensmittelforschung** erheblich ausgeweitet; zudem wurde die Sparte „Health Science" aufgebaut. Dort konzentriert man sich auf die wissenschaftlich fundierte Entwicklung von Produkten, die auf besondere Ernährungssituationen ausgerichtet sind. Die Forschungsarbeit wird durch klinische Studien abgesichert. Die Entwicklung attraktiver Geschmacksrichtungen und innovativer Darreichungsformen runden das Leistungsspektrum ab (*Nestlé Health Science, 2015b*). Health Science konzentriert sich darauf, die Rolle der Ernährung in den folgenden sechs Therapiebereichen zu stärken (*Nestlé Health Science, 2015c*):

- **Medizinische Versorgung im Alter – Ageing Medical Care:** Die entwickelten Ernährungslösungen sollen den Patienten helfen, ihre Genesung zu fördern und ihre Mobilität zu erhalten. Die „Isosource"-Produkte gibt es in verschiedenen Abstufungen (z. B. Standard und Energy) und Darreichungsformen (Standard-, Trink- und Sondennahrung) und sollen die Patienten beispielsweise mit Ballaststoffen und/oder Proteinen versorgen.
- **Intensivmedizin und Chirurgie:** Die höchste Priorität haben dabei das Überleben der Patienten sowie deren rasche Genesung (Rekonvaleszenz). Zusätzlich sollen Risiken postoperativer Komplikationen minimiert werden. Als Produktbeispiele seien hier das patentierte „Oral-Impact"-Pulver oder der „Oral-Impact"-Drink genannt. Bei beiden Darreichungsformen handelt es sich um eine orale Ernährungstherapie, die der Unterstützung des Immunsystems dient.
- **Kinderheilkunde:** Mit den Produkten von Nestlé sollen sich Symptome einer Mangelernährung reduzieren lassen bzw. ganz vermieden werden, Stoffwechselstörungen und Störungen des Magen-Darm-Trakts sowie Nahrungsmittelunverträglichkeiten beseitigen lassen. Mit diesen Ernährungslösungen (z. B. „Resource Junior") möchte Nestlé zum gesunden Wachstum und zur raschen Genesung der Kinder beitragen.
- **Magen-Darm-Gesundheit:** Im Mittelpunkt der Forschungsbemühungen stehen Produkte für Patienten mit unregelmäßiger Darmtätigkeit, chronisch-entzündlichen Darmerkrankungen (CED) und/oder dem Reizdarmsyndrom (RDS). Als Produktbeispiele seien hier „Peptamen" für Patienten mit Verdauungs- und Resorptionsstörungen sowie „OptiFibre" zur Wiederherstellung der natürlichen Darmflora genannt.
- **Stoffwechselgesundheit:** Ziel ist es, das metabolische Gleichgewicht (Homöostase) zu erhalten oder wiederherzustellen. Dies betrifft beispielsweise Patienten mit Adipositas, Typ-II-Diabetes, Hypotonie, Dyslipidämie sowie chronischen Nierenerkrankungen.
- **Gesundheit des Gehirns:** In diesem Therapiebereich widmet sich Nestlé einem gravierenden Gesundheitsproblem, das gerade in unserer stark alternden Gesellschaft

enorm zunimmt. Wichtig dabei ist der Erhalt der kognitiven Fähigkeiten der Patienten sowie deren Unabhängigkeit.

- Übergewicht und Adipositas: Die hier unternommenen Forschungsbemühungen sollen Menschen mit Gewichtsproblemen so genannte Gewichtsmanagement-Konzepte (z. B. das „OPTIFAST-52"-Programm oder das „OPTIFAST-Individual"-Programm) zur Verfügung stellen. Dabei geht es um eine dauerhafte und nachhaltige Gewichtsreduktion bei gleichzeitiger Minimierung medizinischer Risikofaktoren.

Durch gezielte **Akquisitionen, Beteiligungen** und **Kooperationen** hat Nestlé die Voraussetzungen zur Entwicklung von Nahrungsmitteln, die bei Vorbeugung und Behandlung von Krankheiten hilfreich sein können, geschaffen. Zur Nestlé Health Science Sparte zählen beispielsweise:

- Das bereits 2007 von „Novartis" übernommene Geschäft mit medizinischer Nahrung.
- Seit 2010 ergänzt „Vitaflo" die Forschungslandschaft von Nestlé. Dort werden Ernährungslösungen entwickelt, die Menschen mit genetisch bedingten Stoffwechselerkrankungen helfen sollen.
- Im Januar 2011 nimmt das „Nestlé Institue of Health Science" auf dem Campus des Schweizer Federal Institute of Technology in Lausanne seine Forschungstätigkeit auf.
- Zeitgleich im Januar 2011 beginnt man bei „Nestlé Health Science" mit der Entwicklung von Ernährungslösungen für Menschen mit diätischen Problemen.
- Ebenfalls in 2011 wurde „CMD Pharma" übernommen. Hier werden Produkte für Patienten mit chronischen Erkrankungen (z. B. Nierenerkrankungen) entwickelt.
- Das Unternehmen „Prometheus Laboratories" hat sich auf Diagnostika und Pharmaprodukte im Bereich der Magen-Darm- sowie Krebserkrankungen spezialisiert und wurde ebenfalls 2011 von Nestlé übernommen.
- 2012 kam von „Pfitzer" die Babynahrungssparte „Wyeth Nutrition" hinzu.
- 2013 kaufte Nestlé „Pamlab", einen Anbieter von Spezialnahrung für Menschen, die unter Gedächtnisstörungen und Depressionen leiden (*Alich/Dörner, 2014*).
- Seit 2015 ist Nestlé an dem US-Biotechnologie-Startup „Seres Health" beteiligt.

Zusätzlich bestehen noch **Minderheitsbeteiligungen** an den folgenden Unternehmen:

- Seit 2011 ist Nestlé an „Vital Foods" (mit Hauptsitz in Auckland, Neuseeland) beteiligt. Das Unternehmen bietet Produkte für Magen-Darm-Erkrankungen (insbesondere gegen Verstopfung) an, die auf der Kiwi-Frucht basieren. In Neuseeland konnten sich die Nahrungsergänzungsmittel „Kiwi Crush" und „Phloe" bereits im Markt etablieren. Ein wesentlicher Grund für diesen Markterfolg ist sicherlich die Tatsache, dass sie von Ärzten empfohlen werden und ihre Wirksamkeit in klinischen Studien nachgewiesen werden konnte. Beide Produkte basieren auf dem Wirkstoff Zyactinase. Dabei handelt es sich um eine rein natürliche Substanz, die mittels eines speziellen Herstellungsverfahrens aus der grünen Kiwi gewonnen wird. Das Nahrungsergänzungsmittel „Phloe" ist seit 2012 unter dem Markennamen „Kivia" auch in Australien erhältlich. Dort wird es von „Vital Foods" als Kapseln, sofortige Trinklösung und Kautablette in Apotheken angeboten (*Nestlé Health Sience, 2015b*).

- Im Jahr 2012 erwarb Nestlé eine weitere Minderheitsbeteiligung an „Accera". Der Schwerpunkt des Angebots liegt auf der Entwicklung von Lösungen für neurodegenerative Erkranken, zu denen beispielsweise Alzheimer zählt.

Darüber hinaus hat Nestlé noch **Kooperationen** zu anderen Unternehmen und Forschungsinstitutionen aufgebaut, wie beispielsweise das Joint Venture mit dem chinesischen Partner „Chi-Med", eine sehr bedeutsame – und vielleicht auch ein wenig überraschende – Kooperation von Nestlé. Chi-Med verfügt über eine Datenbank mit 50.000 Rezepturen auf Basis von über 1.200 Heilpflanzen aus der traditionellen chinesischen Medizin (TCM) (*Mayer-Kuckuk, 2012*).

Diese Akquisitionen, Kooperationen, Forschungsbemühungen und Entwicklungen veranschaulichen nochmals sehr deutlich die erheblichen Investitionen, die zum Ausbau einer ausgereiften Forschungs- und Entwicklungslandschaft bei den jeweiligen Nahrungs- und Genussmittelherstellern notwendig sind. Ohne eine entsprechende Kapitaldecke und das notwendige Forschungs-Knowhow sind derart ehrgeizige Ziele in so kurzer Zeit nicht realisierbar. Aber nur wenn dies gelingt, können die Hersteller von Lebensmitteln der kontinuierlich steigenden Erwartungshaltung anspruchsvoller Zielgruppen gerecht werden und langfristig auf dem hart umkämpften Markt für Lebensmittel bestehen.

Jeder kann sich leicht vorstellen, dass eine ausgewogene und auf die persönlichen Bedürfnisse abgestimmte Ernährung parallel zur medizinischen Therapie während eines Klinikaufenthalts sinnvoll ist. Ob wir aber zukünftig in einem größeren Ausmaß über Nahrungsmittel verfügen können, die Krankheitsverläufe hinauszögern, Krankheitssymptome lindern oder gar vor Krankheitsausbrüchen schützen können, dies muss sich erst noch zeigen. Neben Übergewicht, Diabetes und Herz-Kreislauf-Störungen steht sogar Alzheimer im Fokus der Erforschung gesundheitsfördernder Lebensmitteln (*Alich, 2014*).

3. Marketingziel:	*„Functional Food Produkte sollen genutzt werden, um das LOHAS-Klientel abzuschöpfen."*
Nestlés Selbstverpflichtungen:	*„Förderung von gesunder Ernährung und Lebensweise/ Sport"*
	„Branchenführend in Ernährungs- und Gesundheitsforschung durch interne Programme und externe Kooperationen mit Spitzeninstitutionen" (*Nestlé, 2014e, S. 8, 14*)

Seit den 1990er-Jahren hat sich die Relevanz der Kundenzufriedenheit von einem reinen „Marketingthema" hin zu einem weithin akzeptierten Imperativ der Unternehmensführung gewandelt (*Meyer, 2006, S. 6418*). Da Schlagwörter wie „Bio", „Öko", „Nachhaltigkeit" und „Gesundheit" immer mehr in das Bewusstsein der Bevölkerung rücken, reicht es jedoch bei Weitem nicht mehr aus, der Erwartungshaltung anspruchsvoller Zielgruppen mit Produkten und Dienstleistungen gerecht zu werden, die „nur" besser sind als die der Konkurrenz (*Glöckner et al., 2013; Zukunftsinstitut*). Vielmehr müssen

Unternehmen heute den Nachweis erbringen, dass sie ein besseres und nachhaltigeres Leistungsspektrum anbieten. Das Akronym, mit dem dieser Konsumtrend umschrieben wird und aus USA stammt, lautet LOHAS (Lifestyles of Health and Sustainability). Damit werden Konsumenten erfasst, die qualitativ hochwertige Produkte und Dienstleistungen nachfragen, die ihren Erwartungen gerecht werden (*Glöckner et al., 2013*).

Um das gesamte Potenzial der LOHAS zu quantifizieren, haben Autoren *„Der Typologie der Wünsche 2011“* (TdW) verschiedene Attribute in drei „Bausteinen“ zusammengefasst. Sobald sich eine Person gleichzeitig zwei der folgenden Cluster zuordnen lässt, wird sie der LOHAS-Zielgruppe zugeordnet:

- **Fortschrittlichkeit und Innovation:** Meinungsführer, kreativ, aufgeschlossen, positives und lösungsorientiertes Denken (ca. 14,15 Mio. Personen)
- **Umwelt-/Gesundheits-/Konsumbewusstsein:** markenbewusst, Qualität statt Preis, ökologie- und wellnessorientiert (10,77 Mio. Personen)
- **(gesellschaftliches) Engagement:** verantwortungsbewusst, motiviert und engagiert, soziale Führungspersönlichkeiten (16,04 Mio. Personen).

Nach den Erkenntnissen der *„TdW 2011“* erfüllten zum Zeitpunkt der Analyse in Deutschland 10,68 Mio. Personen mindestens zwei der geforderten Kriterien und können daher als LOHAS bezeichnet werden (*Spiegel, 2011, S. 10*). Im Kern geht es den LOHAS um eine ökologisch und ethisch korrekte Befriedigung ihrer Konsumbedürfnisse. Da die LOHAS mittlerweile in der Mitte der Gesellschaft angekommen sind (d. h. ca. 30 - 59 Jahre alt, berufstätig mit einem mittleren bis höheren Einkommen), haben sie, insbesondere vor dem Hintergrund der in der TdW aufgezeigten Zahlenwerte, für das Marketing erheblich an Bedeutung gewonnen (*Spiegel, 2011, S. 3, 12*). Deshalb sollten die Unternehmen entlang der gesamten Wertschöpfungskette auf eine nachhaltige Bewirtschaftung, Verwendung und Entsorgung jeglicher Ressourcen achten. Nur wenn dies den Anbietern dauerhaft gelingt, werden die LOHAS die jeweiligen Produkte und Dienstleistungen zur Befriedigung ihrer Bedürfnisse überhaupt in Betracht ziehen (www.lohas-magazin.de).

Auch bei Nestlé ist man sich dieser Entwicklungen und der sich dadurch ergebenden Herausforderungen bewusst. Verdeutlicht wird dies durch den Slogan *„Good Food, Good Life“*. Im Mittelpunkt steht dabei der eigene Anspruch von Nestlé, für alle Anspruchsgruppen der Weltmarktführer für Ernährung Gesundheit und Wellness zu sein, dem die Kunden vertrauen können.

Beispiel 1 – bessere Lebensmittel und Getränke für den täglichen Bedarf: In der Premiumisierung (damit sind Produkte und Dienstleistungen angesprochen, die Qualität und Genuss in sich vereinen) sieht man bei Nestlé einen wesentlichen Wachstumsmotor, der im Zusammenspiel mit der Nestlé-Wertestruktur (vgl. dazu ausführlich das Nestlé-Qualitätsprogramm „Q4“) und der kontinuierlichen Produktverbesserung (Nestlé spricht hierbei von „Renovation“) zum Unternehmenserfolg beitragen soll. Erfolgsentscheidend dafür ist zunächst, dass die jeweiligen Produkte gesund sind und den Konsumenten einen Genussmoment verschaffen. Gleichzeitig soll jedoch auch dem Bedürfnis der Konsumenten nach einer besseren Ernährung mit Lebensmitteln und Getränken des täglichen Bedarfs entsprochen werden (*Nestlé 2014d, S. 13*).

Beispiel 2 – Krankheitsvorbeugung durch gesunde Ernährung: *„Wer nicht vorsorgt, hat später das Nachsehen!"* Diese Erkenntnis ist nicht neu, ihr wird im Alltag jedoch – gerade im Zusammenhang mit der Ernährung – viel zu wenig Beachtung geschenkt. In China ist das etwas anders. Dort ist man schon seit langem der Ansicht, dass die beste Krankheitsbehandlung die Prävention ist und schätzt daher ganz besonders gesundheitsfördernde Lebensmittel. Beispielsweise erfreuen sich milchbasierte Ernährungsprodukte zur Vorbeugung vor verschiedenen Gesundheitsproblemen im Erwachsenenalter (z. B. einem zu hohen Cholesterinspiegel oder Herz-Kreislauf-Erkrankungen) großer Beliebtheit. Nestlé bietet für dieses Kundensegment auf dem chinesischen Markt verschiedene Ernährungslösungen mit den entsprechenden Wirkungen an. Zu nennen wären hier beispielsweise (*Nestlé, 2014d, S. 13*):

- „YiYang"-Protein-Pulver mit Probiotika zur Verbesserung der Widerstandskraft und Vitalität oder
- „Ange" zum Erhalt der Knochengesundheit.

Beispiel 3 – Cholesterinsenkung in Südamerika und Asien: In klinischen Studien konnte die cholesterinsenkende Wirkung des Nestlé-Produkts „ActiCol" nachgewiesen werden. Es ist beispielsweise in Brasilien, Chile und Malaysia für die Kunden als Pulver, Flüssigkeit oder Joghurt erhältlich (*Nestlé, 2014d, S. 13*).

Beispiel 4 – weniger Zucker – gleicher Geschmack: Sobald aus gesundheitlichen Gründen die Rezeptur eines (erfolgreichen) Produktes verändert werden soll, ergeben sich für den entsprechenden Lebensmittelhersteller zentrale Herausforderungen. Bei Nesquik hatte man sich vorgenommen den Zuckergehalt stark zu senken, ohne jedoch dadurch Abstriche beim Geschmack hinnehmen zu müssen. Ende 2013 erfolgte in Europa die Markteinführung des mit Optistart angereicherten Nestlé Nesquick. Optistart ist mit Mineralien und Vitaminen angereichert und sorgt für einen Nährstoff-Mix zur Unterstützung des Wachstums von Kindern und Jugendlichen sowie deren allgemeine Entwicklung (*Nestlé, 2014d, S. 13*).

Beispiel 5 – Ernährungskompass: Die Kommunikationsmaßnahmen, die Nestlé in diesem Kontext ergreift, sind vielfältig und gehen weit über das übliche Frage-Antwort-Spiel anderer Anbieter hinaus. Eine zentrale Zielstellung besteht in der Prävention und Behandlung chronischer Krankheiten (z. B. Diabetes ausgelöst durch zu viel Zucker in der Nahrung) durch spezielle Ernährungslösungen. Dabei achtet Nestlé jedoch darauf, dass die individuellen Genussmomente der Konsumenten beim Verzehr der Nahrungsmittel nicht zu kurz kommen. Mit dem Nestlé-Ernährungskompass bietet das Unternehmen seinen Kunden verschiedene Kontaktmöglichkeiten (wie z. B. die Telefonnummer des Kundendienstes), über die sie weitere Zusatzinformationen zu den jeweiligen Lebensmitteln (z. B. zu deren Inhaltsstoffen oder der optimalen Dosierung) abrufen können.

4. Marketingziel: *„Durch Functional Food Produkte werden der Eintritt bzw. die Durchdringung von Emerging Markets angestrebt."*

Nestlés Selbstverpflichtungen: *„Wissensführerschaft in kindlicher Ernährung durch ein fundiertes Verständnis der Ernährung und der Lebensgewohnheiten von Kindern (weltweit)"*

„Reduktion des Risikos von Unterernährung durch Mikronährstoffanreicherung" (*Nestlé, 2014e, S. 9*)

Nestlé konkretisiert diese Selbstverpflichtung zeitlich und inhaltlich dahingehend, dass bis 2016 weltweit pro Jahr 200 Mrd. mit Mikronährstoffen angereicherte Nahrungsmittel- und Getränkeportionen hauptsächlich zu Kindern und Frauen im gebärfähigen Alter gelangen sollen.

Beispiel 1 – Reduktion des Mikronährstoffmangels: Mikronährstoffmangel kann zu einer erheblichen Beeinträchtigung des Wachstums und weiteren Gesundheitsproblemen führen, die sich, je nach Schweregrad und zeitlicher Dauer, nicht wieder vollständig oder überhaupt nicht korrigieren lassen. Dies hat Auswirkungen auf die Lebensqualität der Betroffenen, die Kosten für das Gesundheitssystems sowie die Gesellschaft als Ganzes in den jeweiligen Ländern. 2013 führte Nestlé daher in Zusammenarbeit mit dem Philippines Food and Nutrition Research Institute (FNRI) eine wissenschaftliche Studie durch, in der sich die Risiken eines Nährstoffmangels bestätigten. Da durch Eisen angereicherte Milch nachweißlich einen Beitrag zur Reduktion des Eisenmangels bei den betroffenen Menschen leisten kann, startete Nestlé gemeinsam mit dem FNRI auf den Philippinen eine Kampagne, die Eltern dazu bewegen sollte, ihren Kindern mit Eisen, Zink und Vitamin A angereicherte Milch zu geben. In erster Linie sollte dadurch eine unmittelbare Verbesserung der Versorgung der Kinder mit den entsprechenden Mikronährstoffen erreicht werden (*Nestlé, 2014b, S. 9*).

Beispiel 2 – Mikronährstoffe und (früh-)kindliche Entwicklung: Auch in Brasilien erforscht Nestlé die Auswirkungen von Mikronährstoffen; insbesondere interessiert man sich für die kindliche Entwicklung. An einer Langzeitstudie (die Gesamtlaufzeit beträgt 2 Jahre), die in Zusammenarbeit mit dem Hospital das Chicas da Faculdade de Medicina da Universidade de *São* Paulo durchgeführt wird, nehmen 136 Schüler im Alter von neun bis 13 Jahren teil. Dabei wird untersucht, inwieweit die Verabreichung des Nestlé-Produkts „Nestrovit" einen Einfluss auf die Entwicklung der Kinder hat. 2013 endete die erste Zwischenstufe der Studie, und es werden derzeit die erhobenen Daten ausgewertet.

Beispiel 3 – Eisenmangel: 2009 wurde in der Maghreb-Region im nördlichen Afrika die mit Eisen angereicherte Milch „Nido Dayem" eingeführt. In Ländern und Regionen wie Indien, Pakistan, Mittelamerika sowie Zentral- und Westafrika, in denen es auch oft Eisenmangel gibt, werden Maggi-Produkte mit erhöhtem Eisenanteil angeboten, die positive gesundheitliche Effekte erzeugen sollen.

Beispiel 4 – Wachstumsförderung: Seit 2014 wird „Optistart" mit Vitaminen und Mineralien zur Ergänzung von Milch, das für einen Mix von Nährstoffen zur Unterstützung von Wachstum und Entwicklung sorgen soll, im Nahen Osten und Nord- sowie Lateinamerika vertrieben.

Beispiel 5 – Jodmangel: Mangel an Jod ist weltweit ein großes Problem. Die Probleme treten oft schon bei Schwangerschaften auf. Der Jodmangel kann die Kinder in der geistigen Entwicklung beeinträchtigen oder es kommt sogar zu Fehlgeburten. Deshalb enthalten eine Vielzahl von Maggi-Produkten entsprechende Jodzusätze.

Beispiel 6 – Mikronährstoffmangel: In Indien, wo oft Mikronährstoffmängel auftreten, wurde von Maggi beispielsweise „Marsala-ae-Magic" mit Blick auf eine bessere Versorgung mit Vitamin A, Eisen und Jod auf den Markt gebracht.

Beispiel 7 – Maggi-Kochmobile: Eine weitere Kommunikationsinitiative von Nestlé, sind die Maggi-Kochmobile. Damit ist Nestlé auf Marktplätzen (z. B. in Sri Lanka oder Zentral- und Westafrika) unterwegs und betreibt Aufklärungsarbeit. Ziel ist es, den Familien die Bedeutung von Jod und Eisen für eine gesunde Ernährung zu erklären. Außerdem wird erläutert, wie gesundes Kochen mit weniger Salz funktioniert, ohne dabei auf ein Geschmackserlebnis verzichten zu müssen. Nestlé bindet in der Region Zentral- und Westafrika lokale Bauern in die Beschaffung der benötigten Maisstärke als Lieferanten ein. Zunächst werden diese im fachgerechten Anbau der Maniokpflanzen geschult. Zudem stellt Nestlé den Bauern ertragreiche Manioksorten zur Anpflanzung zur Verfügung (*Nestlé, 2014d, S. 10*).

Beispiel 8 – bezahlbare Minipackungen – immer und überall: Damit möglichst viele Verbraucher von mit Nährstoffen angereicherten Lebensmittel profitieren können, wurden die so genannten „Popularly Positioned Products" (PPP) entwickelt. Diese richten sich an Verbraucher mit niedrigen Einkommen. Die angereicherten Lebensmittel werden daher zunächst in kleinen, praktischen Portionen abgefüllt und in kleinen Geschäften den Verbrauchern angeboten. Anhand der folgenden Beispiele für Zentral- und Westafrika sei der Grundgedanke der PPP aufgezeigt (*Nestlé, 2014d, S. 10*):

- „Nutripak": 14 Gramm-Beutel mit Nido Essentia, angereicherter Milch in kleinen, praktischen Portionen
- „Maggi"-Bouillons: Würfel à 4 g, Tafeln à 10 g mit verschiedenen Rezepten
- „Ideal Value Creamer", „Nescafé Classic" in Einzelportionenbeuteln à 2 g.

Dadurch soll sichergestellt werden, dass die PPP jederzeit und überall verfügbar sind und die Verbraucher den Ernährungsnutzen kennen lernen können (*Nestlé, 2014d, S. 10*).

Um die anspruchsvollen Ziele sowie die von Nestlé formulierte Selbstverpflichtung zu erreichen, erforscht das Unternehmen kontinuierlich, häufig in Kooperation mit international anerkannten und weltweit verteilten Forschungseinrichtungen, das Ernährungsverhalten unterschiedlicher Bevölkerungsschichten in verschiedenen Ländern, deren Versorgung mit Nährstoffen sowie die sich dadurch ergebenden Auswirkungen auf den Gesundheitszustand der Menschen.

Die Beispiele zeigen sehr deutlich, dass es sehr zeit- und kostenintensiv ist, zu wissenschaftlich belastbaren Ergebnissen als Grundlage für die Entwicklung und/oder Verbesserung mikronährstoffangereicherter Lebensmittel zu kommen. Nur wenn dies gelingt und entsprechende Lebensmittel in genügend großen Mengen kostengünstig hergestellt und verteilt werden können, können der Markteintritt sowie die Marktdurchdringung von Emerging Markets mittels Functional Food-Produkten gelingen. Ein unterstützender Lösungsansatz dazu sind die Popularly Positioned Products.

4. Fazit

Lebensmittel mit gesundheitsfördernden Aspekten unterliegen weit geringeren öffentlichen Anforderungen als Arzneimittel. Vielfach geht es um vermutete Wirkungen, oftmals werden aber auch jahrhundertlang bekannte Wirkungen von Pflanzen genutzt. Die deutsche Gesellschaft für Ernährung e. V. (DGE; www.dge.de) weist darauf hin, dass funktionelle Lebensmittel nur ergänzend zu einer abwechslungsreichen Ernährung (mit Obst, Gemüse etc.) eingesetzt werden sollten.

Die eingangs aufgezeigten Anlässe wie demografische Veränderungen, Arbeitsbedingungen und die allgemein als hektisch empfundene Lebenswelt werden die Nachfrage nach Functional Foods hochhalten und sehr wahrscheinlich in Zukunft weiter ansteigen lassen. Der Einfallsreichtum sowie die Innovationsstärke einzelner Unternehmen werden dem entgegenkommen.

Weiterhin gültig sind die bereits 2010 von der Europäischen Kommission formulierten zentralen Forschungsherausforderungen für Functional Foods, damit in der Tat gesundheitsfördernde Innovationen entstehen (*European Commission, 2010, S. 17*):

„Key research challenges for functional foods are the need to identify new functional food ingredients and to gain consumer acceptance of such products. In particular, research needs to:

- *identify potential functional ingredients that could provide benefits in terms of health and well-being;*
- *identify individual biological responses to functional foods;*
- *define the bioavailability of functional food ingredients;*
- *develop appropriate biomarkers for a wider range of functional endpoints;*
- *develop the potential utility of nutrigenomics, bioinformatics, proteomics, metabolomics and nanotechnology in the development of functional foods;*
- *anticipate demand for personalized nutrition and the potential role if functional foods;*
- *ensure stability of functional food ingredients during manufacturing and passage through the GI tract to reach the target organ intact;*
- *establish Dietary Reference Intakes (DRIs) for a wider range of nutrients to enable commercial exploitation of more functional components.“*

5. Aufgaben

Aufgabe 1:

Das Marktforschungsunternehmen Ipsos (www.ipsos.de) hat bereits in den Jahren 2009 - 2011 mehrere Studien zu Functional Food-Produkten durchgeführt. Bitte recherchieren Sie, zu welchen Ergebnissen Ipsos hinsichtlich der folgenden Fragestellungen gekommen ist:

- Interessiert sich eine Minder- oder eine Mehrheit der deutschen Bevölkerung für funktionelle Lebensmittel?
- Welche Produkteigenschaften von Functional Food-Produkten sind für die Befragten besonders interessant?
- Wie sind die Preisbereitschaft und die Verwendungshäufigkeit der Verbraucher bzgl. Functional Food-Produkten ausgeprägt?

Arbeiten Sie dabei außerdem heraus, inwiefern es bezüglich der folgenden Merkmale zu (signifikanten) Unterschieden in den Marktforschungsstudien von Ipsos gekommen ist:

- Unterschiede nach Geschlechtern (männlich/weiblich)
- Unterschiede nach Altersgruppen (jüngere/ältere Verbraucher)
- Unterschiede nach Ländern (Deutschland/USA).

Weiterführende Informationen und Pressemitteilungen zu den einzelnen Studien von Ipsos finden Sie auf www.ipsos.de/publikationen-und-presse/ipsos-aktuell.

Aufgabe 2:

Bitte sammeln Sie zu den Begriffen aus Abbildung 1 entsprechende Functional Food-Produktbeispiele aus der Praxis.

Aufgabe 3:

Prüfen Sie einmal in Ihrem Umfeld (Familie, Freunde, Studienkollegen), inwieweit Sie die Befragungserkenntnisse des studentischen Marktforschungsprojekts (vgl. dazu Abbildung 2) bestätigen können. Dafür haben wir Ihnen an dieser Stelle noch einmal die Originalfragestellung aus dem Fragebogen aufgeführt:

Originalfrage: *„Aufgrund welcher Eigenschaften haben Sie sich bereits mit Functional Food-Produkten beschäftigt?"*

Können Sie in Ihrem Umfeld vergleichbare Aussagen feststellen? Sind geschlechterspezifische Unterschiede im Antwortverhalten erkennbar? Lassen sich aus dem Antwortverhalten der Befragungspersonen deren Beweggründe ableiten?

Aufgabe 4:

David Bosshart vom Gottlieb Duttweiler Institute (GDJ; www.gdi.ch) prognostiziert Entwicklungen wie „Precision-Agriculture", „Genetic Enhancement" und „3-D-Food-Printing" für den Agrar- und Lebensmittelbereich (*Bosshart, 2014, S. 27*). Darüber hinaus kursieren in den verschiedensten Fachmedien Stichworte wie beispielsweise „Sustainable Agriculture", „Free From-Produkte" und „Personalisierte Nahrungsmittel".

Frage 1: Klären Sie zunächst, was sich hinter den jeweiligen Begriffen genau verbirgt. Inwieweit stehen diese Trendbegriffe und die damit verbundenen Entwicklungen im Zusammenhang mit Functional Food?

Frage 2: Werden technische oder andere Innovationen das Lebensmittelangebot der Zukunft beeinflussen?

Aufgabe 5:

Seit dem Jahr 2012 gilt die EU-weite Health Claims-Verordnung zur Werbung mit Gesundheitsversprechen.

Frage 1: Bitte klären Sie den Inhalt und die Konsequenzen der Health Claims-Verordnung für die Lebensmittelindustrie. Geben Sie zudem jeweils Beispiele für erlaubte und für verbotene gesundheitsbezogene werbliche Aussagen.

Frage 2: Im Jahr 2014 hat das Bundesamt für Verbraucherschutz und Lebensmittelindustrie (BVL) auf 170 Seiten eine Stoffliste für Pflanzenteile vorgestellt. Welche Bedeutung hat diese Liste für die Lebensmittelindustrie im Allgemeinen und für die Anbieter von Functional Food im Speziellen?

Bitte beachten Sie, dass die Mitgliedsstaaten in der EU pflanzliche Erzeugnisse durchaus unterschiedlich behandeln.

Aufgabe 6:

Frage 1: Analysieren Sie die Websites von verschiedenen Nahrungsmittelergänzungsmarken. Als Einstieg haben wir Ihnen in der folgenden Tabelle eine Auflistung verschiedener Unternehmenswebsites zusammengestellt, mit denen Sie beginnen könnten:

Hersteller von Nahrungsmittelergänzungsmarken und deren Unternehmens-/Produkt-Websites

Lebensmittelhersteller, die Functional Food-Produkte im Sortiment führen	Unternehmens-/Produkt-Website
Abtei OP Pharma GmbH	www.abtei.de
Bad Heilbrunner Naturheilmittel GmbH & Co. KG	www.bad-heilbrunner.de
Bad Heilbrunner Naturheilmittel GmbH & Co. KG	www.biolectra-magnesium.de

Lebensmittelhersteller, die Functional Food-Produkte im Sortiment führen	Unternehmens-/Produkt-Website
Dextro Energy GmbH & Co. KG	www.dextro-energy.de
Doppelherz/Queisser Pharma GmbH & Co. KG	www.litozin.de
HERMES ARZNEIMITTEL GmbH	www.calcimed.de
Kellogg Deutschland GmbH	www.kelloggs.de
Kneipp GmbH	www.kneipp.de
MCM Klosterfrau Vertriebsgesellschaft mbH	www.taxofit.de
Merz Consumer Care GmbH	www.tetesept.de

Nehmen Sie sich etwas Zeit (mindestens eine Stunde) und sehen Sie sich eine der in der Tabelle aufgeführten Websites genauer an. Diese Surf-Stunde können Sie dazu nutzen und sich mit der Usability Methode des **„Expert Review"** vertraut machen. Dies ist eine systematische Vorgehensweise zur Beurteilung einer Website aus Expertensicht. Als Arbeitsmittel kommt dabei ein Kriterienkatalog bzw. eine Arbeitstabelle mit einer Bewertungsskala zur Anwendung.

Bevor Sie mit der Analyse der einzelnen Websites beginnen, erarbeiten Sie bitte einen entsprechenden Kriterienkatalog mit dessen Hilfe Sie anschließend eine systematische Bewertung der verschiedenen Websites vornehmen. Für jedes Kriterium schlagen wir Ihnen als Bewertungsmaßstab eine sechsstufige Abstufung vor:

Kriterien zur Startseitenbeurteilung	sehr gut 1	gut 2	befriedigend 3	ausreichend 4	mangelhaft 5	ungenügend 6
Kriterium 1	□	□	□	□	□	□
...						
Kriterium n						

Sollten Sie eine Lerngruppe sein, dann kann jedes Mitglied das Arbeitsblatt für sich ausfüllen. Anschließend können Sie Ihre Bewertungsergebnisse als Diskussionsgrundlage nutzen und vergleichen. Ziel ist es, eine möglichst konsistente und gut begründete Beurteilung der Website zu erarbeiten. Allerdings kann es auch vorkommen, dass einzelne Aspekte im Team kontrovers diskutiert werden. Sollten zwei „Experten" zu keiner Konsenslösung gelangen, wird ein drittes Gruppenmitglied als „Schlichter" hinzugezogen.

Nachdem Sie das Expert Review für eine der Websites (z. B. von der Firma Kneipp) erstellt haben, sollten Sie zu Übungszwecken noch drei bis vier weitere Websites von Nahrungsmittelergänzungsmarken analysieren und nach dem gleichen Schema beurteilen. Dadurch erhalten Sie einen guten Branchenüberblick, der es Ihnen zudem ermöglicht, die Ergebnisse der verschiedenen Expert Reviews miteinander zu vergleichen und evtl. das eine oder andere Ergebnis noch einmal zu relativieren.

Hinweis:
In den Lösungen zu dieser Aufgabenstellung befindet sich ein Vorschlag für einen Kriterienkatalog, den Professor Magerhans auf die Website der Firma Kneipp (www.kneipp.de) angewendet hat. Dieser Kriterienkatalog und die vorgenommene Bewertung haben exemplarischen Charakter und sollen Ihnen zur ersten Orientierung und als Diskussionsgrundlage dienen. Selbstverständlich dürfen Sie den Kriterienkatalog erweitern oder kürzen und zu einer abweichenden Bewertung kommen.

MEDIEN

Der Expertenblog www.usabilityblog.de bietet Ihnen zahlreiche Artikel, Studien und Praxisbeispiele zu allen Fragen des Online-Marketing und der Usability Forschung (ursprünglich konzentrierten sich die Usability Forscher auf Fragestellungen zur guten Bedienbarkeit und Einfachheit. Später wurde das Forschungskonzept um Aspekte wie „Joy of Use", „User Experience" und „Sicherheit" erweitert). Darüber hinaus finden Sie auf der Website der German UPA (Berufsverband der Deutschen Usability und User Experience Professionals; www.germanupa.de) weitergehende Informationsmaterialien, Hinweise auf aktuelle Veranstaltungen sowie viele Hintergrundinformationen zum Berufsfeld des Usability und User Experience Experten.

Beantworten Sie im Rahmen Ihrer Websiteanalyse zudem die Fragen 2 - 5:

Frage 2: Auf welchen dieser Websites gibt es einen Online-Shop? Können Sie in diesen Online-Shops auch Functional Food-Produkte erwerben?

Frage 3: Welche Marken weisen für ihre Produkte dort Nährwerttabellen aus?

Frage 4: Welche Marken offerieren den Kunden für ihre Produkte ein Produktbewertungssystem?

Frage 5: Sehen Sie einmal nach, welche der Lebensmittelmarken auf ihren Websites ein Verzeichnis ihrer stationären Händler anbieten. Falls es einen Handelsbetrieb in Ihrer Nähe gibt, gehen Sie bei Gelegenheit einmal dort vorbei, sehen sich die Präsentation von Functional Food-Produkten an und lassen sich zu einem der verfügbaren Artikel beraten. Reflektieren Sie danach Ihre Erfahrungen in Ihrer Lerngruppe.

6. Lösungshinweise zu den Aufgaben

Lösungshinweise zu Aufgabe 1:

- **Ausgangssituation:** *„Die Functional Food-Branche macht in Deutschland laut AC Nielsen jährlich über 5 Mrd. EUR Umsatz"* (*Havemann/Mattusch, 2011, S. 28*).
- **Geschlecht:** Frauen bevorzugen andere Produkte mit gesundheitlichem Zusatznutzen als Männer (*Havemann/Mattusch, 2011, S. 30*).
- **Alter:** Jüngere Verbraucher stehen funktionellen Lebensmitteln etwas offener gegenüber. Manche Eigenschaften der angebotenen Produkte wie Stärkung des Herzens, Verbesserung von Blutzuckerspiegel oder Augen interessieren aber vor allem ältere Verbraucher (*Havemann/Mattusch, 2011, S. 30*).
- **Akzeptanz:** Die Akzeptanz von Functional Food-Produkten ist bei Verbrauchern aus den USA über alle Altersgruppen mit fast 80 % wesentlich höher als in Deutschland (*Mattusch, 2010, S. 37*).
- **Verwendungshäufigkeit:** Fast die Hälfte der Deutschen (47 %) kauft oder verwendet mehrmals im Monat Lebensmittel mit gesundheitlichem Zusatznutzen (*Ipsos, 2011*).
- **Kaufbereitschaft:** Die höchste Kaufbereitschaft besteht hinsichtlich derjenigen Produkte, die das Immunsystem stärken. Zu weiteren Präferenzen vgl. Abbildung 6.

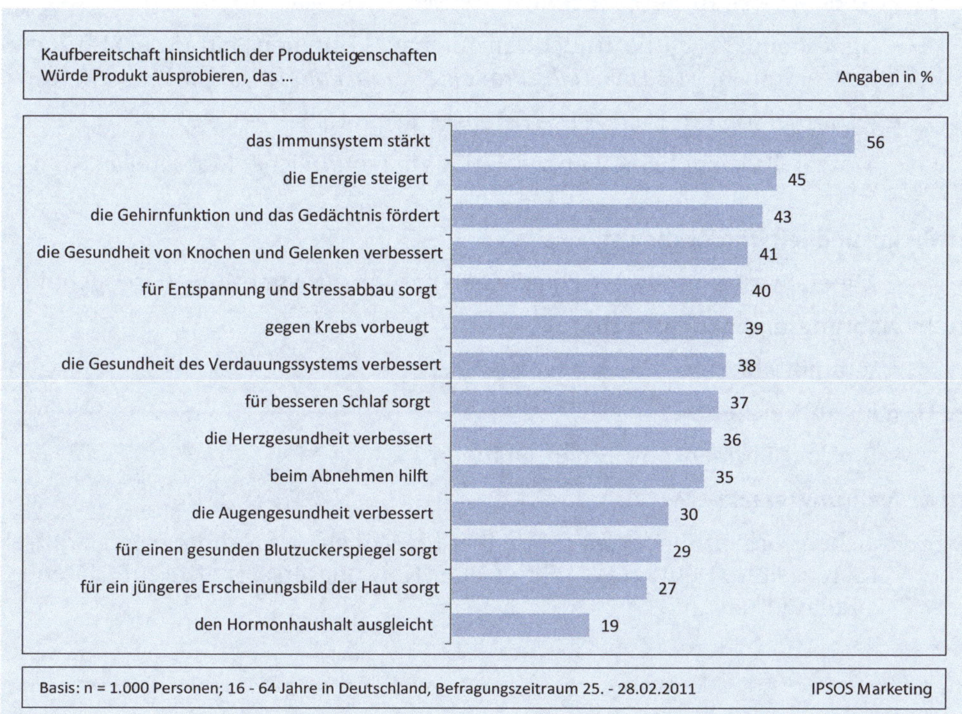

Abb. 6: Einfluss von Produkteigenschaften auf die Kaufbereitschaft für Functional Food-Produkte

Quelle: *Ipsos*

- **Zahlungsbereitschaft:** Zwei Drittel der deutschen Bevölkerung sind bereit, mehr für funktionelle Lebensmittel zu zahlen (*Ipsos, 2011*).

Lösungshinweise zu Aufgabe 2:

Es kann durchaus vorkommen, dass sich reale Produktbeispiele mehreren Kategorien zuordnen lassen. Dies können Sie beispielsweise durch die Nennung der weiteren Kategorien in einer Klammer hinter einem Produkt berücksichtigen (Anmerkung: Lebensmittel = LM):

zu A: wohlfühlschaffende Lebensmittel:

- Schokolade, Tee ...

zu B: LM mit pflanzlichen Wirkstoffen:

- Em-Eukal-Hustenbonbons ...

zu C: allergievermeidende LM:

- laktosefreie Milch ...

zu D: energiespendende LM:

- Kaffee, Energydrinks, isotonische Getränke ...

zu E: kalorien-, salz-, zucker-, fettreduzierte LM:

- Light-Produkte (vgl. dazu auch den durchaus kritischen Beitrag der Stiftung Warentest vom 28.04.2011: *„Light-Produkte: Kaum Kalorien gespart“*; www. test. de)
- fettarmer Joghurt mild (1,8 % Fett im Milchanteil)
- Mozzarella leicht (55 % weniger Fett als herkömmlicher Mozzarella = 45 % Fett i. Tr.) ...

zu F: gesundheitsfördernde LM:

- Mineralwasser mit unterschiedlichen Kalzium-/Magnesium-/Eisengehalten ...

zu J: Nahrungsergänzungsmittel:

- Vitamintabletten ...

zu H: nährstoffreiche LM:

- Brokkoli, Blumenkohl, Birnen, Orangen ...

zu K: Nahrungsersatz-LM:

- Schon vor Jahrhunderten zählte Bier für Mönche als Nahrungsersatzmittel in Fastenzeiten. Heutzutage gibt es eher Nahrungsersatzmittel für Diäten (z. B. „Almased“ u. Ä.) ...

MEDIEN

Auf dem Online-Portal www.neue-verpackung.de finden Sie den Artikel *„Attraktive Kurven“*. Dort erfahren Sie etwas darüber, inwiefern die stark anwachsende Nachfrage nach Functional Food-Produkten (insbesondere nach gesundheitsfördernden Molkereiprodukten und Getränken) auch ein Thema für die Verpackungsindustrie ist.

(Quelle: *Waßmann, B., Attraktive Kurven, 2007,* http://www.neue-verpackung.de/wp-content/uploads/migrated/docs/1455_9181.pdf, erschienen in: Neue Verpackung, S. 22 - 24, letzter Zugriff am 25.02.2015).

Lösungshinweise zu Aufgabe 3:

Sollten Sie in einem Pretest[1] feststellen, dass einzelne Begriffe nicht verstanden wurden (z. B. antioxidativ), so geben Sie dazu in der eigentlichen Befragung eine kurze Erklärung. Wenn Ihnen auffällt, dass Begriffe fehlen, so können Sie diese in der Frage ergänzen.

Um einen Eindruck zu erhalten, ob die Ergebnisse aus der Fallstudie zutreffen, sind 30 - 50 Antworten eine erste Hilfe. Wollen Sie differenzierter auswerten, z. B. nach Geschlechtern oder Altersstufen getrennt, so sollten mindestens 100 Antworten vorliegen. Bei sehr heterogenen Zielgruppen empfehlen sich ebenfalls hohe Fallzahlen; selbst die Zielgruppe Studierende könnte in ihren Einstellungen sehr heterogen sein (Mediziner vs. Juristen vs. Betriebswirte vs. Ingenieure und Naturwissenschaftler). Auch in den verschiedenen Altersgruppen (z. B. jüngere Familienmitglieder und Freunde vs. ältere Familienmitglieder wie Eltern, Onkel, Tanten und deren Freunde) könnte eine gravierend unterschiedliche Einstellung zu Functional Food bzw. den einzelnen „Funktionskriterien“ vorliegen.

Bitte beachten Sie, dass die Ergebnisse der Studierendenbefragung in der Fallstudie aus einer mehrseitigen Studie *„Gesund im Studium“* kommen. Wenn Sie eine Kurzstudie von 1 bis 3 Fragen ergänzt um soziodemografische Angaben durchführen, müssten sich auch größere Befragungen (n ³ 100) realisieren lassen.

Lösungshinweise zu Aufgabe 4:

Zu Frage 1: In einem Kurzglossar haben wir Ihnen zu den einzelnen Trendbegriffen Definitionen zusammengestellt:

- **Precision-Agriculture:** Precision Agriculture (Precision Farming) zählt zum Forschungsgebiet der Agrarinformatik. Dabei handelt es sich um *„ein Verfahren der orts-*

---

[1] Damit ist ein Vorabtest gemeint, durch den Sie Unklarheiten und Verständnisschwierigkeiten der Befragungspersonen aufdecken können.

differenzierten und zielgerichteten Bewirtschaftung landwirtschaftlicher Nutzflächen" (*Clasen, 2012*). Unter Zuhilfenahme modernster IT-Technologie wird dadurch eine Optimierung der Bodenerträge angestrebt.

- **Personalisierte Nahrungsmittel:** Nestlé forscht bereits daran, dass man in einigen Jahren personalisierte Nahrung nutzen kann. Dies könnte bei einer genetischen Veranlagung oder tatsächlicher Erkrankung (z. B. Alzheimer) möglicherweise zu einem späteren Ausbruch oder einer Verlangsamung des Krankheitsverlaufes führen (*Alich/Dörner, 2014*; *Kapalschinski, 2015*).
- **3-D-Food-Printing:** Dabei kann es sich um einen 3D-Lebensmitteldrucker handeln, mit dessen Hilfe sich dreidimensionale Lebensmittel „ausdrucken" oder besser gesagt „aufbauen" lassen. Für den Lebensmittelaufbau werden verschiedene feste und/oder flüssige Stoffe benötigt, die nach einem ganz bestimmten Bauplan im 3D-Lebensmitteldrucker zusammengefügt werden (http://foot-printer.info).
- **Sustainable Agriculture:** Das Konzept der Sustainable Agriculture umschreibt ein relativ junges, jedoch schon heute sehr breites Wissensgebiet, bei dem es um die systematische Evaluation landwirtschaftlicher und gartenbaulicher Produktionssysteme hinsichtlich ihres Beitrags zur Nachhaltigkeit in der gesamten Wertschöpfungskette geht. Dabei interessieren insbesondere Ansatzpunkte zur Optimierung und Verbesserung der Nachhaltigkeit einzelner Teilsysteme (Partialmodelle) und ganzer Systemkomplexe (Totalmodelle) (www.hochschule-rhein-waal.de).
- **Free From-Produkte:** Mit „Free From-" oder „Frei-von-Produkten" sind Lebensmittel angesprochen, die „frei" von bestimmten Inhaltsstoffen (z. B. Gluten, Laktose, Fleisch, Eiern, Nüssen, Hefe, Soja u. Ä.) sind. Für den deutschen Lebensmitteleinzelhandel haben derartige Produkte mittlerweile enorm an Bedeutung gewonnen. Beispielsweise kam es in den letzten Jahren bei Milchersatz-Produkten zu Wachstumsraten bis zu 30 % (*o. V., 2015a, S. 36 - 37*).

MEDIEN

Auf der Website des GDI (www.gdi.ch) finden Sie Hinweise auf Trend- und Zukunftsstudien. In der Rubrik „Studien" gibt es beispielsweise einen Überblick über bisher veröffentlichtes Studienmaterial. *Bettina Höchli, Mirjam Hauser* und *David Bosshart* haben 2014 eine Studie mit dem Titel *„Das nächste Bio – Die Zukunft des guten Konsums"* veröffentlicht. Die Studie entstand im Auftrag von Ja!, der Biomarke von REWE International (allerdings haben die Autoren nur die Summary als PDF-Dokument veröffentlicht).

Zu Frage 2: Es ist mit sehr großer Wahrscheinlichkeit davon auszugehen, dass technische Neuerungen und Innovationen sich zukünftig verstärkt auf die Lebensmittelproduktion auswirken werden. Allerdings sollte man gegenüber sehr bzw. zu optimistischen Szenarien eine gesunde Skepsis zeigen. Zu vielfältig sind die Einflussfaktoren, die sich im positiven, aber auch im negativen Sinne auswirken können.

Lösungshinweise zu Aufgabe 5:

Zu Frage 1: *„Die EU-Verordnung 1924/2006 über nährwert- und gesundheitsbezogene Angaben (so genannte Health Claims-Verordnung) über Lebensmittel legt europaweit einheitliche Anforderungen bei der Verwendung dieser Angaben fest. Nährwertbezogene Angaben beschreiben besondere Nährwerteigenschaften von Lebensmitteln, zum Beispiel seinen Energiegehalt oder den Gehalt an Nährstoffen oder anderen Stoffen (Beispiele: „fettarm", „zuckerfrei", „reich an Vitamin C").*

Mit „gesundheitsbezogenen Angaben" wird ein Zusammenhang zwischen dem Produkt bzw. seinen Bestandteilen und der Gesundheit hergestellt (Beispiele: „Calcium wird für die Erhaltung normaler Knochen benötigt", „Roggen-Ballaststoffe tragen zu einer normalen Darmfunktion bei").

Gesundheitsbezogene Angaben sind nur nach erfolgreichem Durchlaufen eines Zulassungsverfahrens zulässig. Nährwertbezogene Angaben müssen die in der Health-Claims-Verordnung festgelegten Bedingungen erfüllen. Wird ein Lebensmittel mit nährwert- oder gesundheitsbezogenen Angaben beworben, müssen diese Aussagen wahr und zutreffend sein." (www.bmel.de)

Konsequenz der Health Claims-Verordnung war, dass viele Lebensmittelhersteller teilweise sehr vollmundige Werbeversprechen zurückziehen mussten.

MEDIEN

Der Deutsche Werberat (www.werberat.de) entwickelt Verhaltensregeln für die Werbung im Allgemeinen und für besonders sensible Bereiche der kommerziellen Kommunikation im Speziellen. Auf der Website des Deutschen Werberats können Sie sich genauer über dessen Aufgaben und Ziele, seine Zusammensetzung und bisherige Arbeit sowie ein umfangreiches Studien- und Publikationsangebot informieren. Auch zu den Themen Functional Food und Ernährung werden Sie dort fündig.

Darüber hinaus gibt es verschiedene Web-Portale, auf denen Sie Informationen zur Health Claims-Verordnung finden werden. Denken Sie insbesondere an die Webseiten des Bundesamtes für Verbraucherschutz und Lebensmittelsicherheit (www.bvl.bund.de). Aber auch verschiedene nicht-staatliche Online-Initiativen sind einen Besuch wert (z. B. www.health-claim-verordnung.de). Interessant sind zudem Urteile des Europäischen Gerichtshofs (EuGH) (*o. V., 2015b, S. 24*).

Der großen Verunsicherung auf Seiten der Lebensmittelhersteller durch die Health Claims-Verordnung steht eine Stoffliste des Bundesamtes für Verbraucherschutz und Lebensmittelsicherheit entgegen, die vielfach eine gute Orientierungshilfe bietet.

Zu Frage 2: Am 19.09.2014 war in der Lebensmittelzeitung in einem Artikel mit der Überschrift *„Für Lebens- und Arzneimittel geeignet"* zu lesen, dass die Resonanz der Lebensmittelindustrie auf die Stoffliste für Pflanzen des Bundesamtes für Verbraucherschutz und Lebensmittelsicherheit (BVL) überwiegend positiv ausfällt.

Das zentrale Anliegen der 170-seitigen Stoffliste sei es, Industrie und Behörden bei der Einstufung von Pflanzen als Zutaten in Lebensmitteln und deren Abgrenzung zu Arzneimitteln behilflich zu sein. Insgesamt sind etwa 590 Pflanzen und Pflanzenteile aufgeführt und eingestuft.

Mithilfe eines speziellen Entscheidungsbaumes lassen sich Pflanzen in die folgenden Produktkategorien einteilen:

- Lebensmittel
- neuartige Lebensmittel
- Arzneistoffe sowie
- traditionelle Arzneimittel.

Dabei muss ganz besonders auf die jeweilige Dosierung der einzelnen pflanzlichen Stoffe geachtet werden. Als Beispiel nennt *Ebba Loeck* (wissenschaftliche Direktorin der Firma Queisser Pharma) den Gingko, der sich je nach gewählter Dosierung als Nahrungsmittel oder Arzneimittel einstufen lässt.

Aufgrund der großen Marktdynamik im Lebensmittelbereich, ist davon auszugehen, dass die Stoffliste schnell veralten wird und fortgeschrieben werden muss. Trotzdem handelt es sich dabei um ein Instrument mit einem deutlichen Mehrwert für die Lebensmittelindustrie und den mit ihr zusammenarbeitenden Behörden.

MEDIEN

Die Stoffliste des Bundes und der Bundesländer finden Sie auf den bereits empfohlenen Webseiten des Bundesamtes für Verbraucherschutz und Lebensmittelsicherheit (www.bvl.bund.de). Hier können Sie beispielsweise über die „Suche" oder die Rubrik „Lebensmittel" zur Stoffliste sowie weitergehenden Informationen gelangen.

Auf der Website der Verbraucherzentrale Nordrhein-Westfalen finden Sie dazu einen thematisch passenden Artikel vom 20.11.2014:

„Functional Food“: Angebliche Gesundmacher aus dem Kaufregal

Als *„Functional Food“* werden solche ‚normalen‘ Lebensmittel wie Brot, Joghurt, Saft und Milch bezeichnet, die zusätzlich noch mit einer *„funktionellen“* Zutat angereichert werden.

Das können Fettsäuren, Vitamine, Mineralstoffe, aber auch probiotisch wirkende Mikroorganismen oder Pflanzenstoffe wie Ginkgo, Aloe Vera oder Bioflavonoide sein. Sie sollen bestimmten Krankheiten vorbeugen, das Immunsystem stärken oder auch die Verdauung anregen. Diese gesundheitsfördernde Wirkung wird also auf ihre besonderen Inhaltsstoffe zurückgeführt.

In Deutschland sind funktionelle Lebensmittel insbesondere durch *„probiotische“* Joghurts und Milchprodukte, ACE-Säfte, Omega-3-Produkte oder cholesterinsenkende Margarinen publik geworden. Eine rechtliche Definition des Begriffs gibt es allerdings nicht.

Übrigens: Auch wenn eine unerwünscht Komponente aus einem ‚normalen‘ Lebensmittel entfernt wird, etwa bei laktose- und glutenfreien Produkten, spricht man von einem funktionellen Lebensmittel.

Im Vergleich zu den Nahrungsergänzungsmitteln, welche immer in einer konzentrierten Form wie Kapsel, Pulver oder Tablette vorliegen, handelt es sich hier also immer um ein angereichertes *„normales“* Lebensmittel.

Nach den Versprechen der Hersteller sollen sie den Körper mit „lebenswichtigen“ Stoffen versorgen, Wohlbefinden und Leistungskraft stärken oder sogar das schnelle Altern verhindern sowie Krankheiten vorbeugen. Zwar haben die Unternehmen seit 14. Dezember 2012 bei der Werbung mit solchen Gesundheitsversprechen Auflagen zu beachten – was als positive Wirkung zu einzelnen gesundheitsbezogenen Werbeaussagen auf den Produkten drauf steht, muss auch tatsächlich stimmen und zugelassen sein. Die Vorgabe gilt allerdings nur bedingt für zugesetzte Pflanzenstoffe wie zum Beispiel Ginkgo, Ginseng oder Granatapfel. Für diese *„Botanicals“* steht eine endgültige Bewertung noch aus.

[...]

Abb. 7: Online-Artikel der Verbraucherzentrale Nordrhein-Westfalen (Auszug)

Quelle: *Verbraucherzentrale Nordrhein-Westfalen*, http://www.vz-nrw.de/

Lösungshinweise zu Aufgabe 6:

Zu Frage 1: Vergleichen Sie das Ergebnis Ihres Expert Reviews mit der Experteneinschätzung von Professor Magerhans in der folgenden Arbeitstabelle.

Wenn beispielsweise eine größere Kommunikationskampagne ansteht, sind oft die inhaltliche und zeitliche Integration auch auf den entsprechenden Webseiten wichtige Kriterien (Stichwort „Crossmediale Kommunikation"). Nutzen Sie daher den vorgeschlagenen Kriterienkatalog in der Arbeitstabelle zum Abgleich mit dem von Ihnen entwickelten Kriterienkatalog. Denkbar oder erforderlich sind beispielsweise Erweiterungen bzw. Modifikationen nach Unternehmen, Branche, Produkt/Dienstleistung, aktueller Marktsituation und Zielstellung der Website (reine Online-Präsenz vs. Online-Shop).

Bezüglich der nachfolgenden Webseitenbewertung wollen wir daher an dieser Stelle nochmals deren exemplarischen Charakter betonen. Hinzu kommt, dass sich seit dem Erscheinungsdatum dieses Fallstudienbuchs evtl. (gravierende) Veränderungen auf der Webseite der Firma Kneipp ergeben haben, die die Autoren zum Zeitpunkt des Expert Reviews nicht berücksichtigen konnte.

Zu Frage 2: Der **ECC-Markenmonitor** ist ein Gemeinschaftsprojekt von der ECC Köln (www.ecckoeln.de) und des Commerce Connector (www.commerce-connector.com) und untersucht beispielsweise inwieweit Markenanbieter ihre Produkte und Dienstleistungen über das Internet aktiv vermarkten und/oder selbst über Online-Shops verkaufen.

Zur Beantwortung der Fragen 2 - 5 kann Ihnen hauptsächlich Ihre Online-Recherche, aber auch die Website www.ecckoeln.de und eine dort erschienene Pressemitteilung der ECC vom 18.12.2014 *„ECC-Markenmonitor: Bei Nahrungsergänzungsmitteln kaum Online-Direktvertrieb"* (vgl. ausführlich dazu: www.ecckoeln.de/Presse/) weiterhelfen.

Insgesamt bieten mit Kneipp und Bad Heilbrunner lediglich zwei der zehn untersuchten Top Marken ihren Kunden die Möglichkeit, die angebotenen Produkte über einen eigenen Online-Shop zu bestellen. Die übrigen acht untersuchten Marken (Calcimed, iolectra, tetesept und Centrum sowie Litozin, Dextro Energy und Abtei) bieten keine Bestellmöglichkeit an. Die ersten vier Marken verzichten sowohl auf die Möglichkeit, ihre Produkte selbst zu vertreiben, als auch darauf, den Besucher auf alternative Online-Händler zu verweisen. Die vier letztgenannten Top Marken verweisen stattdessen auf andere Online-Händler, bei denen die Kunden die Produkte erwerben können.

Zu Frage 3: Auf sieben der zehn untersuchten Websites sind Nährwerttabellen angegeben, in denen auch meist vermerkt ist, wie viel Prozent des Tagesbedarfs durch den Verzehr der jeweiligen Lebensmittel abgedeckt wird.

Zu Frage 4: Die Websites der beiden Marken tetesept und Kneipp sind die einzigen der zehn untersuchten Internet-Auftritte, welche dem Kunden ein Produktbewertungssystem anbieten. Dies erlaubt interessierten Besuchern, im Zuge des Kaufentscheidungsprozesses die Erfahrungen und Einschätzungen anderer Kunden zu berücksichtigen.

Startseitencheck – www.kneipp.de

Kriterien zur Startseitenbeurteilung	sehr gut 1	gut 2	befriedigend 3	ausreichend 4	mangelhaft 5	ungenügend 6
Ästhetik						
Motivauswahl der Bilder	□	□	x	□	□	□
Gestaltung der Seite (Anordnung und Farbdesign)	□	□	x	□	□	□
Länge und Umfang der Seite	□	x	□	□	□	□
Anzahl und Größe der Bilder	□	□	x	□	□	□
...	□	□	□	□	□	□
Usability						
Navigation (verständlich und übersichtlich)	□	□	□	x	□	□
Verlinkungen	□	□	□	□	x	□
Benutzerfreundlichkeit	□	x	□	□	□	□
Funktionalität der Seite	□	□	x	□	□	□
...	□	□	□	□	□	□
Informationsgüte						
Erwartungskonformität	□	x	□	□	□	□
Übersichtlichkeit	□	x	□	□	□	□
Ausreichender Umfang	x	□	□	□	□	□
Verständlichkeit	□	x	□	□	□	□
Passende Informationsstruktur	□	□	x	□	□	□
...	□	□	□	□	□	□
Zielgruppenadäquanz						
Angemessene User Experience (Benutzererfahrung) für die Zielgruppen	□	□	x	□	□	□
Angemessene Aufbereitung für die Zielgruppen	□	□	x	□	□	□
Passende Inhalte für die Zielgruppen	□	x	□	□	□	□
...	□	□	□	□	□	□

Die Bewertung wurde von Prof. Magerhans am 25.02.2015 erstellt. Bitte beachten Sie, dass sich Webseiten im Zeitablauf verändern. Zudem sei darauf hingewiesen, dass für Online-Shops weitere/andere Bewertungskriterien hinzuzuziehen sind.

7. Literatur

Alich, H., Das Schweizer Modell Apple, in: Handelsblatt vom 12.02.2014, S. 26

Alich/Dörner, Essen mit Beipackzettel, in: Handelsblatt vom 09.01.2014, S. 16 - 17

Bosshart, D., Was ist Bio, wenn alles Bio ist?, in: Lebensmittelzeitung vom 24.10.2014, S. 27

Bundesministerium für Ernährung und Landwirtschaft, Pflichtangaben, vom 17.07.2015, http://www.bmel.de/DE/Ernaehrung/Kennzeichnung/kennzeichnung_node.html

ECC Köln, ECC-Markenmonitor: Bei Nahrungsergänzungsmitteln kaum Online-Direktvertrieb, Pressemitteilung vom 18.12.2014, http://www.ecckoeln.de/Presse/pressemitteilung-detail/ECC-Markenmonitor%3A-Bei-Nahrungserg%C3%A4nzungsmitteln-kaum-Online-Direktvertrieb, Stand 12.03.2015

European Commission, Functional Foods, Luxembourg: Publications Office of the European Union, 2010, http://www.eurosfaire.prd.fr/7pc/documents/1276590504_functional_foods_en_publi_ce.pdf, Stand 15.03.2015

Glöckner/Balderjahn/Peyer, LOHAS im Kontext der Sinus-Milieus, 2013, http://www.lohas-magazin.de/wirtschaft/marketing/1757-lohas-im-kontext-der-sinus-milieus.html, Stand 09.03.2015

Gnirke, K., Pizza und Pillen, in: Wirtschaftswoche, Nr. 4, 2014, S. 60 - 63

Gutjahr, G., High-Tech für den Magen, in: Research & Results, 2/2009, S. 40

Gutjahr, G., Warum floppen eigentlich so viele neue Produkte?, in: Lebensmittelzeitung vom 31.10.2014, S. 70

Havemann/Mattusch, Zwischen Supermarkt und Apotheke – Daten und Fakten zum Functional-Food-Markt, in: Going Public Special „Healthcare 2011", S. 28 - 30

Ipsos, Deutsche interessiert an Functional Food, Pressemitteilung vom 29.03.2011, http://www.ipsos.de/publikationen-und-presse/pressemitteilungen/2011/deutsche-interessiert-an-functional-food, Stand 13.03.2015

Kapalschinski, C., In-vitro-Fleisch wird selbstverständlich, in: Handelsblatt vom 17./18./19.04.2015, S. 20/21

Mattusch, H., Ernährung – alles eine Frage des Alters?, in: marke41, 6/2010, S. 34 - 37

Mayer-Kuckuk, F., *Nestlé* setzt auf Kräuterrezepte, in: Handelsblatt vom 3.12.2012, S. 21

Meyer, A., Zufriedenheitsanalyse, in: Handelsblatt Wirtschaftslexikon. Das Wissen der Betriebswirtschaft, Band 12, Stuttgart 2006, S. 6418 - 6424

Nestlé, 2014a, www.nestle.de/unternehmen/geschichte, Stand 09.03.2015

Nestlé, Fortschrittsbericht Nestlé Deutschland – 2013. Gemeinsame Wertschöpfung durch Qualität: Ernährung – Umwelt – Gesellschaft – Sicherheit, Frankfurt am Main 2014b, http://www.nestle.de/asset-library/documents/verantwortung/nestle-fortschrittsbericht-2013.pdf, Stand 09.03.2015

Nestlé, Nestlé Jahresbericht 2013, Cham und Vevey (Schweiz) 2014c, http://www.nestle.com/asset-library/documents/library/documents/annual_reports/2013-annual-report-de.pdf, Stand 09.03.2015

Nestlé, Jahresrückblick 2013, Cham und Vevey (Schweiz) 2014d, http://www.nestle.com/asset-library/documents/library/documents/year-in-review/year-in-review-2013-de.pdf, Stand 09.03.2015

Nestlé, Nestlé in der Gesellschaft. Gemeinsame Wertschöpfung und unsere sozialen Verpflichtungen in der Gesellschaft, Cham und Vevey (Schweiz) 2014e, http://www.nestle.de/asset-library/documents/verantwortung/bericht_zur_gemeinsamen_wertschoepfung_2013.pdf, Stand 17.07.2015

Nestlé, Functional Food: Definition und vermutete Wirkungen, 2015a, www.ernaehrunsstudio.nestle.de/start/ernaehrungswissen/basiswissen/definition Functionalfood, Stand 15.03.2015

Nestlé, 2015b, http://www.nestle.com/brands, Stand 09.03.2015

Nestlé, 2015c, http://www.nestle.de/marken/a-z, Stand 09.03.2015

Nestlé Health Science, Bereich der Magen-Darm-Erkrankungen, 2015a, http://www.nestlehealthscience.de/ueber_uns/fachkompetenz/vital-foods, Stand 12.03.2015

Nestlé Health Science, HealthCare Nutrition. Die Rolle der Ernährung stärken, 2015b, http://www.nestlehealthscience.de/ueber_uns/fachkompetenz/healthcare-nutrition, Stand 12.03.2015

o. V., 2015a, Die große Freiheit, in: Lebensmittelzeitung, 12.06.2015, S. 36 - 37

o. V., 2015b, Fragen an den EuGH zu Health Claims, in: Lebensmittelzeitung, 15.05.2015, S. 24

Pilar, von, G., *Nestlé* erkennt die Zeichen, in: Lebensmittelzeitung, 02.10.2014, S. 2

Spiegel, Der Werbeträger. LOHAS – Lifestyle of and Sustainability, 2011, http://www.spiegel-qc.de/uploads/PDFS/RoteGruppePrint/SP_Broschuere_LOHAS.pdf, Stand 09.03.2015

Strätling, G.-M., Für Lebens- und Arzneimittel geeignet, in: Lebensmittelzeitung vom 19.09.2014, S. 18

Verbraucherzentrale, Functional Food: Angebliche Gesundmacher aus dem Kaufregal, 2014, http://www.vz-nrw.de/Nahrungsergaenzungsmittel-und-Functional-Food-Angebliche-Gesundmacher-aus-dem-Kaufregal, Stand 15.03.2015

Waßmann, B., Attraktive Kurven, 2007, http://www.neue-verpackung.de/wp-content/uploads/migrated/docs/1455_9181.pdf, erschienen in: Neue Verpackung, S. 22 - 24, letzter Zugriff am 25.02.2015

Zukunftsinstitut, Neo-Ökologie: Die Märkte werden grün, http://www.zukunftsinstitut.de/artikel/neo-oekologie-die-maerkte-werden-gruen/, Stand 09.03.2015

Internettipps:

Institution/Anbieter	URL
Berufsverband der Deutschen Usability und User Experience Professionals (UPA)	www.germanupa.de
Bundesamt für Verbraucherschutz und Lebensmittel-industrie (BVL)	www.bvl.bund.de
Commerce Connector GmbH	www.commerce-connector.com
Deutsche Gesellschaft für Ernährung e. V. (DGE)	www.dge.de
Deutscher Werberat	www.werberat.de
European Commission	http://ec.europa.eu/
Oliver Kaiser, Darmstadt	http://food-printer.info/
Footprinter is a trademark of Footprinter, Inc.	https://footprinter.com/
Gottlieb Duttweiler Institute (GDJ):	www.gdi.ch
Ipsos GmbH	www.ipsos.de
Lifestyles of Health and Sustainability (LOHAS)	www.lohas-magazin.de/
Hüthig GmbH	www.neue-verpackung.de
Stiftung Warentest	www.test.de
Beratungsunternehmen für gesellschaftlichen Wandel B. G. W. GmbH	www.trendbuero.de
eResult GmbH	www.usabilityblog.de
Zukunftsinstitut GmbH	www.zukunftsinstitut.de

Zwischen Projektmanagement und Kundenbindungstool: Der Virtuelle Projektraum eines Kongressveranstalters

Von Prof. Dr. Carsten Schröer unter Mitarbeit von Roman Kopf

1. Einleitung

Der zentrale Akteur der vorliegenden Fallstudie ist die m:con – mannheim:congress GmbH (im Folgenden: m:con) mit Sitz in Mannheim. Als hundertprozentige Tochter der Stadt Mannheim Beteiligungsgesellschaft mbH ist sie Betreiberin des Congress Center (CC) Rosengarten Mannheim. Unter dem Dach des CC Rosengarten werden auf rund 22.000 qm Gesamtfläche in bis zu 44 Räumlichkeiten Veranstaltungen von wissenschaftlich und politisch motivierten Tagungen und Kongressen über Events bis hin zu kulturellen Veranstaltungen durchgeführt. Das CC Rosengarten gewann den renommierten CongaAward 2010 als bestes deutsches Kongresszentrum und findet sich auch auf anderen Gewinnerlisten für die Prämierung serviceorientierter Veranstaltungszentren wieder (*m:con, 2015*).

Jährlich finden in den Räumlichkeiten ca. 450 Veranstaltungen mit insgesamt nahezu 500.000 Besuchern statt. Rund 80 weitere Veranstaltungen werden an anderen Austragungsorten durch die m:con organisiert. Als Fullservice-Agentur deckt die m:con das komplette Spektrum an Event-Dienstleistungen ab und tritt sowohl national als auch im benachbarten europäischen Ausland als so genannter Professional Congress Organizer (PCO) auf (*m:con, 2014*). Zusätzlich zum CC Rosengarten vermarktet m:con als strategischer Partner der Ludwigshafener Kongress- und Marketinggesellschaft mbH (LUKOM GmbH) das Kongresshaus Pfalzbau in Ludwigshafen (*LUKOM, 2014*).

Die Stadt Mannheim kann als das Zentrum der Metropolregion Rhein-Neckar angesehen werden, eine der stärksten Wirtschafts- und Metropolregionen Deutschlands. Das CC Rosengarten wurde bereits im Jahre 1903 erbaut und Ende 2007 für rund 56 Mio. € ausgebaut, renoviert und modernisiert. Seither zählt es zu den modernsten Veranstaltungsstätten Europas.

Das jährlich erscheinende Meeting- und Eventbarometer (MEB), welches vom Europäischen Verband der Veranstaltungs-Centren e. V. (EVVC), der Deutschen Zentrale für Tourismus e. V. (DZT) sowie dem German Convention Bureau e. V. (GCB) in Auftrag gegeben wird, weist für Deutschland insgesamt 2,97 Mio. Veranstaltungen in definierten deutschen Veranstaltungsstätten im Jahr 2012 aus, die insgesamt von ca. 362 Mio. Menschen unterschiedlicher Nationalitäten besucht wurden. Damit stieg im Vergleich zu Vorjahren sowohl die Zahl der Veranstaltungen als auch der Besucher von Veranstaltungen trotz krisenhafter Ereignisse wie der Wirtschafts- und Währungskrisen weiter an. Auch das Angebot an Tagungs- und Veranstaltungsstätten in Deutschland hat weiter zugenommen. Insgesamt 1.663 Kongress- und Veranstaltungscentren (VC) in Deutschland im Jahr 2012 bedeuten einen Zuwachs von 4,7 % im Vergleich zum Vorjahr. Der gesteigerte Bedarf spiegelt sich in den Belegtagen wieder. Viele Veranstaltungscentren sind stark ausgelastet und müssen sich schnell auf neue Kunden und deren Bedürfnisse einstellen. Zentrale Argumente für die Wahl einer Location sind auf Kundenseite eine gute Erreichbarkeit (84 % der Befragten im MEB geben dieses Kriterium an), die passende Infrastruktur (79 %) sowie ein adäquates Preis-Leistungs-Verhältnis (72 %). Baden-Württemberg stellt bezogen auf die Verteilung der Veranstaltungsstätten nach Nordrhein-Westfalen zwar einerseits die stärkste Veranstaltungsregion Deutschlands dar, die badische Metropolregion Rhein-Neckar erfreut sich bei den Veranstaltern jedoch einer weniger hohen Beliebtheit als beispielsweise München, Berlin/Potsdam und Köln/Düsseldorf, die das Ranking der beliebtesten Metropolregionen für Veranstaltungen anführen (*Europäisches Institut für Tagungswirtschaft, 2013*).

Damit sind die Voraussetzungen für das CC Rosengarten, sich in dem kompetitiven Wettbewerb zu behaupten, nicht ideal und verlangen kreative Gestaltungsmöglichkeiten. Eine hohe Service-Orientierung sowie Branchenkompetenz bieten Möglichkeiten, sich dennoch als Top-Choice innerhalb des so genannten „Evoked-Sets of Brands" (*Pepels, 2013a*) zu differenzieren und so auf die Shortlist der Kunden zu gelangen. Innovationen der m:con wie der „Mobile Kongressguide" für Smartphones und Tablets, der Messe- und Kongressbesuchern den Besuch vereinfachen soll, oder „m:con_vidoc", einer Software, mit der Vorträge via Live-Stream im Internet verfolgt werden können, zeigen die stetige Weiterentwicklung und zukunftsorientierte Ausrichtung des Unternehmens. Der notwendigerweise verstärkten Orientierung der Unternehmensausrichtung an den Bedürfnissen der Kunden zollt die m:con aber auch in der Entwicklung eines Virtuellen Projektraums Tribut, der das Projektmanagement erleichtern und Kunden nachhaltig binden soll.

2. Virtueller Projektraum

Mit der Verwendung des Begriffes „Virtueller Projektraum" folgt dieser Beitrag der Selbstbeschreibung durch die m:con. Virtuelle Projekträume haben sich vor allem in der Baubranche und der Architektur bewährt und etabliert. Nach *Müller* stellt der Virtuelle Projektraum ein computergestütztes Instrument für eine koordinierte Selbstorganisation von Projekten vor dem Hintergrund einer verteilten Projektabwicklung dar. Die Projektteilnehmer nutzen die Plattform interaktiv und partizipativ über eine erweiterte Telekooperationsplattform wie das Internet. Dabei dürfen nur ausgewählte Nutzer die Virtuellen Räume betreten und entsprechend der jeweiligen Einstufung ausgewählte Bereiche nutzen (*Müller, 1999, S. 3 f.*). Hauptziele des Projektraumes sind Prozessaktualität, Geschwindigkeit, Dokumentation, Transparenz und Rechtssicherheit und damit höhere Qualität und Kostenersparnis.

Innerhalb der Veranstaltungsbranche wird der Begriff des Virtuellen Projektraums noch gar nicht oder wenig verwendet. Es kann unterstrichen werden, dass es sich hierbei um eine Software-Lösung handelt, die zentral das Projektmanagement verbessern soll. Das Projektmanagement wird hierbei als ein Prozess verstanden, welcher Projekte in die Phasen Initiierung, Planung, Umsetzung, Controlling und Abschluss strukturiert (*Ortner, 2015, S. 13 f.*). Dies ist eine der wichtigsten Aufgaben von Mitarbeitern in der Veranstaltungsbranche. Eine Veranstaltung mit einem zeitlich engen, einzigartigen Ablauf, innerhalb dessen verschiedene Gewerke (z. B. Sicherheit, Catering, Technik) miteinander koordiniert werden, stellt ein ganz typisches Projekt dar. Die klassischen Phasen eines Projektes können geradezu idealtypisch auf Veranstaltungen übertragen werden (*Luppold/Rück, 2011*).

Die Einbindung von Software in das Projektmanagement ist heute gängig für komplexere Projekte. Eine Software kann dabei das Projektmanagement im Unternehmen nicht völlig neu aufstellen, sondern nur graduell im Unternehmen bereits definierte und vorhandene Prozesse und Richtlinien unterstützen. Daher muss eine Software an das Unternehmen angepasst werden, nicht etwa sollte sich der Projektablauf der Software unterordnen (*Sterrer, 2014, S. 34 ff.*).

Die Idee des Virtuellen Projektraumes besteht darin, dass in diesem abgeschlossenen Raum definierte Teilnehmer interagieren, die sowohl die Angebots- als auch die Nachfragesituation repräsentieren. Mithin gestaltet sich der Prozess der Kreation eines solchen Projektraumes deutlich komplexer als der einer Projektmanagement-Software, die in der Regel eher intern genutzt wird. Der Projektraum soll die Beziehung zum Kunden stärken und die Kundenzufriedenheit verbessern. Im Sinne des Kano-Modells der Kundenzufriedenheit hilft der Virtuelle Projektraum, die Leistungsanforderung eines reibungslosen Projektmanagements besser zu erfüllen. Je nach Sicht kann der Projektraum sogar zu einem Begeisterungsfaktor werden, d. h. er wird vom Kunden nicht erwartet, kann aber bei einer entsprechenden Qualität eine Begeisterung beim Kunden auslösen. Nach der Kano-Theorie führt eine Erfüllung der Leistungsfaktoren zu einer Kundenzufriedenheit, die Erbringung von Begeisterungsfaktoren hilft, sich Wettbewerbsvorteile gegenüber den Mitbewerbern zu erarbeiten (*Homburg & Stock-Homburg, 2008, S. 32 ff.*).

3. Problemstellung der Fallstudie

Die m:con arbeitet nach dem „Open Book Prinzip“ und verfolgt das Ziel, zum einen ein leistungsstarker Location-Betreiber des CC Rosengartens und zum anderen ein effektiver und innovationsstarker Veranstaltungsdienstleister für die Kunden zu sein. Damit einher geht die Idee eines Virtuellen Projektraumes, der eine Prozessaktualität, Dokumentation und Transparenz und somit eine höhere Qualität in der Zusammenarbeit mit den Kunden schaffen soll. Konkrete Ziele sind, auf Veränderungen in der internen und externen Kommunikation zu reagieren und neue digitale Kommunikationstrends aufgreifen, Synergieeffekte im digitalen Kommunikationsmanagement durch z. B. schnelleren Datenaustausch zu nutzen und zu einer Verringerung des E-Mail-Verkehrs beizutragen, mehr Zeit für persönliche Kommunikation und Beratung zu erhalten, da der persönliche Kontakt mit Kunden und Dienstleistern an erster Stelle steht, eine engere Kundenbindung im Stammkundengeschäft zu forcieren, die Attraktivität der m:con beim Neukundengeschäft zu steigern und schließlich die Wahrnehmung von m:con als Veranstaltungsagentur und Event-Dienstleister zu stärken. Dabei hat Priorität, dass die Nutzung des Virtuellen Projektraumes intuitiv ohne großen Schulungsaufwand erfolgen kann.

Bisher wurden intern zahlreiche Schritte eingeleitet, um den Prozess der Schaffung eines Virtuellen Projektraums zu initiieren. Es wurden zunächst Grundlagen zu diesem Thema bei m:con mit der Geschäftsleitung definiert und die Verwendung zentraler Begriffe aus Kundensicht (z. B. Kunde, Veranstalter, Veranstaltung, Dienstleister, m:conler) konkretisiert. Die maßgeblichen Bausteine einer Entscheidungskette für Veranstaltungen wurden aus Sicht des Kunden definiert, um eine Übersicht an Aufgaben innerhalb eines Projektes aus Sicht des Kunden für verschiedene Veranstaltungsarten zu erstellen. Daraufhin wurde eine Mindmap entwickelt, die inhaltlich und gedanklich die Aufgabenschwerpunkte zusammenfasst, die für den Aufbau eines Virtuellen Projektraums notwendig sind. Da sich die Aufgaben der m:con zwischen dem klassischen Geschäft als Vermieter (Vermietgeschäft) und der Leistung als Organisationsagentur (Agenturgeschäft) unterscheiden lassen, muss ein Virtueller Projektraum beiden Organisationsrollen gerecht werden. Nutzergruppen sind Veranstalter, Dienstleister und Gewerke sowie interne Mitarbeiter der m:con. Zum Zeitpunkt, an dem diese Fallstudie ansetzt, sind die Struktur, maßgebliche Bereiche und die technische Umsetzbarkeit bedacht; es liegt jedoch noch keine Testversion vor. Eine finale Entscheidung, in die Entwicklung der Software zu investieren, ist noch nicht gefallen.

4. Zielsetzung und Aufgabenstellung der Fallstudie

Wie aber steht es um die Erwartungen, Akzeptanz, Chancen und Bedenken eines Virtuellen Projektraums in der tatsächlichen Sicht von relevanten Kundengruppen? Konkrete **Programmfragen** sind:

- Auf was legen Kunden bei einer Zusammenarbeit generell und vermittelt über einen Virtuellen Projektraum wert? Was ist ihnen besonders wichtig (z. B. Inhalte, Funktionalität, Mitgestaltungsmöglichkeiten)?
- Welche Kommunikationsform sehen sie begleitend zum Projektraum im Vordergrund (E-Mail vs. reine Plattformkommunikation/Chat)?
- Ab welchem Zeitraum des Projektes möchten Kunden mit der m:con in einem Projektraum arbeiten?
- Unterscheiden sich bestimmte Nutzertypen?
- Welche Bedenken können dazu führen, den Virtuellen Projektraum ggf. nicht zu nutzen?

Die Zielsetzung und Aufgabenstellung der vorliegenden Fallstudie besteht darin, ein Studiendesign zu entwerfen, welches in der Lage ist, die Perspektive des Kunden sichtbar zu machen und maßgebliche „Do's" und „Dont's" für einen Virtuellen Projektraum zu ermitteln. In der Praxis sollte der Konzeption der Studie zudem eine tatsächliche Durchführung, Auswertung und Dokumentation folgen.

Es sind im Forschungsdesign die Aufgaben der m:con im Vermiet- und Agenturgeschäft zu unterschieden und zu berücksichtigen. Besonders relevante Kundengruppen sind bezogen auf das Vermietgeschäft in Mietern aus den Bereichen Agentur, Firmenkunden, Verwaltung und Kultur zu sehen; in Bezug auf das Agenturgeschäft sind dagegen medizinwissenschaftliche und Firmenkunden zu nennen.

5. Schwierigkeitsgrad und Hilfsmittel

Eine empirische Studie zu konzipieren, durchzuführen und zu dokumentieren erfordert Kenntnisse im Bereich der Marktforschung. Diese werden in der Regel in den ersten beiden Studienjahren erlangt. Rekurriert werden kann auf die gängige Standardliteratur beispielsweise von *Berekoven u. a. (2009), Pepels (2013b)* oder auch vertiefende Literatur der Organisationsforschung wie von *Liebold/Trinczek (2002).* Da es sich bei der zu erforschenden Zielgruppe um relevante Stakeholder handelt, ist mit einer besonderen Sensibilität vorzugehen. Die gesamte Bearbeitungszeit umfasst ca. zwei Monate.

6. Überlegungen zur Entwicklung einer Lösung

Die Beschaffung der Informationen erfordert eine **Marktforschung**. *„Unter Marktforschung versteht man die systematische Gewinnung, Aufbereitung und Interpretation von für die Marketingplanung relevanten Informationen über Absatz- und Beschaffungsmärkte zur Fundierung von Marketingentscheidungen"* (*Scharf/Schubert/Hehn, 2012*). In diesem Fall bewegt sich der Forscher auf der Ebene der Ermittlung des Ist-Zustandes mit der zentralen Fragestellung *„Was erwartet der Kunde von zukünftigen Produkten oder Dienstleistungen"* sowie auf der Ebene der Entwicklung eines Soll-Konzeptes mit der korrespondierenden Fragestellung *„Was wünscht der Kunde?"*. In der Marktforschung wird zwischen Primär- und Sekundärforschung unterschieden. **Primärforschung** beschreibt Forschungen, die Marktdaten und Informationen erstmalig und für einen bestimmten Zweck hervorbringen. Der Auftraggeber dieser Forschungen hat mithin die Fäden selbst in der Hand und kann – im Optimalfall – sämtliche, die Forschung entscheidende Fragen selbst beantworten. Dagegen bezeichnet **Sekundärforschung** die Aufbereitung, Analyse und Auswertung von Daten, die bereits vorhanden sind und zuvor für eine andere Zielsetzung bzw. Fragestellung erhoben wurden. Synonym wird auch von „Desk-Research" gesprochen, da man vom Schreibtisch aus alte Daten zur Beantwortung von aktuellen Fragen sucht, sammelt, aufbereitet und auswertet (*Kamenz, 2001, S. 63 f.*).

Da im vorliegenden Fall relevante Daten nicht bereits vorliegen, muss eine eigene Forschung als Primärforschung durchgeführt werden. Dabei lassen sich wiederum qualitative und quantitative Methoden unterscheiden. Unter **qualitativer Sozialforschung** ist eine sinnverstehende, interpretative wissenschaftliche Verfahrensweise bei der Erhebung und Aufbereitung (Datenanalyse) sozial relevanter Daten zu verstehen. Im Zentrum steht das zu untersuchende Objekt, die Person, in ihrer ganzen Einzigartigkeit (idiografischer Ansatz). Durch qualitative Verfahren werden Hypothesen eher generiert, denn überprüft. So kann durch die häufig recht offene und weniger strukturierte Herangehensweise tatsächlich Neues und Überraschendes zu Tage gefördert werden. **Merkmale der qualitativen Verfahren** sind (*ter Hofte-Fankhauser/Wälty, 2012*):

- geringe Strukturierung des Forschungsprozesses
- kleine, in der Regel nicht repräsentative Stichproben (These: die Allgemeinheit spiegelt sich in jedem Individuum wieder)
- kaum quantifizierbare Aussagen
- hohe Anforderungen an die Informationssammlung und die Auswertung.

Die **quantitative Methode** dagegen ist in der empirischen Sozialforschung eine Vorgehensweise zur numerischen Darstellung empirischer Sachverhalte, aber auch zur Unterstützung der Schlussfolgerungen aus den empirischen Befunden mit Mitteln der schließenden Statistik. Quantitative Methoden betreffen Bereiche der Stichprobenauswahl, der Datenerhebung (Messung) und der Datenanalyse. Im Mittelpunkt steht die betrachtete Stichprobe (das so genannte Sample) bzw. Aussagen über die durch die Stichprobe repräsentierte Population (nomothetischer Ansatz). Hypothesen werden hier vor allem überprüft (*Bortz/Döring, 2006, S. 298 f.*). Bezogen auf die oben gemachte

Auflistung für die qualitativen Verfahren ergibt sich mithin für die quantitativen Methoden ein umgekehrtes Bild.

Da im vorliegenden Fall Neues entdeckt werden soll und Motive, Erwartungen und Bedürfnisse offengelegt werden sollen, ist die **Wahl eines qualitativen Ansatzes** angezeigt. Hier sind wiederum unterschiedliche Instrumente denkbar. Als non-reaktives Instrument ist die Beobachtung zu nennen. Das tatsächliche Nutzungsverhalten der Gruppen könnte beispielsweise mittels Eye-Tracking (*Nielsen/Pernice, 2010*) untersucht werden. Da eine benutzerfähige Version zum Zeitpunkt der Studie nicht vorlag, konnte diese Form ausgeschlossen werden. Bei Befragungen – der anderen „Hauptmethode" innerhalb der qualitativen Methoden – bieten sich Gruppendiskussionen oder Einzelinterviews an. Gruppendiskussionen (*ter Hofte-Fankhauser/Wälty, 2012, S. 74*) sind zwar sehr gut dazu geeignet, die Meinungen von Gruppen herauszuarbeiten, erfordern jedoch einerseits einen hohen koordinativen Aufwand, da die Beteiligten zu einem festen Zeitpunkt gemeinsam verfügbar sein müssen, andererseits ist eine große Offenheit gefragt, die sich vor dem Hintergrund einer Befragung in einer Wettbewerbssituation nicht herstellen lässt.

Daher wurde im konkreten Fall zu **Experteninterviews** gegriffen, die auf einem halbstandardisierten Leitfaden beruhten. Folgender Zeitplan wurde entworfen:

- 15. Juli: Auftakt-Briefing
- Ende Juli: Mailing an ausgewählte m:con-Kunden zur Vorabinfo der Erhebung
- 16. Juli - 05. August: Entwicklung und Abstimmung eines Leitfadens zur Kundenbefragung
- 06. August - 21. August: Durchführung der Kundenbefragung
- 22. August - Mitte September: Auswertung der Befragung
- 25. September: Präsentation der Ergebnisse.

Um die Kundengruppen zu berücksichtigen, wurden sechs Gruppen aus den Bereichen Organisationsgeschäft und Vermietgeschäft für die Erhebung gebildet, die auch unterschiedlichen Branchen gerecht wurden.

Kundenart	**Art der Kundenbeziehung**
Firmenkunden	Organisationsgeschäft
Medizinkunden	Organisationsgeschäft
Agentur	Vermietgeschäft
Firmenkunden	Vermietgeschäft
Verwaltung	Vermietgeschäft
Kultur	Vermietgeschäft

Die Auswahl der Befragten erfolgte nicht zufällig. Es wurden von der m:con typische Fälle vorgeschlagen und der Forschungsgruppe übergeben. Ansprechpartner waren Geschäftsführer oder diejenigen Personen, die maßgeblich an den Projekten mit der m:con beteiligt sind (in der Regel Projektleiter). In jeder Gruppe wurden bis zu vier Interviews geführt. Schließlich lagen 20 durchgeführte Interviews vor.

Der Entwicklung des halbstandardisierten Leitfadens stand eine dimensionale Analyse vor. Es wurde gefragt, ob es vor dem Hintergrund des Befragungszieles wichtige Themenbereiche als Dimensionen gibt, über die gesprochen werden soll. Folgende Dimensionen wurden ausfindig gemacht:

Derzeitiges Projektmanagement
Projektmanagement und die Zusammenarbeit mit der m:con

Status quo Virtueller Projektraum
Kenntnis, Vorstellung und Verwendung (in anderen Bereichen) eines Virtuellen Projektraums

Diskussion möglicher Inhalte und Funktionen
Vorstellung und Diskussion möglicher Inhalte, die für den Virtuellen Projektraum der m:con angedacht sind.

Unterdimension 1: **Kommunikation**

Unterdimension 2: **Berechtigungskonzept**

Unterdimension 3: **Datenaustausch**

Unterdimension 4: **Zeit- und Aufgabenmanagement**

Unterdimension 5: **weitere Funktionen**

Diskussion von Vor- und Nachteilen sowie Bedenken
Offener Austausch zur möglichen Verwendung

Zukunft und Ausblick
Realisation und Zukunftsperspektive eines Virtuellen Projektraums in Zusammenarbeit mit der m:con

Diese Dimensionen galten als Bezugspunkte für den halbstandardisierten Leitfaden und schließlich für das Gespräch. Eher offene Einstiegsfragen sollten die Befragten in einen offenen Austausch führen. Teil des Leitfadens waren aber auch konkrete, für alle Interviews gleiche Fragen, die die Vergleichbarkeit der Interviews untereinander erleichterten. Im Sinne einer qualitativen Inhaltsanalyse (*Mayring, 2010*) wurden die Ergebnisse verdichtet und zu einem Bericht in Präsentationsform aufbereitet, der vorgestellt und erläutert wurde. Dabei wurde ein Augenmerk auf Gemeinsamkeiten und Trends sowie auf das Vorhandensein von spezifischen Unterschieden gelegt.

7. Verwertung der ermittelten Erkenntnisse

Die Ergebnisse der beauftragten Studie führten bei der m:con einerseits zur Bestätigung bereits formulierter Einschätzungen, andererseits aber auch zu neuen Erkenntnissen. Stand vor der Befragung noch nicht endgültig fest, tatsächlich in die Entwicklung eines Virtuellen Projektraumes zu investieren, so konnte diese Frage eindeutig mit „Ja" beantwortet werden. Eine Testversion wird nun entwickelt und mit unterschiedlichen Kunden erprobt. Das heterogene Antwortverhalten der Kunden bei der Befragung macht den Test mit unterschiedlichen Anspruchsgruppen unabdingbar.

Der Fokus auf die intuitive Bedienbarkeit der Software bleibt durch die erzielten Kundenstimmen erhalten. Als praktischen Hinweis ist herauszustellen, dass beim Produktlaunch eine intuitive grafische Darstellung gewählt werden sollte, die der Zielgruppe die Funktionalitäten des Virtuellen Projektraums in einfachen Bildern näherbringt. Hier ist zu überlegen, ein „Erklär-Video" im Sinne der so genannten „Simpleshows" zu produzieren.

Insgesamt bleibt wichtig, die individuellen Bedürfnisse innerhalb des Virtuellen Projektraums zu erkennen und zu berücksichtigen. Je nach Branche, Unternehmensgröße, Art und Häufigkeit der Zusammenarbeit mit der m:con sowie Affinität der Nutzer zu Technologie und Computern unterschieden sich die Ergebnisse. Die Auswertung der Befragung führte dazu, weiterhin ein besonderes Augenmerk auf die Face-to-Face-Kommunikation zu legen, denn branchenübergreifend wurde die Angst vor einem Verlust der persönlichen Kommunikationsbeziehung durch die Etablierung der Virtuellen Plattform deutlich. Dem Nutzer sollte vermittelt werden, dass er durch den Einsatz der Onlineplattform weder in eine Bring- noch in eine Holschuld gebracht wird, sondern es sich um ein Angebot handelt, welches er zu seinem Vorteil wahrnehmen kann.

Als letzte und eine der wichtigsten Erkenntnisse der Studie ist die Datensensibilität der Kunden von m:con zu nennen. In der weiteren Kommunikation muss verdeutlicht werden, dass die Arbeit mit einem Virtuellen Projektraum genau so sicher wie mit den bisherigen digitalen Werkzeugen (wie z. B. E-Mail, Cloud-Speicher etc.), wenn nicht sogar sicherer von Statten geht.

8. Zukünftige Maßnahmen

Die Einführung der Projektraum-Software soll durch einen umfangreichen Katalog an Marketingmaßnahmen begleitet werden. Aufzuführen ist eine umfassende PR- und Werbekampagne mit einem oder mehreren Beispielkunden. Die positive Erfahrung des Kunden mit dem neuentwickelten Tool soll dabei inhaltlich im Vordergrund stehen. Verschiedene Mailings im Print- und Onlinebereich, die Verknüpfung von Präsentations- und Testzugängen, aber auch das Schalten von Anzeigen und Werbebannern in einschlägigen Fachmedien sind für die Kommunikation mit Bestands- und potenziellen Neukunden geplant. Die erzeugten Botschaften müssen sich hierbei an den bestehenden Kundenbedürfnissen orientieren. Herausforderung ist es, diese auf die Funktionalitäten und Möglichkeiten des Virtuellen Projektraums zu übertragen. Das Spiel mit der

Wortverbindung aus „Projekt“ und „Raum“ im physischen sowie im digitalen Sinne ermöglicht den Textern und Grafikern eine entsprechende Vorlage als Basis für die Werbekommunikation.

Des Weiteren ist die Aktivität in Branchenverbänden zu nennen. Gerade im Veranstaltungssektor befassen sich die einschlägigen Fachgruppierungen sehr intensiv mit Zukunftsthemen in diesem Wirtschaftszweig. Ein bereits durchgeführter Branchenworkshop zeigte, dass m:con in diesem Sektor Pionierarbeit leistet und dass bislang vergleichbare Lösungen in der Branche fehlen. Aufgrund des allgemein hohen Workloads und der Risiken beim Aufbau eines Virtuellen Projektraums hält sich die Branche derzeit noch abwartend bedeckt. Für m:con ergibt sich hierdurch die Chance, die Rolle des visionären Dienstleisters zu festigen. Die Integration in bestehende Zukunftskampagnen ermöglicht zudem, ohne erhöhten Mehraufwand zusätzlich interessierte Multiplikatoren zu erreichen. Durch die Schnittmengen mit potenziellen Kunden, die sich ebenfalls über die Neuerungen der Branche in den Fachgremien informieren, wird eine weitere Bewerbung erzeugt.

Aufgrund des interdisziplinär wirksamen Inhalts eines Virtuellen Projektraums erhofft sich m:con die Einladung zu Fachvorträgen auf Kongressen und Fachveranstaltungen. Durch diesen Baustein erhält das Unternehmen die Möglichkeit, in einem nahezu werbefreien Raum interessante Zielgruppen anzusprechen.

Die Face-to-Face-Kommunikation soll im Rahmen der Marketingmaßnahmen einen ebenso wichtigen Bestandteil einnehmen. So ist z. B. angedacht, eine Informationsveranstaltung für bestehende und potenzielle Kunden durchzuführen, bei der der Virtuelle Projektraum mit seinen Möglichkeiten und Vorteilen eingeführt werden soll. Die Einbindung von Kurzpräsentationen auf Messeauftritten der m:con ist als wichtiges Element zu sehen, um dem (potenziellen) Kunden aufzuzeigen, dass die persönliche Kommunikation auch mit diesem digitalen Tool nach wie vor erste Priorität genießt. Das Einbeziehen von Hochschulen ist für die m:con in diesem Kontext ebenfalls eine Marketingmaßnahme. Sowohl die bereits erfolgte Einbindung von Studierenden bei der Umsetzung einer Kundenbefragung, als auch zukünftig geplante Studentenprojekte führen dazu, dass sich die Studenten als künftige Auftraggeber von m:con gedanklich mit dieser Software-Lösung auseinandersetzen. Zudem sind solche Aktionen auch im Sinne einer nachhaltigen Nachwuchskräfteakquise zu verstehen.

Eine klare Zielsetzung ist sowohl bei der Entwicklung und beim Aufbau des Virtuellen Projektraums als auch beim späteren Einsatz der Onlineplattform unabdingbar. Vor allem geht es der m:con um die engere Bindung von Stammkunden. Mit dem Einsatz des Projektraums möchte man hier die bestehende Servicepalette ausbauen. Für Neukunden soll das Angebot der m:con, ihre Veranstaltung mit Unterstützung dieser neuartigen Informations- und Projektmanagementplattform durchführen zu können, einen zusätzlichen Anreiz bei der Entscheidungsfindung schaffen. Auch der bereits angesprochene Zusatznutzen beim Kampf um die besten Fachkräfte ist hier nicht zu unterschätzen.

9. Fazit und Ausblick

Marktforschungen durchzuführen, bedeutet einen strukturierten und sehr arbeitsintensiven Prozess. Das Projekt hat gezeigt, welche Bedeutung die Marktforschung für weitere Schritte haben kann. Im Rahmen der Studie tauchten teilweise Schwierigkeiten auf. So waren die gewünschten Ansprechpartner nicht leicht erreichbar, was nicht zuletzt auf die Urlaubszeit innerhalb des Befragungszeitraumes zurückzuführen war. Auch das Informationsschreiben zur Befragung fand nicht immer den richtigen Adressaten, sodass nicht alle Befragten bei einer Kontaktaufnahme im Bilde über das Projekt waren. Wie oft im Bereich der Marktforschung ist die Forschung auf eine Teilnahmebereitschaft angewiesen, die trotz der starken Selektion der Befragten nicht immer gegeben ist. Durch den laufenden Kundenbetrieb waren in diesem Fall zudem feste Terminabsprachen für die Befragung schwer zu finden. Schließlich ist die Diskussion eines so komplexen Themas wie dem des Virtuellen Projektraumes vor allem vor dem Hintergrund der teilweise mangelnden Kenntnisse der Befragten im Bereich IT anspruchsvoll.

Gerade bei Innovationsthemen ist die Einbindung der Marktforschung nicht unproblematisch. Hätte man vor der Einführung des Automobils Nutzer von Pferdekutschen gefragt, wie sie sich in Zukunft den eigenen Transport vorstellen würden, so hätte die Antwort wohl gelautet: *„Mit schnelleren Pferden!“*. Das Automobil von damals, das sich ähnlich wie der Virtuelle Projektraum heute noch in der Entwicklung befand, wäre wohl in der Marktforschung durchgefallen. Daher ist es einerseits wichtig, die Erkenntnisse der Marktforschung ernst zu nehmen, andererseits jedoch dem unternehmerischen Geist und Visionen ihren Platz zu lassen.

10. Literatur

Berekoven/Eckert/Ellenrieder, Marktforschung: Methodische Grundlagen und praktische Anwendung, 12. Auflage, Wiesbaden 2009

Europäisches Institut für Tagungswirtschaft, Tagungs- und Veranstaltungsmarkt Deutschland: Das Meeting- und Eventbarometer 2012/2013, Frankfurt a. M. 2013

Homburg/Stock-Homburg, Theoretische Perspektiven zur Kundenzufriedenheit, in: Homburg, C., Kundenzufriedenheit, Wiesbaden 2008, S. 17 - 52

Kamenz, U., Marktforschung, 2. Auflage, Stuttgart 2001

Liebold/Trinczek, Experteninterview, in: Kühl/Strodtholz, Methoden der Organisationsforschung, Hamburg 2002, S. 33 - 70

LUKOM Ludwigshafener Kongress- und Marketing-Gesellschaft mbH, ludwigshafen:pfalzbau, abgerufen am 15.12.2014 von http://ludwigshafen-pfalzbau.de/

Luppold/Rück, Event Controlling and Performance Measurement, in: Conrady/Buck, Trends and Issues in Global Tourism 2011, Berlin, Heidelberg 2011, S. 253 - 277

m:con – mannheim:congress GmbH, Kongressagentur m:con, abgerufen am 15.12.2014 von http://www.mcon-mannheim.de/kongressagentur-mcon/leistungen/?gclid=CIGum6XgkMMCFWjltAodRD0ArA

m:con – mannheim:congress GmbH, Congress Center Rosengarten, abgerufen am 02.01.2015 von http://www.rosengarten-mannheim.de/veranstalter/

Mayring, P., Qualitative Inhaltsanalyse: Grundlagen und Techniken, 11. Auflage, Weinheim 2010

Müller, C., Der Virtuelle Projektraum. Organisatorisches Rapid-Prototyping in einer internetbasierten Telekooperationsplattform für Virtuelle Unternehmen im Bauwesen, Karlsruhe 1999

Nielsen/Pernice, Eyetracking Web Usability, Berkeley, 2010

Ortner, G., Projektmanagement-Outsourcing, Heidelberg 2015

Pepels, W., Käuferverhalten, 2. Auflage, Berlin 2013a

Pepels, W., Moderne Marktforschung, 3. Auflage, Berlin 2913b

Scharf/Schubert/Hehn, Marketing, 5. Auflage, Stuttgart 2012

Sterrer, C., Das Geheimnis erfolgreicher Projekte, Heidelberg 2014

ter Hofte-Fankhauser/Wälty, Marktforschung, Basel 2012

Von der strategischen Frühaufklärung zur Innovation

Von Prof. Dr. Ulla Meister und Prof. Dr. Holger Meister

1. Unternehmen und Ausgangslage

Die Firma Megasauce ist ein international tätiges Unternehmen in der Ernährungsbranche und offeriert seine Leistungen speziell der Hotellerie, Gastronomie, Casinos und Kantinen. Angeboten werden neben Beratungsleistungen komplette Problemlösungen für den Convenience-Bereich der Speisenzubereitung. Neben einer Entwicklungsabteilung in Form einer Experimentalküche werden auch Software-Lösungen primär für die Gemeinschaftsverpflegung in Großküchen erstellt.

Entwicklungstrends in der Ernährung zu erkennen, ist für Megasauce von vitalem Interesse. Insbesondere stehen die Anforderungen und die Entsprechung der Wünsche der Gäste oben genannter Einrichtungen sowie die Umsetzungsmöglichkeiten seitens der Küchenbetreiber im Vordergrund.

2. Problemstellung

Die zentrale Frage für Megasauce lautet: Welche Ansprüche werden die Menschen zukünftig an die Leistungen der Großküchen und an den Außer-Haus-Verzehr stellen? Lautet die Devise künftig vielleicht eher genießen statt essen? Gerade für Kantinenbetriebe ist dies ein wichtiger Aspekt, denn die Gemeinschaftsverpflegung in den Unternehmen ist als ein Faktor der Mitarbeiterzufriedenheit ins Blickfeld gerückt – unabhängig davon, ob die Betriebsrestaurants in Eigenregie oder von Caterern bewirtschaftet werden. Schließlich verbringt ein Erwerbstätiger in der Regel einen Großteil seiner Zeit an Wochentagen außer Haus an seinem Arbeitsplatz und ist auf das Speisenangebot in seinem Unternehmen angewiesen, wenn er vollwertige Mahlzeiten zu einem erschwinglichen Preis einnehmen möchte. Folgt man der Maslowschen Motivationstheorie (*Maslow, 1943*), wird mit der Verpflegung ein primäres menschliches Bedürfnis angesprochen, das mittels der Betriebsküche in optimaler Weise befriedigt werden sollte.

Wenn Megasauce einen Wettbewerbsvorteil aufgrund seines spezifischen Knowhows behalten oder gar ausbauen will, muss das Unternehmen seinen Kunden innovative Lösungen anbieten. Es sollten jedoch nur solche Innovationen sein, die zum einen den (zukünftigen) Erwartungen der Gäste als Endverbraucher entsprechen und zum anderen den Küchenbetreibern optimalen Nutzen stiften.

Auch unabhängig von der im Folgenden dargestellten Fallstudie lautet die generelle Aufgabenstellung für ein Unternehmen in einer sich stetig verändernden Umwelt: „Beherrsche die Zukunft, um die Gegenwart überleben zu können." Aufgrund des rasanten Wandels der sozio-technischen Unternehmensumwelt muss ein Unternehmen ständig die Frage beantworten können, ob die eigenen Ziele mit der Umwelt zumindest kompatibel sind und künftig bleiben werden. Bereits 1968 erwartete *P. F. Drucker „an Age of*

Discontinuity in world economy and technology" mit tiefgreifenden Folgen (*Drucker, 2008*) und konstatierte später, dass die einzige Gewissheit darin bestehe, turbulenten Zeiten entgegen zu sehen (*Drucker, 1980*). Dies gilt für Branchen der Hochtechnologie ebenso wie für den im Folgenden beschriebenen Großküchenbereich. Daher genügt es nicht, sich auf die Zufriedenheit seiner Kunden zu verlassen und sich darauf zu beschränken, die Zukunft aufgrund der Vergangenheit und Gegenwart bestimmen zu können. Zu groß ist die Gefahr, von trendbruchartigen Veränderungen überrollt zu werden.

Die strategische Prognose der zu erwartenden Ereignisse geht im Allgemeinen von **Trends** aus. Dabei handelt es sich um signifikante Erscheinungen, bei denen sich eine (oder mehrere) Variable über einen bestimmten Zeitraum gleichgerichtet und konstant entwickelt. Das heißt, es wird davon ausgegangen, dass sich Trends aus der Vergangenheit auch in der Zukunft fortsetzten werden. Von dieser Annahme wird man nur dann abweichen, wenn starke Anhaltspunkte dafür vorliegen, dass bestimmte Entwicklungen einen größeren Sprung oder sogar einen Bruch erfahren werden.

Die wichtigste Voraussetzung hierzu besteht darin, hinreichend bedeutsame Anzeichen für Veränderungen zu erhalten. In erster Linie sind diese jedoch nicht quantitativer, sondern qualitativer Natur. Verfolgt man lediglich die quantitative Sichtweise und extrapoliert Zeitreihen aus der Vergangenheit mittels statistischer Daten in die Zukunft zu Trends, droht die Gefahr in eine **Extrapolationsfalle** zu tappen, die sich im Falle eines Trendbruchs auftut. Mathematische Extrapolationsverfahren sind beispielsweise die lineare Extrapolation, die lineare und nicht lineare Regression sowie Hüllkurvenverfahren. Eine zentrale Annahme dieser Zeitreihenverlängerung ist, dass die Einflussgrößen und Mechanismen der Vergangenheit auch in Zukunft ihre Gültigkeit behalten werden. Gleiches gilt, wenn der Trend zwar seine Richtung behält, in seinem Verlauf jedoch ein Sprung auftritt.

Um Diskontinuitäten zu antizipieren und Geschäftsfelder auf Trendbrüche vorzubereiten, bedarf es einer **qualitativen Prognose** mit ebenso qualitativen „weichen" Indikatoren, die zunächst bestimmt werden müssen. Im Gegensatz zu mathematisch-statistischen Zeitreihen gehen in die qualitative Trendbetrachtung sozio-technische Veränderungen ein und sind zunächst mit Worten zu beschreiben. Quantitative Trendextrapolationen und ähnliche projektive Verfahren können diese qualitativen Phänomene in einer Zusammenschau nicht berücksichtigen, sodass die Gefahr von Fehlprognosen auf der Hand liegt, wenn man lediglich Entwicklungen aus der Vergangenheit verlängert. Die retrospektive Datenbasis kann keine Trendänderungen und Strukturbrüche, geschweige denn völlig neue Trends aufzeigen (*Wheelwright/Makridakis, 1982*), weil sie keine bislang unberücksichtigten Einflussfaktoren enthält.

Selbst wenn man davon ausgeht, dass künftige Entwicklungen in der Regel von mehreren Faktoren abhängen, die in Wechselwirkung zueinander stehen und die Entwicklung des einen Trends einen anderen abschwächen oder verstärken kann, handelt es sich dennoch um lediglich quantitative Daten, die in die Zukunftsstudien eingehen. Die Cross Impact-Analysis käme hierfür infrage (*Steinmüller/Burmeister/Schulz-Montag, 2003*). Qualitative Parameter finden darin keine Berücksichtigung.

Als Konsequenz aus möglichen Störungen bislang als stabil angenommener Gesetzmäßigkeiten ergibt sich für die Unternehmensführung die Notwendigkeit, (qualitative) Phänomene rechtzeitig zu erkennen, die Differenzen zwischen dem geplanten Unternehmenskurs und der tatsächlichen Entwicklung mit sich bringen können. Es kann sich dabei jeweils um **Chancen oder Bedrohungen** handeln. Nicht zuletzt stehen im Chinesischen dieselben Schriftzeichen für Krise wie für Chance, und sicherlich aus gutem Grund definiert auch die ISO 31000 den Begriff des Risikos neutral.

Es geht letztendlich darum, am Markt die Initiative zu behalten. Unternehmerisches Verhalten muss deshalb darauf ausgerichtet sein, mit dem Wandel zu agieren und aktiv an der Gestaltung der Zukunft teilzunehmen. Keine aussichtsreiche Alternative besteht darin, Veränderungen als gegeben hinzunehmen und sich daraufhin lediglich reaktiv anzupassen. Grundsätzlich bestehen zwei Möglichkeiten, strategischen Überraschungen mehr oder weniger zu begegnen: Zum einen kann man ein Krisenmanagement entwickeln, mit dem schnell und wirksam auf strategische Überraschungen reagiert wird. Zum anderen kann die Fähigkeit geschaffen werden, sich mit einem Ereignis auseinanderzusetzen, bevor es eingetreten ist, um die Wahrscheinlichkeit der strategischen Überraschung möglichst gering zu halten. Damit verliert eine strategische Diskontinuität ihre Schlagartigkeit, Dringlichkeit und Unbekanntheit (*Ansoff, 1976*).

Zunächst sind potenzielle Veränderungen in der unternehmensrelevanten Umwelt aufzuklären, um daraufhin mögliche Lücken in der eigenen strategischen Ausrichtung samt Angebotspalette erkennen zu können. Im positiven Fall sind daran anschließend drohende Leistungsdefizite zu beseitigen.

Aufgabe 1: Worin besteht die Gefahr der Extrapolation eines quantitativen Trends?

Lösung: Die Gefahr, in eine Extrapolationsfalle zu tappen, besteht im Fall eines quantitativen Trends in der Annahme, dass Einflussgrößen und Mechanismen, die in der Vergangenheit bis in die Gegenwart gegolten haben, auch in Zukunft ihre Gültigkeit behalten werden. Qualitative Veränderungen, die Diskontinuitäten samt Trendbrüchen hervorrufen, wie technologische Quantensprünge, finden hierin keinen Eingang.

3. Ziele

Nicht allein die steigende Innovationsgeschwindigkeit im technologischen Umfeld mit immer kürzer werdenden Lebenszyklen von Produkten und Verfahren sei bedacht. Zudem bedingt der ebenso rasche gesellschaftliche Wandel eine Vorausschau einschließlich vorausschauendem Verhalten (**Foresight**), die auf systematische, an Entscheidungen orientierte Aktivitäten mit längerem Zeithorizont abzielt. Foresight ist nicht Forecasting im Sinne einer Vorhersage und Prognosetätigkeit zu verstehen, denn die Zukunft lässt sich nicht eindeutig vorhersagen, da sie offen und gestaltbar ist (*Steinmüller/Burmeister/Schulz-Montag, 2003* und *Becker, 2002*).

Die Bedeutung dieser Beschäftigung mit der Zukunft wächst für die Unternehmensführung mit zunehmender Umweltdynamik analog der Fahrt mit dem Auto; je höher die Geschwindigkeit, desto länger wird der Bremsweg. Folglich ist eine vorausschauende Fahrweise notwendig, um Hindernisse rechtzeitig zu erkennen. Gelingt dies nicht und muss man in einer Kurve plötzlich infolge einer unvorhergesehenen Situation mit einem Ausweichmanöver das Lenkrad herumreißen, kann das Fahrzeug in den Straßengraben schleudern. Mit einem Unternehmen verhält es sich ebenso, wenn es nicht vorausschauend auf Kurs gehalten wird. Denn eine nicht erkannte gravierende Diskontinuität in der unternehmensrelevanten Umwelt zwingt zu hektischen Reaktionen mit abrupten Maßnahmen, um die Richtung zu ändern. Besser ist es, seinen Kurs so zu wählen, um a priori in die optimale Richtung lenken zu können und die Steuerungsaktivitäten niedrig zu halten.

Zusammengefasst sollte man die Dynamik der relevanten Unternehmensumwelt „im Griff" haben, um hieraufhin seine Geschäftsfelder zu definieren und festzulegen, mit welchem Angebot an Leistungen man sich an welche Nachfrager wendet. Dies bedingt neben der Definition von Zielen auch die Festlegung des Vorgehens zu ihrer Erreichung. Man unterscheidet deshalb Ergebnis- und Vorgehensziele. Hieraus leitet man schließlich Strategien ab und erhält den langfristigen Rahmen für die Maßnahmen, mit denen die Ziele erreicht werden sollen. Dieser ist des Weiteren bis in das Tagesgeschäft hinein zu operationalisieren. Tabelle 1 teilt den zeitlichen Rahmen ein, den die Planung zur Zielerreichung haben kann.

Zeitlicher Rahmen	Ausprägung	Wirkung
langfristige Orientierung ≥ 3 Jahre	strategische Planung	prinzipielle Veränderung ► Innovation ► Diversifikation
mittelfristige Orientierung > 1 - 3 Jahre	taktische Planung	graduelle Änderungen bei gegebener Strategie ► Produktänderung ► Ablaufänderung (Rationalisierung)
kurzfristige Orientierung ≤ 1 Jahr	operative Planung	Lenkungsmaßnahmen ► laufende Ablaufoptimierung ► Improvisation („Feuerwehrtaktik")

Tab. 1: Das zeitliche Planungsgitter

Aufgabe 2: Worin unterscheiden sich Ergebnis- und Vorgehensziele?

Lösung: Ergebnisziele sind zu erreichende und nachzuweisende Zustände. Hingegen sind Vorgehensziele als Realisierungsbedingungen auf dem Weg zur Zielerreichung zu sehen. Dazu zählen vor allem Restriktionen, welche die Möglichkeiten des Vorgehens beschränken.

4. Aufgabe der Fallstudie

Für die vorliegende Fallstudie soll das Beispiel einer **Innovation** behandelt werden. Diese prinzipielle Veränderung für ein Unternehmen unterliegt der strategischen Planung mit langfristiger Orientierung. Der Grad der Ungewissheit ist entsprechend hoch. Fragen sind z. B., welche Entwicklung die Wünsche der Gäste hinsichtlich der Art der Speisenzubereitung nehmen wird. Welche Convenience-Philosophie werden die Großküchenbetriebe bzw. ihre Köche längerfristig präferieren? In welchem Ambiente möchte der Gast künftig die Speisen empfangen? Möchte er lediglich fertige Gerichte entgegennehmen oder wird er darüber hinaus vielleicht Wert darauf legen, die Zubereitung mitzuverfolgen oder sogar selbst mitgestalten zu können, wie dies für das Front-Cooking der Fall ist?

Aus Sicht eines Laien mag für Letzteres die Lösung auf der Hand liegen und rasch umsetzbar sein. Jedoch erfordert beispielsweise der Übergang zum Front-Cooking einen kompletten Umbau sowohl der Küche als auch eine Veränderung der Situation, in welcher der Gast seine Mahlzeit entgegennimmt. Dementsprechende Entscheidungen bedürfen einer gründlichen Analyse. Zudem ist neben der Investition in die Veränderung der Betriebseinrichtung auch der Produktionsfaktor Personal zu berücksichtigen, denn eine intensive Schulung der Köche hinsichtlich deren sozialer Kompetenz und Präsentationstechnik erscheint geboten. Das Front-Cooking bezieht den Gast mit seinen Wünschen in den Ablauf der Speisenzubereitung gleichsam als externen Produktionsfaktor mit ein (*Meyer, 1984; Engelhardt/Kleinaltenkamp/Reckenfelderbäumer, 1993*).

Für die Kernkompetenz der Firma Megasauce ist es unerlässlich, ihren Kunden (z. B. Betriebskantinen) sagen zu können, wie sich die Wünsche von deren Gästen (Endverbraucher) entwickeln werden und wie demgemäß das Angebot zu gestalten ist. Dieses spezifische Knowhow tritt überzeugend hervor, wenn man es mittels profunder Daten belegen kann. Deshalb stellt sich die Aufgabe, aus dem Instrumentarium zur Voraussage zukünftiger Entwicklungen für den vorliegenden Fall geeignete Methoden und Techniken zu wählen. Sollten Diskontinuitäten im Entwicklungsverlauf der unternehmensrelevanten Umwelt evident werden, sind eine oder mehrere innovative Problemlösungen zu entwickeln, um auch weiterhin erfolgreich am Markt zu bestehen. Die daran anschließende Produktions- und Absatzvorbereitung soll nicht Gegenstand der Fallstudie sein, sondern lediglich der aus Abbildung 1 hervorgehende Innovationsprozess.

Aufgabe 3: Worin unterscheidet sich die strategische von der taktischen Planung?

Lösung: Während sich die strategische Planung mit der grundsätzlichen Ausrichtung der unternehmerischen Zielerreichung befasst und den langfristigen Rahmen absteckt, konkretisiert die Taktik die nachfolgende Umsetzung auf mittelfristige Sicht.

5. Empfohlene Hilfsmittel, Informationsquellen

Aus der Aufgabenstellung geht hervor, dass man sich mit der **Umweltbeobachtung im Sinne einer Frühaufklärung** zu beschäftigen hat. Neben der frühen Ortung von Bedrohungen und Chancen werden auch schwache Signale behandelt. Dabei hat man es überwiegend mit der Erfassung und Interpretation qualitativer Phänomene zu tun sowie letztlich mit dem Streben, diese hinsichtlich der Unternehmensziele zu beeinflussen (*King, 1987*). Dies kann mit dem Aufspüren so genannter **Weak Signals** (*Ansoff, 1976*) und der Anwendung der aus der Diffusionstheorie (*Roger, 2003*) hervorgehenden Erkenntnisse beginnen und ganz pragmatisch zur Nutzung gut fassbarer Indikatoren führen.

Das im Folgenden beschriebene Vorhaben besitzt Projektcharakter; deshalb wird zur Lösung der Fallstudie Wissen zum **Management von Projekten** benötigt. Grundsätzlich steht dafür die DIN 69901 - 2 „Projektmanagement – Projektmanagementsysteme – Teil 2: Prozesse, Prozessmodell" zur Verfügung. Im vorliegenden Fall kommt zur Projektbearbeitung die **Wertanalyse** zum Einsatz, die ursprünglich in der DIN 69910 dokumentiert worden war. Mittlerweile ist diese ehemals kompakt verfasste Norm im „Value Management" aufgegangen und auf die Normen EN 1325 - 1 und EN 12973 verteilt worden. Der Verein Deutscher Ingenieure (VDI) hat die Eigenständigkeit der Wertanalyse bewahrt und diese hieraus in seine Richtlinien 2800 ff. separiert übernommen. Im vorliegenden Fall wird diese Methode nicht zur Weiterentwicklung (Value Analysis) von etwas Bestehendem eingesetzt, sondern zur Gestaltung (Value Engineering) von etwas Neuem. Tabelle 2 stellt das Vorgehen gemäß des Wertanalyse-Arbeitsplans dar.

	Grundschritte	Teilschritte	
0	Projekt vorbereiten	0.1	Projekt beschreiben (Skizze)
		0.2	Durchführbarkeit des Projekts untersuchen, Risiken analysieren
		0.3	Rentabilitätsstudie erstellen, Interessenlage klären
		0.4	Entscheidungsträger und WA-Projektleiter auswählen
1	Projekt definieren (endgültig)	1.1	WA-Objekt (endgültig) beschreiben
		1.2	Bewertungskriterien, Untersuchungsrahmen, Beschränkungen für das Projekt festlegen
		1.3	Vorhandene Bedürfnisse, Probleme, Trends, Strukturen etc. aufzeigen, erforderliches Datenmaterial definieren
		1.4	Marktorientierte Ziele festlegen
		1.5	Allgemeine Ziele (Grobziele) formulieren und verabschieden
		1.6	Strategische, wirtschaftliche Bedeutung überprüfen und festlegen
		1.7	Ressourcenbedarf aufzeigen, -verfügbarkeit sichern
		1.8	Mitwirkende benennen und informieren
		1.9	Projekt- und Produktrisiken analysieren (als Basis für die das Projekt begleitende Risikoanalyse)

	Grundschritte	**Teilschritte**
2	Projektorganisation planen (Aufbau- und Ablauforganisation)	2.1 Arbeitsteam bilden 2.2 Ersten Zeitplan ausarbeiten 2.3 Infrastruktur festlegen – Arbeitsraum, Ausstattung
3	Umfassende Daten über das Objekt sammeln	3.1 Informationen sammeln (technische Informationen, Stand der Technologie, Wirtschaft, Wettbewerber) 3.2 Markt detailliert erforschen (der Markt, Kundenanforderungen, Bestimmung der Position des zu entwickelnden Produkts)
4	Funktionen und Kosten analysieren Detailziele formulieren	4.1 Bedürfnisse formulieren und Funktionen analysieren 4.2 Kosten analysieren, Kosten den Funktionen zuordnen (Funktionskostenanalyse) 4.3 Detailziele und Bewertungskriterien festlegen
5	Lösungsideen sammeln und entwickeln	5.1 Existierende Ideen sammeln 5.2 Neue Ideen entwickeln 5.3 Ideenpool kritisch analysieren
6	Lösungsideen bewerten	6.1 Ideen bewerten und kombinieren 6.2 Aufgaben auswählen und festlegen, z. B. für die Entwicklung ... 6.3 Arbeitsprogramme definieren, z. B. für die Entwicklung ...
7	Ganzheitliche Vorschläge entwickeln, Lösung auswählen	7.1 Detailstudien, industrielle Entwicklung, ..., Prüfungen durchführen 7.2 Follow-up durchführen, Aktionen koordinieren 7.3 Lösungen bewerten (qualitativ, wirtschaftlich, Risikoanalyse)
8	Vorschläge präsentieren, Entscheidung erwirken	8.1 Vorzuschlagende Lösungen ausarbeiten 8.2 Realisierungsprogramme ausarbeiten 8.3 Umfassende Daten über die Vorschläge gliedern und darstellen 8.4 Entscheidung durch den Entscheidungsträger erwirken 8.5 WA-Teams informieren – Auflösung oder Warteposition der WA-Teams bestimmen
9	Vorschläge, Entscheidung realisieren	9.1 Realisierung unterstützen (Follow-up, Korrektur von Abweichungen unterstützen) 9.2 Weitere Teamsitzungen durchführen (in Ausnahmefällen) 9.3 Aktuelle Ergebnisse mit prognostizierten abgleichen 9.4 Erzielte Ergebnisse, technische und allgemeine Informationen kommunizieren 9.5 System erstellen zur Sammlung von Informationen über das Verhalten des Produkts im Einsatz und über die Erfahrungen mit der WA-Methodik

Tab. 2: Wertanalyse-Arbeitsplan nach VDI 2800 Blatt 1

Des Weiteren ist für die Schaffung innovativer Problemlösungen die Kenntnis des dazugehörigen Prozesses unabdingbar. Um dem Primat der Rechtzeitigkeit zur Markteinführung genügen zu können, ist der **Innovationsprozess** entsprechend zu gestalten. Abbildung 1 gibt eine Übersicht über die hier idealtypisch dargestellte sequenzielle Abfolge der dazugehörenden Teilprozesse, die von der Alternativensuche bis hin zur Produktions- und Absatzvorbereitung reicht. Als idealtypisch kann die Darstellung deshalb gelten, weil die einzelnen Phasen realiter keineswegs in strenger Abfolge verlaufen. Sie können sich nicht nur überlappen, sondern sie sollen dies sogar. Dafür tritt ein weiteres Verfahren hinzu.

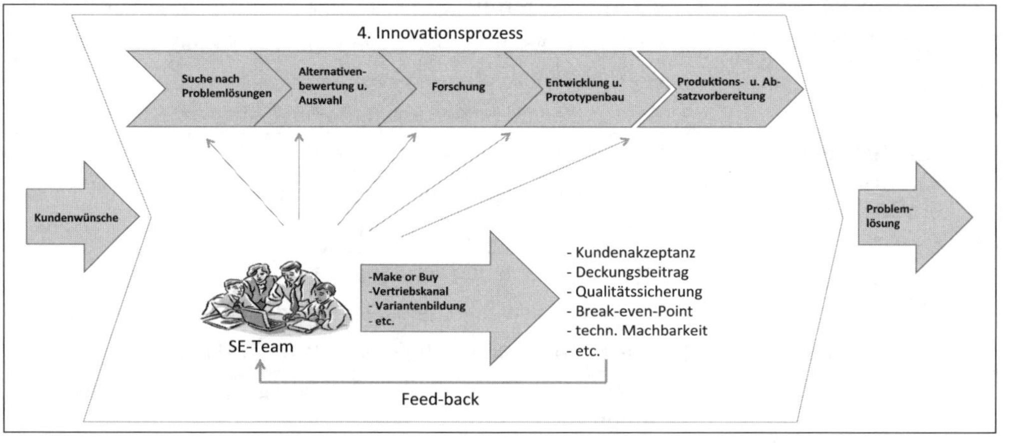

Abb. 1: Innovationsprozess und Simultaneous Engineering

Das **Simultaneous Engineering** (SE) hat das Ziel, die Bearbeitung von Projekten schneller und effizienter zu gestalten, um auf einen Wandel im Unternehmensumfeld flexibler reagieren zu können. Somit gestaltet sich ein Innovationsprozess kürzer, als dies mit einem herkömmlichen sequenziellen Vorgehen der Fall sein würde. Nunmehr bearbeitet ein Prozess-Team gemäß Abbildung 1 die Entstehung einer neuen Problemlösung selbstständig und vollständig. Dies soll letztendlich ein Zusammengehörigkeitsgefühl sowie hohe intrinsische Motivation und Arbeitszufriedenheit der Beteiligten bewirken.

Ein SE-Team setzt sich aus Mitgliedern aller für den Erfolg einer neuen Problemlösung relevanten Unternehmensbereiche zusammen; somit nicht nur aus der Forschung und Entwicklung, sondern auch aus dem kommerziellen Bereich, wie dem Controlling, Einkauf und Vertrieb. Diese Interdisziplinarität bringt die unterschiedlichen fachlichen Kompetenzen zur gemeinsamen Zielerreichung zusammen und erhöht die Qualität der Entscheidungen. Dies wiederum führt zu ganzheitlichen Lösungen. Die frühzeitige Einbindung des Controlling sorgt für ein renditeorientiertes Problemlösungsmanagement.

Auch sind von Anbeginn des Innovationsprozesses die Einnahme- und Ausgabeströme mit ihrer zeitlichen Verteilung für die jeweiligen Alternativen zu antizipieren. Somit sind den für die Marktperiode prognostizierten Einnahmen ebenso die Ausgaben für diesen Zeitraum gegenüberzustellen. Besonders wichtig ist in diesem Zusammenhang auch, dass die Ausgaben für die Zeit des Innovationsprozesses, in der noch keine Erlöse anfallen, geplant werden müssen. Ist ein Hersteller gesetzlich oder auf freiwilliger Basis verpflichtet, nach der Verwertungszeit die Erzeugnisse wieder zum Zwecke der Entsorgung zurückzunehmen, ist auch hierfür der in (fernerer) Zukunft liegende Aufwand zu beachten.

Aufgrund der Partizipation aller am Innovationsprozess Beteiligten und dem Umstand, dass alle Entscheidungen im Konsens zu treffen sind, werden potenzielle Widerstände der späteren Umsetzung nahezu ausgeschlossen. Aussagen wie *„Das habe ich ja gleich gewusst, dass das so nicht geht"* können folglich nicht aufkommen.

Aufgabe 4: Was versteht man unter einem schwachen Signal?

Lösung: Ein schwaches Signal deutet auf ein überwiegend qualitatives Phänomen in Bezug auf eine Diskontinuität des bisherigen Entwicklungsverlaufs hin und kann auf eine gravierende Veränderung hinweisen.

6. Überlegungen zur Problemlösung

Eingangs des Projektes zur Schaffung einer innovativen Problemlösung sind die Erkenntnisse aus der Umweltbeobachtung heranzuziehen. Diese sollten nicht hin und wieder erzeugt werden oder wenn man konkreten Bedarf verspürt, sondern es ist permanent die Umwelt zu beobachten, um frühzeitig aufzuklären, ob sich Differenzen zwischen dem geplanten Unternehmenskurs und der tatsächlichen Umweltentwicklung auftun. Je nach Ressourcen kann diese Aufgabe vom Unternehmen selbst durchgeführt oder aber auch in Auftrag an externe Spezialisten gegeben werden.

Tabelle 3 differenziert die Basisaktivitäten der strategischen Frühaufklärung des **Scanning** und des **Monitoring** (*Aguilar, 1967*). Zunächst kann in eine gerichtete und in eine ungerichtete Suche unterschieden werden. Die **gerichtete Suche** beschränkt sich auf die Domäne des Unternehmens, in der man für spezielle Daten sensibilisiert und darauf vorbereitet ist, sie entsprechend ihrer Bedeutung zu bewerten. Hingegen tastet die **ungerichtete Suche** die Umwelt außerhalb dieser Domäne ab und wird von keinen Beobachtungsbereichen eingeengt. Vielmehr wird man von einer generellen Ungewissheit geleitet, welche Erscheinungen es überhaupt zu entdecken gilt. Des Weiteren kann man in eine formale und informale Suche unterscheiden. Während die **formale Suche** bereits auf bestimmte Themenbereiche fokussiert ist, um hierzu spezifische Informationen zu beschaffen, trifft dies für die **informale Suche** nicht zu, die zudem relativ unstrukturiert vorgeht.

	ungerichtete Suche	**gerichtete Suche**	
informal	Abtasten nach (schwachen) Signalen außerhalb der Domäne, ohne festen Themenbezug	Abtasten nach (schwachen) Signalen innerhalb der Domäne, ohne festen Themenbezug	**Scanning**
	Abtasten nach (schwachen) Signalen außerhalb der Domäne, mit speziellen Themenbezug	Abtasten nach (schwachen) Signalen innerhalb der Domäne, mit speziellen Themenbezug	
formal	Beobachtung und vertiefende Suche nach Informationen außerhalb der Domäne mit speziellem Themenbezug eines bereits identifizierten Signals	Beobachtung und vertiefende Suche nach Informationen innerhalb der Domäne mit speziellem Themenbezug eines bereits identifizierten Signals	**Monitoring**

Tab. 3: Basisaktivitäten der strategischen Frühaufklärung

Das Kerngeschäft mit innovativen Problemlösungen rund um die Ernährung macht es für Megasauce erforderlich, neben konventioneller Marktforschung (*Berekoven/Eckert/Ellenrieder, 2009*) besagte **Frühaufklärung** zu betreiben. Aufgrund Letzterer wurde beispielsweise schon vor mehreren Jahren die Entwicklung der Molekularküche antizipiert.

Im vorliegenden Fall der Produktinnovation des Unternehmens Megasauce beschränkte man sich auf ein Monitoring mittels Informationen innerhalb seiner Domäne. Nicht in Betracht kam das Environmental Scanning, das die gesamte unternehmensrelevante Umwelt mittels einer ungerichteten Suche gleich einem 360°-Radar abtastet und keine thematisch begrenzten Informationen liefert. Dieses Vorgehen schied a priori aus.

Da Signalmeldungen aus seinem Geschäftsfeld vorlagen, entschied man sich für ein Environmental Monitoring mit fest umrissenen Beobachtungsbereichen.

Aufgabe 5: Zu den Basisaktivitäten der Frühaufklärung gehören die gerichtete und die ungerichtete Suche. Worin unterscheiden sich beide Arten hinsichtlich einer informalen Ausrichtung?

Lösung: Die ungerichtete Suche tastet die Umwelt nach (schwachen) Signalen außerhalb der Domäne eines Unternehmens ohne festen Themenbezug ab. Hingegen erstreckt sich die gerichtete Suche im informalen Kontext auf die Domäne eines Unternehmens, ohne ebenfalls einen festen Themenbezug zu haben.

7. Aufklärungsprozess

Für Megasauce stand fest, keine autonom induzierte Problemlösung zu entwickeln, die sich gleichsam ihre Bedarfe erst suchen muss, sondern bedarfsinduziert vorzugehen, indem man den Wünschen der Kunden folgt. Somit bestand die zentrale Aufgabe darin, Hinweise für den künftigen Entwicklungsverlauf der Nachfrage zu erlangen. Nach den ersten Schritten des Wertanalyse-Arbeitsplanes nach DIN EN 12973, der Projektvorbereitung, -definition und -planung, wurde mit der Analysephase begonnen. Idealtypisch sollte der Grad der Ungewissheit über den künftigen Entwicklungsverlauf mit der Intensität der Aufklärung sinken.

Aufgabe 6: Worin unterscheidet sich die autonom induzierte Suche nach einer innovativen Problemlösung für den Markt von einer bedarfsinduzierten Suche?

Lösung: Wie der Name bereits aussagt, erfolgt die bedarfsinduzierte Suche aufgrund kommunizierter Anforderungen der Nachfrageseite. Im Falle der autonom induzierten Suche wird eine Problemlösung erstellt, die sich sodann die Nachfrage oder den Bedarf gleichsam erst generieren muss.

7.1 Definition der Beobachtungsbereiche

Zunächst ging es um die Definition der Beobachtungsbereiche, aus denen Informationen über Entwicklungsverläufe gesammelt werden sollten. Hierzu wurden Indikatoren bestimmt, die Hinweise auf Sachverhalte und deren Veränderungen anzeigen – auch wenn diese noch nicht eindeutige Entwicklungen enthalten können.

Im Grunde war Ausschau nach künftigen Ertragspotenzialen mit der anschließenden Frage zu halten, welcher Bedarf an Produktinnovationen künftig gesehen werden kann. Aus den Ausschnitten der unternehmensrelevanten Umwelt (*Macharzina, 2012*) wurde als Beobachtungsbereich das sozio-kulturelle Umsystem ausgewählt. Dieses wurde weiter in den Sektor der Konsumenten als Letztverbraucher und in den Sektor der Küchenbetriebe als direkte Kunden von Megasauce unterteilt.

Im nächsten Schritt wurden Indikatorengruppen (vgl. Kapitel 8. Innovationsprozess) gebildet; Gruppen deshalb, weil sich der Bedarf an Produktinnovationen wahrscheinlich aufgrund von Veränderungen nicht nur an einem, sondern an mehreren Parametern erkennen lässt. Zur Erläuterung soll die Gruppe der nachfrageorientierten Indikatoren genügen, aus der die einzelnen Anzeiger herausgearbeitet wurden. Folglich ging es für die Planung des Produktinnovationsprozesses im Bereich der Nachfrager um das Aufspüren zukünftiger Bedürfnisse, Motive und Einstellungen, die das Kaufverhalten bestimmen. Für die Marktforschung bestand das Problem darin, dass die gewonnenen Erkenntnisse bezüglich künftiger Bedürfnisse der Kunden und deren Vorstellung, mit welchen Mitteln sie diese befriedigt haben möchten, stets aufgrund der gegenwärtigen Kundenerfahrungen beschränkt wurden.

Aufgabe 7: Was versteht man in der Betriebswirtschaftslehre unter einem Indikator?

Lösung: Allgemein ist ein Indikator ein Anzeiger. In der Betriebswirtschaftslehre dienen Indikatoren der Anzeige von ökonomischen Zuständen und deren Veränderungen mittels Daten. In der Sprache der Modelltheorie handelt es sich um operativ-theoretische Zeichenmodelle.

7.2 Trendanalyse und Indikatorensuche

Am Anfang stand die Darstellung von quantitativen Trends, die sich aufgrund von Daten aus der Vergangenheit bis in die Gegenwart ergeben, wenn diese Zeitreihen mittels mathematisch-statistischer Verfahren in die Zukunft verlängert werden. Hieraus war eine zunehmende Entwicklung der Urlaubsreisen in bestimmte ferne Länder evident. Keiner weiteren tiefschürfenden Analyse bedurfte es für die Erkenntnis, dass sich die Reisenden in den Urlaubsländern mit der dortigen Küche und der speziellen Speisenzubereitung vertraut machen würden. Die dortige Verarbeitung der Einsatzstoffe war zum damaligen Zeitpunkt des Projektes auf wesentlich mehr Frische ausgelegt als in Westeuropa. Der Zuspruch, den die einheimische Kost der Zielländer bei den Urlaubern fand sowie in der Folge die besonders in Deutschland einsetzende Nachfrage sowohl nach so genanntem „Ethno-Food“ im Lebensmittelhandel als auch in kleinen Restaurants, die bis dahin lediglich Nachfragenischen bedienten, war bereits erkennbar geworden. Diese Fortschreibung der bisherigen Entwicklung und die Prognosen der Touristik-Branche über eine sich noch steigernde Reisetätigkeit deuteten auf eine sich ändernde Nachfrage hin.

Ebenso gingen in die Analyse qualitative Trends ein, wie die Entwicklung des Gesundheitsbewusstseins. Der Einstellungswandel in der Bevölkerung verbunden mit einer Nachfrage nach gesundheitsfördernden Leistungen, wie denen von Fitness-Studios, ließ sich auch für die Ernährung konstatieren und einen längerfristigen Wandel der Essgewohnheiten prognostizieren. Damit einher ging die Schlussfolgerung, dass sich die Ernährung noch weiter weg von großen Mahlzeiten mit schwerer Kost hin zu kleineren und leichten Gerichten mit einem Charakter von Zwischenmahlzeiten entwickeln würde.

Ein früher und bedeutsamer Faktor für den Ernährungs-, hier speziell den Küchenbereich, war zudem das Umweltbewusstsein. Die Neigung „zurück zur Natur" zeichnete sich z. B. dadurch ab, dass anstelle synthetischer Materialzusammensetzungen für Textilien verstärkt Naturprodukte, wie beispielsweise Baumwolle, gewünscht wurden. Hier erkennt der Laie auf den ersten Blick, woraus die Bekleidung besteht. Für den Küchenbereich und damit für Megasauce implizierte dies, dass ein Gast im Casino es künftig zu wissen präferieren wird, woraus sich sein Essen zusammensetzt und – in einem weiteren Schritt – auch gerne dabei sein möchte, wenn es zubereitet wird, wie dies das Front-Cooking vorsieht.

Die gerichtete Suche im sozio-kulturellen Beobachtungsbereich fasste mittels Indikatoren die Entwicklung der Einkommen und der Kaufkraft der potenziellen Nachfrager ins Auge. Denn wenn allein künftige Bedarfe angezeigt worden wären, hätte dies für eine längerfristige Vorausschau die Frage offen gelassen, ob dann die Nachfrager überhaupt in der Lage und/oder willens sein würden, ihr Geld für eine spezielle Art der Ernährung auszugeben oder – überspitzt ausgedrückt – sich lieber mit dem „klassischen Pausenbrot" begnügen werden (müssen).

Bedeutsam war es auch, Indikatoren der Nachfrageentwicklung der direkten Kunden von Megasauce zu generieren. Das Ende der 1980er-Jahre in unseren Breiten einsetzende Lean Management hatte zu einer einseitigen Interpretation der Verschlankung von Unternehmen mit rigorosen Kostenreduzierungen in dem Sinne geführt, dass man im Extremfall mit dem halben Input an Produktionsfaktoren in der Hälfte der Zeit den gleichen Output erreichen wollte. In der Folge setzte der Rotstift, wenig einfallsreich, zuallererst an den Nebenbetrieben an. Die betriebswirtschaftliche Frage „Make or Buy" (*Meister/Meister, 2010*) wurde gestellt, was oftmals zur Fremdvergabe von Casinobetrieben an Caterer führte. Für Megasauce war dies damals schon ein Ansatzpunkt für ein Qualitätskonzept mit dem Bestreben, Gemeinschaftsverpflegung in den Unternehmen als einen Faktor der Mitarbeiterzufriedenheit zu implementieren. Denn unabhängig, ob Kostensenkung in Eigenregie oder mittels Fremdvergabe an einen Caterer betrieben wird, darf die Güte der Speisen nicht leiden.

Aufgabe 8: Was bezeichnet der Terminus „Make or Buy"?

Lösung: Die Frage nach dem „Make or Buy" soll klären, in welchen Stufen der Wertschöpfungskette ein Unternehmen selbst tätig sein will, das heißt, welche Teile der Leistungserstellung selbst ausgeführt und welche daraus ausgegliedert und an Lieferanten vergeben werden sollen.

8. Innovationsprozess

Für den sich anschließenden Innovationsprozess bestand die Aufgabe, die angezeigten Entwicklungen der Nachfragerseite als Chance zu begreifen. Der Anspruch für Megasauce war es, als Innovator – um somit als Erster – mit einer entsprechenden Problemlösung auf den Markt zu kommen. „Aus dem Bauch" heraus war für die Beteiligten wohl ein Produktinnovationsbedarf spürbar, jedoch genügt ein Bauchgefühl allein nicht einer auf wissenschaftlichen Erkenntnissen basierten Unternehmensführung. Deshalb sei verdeutlicht, dass das weitere Vorgehen auf der profunden Beurteilung der Analyseergebnisse beruhte.

Versteht man einen Indikator als wahrnehmbaren und möglichst auch messbaren Hinweis auf ein hypothetisches Konstrukt, wie den Innovationsbedarf eines Unternehmens, so muss dieses Konstrukt operationalisiert werden, da es zudem in der Praxis nicht direkt gemessen werden kann, wie dies am Beispiel der Abbildung 2 ersichtlich wird. Genau dies tat auch Megasauce. Angesetzt wurde zunächst bei den direkten Kunden. Man hätte sich im zeitlichen Rahmen der taktischen Planung bewegt, wenn es allein um die Lösung einer nachhaltigen Kostensenkung unter Beibehaltung eines eigenen Küchenbetriebs versus Fremdvergabe an einen Caterer gegangen wäre.

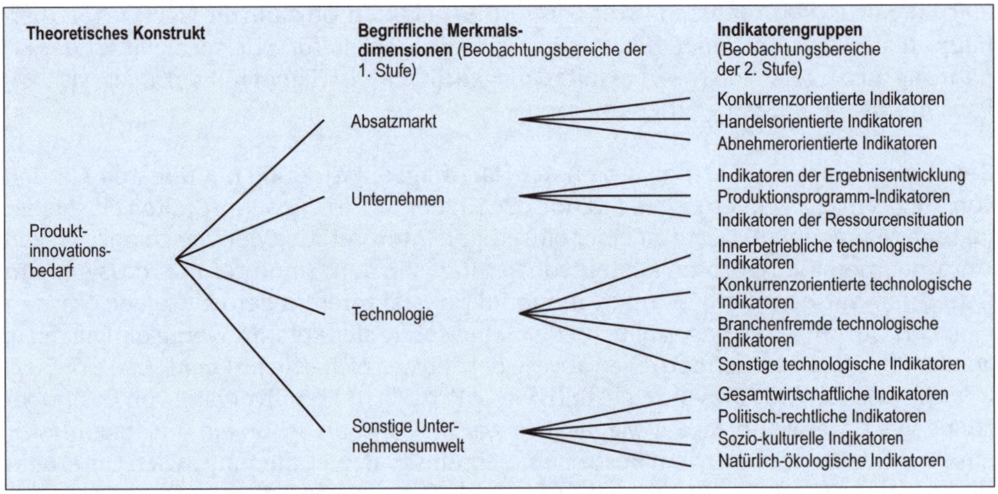

Abb. 2: Produktinnovationsbedarf als theoretisches Konstrukt

Quelle: *Huxold (1990)*

Zeitlich weiterreichender als diese mittelfristige Orientierung waren die von Megasauce ins Auge gefassten Produktinnovationen mit strategischem Charakter. Sie folgten den längerfristig prognostizierten Veränderungen der Wünsche sowohl der Nutzer von Casinobetrieben als auch den daran anknüpfenden Anforderungen an die Küchenbetriebe selbst. Bei Letzteren standen indes die Kosten und deren Senkung im Vordergrund. Dies ist in der Küche allgemein mittels Erhöhung der Produktivität infolge Rationalisierung zu erreichen. Aufgrund der generellen Restriktion, keinen Qualitätsverlust herbeizuführen sowie die Zufriedenheit der Casinonutzer nicht zu beschädigen, schieden naheliegende Lösungen aus, beispielsweise den Convenience-Grad des Wareneinsatzes zu erhöhen oder die Menüauswahl zu reduzieren. Grundsätzlich verneint wurde das Angebot geringerwertiger Kost.

Der Innovationsprozess verlief gemäß oben stehender Abbildung 1. Da im Hause Megasauce systematisches Vorgehen üblich ist, stand zu Beginn die methodengeleitete Suche nach einer oder mehreren alternativen Poblemlösungen, um das eindeutig definierte Ergebnisziel der Produktinnovation zu erfassen. Um dieses Ziel zu erreichen, mussten wiederum Vorgehensziele festgelegt werden. Zu deren Erreichung bediente man sich einer ganzen Reihe verschiedener Techniken.

Frage 9: Woran erkennt man ein hypothetisches Konstrukt?

Lösung: Ein hypothetisches Konstrukt erkennt man daran, dass ihm ein empirisches Korrelat fehlt.

8.1 Suche nach Problemlösungen

Am Anfang stand ein **kreativer Prozess zur Ideensuche** (*Wallas, 1926*). Als Techniken kamen dafür intuitive und diskursive Verfahren in Betracht. **Intuitive Verfahren** dienen zur Stimulation der Kreativität. Ziel ist es, spontan möglichst unterschiedliche und ungewöhnliche Ideen hervorzubringen. Hierzu zählen beispielsweise das Brainstorming (*Osborn, 1952*) und die Synektik (*Gordon, 1961*).

Im Gegensatz dazu gehen **diskursive Verfahren** analytisch und klar strukturiert vor. Sie beruhen auf logisch-kombinatorischen Denkprozessen und streben danach, ein Problem möglichst weitgehend in einzelne Teilprobleme aufzugliedern, um diese dann wiederum für sich zu lösen. Aus einer Kombination bzw. einer hierarchischen Strukturierung dieser Einzellösungen gelangt man dann zur Gesamtlösung. Der Morphologische Kasten (*Zwicky, 1959*) und der Relevanzbaum (*Bruckmann, 1977*) sind unter anderem Vertreter dieser Vorgehensweise.

Da für das Projektteam die Vorgabe des Managements in die Aufgabenstellung einging, aus bekannten Komponenten innovative Problemlösungen zu schaffen, griff man auf letztere Verfahrensgruppe zurück. Somit schied die Palette der intuitiven Techniken a priori aus, da die Ideenfindung nicht darauf beruhen durfte, dass man das Unterbewusstsein aktiviert und sich von der eigentlichen Problemstellung entfernt, um dann schlagartig eine innovative Lösung zu finden, die möglicherweise völlig neuartiger Prozess- und Strukturelemente bedarf. Dies wäre besonders bei Anwendung der Synektik der Fall.

Vielmehr war eine Ideenfindung angesagt, die vorhandene Wissenselemente und in der betrieblichen Küchenpraxis eingesetzte Komponenten logisch und strukturiert miteinander verknüpft. Die pragmatische Anwendung des **Morphologischen Kastens** erwies sich hierfür als hilfreich; einerseits wegen der gut nachvollziehbaren Lösungsfindung und andererseits aufgrund der für die Projektgruppe transparenten Vorgehensweise.

Mit dem Morphologischen Kasten wird die Lehre vom geordneten Denken angesprochen. Man geht von der Überlegung aus, dass die Lösung eines Problems mittels der Kombination vieler Lösungselemente entsteht. Auf der Suche nach diesem Aggregat wird deshalb ein Problem in seine einzelnen Bestandteile zerlegt. Für jedes Problemelement werden sodann mögliche Lösungskomponenten angegeben und diese mittels einer systematischen Kombination zu einer Gesamtlösung gebracht. Obwohl lediglich bekannte Elemente von Merkmalen zusammengefügt werden, entstehen bis dahin unbekannte Lösungsalternativen.

Für die praktische Handhabung des Morphologischen Kastens benutzt man eine Matrix gemäß Abbildung 3. Hiernach gehen die Projektteams vor, indem sie zunächst das Problem allgemein definieren. Es wird darauf geachtet, dass nicht bereits im Vorfeld eine Festlegung auf bestimmte Komponenten erfolgt und damit das Suchfeld beschränkt wird. So wäre es z. B. restriktiv, die Bemessung der Zutaten als „Wiegeprozess" festzulegen, da hiermit die Möglichkeit der DV-gesteuerten Komposition von vornherein ausgeklammert werden würde.

Parameter	Extensionale Merkmale						
Frische	tiefgekühlt	getrocknet	eingeschweißt/ Vakuum	instant	marktfrisch	Dosen konserviert
Zutatenbemessung	vorportioniert	dezentral vorgefertigt	fallweise bemessbar	mittels Messgerät	computerprogrammiert	tabellarisch bestimmt
Präsentation	Cafeteria-System	Fließband zum Tisch	Front Cooking	Überraschung	on Demand Visualisierung	konventionelle Essensausgabe aus Behältern
			Apicius		Lucullus	

Abb. 3: Ausschnitt aus einem Morphologischen Kasten

Im nächsten Schritt werden die Problemelemente – oder besser: die Sollfunktionen der innovativen Problemlösung – senkrecht als Parameter (intensionale Merkmale) untereinander eingetragen. Sie sind gleichsam als Überschriften für ein Pflichtenheft zu sehen.

Hiernach geht es an die Ermittlung der möglichen Ausprägungen dieser Sollfunktionen (extensionale Merkmale). Es ist die Frage zu beantworten, wie die Sollfunktionen im Einzelnen jeweils zu erbringen sind.

Sowohl die extensionalen Merkmale als auch die vorausgegangenen Parameter als intensionale Merkmale wurden vom Projektteam zusammen ermittelt. Die Organisation einer formalen Brainstorming-Sitzung war selten erforderlich. Denn im Team wurde der Kreativität freien Raum gelassen, sodass ein Morphologischer Kasten im Allgemeinen mehr als die abgebildeten drei Zeilen für die Parameter und sechs Spalten für deren Ausprägungen umfasst.

Angemerkt sei, dass bei den möglichen Lösungsansätzen für die definierten Problemelemente, die waagerecht in die Matrix eingetragen werden, darauf zu achten ist, dass sie alternativ sind. Denn im nächsten Schritt, der Analyse der Alternativen durch Kombination der Lösungselemente, ist im Morphologischen Kasten die Auswahl nur einer einzigen Ausprägung eines extensionalen Merkmals pro Parameter zulässig. Aus der Vielzahl der möglichen Lösungspfade ergeben sich dann letztendlich wenige realisierbare Möglichkeiten.

Da dem Management der Casinobetriebe eine Produktinnovation zur Beibehaltung der Eigenbewirtschaftung angeboten werden sollte, wurden im praktischen Beispiel zwei Kombinationen als relevant erachtet, mit denen aus jeder Zeile eines Parameters eine Ausprägung festgelegt wurde. Jeder Pfad steht somit für ein mögliches Resultat auf der Suche nach einer Problemlösung, die sowohl als innovativ als auch für das Angebot am Markt als erfolgversprechend angesehen wurde.

Aufgabe 10: Worin besteht der grundlegende Unterschied von intuitiven und diskursiven Verfahren zur Findung kreativer Problemlösungen?

Lösung: Intuitive Verfahren dienen der Stimulation der Kreativität. Hierbei wird eine große Menge von Ideen erzeugt, die auch außerhalb des Lösungsraums liegen können. Diskursive Techniken beruhen hingegen auf logisch-kombinatorischen Denkprozessen, wozu eine systematische Informationssammlung stattzufinden hat und anschließend mittels Kombination dieser vorhandenen Wissenselemente Neues entsteht.

8.2 Alternativenbewertung und -auswahl

Aus den gefundenen beiden Lösungen sollte aus Gründen der limitierten Personalkapazität nur eine Alternative ausgewählt und weiterverfolgt werden. Die eine Lösung erhielt den internen Projektnamen „Lucullus“, die andere wurde als „Apicius“ bezeichnet.

Gemäß dem Anspruch von Megasauce müssen Entscheidungen und deren Zustandekommen zum einen transparent dokumentiert werden, zum anderen ist der Weg der Entscheidungsfindung ebenso nachvollziehbar zu machen. Aus diesem Grunde wurde auch in dem vorliegenden Beispiel eine Bewertungstechnik eingesetzt. Mit ihrer Hilfe wird es noch nach Jahren belegbar sein, warum man zu dieser oder jener Entscheidung gekommen ist und nicht etwas Anderes präferiert hat. Deshalb musste das Projektteam der Geschäftsleitung als Aufgabensteller und finaler Entscheidungsinstanz die Findung der Produktinnovation eindeutig darstellen. Dafür stand der Morphologische Kasten. Zum Zweck der daran anschließenden Bewertung und Auswahl der darin verzeichneten alternativen Lösungen wurde ein **Scoring-Verfahren** herangezogen. Diese Technik mittels Punktbewertung gibt Tabelle 4 wieder.

Kriterium	Gewicht 1 - 5	Alternativenbewertung		Overall-Score	
		Apicius	Lucullus	Apicius	Lucullus
Kosten	5	10	7	50	35
Marktchancen	2	8	4	16	8
Qualitätssicherung	4	6	2	24	8
XXX[1]	1	3	5	3	5
XXX	3	8	8	24	24
XXX	4	7	3	28	12
XXX	2	9	9	18	18
XXX	3	9	7	27	21
XXX	3	8	6	24	18
Ergebnis				164	114

Tab. 4: Scoring-Tableau zur Alternativenwahl[1]

Deutlich wird hieraus, dass die Wahl einer (optimalen) Lösung nicht allein von Kosten- und Erlösaspekten abhängen kann, sondern auch (und mitunter wesentlich) von qualitativen Überlegungen geprägt ist. Es ging darum, auch die auf den ersten Blick nicht quantifizierbaren Sachverhalte mess- und rechenbar zu gestalten. Zu Beginn stand deshalb die Aufstellung eines Kataloges zur Auswahl der wesentlichen Kriterien. Selbstverständlich muss im Anhang zu dem Scoring-Tableau für jedes Kriterium eine Definition niedergelegt werden, um den Inhalt jedes Entscheidungsmerkmals zu erläutern. Dies ist unabdingbar, damit alle am Verfahren Beteiligten „die gleiche Sprache" sprechen.

Die Basis für die Definition der Parameter bildeten die Vorgaben des Entscheidungsträgers, eine neue Generation der Convenience-Philosophie hervorzubringen. Anspruch sollte es gleichzeitig sein, die Authentizität der Speisen zu gewährleisten.

Da nicht jedes der festgelegten Kriterien die gleiche Bedeutung hat, wurde entsprechend ihrer relativen Wichtigkeit zueinander für jedes einzelne Entscheidungsmerkmal eine Gewichtungszahl zwischen 1 (weniger wichtig) und 5 (sehr wichtig) vergeben. Danach erfolgte eine Punktvergabe auf die einzelnen Kriterien der beiden Alternativen. Man fragte, inwieweit eine Alternative dem jeweiligen Auswahlkriterium genügt, d. h. wie hoch ihr Zielerreichungsgrad ist. Es wurden Werte zwischen 1 und 10 vergeben; je höher der Punktwert, desto aussichtsreicher erschien die Alternative für das jeweilige Kriterium, um realisiert zu werden.

Nach der Kriterienbewertung folgte die Ermittlung der Gesamtpunktzahl pro Alternative, indem jedes Kriteriengewicht mit der Punktzahl für die Zielerreichung pro Alternative multipliziert und danach die jeweilige Summe aus diesen Produkten gebildet wurde.

---

1 Weitere Kriterien können aus Gründen der Vertraulichkeit an dieser Stelle nicht expressis verbis ausgeführt werden.

Deutlich geht aus der Aggregation im Beispiel der Tabelle 4 die Alternative „Apicius" als erste Präferenz hervor. Um vollends sicherzugehen, dass diese Lösung eingedenk der subjektiven Einflussfaktoren dieses Verfahrens zu bevorzugen sei, zog man als zusätzliche Hilfestellung eine **Sensibilitätsanalyse** heran. Sie sollte offenlegen, dass die favorisierte Lösung auch veränderten Annahmen standhält. Als das ermittelte Ergebnis konstant blieb, obwohl die Gewichte und Punktwerte mehrmals variiert worden waren, konnte man davon ausgehen, mit einer stabilen Lösung auf der sicheren Seite zu sein.

Angemerkt sei an dieser Stelle, dass der Alternativenbewertungs- und Auswahlprozess kein einmaliger Vorgang sein darf, der aufgrund einer gefundenen Lösung das Produktleben für die kommenden Jahre unwiderruflich festlegt. Vielmehr muss eine Bewertung ebenso in der folgenden Realisierungsphase und während des Angebotszyklus am Markt fortgeführt werden, um dem laufenden Wandel des unternehmerischen Entscheidungs(um)feldes Rechnung tragen und gegebenenfalls dementsprechende Maßnahmen ergreifen zu können. So können beispielsweise während der Absatzvorbereitung gesetzliche Hürden errichtet werden, die einen Markteintritt nur noch unter bestimmten Bedingungen erlauben.

Generell bilden Markteintrittsbarrieren ein wesentliches Kriterium. Sie bestehen auch in Leistungsstandards, welche die Wettbewerber setzen. Hierzu kann ein spezifischer Marktauftritt zählen. Des Weiteren ist für den Angebotszyklus zu bewerten, inwieweit der Absatz durch den Einsatz verschiedener Instrumente des Marketing-Mix zu forcieren ist oder ob ein Produkt eventuell vom Markt genommen werden sollte.

Aufgabe 11: Um eine Entscheidung nachvollziehbar zu machen, dienen u. a. Scoring-Verfahren. In welchen Schritten gelangt man mittels eines Scoring-Verfahrens im Allgemeinen zu einer Entscheidung, für die auch prima facie qualitative und damit nicht rechenbare Kriterien quantifiziert und rechenbar gemacht werden?

Lösung: Die Schritte des Vorgehens mittels eines Scoring-Verfahrens lauten:

1. Ermittlung der Auswahlkriterien oder Ziele
2. Gewichtung (G) dieser Kriterien oder Ziele
3. Punktvergabe (P) für die jeweilige Entsprechung der Kriterien oder Ziele seitens der alternativen Lösungen
4. Multiplikation von Gewichten mit Punkten
5. Ermittlung des Overall-Score pro Lösung durch Addition der Produkte G • P
6. Eine abschließende Sensibilitätsanalyse kann man durchführen, um das Ergebnis durch Variieren von Gewichten und Punkten zu überprüfen.

9. Ergebnisse

Die Entwicklungsphase brachte die innovative Konzeption des DV-gestützten Modular Cooking-Systems hervor. Sie macht die traditionelle Waage für das Küchenpersonal überflüssig. Mittels der Standardisierung der einzusetzenden Zutaten wird eine optimale Prozess- und letztlich auch Ergebnisqualität erreicht. Die normierten Verpackungseinheiten verhindern einerseits, dass zu viel Speisen produziert werden, und stellen andererseits eine bedarfsgerechte Nachproduktion à la minute mit hohem Frischegrad sicher. Zugleich geht damit eine deutliche Effizienzsteigerung in der Küche einher.

Das eigens entwickelte DV-Programm steuert die Speisenzubereitung und stellt ein konstantes Geschmackslevel sicher. Optional kann dies sowohl „hinter den Kulissen" der Speisenausgabe als auch im Bereich des Front-Cooking eingesetzt werden.

Diese in den Markt gebrachte Innovation hat eine nachhaltige Akzeptanz und somit den Zuspruch der direkten Kunden von Megasauce bewirkt; nicht zuletzt deshalb, weil in den Casinos ein deutlich wahrnehmbarer Zufriedenheitsschub der Gäste in Richtung Begeisterung ausgelöst werden konnte, was als ein „weicher" und nur indirekt messbarer Faktor (*Meister/Meister, 1998*) dem Betriebsklima zugute kam und kommt. Als Nebeneffekt kann mittels des Modular Cooking-Systems ein Höchstmaß an Hygiene gewährleistet werden. Darüber hinaus konnte gesichert werden, dass mit dem Namen Megasauce auch weiterhin die Kompetenz verbunden wird, für die Kantine als klassischen Nebenbetrieb eines Unternehmens von der Konzeption bis zur Implementierung maßgeschneiderte Lösungen zu erhalten.

Aufgrund der zukunftsorientierten Beobachtung ihrer relevanten Umweltbereiche kann Megasauce stets dem Wandel hierin entsprechen. Dies begründet nicht zuletzt ihren Ruf als Innovator in der Branche zum einen, zum anderen resultiert dies aus der permanenten Kommunikation mit dem Klientel der Hotellerie, Gastronomie und Gemeinschaftsverpflegung in den Betrieben, was Megasauce unter die hauseigene Marktforschung subsumiert.

10. Finaler Lerneffekt

Generell geht es in dieser Fallstudie darum, frühzeitig künftige Entwicklungen aufzuklären und für den Fall, dass diese für das Unternehmen als relevant erkannt werden, entsprechende Maßahmen einzuleiten. Dies ist allerdings nicht mehr für den Fall möglich, wenn der Umsatz hinter den Planzahlen herhinkt und man Gefahr läuft, an den Wünschen der Kunden vorbeizuproduzieren und auf seinen Leistungen sitzenzubleiben. Deshalb greifen die klassischen betriebswirtschaftlichen Kennzahlen, wie Auftragseingang und Lagerbestand, zu kurz, denn sie berichten abgeschlossene Sachverhalte, die sich im Nachhinein nicht mehr ändern lassen. Nutzen stiften sie lediglich im Sinne einer roten Lampe, die aufleuchtet und meldet, dass entweder ein bislang gültiger Grenzwert überschritten worden ist oder werden wird, wenn man so wie bisher weitermacht. Entsprechend verhält es sich mit der Information über einen stark rückläufigen Auftragseingang. Ein derartiger Hinweis ist nur insofern hilfreich, als er anzeigt, dass das Unternehmen bald nichts mehr zu tun haben wird. Die Zukunft lässt sich damit kaum gestalten. Es kann allenfalls versucht werden, feuerwehrtaktisch zu reagieren und beispielsweise in Aktionismus mit Ramschaktionen und Preissenkungen zu verfallen. Wie es jedoch in der Folgezeit weitergehen soll, bleibt offen.

Diese mangelnde Zukunftsorientierung gilt für alle Indikatoren, die aus dem Zahlenwerk der Unternehmung stammen. Mit internen Kennzahlen lassen sich Sachverhalte direkt messen. Auf die Frage, in welchem Umfang („wie") der Umsatz in einer Periode zurückgegangen ist, liefern Verkaufsstatistik und Erlöskonten exakte Angaben. Die Frage bleibt indes unbeantwortet, „warum" dem so ist. Eine weitergehende Ursachenforschung des Marketing würde zwar den eingetretenen Sachverhalt begründen, ihn zu vermeiden und Schaden abzuwenden, gelingt jedoch ex post nicht mehr. Aber auch in die Vergangenheit gerichtete unternehmensexterne Indikatoren, wie beispielsweise das Marktwachstum, genügen nicht dem Anspruch der Frühzeitigkeit.

Zweifellos sind „rote Lampen" im Bereich der operativen Planung hilfreich und veranlassen zum Gegensteuern. Die darauf aufbauenden Aktivitäten erfolgen eher ad hoc für den kurzfristigen Bereich, wie preispolitische Maßnahmen oder ein verstärkter Einsatz an Werbung und Promotions. Den längerfristigen Bereich auszuleuchten sind diese Lichtquellen nicht geeignet.

Ein weiterer wichtiger Aspekt ist es, gesamtheitliche Lösungen zu finden. Ähnlich dem Simultaneous Engineering in der verarbeitenden Industrie gilt es auch in den Entwicklungsbereichen anderer Branchen, anstelle von organisatorischen Schnittstellen im Entwicklungsprocedere Nahtstellen zu schaffen, in denen sich einzelne Prozessschritte überlagern. Dadurch wird verhindert, dass Teilprozesse zeitlich auseinandergerissen werden und unnötige Puffer entstehen. Des Weiteren vermeidet man Reibungsverluste, die immer dann aufkommen, wenn mangels Kommunikation zwischen den Prozessbeteiligten die ursprünglichen Informationen und Vorgaben verwässert werden und einen Sinnverschleiß erfahren. Abbildung 4 gibt diesen Sachverhalt wieder, der immer dann droht, wenn ein Bereich seine Aufgabe erfüllt hat und das Vorhaben mit diesem Arbeitsfortschritt an den nächsten Bereich zur weiteren Bearbeitung lediglich weiterreicht, als würde man das Vorhaben über eine Mauer werfen. Die Bearbeiter diesseits und jenseits der Mauer sehen nicht, was auf der jeweils anderen Seite geschieht. Weil ihnen die Informationen hierüber fehlen und die Kommunikation durch eine Barriere unterbrochen ist, kommt es häufig zu langwierigen Rückfragen und Änderungsschleifen. Das weitgehende isolierte Erfüllen der abteilungsspezifischen Aufgaben, wie die des Marketing und Vertriebs, der Entwicklung etc., verstellt den Blick auf das gesamte Vorhaben und verhindert Synergieeffekte.

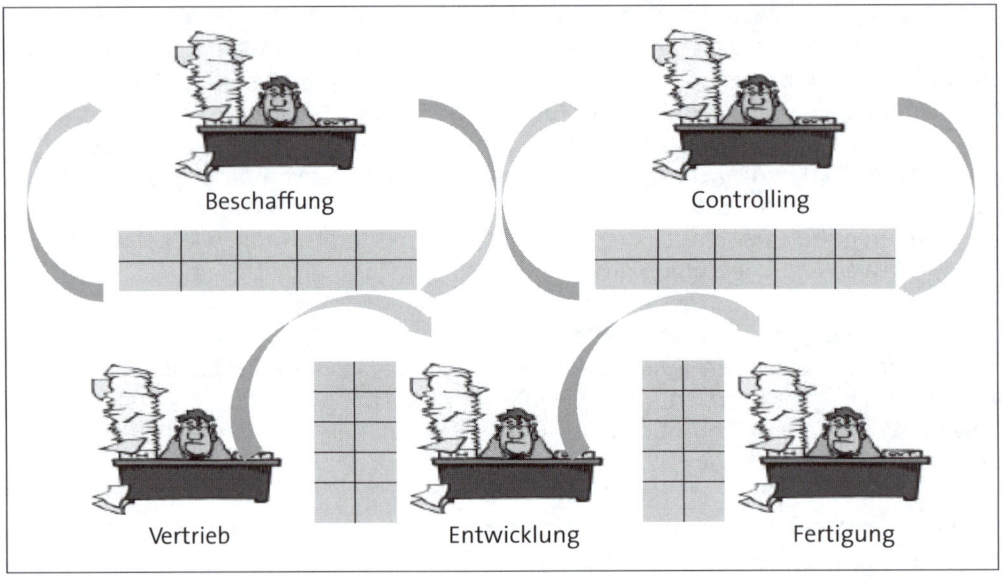

Abb. 4: Organisatorische Mauern

11. Literatur

Aguilar, F. J., Scanning the Business Environment, New York/London 1967

Ansoff, H. I., Managing Surprise and Discontinuity, Strategic Response to Weak Signals, in: Zeitschrift für Betriebswirtschaft, 28. Jg., 1976, S. 129 - 152

Becker, P., Corporate Foresight in Europe: A First Overview, Institute for Science and Technology Studies, University of Bielefeld, 2002

Berekoven/Eckert/Ellenrieder, Marktforschung, 12. Auflage, Wiesbaden 2009

Bruckmann, G., Langfristige Prognosen – Möglichkeiten und Methoden zur Langfristprognostik komplexer Systeme, Würzburg et al. 1977

DIN Deutsches Institut für Normung e. V. (Hrsg.), DIN 69910, Wertanalyse, Berlin 1987

DIN Deutsches Institut für Normung e. V. (Hrsg.), DIN EN 1325 - 1, Value Management – Wertanalyse – Funktionenanalyse – Wörterbuch, Berlin 1996

DIN Deutsches Institut für Normung e. V. (Hrsg.), DIN EN 12973, Value Management, Berlin 2002

DIN Deutsches Institut für Normung e. V. (Hrsg.), DIN EN ISO 9001, Qualitätsmanagementsysteme – Anforderungen (ISO 9001:2008), Berlin 2008

DIN Deutsches Institut für Normung e. V. (Hrsg.), DIN 69901 - 2, Projektmanagement – Projektmanagement – Projektmanagementsysteme – Teil 2: Prozesse, Prozessmodell, Berlin 2009

DIN Deutsches Institut für Normung e. V. (Hrsg.), DIN ISO 31000 – Entwurf Januar 2011, Risikomanagement – Grundsätze und Leitlinien (ISO 31000:2009), Berlin 2011

Drucker, P. F., Management in turbulenter Zeit, Düsseldorf 1980

Drucker, P. F., The Age of Discontinuity, 8. Auflage, New Brunswick/New York 2008

Gordon, W., Synectics – The Development of Creative Capacity, New York 1961

Engelhardt/Kleinaltenkamp/Reckenfelderbäumer, Leistungsbündel als Absatzobjekte – Ein Ansatz zur Überwindung der Dichotomie von Sach- und Dienstleistungen, in: zfbf, Jg. 45, Heft 5, 1993, S. 395 - 426

Huxold, St., Marketingforschung und strategische Planung von Produktinnovationen, Berlin 1990

ISO 31000:2009 - 11

King, W. R., Strategic Issue Management, in: King/Cleland (Hrsg.), Strategic Planning and Management Handbook, New York 1987, S. 252 - 264

Krystek/Müller-Stewens, Frühaufklärung für Unternehmen, Stuttgart 1993

Macharzina, K., Unternehmensführung, 8. Auflage, Wiesbaden 2012

Maslow, A. H., A Theory of Human Motivation, Psychological Review, Vol. 50 (4), 1943, S. 370 - 396

Meister/Meister, Kundenzufriedenheit im Dienstleistungsbereich, 2. Auflage, München 1998

Meister/Meister, Kundenzufriedenheit messen und managen, München 2002

Meister/Meister, Prozesse kundenorientiert gestalten. Der Weg zur Customer-Driven Company, München 2010

Meyer, A., Marketing für Dienstleistungsanbieter, Vergleichende Analyse verschiedener Dienstleistungsarten, in: Hermanns/Meyer (Hrsg.), Zukunftsorientiertes Marketing für Theorie und Praxis, Festschrift zum sechzigsten Geburtstag von P. W. Meyer, Berlin 1984

Osborn, A., Your Creative Power – How to Use Imagination, New York 1952

Roger, E. M., Diffusion of Innovations, 5. Auflage, New York et al. 2003

Steinmüller/Burmeister/Schulz-Montag, Methoden der Zukunftsforschung – Überblick und Praxis, Essen 2003

Verein Deutscher Ingenieure, VDI 2800, Blatt 1, Wertanalyse, Düsseldorf 2010

Wallas, G., Art of Thought, London 1926

Wheelwright/Makridakis, Qualitative Approaches of Forecasting, in: Tushman/Moore, Readings in the Management of Innovation, Boston 1982, S. 311 - 324

Zwicky, F., Morphologische Forschung, Winterthur 1959

Neue Materialien als Innovationstreiber – am Beispiel der BMW-i-Serie

Von Prof. Dr. Kathrin Reger-Wagner und Prof. Dr. Günter Buerke

1. Einleitung

Die Zukunft der deutschen Industrie hängt im hohen Maße von ihrer Fähigkeit zur Nutzung relevanter Technologien ab. Eine davon sind Hochleistungswerkstoffe, z. B. ein leichtes und stabiles Material wie Carbon (CFK) für Autos und Flugzeuge (*Dürand, 2014, S. 63*). Generell sind neue Werkstoffe ein wichtiger Innovationstreiber. Schätzungen gehen davon aus, dass bis zu 40 % aller Innovationen neue Materialien beinhalten bzw. auf diesen basieren (*Bmwi, 2012*).

Die für Deutschland so wichtige Automobilindustrie nutzt schon lange immer wieder neu entwickelte Materialien, insbesondere um durch weniger Gewicht günstigere Verbrauchswerte zu erzielen oder die stete Zunahme an neuen Features egalisieren zu können (vgl. exemplarisch *IWV, 2014, S. 32 ff.*). Der Jahrzehnte alte Wettstreit zwischen Stahl und Kunststoff ist hierfür ein Beleg und hat die Stahlindustrie zu immer neuen Höchstleistungen bei der Bereitstellung immer dünnerer, aber dennoch stabiler Stähle getrieben. Einen weiteren gravierenden Entwicklungsschritt ging seit den 80er- und 90er- Jahren der Hersteller Audi. Mit der Verwendung von Aluminium im Fahrzeugbau ging 1994 mit dem Audi A8 das erste Fahrzeug auf Basis einer Vollaluminium-Karosserie in die Großserienfertigung. Später folgten der A2, der Audi TT und der Audi R8.

Die neueste Entwicklung ist das erste Serienfahrzeug mit einer Karosserie aus Carbon durch BMW – der 2014 auf den Markt gekommene BMW-i3. Das Chassis des BMW-i3 besteht aus Aluminium (Drive-Modul) und die Fahrgestelle aus Carbon (Life-Modul). Carbon ist im Fahrzeugbereich nicht unbekannt. In den Rennsportserien wie der Formel 1 werden seit längerem die leichten und trotzdem festen Mono-Cockpits aus Carbon verwendet. Aktuell experimentieren VW mit der Kleinserie XL1, ein Ein-Liter-Pkw, sowie Walmart und Aldi bei Lkw(-Trailern) mit dem Einsatz von Carbonfasern.

Carbon ist zwar leicht und stabil, aber sehr (energie-)aufwändig in der Herstellung. Dass und wie man um diesen Werkstoff herum ein umfassendes Nachhaltigkeitskonzept entwickeln und umsetzen kann, soll die nachfolgende Fallstudie unter besonderer Berücksichtigung der BMW-i-Serie aufzeigen.[1]

2. Das Unternehmen BMW

Die Bayrischen Motoren Werke (BMW) mit Sitz in München stellen in Form einer Aktiengesellschaft die Mutterorganisation der BMW Group dar. Mit 46,7 % obliegt der Industriellenfamilie Quandt die größte Anteilseignerschaft. Als Hersteller von Automo-

---

[1] Die Fallstudie wurde auf Basis öffentlich verfügbarer Informationen erstellt.

bilien und Motorrädern produziert BMW eine Bandbreite erfolgreicher Marken. Hierzu zählen Mini, Rolls-Royce sowie die gleichnamige BMW-Produktreihe. Das Unternehmen zählt in Deutschland zu einem der größten Wirtschaftsträger und genießt auch international einen sehr guten Ruf. Mit 28 Produktions- und Montagestätten in 13 Ländern sowie Vertriebsniederlassungen in 140 Ländern ist das Unternehmen global aufgestellt. Im Jahr 2013 erwirtschafteten die rund 110.000 Beschäftigen einen Umsatz von ca. 76 Mrd. €. Die Anzahl ausgelieferter Fahrzeuge betrug 1,96 Mio., wobei 84,3 % auf die BMW-Produktreihe und 15,5 % auf die Mini-Produktreihe entfielen.

In den vergangenen Jahren gewannen Nachhaltigkeitsaspekte im Rahmen der Unternehmensstrategie der BMW Group verstärkt an Bedeutung. Im Jahr 2013 belegte das Unternehmen zum achten Mal die Spitzenposition des Dow Jones Sustainability Index. Der BMW Sustainable Value Report verweist auf stetig sinkende CO_2-Emissionswerte u. a. auf Basis von reduzierten Werten für Energie- und Wasserverbrauch sowie Einsparungen für die Beseitigung von Müll (vgl. Abbildung 1). Nachhaltigkeit wird bei BMW verstanden als Grundprinzip zur Zukunftssicherung und durchzieht alle Bereiche (Wachstum, Zukunft gestalten, Profitabilität, Zugang zu Technologien und Kunden) des unternehmensstrategischen Konzeptes, das den Namen NUMBER ONE trägt. Dieser Titel steht für den Anspruch der BMW Group Weltmarktführer für nachhaltige, innovative Produkte und Dienstleistungen rund um *car-enable, car-related* und *car-independent* Produkte und Dienstleistungen zu sein (*Ehlen, 2014*).

	09	10	11	12	13	%
Geschäftstätigkeit						
Umsatz (in Mio. €)	50.681	60.477	68.821	76.848	**76.058**	–1,0
Ergebnis vor Steuern (in Mio. €)	413	4.853	7.383	7.803	**7.913**	1,4
Return on Capital Employed (in %)	3,3	19,1	25,6	23,0	**21,4**	–7,4
Auslieferungen Automobile (in Tsd.)	1.286,3	1.461,2	1.669,0	1.845,2	**1.963,8**	6,4
Produktverantwortung						
CO_2 Emissionen der BMW Group Automobile (EU27) (in g/km)	150,0	148,0	145,0	138,0	**133,0**	–3,6
Forschungs- und Entwicklungsleistungen (in Mio. €)	2.448	2.773	3.373	3.952	**4.792**	21,3
Konzernweiter Umweltschutz[1]						
Energieverbrauch je produziertes Fahrzeug (in MWh/Fahrzeug)	2,80	2,72	2,43	2,41	**2,36**	–2,1
Wasserverbrauch je produziertes Fahrzeug (in m^3/Fahrzeug)	2,66	2,4	2,25	2,22	**2,18**	–1,8
Prozessabwasser je produziertes Fahrzeug (in m^3/Fahrzeug)	0,64	0,6	0,57	0,51	**0,47**	–7,8
CO_2 Emissione je produziertes Fahrzeug (in t/Fahrzeug)	0,94	0,89	0,75	0,72	**0,68**	–5,6
Abfall zur Beseitigung je produziertes Fahrzeug (in kg/Fahrzeug)	11,03	10,49	8,49	6,47	**5,73**	–11,4
Emissionen VOC (flüchtige organische Lösungsmittel) je produziertes Fahrzeug (in kg/Fahrzeug)	1,84	1,66	1,75	1,78	**1,59**	–10,7

Abb. 1: KPI-5-Jahres-Vergleichsübersicht der BMW Group

Quelle: *BMW (2013a, S. 8)*

Nachhaltiges Wirtschaften bedeutet in diesem Zusammenhang nachhaltige Mobilität und damit die stetige Verbesserung der Ökobilanz der Fahrzeuge. Unternehmensangaben zufolge sank der CO_2-Ausstoß der europäischen Neufahrzeuge zwischen 1995 und 2010 um 30 %. Unter dem Schlagwort *Efficient Dynamics* beschreibt BMW seinen weiteren Weg zur nachhaltigen Mobilität in drei Stufen (*BMW, 2014a*):

„1. *Basis ist das Efficient Dynamics Innovationspaket für geringeren Kraftstoffverbrauch und reduzierte CO_2-Emissionen. Es umfasst hocheffiziente Otto- und Dieselmotoren, Leichtbau, verbesserte Aerodynamik sowie ein ausgeklügeltes Energiemanagement mit beispielsweise Auto Start Stop Funktion und Bremsenergierückgewinnung. Effi-*

cient Dynamics ist eine globale und modellübergreifende Strategie, die Ausstattung wird serienmäßig angeboten. [...]

2. *In einem weiteren Schritt realisiert das Unternehmen zusätzliche Verbrauchsvorteile durch eine Elektrifizierung des Antriebsstrangs bis hin zu umfangreichen Hybridlösungen. [...]*
3. *Langfristig setzen wir auf Elektromobilität. [...]"*

Bereits im Jahr 2009 führte BMW mit dem BMW ActiveHybrid X6 und dem BMW ActiveHybrid 7 Fahrzeuge zur Serienreife, die gegenüber Konkurrenzangeboten deutlich niedriger im Kraftstoffverbrauch lagen. Der Stufe drei ist nunmehr das „project i" zuzuordnen. Als eigenständige Unternehmenseinheit werden unter diesem Synonym bzw. unter dieser Sub-Marke Konzepte für Ballungsräume entwickelt. Beispiele hierfür sind der als Megacity Vehicle bezeichnete BMW-i3 und der BMW-i8 als progressiver Sportwagen.

Zentrales Element der Umsetzung dieser Produktstrategie ist der Einsatz neuer Materialen. Kaum ein Automobilhersteller ist nicht auf diesem Gebiet forschungsseitig aktiv. Wie bereits eingangs erwähnt, werden insbesondere mit dem Werkstoff Carbon viele Hoffnungen in Hinblick auf eine emissionsärmere Mobilität durch Gewichtsreduktion verbunden.

3. Carbon und weitere Werkstoffe als Eckpfeiler des Leichtbaus

Das Spektrum der Konstruktionswerkstoffe hat sich in den vergangen Jahren deutlich erweitert (vgl. Tabelle 1). Zu den klassischen Werkstoffen zählt vor allem Stahl. Um ihm mehr Leistungspotenzial zu geben, wird intensiv an der Steigerung seiner Festigkeit bei gleichzeitig reduziertem Werkstoffeinsatz geforscht. Stahl ist aufgrund seiner ausgewogenen mechanischen Eigenschaften vielseitig einsetzbar und wird nach Expertenmeinung der zentrale Werkstoff für den Maschinen- und Anlagenbau bleiben. Es existieren ca. 2.000 Varianten an Stahl. Dennoch sind aufgrund moderner Technologien, Gesetzesänderungen im Bereich der Sicherheit und veränderten Anforderungen an Baugruppen weitere Werkstoffe auf dem Vormarsch. Aluminium kann in Form von Legierungen ein breites Repertoire an mechanischen und technologischen Eigenschaften annehmen. Während die Festigkeit des reinen Aluminiums bei 49 MPa liegt, können Aluminiumlegierungen bis zu 700 MPa erreichen. Die hohe Zähigkeit und die gute Formbarkeit geben dem Werkstoff Einsatzgebiete, die von der Luftfahrtindustrie über den Maschinenbau bis zur Freizeitindustrie reichen.

Material	Marktpreise bzw. Kostengesichtspunkte (Stand Nov. 2014)	Recyclingrate	Ausgewählte Vorteile	Ausgewählte Nachteile	Beispiele für die Verwendung beim Automobil	Expertenmeinung zur Bedeutung für den Leichtbau in > 5 Jahren[1]
Stahl	ca. 300 € pro Tonne	90 - 95 %	Relativ günstig, insgesamt wirtschaftlich für die Serienfertigung, gute Formbarkeit je nach Stahlvariante	Hohe Dichte (schwer), hohe Recycingfähigkeit (neue Werkstoffe entstehen), nicht korrosionsbeständig	Karosserie, Außenteile	Hoch (64 %)
Aluminium	ca. 1.650 € pro Tonne	50 - 95 %	Leicht, aufgrund von Legierungen gute Giesbarkeit und Formbarkeit sowie Zähigkeit , insgesamt gute Bearbeitbarkeit, hohe Korrosionsbeständigkeit	Teure und energieaufwändige Herstellung	Karosserie, Außenteile	Hoch (91 %)
Magnesium	ca. 2.080 € pro Tonne	35 %, weltweit bei 14 %	Sehr leicht, leichte und preisgünstige Bearbeitung z. B. mittels spanabhebender Verfahren bei Legierungen, gute Gieß-Eigenschaften, weltweite Verfügbarkeit	Geringe Bruchdehnung, relativ geringe Zugfestigkeit, hohe Korrosionsanfälligkeit, teure Herstellung	Karosserie, Außenteile, Lenkräder, Felgen, Druckgussbauteile in Getriebegehäuse und Motoren	Eher gering (63 %)

[1] Prozentsatz bezieht sich auf Anteil der Experten, die entsprechender Meinung waren.

Material	**Marktpreise bzw. Kostengesichtspunkte (Stand Nov. 2014)**	**Recyclingrate**	**Ausgewählte Vorteile**	**Ausgewählte Nachteile**	**Beispiele für die Verwendung beim Automobil**	**Expertenmeinung zur Bedeutung für den Leichtbau in > 5 Jahren**
Titan	ca. 14.500 € pro Tonne Titanschwamm (hohe Schwankungsbreite)	6 %	Niedrige Dichte, fest, langlebig, hohe Korrosionsbeständigkeit, geringe Wärmeausdehnung	Hoher Preis, schwierige Bearbeitbarkeit, niedriger Elastizitätsmodus, geringe Wärmeleitfähigkeit	Hitzeschild, Schrauben, Bolzen	Eher gering (86 %)
Faserverstärkte Kunststoffe (GFK, NFK)	Sehr unterschiedlich zwischen Materialvarianten	Sehr unterschiedlich zwischen Materialvarianten, hohe Recyclingraten bspw. für NFK	Gute CO_2-Bilanz für NFK, günstig, leicht bei hoher Stabilität, hohe Korrosionsbeständigkeit	Eingeschränkte Belastbarkeit für tragende Bauteile, eingeschränkte Temperaturbeständigkeit	Innenverkleidung, Armaturenträger, Unterboden, Stoßdämpfer	Hoch (83 %)
Kohlenstofffaserverstärkte Kunststoffe (CFK)	Kosten höher als bei Stahl, jedoch Kostenreduktion bis zum Jahr 2020 von max. 90 % erwartet, Annäherung des Preise an Aluminium	Nicht bekannt, (laut BMW 95 % bei Rückgabe an BMW Händler)	Hohe mechanische Beanspruchbarkeit, geringe Wasseraufnahme, extrem leicht bei hoher Stabilität, Korrosionsbeständigkeit	Kostenintensive Herstellung, eingeschränkte Temperaturbeständigkeit, junger Werkstoff mit noch zahlreichen Unbekannten in Hinblick auf Alterungseffekte, Diagnostizierbarkeit von Beschädigungen etc.	Karosserie, Felgen	Hoch (100 %)

Tab. 1: Ausgewählte Werkstoffe des Leichtbaus im Überblick

Quelle: eigene Darstellung i. A. an *Friedrich (2013, S. 95 ff.), Heuss et al. (2012), Jäger (2011, S. 2), Ashby/Johnson (2002, S. 52 ff.)*

Anmerkung: Stichprobengröße in Studie unspezifiziert, $n_{min} = 11$ (*e-mobil BW GmbH et al., 2013*)

Die geringste Dichte unter den Gebrauchsmetallen hat Magnesium. Während Reinmagnesium quasi ohne technische Bedeutung ist, entstehen durch Zusätze z. B. von Aluminium und Zink nutzbare Legierungen. Titan wird sowohl in reiner als auch legierter Form verwendet. Aufgrund sehr guter Festigkeitswerte, der geringen Wärmeausdehnung und der hohen chemischen Beständigkeit wird der Werkstoff vor allem in der Luft- und Raumfahrt und der Medizintechnik eingesetzt. Experten attestieren Titan für den Leichtbau eine eher geringe Relevanz.

Vor allem Kunststoffe haben in der Vergangenheit stetig an Bedeutung gewonnen, da sie auf nahezu jeden Anwendungsbereich anzupassen sind. Dieser Trend wird nach Expertenmeinung weiter an Geschwindigkeit zunehmen. Kunststoffe untergliedern sich in Thermoplasten und Duroplasten. Während sich Erstere wärmeverformen lassen, erstarren Zweitere durch chemische Reaktion. Gute Schwingungsdämpfung und einfache Bearbeitbarkeit bei geringem Gewicht sind die zentralen Vorteile von Kunststoffen.

Die Hybridtechnik erlaubt nunmehr die vielfältige Kombination von Kunststoffen mit anderen Werkstoffen. Kaum ein anderer Werkstoff hat hierbei für eine so hohe Furore gesorgt wie Carbon. Seine hohe Festigkeit in Faserrichtung bei geringem Gewicht macht ihn sehr gut geeignet für den Leichtbau im Automobilbereich. Je dünner die Faser ist, desto größer dabei die Festigkeit. 100 % der Experten sind der Meinung das Carbon für den Leichtbau der Zukunft nicht wegzudenken ist, obgleich er noch ein recht junger Werkstoff, dessen Verfügbarkeit sich entsprechend limitiert darstellt, ist. Rund 40.000 t werden jährlich produziert, während beispielsweise 1,6 Mrd. t Stahl und 46 Mio. t Aluminium bereitstehen. Entsprechend der wachsenden Nachfrage wird sich dies ändern. Gemäß Berechnungen des Unternehmens McKinsey wird sich der Preis für Carbon bis zum Jahr 2030 an den Aluminiumpreis bei einer Verdopplung der Nachfrage anpassen (*Heuss et al., 2012, S. 10*).

Betrachtet man den gesamten Lebenszyklus von Carbon, gestaltet sich bei allen positiven Eigenschaften seine Erzeugung deutlich ressourcenintensiver als die der Vergleichswerkstoffe (vgl. Abbildung 2). Das CO_2-Aufkommen liegt bei der Herstellung des BMW-i3 damit höher als einem konventionellen BMW. Ursache ist insbesondere die Herstellung der Batterie sowie der höhere Energieverbauch für die Produktion der Aluminium-Leichtbauteile und der Carbon-Fahrgastzelle. Dennoch scheint Carbon insgesamt im Vorteil zu sein, wenn man den Aspekt der Nutzung eines leichteren Automobils berücksichtig und seine beschriebene Recyclingfähigkeit und Wiedereinsetzbarkeit für den Automobilbau einbezieht. BMW spricht von einer Halbierung des CO_2-Footprints gegenüber einem effektiven Auto mit Verbrennungsmotor. Von außen werden jedoch häufig Bedenken in Hinblick auf die postulierten guten Recyclingeigenschaften angemerkt – zumindest vom derzeitigen Stand der Forschung (*Heuss et al., 2012, S. 18*).

In Bezug auf die Gesamtheit der innovativen Materialen bleibt noch auf GFK, Matrixmaterialen auf Naturbasis und Keramik zu verweisen. Glasfasern sind zwar deutlich günstiger als CFK, erreichen jedoch auch nur eine geringere Festigkeit (ca. 2 g/cm^3). Sie werden deshalb für weniger gewichtskritische Bauteile, z. B. im Rumpf von Sportboten eingesetzt. Das Spektrum an faserverstärkten Verbundwerkstoffen wird sich zukünftig weiter ausdehnen. Auf der Grundlage von Holz-, Hanf-, Kokos- und Flachsfasern existierten schon heute Matrixmaterialen (naturfaserverstärkte Kunststoffe – NFK), die umweltfreundliche Innenverkleidungen von Automobilien ermöglichen. Bei der Mercedes E-Klasse verteilen sich bis zu 43 kg Naturfaser-Kunststoffe auf 32 unterschiedliche Bauteile. Bei Unfällen wird diesen Materialien eine besonders hohe Absorption der Aufprallenergie zugeschrieben.

Schließlich sind Forschungen im Bereich der Keramik zu erwähnen. Bis dato wird jedoch diesem Werkstoff keine relevante Rolle für den Leichtbau attestiert.

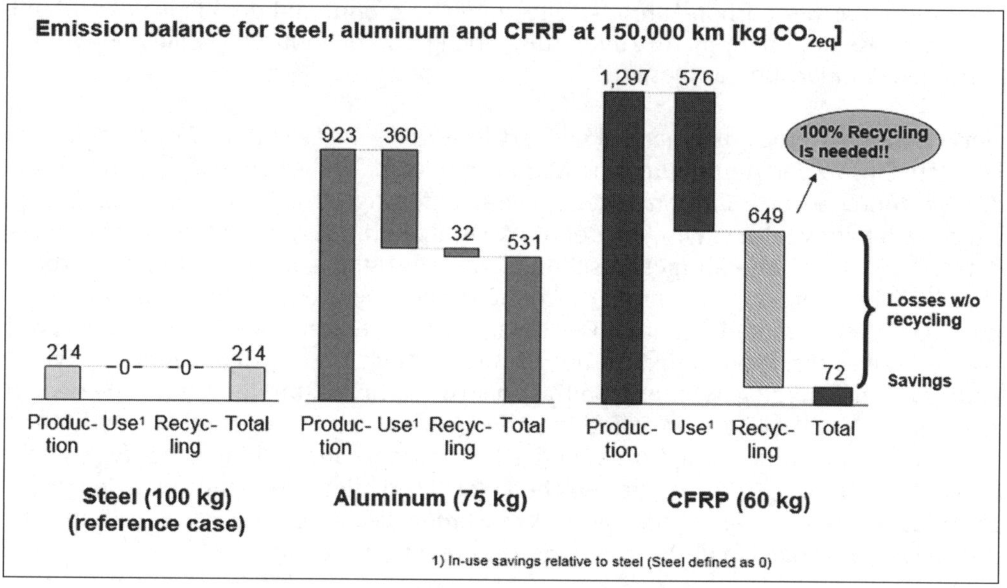

Abb. 2: Life-Cycle-Vergleich von Stahl, Aluminium und CFK basierend auf einem Referenzbauteil (150.000 km Laufleistung bei einer Gewichtskonstellation von 100 kg Stahl, 75 kg Aluminium, 60 kg CFK)

Quelle: *Kühnle (2012, S. 32)*

Zweifelsohne wird die Mobilität von den Errungenschaften des Leichtbaus und im Zuge dessen der Werkstoffwissenschaften weiter profitieren. Die Studie *Lightweight, heavy impact* prognostiziert, dass der Weltmarkt für Leichtbaumaterialien eine jährliche Steigerungsrate von 8 % aufweist und im Jahr 2030 ein Volumen von 300 Mrd. € erreicht (*Heuss et al., 2012, S. 21*).

Nicht nur durch den Einsatz innovativer Werkstoffe versuchen Unternehmen den Nachhaltigkeitsgedanken im Rahmen ihrer Strategie umzusetzen. Auch gewinnen Konzepte vermehrt an Bedeutung, die die gesamte Werkschöpfungskette hierauf ausrichten. Der folgende Abschnitt zeigt in Auszügen die Umsetzung bei der BMW-i-Serie.

4. Elemente des Nachhaltigkeitskonzeptes der BMW-i-Reihe

Fahrzeuge der Marke BMW stehen für hochpreisige Reisewagen und Motorräder mit sportlichem Anspruch bei Premiumqualität. Den Kern der Markenidentität verkörpert der begleitende Slogan „*Freude am Fahren*". Dieser steht für Fahrspaß, welcher mittels charakteristischen Designelementen und innovativen Lösungen zur Dynamik den Zielgruppen ein Gefühl der Faszination vermitteln soll. So fokussiert die neue i-Serie insbesondere auf technikaffine Zielgruppen, die Umweltverträglichkeit als Bestandteil des Premiumanspruchs verstehen. *Hildegard Wortmann*, Bereichsleiterin Produkt Management und Aftersales beschreibt, dass *„Nachhaltigkeit für BMW eine Frage der Glaubwürdigkeit [...] ist. Bei den BWM-i-Modellen wird das Thema noch einmal erlebbarer: angefangen bei der Produktentwicklung über die Produktion und den Lebenszyklus der Fahrzeuge bis hin zum Recycling"* (*Köth, 2013*). BMW versteht unter diesem Ganzheitlichkeitsanspruch die so genannte LifeDrive-Fahrzeugarchitektur. Für den BMW-i3 besteht diese aus der Carbon-Fahrgastzelle, dem Life-Modul und dem Drive-Modul mit den Antriebskomponenten. An Zulieferung und Produktion wurden völlig neue Anforderungen definiert und umgesetzt.

Unter den BMW EfficientDynamics gliedert BMW u. a. die Leichtbau-Technologie. Neben dem Einsatz von Aluminium und Magnesium wird für die i-Serie insbesondere auf den Verbundwerkstoff Carbon gesetzt. Die Zulieferung erfolgt durch die SGL Group, welche ein Joint Venture zwischen der BMW Group und SGL Automotive Carbon Fibres darstellt. Nach ca. zehnjähriger Forschungsarbeit fertigt das Joint Venture die Carbonfaser und Carbonfaserplatten und machte das Verfahren reif für die Großserienfertigung. Das Werk befindet sich in Moses Lake (USA) und erhält seine Energie durch zwei Wasserkraftwerke. Die Produktion des BMW-i3 erfolgt im Leipziger Werk, wo Windkrafträder zur Energiegewinnung beitragen. Insgesamt entstanden für die i-Serie 800 zusätzliche Arbeitsplätze am Standort. Allein für Leipzig betrugen die Investitionen 400 Mio. € und wurden u. a. für ein neues Produktionskonzept eingesetzt (vgl. Abbildung 3). Der bisherige Prozess, bei welchem die Karosserieteile gestanzt wurden (Press Shop) ist an das SGL-Werk ausgelagert. Dort werden die Carbonfasern in Form gebracht und gelangen danach in die Vormontage zum Leipziger Standort.

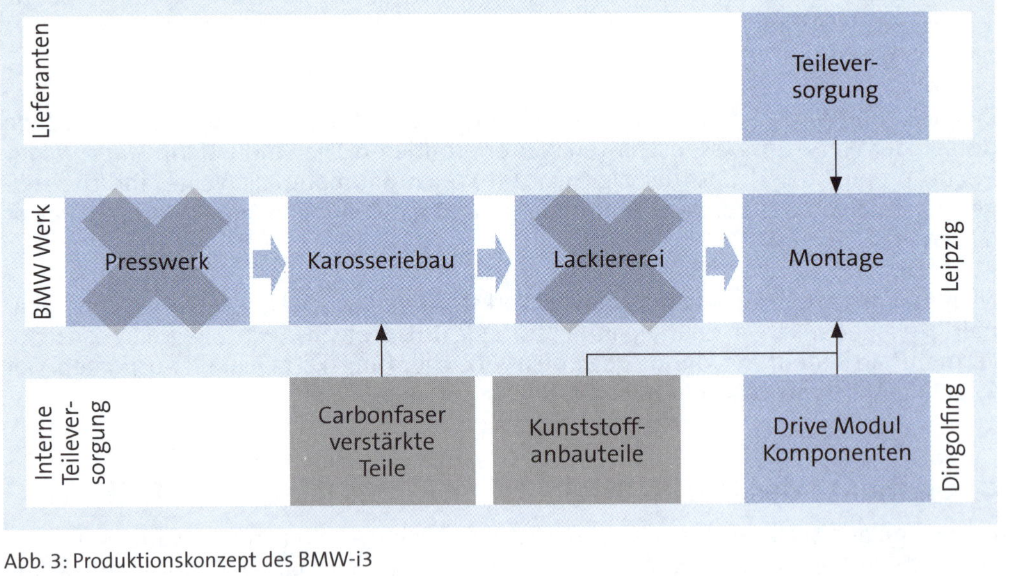

Abb. 3: Produktionskonzept des BMW-i3

Quelle: *Hang (2013, S. 17)*

In der Montagehalle in Leipzig kommt erstmals in der Unternehmenshistorie ein Zwei-Linien-System zum Einsatz, d. h. auf einer Linie wird das Life-Modul und auf einer zweiten das Drive-Modul montiert, welches zusätzlich zu verbesserten Bedingungen für die Arbeitsplatzgestaltung führte. Die Durchlaufzeit in Karosseriebau und Montage beträgt mit 20 Std. ca. 50 % der in der konventionellen Produktion benötigten Zeit, da Arbeitsschritte parallel stattfinden und die Anzahl zu verbauender Karosserieteile geringer ist. 800 Roboter kommen zum Einsatz, um die Carbonteile zusammenzufügen.

Vom Karosseriebau gelangt die CFK-Fahrgastzelle in die Montagehalle, wo sie ihre kundenspezifische Anpassung erfährt. Im Anschluss daran erfolgt die so genannte „Hochzeit" mit dem Aluminium-Drive-Modul, d. h. die Fahrgastzelle und das Aluminium-Chassis werden miteinander verklebt und verschraubt. Zwei Roboter bringen den Klebstoff auf das Drive-Modul auf; hierauf folgt eine Fügestation, welche wiederum mit einem Greifroboter das Zusammenbringen der Teile vornimmt. Eine Klebenat von insgesamt 160 m sorgt beim BMW-i3 für die hohe Steifigkeit.

Laut Unternehmensangaben wird die Produktion der BMW-i-Fahrzeuge neuen Nachhaltigkeitsanforderungen gerecht. Es werden im Vergleich zum BMW-Unternehmensdurchschnitt 70 % weniger Wasser und 50 % weniger Energie verbraucht. Für nachhaltig gestaltete Bauwerke zeichnete der amerikanische Green Building Council das neue Produktionsgebäude in Leipzig mit dem „LEED Gold Zertifikat" (Leadership in Energy and Environmental Design) aus. Zahlreiche technische Neuerungen führen dort zu niedrigeren Energieverbrauchswerten. Beispielsweise erfolgt durch eine Belüftungsanlage ein Luftaustausch über die Ober- und Seitenlichter des Hallendachs. Diese natürliche Lüftung senkt die Geruchs- und Staubbelastung im Karosseriebau und in der Montagehalle und gewährleistet den Kühlbedarf im warmen Presswerk. Das gesamte Belüftungssystem agiert ohne Ventilatoren und Klimaanlagen. Weiße Folien auf den Lichtbändern im Hallendach reflektieren das Sonnenlicht und vermindern hierdurch den künstlichen Beleuchtungsbedarf. Ebenfalls wurden Verbesserungen bei den Arbeitsbedingungen erzielt. Mitarbeiter nutzen Fahrräder zwischen den Produktionshallen, die Teile am Band werden in ergonomischen günstigeren Höhen präsentiert. Ebenfalls finden Ergositze bei Montagearbeiten Einsatz und ein spezieller Bodenbelag sorgt beim Gehen entlang der Montageline für Trittkomfort.

Zulieferung	Produktion	Nutzung	Recycling
Verwendung von Carbonfasern aus einem US-Werk von SGL, dessen Energie von zwei Wasserkraftwerken stammt	Einsatz von Windkraftanlagen am Leipziger Produktionsstandort	Leichtbauweise mit Carbon (Gewichtseinsparung)	Postulierte hohe Wiedereinsetzbarkeit von Carbon
Nutzung von Sekundäraluminium bzw. mit regenerativer Energie hergestelltes Primäraluminium für das Fahrzeugchassis	Deutlich geringere Lärmemissionen und hoher Anteil natürlichen Lichts in der Produktionshalle	80 - 85 % der Verschleißteile bei Fahrzeugen mit Verbrennungsmotoren fehlen (günstigere Wartungskosten)	95 % des gesamten Fahrzeuges sind nach Angaben von BMW recycelbar bei sachgerechter Rückgabe an einen BMW-Händler
Beschaffung von Naturmaterialen (NFK) für die Innenraumgestaltung	Erleichterte Arbeitsbedingungen durch Zwei-Liniensystem, verbesserte Ergonomie der Arbeitsplatzgestaltung und der Bodenbeläge an der Montagelinie	Eco Pro Modus Drosselung von Klimaanlage, Heizung und Fahrdynamik (spart Storm)	Gute Recyclingeigenschaften der NFK
Nachhaltigkeitsanforderungen an Zulieferer	Einsatz wasserstoffgetriebener Flurförderfahrzeuge	Verbrauchs- und Emissionsreduzierung durch E-Motor	Forschungen zum zukünftigen Einsatz der Batterien
	Erheblich reduzierter Lackierbedarf, Effizienzmaßnahmen hinsichtlich Luftaustausch, Geruchs- und Staubbelastung sowie Kühlbedarf	Reduzierte Reparaturaufwendungen durch verbesserte Korrosionsresistenz und elastische Plastikelemente	
	Verwendung nachhaltiger Materialien zur Abgrenzung von Produktions- und Lagerbereichen		

Abb. 4: BMW-i Nachhaltigkeitskette – ausgewählte Positivaspekte

Quelle: eigene Darstellung i. A. an *BMW (2013b)*

Insgesamt durchzieht das Nachhaltigkeitskonzept den gesamten Prozess der BMW-i-Herstellung und geht über die Beschaffung der Einsatzstoffe bis zum Recycling (vgl. Abbildung 4). Erstmalig wurden für den BMW-i3 und BMW-i8 zum Projektstart fixe Nachhaltigkeitsziele über die gesamte Wertschöpfungskette festgelegt. Konkrete Kennwerte existieren für die Entwicklungsbereiche Fahrwerk, Antrieb, Karosserie, Interieur sowie für Produktion und Vertrieb.

Untersuchungen zur Mobilität der Zukunft zeigen ein wachsendes Marktpotenzial für Produkte auf, die Environmental Correctness als Bestandteil des Vermarktungskonzeptes aufweisen (*Winterhoff et al., 2009*). Dennoch ist es für den Vertriebserfolg zentral, genau die Wettbewerber und Kundensegmente herauszukristallisieren.

5. Marktsituation und Zielgruppen

5.1 Markt- und Konkurrenzsituation

5.1.1 Premiummarkt

Die deutschen Automobilhersteller Audi, BMW, Mercedes und Porsche beherrschen den internationalen Premiummarkt. Je nachdem, welche Marken in den Vergleich einbezogen werden, berechnen sich etwas unterschiedliche Verkäufe. *Dudenhöffer* kalkuliert für das Jahr 2013 für Audi, BMW, Mercedes und Porsche rund 67 % Marktanteil (vgl. Tabelle 2). Außer Audi, BMW und Mercedes erzielt kein anderer Anbieter einen zweistelligen Wert.

Marke	Verkäufe 2013	Marktanteil 2013
BWM	1.655.000	22,5 %
Audi	1.576.000	21,5 %
Mercedes	1.467.000	20 %
Lexus	512.000	7 %
Volvo	428.000	5,8 %
Land Rover	348.000	4,7 %
Mini	305.000	4,2 %
Cadillac	251.000	3,4 %
Acura	165.000	2,2 %
Porsche	162.000	2,2 %
Infiniti	151.000	2,1 %
Smart	101.000	1,4 %
Lincoln	97.000	1,3 %
Jaguar	77.000	1,0 %
Maserati	15.000	0,2 %
Bentley	10.000	0,1 %
Ferrari	7.000	0,1 %
Andere (unter 5.000 Verkäufe)[1]	17.700	0,2 %
Premium Welt gesamt	**7.344.700**	**100,0 %**

Tab. 2: Weltweite Verkäufe der Premiumhersteller 2013

Quelle: *Dudenhöffer (2014, S. 201)*

[1] Aston Martin, Artega, Bugatti, Fisker, Lamborghini, Morgan, Koenigsegg, Lotus, Rolls-Royce, Spyker, Tesla, Wiesmann

Das Premiumsegment hat in den letzten Jahren Zuwachs durch revitalisierte Marken wie Mini oder das amerikanische Unternehmen Tesla mit seinen Elektromobilen bekommen.

5.1.2 Situation im Leichtbau

Seit Jahrzehnten beschäftigt sich der Automobilbau mit der Leichtbauweise. Bereits 1994 setzte Audi mit dem ersten A8 eine Karosserie aus Aluminium in der Audi-Space-Frame-Bauweise (ASF) ein. Beim TT wird die Karosserie dagegen in Hybridbauweise aus Aluminium und Stahl gebaut, während bspw. beim A7 Sportback und dem A6 Stahl mit hohen Aluminiumanteilen eingesetzt werden. Audi ist nicht starr auf einen einzigen Werkstoff konzentriert, sondern agiert mit verschiedenen Materialien. Insofern ist im gesamten Programm die reine ASF-Bauweise immer noch existent, aber der Multimaterial-Space-Frame-Ansatz dominiert (*Köth, 2012*). Ein besonderer Pluspunkt der Aluminium-Strategie von Audi sind die hohen Erfahrungen durch sehr große Stückzahlen. Von der BMWi-Reihe werden dagegen z. B. im Jahr 2014 weniger als 20.000 Stück verkauft, sodass eine größere Kostenreduktion bei der Carbon-Produktion noch auf sich warten lässt. Ebenso wie Carbon ist Aluminium in der Herstellung sehr ressourcenaufwändig. 2013 tritt Audi der Aluminium Stewardship Initiative bei, um einen globalen Standard für Aluminium hinsichtlich umweltbezogener und sozialer Kriterien von der Rohmaterialgewinnung über die Produktion bis zur Verarbeitung zu erreichen. Audi testet im Rahmen seiner Multimaterial-Strategie allerdings auch Werkstoffe wie Magnesium oder faserverstärkte Kunststoffe aus. Für den R8-e-tron z. B. wird seit 2013 ein Multimaterial Space Frame verwendet, bei dem große Teile aus Carbon-faserverstärktem Kunststoff das Aluminiumgerüst komplettieren.

Mercedes setzt mit den neuesten C- und S-Klassen auf eine Hybridbauweise, einen Aluminium-Stahl-Materialmix.

5.1.3 Situation bei Elektromobilen

Käufer des BMW-i3 können zwischen einer rein elektrischen und einer Version mit Range Extender wählen, die über einen zusätzlichen Benzinmotor verfügt. Die weltweiten Verkaufszahlen des i3 beliefen sich 2014 auf 16.052 Einheiten. Insgesamt konnten zudem 1.741 BMW-i8 seit dem Marktstart im Sommer 2014 ausgeliefert werden (vgl. Abbildung 5 für Verkaufszahlen Januar - Mai 2014 im Ländervergleich).

Ein Blick auf die Marktanteile in der Bestenliste der zehn meistverkauften Elektroautos zeigt, dass BMW in Deutschland Spitzenreiter im ersten Halbjahr 2014 ist. Knapp ein Viertel dieses Marktes wird damit vom i3 dominiert, gefolgt vom VW e-Up! und dem Smart Fortwo ED.

Elektrofahrzeuge, die in anderen Ländern zu den Topsellern zählen, befinden sich in Deutschland dagegen auf den nachgelagerten Rängen – so beispielsweise das Model S von Tesla, der ZOE von Renault oder der Nissan Leaf, der insbesondere in den USA ein Absatzschlager ist und auch weltweit am meisten verkauft wurde.

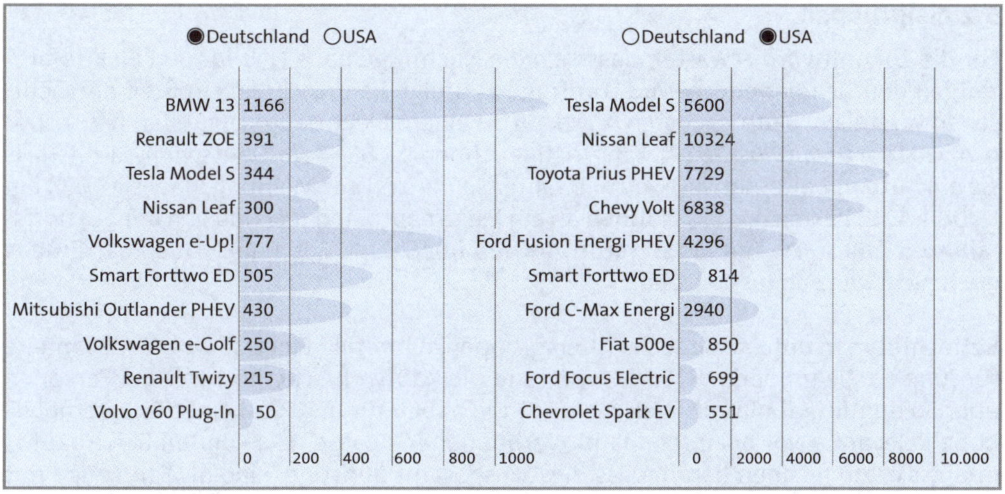

Abb. 5: Meist verkaufte Elektrofahrzeuge in Deutschland (links) und in den USA (rechts) im Zeitraum Januar - Mai 2014

Quelle: *Ehrenfried (2014)*

Im Vergleich zum Nissan Leaf und dem VW e-Golf wird dem BMW-i3 insbesondere eine futuristische Optik und eine ansprechende Fahrdynamik bescheinigt. Die Ausstattung wird von Experten mit sportlich, straff umschrieben. Der VW e-Golf verfügt über das sehr gute Raumangebot des typischen Golfs und wird in Bezug auf Innenraumgeräusche als am leisesten eingestuft. Hinsichtlich des Nissan Leaf fallen häufig Attribute wie bewährt und komfortabel.

Die folgende Tabelle 3 zeigt einige ausgewählte Merkmale der drei Wettbewerbermodelle.

Die Beschleunigungswerte zeigen, dass der BMW-i3 das Markenversprechen der Dynamik umsetzt. Obgleich die Optik zum Teil von klassischen BMW Designelementen abweicht, bleiben die BMW-i3- Modelle die Sportlichsten in ihrer Kategorie *(Göbel, 2012, S. 46)*.

VW e-Golf	**BMW-i3**	**Nissan Leaf**
115 PS	170 PS	109 PS
0 - 100 km/h in 10,3 s	0 - 100 km/h in 7,2 s	0 - 100 km/h in 10,7 s
Vorderradantrieb	Hinterradantrieb	Vorderradantrieb
Spitze 140 km/h	Spitze 150 km/h	Spitze 144 km/h
Grundpreis: 34.900 Euro	Grundpreis: 34.950 Euro	Grundpreis: 29.690 Euro

Tab. 3: Ausgewählte Merkmale der Modelle VW e-Golf, BMW-i3 und Nissan Leaf

Quelle: *Schönfeld (2014)*

5.2 Zielgruppen

Für die Zukunft wird erwartet, dass sich die Nachfrage nach Hybrid- und Elektrofahrzeugen deutlich erweitern wird. Umfragen zufolge kann sich ein Großteil der Deutschen vorstellen, beim nächsten Autokauf zu einem Elektroauto zu greifen (vgl. bspw. *o. A., 2014a*; *CreditPlus, 2014*). Langfristig rechnen ca. 53 % der Deutschen damit, dass sie ein Auto mit alternativem Antrieb fahren, 25 % sind der Meinung, dass sie 2024 ein Hybrid-Auto besitzen, 17 % glauben an ein Elektroauto und 6 % sind von der Zukunftsfähigkeit eines Pkw mit Wasserstoff-Antrieb überzeugt. 5 % haben auch das Erdgas noch nicht ganz abgeschrieben.

Betrachtet man unterschiedliche Altersgruppen, dann sind Elektroautos insbesondere für jüngere Zielgruppen attraktiv, während die Kaufwahrscheinlichkeit bei Personen über 50 deutlich abnimmt. Preisliche Gründe haben für den Kauf eines Elektromobils hohe Relevanz – vor allem die damit verbundenen Kosten. 19 % der an Elektroautos Interessierten rechnen damit, dass diese insgesamt günstiger sind als Fahrzeuge mit Verbrennungsmotoren. 7 % der Befragten, für die ein Kauf infrage kommt, erwarten hierbei einen steigenden Benzinpreis.

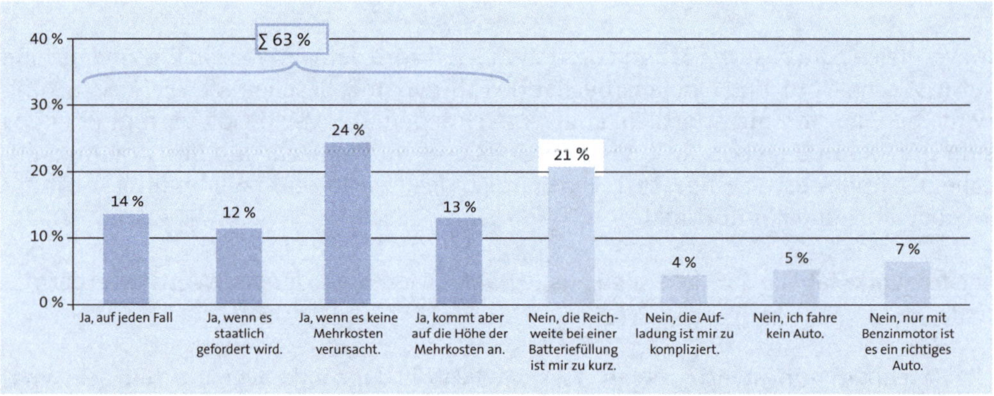

Abb. 6: Bereitschaft zum Austausch des gegenwärtigen Autos durch ein Elektroauto, Basis: Deutschland, n = 1.000

Quelle: *CreditPlus (2014)*

Hinderungsgründe für den Kauf eines Elektrofahrzeuges betreffen häufig Aspekte der noch nicht als ausgereift empfundenen Technik. Vor allem die als gering bewertete Reichweite der Batterie wird wiederholt angeführt. Laut einer Umfrage von *CreditPlus* gaben 21 % dies als Grund für den Nichtkauf an (vgl. Abbildung 6).

Neben diesen Aspekten sind weitere Kundenbedürfnisse für die Produktstrategieformulierung relevant. Hierzu zählen u. a. Konsumententrends und schließlich die Kundensegmente, die auf Mobilitätstypen basieren (vgl. Tabelle 4). Zukunftsstudien zeigen, dass so genannte Greenovators ihren Mobilitätskonsum unmittelbar mit Ressourcenschonung und Umweltschutz verbinden. Schätzungen zufolge werden in Nordamerika, Westeuropa und Japan 30 % diesem Mobilitätstyp zuzuordnen sein.

Konsumenten-Trends	Implikationen für die (Auto-)Mobilität
Multigrafie	Lebensentwürfe vollziehen sich immer fragmentierter – Bedürfnisse werden situativer. „Lebensabschnitts-Produkte" werden wichtiger als Zielgruppenstrategien (Alter, soziale Schicht etc.).
Downaging	Konsumenten fühlen sich wesentlich jünger als ihr tatsächliches biologisches Alter, keine Ghetto-Produkte, sondern Erlebnisprodukte für den „zweiten Aufbruch".
Familie 2.0	Netzwerk-, Patchwork- und Fragmentfamilien haben einen hohen und hochdifferenzierten Mobilitäts-Bedarf, der nicht über den Family Van, SUV oder Kombi bedient werden kann.
Neo-Cities	Auto-Mobilität, die sich den Anforderungen der grünen Zukunftsstädte (zero-emission-cities) anpasst.
Greenomics	Auto-Mobilität, die einem gesunden und gleichzeitig genussorientierten Lebensstil gerecht wird. Mobilitäts-Lösungen, die ökologisch korrekt sind, aber auch für den Verbraucher nachhaltig wirken.
New Luxury	Produkte, welche die eigene Lebensqualität steigern. Tendenzielle Abkehr von Status- und Prestigedenken.
Simplify	Vereinfachung, Zeitersparnis, Einfachheit, Unsichtbarkeit von technologischen Prozessen.
Deep Support	Unterstützungsdienstleistungen, die sich individuell den Bedürfnissen des Einzelnen anpassen. Infrastrukturen an Mikro-Dienstleistungen, welche das Leben zwischen Zuhause und Arbeitsplatz organisieren.
Cheap Chic	Bezahlbare, „clevere" Produkte, die trotzdem den Wunsch nach Exklusivität, Design und Luxus befriedigen.

1. Greenovator	► Mobilität wird sehr eng mit Ressourcenschonung und Umweltschutz verknüpft. Sie sind über die Konsequenzen, Kosten etc. von Mobilität bestens informiert und suchen nach innovativen Lösungen.
2. Family Cruiser	► Familien werden immer fragmentierter, das führt zu einem wachsenden Mobilitäts-Grad. Moderne familiäre Lebensmuster zeichnen sich durch einen deutlich wachsenden Mobilitäts-Aufwand aus.
3. Silver Driver	► Sie konsumieren gern, sind mobil, vielseitig interessiert und sehr aktiv in ihrem Freizeitleben. Hohe Aufgabenbereitschaft, moderne Konsumgewohnheiten, Sinn für Lebensqualität und Genuss.

4. High-frequency Commuter	▸ Hochgradig mobile Menschen, deren Mobilitäts-Nachfrage sich mehrheitlich auf den Regionalbereich bezieht. Agglomerationspendler, die in erster Linie in Ballungsräumen flexibel und mobil sein müssen.
5. Global Jet Setter	▸ Menschen die sich täglich/wöchentlich/regelmäßig zwischen und in den Global Cities bewegen. Der Wertewandel ist unübersehbar: gezielte Suche nach Exklusivität im Premium-Segment.
6. Sensation Seeker	▸ Mobilität wird stark mit Attributen wie Freiheit, Fun und Lifestyle besetzt, Mobilität ist weiterhin mit Status und Prestige verbunden. „Freude am Fahren" wird ein Element modernen Lifestyles bleiben.
7. Low End User	▸ Diese Gruppe ist auf Mobilität angewiesen und wird den damit verbundenen Aufwand tendenziell downgraden. Suchen nach den preisgünstigsten Angeboten, welche notwendige Mobilität sicherzustellen.

Tab. 4: Implikationen für die Mobilität auf Basis von Konsumententrends und -segmentierung

Quelle: *Winterhoff et al. (2009, S. 21 und 31)*

Mit dem BMW-i3 strebt BMW an, viele Käufer anzusprechen, die bis dato noch nicht im klassischen BMW-Portfolio vorhanden sind. Laut Unternehmensangaben betrifft dies insbesondere Zielgruppen, die eine hohe technische Affinität aufweisen und für die ein grünes Image zu den Premiummerkmalen zählt. Kunden, die sich für den BMW-i3 und BMW-i8 interessieren, wollen die Nachhaltigkeit sehen und fühlen – sprichwörtlich ganzheitlich erleben. Beispielsweise wird das verwendete Innenleder des BMW-i3 mit Olivenblattaromen aufgefrischt. Die feinen Fasern der Kenafpflanze in der Türverkleidung sind sichtbar. Die Natürlichkeit der Materialien beinhaltet auch das gewollte Nachdunkeln des Eukalyptusholz im Innenraum.

Erste Berichte zeugen davon, dass das BMW-i3 Konzept stimmig ist und die Kunden anspricht. BMW Chef *Norbert Reithofer* spricht von einer Überläuferquote von 80 % (*o. A., 2014b*). Käufer kommen sowohl aus dem Premiumsegment als auch aus dem Volumensegement. Laut Unternehmensangaben besaß ein Teil sogar noch nie einen Pkw, bevor er sich nunmehr für einen BMW-i3 entschied.

Da in Bezug auf Reichweite und Preis die Konkurrenz durchaus mit dem BMW-i3 mithalten kann, scheint die Marke eine wesentliche Zugkraft für die Kaufentscheidung zu haben. Das Image des BMW-i3 ist „grüner" als das der Konkurrenzmarken. Hierfür wurden umfassende Marketingmaßnahmen durchgeführt.

6. Marketingmaßnahmen

Die Marketingpremiere des BMW-i3 fand simultan in den Städten London, New York und Beijing statt. Via Lifebroadcasts fand die Übertragung der Events auch in dem Online-Kanal statt. Grundlage war ein standardisiertes Vorgehen unabhängig von der Region, das darauf abzielte, die Käuferschichten auf den Online-Launch-Film aufmerksam zu machen. Auf der Website stand ein Konfigurator zur Verfügung, und es wurde mit einer ersten Anzeige geworben. Social Media-Maßnahmen begleiteten die umgestaltete Online-Präsenz. Zentrale Botschaft für die urbane Käuferschaft war, dass Elektromobilität keine Kompromisse erfordert. Der BMW-i3 wurde als komfortables Automobil mit der neuesten Technik positioniert, die sich für tägliches Fahren bei höchsten Ansprüchen eignet. In Folge dessen zeigten Anzeigenmotive alltägliche Motive, die aus der Welt der urbanen Zielgruppe stammen (vgl. exemplarisch Abbildung 7).

Ziel der Kampagne war es, Interessenten für eine Testfahrt zu gewinnen. Auf der Facebook-Seite wurden schnell 1,3 Mio. Fans generiert. Selbst über diesen Kanal konnten Interessenten ohne viel Aufwand eine Testfahrt arrangieren. Umfängliche Visualisierungen vermittelten ein ganzheitliches Bild des Autos. So integrierten Apps für Mobiltelefone eine 360 Grad Innenansicht.

Uwe Dreher, als verantwortlicher Marketingkommunikationsleiter für BMW-i fasste in Bezug auf die Marketingmaßnahmen zusammen: „*The aim of all our communications activities is to encourage people to take a test drive and, in that way, win them as potential customers for the vehicle – because the best way to experience the fascination, unique feeling and typical BMW driving pleasure of the electric BMW-i3 is to actually drive the car for yourself*“ (*o. A., 2013a*).

Ebenfalls wurde ein Großteil des i-Budget in das Bewerben des Sportwagens BMW-i8 investiert. In den ersten sechs Monaten des Jahres 2014 wurde kein anderes Fahrzeug so intensiv beworben wie dieses. 16,6 Mio. € wurden von April bis Juni 2014 dafür seitens des BMW-Marketings ausgegeben. Dem standen zunächst 55 verkaufte Modelle gegenüber (*Schröter/Richter, 2014, S. 14*).

Abb. 7: BMW-i3 und BMW-i8 Anzeigenmotiv

Quelle: *BMW (2014)*

Das Leitthema der BMW-i8-Werbung lautete *„Erster einer neuen Zeit“* und bringt zum Ausdruck, dass mit dem Hybrid-Sportwagen sozusagen neue Spielregeln definiert werden. Dabei verzichteten die Motive der Printkampagne auf umfassende technische Erläuterungen. Die Verdeutlichung des speziellen Charakters war zentral. Neben insgesamt sieben Motiven der Print-Kampagne strahlte BMW auch drei Kino- und TV-Spots für den Sportwagen aus, die seine Entwicklung in den Mittelpunkt stellten. *Dr. Steven Althaus* (Leiter Markenführung BMW und Marketingservices BMW Group) gab hierzu an: *„Wir entschieden uns bewusst für eine Kampagne, die die Entstehungsgeschichte des BMW-i8 erzählt – eine Reise vom Unmöglichen zum Möglichen. Die Bildsprache zeigt die Schönheit und Kraft des BMW-i8 pur, wahrhaftig und intensiv. Die Wirkung der Kampagne ist umso größer und ikonischer“* (*BMW, 2014b*).

Der TV-Spot *Genesis* beispielsweise erzählt von der zunächst unmöglich scheinenden Vision eines wegweisenden Mobilitätsgedankens, über mehrere Entwicklungsphasen bis hin zur Verwirklichung des BMW-i8. Zum Leben erweckt wurde dies durch den amerikanischen Schauspieler Michael Pitt, bekannt aus der TV Serie Boardwalk Empire. Die unglaubliche Kraft der richtigen Idee wurde im TV-Spot *Powerful Idea* transportiert. Eine Kraft, die von Leidenschaft und Freude angetrieben ist und das Unmögliche möglich erscheinen lassen sollte. Der britische Schauspieler Sam Hazeldine war Verkörperung und Stimme der kraftvollen Idee. Im TV-Spot *Attitude* wurde beschrieben, dass ein BMW-i8 mehr als eine Idee, d. h. mehr als ein Concept Car ist – dagegen ein Beleg für die technologische Führerschaft der BMW Group (*o. A., 2013b*).

Zeitgleich startete das Unternehmen Maßnahmen im Netz. Online lagen die Schwerpunkte auf Bewegtbild und Sonderinszenierungen. Besucher auf reichweitenstarken Seiten aus den Bereichen Wirtschaft, Automotive und Lifestyle wurden mit großformatigen Tagesfestplatzierungen auf den BMW-i8 aufmerksam gemacht. Zudem integrierte das Marketingteam ausgesuchte Bewegtbild- und Social Media-Kanäle. Highlight war die Online-Plattform Wiki8, die alle Kommunikationsmaßnahmen zum BMW-i8 konglomerierte. Hier erfuhren Besucher Wissenswertes und Unterhaltendes rund um den Plug-in-Hybrid-Sportwagen in Wort, Bild und Film. Auch für den BMW-i3 wurde eine solche Plattform geschaffen (vgl. Abbildung 8).

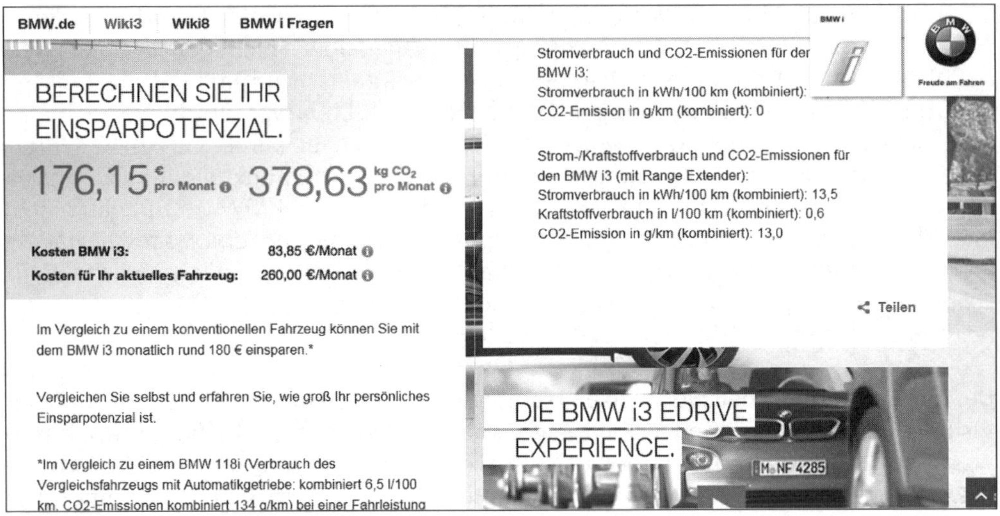

Abb. 8: Auszug aus dem BMW Wiki3

Quelle: www.bmw-wiki3.de vom 23.02.2015

Flankiert wurde die TV- und Onlinekampagne des BMW-i8 von einer Reihe Printanzeigen in reichweitenstarken Publikumszeitschriften und überregionalen Tageszeitungen. Ergänzend setzte man Außenwerbung auf ausgewählten Flächen wie die Humboldt Box in Berlin und den Odeonsplatz in München ein. Dort machten überdimensionale Poster, eine besondere Fassadengestaltung oder eine Inszenierung mit Bewegtbild die Öffentlichkeit auf den Marktstart des BMW-i8 aufmerksam.

Insgesamt verkauften sich der BMW-i3 und der BMW-i8 in 2014 besser als von Experten erwartet. Mit dem i3 als Marktführer in seiner Kategorie und den 1.741 verkauften Modellen des i8 (Basispreis 126.000 €) scheint kein schlechter Marktstart – wenn auch noch mit Potenzialen – gelungen zu sein. Auch im Ausland erfreuen sich die BMW-i-Modelle wachsender Nachfrage. Für das Jahr 2015 wird beispielsweise in den USA ein Absatz von 12.000 BMW-i3 angestrebt – eine Steigerung von rund 50 % zum Vorjahr.

7. Ausblick

Verschiedene politische Maßnahmen wie die Einführung von Sonderabschreibungsmöglichkeiten, eine Pauschalsubvention oder das Angebot zinsgünstiger Kredite können die Marktdurchdringung der Elektromobilität weiter beschleunigen (*PwC/Fraunhofer IAO, 2010*). Zweifelsohne hat BMW hier in einen der bedeutendsten (Perspektiv-) Märkte investiert und sich intelligent positioniert.

Die Zukunft des Einsatzes von Carbon in der Automobilbranche – ob komplette Fahrgestelle oder lediglich ein partieller Einsatz – ist noch offen. Nach dem BMW-i3 wird auch im BMW-i8 mit Plug in-Hybridantrieb Carbon sehr stark eingesetzt, und für die High Performance-M-Modelle ist ebenfalls eine Ausweitung des Carbonanteils geplant. Die

Submarke „i“ von BMW wird angesichts der Prognosen des Wandels hin zu Elektromobilen sicherlich längere Zeit Bestand haben. Von BMW-i1 bis BMWi9 wurde bereits die gesamte mögliche Modellpalette von BMW markenrechtlich geschützt, sodass hier weitere Produkte, die Nachhaltigkeit in den Mittelpunkt rücken, zu erwarten sind. Und in diesem Sinne hat der BMW-i3 Maßstäbe über die Wertschöpfungskette hinweg gesetzt.

Carbon ist 30 % leichter als Aluminium und etwa 50 % leichter als Stahl (*Hanser, 2014, S. 10*). Allerdings ist bei den alten Produktionsbedingungen Carbon bis zu 15-mal teurer als eine Stahlkonstruktion (*Wieler, 2011, S. 46*). Nicht unwahrscheinlich scheint deshalb zukünftig ein Materialmix aus Stahl, Aluminium und Carbon.

8. Aufgaben

Aufgabe 1:

Welche Triebkräfte lassen sich für umweltorientiertes Produktmanagement herausstellen?

Schwierigkeitsgrad: leicht

Zeitbedarf: ca. 45 Min.

Lösungshilfsmittel: z. B. *Meffert/Kenning/Kirchgeorg (Hrsg.), Sustainable Marketing Management – Grundlagen und Cases, 2014*

Aufgabe 2:

Welche Herausforderungen bestehen grundsätzlich für die Vermarktung umweltorientierter Produkte und damit im Speziellen für die BWM-i-Modelle?

Schwierigkeitsgrad: mittel

Zeitbedarf: 1,5 Std.

Lösungshilfsmittel: z. B. *Meffert/Kenning/Kirchgeorg (Hrsg.), Sustainable Marketing Management – Grundlagen und Cases, 2014, und Kirchgeorg/Greven, Motivallianzen als Treiber des nachhaltigen Konsums, in: Marketing Review St. Gallen, Nr. 4, 2008, S. 50 - 54*

Aufgabe 3:

Welche Zielgruppensegmente erscheinen für den BMW-i3 geeignet?

Schwierigkeitsgrad: mittel

Zeitbedarf: 1,5 Std.

Lösungshilfsmittel: z. B. Studie zur Mobilität der Zukunft 2020 unter http://www.adlittle.de/uploads/tx_extthoughtleadership/ADL_Zukunft_der_Mobilitaet_2020_Langfassung.pdf, Stand: Juli 2015, und *Kirchgeorg/Greven, Motivallianzen als Treiber des nachhaltigen Konsums, in: Marketing Review St. Gallen, Nr. 4, 2008, S. 50 - 54*

Aufgabe 4:

Im Jahr 2014 stellt der Konkurrent Daimler gemeinsam mit der chinesischen Firma BYD (Build for Dreams) das erste Elektroauto unter der Marke Denza vor. Wie sehen die wichtigsten Konzeptunterschiede zum BMW-i3 aus?

Schwierigkeitsgrad: leicht

Zeitbedarf: 30 Min.

Lösungshilfsmittel: Internet-Recherche

Aufgabe 5:

Nehmen Sie zu der folgenden Aussage unter Bezug auf Beispiele Stellung: *„Der Leichtbau im Automobilbereich steht nicht isoliert, sondern muss Fertigungstechnologien und Konstruktionsprinzipien beachten."*

Schwierigkeitsgrad: hoch (Schwierigkeitsgrad für Ingenieurstudiengänge: mittel)

Zeitbedarf: ca. 1 Std., abhängig von technischen Vorkenntnissen

Lösungshilfsmittel: Studien zum Leichtbau im Automobilsektor z. B. *e-mobil BW, 2012a und b*

9. Lösungshinweise

Lösungshinweise zu Aufgabe 1:

Welche Triebkräfte lassen sich für umweltorientiertes Produktmanagement herausstellen?

Die Umweltprobleme, mit denen die Menschheit in den kommenden Jahrzehnten konfrontiert sein wird und bereits konfrontiert ist, sind umfänglich und weitreichend (vgl. Abbildung 9).

Abb. 9: Zentrale Umweltprobleme des 21. Jahrhunderts, auf Basis von 200 befragten Experten

Quelle: *UNEP (2001)*

Insgesamt lässt sich zwischen ökologischen Push- und Pull-Triebkräften unterscheiden. Erstere stellen insbesondere gesetzliche Rahmenbedingungen dar, die Unternehmen zu umweltorientierten Produktverbesserungen motivieren bzw. zwingen. So sind beispielsweise Automobilhersteller ab dem Jahr 2015 verpflichtet, ihre Neuwagen auf den herstellerspezifischen CO_2-Emmisionsgrenzwert auszurichten.

Zu Pull-Triebkräften zählen Faktoren der Gesellschaft und des Marktes. Die unmittelbare Konfrontation mit Folgen des Klimawandels – z. B. abnormale Wetterphänomene, sinkende Anzahl schneesicherer Wintersportgebiete – führt zu einer wachsenden Sensibilisierung der Gesellschaft in entwickelten und sich entwickelnden Ländern. Verantwortung für zukünftige Generationen und damit Gefühle der Moral führten einerseits zu einer kritischeren Beleuchtung von Unternehmen und andererseits zu wachsenden Kundensegmenten im Bereich des nachhaltigen Konsums. Neue Technologien erlauben hierbei eine mitunter schnellere Informationsdiffusion. Zielgruppenbedürfnisse im Bereich umweltorientierter Produkte eröffnen Unternehmen damit Möglichkeiten der Profilierung und Differenzierung. Dies kann zu positiven Effekten zugleich bei weiteren Stakeholder-Gruppen führen, z. B. am Kapitalmarkt oder bei der Konkurrenz um Mitarbeiter (Employer Branding).

Lösungshinweise zu Aufgabe 2:

Welche Herausforderungen bestehen grundsätzlich für die Vermarktung umweltorientierter Produkte und damit im Speziellen für die BWM-i-Modelle?

Aus Sicht des Marketings liegt die zentrale Herausforderung in dem Transfer eines Umweltvorteils in einen Wettbewerbsvorteil für ein Produkt.

Informationsökonomisch besitzen umweltorientierte Produkte häufig zahlreiche Vertrauenseigenschaften, d. h. unter verhältnismäßigen Kosten kann es dem Konsumenten nicht vollends gelingen, die komplette Wahrhaftigkeit der Umweltorientierung seitens des anbietenden Unternehmens nachzuprüfen. Damit ergibt sich für die Vermarktung ein Glaubwürdigkeitsproblem, welchem Unternehmen beispielsweise mit Umweltzertifikaten oder Selbstdeklarationen begegnen.

Ebenfalls kann es eine Herausforderung darstellen, dass eine reine Positionierung auf die so genannte „Öko-Nische“ mittels kollektiver Nutzenargumente (z. B. schützt die Luftreinheit) nicht ausreichend Marktpotenzial bietet. *Kirchgeorg/Greven* schlagen für die Zielgruppenausweitung ein Vorgehen anhand von Motivallianzen unter Integration individueller Nutzenargumente vor (z. B. *„tut der Umwelt gut bei langer Haltbarkeit“* – Kombination von Umweltorientierung und Dynamik bei BMW).

Der Einsatz innovativer Materialien führt häufig zu einer Kostensteigerung in der Produktherstellung, welche sich im Verkaufspreis und damit in der Zielgruppenansprache niederschlägt. So geht der BMW-i3 deutlich über die 2.500 € hinaus, die Konsumenten Umfragen zufolge bereit sind, für die Elektrovariante eines Automobils mehr aufzuwenden. Auch wenn der BMW-i3 diesen Anschaffungsmehrpreis anhand der Life-Cycle-Kosten wieder einspart (*ADAC, 2014*), muss dies im Kontext der Informationskomplexität zur Zielgruppe durchdringen.

Insgesamt ergeben sich damit ein Nutzenproblem, ein Preisproblem und ein Wahrnehmungsproblem, welche in Maßnahmen der Kundensegmentierung, der Verknüpfung von kollektiven mit individuellen Nutzenargumenten und Maßnahmen der Vertrauensbildung münden. Die Einführungskampagne des BMW-i3 verfolgte in diesem Kontext die Zielstellung, Testfahrten mit dem Automobil durchzuführen, um hierbei die klassische Dynamik, für die die Marke steht, zu erleben. In Bezug auf die Informationsökonomie wurde damit ein Zugang zu Erfahrungseigenschaften forciert. Um Händler für die Vermarktung der BMW-i-Modelle zu gewinnen, schaffte ein Kommissionsmodell weniger Risiko für die ausgewählten Händler, die primär in Großstädten ausgewählt wurden. Dabei wurden gleiche Preise im Rahmen des Multi-Channel-Systems gegenüber den Käufern gewährleistet.

Ebenfalls spielen für die Vermarktung von Elektroautomobilen die infrastrukturellen Rahmenbedingungen (z. B. Verfügbarkeit von Ladestationen) eine zentrale Rolle. Die BMW Group schafft mit dem Konzept der „BMW Mobility Services" – ähnlich der Apple Strategie – ein komplexes Dienstleistungssystem um das Kernprodukt herum.

Es ist zu erwarten, dass z. B. durch vermehrte Umweltzonen in Städten und exklusive Verkehrsführung für Elektrofahrzeuge weitere Faktoren entstehen, die insgesamt zum anhaltenden Nachfragewachstum im Bereich der Elektromobilität führen werden. Trendstudien zeigen ebenfalls eine wachsende Relevanz von Carsharing Angeboten, dem BMW mit dem „DriveNow" Angebot bereits heute Rechnung trägt.

Lösungshinweise zu Aufgabe 3:

Welche Zielgruppensegmente erscheinen für den BMW-i3 geeignet?

Der BMW-i3 verfügt über Merkmale, die ihn für die verschiedenen Zielgruppenbedürfnisse mehr oder minder geeignet erscheinen lassen. Zentral sind hierbei: geringes Ladevolumen, gegenläufige Türen, Akkuladezeit verbunden mit begrenzter Reichweite um die 160 km. Dagegen stehen eine hohe Dynamik und Sportlichkeit in seiner Kategorie, modernste Technikausstattung z. B. im Bereich der Kommunikationstechnologie, positive Image-Komponenten seitens der BMW-Dachmarkenidentität u. a. im Bereich der Nachhaltigkeit.

Entsprechend dieser Merkmale eignet sich das Fahrzeug für Personen mit begrenzter, regelmäßiger Kilometerfahrleistung pro Tag im urbanen Umfeld (High-Frequency Commuter). Für das Segment der Family Cruiser könnte z. B. die Akkuladezeit für die reibungslose und spontane Integration des Fahrzeugs in den Tagesablauf hinderlich sein. Auch der gegenläufige Türenverlauf könnte negativ bei diesem Segment wirken. Mitunter kann hier das Zweitwagenkonzept (Inter Family Carsharing) zum Tragen kommen. Greenovators (Nachhaltigkeitsorientierte) werden als die Zielgruppe gesehen, die die „neuen" grünen Autos erwerben. Sie streben die Kombination aus Selbstverwirklichung einerseits, und Gemeinsinn anderseits an, d. h. Freude am Fahren und saubere Ökobilanz. Diese Zielgruppe ist zugleich für Carsharing-Konzepte besonders relevant.

Die BMW-i3-Modelle finden erste Anwendungen als Flottenfahrzeuge für Firmen. Hierbei wirkt insbesondere die Image-Komponente der Modelle – d. h. wenn diese die Markenidentität des Kundenunternehmens unterstreicht. Nachteilig hingegen erscheint wiederum die noch begrenzte Laufleistung und damit eingeschränkte Einsatzflexibilität.

Lösungshinweise zu Aufgabe 4:

Im Jahr 2014 stellt der Konkurrent Daimler gemeinsam mit der chinesischen Firma BYD (Build for Dreams) das erste Elektroauto unter der Marke Denza vor. Wie sehen die wichtigsten Konzeptunterschiede zum BMW-i3 aus?

- Der BMW-i3 ist „Made in Germany"; der Denza seitens Entwicklung, Design und Produktion aus China.
- Der BMW-i3 wird unter der Marke BMW (und der Submarke „i") international verkauft; der Denza ist eine eigenständige chinesische Marke und wird nur in China angeboten.
- Die Reichweite der Batterien ist beim Denza rund 30 % höher als beim BMW-i3.
- Der BMW-i3 ist unter Einsatz von Carbon völlig neu konstruiert; der Denza basiert in mancherlei Hinsicht auf dem Konzept der Mercedes B-Klasse.

Ähnlich wie Daimler hat BMW in China mit seinem chinesischen Partner Brillionce ein Elektrofahrzeug (auf der Basis des BMW X1) unter der Marke Zinoro im Angebot. Es soll allerdings vorerst nicht verkauft, sondern vermietet werden (*o. A., 2013c*).

Lösungshinweise zu Aufgabe 5:

Nehmen Sie zu der folgenden Aussage unter Bezug auf Beispiele Stellung: *„Der Leichtbau im Automobilbereich steht nicht isoliert, sondern muss Fertigungstechnologien und Konstruktionsprinzipien beachten."*

Die erfolgreiche Konzeption eines Automobils basiert nicht nur auf dem Einsatz innovativer Werkstoffe, sondern erfordert ein Denken in Systemen (siehe exemplarisch Abbildung 10). So muss der Leichtbau immanent Fertigungstechnologien und Konstruktionsprinzipien berücksichtigen.

Als Beispiel kann auf die Carbon-Keramik-Bremsscheibe verwiesen werden, welche aus kohlenstofffaserverstärktem Siliciumcarbid Verbundwerkstoff aufgebaut ist. Zur Realisierung dieses Produkts ist eine enge Zusammenarbeit aus Herstellungsverfahren, verfahrens- und werkstoffgerechter Konstruktion notwendig. Der Einsatz des Hightech-Werkstoffes reduziert das Gewicht im Vergleich zur konventionellen Graugussbremsscheibe um rund 50 %. Die aufwändige Fertigungstechnologie liefert ein Leichtbauprodukt, welches zudem verbesserte Eigenschaften, wie höhere Temperaturbeständigkeit und Einsatztemperaturen, besitzt. Die Konstruktion muss zugleich den richtungsabhängigen Werkstoffeigenschaften gerecht werden, um bei Bremstemperaturen von mehreren hundert Grad Celsius die Betriebssicherheit zu gewährleisten. Aufgrund der höheren Produktionskosten werden diese Bremsscheiben hauptsächlich im Luxusfahrzeug-Segment, in Sportwagen und im Rennsport eingesetzt. Leichtbau kann auf verschiedene Arten umgesetzt werden. Dabei können Einzelkomponenten oder das Gesamtsystem im Vordergrund stehen.

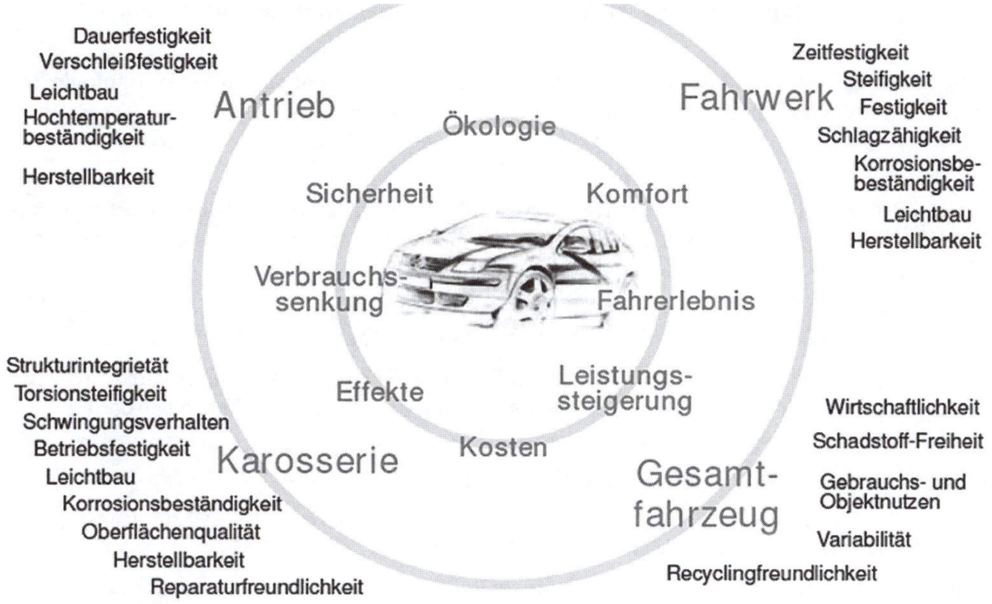

Abb. 10: Ausgewählte Anforderungen an Komponenten eines Automobils

Quelle: *e-mobil BW et al. (2012a)*

10. Literatur

ADAC (Hrsg.), Von Rentabilität noch weit entfernt – was Elektroautos den Verbraucher kosten, 2014, https://presse.adac.de/meldungen/technik/autokostenvergleich-elektroautos.html vom 19.12.2014, Download: 06.07.2015

Ashby/Johnson, Materials and Design, The art and science of material selection in product design, Oxford u. a. 2002

BMW (Hrsg.), Deutsches Ressourceneffizienzprogramm, 2012, www.bmwi.de/.../progress-ressourceneffizienzprogramm,property=pdf, Download: 28.10.2014

BMW (Hrsg.), Nachhaltige Mobilität, 2014a, www.bmwgroup.com/bmwgroup_prod/d/0_0_www_bmwgroup_com/verantwortung/whats_next/nachhaltige_mobilitaet.html, Download: 13.09.2014

BMW (Hrsg.), Weltweite Launchkampagne zum BMW i8, 2014b, https://www.press.bmwgroup.com/deutschland/pressDetail.html?title=weltweite-launchkampagne-zum-bmw-i8&outputChannelId=7&id=T0179602DE&left_menu_item=node__809 vom 09.05.2014, Download: 03.01.2015

BMW (Hrsg.), Sustainable Value Report, München 2013a

BMW (Hrsg.), Revolution im Automobilbau: Die BMW i Produktion, Medieninformation 09/2013, 2013b

CreditPlus (Hrsg.), Studie Automobilität 2014, 2014, http://www.creditplus.de/fileadmin/pics/PDFs/Presse/Downloads/CP_1405_Studie_Automobilitaet2014.pdf, Download: 27.10.2014

Dudenhöffer, F., Deutsche Autobauer dominieren Premiumgeschäft, in: GAK 4/2014, S. 200 - 202

e-mobil BW GmbH – Landesagentur für Elektromobilität und Brennstoffzellentechnologie Baden-Württemberg et al. (Hrsg.), Leichtbau in Mobilität und Fertigung, 2012a, http://www.ipa.fraunhofer.de/fileadmin/www.ipa.fhg.de/Publikationen/Leichtbaustudie.pdf, Download: 01.02.2015

e-mobil BW GmbH – Landesagentur für Elektromobilität und Brennstoffzellentechnologie Baden-Württemberg et al. (Hrsg.), Leichtbau in Mobilität und Fertigung – Ökologische Aspekte, 2012b, www.e-mobilbw.de/.../publikationen, Download: 01.07.2015

Ehlen, J., BMW Group and the mobility of the future, 2014, http://www.thaiautoparts.or.th/download/d_tapa_6.pdf, Download: 23.02.2015

Ehrenfried, F., Halbjahresbilanz 2014 – Das sind die 10 meist verkauften Elektroautos, 2014, http://green.wiwo.de/halbzeitbilanz-2014-das-sind-die-10-meistverkauften-elektroautos, vom 30.06.2014, Download: 30.11.2014.

Friedrich, H. E., Leichtbau in der Fahrzeugtechnik, Wiesbaden, 2013

Göbel, V., Effizienz und Dynamik, Interview mit Dr. Uwe Ellinghaus, Leiter Markenführung BMW und Marketingservices BMW Group, in: MARKENARTIKEL, Nr. 3, 2012

Hang, W., Ressourceneffizienz und Recycling am Beispiel BMW i: Vortrag anlässlich des Zuliefertages Automobil am 12.11.2013 in Stuttgart

Hanser, P., Wir denken über das Fahrzeug hinaus, in: absatzwirtschaft 3/2014, S. 6 - 10

Heuss/Müller/van Sintern/Starke/Tschiesner, Lightweight – heavy impact, in: McKinsey & Company: Advanced Industries, 2012

IWV (Hrsg.), Werkstofftechnologien, Jahresmagazin Ingenieurwissenschaften, Lampertheim, 2014

Jäger, H., Carbonfaserverstärkte Werkstoffe im Automobilbau, Vortrag anlässlich des VCI Forum „Chemie macht Elektromobil", Berlin, 07.03.2011

Kirchgeorg/Greven, Motivallianzen als Treiber des nachhaltigen Konsums, in: Marketing Review St. Gallen, Nr. 4, 2008, S. 50 - 54

Köth, C.-P., Audi und die Geisteshaltung Leichtbau, in: Automobil-Industrie vom 04.09.2012

Köth, C.-P., Hildegard Wortmann zur BMW Produktoffensive, 2013, http://www.automobil-industrie.vogel.de/oems/articles/404330, vom 08.05.2013, Download: 18.02.2015

Kühnle, E., Nachhaltiger Leichtbau für E-Autos, in: Sonnenergie, Nr. 3 - 2012, http://www.sonnenenergie.de/sonnenenergie-redaktion/SE-2012 - 03/Layout-fertig/PDF/Einzelartikel/E-2012 - 03-s030-Energieressourcen-Nachhaltiger_Leichtbau_fuer_E-Autos.pdf, Download: 12.12.2014

Meffert/Kenning/Kirchgeorg (Hrsg.), Sustainable Marketing Management – Grundlagen und Cases, Wiesbaden 2015

o. A., Start of communications for new electric BMW i3 to coincide with world premiere, 2013a, https://www.press.bmwgroup.com/global/pressDetail.html?title=bmw-i3-launch-campaign &outputChannelId=6&id=T0144257EN&left_menu_item=node__809, Download: 24.11.2014

o. A., Weltweite Launchcampagne zum BMW-i8, 2013b, https://www.press.bmwgroup.com/.../pressDetail.html, Download: 24.11.2014

o. A., Chinas BMW-Klon mit Elektroantrieb, 2013c, http://www.handelsblatt.com/auto/nachrichten/deutsch-chinesisches-projekt-chinas-bmw-klon-mit-elektroantrieb/9103874.html, Download: 01.02.2015

o. A., Studie – Interesse an Elektroautos,2014a, http://www.focus.de/auto/news/studie-interesse-an-elektroautos_aid_538698.html, Download: 28.10.2014

o. A., Warum das Elektroauto BMW-i3 anderen Herstellern die Kunden klaut, 2014b, http://ecomento.tv/2014/06/10/warum-das-elektroauto-bmw-i3-anderen-herstellern-die-kunden-klaut/, vom 10.06.14, Download: 24.11.2014

PwC/Fraunhofer IAO (Hrsg.), Elektromobilität – Herausforderungen für Industrie und öffentliche Hand, 2010, http://wiki.iao.fraunhofer.de/images/studien/elektromobilitaet-herausforderungen-fuer-industrie-und-oeffentliche-hand.pdf, Download: 27.02.2015

Schönfeld, M., Kampf der Konzepte, 2014, http://www.autozeitung.de/auto-vergleichstest/vw-e-golf-bmw-i3-nissan-leaf-elektroauto-bilder-technische-daten, vom 12.06.2014, Download: 25.02.2015

Schröter/Richter, Keine Angst vor Verkaufsthemen!, in: Werben & Verkaufen (W&V), Nr. 33, 2014, S. 14 - 18

UNEP (Hrsg.), Umweltprobleme der nächsten 100 Jahre – Expertenbefragung, 2001

Wieler, J., Die Mobilität der Zukunft, Serie Teil 4: So fahren wir morgen, in: ADAC Motorwelt 12/2011, S. 44 - 48

Winterhoff, M., Zukunft der Mobilität, Die Automobilindustrie im Umbruch, Zukunftsstudie von Arthur D. Little, 2009, http://www.adlittle.de/uploads/tx_extthoughtleadership/ADL_Zukunft_der_Mobilitaet_2020_Langfassung.pdf, Download: 08.02.2015

Helfen Sie Behle!

Von Prof. Werner Pepels

1. Das Unternehmen Behle und Problemstellung der Fallstudie

Dienstag, 15.30 Uhr, im großen Konferenzraum auf der achten Etage des Hauptverwaltungsgebäudes der Behle SE in Berlin. Anwesend ist die gesamte Geschäftsleitung des Elektronik-Unternehmens, das integrierte Schaltkreise, diskrete Halbleiter, Opto-Elektronik und passive Bauelemente herstellt und an den technischen Fachgroßhandel (Produktionsverbindungshandel) vertreibt. Am Tisch sitzen CEO Paul Schulte, von Haus aus Elektrotechniker, die Vice Presidents der drei Produktbereiche Integrated Circuits, Opto Electronics und Modules, die Vice Presidents der zentralen betriebswirtschaftlichen Funktionen Procurement, Operations und Sales, allesamt Ingenieure, sowie Dennis Pulst, der gerade seinen BWL-Bachelor abgeschlossen hat und nun als Stabsassistent des Geschäftsführers das Protokoll des Meetings führt.

Schulte ist verärgert; gerade hat die von ihm beauftragte teure amerikanische Unternehmensberatung McPomm ihre Vorschläge zur nachhaltigen Verbesserung der Ertragssituation des Unternehmens präsentiert. Ausgefeilte, künstlerisch wertvolle Power-Point-Charts waren dabei, aber mit problematischen Empfehlungen, die das Unternehmen Behle letztlich nicht nach vorne bringen dürften. Praktiker Schulte weiß, ein Großteil der Einsparvorschläge zielt auf einen empfindlichen Personalabbau ab, und dieser ist gegen den Willen des mitbestimmenden Aufsichtsrats nicht durchsetzbar. Einige weitere Vorschläge sind mit der konservativen Kultur des Unternehmens und seiner Tradition nicht vereinbar und kommen daher ebenso nicht infrage. Die verbleibenden Vorschläge reichen kaum aus, wesentliche Einsparungen zu erzielen. Was letztlich auch nicht verwundert, wurde McPomm doch nun schon zum dritten Mal in Folge mit dem Ziel der Kosteneinsparung beauftragt. Die ersten beiden Male wurden tatsächlich auch nennenswerte Effizienzpotenziale identifiziert, aber nun ist die Luft offensichtlich raus. Was also machen?

Die Runde ist ratlos. Es gibt den einen oder anderen Vorschlag und dies und das als Einwand; kurz: man dreht sich im Kreis und kommt nicht weiter. Da traut sich Assistent Pulst, das Wort zu ergreifen. *„Wir suchen einseitig immer nur auf der Kostenseite, um unsere Ertragssituation zu verbessern. Wie wäre es denn, wenn wir uns die Erlösseite einmal vornehmen würden? Schließlich ist das Betriebsergebnis der Saldo aus Ausgaben und Einnahmen, und wenn auf der Ausgabenseite nicht mehr viel zu holen ist, warum es dann nicht auf der Einnahmenseite versuchen?“*

„Bedeutet das etwa, dass Sie die Preise erhöhen wollen?“ Head of Sales Heiner Krach beugt sich vor und gestikuliert heftig. *„Das kann doch nicht Ihr Ernst sein. Jeder, der schon einmal draußen an der Kundenfront gestanden hat, weiß, dass wir es in unserem Markt mit nachfragemächtigen OEM[1]-Abnehmern zu tun haben. Die verfügen mittlerweile über ausgefuchste Einkäufer, die mit allen Wassern gewaschen sind. Da sind Erhö-*

[1] OEM = Original Equipment Manufacturer (Erstausrüster)

hungen der Listenpreise keinesfalls durchsetzbar." Und er raunt noch etwas leiser hinterher: „*Vergessen Sie es, typisch, wieder eines dieser unausgegorenen Gedankenspiele der Herren Kaufleute.*"

Pulst schaut betreten zu Boden, aber schon unmittelbar danach rafft er sich, trotz des Damoklesschwerts seiner Probezeit, wieder auf und entgegnet vorsichtig: „*Wer sagt denn, dass es um eine Erhöhung der Listenpreise geht? Entscheidend ist doch, was am Ende in unserer Kasse hängenbleibt, und das wird nicht durch den Listenpreis bestimmt, sondern durch den Effektivpreis.*"

Paul Schulte schaut zu Pulst herüber und fragt interessiert nach: „*Könnten Sie das genauer erläutern? Das kann ich so nicht nachvollziehen.*"

Pulst setzt, nun schon etwas selbstbewusster, fort: „*Der Effektivpreis ist der Preis, den Kunden für unsere Produkte wirklich zahlen, also der Listenpreis nach allen Preisnachlässen plus allen evtl. Preiszuschlägen. Und nur darauf kommt es an.*"

„*Das ist doch theoretischer Unsinn*", entgegnet Head of Operations Harald Figur. Doch Schulte wiegt den Kopf nachdenklich hin und her. Vielleicht ist da doch etwas dran und da am Konferenztisch niemand einen besseren Vorschlag vorzubringen hat, beauftragt er Dennis Pulst, die Sache mit den Effektivpreisen näher zu untersuchen. Also genauer: Gibt es Möglichkeiten, die Mindereinnahmen als negative Differenz zwischen Listen- und Effektivpreisen zu verringen und wenn ja, welche sind das im Einzelnen. Pulst schreibt diesen Auftrag in sein Protokoll und die Runde löst sich leicht unzufrieden auf, um in den Feierabend zu gehen.

2. Zielsetzung und Aufgabenstellungen

Auf der Nachhausefahrt überkommt Pulst ein ungutes Gefühl. Hat er sich da nicht doch erheblich zu weit aus dem Fenster gelehnt, kann er wirklich liefern? Er kramt in seinem Gedächtnis nach den Inhalten der Marketing-Vorlesung mit dem Thema Konditionenpolitik. Viel ist da ehrlich gesagt nicht hängen geblieben. Naja, war schließlich auch ein langweiliger Lehrbeauftrager, und das ist auch schon eine ganze Weile her. Die Studierenden-Gruppe war im Laufe der Studienzeit doch recht klein geworden. Da kommt ihm Ihr Name ins Gedächtnis. Sie hatten das Studium gemeinsam mit Pulst begonnen, sind dann aber für ein Jahr ins Ausland gegangen und befinden sich jetzt im vorletzten Fachsemester, genau dem Semester, in dem die Vorlesung zum Konditionenmanagement regulär stattfindet. Pulst kontaktiert Sie zwei Tage später über das soziale Netzwerk und bittet Sie nach einigem Vorgeplänkel um eine Hilfestellung. „*Kein Problem*", sagen Sie spontan zu. „*Um was geht es denn da genau?*" Pulst teilt Ihnen mit, wie sein Assignment bei Behle SE lautet: Er soll herausfinden, ob es Möglichkeiten gibt, die Mindereinnahmen gegenüber den Listenpreisen bei Kunden zu verringern und wie dies aussehen könnte. Er hat dafür zwischenzeitlich **fünf Ansatzpunkte** identifiziert:

- Erstens sollte der Rabatt-„Wildwuchs" bereinigt werden, der sich bei Behle von Jahr zu Jahr immer höher aufgetürmt hat. Die Rabatte des Vorjahres sind bei Kunden nunmehr zum Ausgangspunkt für die Rabattforderungen des laufenden Jahres geworden. So kann das nicht weitergehen. Welche Rabatte sollten also vergeben werden und welche nicht?

- Zweitens sollte ein systematisches Konditionenkonzept entwickelt werden. Es geht schließlich nicht, dass Vertriebler wie Krach Konditionen nach eigenem Gutdünken verteilen. Aber wie könnte ein solches Konzept tatsächlich aussehen? Welche Stellgrößen gibt es dafür?
- Drittens stellt sich die Frage, wie ein Rabattsystem auszugestalten ist. Wenn schon keine Alternative besteht, Rabatte ganz zu vermeiden, sollte die Rabattvergabe wenigstens intelligent erfolgen. Aber was bedeutet das genau?
- Viertens machen Erlösschmälerungen einen großen Teil der Mindereinnahmen aus. Aus welchen Größen besteht diese doch sehr allgemeine buchhalterische Sammelposition im Einzelnen? Wenn man das wüsste, könnte man bei den einzelnen Positionen ansetzen und versuchen, die dort anzutreffenden Ausfälle zu verringern.
- Und fünftens sollte über Möglichkeiten von Preiszuschlägen nachgedacht werden. Denn damit könnte man nicht nur geringere Effektivpreise vermeiden, sondern diese sogar über das Niveau der Listenpreise hinaus steigern. Nur, welche Anlässe könnten dafür in Betracht kommen?

Nun gut, das waren jetzt doch deutlich mehr Aufgaben, als Sie angesichts einer Gefälligkeit gedacht haben. Aber versprochen ist eben versprochen ... Dennis Pulst verabschiedet sich mit Vorausdank für Ihre Mühe und bittet Sie, ihm die Ergebnisse Ihrer Recherche in den nächsten Tagen per E-Mail an sein privates Postfach zuzusenden.

Also machen Sie sich gutwillig an die Arbeit und recherchieren die Ergebnisse dieses Aufgabenkatalogs. Sie rekapitulieren für sich: Wie lauten diese **Fragen 1 - 5** im Einzelnen?

1. **Welche Arten von Rabatten gibt es und wie kann die Rabattgewährung sinnvoll gesteuert werden?**
2. **Welche Grundsätze sollten bei der Gestaltung eines Konditionensystems eingehalten werden?**
3. **Welche Stellgrößen sind für die Gestaltung eines Rabattsystems gegeben?**
4. **Welche Bestandteile machen im Einzelnen Erlösschmälerungen aus?**
5. **Welche Möglichkeiten für Preiszuschläge bestehen im Allgemeinen?**

Formulieren Sie jeweils Handlungsempfehlungen für die Geschäftsleitung auf Basis Ihrer Ausführungen und geben Sie betriebliche Zuständigkeiten dafür an.

3. Überlegungen zur Entwicklung einer Lösung

Zu Frage 1: Welche Arten von Rabatten gibt es und wie kann die Rabattgewährung sinnvoll gesteuert werden?

Rabatte sind eine Preisvergünstigung des Anbieters zum Brutto-/Listenpreis für seinen Kunden. Sie können nur auf Basis definierter Kriterien gewährt werden. Keinesfalls sind sie Ergebnis beliebigen Feilschens, sondern beruhen auf klar definierten Voraussetzungen. Diese belohnen anbieterseitig ein gewünschtes Verhalten des Kunden. Immer, wenn diese Voraussetzungen gegeben sind, werden sie durch Rabattierung honoriert. Wann immer die Voraussetzungen nicht gegeben sind, liegt es in der Hand des Kunden, sein Verhalten diesbezüglich zu ändern, sodass ein Rabatt gewährt wird. Somit bestimmt der Kunde durch sein Verhalten selbst, ob und welche Rabatte er in Anspruch nehmen kann, nicht der Anbieter. Dadurch kann ein hoher Grad an Fairness zwischen Kunde und Anbieter einerseits sowie unter den Kunden andererseits erreicht werden. Außerdem wird der Druck vom Kunden genommen, dem Anbieter Rabatte „abzupressen“, denn selbst wenn dem Kunden dies gelingt, bleibt immer das Gefühl, dass noch mehr Rabatt „dringewesen“ wäre, hätte man es nur noch intensiver versucht. Angesichts verbreiteter Nachfragemacht eine verheerende Ausgangsposition für die Erträge jedes Anbieters.

Bei den Rabatten kommen **drei Rabattarten** in Betracht:

- Ein **Funktionsrabatt** wird einem Kunden gewährt, wenn und soweit dieser bestimmte Absatzfunktionen für den Anbieter übernimmt. Denkbar sind Rabatte für weiterverarbeitende Handwerker, für die Selbstabholung von Waren, für eine Referenzplatzierung am Handelsplatz etc. Immer übernimmt der Kunde Aufgaben, die anbieterseitig Ressourcen einsparen (Arbeit, Zeit, Kosten). Diese Einsparung soll dem Kunden durch einen Funktionsrabatt honoriert werden.
- Ein **Mengenrabatt** wird in Abhängigkeit von der jeweils einzeln (Einzelauftragsrabatt) oder über mehrere Kaufakte kumuliert (Gesamtumsatzrabatt) abgenommenen Warenmenge gewährt. Durch die Abnahme einer größeren Menge entsteht anbieterseitig eine Kostendegression, d. h. die leistungsmengenunabhängigen Kosten legen sich günstiger je Einheit um. Dadurch entsteht eine Aufwandsersparnis, bei der es nur gerecht ist, den dies verursachenden Kunden durch einen Rabatt daran partizipieren zu lassen. Eine Sonderform des Mengenrabatts ist der **Bonus**. Dieser wird, meist als Gutschrift, zu Beginn der nächsten Rechnungsperiode für das Absatzvolumen der vorherigen gewährt. Er hat dabei gegenüber dem Mengenrabatt einen Zinseszinseffekt durch seine nachschüssige Berechnung und ist daher generell zu bevorzugen. Fraglich ist, welche Umsätze für die Bonus-Berechnung zu Grunde gelegt werden (z. B. nicht für Sonderangebotsmengen, nicht für Auslaufwaren, nicht für 2. Wahl-Waren).
- Der **Zeitrabatt** hat einen besonders günstigen Kaufzeitpunkt zur Basis. Denkbar sind hier Rabatte für Frühbezug, Geschäftsstättentreue, Saison, Auslauf etc. Der Frühbezug erlaubt eine Vordisposition zur besseren Ressourcenplanung und beugt dadurch innerbetrieblichen Friktionen vor. Der Treuerabatt stärkt die Kundenbindung und vermeidet Opportunitätskosten zur Akquisition. Der Saisonrabatt schafft eine gleichmä-

ßigere Kapazitätsauslastung und vermeidet dadurch ungedeckte Leerkosten. Der Auslaufrabatt räumt Lagerbestände „alter" Ware und verhindert somit unnötige Kapitalbindung im Umlaufvermögen. Eine Sonderform des Zeitrabatts ist der **Skonto**. Er stellt eine Belohnung für die Bezahlung per Vorkasse oder eine prompte Rechnungsbegleichung ohne Ausnutzung des Zahlungsziels (Lieferantenkredit) dar. Beim Kassenskonto wird der Preisabschlag als Geldbetrag berechnet, beim Warenskonto als unberechnete Mehrlieferung (ist zu bevorzugen). Fraglich ist, ob auch Gutschriften skontomindernd wirken.

Empfehlung an die Geschäftsleitung von Behle: Es sollten nur noch die drei genannten Gruppen von Rabatten gewährt werden, und auch das nur im Einzelfall bei konkreter Gegenleistung. Das Controlling wird beauftragt, passende Rabattkonditionen zu errechnen; die Vertriebsleitung wird beauftragt, darzulegen, wie sie deren Einhaltung in geeigneter Weise kontrolliert.

Zu Frage 2: Welche Grundsätze sollten bei der Gestaltung eines Konditionensystems eingehalten werden?

Ein Konditionensystem soll Kriterien vorgeben, an welche die Vergabe von Preisnachlässen gebunden werden. Nur dadurch lässt sich verhindern, dass Preisnachlässe kontraproduktiv auf die Ertragslage eines Unternehmens einwirken. Bei den Vertragsmodalitäten sollten folgende Grundsätze eingehalten werden:

- Das **Leistungsprinzip** besagt, dass die Gewährung von Preisnachlässen von Gegenleistungen der Kunden abhängig zu machen ist. Leistungslose Preisnachlässe als Mitnahmeeffekt sind somit ausgeschlossen. Dadurch kann die Preishoheit zurückgewonnen werden. Vor allem sind Nichtleistungskonditionen, die im Wesentlichen durch Pression nachfragemächtiger Kunden zu Stande kommen, bereits in den Anfängen abzulehnen.
- Preisnachlässe sind an bestimmte **Anlässe** zu koppeln und dürfen nicht zu einer Dauereinrichtung werden. Nur dadurch kann die Vorteilhaftigkeit von Preisnachlässen in der Wahrnehmung der Kunden erhalten bleiben und diese gehen nicht quasi in deren Besitzstand über. Je enger diese Anlässe eingegrenzt werden können, desto gezielter ist deren Einsatz zu bewerten.
- Konditionen sind am zu erwartenden **Absatz-/Umsatzpotenzial** der Kunden zu orientieren. Kunden, die gute Zukunftsperspektiven in der Geschäftsbeziehung offerieren, verdienen es erforderlichenfalls, spekulativ durch Preisnachlässe „gesponsert" zu werden.
- Gleiche Leistungen der Kunden müssen auch gleiche Konditionen generieren, denn es ist davon auszugehen, dass Abnehmer sich über Lieferkonditionen fallweise oder kontinuierlich austauschen. Nur eine konsequente, systemgestützte **Gleichbehandlung** verhindert dann Querelen.
- Das Konditionensystem muss **transparent** gestaltet sein. Den Kunden muss jederzeit klar sein, welches Verhalten zu welchen Preisnachlässen berechtigt. Klare Strukturierung und gute Nachvollziehbarkeit schaffen somit Vertrauen als wichtigste Grundlage für eine belastbare Anbieter-Kunden-Beziehung.

- Es muss eine **enge Konditionenspreizung** eingehalten werden, d. h. der Abstand zwischen dem Meistbegünstigten und dem am wenigsten Begünstigten soll idealerweise nahe Null liegen. Nur dann kann verhindert werden, dass alle Konditionen auf das Niveau des Meistbegünstigten gedrückt werden.
- **Aktionskonditionen** sind sparsam einzusetzen, weil sie auf Seiten der Kunden zu einem aktionalen Bestellverhalten führen. Dieses resultiert außerhalb der Aktionsphasen in einer „Verstopfung" des Absatzkanals, da zunächst aktional induzierte Vorräte abgebaut werden müssen, bevor neue Aufträge eingehen. Dies bedeutet aber, dass große Mengen zu geringen Margen abgesetzt werden und kleine Mengen zu normalen Margen.
- Das System muss so ausgelegt sein, dass es implizite **Wachstumsanreize** für Kunden bietet. Insofern entsteht eine Win-Win-Situation. Ein Beispiel hierfür sind Rabattstaffeln, die als angestoßener Rabatt ausgelegt sind, oder Rabattstaffeln mit progressivem Verlauf. Diese motivieren dazu, Auftragsvolumen bei einem Anbieter zu konzentrieren, um in den Genuss der nächst höheren Rabattstufe zu gelangen.
- Preisnachlässe müssen einer strikten Kontrolle und Deckelung im **Budget** unterliegen. Nur auf diese Weise kann der Tendenz im Vertrieb zu Gefälligkeitskonditionen entgegengewirkt werden, die im Einzelfall verständlich erscheinen, in der Summe aber zu einer verheerenden Erosion der Effektiverlöse führen.
- Für jeden Preisnachlass muss eine eindeutige **Verantwortlichkeit** in der Organisation bestimmt werden. Diese Verantwortlichkeit muss hierarchisch hoch aufgehängt sein und darf nicht allein beim Vertrieb liegen (Preishoheit). Preisnachlässe außerhalb der engen Systemgrenzen bedürfen somit der ausdrücklichen Freigabe.
- Erfolgreiche **Markenartikel** sollten nicht zusätzlich durch Preisnachlässe unterstützt werden; vielmehr ist auf eine attraktive Preis-Leistungs-Relation zu achten. Dies erfordert intensive markenstützende Aktivitäten, da nur diese in der Lage sind, hinreichende Pull-Effekte im Absatzkanal zu erhalten. Das Budget ist dann besser eingesetzt als bei Preisnachlässen.
- Das Konditionensystem muss gut **umsetzbar** sein (Feasibility). Dies bedeutet, so einfach wie möglich, aber so differenziert wie nötig. Nur dadurch werden Handhabbarkeit und Fairness im System gesichert, denn mehr Gerechtigkeit im System führt nicht notwendigerweise zu mehr Gerechtigkeit in der Kundenwahrnehmung.
- Durch einen **modularen Aufbau** kann versucht werden, trotz einer Standardisierung der Konditionen insgesamt zu deren Anpassung auf die Gegebenheiten des Einzelfalls jedes Kunden zu gelangen. Ein adäquat aufgebauter Konditionenbaukasten schafft diesen Freiraum.
- Das System darf nicht erstarren und muss Entwicklungen im Markt angepasst werden können, ohne jedoch seine Struktur dabei einzubüßen. Nur durch diese **kontrollierte Flexibilität** kann dessen Wettbewerbsfähigkeit erhalten bleiben.
- Schließlich versteht es sich von selbst, dass das System **wettbewerbsrechtlich** unbedenklich sein muss. Es darf vor allem nicht gegen das Diskriminierungsverbot des GWB und gegen das Gebot des lauteren und sittlichen Wettbewerbs des UWG verstoßen.

Empfehlung an die Geschäftsleitung von Behle: Es sollten nur noch vier Konditionengruppen angeboten werden, die diesen Anforderungen genügen:

1. Zahlungskonditionen für Skonto (vorzeitige Rechnungsbegleichung), Inkasso (Rechnungseinzug für gewerbliche Endabnehmer) und Delkredere (Bonitätsverbürgung für diese)
2. Mengen- und Belieferungskonditionen als Auftragsmengen- und Vordispositionsvergütungen
3. Kaufvolumenkonditionen als Boni
4. Marktbearbeitungskonditionen für die Veranstaltung von Messen und die Beteiligung an Werbekosten.

Die Vertriebsleitung wird beauftragt, ein entsprechendes Konditionensystem bis zur nächsten Geschäftsleitungssitzung vorzulegen.

Zu Frage 3: Welche Stellgrößen sind für die Gestaltung eines Rabattsystems gegeben?

Das Rabattsystem bestimmt den Preisnachlass in Abhängigkeit von seiner Basis. Es muss mit Bedacht gewählt werden, weil dies unmittelbar gewinnrelevant ist. Dafür gibt es verschiedene Stellgrößen:

- **Rabattstufen:** Diese geben an, ab welcher Ausgangsgröße ein Rabatt in Anspruch genommen werden kann. Hier ist auf eine zweckmäßige Auslegung zu achten, z. B. in Bezug auf die Einstiegsstufe, den Abstand zwischen disjunkten Stufen und die Wahl der Stufengrenzen. Dazu sind vorab detaillierte Vorkalkulationen durchzuführen, denn jeder Euro Rabatt bedeutet einen Euro Gewinn weniger.
- **Rabattbezugsgröße:** Der Rabatt kann als absoluter Betrag (Festrabatt) unabhängig von der Bezugsgröße immer gleich hoch angegeben werden oder sich relativ mit einer Bezugsgröße verändern (Relativrabatt). Der Relativrabatt ist unübersichtlicher zu berechnen, erlaubt aber eine differenziertere Steuerung als der Festrabatt.
- **Rabattarten:** Man unterscheidet hier Naturalrabatte und Geldrabatte. Naturalrabatt bedeutet die Draufgabe von mehr Ware ohne zusätzliche Berechnung (11 für 10)[1] oder die Dreingabe von Ware ohne Berechnung (10 für 9)[2]. Ein Geldrabatt bedeutet die Reduzierung des Rechnungsbetrags bei unveränderter Warenmenge. Der Naturalrabatt ist zu bevorzugen, weil er in der Wahrnehmung seiner Kunden dem Wert der Ware entspricht, in der Kostenrechnung des Lieferanten aber nur seinen Selbstkosten.
- **Rabattverlauf:** Dieser kann progressiv (also relativ schneller steigend als die Rabattbezugsgröße), degressiv (also langsamer steigend als die Bezugsgröße), s-förmig (Kombination aus zunächst progressiv und dann degressiv) oder linear ausgelegt sein (parallel zur Bezugsgröße steigend). Wiederum sind detaillierte Vorkalkulationen erforderlich, um eine gefährliche Gewinnerosion zu verhindern.

---

1 Kostet 1 Stück einer Ware beispielsweise 1 €, so erhält man bei einem Angebot „11 für 10“ 11 Stück zum Preis von 10 €, pro Stück also 0,91 €.

2 Bei einem Angebot „10 für 9“ und einem Stückpreis von 1 € erhält man 10 Stück für 9 €, also 0,90 € pro Stück.

- **Rabattberechnung:** Diese kann durchgerechnet oder angestoßen (inkremental) erfolgen. Bei einem durchgerechneten Rabatt bezieht sich der Rabattsatz immer auf die höchste mögliche Bezugsgröße, bei einem angestoßenen Rabatt abgestuft immer nur auf die jeweilige Bezugsgröße. Inkrementale Rabatte erlauben eine erhebliche Verringerung des Rabattvolumens ohne Änderung der Rabattstaffel, werden von Kunden aber wohl nur akzeptiert, wenn am Ende der Rabattstaffel eine höhere Rabattstufe angefügt wird, die bei Auftragskonzentration auch einen höheren Preisnachlass realisiert.

Empfehlung an die Geschäftsleitung von Behle: Die Rabattkonditionen sind nach den Größen Rabattstufe, Rabattbezug, Rabattart, Rabattverlauf und Rabattberechnung durch das Controlling detailliert durchzurechnen und bis zum Monatsende zur Entscheidung vorzulegen.

Zu Frage 4: Welche Bestandteile machen im Einzelnen Erlösschmälerungen aus?

Erlösschmälerungen sind Mindereinnahmen gegenüber dem geplanten Erlös. Sie stellen die negative Differenz zwischen dem Basiserlös der Haupt- und Nebenleistungen sowie dem endgültigen Nettoerlös (Effektivpreis) dar. Erlösschmälerungen werden in der Leistungsrechnung zumeist gesammelt ausgewiesen und machen durchaus nennenswerte Beträge aus. Daher lohnt es sich, sie in ihre Bestandteile aufzusplitten, an denen dann gearbeitet werden kann. Bei diesen Bestandteilen handelt es sich um vielfältige Positionen:

- **Preisgleitklauseln** sehen vor, dass der Preis mit der Entwicklung aller Kosten oder definierter Kostenbestandteile in der Frist zwischen Vertragsabschluss und Zahlungstermin gleitet. Entwickelt sich der Preis entgegen der Prognose, entstehen somit gegenüber den Planerlösen Mindereinnahmen.
- **Garantieleistungen** entstehen aus der Selbstbindung des Anbieters, bestimmte Leistungsinhalte vertraglich zuzusichern. Garantieleistungen sind immer unberechnet, verursachen aber interne Kosten. Zur Verhinderung ist u. a. ein striktes Qualitätsmanagement hilfreich, wie es zunehmend in Organisationen implementiert ist.
- Wird eine Leistung als **Effektivabrechnung** vereinbart, entstehen durch ungeplante Minderleistungen (weniger Gewicht, kürzere Zeit etc.) auch Mindereinnahmen gegenüber der Planung.
- **Debitorenausfall** bedeutet das Ausbleiben von Zahlungen für erbrachte Leistungen. Dies kann in der Unwilligkeit oder Unfähigkeit eines Leistungsschuldners liegen, den vollen oder auch nur Teile des Kaufpreises zu bezahlen. Zur Verhinderung eines Ausfalls dienen verschiedene Maßnahmen der Zahlungssicherung (z. B. Eigentumsvorbehalt, Verpfändung, Sicherungsübereignung).
- Bei Geschäften außerhalb des Euro-Raums können **Wechselkursdifferenzen** entstehen, indem die ausländische Währung gegenüber der inländischen beim Zahlungsim Vergleich zum Angebotszeitpunkt abgewertet hat. Abhilfe schafft die Vereinbarung von Euro als Rechnungswährung, alternativ eine Abrechnung in einer stabilen Drittwährung (meist Dollar).

- **Absatzfinanzierungen** gehören im Rahmen von Komplettgeschäften zur Standardleistung im Vertrieb. Daraus resultieren allerdings Zinsbelastungen aus Fremdkapital- oder Opportunitätskosten aus Eigenkapitaleinsatz. Dies geht zu Lasten des Anbieters, wenn dies nicht vorab im Verkaufspreis bereits eingerechnet worden ist.
- Vielfach werden auch **Zugaben** als Dreingabe oder Draufgabe gewährt, wie Werbegeschenk, Zubehör Verbrauchsmaterial etc. Dies führt zu zusätzlichen Kosten, denen keine entsprechenden Erlöse gegenüberstehen.
- **Vertragsstrafen** sichern Kunden gegen Nachteile aus Vertragsstörungen ab. Teilweise werden diese verschuldensunabhängig fällig (Pönale) und erreichen erhebliche Höhen. Daher muss es das Ziel sein, solchen Vertragsverstößen unbedingt vorzubeugen.
- **Gutschriften** an Kunden werden vielfach nötig, so für Retouren aus Überlieferungen, Teilstornierungen von Aufträgen, Kulanzleistungen bei Beschwerdegründen etc. Diese Gutschriften werden möglichst erst beim nächsten Auftrag verrechnet, sodass sowohl ein Zinseffekt entsteht als auch ein Folgeauftrag wahrscheinlich wird.
- Sofern Absatzhelfer in den Vertrieb einbezogen sind, werden bei Verkaufsabschlüssen **Provisionen** für Handelsvertreter, Kommissionäre, Makler (Courtage) oder Versteigerer (Aufgeld) fällig. Diese können nicht weiterberechnet werden, sondern gehen allein zu Lasten des Anbieters.
- **Redistributionskosten** fallen für die geordnete Entsorgung von Verpackungen, die Rücknahme von Altprodukten etc. an. Dies ist zwischenzeitlich großenteils gesetzlich vorgeschrieben und kann nicht als Sonderleistung „verkauft“ werden.

Empfehlung an die Geschäftsleitung von Behle: Durch die Rechtsabteilung ist zu prüfen, wie durch geeignete vertragliche Gestaltungen die Risiken von Erlösschmälerungen vermieden oder zumindest vermindert werden können. Eine entsprechende Ausarbeitung ist der Geschäftsleitung zeitnah vorzulegen.

Zu Frage 5: Welche Möglichkeiten für Preiszuschläge bestehen im Allgemeinen?

Preiszuschläge können für besondere Leistungen zusätzlich zum Listenpreis in Ansatz gebracht werden. Dafür ergeben sich verschiedene Möglichkeiten:

- **Verpackungsmehraufwand,** der nicht vom Frachtführer getragen wird: Dabei handelt es sich um den Kundenwunsch hinsichtlich besonderer Verpackung seiner Ware, etwa in Bezug auf die Abwehr von Einwirkungen durch Staub, Hitze, Kälte, Stoß/Wurf etc. Dieser Mehraufwand resultiert in einem Preiszuschlag.
- **Versicherungsprämien:** Dabei handelt es sich um den Kundenwunsch hinsichtlich der Versicherung seiner Ware während des Transports, bei der Be- und Entladung, der Ein- und Auslagerung zum Schutz gegen Beschädigungen, Verunreinigungen, Verderb etc. Auch dieser Mehraufwand resultiert in einem Preiszuschlag.
- **Versandkosten** für Fracht, Rollgeld, Ladegebühr, Behälter etc.: Dies ergibt sich aus den Lieferungsbedingungen, die erheblichen Einfluss auf den abzurechnenden Preis haben. Am günstigsten ist hier die Ab-Werk-Vereinbarung, welche die vollständige Weiterberechnung dieser Posten erlaubt; am ungünstigsten ist die Frei-Haus-Vereinbarung.

- **Zubehör:** Selten sind Produkte als solche bereits vollständig einsatzfähig, meist benötigen sie zu ihrer sinnvollen Nutzung mehr oder minder umfangreiche Zusatzausstattungen. Diese realisieren im Regelfall höhere Margen als das Basisprodukt selbst und sind daher unbedingt im Anschluss an dieses mitzuverkaufen. Basisprodukte werden zudem häufig abgestrippt angeboten, um optisch preisgünstig zu wirken.
- **Mindermengenzuschlag/Mindestauftragsgröße** (Malus): Dabei handelt es sich um Kleinaufträge, die in ihren Prozesskosten in traditionellen Kalkulationsverfahren weitaus zu billig kalkuliert werden (im Umkehrschluss werden große Mengen zu teuer kalkuliert). Daher ist bei Unterschreiten rentabler Absatzmengen ein Preiszuschlag zu kalkulieren, damit sich ein Auftrag überhaupt rechnet. Sind Kunden nicht bereit, diesen Aufschlag zu akzeptieren, sei dieser Auftrag der Konkurrenz gegönnt, denn er ist nicht gewinnbringend abzuwickeln. Gleiches gilt für definierte Mindestauftragsgrößen.
- **Eilausführung:** Oft wünschen Kunden eine besonders schnelle Auftragsabwicklung, nicht selten, weil zuvor in ihrer Organisation Zeit unnötig vertan worden ist. Diese Eilausführung verlangt Sonderprozesse im Betrieb, die kostenbewehrt sind. Diese Kosten weiterzuberechnen, ist daher a priori gerechtfertigt und da die Leistung nutzenrelevant ist, auch weithin akzeptiert.
- **Zeitzuschlag:** Dies betrifft die Leistungserbringung zu unüblichen Zeiten (nachts, sonn- und feiertags). Dies ist aus nachvollziehbaren Gründen nicht zu denselben Preisen darstellbar wie zu Normalzeiten und rechtfertigt daher einen Preiszuschlag gegenüber den dies wünschenden Kunden. Auch dies wird weithin akzeptiert.
- **Ortszuschlag:** Dies betrifft die Leistungserbringung an einen unüblichen Ort (Verkehrsanbindung, Gefahrengebiet, Klima etc.). Auch dies rechtfertigt plausibel einen Preiszuschlag, denn die Ortslage des Kunden hat nicht der Lieferant zu vertreten, sondern der Kunde selbst. Häufig wird hier mit Pauschalen (Zonenpreise) oder fiktiven Übergabeorten (Frankogrenzen) gearbeitet.
- **Sonderanfertigungsvergütung:** Sofern ein Abnehmer eine mehr oder minder große Veränderung seines Produkts gegenüber der Standardausfertigung wünscht (Customization), ergeben sich daraus Zusatzaufwendungen, die eindeutig kundenverursacht und daher von diesem auch zu tragen sind. Fraglich ist, ob Listenpreise hier überhaupt in Ansatz gebracht werden können.

Empfehlung an die Geschäftsleitung von Behle: Es sollten alle Möglichkeiten für Preiszuschläge bei den Geschäftsabschlüssen genutzt werden. Dazu sind die Auftragsformulare von Kundensachbearbeitung durch entsprechende Kategorien zu ergänzen.

4. Literatur

Pepels, W., „Preiswert“ statt „billig“, Berlin 2013

Pepels, W., Vertriebsmanagement, 2. Auflage, Berlin 2014

Pepels, W., Preis- und Konditionenmanagement, 3. Auflage, Berlin 2015

User Conference als Element einer integrierten Marktkommunikation – eine „Innovations-Werkstatt" mit Kunden bei der SCHNEEWEISS AG

Von Prof. Stefan Luppold

1. Unternehmensvorstellung

Die SCHNEEWEISS AG (www.SCHNEEWEISS.ag) mit Sitz zu Schloss Schmieheim verbindet folgende Unternehmen:

- Hiller Objektmöbel, Kippenheim
- BRAUN Lockenhaus, Lockenhaus, Österreich
- die Werbeagentur ATELIER SCHNEEWEISS, Schmieheim
- die Designmanufaktur ROSCONI, Kippenheim und
- die WIDRA LOGISTIK, Ettenheim.

Die einzelnen Marken (nachstehend folgen einige Ausführungen dazu) stehen für Innovation und Tradition im Bereich Interior. In Verknüpfung aus Hightech und handwerklichem Können entsteht absolute Präzision. Durch Intelligenz bei der Konzeption von Produkten und Dienstleistungen gelingt sowohl die Reproduktion in Serie als auch die Schaffung des absoluten Einzelstücks. Die SCHEEWEISS AG gilt mit einem Jahresumsatz von rund 50 Mio. € und etwa 250 Beschäftigten noch als mittelständisches Unternehmen.

Die Wurzeln der Schwarzwälder Stuhl- und Tischmanufaktur Hiller reichen bis auf das Jahr 1936 zurück. Mit den Kernkompetenzen „stapeln – klappen – falten" werden durch den Einsatz modernster Technik, gepaart mit Handarbeit, Qualitätsmöbel „made in Black Forest" hergestellt. Seit Anfang 2010 entwickelt sich Hiller zum Interiorspezialisten – und das mit Erfolg. Konkret bedeutet dies in Verbindung mit den Produkten und Dienstleistungen der Töchter ROSCONI, ATELIER SCHNEEWEISS und WIDRA LOGISTIK eine Erweiterung des klassischen Produktportfolios mit den neuen Kompetenzen wie Gestaltung individueller Raum- und Shop-Konzepte von der Beratung über Entwicklung und Konstruktion bis zur Fertigung und Auslieferung.

Das deutsche Familienunternehmen Hiller feierte im November 2011 sein 75-jähriges Bestehen. Seine Geschichte ist eng verbunden mit dem Standort Kippenheim und dem Schwarzwald, und sie spiegelt in besonderer Weise die gesellschaftliche Entwicklung in Deutschland nach dem Zweiten Weltkrieg wider. Stühle und Tische aus Holz, Stahl und Kunststoff bilden seit 1957 das Kerngeschäft der Hiller Objektmöbel GmbH.

Mit dem Zusammenschluss zur SCHNEEWEISS AG Interior umfasst das Leistungsspektrum alle Produktions- und Logistikstufen von Konzeption und Beratung über Entwicklung und Konstruktion bis zur Fertigung und Auslieferung. Der Grad der Fertigungstiefe liegt bei 76 %. Heute steht der Name Hiller für Innovation, Tradition und Flexibilität;

das Unternehmen gehört zu den drei führenden Herstellern von Objektmöbeln in Europa.

Im August 2010 wurde aus der Hiller-Gruppe die SCHNEEWEISS AG Interior. Die neue Unternehmensform erhöht den Handlungsspielraum, um langfristig die flexible Kapitalanpassung an die weitere Expansion der Unternehmensgruppe sicherzustellen und um Fertigungstiefe, Innovationskraft und Exportvolumen weiter wettbewerbsfähig auszubauen. Gleichzeitig wollen die Vorstände die mit hoher Wertschätzung verbundene Tradition fortführen und das inhabergeführte Familienunternehmen erhalten.

Heute ist das Unternehmen u. a. auch in der Lage, Ladenbau-Kollektionen für Hugo Boss herzustellen oder VIP-Lounges in Sport-Arenen auszustatten.

Bei BRAUN Lockenhaus, der österreichischen SCHNEEWEISS-Tochter, betrachtet man Design als Kunst, die sich nützlich macht. Deshalb sind die Produkte nicht nur durch eine zeitlose Formensprache bestimmt, sondern bieten zugleich Funktionalität für jede Räumlichkeit. Auf Menschen eingehen, sich mit ihren Anforderungen an Produkte und deren Funktionsweisen auseinandersetzen, weiter zu denken – das ist ein zentraler Ansatz der Unternehmensleitung. Zudem produziert BRAUN Lockenhaus nicht nur nach Katalog, sondern lässt Freiraum für individuelle Kundenwünsche. BRAUN folgt einem selbst definierten Motto: *„interior Möbel – maßgeschneidert für Sie“*.

Die Marke BRAUN steht für weit mehr als einen klassischen Stuhlfabrikant. Seit der Gründung der „Sessel- und Holzwarenfabrik“ im Jahr 1921 wurden die Kernkompetenzen von BRAUN Lockenhaus stetig weiterentwickelt. Der burgenländische Objekt- und Designmöbelhersteller BRAUN ist stolz, sich sukzessive am Produktionsstandort in Lockenhaus, Österreich, zu einem der Marktführer mit maßgeschneiderten Raumkonzepten im Markt etabliert zu haben.

Das Biegen von Holz mithilfe von Wasserdampf ist im Möbelbau eine Handwerkstechnik, die besonders viel Erfahrung und Fingerspitzengefühl erfordert. Hochwertigkeit und Gestaltungsvielfalt begründen ihren legendären Ruf. Nur wenige Unternehmen beherrschen das alte Handwerk heute noch. BRAUN Lockenhaus gehört dazu und fertigt mit seinen exklusiven Bugholzmöbeln die Klassiker von morgen.

Der Fokus liegt auf der Möblierung von Hotels, Seminarbereichen, Messen und Versammlungsstätten, darüber hinaus auch auf sozialen Einrichtungen, wie Krankenhäusern oder Pflegeheimen sowie Kirchen und Synagogen. BRAUN Lockenhaus entwickelt Raumkonzepte, die Lebensräumen neue Perspektiven geben: von der Farbgebung und Raumplanung bis hin zur Ausstattung mit hochwertigem Mobiliar.

Die Premium-Manufaktur ROSCONI, Spezialist für Lobby Items, Garderobenlösungen und Raucherlounges, produziert nicht nur Produkte mit elegantem Design und höchster Funktionalität, sondern präsentiert diese seit 2012 in einem neuen Corporate Design in eleganter Erscheinung und eingebettet in das Baukastensystem der SCHNEEWEISS AG. Die Produkte sind sowohl in Gewerbe- und Privatimmobilien als auch im öffentlichen Raum zu finden.

Am 01.04.2015 übernahm ROSCONI den Bereich Laden-, Messe- und Innenausbau von der Schwesterfirma ATELIER SCHNEEWEISS. Nach dem strategischen Zukauf der ROSCONI GmbH im Jahr 2009 vollzieht die SCHNEEWEISS AG damit den nächsten Integrationsschritt. Damit bietet ROSCONI, neben Edelstahlprodukten und Lounge-Möbeln, auch maßgeschneiderte Interiorkonzepte und klassische Innenausbauten wie Schränke, Spinde, Thekenanlagen, Beraterelemente, Umkleiden, Wandverkleidungen oder Akustiklösungen an.

Die ATELIER SCHNEEWEISS GmbH ist die Kreativwerkstatt der SCHNEEWEISS AG. Am Firmensitz im Schloss zu Schmieheim entstehen seit dem Jahr 2008 in der Werbeagentur Konzepte und Designs für umfassende Marketing- und Kommunikationsdienstleistungen. Von der Analyse über die Konzeption bis hin zur Realisierung erfolgt alles aus einer Hand. Ob Printproduktion, Animation, Redaktion, Fotografie, Event- oder Messeplanung: Kundenwünsche werden vom Marketingteam umgesetzt. Auch externe Kunden greifen auf das umfangreiche Knowhow des ATELIER SCHNEEWEISS zurück.

Durch die WIDRA LOGISTIK GmbH nimmt die SCHNEEWEISS AG den nötigen Einfluss darauf, wie die Produkte ausgeliefert, montiert und übergeben werden. Sie spielt im Kontext dieser Fallstudie keine Rolle.

2. Situation in Bezug auf Markt und Wettbewerb

Die eingangs genannte Fertigungstiefe, verbunden mit besonderen handwerklichen Fähigkeiten, ist ein Alleinstellungsmerkmal der SCHNEEWEISS AG. Dies ist zugleich eine Herausforderung, da Innovations- und Produktivitätsaspekte im Kontext gesehen werden müssen – zumal diese durch international agierende Wettbewerber kommuniziert werden. Aus diesem Grund ist die SCHNEEWEISS AG in vielen Fällen nicht „Follower", sondern „First Mover", fungiert als Trendsetter und ist sowohl in produktionstechnischer als auch in gestalterischer Hinsicht besonders aktiv. Dies zeigen Patente wie auch Design-Auszeichnungen.

Die Positionierung als mittelgroßes Unternehmen mit Produktionsstandorten in Deutschland und Österreich schreibt der SCHNEEWEISS AG auch eine wichtige Rolle im Kontext von Corporate Social Responsibility zu, u. a. als regionaler Arbeitgeber und als qualifizierter Ausbildungsbetrieb mit vielfältigen Berufsfeldern.

Die Unternehmensgruppe zeigte auch in wirtschaftlich schwierigen Zeiten Stabilität, entwickelt sich permanent weiter und ist gerade im Verbund der einzelnen Tochterunternehmen zu einem wichtigen Partner bei komplexen Sonderprojekten geworden.

Die Märkte werden akquisitorisch differenziert bearbeitet, durch Projektgeschäft, Key Account Management, regionalen Direktvertrieb und die Kooperation mit Absatzmittlern. Dementsprechend heterogen ist die Marktkommunikation – und die Möglichkeit zur Ermittlung von zukünftigen Anforderungen.

Durch zwei besondere Projekte zeigte die SCHNEEWEISS AG in der Vergangenheit ihre innovative Orientierung an Kundenbedürfnissen: *My Study Lounge* und *My Study Base* waren Wettbewerbe auf nationaler Ebene, bei denen Schüler und Studenten – mit Unterstützung von Experten der SCHNEEWEISS AG – ihren Lebensraum in Schulen und Hochschulen konzipieren und modulare multifunktionale Sitzmöbel entwickeln konnten. Beide Projekte generierten neben innovativen Ansätzen auch Content für Fachmedien und allgemeine Berichterstattung in Print- und TV-Medien.

Insgesamt hat die Gruppe durch Tradition, Knowhow, Marktvielfalt sowie auch unterschiedlichste Marktbegleiter in den unterschiedlichen Segmenten, einen Bedarf an positiver Differenzierung durch Corporate Communication-Maßnahmen.

3. Problemstellung der Fallstudie

Das **Kommunikationskonzept** der SCHNEEWEISS AG ist – im klassischen Sinne – vollständig und bewährt. Alle Kanäle werden genutzt, die Märkte direkt und indirekt angesprochen.

Bei der direkten Kommunikation gibt es die Einschränkung, dass die Funktionsbereiche der Unternehmensgruppe lediglich gefiltert Informationen erhalten; die Beziehung zu den (End-)Kunden besteht über Absatzmittler oder über das eigene Vertriebsteam. Daher muss davon ausgegangen werden, dass für die Weiterentwicklung (z. B. des Produkt-Portfolios) sinnvolle Kenntnisse nicht komplett vorliegen.

Die besonderen Projekte mit den Schülern und Studenten zeigten, dass ein direkter Kontakt nicht nur den Austausch in besonders wertiger Form schafft, sondern auch Einblicke in individuelle Empfindungen, persönliche Beurteilung von Trends und die Generierung von kollektiven Ideen ermöglicht.

Daneben kann, sofern diese „Begegnung" im Unternehmen stattfindet, ein detaillierter Einblick gewährt und eine multisensuale Wahrnehmung der Marke inszeniert werden: ein Kennenlernen der Produktionsstätte als Brandland, die Kommunikation von Vision und Werten im dreidimensionalen Raum.

Trotz Showroom und geführtem Rundgang durch Manufaktur und Fabrikation für Kunden und Gäste aus Wirtschaft und Politik sind es bisher insbesondere die Messe-Beteiligungen der SCHNEEWEISS AG (z. B. in Köln auf der internationalen Leitmesse für Office und Objekte „Orgatec"), die diese Art der Kommunikation mit Kunden und Interessenten schaffen.

Für ein Unternehmen mit Innovationskraft und wirtschaftlicher Leistungsfähigkeit ist es daher besonders relevant, einen weiteren Kanal zu etablieren, der die SCHNEEWEISS AG kommunikativ und dialogorientiert, in einer direkten Kommunikation, mit Kunden und weiteren Protagonisten effizient und effektiv verbindet. Dieser Kommunikationskanal soll auch dazu dienen, relevanten Problemstellungen in einer (Netzwerk-)Veranstaltung Raum zu geben – und eine solche Veranstaltung kann als bestes Instrument neuer Lösungsansätze betrachtet werden.

4. Zielsetzung und Aufgabenstellung

Basierend auf den bisherigen Erfahrungen (Schüler- und Studentenprojekte, aber auch Messebeteiligungen) soll eine **Innovations-Werkstatt** einen zeitlich befristeten „Ort für Begegnungskommunikation" herstellen.

Der Fokus liegt dabei auf der Zielgruppe „Kunden", wenngleich auch Vertreter weiterer Anspruchsgruppen mit vorzusehen sind.

Wesentliche Elemente einer solchen, zweitägigen Veranstaltung sollen sein

- Interaktion im Closed Shop
- Transport von Image
- Aufzeigen von Kompetenz und Kundennähe
- Kreativitätsentfaltung in der Gruppe
- Input für neue Produkte
- Schaffung von Erlebnissen für die Teilnehmer, damit auch Nachhaltigkeit in der Wirkung
- Weiterentwicklung der Kundenrolle hin zum Markenbotschafter, zum Fan, zum Multiplikator.

Begleitende Öffentlichkeitsarbeit kann, muss aber nicht sein.

In einem Konzept sollen alle wesentlichen Aspekte dargestellt werden. Zunächst soll – für die Operationalisierung hilfreich – eine Eingrenzung des Ziels erfolgen (z. B. Fokus auf einen Produktbereich). Dann müssen relevante Akteure identifiziert werden. Für die Umsetzung ist ein Prozess erforderlich, der von der Einladung bis zur Nachbereitung alle Schritte reicht – und dem organisatorischen Gerüst auch qualitative Themen beistellt (Budgetstruktur, Evaluation, Format mit Reihen-Charakter/wiederholbar etc.).

Strukturieren Sie Ihre Überlegungen mit den beiden nachfolgend dargestellten Schwerpunkten:

Aufgabe 1:

Welche Aspekte (z. B. Teilnehmerzahl) spielen im Vorfeld der „Innovations-Werkstatt" eine Rolle?

Aufgabe 2:

Wie können diese Aspekte inhaltlich ausgefüllt werden (z. B. kleine Gruppe zur Sicherstellung einer persönlichen und individuellen Begegnung) mit Blick auf das geplante Ziel der Veranstaltung?

Aufgabe 3:

Welche Zusammenhänge sind dabei zu beachten (z. B. Teilnehmerzahl im Kontext einer partizipativ ausgelegten Veranstaltung; Workshop-Charakter!)?

5. Bearbeitungszeit, Schwierigkeitsgrad und empfohlenes Fachsemester

Die Fallstudie ist geeignet für Studierende ab dem 3. Fachsemester. Marketing-Grundlagen müssen vorhanden sein, Kenntnisse in Disziplinen wie Event-Marketing und Live-Kommunikation sind von Vorteil. Ein Grundverständnis von Kundenbeziehungsmanagement, Networking, Begegnungskommunikation und Veranstaltungsplanung ist hilfreich.

Durch die Kombination kreativer und organisatorischer Ansätze (Konzept und Ablauf) ergibt sich ein mittlerer Schwierigkeitsgrad. Je nach Ausgestaltung und Detaillierung ist die Bearbeitung jedoch auch in einfacher Form (Entwurfs-Status) oder komplex (mit Teilplänen, Pre- und Post-Kommunikationselementen) leistbar.

Eine grobe Skizzierung kann in 2 - 4 Std. erfolgen, eine ausführliche Konzeption, ggf. mit Experten-Interviews, Review-Schleifen und einer finalen Präsentation versehen, dagegen bis zu 40 Std.

Hilfreich ist – als kleine fachliche Orientierung – das **IDEA-Konzept** in Anlehnung an den Management-Kreislauf:

I	Investigate	Recherche, Voruntersuchung
D	Design	Konzeption, Planung, Entwicklung
E	Execute	Ausführung, Umsetzung
A	Assess	Evaluation, Ergebnisinterpretation

6. Empfohlene Hilfsmittel

Hilfreich sind:

- Literatur, siehe die am Ende des Beitrags aufgeführten Fachbücher
- Analogien zu Veranstaltungen anderer Wirtschaftsbereiche, die bereits in Form von User Conferences den direkten Dialog mit Kunden und anderen Personen im Kontext ihrer Corporate Communication institutionalisiert haben; hier ist insbesondere SAP zu nennen mit diversen Konferenzen, Kunden-Events und anderen Veranstaltungen (http://www.sap.com/events/index.html) und einer mittlerweile seit vielen Jahren etablierten Jahres-Konferenz „SAPPHIRE“
- die gedankliche Übertragung von selbst Erlebtem im Kontext realer Begegnungen
- ggf. Checklisten (Event-Konzeption und -Kreation, Projekt-Management).

7. Überlegungen zur Entwicklung einer Lösung

Im Vorfeld der **„Innovations-Werkstatt"** können folgende Aspekte eine Rolle spielen: Co-Creation, Marketing-Mix, Buying-Center, Multiperspektivität, Compliance, Teilnehmer-Mix und Teilnehmerzahl, Multisensualität, Projektmanagement, Wirkungsmessung, Dokumentation, Agenda, Motto und technische Hilfsmittel.

Im Einzelnen lassen sich diese Aspekte folgendermaßen beschreiben – die inhaltliche Ausprägung steht dabei immer auch im Kontext zu anderen Aspekten:

- **Co-Creation**
  Immer mehr Unternehmen öffnen sich auch bezüglich der Produktpolitik den potenziellen Absatzmärkten. Daher können Begegnungen mit Kunden immer diesen Punkt als Gestaltungsansatz berücksichtigen.
- **Marketing-Mix**
  Das Unternehmen entwickelt einen Marketing-Mix weiter, der inhaltlich das Thema „Begegnungskommunikation" lediglich in wenigen Projekten und bei einigen Messebeteiligungen – und dort sehr auf Kommunikation fokussiert – zum Gegenstand hatte. Nun können Teilziele der Veranstaltung mit Auswirkung auf den Marketing-Mix definiert werden, speziell Produktentwicklung.

  Für die Projekt-Kommunikation gibt es Vor- und Nach-Kommunikation (z. B. Einladung oder Ergebniszusammenfassung) als Teil der Veranstaltung; für die Unternehmenskommunikation kann die Veranstaltung selbst Gegenstand einer (PR-)Kampagne sein.
- **Buying Center**
  Die zu konzipierende Veranstaltung erlaubt die Variation von Kundenrollen; es können Entscheider, Beeinflusser, Anwender etc. herangezogen werden. Dies gilt ebenso für Protagonisten aus weiteren Stakeholder-Gruppen.
- **Multiperspektivität**
  Der Kunde „on-site" wird zum Entwickler, zum Marketing-Manager oder zum Produktionsplaner; umgekehrt muss der Gastgeber die Perspektive des Kunden einnehmen können. Möglichst viele verschiedene Perspektiven schaffen ein ganzheitliches Ergebnis.
- **Compliance**
  Eine Einladung kann daran scheitern, dass Kunden durch Compliance-Richtlinien ihres eigenen Unternehmens an einer Teilnahme gehindert werden. Daher gilt, was ohnehin aktuell bei Veranstaltungen ist: viel Bildungsinhalt, weniger Unterhaltung, also Edutainment. Es darf letztlich sogar die Begehrlichkeit zur Teilnahme entstehen, Auserwählter für etwas Besonderes zu sein.
- **Teilnehmer-Mix und Teilnehmerzahl**
  Nicht nur das Interesse, sondern auch der mögliche Beitrag zu einem Erfolg der Veranstaltung sind relevant. Die Zahl der Teilnehmer muss groß genug sein, um multiperspektivische Ergebnisse zu liefern – und klein genug, um auf persönlicher Ebene, partizipativ und überschaubar zu kommunizieren.

- **Multisensualität**
  Wie können die Sinne der Teilnehmer angesprochen werden, um ein möglichst lang anhaltendes Erinnerungskonstrukt zu schaffen? Materialität spielt eine Rolle für die Haptik, ebenso wie Gerüche und Geräusche in den Produktionshallen, bis hin zu einem Blick in ein Rohstoff-Lager oder der Erfassbarkeit des Wertschöpfungsprozesse „vom Baumstamm zum Stuhl".
- **Projektmanagement**
  Strukturierung in Phasen bzw. Meilenstein-Bildung, chronologische Aufstellung, Ressourcen- und Budgetplanung bilden das Skelett, also den organisatorischen Rahmen für eine Kundenveranstaltung; hierzu zählen auch Hilfsmittel (Software) und Risiko-Management (Beurteilung von Risiken hinsichtlich Eintrittswahrscheinlichkeit und Auswirkung auf die Veranstaltung).
- **Wirkungsmessung**
  Die Veranstaltung soll erfolgreich verlaufen; dazu sind vorab Ziele zu definieren, jedoch auch Instrumente, die eine Beurteilung (des Zielerreichungsgrades) ermöglichen. Begriffe für weitere Recherchen hierzu sind: Erfolgsmessung, Event-Controlling und Veranstaltungs-Evaluation.
- **Dokumentation**
  Es ist zu überlegen, wie und mithilfe welcher Instrumente (z. B. audio-visuelle Dokumentation, schriftliches Protokoll, Graphic Recording) einerseits das Projekt selbst, andererseits aber auch der entstehende Content dokumentiert werden können.
- **Agenda**
  Eine Veranstaltung muss attraktiv, effektiv und effizient sein; eine ausgewogene Agenda berücksichtigt Freiräume für spontane Kommunikation, Zeiteinheiten mit höherem Lern- und Konzentrationslevel, Interaktionsmomente mit gruppendynamischen Effekten etc. An dieser Stelle tritt der Marketingprofi gerne auch einen Schritt zurück und aktiviert den Didaktiker und dessen Methoden-Baukasten!
- **Motto**
  Die Veranstaltung benötigt einen Claim, ein Motto – das Thema soll sich darin widerspiegeln. Eventuell hilft das Motto bei der Konzeption, ohne während des eigentlichen Events genannt zu werden, wirkt also als Katalysator. Bei einer möglichen Wiederholung der Veranstaltung (als Reihe) kann das Motto den Schwerpunkt aufzeigen und zu vorherigen und folgenden Veranstaltungen differenzieren.
- **Technische Hilfsmittel**
  Licht- und Ton- und Visualisierungstechnik und weiteres technisches Equipment orientieren sich an Teilnehmer- und Raumgegebenheiten sowie den für Inszenierung und Dramaturgie notwendigen Elementen.

8. Umsetzung

Die Veranstaltung **„Das perfekte Möbel"** fand 2014 statt. Das Motto wurde gewählt, um allen Beteiligten einen Anreiz für die Teilnahme zu geben; es verdeutlichte, dass deren fachlicher Input abgerufen werden soll.

Als Veranstalter trat die SCHNEEWEISS AG auf, in Kooperation mit dem Unternehmen ORGATECH AG. Eine solche Veranstaltungsallianz konnte den Wert insofern erhöhen, da es sich bei dem Partner um eines der führenden Mietmöbel-Unternehmen, einen Kunden und gleichzeitig einen bestehenden Entwicklungspartner handelte.

Im Vorfeld – mit vier Monaten Vorlauf von der ersten Idee bis zur Realisierung – wurde das Ziel in einer internen Kick-off-Veranstaltung wie folgt beschrieben: Beleuchtung eines für die Möbelbranche relevanten Produktbereiches aus verschiedenen Perspektiven unterschiedlicher Akteure bzw. Marktteilnehmern, um die sehr differenzierten Ansprüche kennen zu lernen, abzugleichen und neue (Produkt-)Entwicklungsideen für „Das perfekte Möbel" abzuleiten.

Aufgrund der vorgesehenen Programmpunkte und um die Möglichkeit einer inhaltlichen Brücke am Abend zu schaffen, wurde die Veranstaltung als ganztägiger Event mit optionaler Übernachtung geplant.

Im ersten Schritt wurden die **Akteure** ausgewählt:

- Architekten
- Designer
- Messebauer
- Anwender/Kunden
- Möbelhersteller und deren Lieferanten (im Entwicklungsprozess) sowie
- Medienvertreter (in der Rolle von Trend-Scouts).

Bei der Veranstaltung wurde durch die Kennzeichnung der Namensschilder auf die Gruppenzugehörigkeit hingewiesen.

Als **Veranstaltungsort** wurde der Sitz der SCHNEEWEISS AG, das Schloss Schmieheim, festgelegt; Teile der Veranstaltung wurden allerdings für den nahe gelegenen Produktionssitz der Töchter Hiller und ROSCONI geplant.

Die erste Interaktion wurde bereits in die Vor-Phase der Veranstaltung eingebaut; der **Einladungsprozess** (per E-Mail) wurde mit der Themenfindung gekoppelt. Die ausgewählten potenziellen Teilnehmer wurden gebeten, den Produktbereich zu kennzeichnen, in dem sie kaum eine ideale Lösung finden, den sie jedoch als interessantes Segment identifiziert haben, aber auch eine große Herausforderung dahinter vermuten. Es wurden 12 Kategorien angeboten plus „Sonstiges" zur individuellen Nennung.

Vorausgegangen war eine schriftliche Einladung, gefolgt von einer telefonischen Verstärkung durch einen Anruf des Vorstandes bei den potenziellen Gästen.

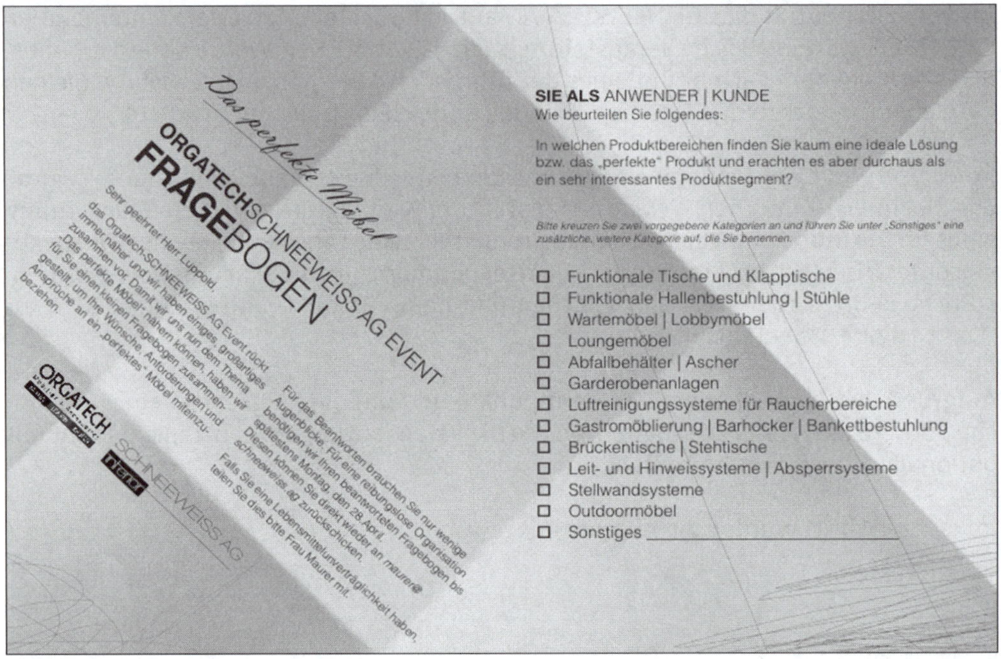

Abb. 1: Die Einladung zur Veranstaltung „Das perfekte Möbel" mit Auswahlmöglichkeit einer Produktkategorie

Die Auswahl der meistgenanten Kategorie wurde erst bei der Veranstaltung bekanntgegeben (Mystery-Element).

Die **Veranstaltungselemente im zeitlichen Ablauf** waren:

- Empfang und Begrüßung durch die Gastgeber
- ausführliche Vorstellung der Teilnehmer
- Präsentation der einladenden Unternehmen
- Manufaktur, Innovation und Tradition (Teil 1):

  Unternehmensführung „Inspiration" zum Kennenlernen des Entwicklungs- und Produktionspotenzials sowie der Fertigungstiefe
- WORKSHOP (geleitet): Beleuchtung verschiedener Fragestellungen in zwei Zusammensetzungen – „sortenreine" Teilnehmer (Kategorie der Teilnehmer) und als gemischte Gruppen; zur im Vorfeld selektierten Kategorie „Lounge-Möbel" wurden u. a. Begriffsverständnis, Einsatzgebiete, Anforderungen, funktionale und ästhetische Aspekte, Wirtschaftlichkeit und Trends abgefragt
- Parcours: Begehung einer vorbereiteten Produkt-Strecke mit Design-Klassikern und eigenen Produkten und Fragestellungen durch die Gastgeber
- Manufaktur, Innovation und Tradition (Teil 2): von den Gastgebern persönlich gekochtes Menü
- Ergebnispräsentation und Einladung (Safe the Date) zur Fachmesse „Orgatec".

Abb. 2: Der CEO der SCHNEEWEISS AG, Jürgen Dreher, führt die Teilnehmer durch die Produktion und erläutert persönlich die Produkt-Innovationen

Als „Nachlese" wurden den Teilnehmer eine persönliche Einladung in den VIP-Bereich des Messestandes sowie ein Buch mit Impressionen und Workshop-Ergebnissen der Veranstaltung zugesandt. Die Besonderheit der Nach-Kommunikation war dabei der Hinweis auf eine Erst-Produktpräsentation als Resultat der Veranstaltung – die Materialisierung der Suche nach dem „perfekten Möbel" – exklusiv für die Mit-Schaffenden in diesem Kreativ-Prozess.

Zur Ergebnispräsentation, der Erarbeitung von Lösungsansätzen und der Visualisierung von Ideen wurden Metaplantechnik (Pinnwände, Kärtchen), Flipchart und Videoprojektor (PowerPoint) eingesetzt.

Der zeitliche Ablauf in drei Schritten:

- Kick-off intern zum Start der Vorbereitungen: Januar 2014
- Veranstaltung „Das perfekte Möbel": Mai 2014
- Produkt-(Ergebnis-)Präsentation in Köln: Oktober 2014

Bezüglich der Compliance-Thematik gab es keine Einschränkungen, da die Arbeits- und Wissens-Teile der Veranstaltung im Vordergrund standen.

Die Evaluation erfolgte einerseits durch ein internes Debriefing und andererseits durch Feedback-Gespräche mit den Teilnehmern.

9. Ergebnisse der Veranstaltung

Folgenden Themenfeldern lassen sich Teil-Ergebnisse und damit Teil-Erfolge zuschreiben:

- **Erfahrungswissen**
  Mitarbeiter der SCHNEEWEISS AG erhielten konzentriert und akzentuiert Einsicht in Erwartungen, Denkhaltungen und Priorisierung der Stakeholder. Sie erwarben Verständnis für die Position von Vordenkern, Anwendern und Multiplikatoren, erlebten das Feedback von Lieferanten als Impulsgeber für Innovationen und konnten sich hinsichtlich Trends und Tendenzen ein Update holen.
- **Produktwissen**
  Das konkrete Ergebnis der Veranstaltung, ein qualifiziertes Konzept für ein neues Produkt (Lounge-Möbel), wurde im Nachgang umgesetzt. Das neue, hieraus entstandene Produkt wurde auf der Messe „Orgatec" in Köln präsentiert und war eines der erfolgreichsten Exponate am Stand der SCHNEEWEISS AG.
- **Netzwerk**
  Das vorhandene Netzwerk wurde ausgebaut, neue Netzwerkteile geschaffen – auch zwischen den Teilnehmer bzw. den teilnehmenden Gruppen.

Abb. 3: Der Messe-Stand der SCHNEEWEISS AG auf der „Orgatec 2014" ist Testlabor für das Produkt, dessen Merkmale während der Veranstaltung „Das perfekte Möbel" definiert wurden.

10. Generalisierte Learnings

Zunächst zeigt die Veranstaltung, dass das Konzept kreativer Gruppen – oder alternativ die „Intelligenz der Masse" oder „Schwarmintelligenz" – bei richtiger Moderation und Zusammensetzung zu erfolgreichen Ergebnissen führt. Damit ist der Grundstein für weitere Veranstaltungen dieser Art gelegt.

Daneben wurde die Demokratisierung der Marke aufgenommen; die Protagonisten, als Stellvertreter ihrer Gruppen, nehmen nicht nur das vorhandene Marken-Image auf, sondern entwickeln es aktiv weiter, werden Kümmerer und Botschafter, bleiben viel stärker als zuvor dem Unternehmen loyal.

Eingebettet in Begegnungskommunikation kann straff, deutlich und ergebnisorientiert gearbeitet werden. Die Veranstaltung mit ihrer Orientierung an „Zeit und Raum", der expliziten Face-to-Face-Kommunikation und dem besonderen Ambiente des Einblicks in die Welt der SCHNEEWEISS AG ist das ideale Gestaltungsmittel hierfür.

11. Fehlerquellen und Risiken

Aus Sicht des Projektmanagement gibt es die Fehler, die durch schlechte Planung und falsches Zeit- und Ressourcenmanagement entstehen können. Professionalität und Erfahrung sind hier gleichermaßen erforderlich. Dazu zählt auch die Strukturierung als Projekt mit Zeit- und Aufgabenplänen, die Installation eines Projekt-Controllings sowie die Beschreibung von Projekt-Risiken und den potenziellen Maßnahmen zur Reduzierung oder Vermeidung.

Wertiger Content, anspruchsvolle Inhalte, wirkliche Ziele und eine professionelle Herangehensweise schaffen die Grundlage für eine erfolgreiche Veranstaltung. Die finanziellen Budgets bereitzustellen und für ein solches Event ausgeben, ist ein immenses Risiko! Form follows Function – auch bei dieser Art der Kommunikation.

Trotz professioneller Planung und exzellenter Durchführung kann eine Veranstaltung dieser Art ins Leere laufen, wenn Empathie als Treiber für Inhalt und Gestaltung fehlt. „Act like Lovers do" – oder „ein guter Gastgeber sein" – subsumiert die richtige Einstellung, macht einen Event zur Chefsache mit persönlicher Handschrift und reduziert so die Risiken, die sich ggf. aus politischen oder wirtschaftlichen Situationen ergeben.

12. Weiterführende Literatur

Adam/Luppold, Event-Marketing im Customer Relationship Management, Sternenfels 2011

Dinkel/Luppold/Schröer (Hrsg.), Handbuch Messe-, Kongress- und Eventmanagement, Sternenfels 2013

Gundlach, A., Wirkungsvolle Live-Kommunikation, Wiesbaden 2013

Hirt, S., Event-Management, Zürich 2013

Holzbaur, U., Nachhaltige Events, Wiesbaden 2015

Kirchgeorg/Springer/Brühe, Live Communication Management, Wiesbaden 2009
Luppold, S. (Hrsg.), Event-Marketing: Trends und Entwicklungen, Sternenfels 2011
Luppold, S. (Hrsg.), Erfolgsfaktor Kommunikation bei Messeauftritten, Sternenfels 2013
Meffert/Bruhn, Dienstleistungsmarketing, 7. Auflage, Wiesbaden 2012
Merkwitz/Rübner, Alles nur Theater!?, Sternenfels 2014
Nufer, G., Event-Marketing und -Management, 4. Auflage, Wiesbaden 2014
Nußbaum, B., Im Rampenlicht, Sternenfels 2015
Pepels, W., Marketing-Kommunikation, Berlin 2015
Pförtsch/Godefroid, Business-to-Business-Marketing, 5. Auflage, Herne 2013
Weis, H. C., Kompakt-Training Marketing, 7. Auflage, Herne 2013
Wolbert, H., Die 11 Irrtümer über Event Management, Wiesbaden 2012

Entwicklung eines Kommunikationskonzeptes für eine Verbands-Ehrenzeichen-Marke: Frischer Wind für das Deutsche Sportabzeichen

Von Prof. Dr. Ilona Wistuba und Nina-Sophie Schattling

1. Vorstellung des Unternehmens und des Produktes

Das im Fokus dieser Fallstudie stehende Produkt ist das Deutsche Sportabzeichen (Einführung in 1913) des Deutschen Olympischen Sportbundes (DOSB), welches als traditionsreichste Marke des organisierten Sports in Deutschland für überdurchschnittliche und vielseitige Leistung verliehen und als Ehrenzeichen mit Ordenscharakter beschrieben wird.[1]

Abb. 1: Logo Deutscher Olympischer Sportbund

Quelle: www.deutsches-sportabzeichen.de

Der DOSB ist der regierungsunabhängige Dachverband des organisierten Sports in Deutschland mit Hauptsitz in Frankfurt/Main und wurde 2006 durch den Zusammenschluss des Nationalen Olympischen Komitees (NOK) für Deutschland und des Deutschen Sportbundes gegründet. Darunter sind 16 finanziell, sachlich und organisatorisch selbstständige Landessportbünde, 62 Spitzenverbände sowie 20 Verbände mit besonderen Aufgaben und darunter wiederum 89.250 Sportvereine organisiert und bilden die größte Personenvereinigung Deutschlands.

Der DOSB übernimmt die Beratungs- und Servicestation der ihm unterstellten, aber selbstständigen Mitgliedsorganisationen und finanziert sich aus Mitgliedsbeiträgen, Lotterie-Einnahmen und Vermarktungslizenzen sowie durch Sponsoren. Zusätzlich werden Projekte aus Drittmitteln des Bundes unterstützt.

Der DOSB ist Inhaber der „Marke" Deutsches Sportabzeichen und übernimmt die Markenführung, Kommunikation und Vermarktung, wozu u. a. die Bereitstellung sämtlicher Organisations- und Informationsmaterialien für die Landessportbünde gehört, die das Sportabzeichen betreffen.

Die Landessportbünde übernehmen die Umsetzung des Sportabzeichens im Auftrag des DOSB, d. h. die Planung, das Trainings und die Abnahme der Prüfungen sowie die

[1] Die Unternehmens-Informationen dieser Fallstudie beruhen im Wesentlichen auf Angaben des Deutschen Olympischen Sportbunds und des Deutschen Sportabzeichens; siehe Literaturverzeichnis im Einzelnen.

Verleihung und die landesweite Kommunikation mit den Vereinen, Prüfern und Teilnehmern. Die Vereine stellen die überwiegend ehrenamtlich tätigen, lizenzierten Trainer und Prüfer für das Deutsche Sportabzeichen und übernehmen ebenfalls lokal oder regional das Training, die Prüfung und die Verleihung.

Das Deutsche Sportabzeichen stellt die höchste Auszeichnung außerhalb des Wettkampfsports dar, ist eingebettet in die Sportvereinsstrukturen, unterstützt den sportlichen Lebensstil und die Mitgliedergewinnung und -bindung der Vereine. Es kann von Erwachsenen ab dem 18. Lebensjahr in Bronze, Silber, Gold oder Bicolor erworben werden, wobei ein Punktesystem zu Grunde liegt. Außerdem kann es als Kinder- und Jugendsportabzeichen für Jungen und Mädchen ab dem sechsten Lebensjahr erworben werden.

Durch bestimmte Berufsgruppen, wie die Bundeswehr, Polizei und Feuerwehr, werden eigenständig Aktionen zur Erlangung des Deutschen Sportabzeichens durchgeführt. Das Deutsche Sportabzeichen kann auch an im Ausland lebende Teilnehmer verliehen werden sowie an Menschen mit Behinderung durch einen angepassten Leistungskatalog in Zusammenarbeit mit dem Deutschen Behindertensportverband.

Die sportlichen Leistungen, die für die Auszeichnung innerhalb eines Kalenderjahres erbracht werden müssen, setzen sich aus verschiedenen Disziplingruppen zusammen wie:

- **Kraft:** Kugelstoßen, Steinstoßen, Standweitsprung, Geräteturnen, Medizinballwurf
- **Ausdauer:** 3.000-Meter-Lauf, 10-Kilometer-Lauf, 7,5 Kilometer-Walking oder 20 km Radfahren
- **Schnelligkeit:** 30-Meter-, 50-Meter-, 100-Meter-Sprints, 25 m Schwimmen, Geräteturnen
- **Koordination:** Hochsprung, Weitsprung, Schleuderball, Seilspringen, Geräteturnen
- **Nachweis der Schwimmfertigkeit**.

Die Leistungsanforderungen differenzieren sich nach Alter und Geschlecht und werden in den Leistungskatalogen anhand sportwissenschaftlicher Daten geregelt. Das Sportabzeichen kann einmal im Jahr erworben und beurkundet werden, wobei die Mitgliedschaft in einem Sportverein keine notwendige Voraussetzung ist. Die Disziplinen können deutschlandweit in Sportvereinen oder Sportabzeichen-Treffs durch qualifiziertes Training vorbereitet werden und bieten einen individuellen Anreiz für ein kontinuierliches Sporttreiben.

Das Deutsche Sportabzeichen ist grundsätzlich kostenlos und wird durch den DOSB finanziert, der von nationalen Förderern auf Bundesebene unterstützt wird. Diese erhalten im Rahmen ihrer Aktivitäten eine Präsentation ihrer Logos oder Anzeigen in Materialien des DOSB und werden im Rahmen von Pressearbeit und Veranstaltungen integriert. Für die Teilnehmer kommen lediglich bundeseinheitlich Gebühren zwischen 3,00 € und 4,00 € für die Urkunden und Abzeichen hinzu. Die Verleihung des Deutschen Sportabzeichens erfolgt durch den zuständigen Landessportbund oder durch die von ihm beauftragten Vereine. Sie stellen die Urkunden und Orden aus oder verschicken sie per Post.

2. Situation in Bezug auf Markt, Wettbewerb, Nachfrage sowie Problemstellung

Heutzutage kennen rund 73 % der Deutschen das Deutsche Sportabzeichen und fast 2 Mio. Menschen stellen sich jährlich den geforderten sportlichen Disziplinen. Doch die Teilnehmer, die das Sportabzeichen ablegen, bestehen zu Dreiviertel aus Kindern und Jugendlichen. Speziell in den Altersklassen von 18 bis 30 Jahren und von 31 bis 50 Jahren stellt der Deutsche Olympische Sportbund einen Rückgang in der Beteiligung fest (*Deutscher Olympischer Sportbund, 2013*).

Daraus kann man schließen, dass die Auszeichnung gerade in diesen Altersklassen an Bedeutung verliert und zunehmend in den Hintergrund rückt. Gründe können gesellschaftliche Entwicklungen und Veränderungen in der Einstellung zum Sport sein. Damit einher geht auch eine Verschiebung der Motive, Sport zu treiben, die das Training für und die Teilnahme am Deutschen Sportabzeichen nicht mehr befriedigen können.

Außerdem sollte sich die Frage gestellt werden, welchen Wert die Auszeichnung in Form einer Urkunde und Anstecknadel in Bronze, Silber und Gold in der Gesellschaft hat und ob sie noch Anreiz genug ist, um an dem Deutschen Sportabzeichen teilzunehmen.

Der zunehmende Konkurrenzdruck neu entstandener Sportformen durch kommerzielle Anbieter wie Fitness-Studios oder weitere Freizeit- und Sportbetriebe stellen die Vereine zusätzlich vor eine große Herausforderung – auch im Kampf um Teilnehmer für das Deutsche Sportabzeichen in der Altersklasse der 18- bis 50-Jährigen.

Um den Veränderungen am Markt und in der Gesellschaft standzuhalten, das Deutsche Sportabzeichen auch weiterhin verleihen zu können und insbesondere die 18- bis 50-Jährigen für die Teilnahme zu motivieren, wurden bereits Angebotsstrukturen der Sportvereine angepasst und die geforderten Disziplinen des Sportabzeichens verändert. Doch das alleine reicht nicht aus und somit muss der Schwerpunkt auf die Kommunikation im Sport unter der Führung des Deutschen Olympischen Sportbundes gelegt werden.

3. Aufgabenstellung der Fallstudie und Zielsetzung

Entwickeln Sie – vor dem Hintergrund dieser Problemstellung – ein Kommunikationskonzept, welches den Deutschen Olympischen Sportbund in der kommunikativen Arbeit unterstützt, um weitere Bevölkerungskreise in Deutschland in den erwähnten Altersklassen (18 - 30 Jahren und/oder 31 - 50 Jahren) der rückläufigen Teilnehmerzahlen anzusprechen und für das Deutsche Sportabzeichen zu gewinnen.

Aufgabe 1:

a) Führen Sie eine Situationsanalyse durch.
   - Wie stellen sich der DOSB sowie das Deutsche Sportabzeichen selbst dar?
   - Wie wird das Deutsche Sportabzeichen von anderen wahrgenommen? Wie verhält sich die Kundenstruktur?
   - Wie sind die Gegebenheiten auf dem Markt? Welche Trends entwickeln sich hieraus?
   - Welche Konkurrenz ist zu definieren?

b) Erstellen Sie anhand dieser Fakten eine SWOT-Analyse.

Aufgabe 2:

Auf Basis der Situations- sowie der SWOT-Analyse formulieren Sie:

- geeignete Kommunikationsziele
- geeignete Kommunikationszielgruppen
- geeignete Kommunikationsstrategien
- eine Positionierung.

Aufgabe 3:

Entwickeln Sie innerhalb der operativen Gestaltung eine Kommunikationsbotschaft. Diese soll die in der Positionierung aufgeführten Nutzendimensionen bzw. die Werte des Deutschen Sportabzeichens möglichst ansprechend und verständlich darstellen.

Entscheiden Sie des Weiteren über geeignete Kommunikationsmaßnahmen, welche so gewählt werden, dass die definierten Rezipienten einerseits zielgruppengerecht angesprochen werden und sich andererseits mit den Ansprüchen des DOSB im Rahmen des Deutschen Sportabzeichens decken.

Beachten Sie dabei: Obwohl keine Beträge für die Budgetierung vorliegen, sollte berücksichtigt werden, dass es sich bei dem Sportabzeichen um eine Marke des organisierten Sports handelt, unter welcher Non-Profit-Organisationen wie der DOSB, die Landessportbünde sowie Vereine tätig sind, die sich hauptsächlich durch Zuschüsse finanzieren und vom Ehrenamt leben. Dementsprechend kann davon ausgegangen werden, dass ein geringes Budget zur Verfügung steht, welches u. a. durch Sponsoren und Förderer unterstützt wird. Die Maßnahmen, die bundesweit durchgeführt werden, sind dem also anzupassen.

Zielsetzung

Das Kommunikationskonzept soll verdeutlichen, inwiefern sich das Deutsche Sportabzeichen des Deutschen Olympischen Sportbundes kommunikativ neu auszurichten hat, um einerseits der Entwicklung und den Trends des Sports und des Sportreibens gerecht zu werden und andererseits die Zielgruppen der Erwachsenen verstärkt anzusprechen, um sie für das Deutsche Sportabzeichen zu gewinnen.

4. Schwierigkeitsgrad, empfohlenes Fachsemester, Bearbeitungszeit

Empfohlen werden mindestens sechs Semester Marketing-Studium (Bachelor) oder ein Master-Studium mit Grundkenntnissen im Marketing, das auf Kenntnissen über Kaufverhaltensforschung, Käuferpsychologie, Marketing-Mix-Instrumente, Markentechnik und strategische Ausrichtungen beruht und viel Eigeninitiative und kreative Vorstellungskraft erfordert.

5. Empfohlene Hilfsmittel/Informationsquellen

Unternehmensinternes Datenmaterial des DOSB, Sinus-Milieus, TdW, Durchführung eines eigenen Marktforschungsprojektes

6. Überlegungen zur Entwicklung von Lösungen

Lösung zu Aufgabe 1a) – Situationsanalyse

Ausgangspunkt der Betrachtung ist die gesamte Sportbranche mit der diesbezüglichen Anbieter- und Nachfragerseite. Der DOSB kann den Sportdienstleistungen im Non-Profit-Bereich zugeordnet werden, wobei seine Dienstleistung in einer Idee, die einen Nutzen beinhaltet, zu sehen ist.

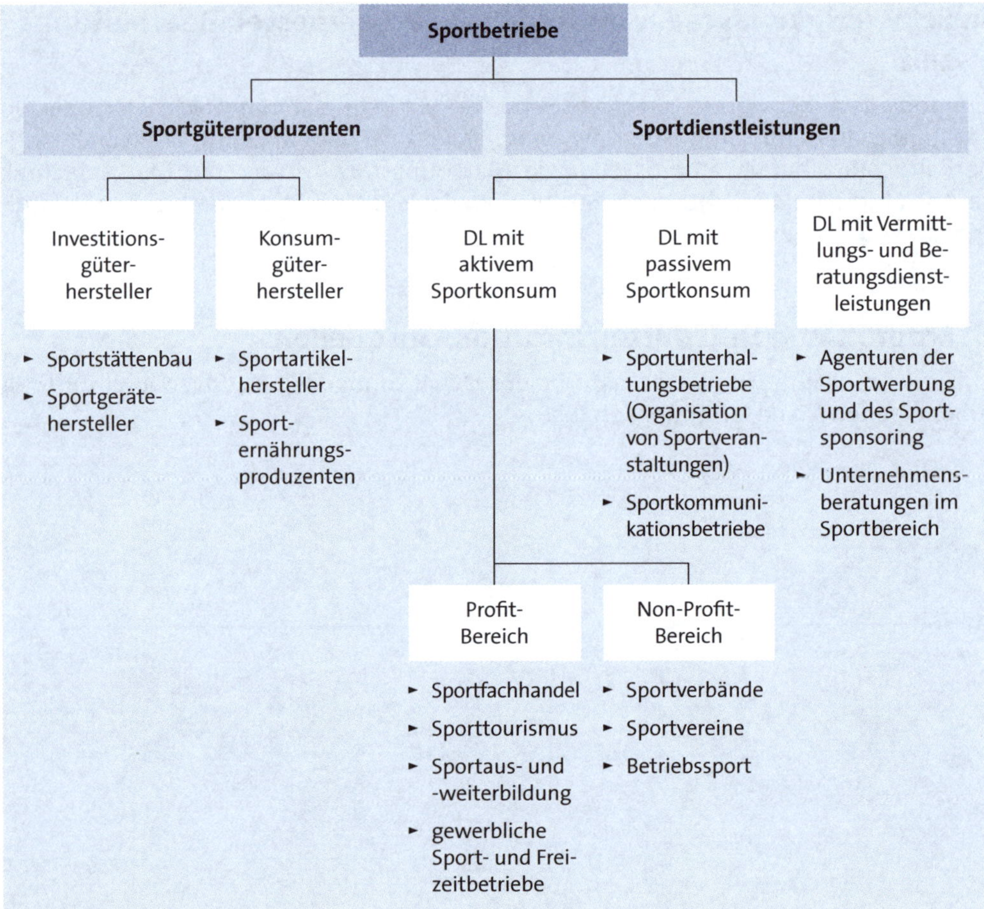

Abb. 2: Gliederung der Sportbetriebe

Quelle: *Woratschek/Beier (2001)*

Die Schwierigkeit, in Vereinen und Verbänden (Non-Profit-Bereich) neue Mitglieder zu finden und zu binden, ist u. a. auf wirtschaftliche, technologische und Trends im gesellschaftlichen Wertewandel zurückzuführen.

Jahr	Zahl Vereine	Mitgliedschaften (in Mio., gerundet)	Mitglieder/Verein
1970	39.201	10.1	258
1990	67.984	23.8	350
2013	90.784	28.0	309

Entwicklung von Vereinen und Mitgliedschaften

Quelle: *Deutscher Olympischer Sportbund (2014)*

Als beispielhafte **Gründe für das Problem, neue Mitglieder zu gewinnen**, wären zu nennen:

- wachsende Zahl von Fitness-Studios und -Ketten (sowie deren Mitgliederzahlen) mit Gewinn- und Umsatzausrichtung
- Entwicklung neuer Sportarten
- Entwicklung neuer Sport- und Fitness-Geräte und Trainingsmethoden
- unterschiedliche Ausstattung der Budgets von Profit- und Non-Profit-Organisationen (Werbeverträge mit Wirtschaftsunternehmen)
- unterschiedliche Strukturen in den Dienstleistungen von Profit- und Non-Profit-Organisationen (Ehrenämter)
- statt Ergebnisorientierung (Wettkampforientierung mit Leistungsvorgaben, Bestätigung durch Orden, Abzeichen, Medaillen, Urkunden) mehr Erlebnisorientierung (keine Regelbindung, individuelle Techniken, flexible Integration auch in den Arbeitsalltag, kleine Trainingsgruppen, Outdoor-Aktivitäten, Sportevents).

Unternehmen
Hier ist in Ergänzung zu den Informationen aus Kapitel 1. u. a. die **Analyse des Leistungsangebotes** der Marke Deutsches Sportabzeichen und deren Stärken und Schwächen aus Sicht des Unternehmens durchzuführen.

Das Deutsche Sportabzeichen wird als

- *„Ehrenzeichen der Bundesrepublik mit Ordenscharakter"*
- *„höchste Auszeichnung außerhalb des Wettkampfsports"*
- *„traditionsreichste Marke des organisierten Sport in Deutschland"*
- Instrument zur *„Unterstützung des sportlichen Lebensstils und der Mitgliedergewinnung und -bindung für Vereine und als individueller Anreiz für ein kontinuierliches Sporttreiben"*

beschrieben (*Deutscher Olympischer Sportbund, 2015*).

Die Kommunikationsmaßnahmen wurden in den letzten Jahren der medialen Entwicklung angepasst und eine splink-App Deutsches Sportabzeichen und eine Social Wall mit Erfahrungs-Austauschmöglichkeiten über Facebook, Twitter und Instagram initiiert. Ebenso wurde die Kommunikation bezüglich des Deutschen Sportabzeichens über Events, Sportabzeichen-Wettbewerbe und Gewinnspiele forciert.

Wettbewerb

Um die relevante Konkurrenz des Sportabzeichens abgrenzen zu können, werden sportliche Dienstleistungen von Anbietern sowohl aus dem Non-Profit- als auch aus dem Profit-Bereich, die sich auf den aktiven Sportkonsum beziehen, vorgeschlagen. Für einen Vergleich zum Deutschen Sportabzeichen kann sich folgender Kriterien bedient werden:

- sportliche Leistungsangebote, die eine Anerkennung in Form einer Auszeichnung vergeben
- weitere Kriterien, welche sich auf die inhaltliche Gestaltung der Anforderungen sowie auf die Durchführung und die Zielsetzung beziehen und dem Deutschen Sportabzeichen gleichen oder ähneln.

Mögliche Beispiele:

- „Presidential Champions Award (PGA) des Bundessozialwerk e. V." (Dieser ist ebenfalls im Non-Profit-Bereich angesiedelt und ähnelt dem Deutschen Sportabzeichen inhaltlich, also in den Leistungsmerkmalen, sowie in der Idee eines Abzeichens als Auszeichnung für die körperliche Leistung.)
- Konkurrenz im Verbandssystem (z. B. Turnabzeichen, Laufabzeichen, Deutsches Radsportabzeichen, Deutscher Schwimmleistungspass)
- „Men's-Health-Urbanathlon" und „Crossfit" (Lauf-Events mit Hindernissen oder Fitness-Contests, die dem Sportabzeichen in den geforderten Leistungsgruppen Ausdauer, Koordination, Schnelligkeit und Kraft inhaltlich ähneln und die gleiche Zielsetzung der individuellen körperlichen Leistungsverbesserung und -messung wie das Sportabzeichen verfolgen.)

Kunden

Kunden (Nachfrager) wären in diesem Fall diejenigen, welche an Angeboten zum aktiven Sporttreiben interessiert und/oder bereits sportlich aktiv sind. Diese können anhand soziodemografischer sowie psychografischer Merkmale genauer beschrieben werden.

Speziell in Bezug auf die potenziellen Teilnehmer wäre die Durchführung einer Befragung sinnvoll, die sich nicht nur mit deren sozio- und psychografischen Eigenschaften, sondern auch mit verhaltensrelevanten Merkmalen beschäftigt.

Beispielhaft wurde eine Online-Umfrage mit 561 Teilnehmern (50,5 % Männer, 49,1 % Frauen) in den Altersklassen 21 - 30 (274 Personen), 31 - 40 (84 Personen) und 41 - 50 (79 Personen) durchgeführt, welche am aktiven Sporttreiben interessiert und/oder bereits aktiv sind (*Schattling, 2014*).

Die Fragen beschäftigten sich mit Einstellungen zum Sport im Allgemeinen und gegenüber dem Deutschen Sportabzeichen im Speziellen sowie mit den Motiven, Sport zu betreiben. Das heißt, es wurde die **Leistungswahrnehmung** (bzw. das **Fremdbild**) einer Marke abgefragt.

Einige **Ergebnisse der Online-Umfrage** sind:

- 74 % der Befragten kennen das Deutsche Sportabzeichen (davon 40,7 % durch die Schule, 36,6 % durch den Verein, nur 12 % durch Werbung).
- Begriffe, mit denen das Deutsche Sportabzeichen in Verbindung gebracht wird, sind: „Messbare Leistung“ (57,7 %), „Herausforderung“ (47,7 %), „Anerkennung“ (37,5 %), „Vielseitigkeit“ (35,1 %).
- Begriffe wie „Gemeinschaft“, „Erlebnis“, „Spannung“, „Individualität“ und „Natur“ werden hingegen weniger zugeordnet.
- In einer offenen Antwortkategorie wurden weitere Angaben wie „altbacken“, „langweilig“, „nostalgisches Momentum“ „Tradition“ und „uninteressant“ gemacht.
- Bei den Befragungsteilnehmern besteht wenig Klarheit hinsichtlich der zum Deutschen Sportabzeichen gehörenden Disziplinen: Klassische Disziplinen wurden richtig zugeordnet, aber neue Disziplinen (Seilspringen, Walking, Steinstoßen) wurden von weniger als 30 % der Befragten genannt. Zudem wurden Disziplinen, die nicht Teil des Sportabzeichens sind (Hürdenlauf, Hammerwurf, Diskuswurf), als zugehörig angesehen.
- Es besteht keine Klarheit darüber, wie und wo man am Deutschen Sportabzeichen teilnehmen kann (Enthaltung[1] von 116 Teilnehmern bei der Aussage: *„Das Sportabzeichen kann nur in Vereinen als Mitglied erworben werden.“).*

Lösung zu Aufgabe 1b) – SWOT-Analyse

Basierend auf den Angaben zur Situationsanalyse gilt es, sich einer SWOT-Analyse zu bedienen, die u. a. aus den Umfrageergebnissen der Marktforschungsstudie erstellt wurden.

Stärken	**Schwächen**
► Training der Disziplinen bietet Steigerung der Grundfitness und Gesundheit ► gemeinschaftsfördernd ► bietet Voraussetzung für eine dauerhafte sportliche Betätigung ► individuelle Leistungsüberprüfung anhand sportwissenschaftlich fundierter Werte	► Fokus liegt auf dem Ordenscharakter des Deutschen Sportabzeichen ► sehr traditionsorientiert ► Disziplinen stark auf Leichtathletik ausgerichtet ► basiert auf Ehrenamt

[1] Es bestanden die Möglichkeiten „Stimme ich zu“, „Stimme ich nicht zu“ und Enthaltung.

Chancen	Risiken
▸ Gesundheitsmotiv ▸ Sporttreiben zur Steigerung der körperlichen Fitness ▸ bevorzugte Sportformen entsprechen den Disziplinen ▸ individuelle Leistungsüberprüfung ▸ Gemeinschaft im Sport wichtig	▸ Auszeichnungen im Sport werden als nicht relevant empfunden ▸ zunehmende Konkurrenz durch kommerzielle Sportanbieter ▸ langfristig auf Fördergelder und Sponsoren angewiesen ▸ negative Assoziationen mit Sportabzeichen ▸ Nutzen des Sportabzeichens ist nicht ersichtlich ▸ Mitgliederschwund in den Vereinen ▸ rückgängige Zahl der Ehrenamtlichen

Abb. 3: SWOT-Matrix

Quelle: *Schattling (2014)*

Lösung zu Aufgabe 2: Strategieableitung und Ziele

Kommunikationsziele:

- Steigerung des aktiven Bekanntheitsgrades um 15 % innerhalb der definierten Zielgruppen sowie
- Steigerung der Teilnehmer um 30 % nach Beginn der Maßnahmenumsetzung innerhalb eines Geschäftsjahres

Kommunikationszielgruppen:

Potenzielle Teilnehmer (keine Kernzielgruppe)	Überzeugte Teilnehmer, aktiv mit hohem Involvement, Wiederholer
Potenzielle Nichtteilnehmer	▸ Personen, die das Deutsche Sportabzeichen kennen, sportlich aktiv sind, die Interesse haben, mit wenig Informationen, die sich aber auch nicht informiert haben ▸ Personen, die das Deutsche Sportabzeichen haben, nicht weiter trainieren, da es an Motivation fehlt und kein Nutzen erkennbar ist ▸ Personen, die teilgenommen haben mit Vorbehalten und schlechten Erfahrungen
Sport-Unabhängige	Personen, die das Sportabzeichen kennen, aber zum Gesundheits- und Fitnesserhalt andere Sportarten betreiben; die Neues ausprobieren, wenn ein nachvollziehbarer Nutzen vorliegt
Multiplikatoren/Meinungsführer	Journalisten, Gruppenleiter von Trainingsgruppen/Betriebs-Sportgruppen, Fitnesstrainer, Sportdozenten

ZG weiterer Kommunikations- und Vertriebskanäle	Sportvereine im Kontakt mit den Landessportbünden, Mitarbeiter über Angebot von Sportförderprogrammen in Unternehmen (Gesundheitsförderung im Unternehmen), Sportfachgeschäfteketten
Sponsoren, Förderer, Ehrenamtliche	Ehemalige Trainer, Übungsleiter, Vereinsvorsitzende, interessierte Privatpersonen, Persönlichkeiten aus Politik, Wirtschaft, Sportartikelhersteller

Kommunikationsstrategien:

- Zielgruppenerschließungsstrategie:
  Ansprache, Motivation, Erschließung, Aktivierung der Zielgruppe über ausgewählte Kommunikationsmaßnahmen – über Kommunikationskanäle und durch Argumentation (Nutzen) und Aussendung emotionaler Reize (Erlebnischarakter)
- Imageprofilierungsstrategie:
  Schaffung eines einzigartigen Leistungsimages des Deutschen Sportabzeichens über (die schwierige) Steuerung und Beeinflussung von Einstellungen, Vorstellungen und Erfahrungen bezüglich des Deutschen Sportabzeichens mit dem Fokus auf: Frische, Erlebnis, Spaß, Modernität, Gemeinschaft, Gesundheit und Besonderheit mit konsistentem Erscheinungsbild der Marke

Positionierung der Marke

Das Deutsche Sportabzeichen als bekanntestes Leistungsabzeichen, das den sportlichen Lebensstil unterstützt, vereint Tradition und Trend im organisierten Sport. Es bietet allen sportlich Interessierten und/oder bereits Aktiven individuelle Anreize und ein Erlebnis, sich in der Gemeinschaft und in der Natur geistig und körperlich gesundheitlich fit zu halten.

Durch Bestätigung der individuellen Leistung mittels sportwissenschaftlicher Werte und Belohnung und Anerkennung über das Deutsche Sportabzeichen wird der Spaß an sportlicher Gemeinschaft hervorgerufen und die eigene Leistung weiter herausgefordert.

Ergänzende Empfehlungen zum Produkt Deutsches Sportabzeichen

Um der angestrebten Positionierung nicht nur kommunikativ noch mehr Frische und Modernität zu geben, sollte überlegt werden, ob das Produkt Deutsches Sportabzeichen und sein Leistungskatalog im Rahmen der Produktpolitik trotz einer bereits erfolgten Reform in 2013 verändert wird.

- Teilbereich Produktdifferenzierung (Vertiefung des Leistungsangebotes um neue, verwandte Sportarten, die den Trends entgegenkommen wie Inline Skating, Mountainbiking)
- Teilbereich Produktvariation (Verlagerung angebotener Leistungen in die Natur)
- Teilbereich: Änderung/Modernisierung des Markenzeichens (Entwicklung einer Alternative zum „Ordensabzeichen")

Lösung zu Aufgabe 3: Vorschläge/Umsetzung der Kommunikationsbotschaft und von Marketingkommunikationsmaßnahmen

Entwicklung von Leitsatz und Kommunikationsbotschaft:

- z. B. *„Das Deutsche Sportabzeichen – werde Dein eigener Held"; „DSA – get fit and be your hero!"*

Mögliche Instrumente bezogen auf die anzusprechenden Zielgruppen:

- potenzielle Teilnehmer, Multiplikatoren über: Public Relations, Verkaufsförderung, Ambient Media, Online- und Mobile-Marketing, Virales Marketing, Eventmarketing
- Sponsoren und Förderer über: Direkt-Marketing, Eventmarketing
- Sportfachgeschäfte, Unternehmen mit Fokus auf Gesundheitsförderung der Mitarbeiter über: Direkt-Marketing
- Journalisten und Publizisten für die Public Relation: Direkt-Marketing, Eventmarketing

Beispielhafte Maßnahmen:

- Public Relations: Print-Medien, TV, FK und Online
- Verkaufsförderung: Gewinnspiele über Verbundpartner, Gutscheinaktionen, Bonuspunkte-Systeme, Werbepakete für Vereine
- Online- und Mobile-Marketing: GoogleAdWords-Anzeigen, Facebook-Profile, Youtube-Channel, QR-Code
- Ambient Media: Bike Card, Fan-Klatschen
- Virales Marketing: motivierendes Online-Video
- Eventmarketing:
  - Sportabzeichen der „Extreme" (z. B. am See, in den Bergen oder am Strand; durchgeführt, wo Höhenmeter, Schlamm, starker Wind und Strömung im Wasser die Teilnehmer ihre Grenzen testen lassen)
  - After-Sport-Partys
  - „Rallye der Superlativen" (z. B. wird in Form einer Rallye durch die Natur; Teilnehmer starten im Team und lösen an verschiedenen Stationen, die in einen Hindernislauf integriert sind, sportliche Aufgaben, die mit den Disziplinen des Deutschen Sportabzeichens zu tun haben)
- Direktmarketing: Direct Mailings

7. Ergebnisse dieser Aktivitäten

Entsprechende Maßnahmen sind in die Wege geleitet, und es wird zu beobachten sein, wie die traditionsreiche Organisation des Deutschen Sportabzeichens sich flexibel an den Strategien und Maßnahmen orientiert und möglicherweise mittelfristig einen Teilnehmerzuwachs über ein entsprechendes Controlling zu verzeichnen hat.

8. Generalisierende Learnings für vergleichbare Fälle

Es handelt sich hier um die Erstellung eines Marketingkommunikationskonzeptes für Ideen bzw. für ein Markenzeichen, das einen subjektiven Wert darstellt und einen Nutzen anbietet. Das Vorgehen im Rahmen dieser Fallstudie wäre jedoch auch auf weitere Orden und Auszeichnungen, wie das „Bundesverdienstkreuz“, das „goldene Lorbeerblatt“ u. a., übertragbar.

9. Literatur zur Vertiefung

Breuer/Sander, Die Genese von Trendsportarten im Spannungsfeld von Sport, Raum und Sportstättenentwicklung, Hamburg 2003

Bruhn, M., Unternehmens- und Marketingkommunikation. Handbuch für ein integriertes Kommunikationsmanagement, München 2005

Bruhn, M., Kommunikationspolitik. Systematischer Einsatz der Kommunikation für Unternehmen, 5. Auflage, München 2009

Deutscher Olympischer Sportbund, Das Deutsche Sportabzeichen, 2015

Deutscher Olympischer Sportbund, Situation und Zukunft der Sportvereine, Darmstadt 2014

Esch/Winter, Entwicklung von Kommunikationsstrategien, in: Bruhn/Esch/Langner (Hrsg.), Handbuch Kommunikation. Grundlagen – Innovative Ansätze – Praktische Umsetzungen, Wiesbaden 2009

Freyer, W., Handbuch des Sportmarketing, 2. Auflage, Wiesbaden 2003

Krüger/Dreyer, Sportmanagement, München 2004

Schattling, N.-S., Ein Kommunikationskonzept für das ‚Deutsche Sportabzeichen‘ des Deutschen Olympischen Sportbundes, unveröffentlichte Abschlussarbeit, Lüneburg 2014

Soltész, S., Trendsportarten. Die Auswirkungen des Lifestyle der Trendsportfans auf Sponsoring- und Eventaktivitäten, in: Bedley, B., Studien 2002, Hamburg 2002

Wopp, C., Handbuch zu Trendforschung im Sport. Welchen Sport treiben wir morgen? Aachen 2006

Woratschek/Beier, Sportmarketing, in: Tscheulin/Helmig (Hrsg.), Branchenspezifisches Marketing. Grundlagen – Besonderheiten – Gemeinsamkeiten, Wiesbaden 2001

Weis/Steinmetz, Marktforschung, 8. Auflage, Herne 2012

Internetquellen

Bundeswehr-Sozialwerk e. V., PCA-Aktion zugunsten Bundeswehr Sozialwerk. Hier scheint die Sonne!, 2014,
http://www.sportabzeichen.org/InfobroschuerePCA-Aug2014.pdf (10.02.2015)

Deutscher Olympischer Sportbund, 100 Jahre Deutsches Sportabzeichen. Geschichte und Geschichten, Frankfurt am Main, 2013,
http://www.deutschessportabzeichen.de/fileadmin/Bilder_allgemein/sportabzeichen/2013/DOSB_DSA_20121010_Ansicht.pdf (26.08.2014)

Deutscher Olympischer Sportbund, Allgemeine Informationen über den DOSB,
http://www.dosb.de/

Deutscher Olympischer Sportbund, Allgemeine Informationen über das Deutsche Sportabzeichen, http://www.deutsches-sportabzeichen.de/de/das-sportabzeichen/

Deutscher Olympischer Sportbund, Das Deutsche Sportabzeichen – neue Marketing- und Kommstrategie für eine Traditionsmarke, 2013, http://www.deutschessportabzeichen.de/fileadmin/Bilder_allgemein/sportabzeichen/2013/Pressebereich/Dokumente/DSA_Uni-Wettbewerb_Ausschreibung.pdf (26.08.2014)

Deutscher Olympischer Sportbund, Deutsches Sportabzeichen. Prüfungswegweiser, Frankfurt am Main 2015, http://www.deutsches-sportabzeichen.de/fileadmin/user_upload/sportabzeichen.de/downloads/Materialien/1_15/Pruefungswegweiser.pdf (25.02.2015)

Deutscher Olympischer Sportbund, 2015: Deutsches Sportabzeichen. Liste der im Jahr 2015 anerkannten Verbandsabzeichen, http://www.deutsches-sportabzeichen.de/fileadmin/user_upload/sportabzeichen.de/downloads/Verbandsabzeichen-2015.pdf (25.02.2015)

Deutscher Olympischer Sportbund, Projektgruppe Deutsches Sportabzeichen, 2008, http://www.dosb.de/fileadmin/Bilder_allgemein/sportabzeichen/2009/Arbeitspapier_20__DOSA-KonzeptABSCHLUSSBERICHT.pdf

Deutscher Olympischer Sportbund, Sportabzeichen-Tour 2015 Handbuch, 2015, http://www.deutsches-sportabzeichen.de/fileadmin/user_upload/sportabzeichen.de/downloads/Materialien/DSA-Tour_Handbuch_06.02.2015_Anhang.pdf (25.02.2015)

Electric Paper Evaluationssysteme GmbH, Evasys – Auswertung von Fragebögen, https://www.evasys.de/evasys.html

Men's Health, Men's Health Urbanathlon & Festival, 2015, http://www.urbanathlon.de/urbanathlon-festival-raceinfo-workout.153889.htm (10.02.2015)

OVM Online Vertrieb Marketing GmbH, 2014, http://www.my-crossfit.de (30.08.2014)

SINUS Markt- und Sozialforschungs GmbH, Die Sinus-Milieus, http://www.sinus-institut.de

Canada Life: Steigerung der Markenbekanntheit bei begrenztem Budget

Von Prof. Dr. Holger J. Schmidt

1. Vorstellung des Unternehmens Canada Life

Das Versicherungsunternehmen Canada Life schaut auf eine lange Geschichte zurück: Das Unternehmen wurde 1847 in Hamilton, Ontario, durch den Kanadier Hugh C. Baker gegründet, der nach einer Absicherung für seine Familie suchte. Damit war Canada Life Kanadas erster Lebensversicherer. Bereits 1903 internationalisierte Canada Life und eröffnete als eines der ersten Unternehmen, das von einer britischen Kolonie aus in den Heimatmarkt expandierte, Büros in Irland und Großbritannien. In der Folge wuchs das Unternehmen stetig und erarbeitete sich den Ruf eines innovativen, aber soliden Anbieters von Absicherungskonzepten. Seit 2003 gehört Canada Life zu Great-West Lifeco – eine internationale Finanzdienstleistungs-Holding mit Sitz in Winnipeg, Kanada, und einer der größten Lebensversicherungskonzerne der Welt. Great-West Lifeco ist international aktiv, mit Standorten in vielen Ländern. Allein in Kanada betreut die Unternehmensgruppe mehr als 12 Mio. Kunden.

Canada Life ist seit dem Jahr 2000 auf dem deutschen Markt tätig. Die deutsche Niederlassung berichtet an die Gesellschaft Canada Life Assurance Europe Limited, deren Hauptsitz in Dublin (Irland) ist. Zusammen mit dem irischen Standort beschäftigt das Unternehmen mehr als 450 Mitarbeiter. In Deutschland ist Canada Life in Köln und in Neu-Isenburg bei Frankfurt vertreten und zählt zu den größten Gesellschaften im Maklermarkt für fondsgebundene Produkte. Circa 385.000 Kunden haben in Deutschland ein Canada Life-Produkt. Das Unternehmen bietet Produkte an zur Alters- (z. B. Sofortrente, betriebliche Altersversorgung) und Risikovorsorge (z. B. Berufsunfähigkeitsschutz, Risikolebensversicherung). Im Bereich „Dread Disease“ ist Canada Life sogar Marktführer. Unter „Dread Disease“ versteht man eine Risiko-Absicherung für die finanziellen Folgen, die häufig mit einer schweren Krankheit einhergehen (wie z. B. Krebs, Herzinfarkt oder Schlaganfall). Das Wirtschaftsmagazin FOCUS-MONEY zeichnete in 2014 Canada Life als „Top Lebensversicherer“ in der Kategorie „Internationale Anbieter“ aus.

In Deutschland werden die Versicherungsprodukte von Canada Life ausschließlich über freie Finanzdienstleister und Mehrfachagenten vertrieben. Das Unternehmen verfügt also nicht über einen eigenen Außendienst und bietet auch keine Möglichkeit zur Direktversicherung über das Unternehmen selbst an (z. B. über eine Internet-Plattform). Ein Canada Life-Produkt kann nur über einen der rund 7.700 Vermittler bezogen werden, die zurzeit berechtigt sind, Canada Life-Tarife anzubieten.

Canada Life ist ein markenorientiertes Unternehmen. Dies bedeutet, dass sich die Unternehmens- und Marketingstrategie an der Markenidentität orientiert: Die Marke gibt einen Rahmen für sämtliche Unternehmensaktivitäten vor. Canada Life steht für Innovation, Transparenz und Finanzstärke, was in dem Slogan *„Frischer Wind. Klare Flüsse.*

Feste Wurzeln." deutlich wird. Das Unternehmen beschreibt die Bedeutung des Slogans dabei wie folgt (www.canadalife.de):

- *„Frischer Wind: Mit Canada Life weht ein frischer Wind in der Versicherungsbranche – mit neuen Ideen und innovativen Produkten für eine sichere Zukunft!*
- *Klare Flüsse: Vertrauen entsteht durch Klarheit. Transparenz bedeutet für uns: verständliche Produkte, durchschaubare Abläufe, klare Informationsflüsse.*
- *Feste Wurzeln: Solide gewachsen, in der Heimat fest verwurzelt – mehr als 165 Jahre Erfahrung und unsere hervorragende Finanzstärke bieten sicheren Halt für gesundes Wachstum!"*

2. Situation in Bezug auf Markt, Wettbewerb und Nachfrage

2.1 Markt und Wettbewerb

Auch wenn die Assekuranz laut einer aktuellen Studie zum Image der Versicherungswirtschaft als Branche gilt, die mit Image-Problemen zu kämpfen hat: Menschen haben von jeher ein Bedürfnis, sich und ihre Familien abzusichern, sei es für den Fall einer kurzfristigen Erkrankung (Krankenversicherung), gegen finanzielle Nachteile im Zuge eines längerfristigen oder dauerhaften Ausfalls (Berufsunfähigkeitsversicherung) oder Ablebens (Risikolebensversicherung) des familiären Versorgers, gegen Einkommenseinbußen im Alter (Renten- oder Lebensversicherung) oder gegen individuelle Risiken (z. B. Feuer- oder Gebäudeversicherung).

In Deutschland gibt es zahlreiche Versicherungsunternehmen, die sich entweder auf bestimmte Produkte konzentrieren oder aber eine sehr breite Produktpalette anbieten. Zu den größten Gesellschaften zählen die Allianz Group sowie die Allianz Deutschland AG, die Münchener-Rück-Gruppe, die Talanx AG, die Generali Deutschland Holding AG, die Ergo Versicherungsgruppe AG, die Hannover Rück SE, der R+V Konzern, die Axa Konzern AG sowie die Debeka Versicherungen. Aufgrund vergleichbarer Produkte und Produkteigenschaften und der gemeinsamen Herkunft aus dem angelsächsischen Raum ist der wichtigste Wettbewerber von Canada Life das Unternehmen Standard Life. Daneben zählen die Allianz und der Volkswohl Bund sowie Swiss Life, der größte Lebensversicherungskonzern der Schweiz, zu den wichtigen Wettbewerbern im deutschen Markt.

Analysiert man die Positionierung dieser Wettbewerber, so lässt sich zusammengefasst sagen, dass die Allianz ihr Profil als „Global Player" im internationalen Umfeld schärft. In Deutschland betont die Allianz die Marktführerschaft und setzt auf den Bekanntheitsgrad der Marke. Der Volkswohl Bund positioniert sich als Partner für eine kontinuierliche Geschäftsbeziehung. Standard Life präsentiert sich als finanzkräftiger Investment-Experte. Swiss Life charakterisiert sich als internationaler Partner für alle Lösungen rund um die Lebensversicherung und betont ihre Seriosität und Bodenständigkeit.

2.2 Nachfrageverhalten

In den letzten Jahren ist die Anzahl der Vertriebskanäle, die von potenziellen Versicherungskunden genutzt werden, stark angestiegen. Der Abschluss eines Neuvertrages in einer Filiale oder Geschäftsstelle der Versicherungsgesellschaft oder durch einen Vertreter im Außendienst ist dabei immer noch der am häufigsten genutzte Kanal, doch laut einer repräsentativen Studie aus dem Jahre 2014 könnten sich auch 47 % vorstellen, ihre Versicherung bei einem unabhängigen Versicherungsvermittler abzuschließen. Diese Zahl ist für Canada Life sehr wichtig, ist der unabhängige Versicherungsmakler doch der einzige Vertriebskanal, auf den das Unternehmen setzt. Versicherungsmakler sind unabhängige Organisationen, die im Auftrag des Kunden die für ihn und seine Situation optimale Lösung am Markt suchen und nach weitgehend objektiven Kriterien prüfen. Im Gegensatz zu angestellten Versicherungsvertretern können unabhängig arbeitende Makler aus einer Vielzahl an Produkten für ihren Kunden auswählen. Weitere potenzielle Vertriebskanäle in der Versicherungswirtschaft sind der schriftliche Abschluss direkt bei der Versicherungsgesellschaft, der Abschluss eines Vertrags über eine Internet-Plattform, der Abschluss über das Telefon oder der Abschluss in einer Bank.

Das Internet als Vertriebskanal hat in den letzten Jahren an Bedeutung zwar deutlich zugelegt, wird aber eher als Informationsmedium genutzt: In 2013 hatten sich beispielsweise 26,8 % der Internet-Nutzer online vorab zu Versicherungsprodukten informiert, jedoch hatten nur 9 % bereits einmal Versicherungsprodukte online gekauft.

2.3 Marketingstrategie von Canada Life

Bislang war ein signifikanter Ausbau der Markenbekanntheit über eine Endkundenkommunikation nicht zentraler Bestandteil der Marketingstrategie von Canada Life. Anstelle einer **Pull-Strategie**, die potenzielle Kunden ansprechen, sie auf Canada Life aufmerksam machen, sie für die eigenen Produkte interessieren und vielleicht sogar begeistern und schließlich zum Versicherungsabschluss führen sollte, verfolgte das Unternehmen eine **Push-Strategie**, die auf die direkte Ansprache, Information und Unterstützung des Maklers und auf Steigerung des Bekanntheitsgrads, Vertrauensbildung und Verkaufsförderung abzielte: Durch die Unterstützung und Förderung von Vermittlern sollten diese motiviert werden, ihren Kunden Produkte von Canada Life zu empfehlen. Zu den Methoden der Push-Strategie zählten Schulungen, Events, Mailings, Besuche durch Außendienstmitarbeiter und ein attraktives Vergütungsmodell. Auch eine webbasierte Unterstützung des Maklers bei seinen werblichen Aktivitäten wurde forciert. Darüber hinaus standen eine Vereinfachung von Sprache und Abläufen in der standardisierten und individuellen Kundenkommunikation (z. B. bei Leistungsmitteilungen oder in der telefonischen Betreuung) sowie Verbesserungen im Bereich der Technologie im Fokus der Marketingverantwortlichen. Zudem wurden vor allem in den Jahren 2012 und 2013 vereinzelt Werbemaßnahmen initiiert, die den Aufbau der Markenbekanntheit nicht nur bei den Geschäftspartner bzw. Vermittlern, sondern auch bei den Endkunden unterstützen sollten. Zu diesen Maßnahmen zählten eine Online-Kampagne, eine Print-Kampagne sowie das Sponsoring von Sportvereinen.

Die **Online-Aktivitäten** fokussierten auf Banner-Werbung auf Portalen der Versicherungsbranche und auf Vergleichsportalen. So wurde u. a. Online-Werbung auf den Homepages der Fachzeitschriften „Versicherungsjournal", „Cash Online" und „Versicherungsmagazin" sowie auf dem Vergleichsportal „biallo.de" geschaltet. Beispielhafte Werbebanner finden sich in Abbildung 1.

Zu beachten ist dabei jedoch, dass einerseits die Reichweite dieser versicherungsspezifischen Online-Medien im Vergleich zu populären Webseiten wie z. B. spiegel.de (Spiegel Online) um ein Vielfaches geringer ist. Andererseits sind natürlich auch die absoluten Kosten deutlich niedriger: Nach internen Berechnungen von Canada Life betragen die Kosten für ein Wallpaper auf dem Portal des Versicherungsjournal nur 1,6 % der Kosten für ein Wallpaper auf Spiegel Online. Eine Auswertung der Online-Kampagne des Jahres 2013 ergab, dass 1,67 Mio. User die Canada Life-Kampagne gesehen haben, jedoch nur 2.583 User auch auf einen Banner des Unternehmens klickten. Bei Gesamtkosten der Online-Kampagne in Höhe von in 48.070 € kosteten 1.000 User Canada Life im Durchschnitt 28,78 € (TKP – Tausenderkontaktpreis). Jeder Click kostete das Unternehmen im Durchschnitt 18,61 € (CPC – Cost per Click).

Abb. 1: Beispielhafte Werbebanner von Canada Life auf Online-Portalen im Jahre 2013

Im Jahre 2013 schaltete Canada Life zehn Printanzeigen, u. a. in Zeitschriften wie FOCUS-MONEY, Finanzwelt oder Cash sowie in Magazinen von Partnerunternehmen. Dabei betrug die Gesamtreichweite aller Platzierungen 451.385 Leser, d. h. 451.385 Leser haben ein Magazin mit einer Anzeige von Canada Life erhalten. Die Anzeigen kosteten insgesamt 71.682 €. Der TKP betrug somit 158,80 €. Eine beispielhafte Anzeige findet sich in Abbildung 2.

Abb. 2: Beispielhafte Werbeanzeige von Canada Life aus dem Jahre 2013

Unter den zahlreichen **Sponsoring-Aktivitäten**, die Canada Life im Jahre 2013 durchführte, sind vor allem die Aktivitäten im Sport hervorzuheben, die das vorrangige Ziel verfolgten, den jeweiligen Vermittler vor Ort zu unterstützen. Seit 2011 fördert das Unternehmen den Volleyball-Erstligisten TV Bühl. Die Mannschaft gehört zu den besten deutschen Teams. Auch der VfB Friedrichshafen wurde von Canada Life unterstützt. Der Volleyball-Erstligist vom Bodensee spielt seit 1987 durchgehend in der Bundesliga und ist dort seit Jahren sehr erfolgreich. Neben diesen Top-Teams sponserte Canada Life den SC Fortuna Köln, der in der 3. Liga spielt und nach dem 1. FC Köln der erfolgreichste Fußballverein der Rheinmetropole ist. 2013 und 2014 war Canada Life zudem offizieller Sponsor der Bender Baskets Grünberg, der zu den aufstrebenden Damen-Mannschaften in der Basketball-Bundesliga gehört. Daneben unterstützte Canada Life den Köln Marathon, kooperierte mit Bildungsinstitutionen und engagierte sich sozial.

3. Problemstellung der Fallstudie

Canada Life ist im deutschen Privatkundenmarkt unter den Anbietern von Lebens- und Rentenversicherungen relativ unbekannt: Gemäß einer im 2. Quartal 2014 durchgeführten repräsentativen Studie wird die Marke von den Befragten ungestützt überhaupt nicht genannt, bei der gestützten Bekanntheit erreicht sie einen Wert von 4 %. Damit liegt sie auf dem Niveau des Wettbewerbers Standard Life. In der engeren Wahl für den Abschluss einer Lebens- oder Rentenversicherung ist Canada Life bei 1 % der Befragten, First Choice ist sie für 0,6 %. Im Markenkauftrichter (auch „Brand Funnel“), der den Kaufprozess in die fünf Stufen Bekanntheit, Vertrautheit, Präferenz, Kauf und Loyalität unterteilt, erreicht die Marke vergleichsweise gute Übertragungsraten, was jedoch am niedrigen Niveau der Bekanntheit liegt: Diejenigen, die die Canada Life kennen, sind häufig schon Kunden. Momentan ist Canada Life also eher ein Nischenanbieter, der nur Wenigen bekannt ist. Es besteht folglich noch sehr viel Potenzial für die Marke, wenn es gelingt, die Bekanntheit zu steigern.

Etwa ein Viertel derjenigen, die die Marke Canada Life kennen, kennen auch das Unternehmensleitbild *„Frischer Wind. Klare Flüsse. Feste Wurzeln.“*. Der Slogan ist somit noch nicht gut gelernt und könnte intensiver eingesetzt werden. Von den getesteten Image-Items passen „Finanzstärke“, „Zuverlässigkeit“, „Innovation“ und „Stabilität“ aus Sicht der Markenkenner vergleichsweise am besten. Die geringste Zustimmung bezüglich der Passung findet sich bei den Items „Solidität“ und „Transparenz“. Diese Eigenschaften werden Versicherern erfahrungsgemäß jedoch in der gesamten Branche nur bedingt zugeschrieben.

Vergleicht man Canada Life mit anderen ausländischen Versicherungsgesellschaften aus dem angelsächsischen Raum, so zeigen interne Untersuchungen des Unternehmens, dass Canada Life sowohl von seinen Kunden als auch von den Vermittlern mit den besten Image-Werten versehen wird, sich jedoch alle angelsächsischen Versicherer im oberen Mittelfeld des Image-Ranking der Branche bewegen. Angeführt wird das Branchen-Ranking von den Wettbewerbern Allianz und Volkswohl Bund.

Die Fallstudie bezieht sich auf das Jahr 2015. Ein Jahr zuvor startete Canada Life erstmalig mit einer Risikolebensversicherung und einer Berufsunfähigkeitsversicherung. Damit begibt sich das Unternehmen in einen kontinuierlich stark wachsenden Markt. Dieses Vorhaben verändert die Rahmenbedingungen für Canada Life deutlich, da das Unternehmen dann in einen Massenmarkt mit einer stark erweiterten Zielgruppe eintreten würde. Nicht zuletzt aufgrund des Trends zu aufgeklärten Versicherungskunden, die sich vor einem Abschluss ausführlich im Internet und in den sozialen Medien über passende Anbieter und Produkte informieren, war es vor dem Hintergrund der genannten Zielsetzung anzuraten, die Markenbekanntheit von Canada Life deutlich zu erhöhen. Deshalb plant das Unternehmen eine signifikante Steigerung der Markenbekanntheit innerhalb der nächsten fünf Jahre. Daraus resultiert auch eine entsprechende Umsatzerwartung, die an dieser Stelle jedoch nicht weiter definiert werden soll.

4. Zielsetzung und Aufgabenstellung der Fallstudie

Diese Fallstudie verfolgt unterschiedliche Zielsetzungen. Nach der Bearbeitung der vier Teilaufgaben, Berücksichtigung der Hinweise zum Vorgehen und Abgleich Ihrer Ergebnisse mit den Lösungshinweisen verfügen Sie über folgende Kompetenzen:

- Sie verstehen, welche Entscheidungsprobleme Marketingverantwortliche mit kleinen Budgets lösen müssen.

- Sie kennen den Unterschied zwischen Push- und Pull-Strategien der Kommunikationspolitik und können einschätzen, für welche Situation und unter welchen Rahmenbedingungen welche Strategie besser geeignet ist.
- Sie kennen die Vor- und Nachteile der unterschiedlichen Kommunikationskanäle, können deren Tausenderkontaktpreis (TKP) berechnen und sind in der Lage, einzuschätzen, welcher Kanal zur Erreichung welcher Zielsetzungen am besten geeignet ist.
- Sie sehen sich dazu in der Lage, kreative Lösungen zu entwickeln, um auch mit kleinen Budgets integrierte Kommunikationskampagnen zu realisieren.

Die Aufgabenstellung gliedert sich in vier Teilbereiche, die Sie in beliebiger Reihenfolge bearbeiten können. Sie übernehmen dabei die Rolle der Marketingleitung von Canada Life. Wenn Sie die Fallstudie in einem Team bearbeiten, können Sie den Team-Mitgliedern einzelne Rollen innerhalb einer Marketingabteilung zuweisen (z. B. Media-Experte, Produktmanager, Social Media-Experte).

Folgende **Teilaufgaben** a) - d) sind zu bearbeiten:

a) Erarbeiten Sie für die nächste Vorstandssitzung eine Präsentation, die die Stärken und Schwächen der bisher verfolgten Push-Strategie darlegt und aufzeigt, warum eine verstärkte Endkundenkommunikation in der aktuelle Lage sinnvoll erscheint.

b) Ihr Vorstand hat vorgeschlagen, ganzseitige Anzeigen in ausgewählten großen Publikumszeitschriften und Magazinen zu schalten. Vergleichen Sie den TKP folgender Medien: Frankfurter Allgemeine Zeitung (FAZ), Manager Magazin, Kölner Rundschau, Welt am Sonntag, BILD-Zeitung. In welchem dieser Medien würden Sie aus Sicht von Canada Life inserieren, wenn Ihnen ein jährliches Budget in Höhe von 1 Mio. € für die nächsten fünf Jahre in Aussicht gestellt wird?

c) Für das Ziel, die Markenbekanntheit von Canada Life mit dem in Aufgabenteil b) genannten Budget deutlich zu erhöhen, sind manche Kanäle besser geeignet als andere. Vergleichen Sie relevante Kommunikationskanäle miteinander. Welche davon sollte Ihr Marketingteam zur Entwicklung eines entsprechenden Kommunikationskonzeptes näher analysieren?

d) Entwickeln Sie, unter Berücksichtigung der Zielsetzung des Unternehmens und der engen Budget-Vorgaben (vgl. Aufgabenteil b)), ein Kommunikationskonzept zur maximalen Steigerung der Markenbekanntheit von Canada Life in den nächsten fünf Jahren!

5. Bearbeitungszeit und Schwierigkeitsgrad

Die Teilaufgaben a) - d) haben unterschiedliche Bearbeitungszeiten und Schwierigkeitsgrade:

- Aufgabenteil a): Bearbeitungszeit 45 Min., Schwierigkeitsgrad leicht
- Aufgabenteil b): Bearbeitungszeit 60 Min., Schwierigkeitsgrad leicht
- Aufgabenteil c): Bearbeitungszeit 90 Min., Schwierigkeitsgrad mittel
- Aufgabenteil d): Bearbeitungszeit 240 Min., Schwierigkeitsgrad schwierig.

6. Empfohlene Hilfsmittel und Informationsquellen

Aufgabenteil a) können Sie ohne weitere Hilfsmittel und Informationsquellen lösen. Zur Lösung von Aufgabenteil b) sollten Sie wissen, wie sich der TKP berechnet. Die relevanten Werte zu dessen Berechnung finden Sie in den Media-Daten der genannten Magazine, die sie in der Regel auf den Webseiten der Verlage herunterladen können. Sie sollten allerdings auch bedenken, dass eine Media-Entscheidung nicht nur auf den (direkten) Kosten der Insertion beruht, sondern auch andere Aspekte (z. B. Image des Mediums, „sinnvolle" Reichweite) zu berücksichtigen sind. Aufgabenteil c) können Sie lösen, indem Sie Ihnen bekannte Kommunikationskanäle auflisten und diese anhand bestimmter qualitativer, quantitativer und technischer Kriterien der Media-Planung bewerten. Für Aufgabenteil d) sollten Sie sich ganz allgemein über die Versicherungsbranche informieren (z. B. beim GDV Gesamtverband der Deutschen Versicherungswirtschaft e. V. unter www.gdv.de) und den Internet-Auftritt von Canada Life (www.canadalife.de) analysieren. Anschließend sollten Sie darüber nachdenken, welche Botschaften Canada Life zur Einführung der neuen Produkte in welchen Medien platzieren sollte – selbstverständlich unter Berücksichtigung des knappen Budgets.

7. Überlegungen zur Entwicklung einer Lösung

- **Aufgabenteil a):** Was könnte ein Unternehmen dazu veranlassen, vorwiegend mit seinen Vertriebspartnern (z. B. Groß- oder Einzelhändler, Makler, Handelsvertreter) zu kommunizieren und seine Kunden nur selten direkt anzusprechen? Ist dies ein Zeichen mangelnder Kundenorientierung, beruht dies auf strategischen Überlegungen oder auf operativen, ggf. finanziellen Notwendigkeiten? Diskutieren Sie diese Frage. Bewerten Sie dann die beiden Ansätze bezüglich ausgewählter Kriterien (z. B. gezielter Einsatz des Budgets, Streuverluste, Motivation der Vertriebspartner, Kundennähe bzw. Aufbau von Kundenwissen etc.).
- **Aufgabenteil b):** Laut Media-Daten und Preisliste der FAZ vom 01.01.2015 (vgl. https://filebox.faz.de/public/505F4B6E505D5D56545C54585F/Mediaportal/2015_FAZ-FAS_Media_Solutions-Preisliste_Nr._75.pdf, abgerufen am 27.02.2015) kostet eine ganzseitige Anzeige an einem Wochentag (Ausnahme: Samstag) 65.470 €. Die Reichweite beträgt 1.111.000 Leser. Hieraus ergibt sich ein TKP von 58,93 €. Wenn Sie die TKPs der genannten Medien berechnet haben, denken Sie darüber nach, ob der TKP die einzige Entscheidungsgrundlage für eines der Medien bildet oder ob weitere Kriterien (z. B. Image des Werbeträgers, Reichweite innerhalb der Zielgruppe) zu berücksichtigen sind.
- **Aufgabenteil c):** Bei *De Pelsmaker et al. (2013, S. 269)* findet sich ein hervorragender Überblick über klassische Medien und entsprechende Kriterien der Media-Planung. Folgende Kommunikationskanäle werden dort genannt: Tageszeitungen, Magazine (General Interest, Fachmagazine, Männermagazine, Frauenzeitschriften), Außenwerbung (Plakate, andere Außenwerbeformen), Kino, Radio (lokal, national), Fernsehen (lokal, national). Zu ergänzen wäre diese Liste mit neuen Werbeformen, wie z. B. Social Media Marketing oder Online-Werbeformen. Um diese Kommunikationskanäle zu bewerten, sollten u. a. folgende quantitative Kriterien berücksichtigt werden: Reichweite, Häufigkeit, Selektivität, geografische Flexibilität, Schnelligkeit, Langlebigkeit, Saisonalität. Daneben gilt es, qualitative Kriterien wie Involvement der Zielgruppe, Emotionalität des Werbemittels oder Image des Werbeträgers zu beachten. Schließlich gibt es auch technische Kriterien, wie z. B. Produktionskosten, die Flexibilität des Anbieters, die absoluten Kosten eines Werbeimpulses oder eben den TKP, die für die Media-Entscheidung eine Rolle spielen. Am besten lösen Sie diese Teilaufgabe, indem Sie in einer großen Tabelle alle Ihnen bekannten Kanäle den Kriterien gegenüberstellen und jeden Kanal bezüglich jedes Kriteriums bewerten (z. B. ist hinsichtlich des Kriteriums „Reichweite" das Fernsehen im Vorteil gegenüber dem Kino, wohingegen die absoluten Kosten eines Werbeimpulses beim Kino geringer als beim Fernsehen sind).
- **Aufgabenteil d):** Sicherlich gibt es viele Möglichkeiten, diesen Aufgabenteil zu lösen; der eine „richtigen Weg" existiert nicht. Sinnvoll ist es jedoch, mit Blick auf die Vor- und Nachteile einzelner Kommunikationskanäle bestimmte Kanäle von vornherein auszuschließen. Außerdem empfehlen wir Ihnen, nicht sofort die einfachste Lösung vorzuschlagen. Denken Sie an eine intelligente Kombination unterschiedlicher Kommunikationskanäle.

8. Umsetzung von Marketing-Maßnahmen

Die Aufgabenteile a), b) und c) sollten bei Berücksichtigung der unter Punkt 6 genannten Hilfsmittel und Informationsquellen sehr schnell lösbar sein. **Die folgenden Lösungshinweise beziehen sich deshalb nur auf Aufgabenteil d).**

Ende Juli 2014 präsentierte die Marketingleitung von Canada Life dem Executive Board eine Empfehlung, wie die Marke Canada Life an Bekanntheit gewinnen könnte. Im Zentrum der Überlegungen stand ein Pilotprojekt an den Unternehmensstandorten in Köln und Frankfurt, welches 2015 ausgerollt wurde. An diesen Standorten wurde eine Endkundenkampagne gestartet. Die Städte wurden auch ausgewählt, um gleichzeitig die Mitarbeiter an den beiden Standorten zu motivieren.

Die Kampagne konzentrierte sich auf die Kommunikationskanäle **Außenwerbung** (18/1-Großflächen, City Lights), **lokale Tageszeitungen** (Kölner Stadtanzeiger, Frankfurter Rundschau, Lokalteil der Frankfurter Allgemeinen Zeitung) und **Online-Werbung**. Damit wurde das zur Verfügung gestellte Budget gezielt und konzentriert eingesetzt. Der Media-Plan für den Zeitraum April - Juni 2015 im Testmarkt Köln findet sich in Abbildung 3.

Werbeträger	Format/Anzahl Stellen Ausstrahlungen	Erscheinungsweise	Bruttopreise	Rabatt	Kunden-Netto	Agentur-Netto nach AE	Schaltungen	Agentur-Netto Gesamt
KSTA/KR (Stadtausgabe Köln)	100 mm hoch/ 285 mm breit	Di & Do	4.128,00	-412,80	3.715,20	3.157,92	5,00	15.789,60
Megalight Poster	60 Stellen 18/1 Format	Woche	34.020,00	0,00	34.020,00	28.917,00	1,00	28.917,00
Megalight Poster (nur technische Kosten)	60 Stellen 18/1 Format	Woche	3.210,00	0,00	3.210,00	3.210,00	1,00	3.210,00
Großflächen-Plakate	76 Stellen 18/1 Format	Dekade	22.047,00	0,00	22.047,00	18739,95	2,00	37.479,90
Infoscreen	22 Flächen/ 3.564	Mo - Fr	3.779,00	0,00	3.779,00	3.212,15	2,00	6.424,30
Infoscreen (nur technische Kosten)			100,00	0,00	100,00	100,00	2,00	200,00
Lanxess Arena LED Board P1/400	400 pro Tag	1 Monat	15.996,00	-1.599,60	14.396,40	12.236,94	1,00	12.236,94
Produktionskostenanteil ML + 18/1 (ca.)			7.711,00	0,00	7.711,00	7.711,00	1,00	7.711,00
Online (SEM)	Standard Ad Bundle/ KeyWords	Dauerhaft	6.400,00	0,00	6.400,00	6.400,00	1,00	6.400,00

Werbeträger	April					Mai				Juni				
	14	15	16	17	18	19	20	21	22	23	24	25	26	27
KSTA/KR (Stadtausgabe Köln)			x	x		x		x			x			
Megalight Poster			x											
Megalight Poster (nur technische Kosten)			x											
Großflächen-Plakate					x	x					x	x		
Infoscreen			x						x					
Infoscreen (nur technische Kosten)														
Lanxess Arena LED Board P1/400							x	x	x	x	x			
Produktionskostenanteil ML + 18/1 (ca.)														
Online SEM			x	x	x	x	x	x	x	x	x	x	x	X

Abb. 3: Mediaplan der Canada Life Endkundenkampagne April - Juni 2015 (Testmarkt Köln)

Die Kampagne thematisierte keine klassischen Image-Aspekte, sondern fokussierte auf Canada Life`s Kernkompetenzen im Bereich Risikoabsicherung und Altersvorsorge. Im Fokus der Kampagne standen dabei der Berufsunfähigkeitsschutz sowie die Produkte rund die Altersvorsorge. Die Botschaft konzentrierte sich darauf, die hohen Erträge zu thematisieren, die bei den Produkten von Canada Life im Gegensatz zu denen anderer Anbieter zu erwarten sind. Die Kreativstrategie setzte auf eine humorvolle Vermittlung der Botschaft sowie auf eine **starke und einprägsame Bildkommunikation**. Start der Kampagne war April 2015; sie war bis Ende 2015 geplant. Die Kampagnenmotive der Printanzeigen und der Großflächen-Plakate finden sich in den Abbildungen 4 und 5.

Abb. 4: Kampagnenmotive der Printanzeigen (Region Frankfurt)

Abb. 5: Eines der beiden Kampagnenmotive als Großflächen-Plakat (Region Frankfurt)

Im Rahmen der Kampagne wurden auch die **lokalen Geschäftspartner von Canada Life eingebunden**. Die Makler wurden per Mailing über die bevorstehenden Kommunikationsaktivitäten informiert und im Vorfeld der Aktion nochmals speziell für die Beratung der Canada Life-Produkte qualifiziert. Die Kontaktdaten, die Interessenten aus dem Endkundensegment auf verschiedenen Microsites (main-rente.de, main-bu.de, rhein-rente.de, rhein-bu.de) hinterlassen konnten, wurden dann an einen dieser speziell geschulten Geschäftspartner in der Region weitergeleitet.

Zusätzlich zu den externen Aktivitäten wurden die Mitarbeiter von Canada Life ausführlich informiert und involviert. So gab es Online-Präsentationen für verschiedene Bereiche, z. B. für die involvierten Vertriebsregionen und den Kundenservice, eine Vorstellung der Kampagne beim Vertriebsmeeting am Jahresanfang, eine Vorstellung der Kampagne bei den internen Markenbotschaftern sowie eine Information an alle Mitarbeiter an den Standorten Köln, Frankfurt und Dublin. Außerdem wurden die internen Online-Kanäle genutzt.

9. Ergebnisse dieser Aktivitäten

Die Marketingleitung von Canada Life hatte sich vorgenommen, die ungestützte Markenbekanntheit innerhalb der nächsten fünf Jahre deutlich zu steigern. Für das Pilotprojekt wurde diesbezüglich allerdings kein konkretes Ziel festgelegt. Vielmehr wurden verschiedene Kennzahlen definiert (z. B. Werbeerinnerung, Anzahl der Seitenabrufe,

Anzahl der Neukunden), die Ende des Jahres 2015 in einer Vorher-Nachher-Messung an den Standorten Köln und Neu-Isenburg/Frankfurt beurteilt werden sollten. Messbare Ergebnisse der in Punkt 8 skizzierten Kampagne lagen zum Zeitpunkt der Drucklegung dieser Fallstudie allerdings noch nicht vor. Sollte die Kampagne im Hinblick auf die Markenbekanntheit erfolgreich sein und sich auch vertrieblich Erfolge einstellen, dann bestehen gute Chancen, die Kampagne ab 2016 auszuweiten.

10. Mögliche Fehlerquellen in Überlegung und Umsetzung

Studierende tendieren dazu, Social Media Marketing als Lösung vieler kommunikativer Probleme zu sehen – gerade wenn es um den Aufbau von Bekanntheit bei geringen zur Verfügung stehenden Budgets geht. In der Vorgehensweise von Canada Life finden Sie keine Social Media-Kampagne. Überlegen Sie, warum sich das Unternehmen gegen eine Social Media-Kampagne entschieden hat, obwohl dies auf den ersten Blick eine kostengünstige Alternative sein könnte. Denken sie dabei vor allem an die Besonderheiten der Versicherungsbranche.

11. Literatur zur Vertiefung

Zum Markenkauftrichter:

Perrey/Meyer, Mega-Macht Marke. Erfolg messen, machen, managen, 3. Auflage, München 2011, S. 192 - 205

Zur Push- und Pull-Strategie:

Kreutzer, R. T., Praxisorientiertes Marketing. Grundlagen – Instrumente – Fallbeispiele, 4. Auflage, Wiesbaden 2013, S. 328 f.

Zu Kennzahlen der Media-Planung und zur Beurteilung von Kommunikationskanälen:

De Pelsmaker/Geuens/Van Den Bergh, Marketing Communications. A European Perspective, 5. Auflage, Harlow 2013, S. 251 - 288

Tropp, J., Moderne Marketing-Kommunikation. System – Prozess – Management, Wiesbaden 2011, S. 398 - 431

Zum Unternehmen Canada Life bzw. zu dessen Marke und Leitbild:

https://www.canadalife.de/marke-und-leitbild, Abruf am 30.06.2015

Dialogmarketing bei Lenze SE Antriebs- und Automatisierungstechnik

Von Prof. Dr. Heinrich Holland[1]

1. Vorstellung des Unternehmens

Die Lenze SE (Societas Europaea bzw. Europäische Aktiengesellschaft) ist eine Holding mit Hauptsitz in Aerzen und einer der weltweit führenden Spezialisten für Antriebs- und Automatisierungstechnik mit umfangreichen Dienstleistungen, Lösungen und Produkten für den Maschinenbau. Es handelt sich um ein mittelständisches Unternehmen mit über 3.300 Mitarbeitern und 52 Gesellschaften weltweit. In 60 Ländern entwickelt, fertigt und verkauft das Unternehmen innovative Produkte, umfassende Lösungen und komplette Systeme. Lenze ist auf die Branchen Automotive, Consumer Goods und Intralogistik fokussiert. Die Produkte umfassen Lösungen für Antriebs- und Automatisierungsaufgaben, wie Getriebe, Motoren, Umrichter, Controller etc. Die operativen Einheiten sind als flexible mittelständische Unternehmen aufgestellt – so sind die Entscheidungswege kurz, die Strukturen so einfach wie möglich und die Lösungen stets am Kunden orientiert.

Von der Idee bis zum Aftersales, von der Steuerung bis zur Antriebswelle erarbeitet Lenze gemeinsam mit seinen Kunden Konzepte und setzt Ideen in Bewegung, sowohl bei der Optimierung einer bestehenden als auch bei der Entwicklung einer neuen Maschine. Das Unternehmen begleitet und unterstützt seine Kunden über die fünf Phasen des Engineering-Prozesses:

1. Ideen entwickeln
2. Konzepte erstellen
3. Lösungen erarbeiten
4. Maschinen herstellen
5. Betrieb sichern.

Dieses einzigartige Knowhow und Angebotsportfolio wurde so aber von den Kunden und potenziellen Kunden bisher nicht wahrgenommen.

Abbildung 1 gibt eine Anzeige zu einem Frequenzumrichter von Lenze aus dem Jahr 2008 wieder.

[1] Der Dank des Autors gebührt Stefanie Druse von der Agentur gkk dialog group, die die Informationen zu dieser Fallstudie zur Verfügung gestellt hat.

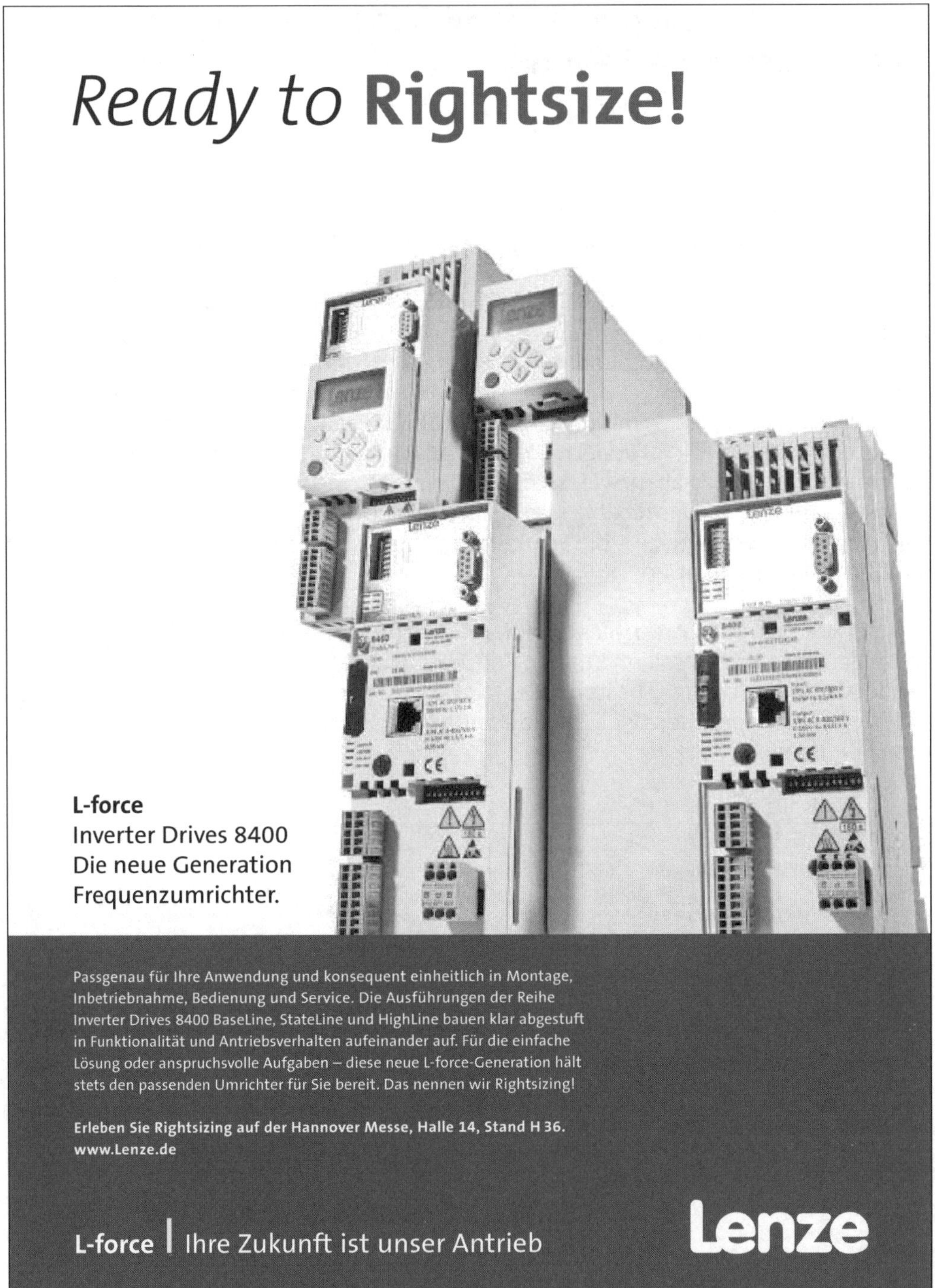

Abb. 1: Lenze Anzeige von 2008

Quelle: *Lenze*

2. Situation in Bezug auf den Markt

Große Wettbewerber von Lenze sind SEW, Siemens, Bosch Rexroth, B&R und Beckhoff. Die Bekanntheit von Lenze am Markt ist groß, allerdings liegen in Bezug auf die Relevanz oft Wettbewerber wie SEW und Siemens weiter vorn, wie die Abbildung 2 verdeutlicht. Mit der Relevanz wird erfasst, ob die befragten Unternehmen von den Anbietern potenzielle Lösungen für ihre Probleme erwarten.

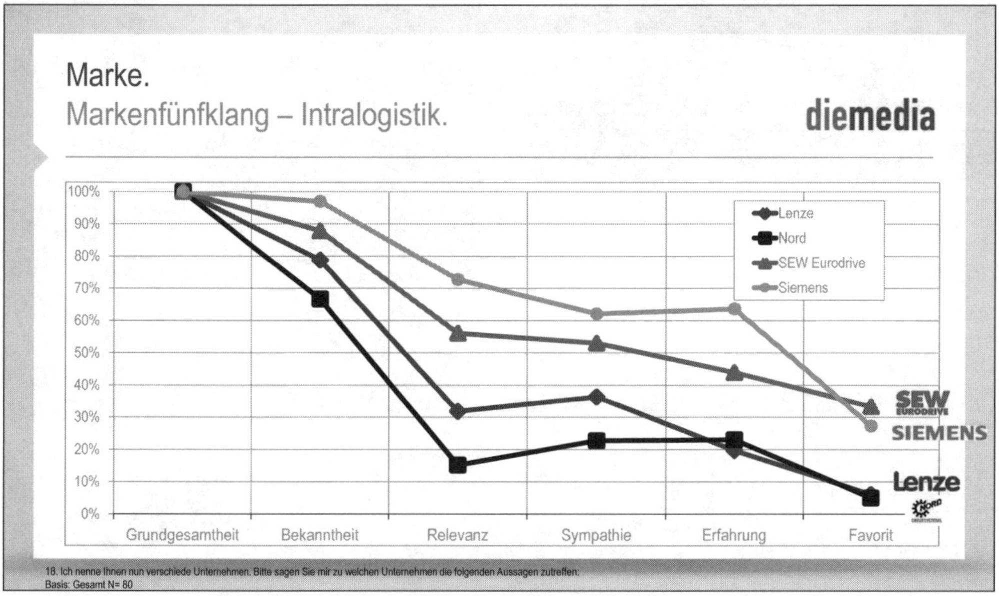

Abb. 2: Bekanntheit, Relevanz, Sympathie, Erfahrung, Favorit

Quelle: *Lenze*

In der Analysephase wurde deutlich, dass Lenze gegenüber drei wichtigen Wettbewerbern keine günstige Position in Bezug auf Bekanntheitsgrad, Relevanz, Sympathie, Erfahrung und Favorit (*„Diese Marke ist mein Favorit“*) aufbauen konnte.

Der Blick auf den Markt zeigte, dass es kein relevanter Wettbewerber bisher geschafft hat, eine differenzierte Markenwelt aufzubauen. Die Marken- und Kommunikationsinhalte beschränkten sich rein auf die handwerklich saubere Umsetzung von Corporate Design-Vorgaben.

3. Problem

Ein deutliches Markenversprechen und eine Ausrichtung aller Unternehmensaktivitäten an dem Leitbild konnte weder bei Lenze noch bei den Wettbewerbern erkannt werden.

Die Anzeigenbeispiele in Abbildung 3 von den Wettbewerbern zeigen, dass sich die Unternehmen kaum voneinander unterscheiden. Ihre Aussagen sind fast identisch; es fehlt an Trennschärfe.

Abb. 3: Anzeigen von den Wettbewerbern ABB, BR-Automation, Beckhoff und SEW

Quelle: *Lenze*

Aufgabe 1:

Erarbeiten Sie Vorschläge für die Kommunikationspolitik, die eine klare Differenzierung vom Wettbewerb und eine klare Nutzenfokussierung der Lenze-Lösungen herausstellen.

Lenze beauftragte die Agentur gkk dialog group in Frankfurt mit dieser Aufgabenstellung.

Neben den faktischen Vorteilen des Angebots und der Leistungen des Unternehmens ergab sich hier die Chance, auch durch die Entwicklung einer starken und relevanten Marke einen Wettbewerbsvorteil zu entwickeln.

4. Dialogmarketing

Das Unternehmen setzt als Business-to-Business-Anbieter mit einer überschaubaren Anzahl von Kunden und potenziellen Kunden auf den direkten Dialog mit den Geschäftspartnern. Die Botschaften des Dialogmarketings richten sich nicht an große Zielgruppen, sondern an einzelne, individuell bekannte Zielpersonen. Statt eines Monologs besteht das Ziel in einer **interaktiven Kommunikation**, also in einem langfristigen Dialog.

Es geht dem Unternehmen weniger um das „Transaktionsmarketing", also um die Herbeiführung einer einmaligen Transaktion in Form eines Kaufs, sondern es strebt das **Beziehungsmarketing** an, also den Aufbau einer langfristigen Beziehung und damit einen Dialog mit dem Kunden.

Die Entwicklungen der letzten Jahre – vor allem im Online-Marketing – haben die Einsatzmöglichkeiten des Dialogmarketings ausgeweitet. Damit ist auch die Palette von nutzbaren Medien immer umfangreicher geworden. Neben den klassischen Medien, die mit einem Response-Element zum Aufbau eines Dialogs genutzt werden können, sind es vor allem die Online-, Mobile- und Sozialen Medien, die dem Dialogmarketing neue Impulse gegeben haben.

5. Zielsetzung

Aufgabe 2:

Wie kann durch die Kommunikationspolitik ein nach außen differenzierendes sowie nach innen begeisterndes Markenversprechen entwickelt werden?

Dabei gilt es, die Unternehmensstrategie mit der Markenidentität in Einklang zu bringen und so einen nachhaltigen Markterfolg zu erreichen.

Eine Studie, die Lenze gemeinsam mit der Agentur gkk dialog und dem VDMA (Verband Deutscher Maschinen- und Anlagenbau e. V.) durchführte, bestätigte, dass sich die Zielgruppe einen Partner wünscht, der die Realisierung von Maschinenprojekten spürbar einfacher macht. Abbildung 4 zeigt, dass die Befragten eine steigende Komplexität und Variantenvielfalt bei Antriebs- und Steuerungskonzepten erkennen. Die Zeit bis zur Markteinführung (Time to Market) wird immer kürzer, und Entscheidungen müssen in immer schnellerer Zeit getroffen werden. Dafür wird ein starker Partner gesucht, der bei der Lösung dieser Probleme zur Seite steht.

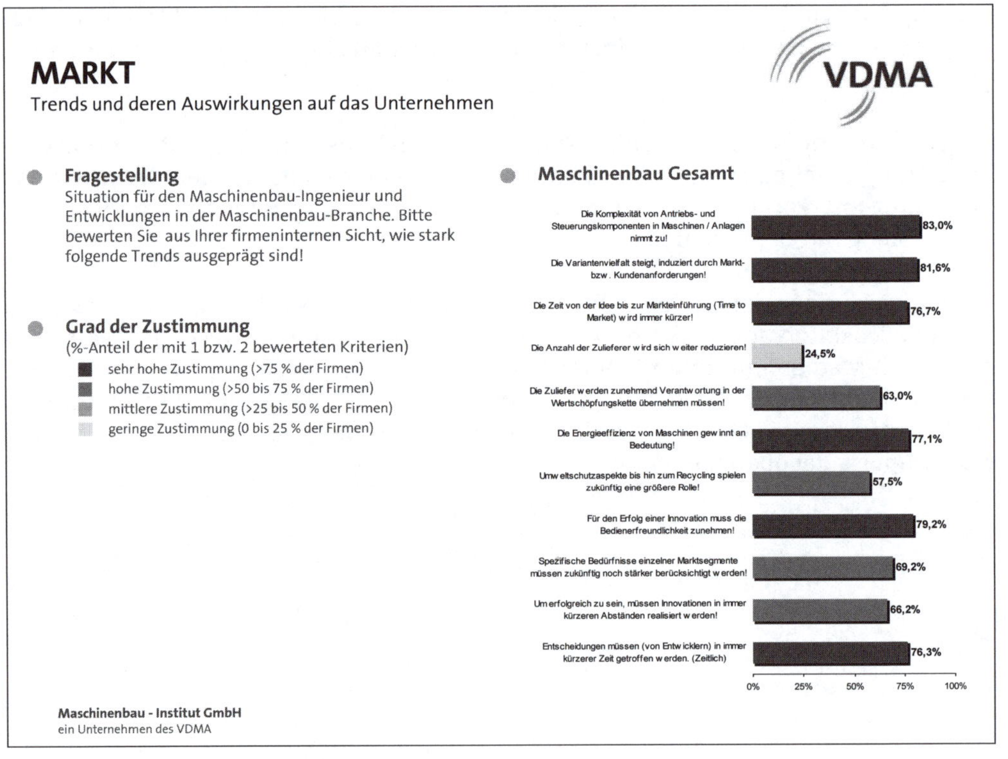

Abb. 4: Trends in der Branche des Maschinenbaus

Quelle: *Lenze*

Abbildung 5 zeigt die Informationsquellen, die Entscheider in den relevanten Unternehmen bei der Auswahl von Geschäftspartnern nutzen. Hierbei stehen Gespräche mit Herstellern mit 97 % auf dem ersten Platz vor den Internet-Suchmaschinen (95 %) und Websites von Herstellern und Lieferanten (95 %).

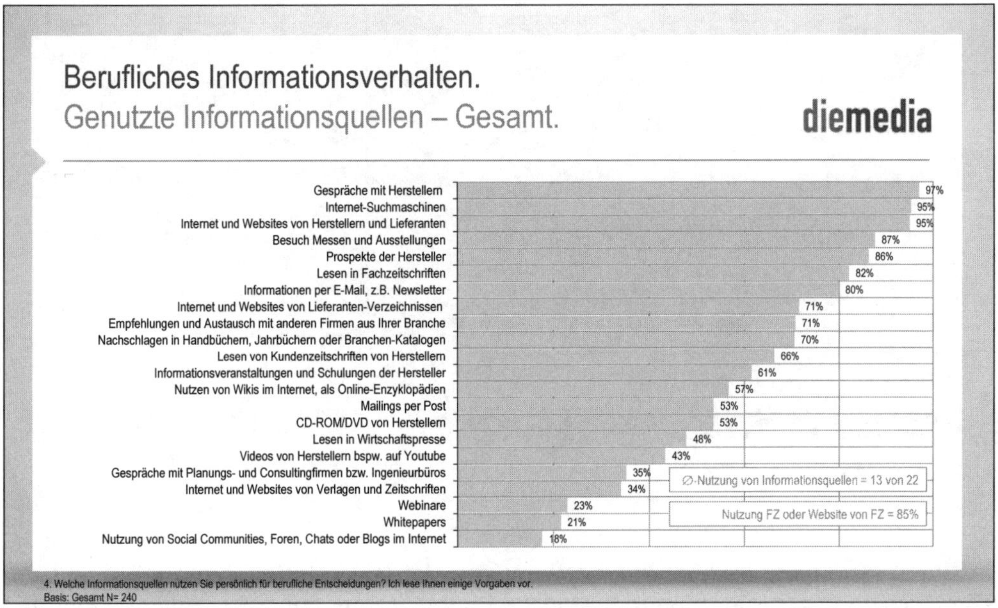

Abb. 5: Genutzte Informationsquellen im Investitionsgütermarketing der Branche

Quelle: *Lenze*

Das **Markenprofil** von Lenze ist in Abbildung 6 dargestellt. Die höchste Relevanz haben für die befragten Entscheider die Produktqualität, die Liefertreue und die Lösungskompetenz der Mitarbeiter (linke Kurve). Diese Kriterien werden von den Unternehmen, für die Lenze der Hauptlieferant ist, gut bewertet (mittlere Kurve, Dreiecke). Die Bewertung der befragten Entscheider, die das Unternehmen Lenze kennen, findet sich in der rechten Kurve.

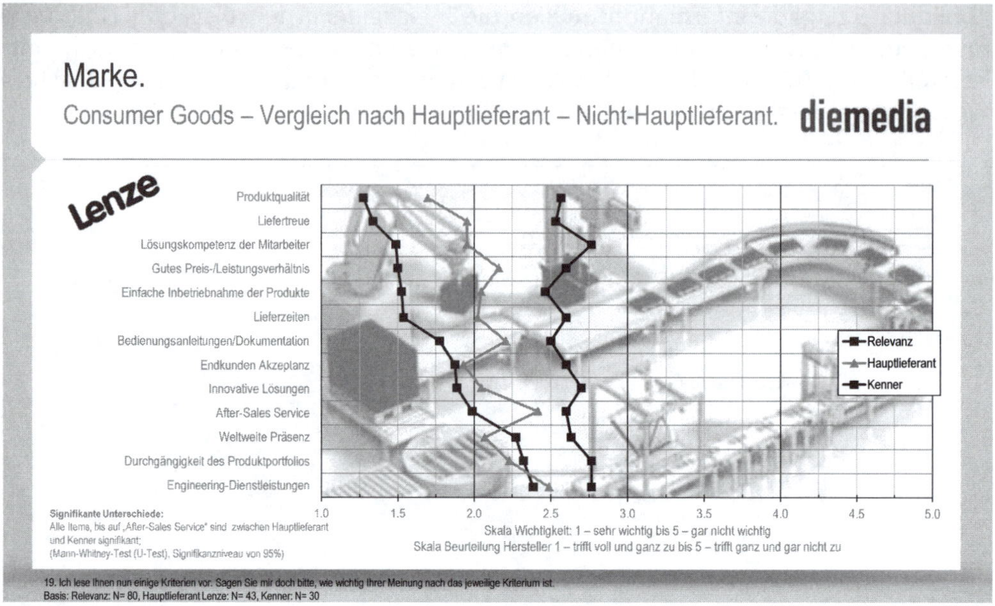

Abb. 6: Markenprofil

Quelle: *Lenze*

In einem sehr dynamischen und wettbewerbsintensiven Umfeld benötigt die mittelständisch geprägte Maschinenbaubranche für ihre immer anspruchsvoller werdenden Maschinen Technologie-Lieferanten, die schon in einem frühen Stadium des Produktentwicklungsprozesses als Engineering-Partner das Unternehmen bis in die Betriebsphase begleiten können.

Aufgabe 3:

Wie kann sich das Unternehmen diesen bedeutenden Zielgruppen-Insight zu Nutze machen und in allen Kanälen konsequent umsetzen, mit einem relevanten Versprechen für die Maschinenbauer als Kunden?

Aufgabe 4:

Wie kann die neue Kommunikationsstrategie auch im Online-Auftritt realisiert werden?

Aufgabe 5:

Entwickeln Sie einen Vorschlag zur Rekrutierung von Hochschulabsolventen als neue Mitarbeiter für Lenze.

6. Entwicklung einer Lösung

Lösung zu Aufgabe 1:

Die Kommunikation der relevanten Wettbewerber zeichnet sich durch ein gestalterisches und ein inhaltliches Problem aus: Eine Marke wird mit dem Branding verwechselt. Eine Inszenierung der Marke über die reine Darstellung von Logo, Claim, Color-Codes und Produkten mit differenzierten Werten findet nicht statt. Zudem sagen alle inhaltlich das Gleiche: Wir sind innovativ, präzise, dynamisch, effizient und weltweit aufgestellt (vgl. Abbildung 3).

Keinem Wettbewerber gelingt es, einen inhaltlichen Fokus zu setzen und konsequent durchzuhalten. Dies ist eine Chance für eine Kommunikationsstrategie, bei der sich Lenze inhaltlich auf die Besetzung des Themas **„Easy Engineering"** fokussiert und **gestalterisch eine einfache und klare Linie verfolgt**, wie die Anzeige zum Kampagnen-Start in Abbildung 7 verdeutlicht.

Dabei setzt Lenze konsequent auf das **Dialogmarketing** und intensiviert den direkten Dialog mit den Kunden und Interessenten.

Freiraum für Ihre Ideen.

Im Maschinenbau werden Sie zukünftig immer umfangreichere Aufgaben in immer kürzerer Zeit meistern müssen. Da ist es gut, einen Antriebs- und Automatisierungs-Spezialisten an seiner Seite zu wissen, der viele Aufgaben einfach macht. Das ist unsere oberste Priorität – im Zentrum unseres Handelns: Sie! Wir erarbeiten gemeinsam mit Ihnen die beste Lösung und setzen Ihre Ideen mit Begeisterung in Bewegung. Entdecken Sie mit uns die Zukunft des Maschinenbaus und verschaffen Sie sich so den Freiraum für das Wesentliche: Ihre Ideen.

Erfahren Sie mehr auf www.Lenze.com

Lenze
So einfach ist das.

Abb. 7: Anzeige zum Kampagnen-Start

Quelle: *Lenze*

7. Umsetzung

Lösung zu Aufgabe 2:

Der Fokus auf „Easy Engineering" geht mit folgender Botschaft einher:

- Vereinfachung
- Effizienzsteigerung
- Produktivität und
- Zuverlässigkeit.

Diese Werte werden durch die Kompetenzen von Lenze unterstützt: Portfoliobreite und -tiefe, Integration der Produkte und Lösungen sowie die weltweit verfügbaren Experten und Services. Und damit jeder Maschinenbauer zukünftig auch sofort erkennen kann, dass Lenze vieles leichter macht, sieht die komplette Kommunikation nun auch ganz einfach aus.

„So einfach ist das." Mit diesem Benefit bietet Lenze den Maschinenbauern mehr Freiraum, damit sie sich gezielt auf ihre Kernkompetenzen konzentrieren können. Eingebettet ist das neue Markengesicht in einen klaren und ebenso frischen Look, der komplexe Inhalte auf einfache Aussagen reduziert. Im Gegensatz zu den nüchternen Produktdarstellungen und verschachtelten Fachtermini des Wettbewerbs (vgl. Abbildung 3) stellt Lenze eine Philosophie und somit den Nutzen ins Zentrum aller Business-to-Business-Maßnahmen.

Abbildung 8 zeigt, dass die neuen Broschüren von Lenze deutlich mehr Raum und Struktur bieten. Das Unternehmen stellt seine Philosophie und damit den Benefit *„So einfach ist das."* für die Maschinenbauer in den Mittelpunkt. Dadurch heben sich die Broschüren deutlich vom kommunikativen Einheitsbrei der Wettbewerber ab. Am Ende jeder Broschüre findet sich die plakative Aufforderung, mit Lenze in den Dialog zu treten. Damit wird die Grundlage für ein langfristiges Dialogmarketing gelegt.

Abb. 8: Broschüren mit plakativen Botschaften

Quelle: *Lenze*

Lösung zu Aufgabe 3:

Die Zielpersonen erhielten zunächst personalisierte Einladungen, über die sie kostenlose Tickets für unterschiedliche Messen bestellen konnten. Auf den Messen lernten sie in Beratungsgesprächen das Unternehmen und seine Produkte kennen. Anschließend wurden innerhalb kürzester Zeit nach der Messe aufmerksamkeitsstarke Nachfass-Mailings verschickt, die für hohe Responsequoten und weitere Beratungsgespräche sorgten. So konnten Interessenten Schritt für Schritt in Kunden umgewandelt werden.

Das „Zauberwürfel-Einladungsmailing" lud Presse und Entscheider zu einer Veranstaltung ein, um weitere Informationen über den Positionierungsansatz und die Entwicklungen im Maschinenbau zu erhalten (vgl. Abbildung 9).

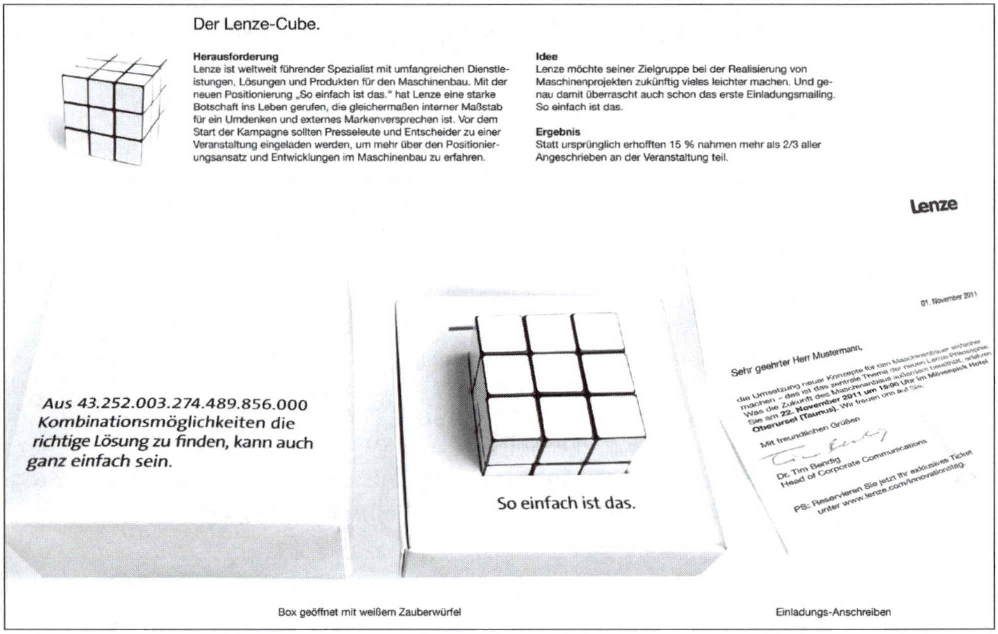

Abb. 9: Lenze-Cube Einladungsmailing

Quelle: *Lenze*

Lösung zu Aufgabe 4:

Auch auf der Webseite www.lenze.com kommt die neue Einfachheit zum Tragen. Das aufgeräumte Design, die einfache Usability und eine sehr flache Navigation führen die Besucher schnell zum Ziel, wie die Abbildung 10 zeigt. Newsletter mit einer personalisierten URL sorgen für eine hohe Besucherzahl auf den Landingpages, auf denen kostenlose Messe-Tickets angefordert und persönliche Beratungsgespräche vereinbart werden konnten.

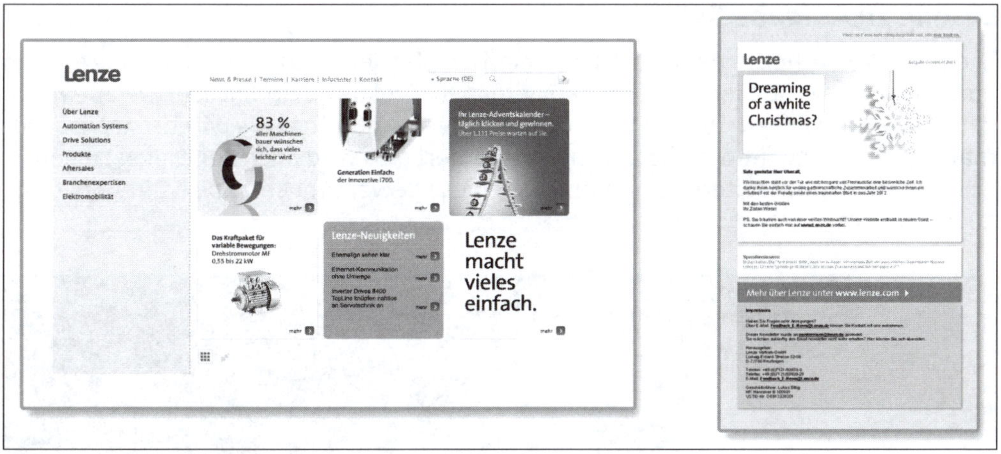

Abb. 10: Webseite und Newsletter
Quelle: *Lenze*

Das komplette Produkt- und Leistungsportfolio wird in den Werbemitteln in allen Medien anhand von fünf Schritten erläutert. Der Messestand greift diese fünf Schritte auf; der Kunde kann bei seinem Rundgang an fünf Stationen die Marke Lenze erleben (vgl. Abbildung 11).

Die fünf Schritte zur Perfektion:

1. Ideen entwickeln
2. Konzepte erstellen
3. Lösungen erarbeiten
4. Maschinen herstellen
5. Betrieb sichern

Abb. 11: Messestand
Quelle: *Lenze*

Lösung zu Aufgabe 5:

In einigen Bibliotheken deutscher Universitäten platzierte Lenze in den Bücherregalen auffällige, weiße Bücher mit dem aktivierenden Titel auf dem Rücken: *„Jetzt einfach einen guten Job finden."* Beim Öffnen entpuppte sich das Buch als praktische Versandmappe, die zu einer Initiativbewerbung auffordert – so wird auch der Dialog zu potenziellen neuen Mitarbeitern aufgenommen. Diese Bewerbungsmappe ist in Abbildung 12 abgebildet.

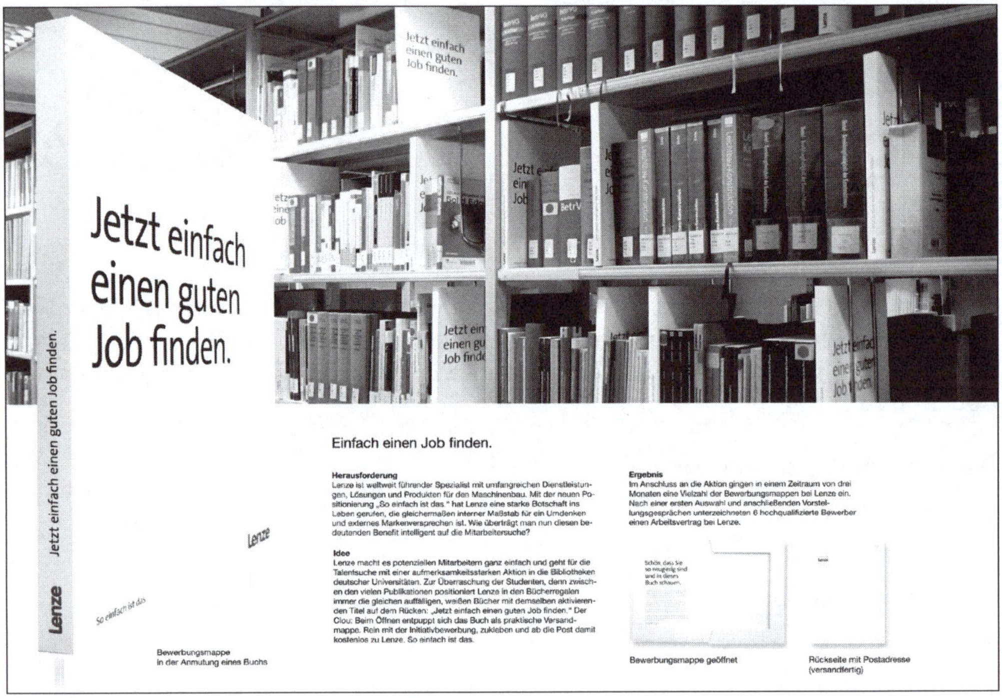

Abb. 12: Bewerbungsmappe

Quelle: *Lenze*

8. Ergebnis

Die Teaser-Einladungs-E-Mailings mit einer Landingpage erreichten, dass 15 % der Empfänger direkt ihre persönlichen Messetickets anforderten. Banner und Anzeigen in Fachzeitschriften führten beim Kampagnenstart auf der wichtigsten Maschinenbauermesse zu einer signifikanten Steigerung der Besucherzahlen am Messestand.

Von den 200 Adressaten des „Lenze-Cube Einladungs-Mailings" folgten 37 % der Einladung (vgl. Abbildung 9).

Eine Recruitment-Aktion in Bibliotheken von Hochschulen erbrachte zahlreiche neue Bewerbungen, die zu Vorstellungsgesprächen und Festeinstellungen führten (vgl. Abbildung 12).

Aufgrund des „Flipchart-Mailings" des Vertriebs vereinbarten 23 % aller angeschriebenen Personen ein Beratungsgespräch. Die neue Website und die Banner führten zu einer starken Zunahme der Beratungsgespräche und Bestellungen von Broschüren.

Die Mailings von Lenze bringen durchschnittlich eine Response von ca. 15 - 20 %. Bei einem Projekt im Telefonmarketing wird eine Terminquote von ca. 50 % erzielt. Lenze konnte im letzten Jahr seinen Umsatz signifikant steigern.

Die Zahl der Messebesucher auf der sps ipc drives und HMI (zwei Leitmessen für Lenze) ist seit Start der Kampagne um 18 % gestiegen.

Die Kampagne von gkk dialog group war nicht nur sehr erfolgreich, sie erhielt auch zahlreiche Auszeichnungen:

- Best of Business-to-Business: Gold, Silber
- Mailing-Wettbewerb der Deutschen Post: Auszeichnung
- Econ Award: Finalist
- International Echo Awards, USA: Finalist
- MediaTreff: Silber
- Caples Awards, New York: Finalist
- GWA Profi: Finalist.

Dr. Erhard Tellbüscher, der Vorstandsvorsitzende von Lenze, sagt zu dem neuen Auftritt: *„Schauen wir auf das Gegenteil von einfach, also auf Komplexität, so erklärt sich der Sinn von „So einfach ist das." beinahe von selbst. Komplexität kostet Zeit. Sie zwingt zu Fehlern. Unsere Zeit wollen wir nicht mit Komplexität verbringen, die einfacher gestaltet werden kann. Komplexität bringt keinen Beitrag, sie nimmt Zeit für Wesentliches. Wer vorn sein will, benötigt Zeit fürs Wesentliche. Es ist eine einfache Erkenntnis: Was für uns gut ist, ist auch für unsere Kunden gut und hebt uns in dieser oft selbstgemachten Komplexität wohltuend ab. Das heißt: Wo unnötige Komplexität vorhanden ist, beseitigen wir sie. So einfach ist das."*

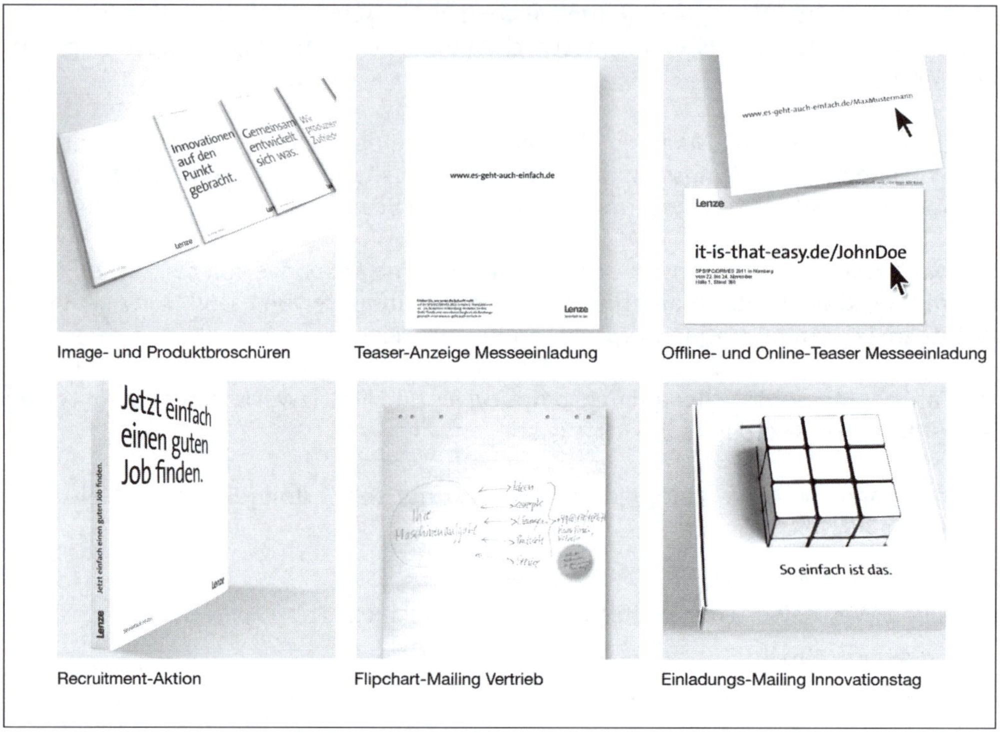

Abb. 13: Überblick über die Maßnahmen

Quelle: *Lenze*

9. Generelle Learnings

Der Markt spricht sehr gut auf die neue Kommunikation von Lenze an. Der Fünf-Phasen-Prozess, an dem sich das Unternehmen jetzt ausrichtet, wird gut aufgenommen und macht es den Vertriebsmitarbeitern einfacher, ihre Lösungen zu vermarkten.

Der Prozess schafft Vertrauen, und Lenze bekommt sehr gutes Feedback von den Kunden. Der neue Auftritt wird vom Wettbewerb immer öfter kopiert – sowohl im Prozess als auch in den Texten.

Die Bekanntheit von Lenze ist mittlerweile auf einem Stand, der kaum noch gesteigert werden muss. Die Relevanz muss noch verbessert werden, denn das Unternehmen wird in Bezug auf die Sympathie oft sehr gut bewertet, aber die Entscheidung am Ende des Prozesses fällt häufig dann doch auf einen Wettbewerber. Aus diesem Grund wird aktuell ein Lead-Management aufgebaut und kontinuierlich betrieben. Kontakte werden als Leads bezeichnet; Lead-Management umfasst die Maßnahmen, mit denen Kontakte bzw. Interessenten zu Kunden entwickelt werden.

Das Business-to-Business-Marketing beinhaltet sämtliche Dienstleistungen und Produkte, die von Unternehmen gekauft werden, um einen unternehmerischen Mehrwert zu schaffen. Es unterscheidet sich erheblich vom Marketing, das sich an Endkunden richtet (Business-to-Consumer). Da die Zielgruppen kleiner und bekannt sind und das Transaktionsvolumen im Allgemeinen größer ist, ist der Einsatz des Dialogmarketings im B-to-B-Geschäft oft noch erfolgreicher sein als in B-to-C-Bereich.

10. Literatur

Backhaus/Voeth, Industriegütermarketing, 10. Auflage, München 2014

Holland, H. (Hrsg.), Digitales Dialogmarketing, Wiesbaden 2014

Holland, H., Direktmarketing, 3. Auflage, München 2009

Pepels, W. (Hrsg.), B2B-Handbuch General Management, Düsseldorf 2008

Pförtsch/Godefroid, Business-to-Business-Marketing, 5. Auflage, Herne 2013

Die kommunikative Steuerung einer Markteinführungskampagne am Beispiel des Porsche Macan

Von Prof. Dr. Willi Diez und Dipl.-Bw. (FH) Klaus Zellmer

1. Einleitung

Die **Einführung eines neuen Produktes** stellt nicht nur für Entwicklung und Produktion, sondern auch für Vertrieb und Marketing eine große Herausforderung dar. Die Automobilindustrie ist – anders als etwa die Bekleidungsindustrie – durch vergleichsweise lange Produktzyklen gekennzeichnet, die heute in der Regel zwischen 5 und 7 Jahren liegen (*Fuchs, 2013, S. 53 f.*). Weiterhin sind mit der Entwicklung und Markteinführung neuer Modelle hohe Kosten verbunden. Dementsprechend sind produktpolitische Entscheidungen kurzfristig nicht reversibel (*Diez, 2006, S. 110*). Die erfolgreiche Markteinführung eines neuen Modells ist daher nicht nur hinsichtlich des Absatzes relevant, sondern vor allem auch unter finanziellen Gesichtspunkten von einer kaum zu überschätzenden Bedeutung. Dies gilt insbesondere für den Fall der Einführung einer komplett neuen Baureihe, für die es kein Vorgängermodell gab, da hier die externen und internen Risiken höher sind als bei der Einführung einer Nachfolgebaureihe.

Die vorliegende Fallstudie konzentriert sich auf die kommunikative Steuerung einer Markteinführungskampagne am Beispiel des Porsche Macan. Neben den spezifisch kommunikationspolitischen Aspekten soll sie deutlich machen, dass es sich bei der Markteinführung eines neuen Produktes um eine **den gesamten Marketing-Mix umfassende Aufgabenstellung** handelt, sodass ein hoher Grad an Integration der verschiedenen Marketinginstrumente gefordert ist.

2. Der neue Macan – „Porsche intensiv"

Porsche ist der weltweit führende Hersteller von Sportwagen. Im Jahr 2014 konnte das Unternehmen mit 189.850 weltweit ausgelieferten Fahrzeugen einen Absatzrekord erzielen. Gegenüber dem Jahr 2009 wurden mit einer Steigerung von 152 % 114.612 Fahrzeuge der Marke Porsche in Kundenhände übergeben (*Porsche, 2014*). Gründe für diese positive Entwicklung waren neben der Intensivierung und Professionalisierung der Marktbearbeitung in den etablierten Automobilmärkten die Erschließung neuer Märkte, insbesondere des chinesischen Marktes, sowie die Ausdehnung der Modellpalette.

Ein erster Schritt dazu erfolgte im Jahr 1996, als mit dem Modell Boxster die Kernbaureihe „911" ergänzt und ein Sportwagen mit Mittelmotor eingeführt wurde. Heftig umstritten sowohl in der Praxis wie auch in der Wissenschaft war der Eintritt von Porsche in das boomende Segment der Sport-Utility-Vehicles (SUV) im Jahr 2002 mit dem Porsche Cayenne. Von zahlreichen Experten wurde dieser Schritt skeptisch beurteilt, da man eine Verwässerung des Markenimages von Porsche erwartete (*Esch/Bräutigam, 2001, S. 31 f.*). Tatsächlich erwies sich der Cayenne nicht nur als ein außerordentlich erfolgreiches Modell, sondern er trug auch zur Stärkung des Markenimages von Porsche bei (*Diez, 2006, S. 601 f.*). Im Jahr 2009 erfolgte mit der Einführung des Porsche Panamera der Markteintritt in das Segment der Oberklassen-Limousinen, wo sich diese Baureihe neben den etablierten Wettbewerbern eine starke Marktposition erobern konnte.

Der Porsche Macan stellt neben der Baureihe 911 mit ihren verschiedenen Derivaten, den Mittelmotor-Sportwagen Boxster und Cayman, dem Cayenne und dem Panamera die fünfte eigenständige Baureihe im Porsche Modellprogramm dar (vgl. Abbildung 1).

Abb. 1: Modellprogramm der Marke Porsche

Quelle: *Porsche AG (2015)*

Das Modell wurde im Herbst 2013 vorgestellt und im Jahr 2014 in den Markt eingeführt. Technisch gesehen handelt es sich bei dem Fahrzeug um einen Kompakt-SUV, der seit der Markteinführung in drei Motorisierungsvarianten angeboten wird (Macan S, Macan S Diesel, Macan Turbo). Das Fahrzeug verfügt über einen aktiven Allradantrieb, ein 7-Gang Porsche Doppelkupplungsgetriebe (PDK) sowie eine Start-Stop-Automatik. Der Kraftstoffverbrauch liegt nach dem Neuen Europäischen Fahrzyklus (NEFZ) zwischen 6,1 (Diesel S) und 9,2 l/100 km (Turbo). Weiterhin verfügt das Fahrzeug serienmäßig über zahlreiche Assistenzsysteme sowie ein 7-Zoll-Farb-Touchscreen. Es kann durch eine Vielzahl an Sonderausstattungen weiter individualisiert werden. Kennzeichnend für das Fahrzeug ist das Porsche typische Design mit einer abfallenden Dachlinie, kräftigen „Schultern" sowie einer breiten und tiefen Karosserie. Porsche realisiert mit dem Macan den Anspruch, „den" Sportwagen im B-SUV- Segment zu bauen, was auch in den Claim „Porsche intensiv" zum Ausdruck gebracht wird.

3. Markt und Wettbewerber

Das Marktsegment für SUVs war in den letzten Jahren das am schnellsten wachsende im Automobilmarkt – sowohl weltweit als auch in Deutschland. So stieg der Absatz von SUVs in Deutschland zwischen 2009 und 2014 um 116,1 % auf 528.944 Einheiten im Jahr 2014. Allgemein ging im deutschen Automobilmarkt der Absatz im gleichen Zeitraum um 20,2 % zurück, sodass sich der Anteil der SUVs am Gesamtmarkt von 6,4 % im Jahr 2009 auf 17,4 % im Jahr 2014 erhöhte (vgl. Abbildung 2). Ein besonders stark wachsendes Teilsegment des SUV-Marktes ist das so genannte B-Segment. Dabei handelt es sich um geländetaugliche Fahrzeuge, die im Hinblick auf ihre Außenmaße unterhalb des Segmentes der großen SUVs (C-Segment) angesiedelt sind. Das enorme Wachstum des B-SUV-Segmentes ist auf die anhaltend hohe Attraktivität von Fahrzeugen mit erhöhter Sitzposition sowie die wachsende Nutzung dieser Fahrzeuge in einem urbanen Umfeld zurückzuführen.

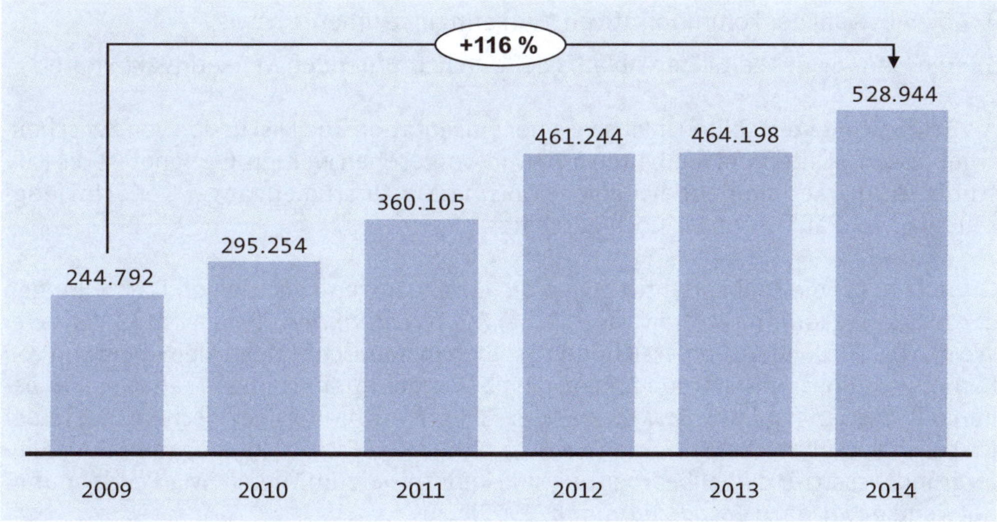

Abb. 2: Entwicklung des Absatzes von SUVs in Deutschland

Quelle: *Kraftfahrtbundesamt (KBA)*

Die wichtigsten Anbieter und damit Wettbewerber für den Porsche Macan sind die Kompakt-SUVs der deutschen Premiumhersteller (BMW X3, Mercedes-Benz GLK sowie Audi Q5). Darüber hinaus spielen in diesem Segment in einigen Märkten auch Modelle der Marken Range Rover (Evoque), Volvo (XC 60) sowie von japanischen Herstellern (z. B. Lexus RX) eine wichtige Rolle. Durch das in den letzten Jahren stark gewachsene Angebot ist auch in diesem Marktsegment eine deutliche Erhöhung der Wettbewerbsintensität festzustellen.

4. Zielsetzung und Aufgabenstellung der Fallstudie

Die Einführung eines neuen Produktes stellt eine außerordentlich komplexe Marketingsituation dar. Neben sachlichen Aspekten erfordert sie bei der Gestaltung der entsprechenden kommunikativen Maßnahmen insbesondere auch eine Berücksichtigung von zeitlichen Aspekten bei der Planung und Umsetzung der Marketingaktivitäten. Darüber hinaus gilt es, die wechselseitigen Beziehungen zwischen den verschiedenen Marketinginstrumenten in die Überlegungen einzubeziehen, da nur so der für eine schnelle und positive Aufnahme des neuen Produktes notwendige konsistente Auftritt sichergestellt werden kann.

Die Bearbeitung der Fallstudie kann in die folgenden **Aufgabenstellungen** gegliedert werden:

1. die Analyse der Marketingsituation
2. die Definition der anzustrebenden Marketingziele
3. die Festlegung der relevanten kommunikativen Inhalte
4. die Auswahl der kommunikativen Marketinginstrumente sowie
5. die Planung des zeitlichen Ablaufs der durchzuführenden Marketingaktivitäten.

Als **Bearbeitungszeit** sollten inklusive einer Präsentation und Diskussion von Zwischenergebnissen 5 Unterrichtseinheiten à 90 Min. vorgesehen werden. Geeignet ist die Fallstudie für marketingorientierte Bachelor- und Masterstudiengänge. Der Schwierigkeitsgrad wird auf mittel bis hoch geschätzt.

Grundlage für die Fallbearbeitung sind die einschlägigen allgemeinen Darstellungen der Marketingkommunikation wie z. B. bei *Meffert/Burmann/Kirchgeorg (2008)* oder *Weis (2015)*. Besondere Berücksichtigung sollten dynamische Effekte der Steuerung von Kommunikationsmaßnahmen finden, die aber leider nur in wenigen Lehrbüchern behandelt werden (vgl. z. B. *Becker, 2001, S. 723 ff.*). Automobilspezifische Aspekte der Marketingkommunikation werden bei *Diez (2006)* und *Esch (2013)* behandelt. Als Hintergrundwissen für die Fallbearbeitung sind Kenntnisse zum Thema „Markendehnung" notwendig (vgl. dazu *Caspar/Burmann, 2005*).

5. Theoretischer Bezugsrahmen für eine Lösung

Als Bezugsrahmen für eine Bearbeitung der Fallstudie eignet sich die **Theorie des Kampagnenmanagements**. Unter einer Kampagne ist ganz allgemein eine zeitlich befristete, zielorientierte Bündelung von kommunikativen Aktivitäten zu verstehen.

Nach *Diez (2015)* umfasst das Kampagnenmanagement **sechs Dimensionen:**

- die konzeptionelle Dimension (Festlegung der Ziele und Zielgruppen)
- die inhaltliche Dimension (Gestaltung der kommunikativen Botschaft)
- die instrumentelle Dimension (Auswahl und Einsatz der Kommunikationsinstrumente)
- die zeitliche Dimension (Festlegung und Strukturierung des Kampagnenzeitraums)
- die organisatorische Dimension (Umsetzung und Durchführung der Kampagne) sowie
- die finanzielle Dimension (Festlegung des Budgets).

Im Folgenden soll die Markteinführungskampagne für den Porsche Macan entlang dieser sechs Dimensionen dargestellt werden.

6. Die Markteinführungskampagne für den Porsche Macan

6.1 Konzeptionelle Dimension: Ziele und Zielgruppen

Die wesentlichen **kommunikativen Ziele** der Markteinführungskampagne beim Porsche Macan waren:

- Positionierung des Macan als „echter" Sportwagen im Segment der Kompakt-SUVs
- Erschließung einer neuen Zielgruppe sowie
- Stärkung der Marke Porsche.

Mit der Positionierung des Macan als einen echten Sportwagen wurde eine klare Wettbewerbsdifferenzierung angestrebt. In der Kampagne sollte auf die Markenzugehörigkeit des Macan als fünfte Baureihe von Porsche klar Bezug genommen werden. Die Marke Porsche definiert sich über eine Kombination scheinbar widersprüchlicher Werte, nämlich „Tradition & Innovation, Performance & Alltagstauglichkeit, Exklusivität & soziale Akzeptanz, Design & Funktionalität". Alle diese Werte sind in dem Markenkern „Intelligent Performance" vereint, der mit dem Kürzel „Dr. Ing." Bezug auf den Firmengründer Dr. Ing. hc. c. Ferdinand Porsche nimmt. Der Macan sollte das Faszinationspotenzial von Porsche durch seinen unmissverständlichen Charakter als Sportwagen und aufgrund seiner kompakten Maße und verbrauchssparsamen Motoren gleichzeitig die Markenwerte „Alltagstauglichkeit" und „soziale Akzeptanz" stärken.

Als wesentliche differenzierende Merkmale des Macan wurden das sportlich-dynamische, der Porsche-DNA entsprechende Design, die Best-in-Class-Performance sowie die umfangreichen Individualisierungsoptionen in den Vordergrund gestellt.

Mit dem Macan sollte für die Marke eine neue Zielgruppe erschlossen und insbesondere eine Kannibalisierung mit dem Porsche Cayenne verhindert werden. Die anvisierte Zielgruppe kann als jung, urban und erlebnisorientiert charakterisiert werden, für die Emotionen wie „Spass“ und „Thrill“ eine große Rolle spielt. Das Motto der Kampagne „Porsche intensiv“ spiegelte den Lebensstil der Zielgruppe wider (vgl. Abbildung 3).

Abb. 3: Die Lebenswelt der Porsche Macan-Zielgruppe

Quelle: *Porsche AG*

6.2 Inhaltliche Dimension: Kommunikative Botschaft

Die kommunikative Botschaft der Markteinführungskampagne für den Macan wurde in dem Claim „Porsche intensiv“ in zugespitzter Form zum Ausdruck gebracht. Als **Consumer Benefit** werden damit intensive Fahrerlebnisse versprochen, die den Alltag der anvisierten Zielgruppe noch dynamischer und aufregender machen. Glaubhaft gemacht wurde dieser Anspruch durch das sportliche Design des Fahrzeugs und das überragende Leistungspotenzial. Gleichzeitig sollte vermittelt werden, dass der Macan – preislich unterhalb des Cayenne positioniert – auch neuen Zielgruppen einen Zugang zur Marke Porsche ermöglicht. Die **Tonality** der Kampagne war klar auf Emotionalität ausgelegt.

Für die Umsetzung der kommunikativen Botschaft ist vor allem die **Bildkommunikation** geeignet, da mit ihr eine intensive und emotionale Kommunikationswirkung erzielt werden kann. Bei der Gestaltung der Bildkommunikation wurde im Rahmen der Markteinführungskampagne des Macan ein für Porsche neuer Weg beschritten: Die Atmosphäre der Aufnahmen setzt den Lebensstil der Macan-Zielgruppe in Szene und drückt aus, dass jeder Tag intensiv, aufregend und einzigartig sein kann. Das Fahrzeug wurde in einer urbanen Szenerie präsentiert, umgeben von städtischem Leben und intensivem

Licht. Dabei wurden – für die Porsche-Kommunikation eher ungewöhnlich – erstmals auch schemenhaft Menschen gezeigt, um den Macan nahbar und inmitten der Zielgruppe zu präsentieren. Gleißendes Licht der niedrig stehenden Sonne erzeugte lange Schatten und Reflektionen in den Fassaden der urbanen Umgebung, wobei der Fokus aber eindeutig auf dem Fahrzeug lag, das so besonders nah und damit auch „erreichbar" erscheinen sollte.

6.3 Instrumentelle Dimension: Einsatz der Kommunikationsinstrumente

Entsprechend der Zielsetzung, mit dem Macan eine neue, junge und urbane Zielgruppe anzusprechen, war die **Online-Kommunikation** im Rahmen der Markteinführungskampagne von besonders großer Bedeutung. Dazu diente vor allem ein **Webspecial**, das zur zentralen Anlaufstelle für alle Neuigkeiten zum Macan wurde (Online-Hub). Dabei wurden auch **Social Media-Angebote** stärker als in der Vergangenheit genutzt. So konnten sich Social Media-Nutzer über einen speziellen Log-In direkt mit ihren Zugangsdaten, von z. B. Facebook, Google+ oder Weibo, im Webspecial einloggen und damit einfach und bequem die Aktivitäten ihrer Freunde verfolgen. Damit sollte die virale Verbreitung der Macan-Inhalte gefördert werden. Entsprechend dem Mediennutzungsverhalten der Zielgruppe wurde das Webspecial im Hinblick auf die Nutzung von Tablets und Smartphones optimiert.

Von besonderer Bedeutung für die Gewinnung einer neuen Zielgruppe war der frühzeitige Aufbau eines Dialogs mit Kaufinteressenten bzw. die Blockierung von Kaufentscheidungen von Interessenten für Wettbewerbsfahrzeuge. Neben der Online-Kommunikation, die für eine dialogorientierte Marketingkommunikation besonders geeignet ist, wurden für Interessenten mit einer geringeren Online-Affinität auch **Maßnahmen des klassischen Dialogmarketings** durchgeführt. So erhielten potenzielle Interessenten ein hochwertiges Mailing, das den Eindruck, zu einem exklusiven Empfängerkreis zu gehören, verstärkte. Das Mailing enthielt ein Response-Element, das eine einfache Kontaktaufnahme mit Porsche ermöglichte.

Ergänzt und unterstützt wurden diese zielgruppenspezifischen Aktivitäten durch **Maßnahmen der klassischen Medienwerbung**, um schnell einen hohen Bekanntheitsgrad aufzubauen. Neben der Print- und TV-Werbung wurden dazu auch Out-of-Home-Medien eingesetzt.

Wesentlicher Bestandteil der Markteinführungskampagne war die **Einbindung der Porsche-Vertragshändler in die kommunikativen Aktivitäten**. Dies erfolgte durch die Bereitstellung von POS-Material wie hochwertige Fensterkleber, Megaboards, das Macan Corner-Set, Ipads inkl. Augmented Reality App, Tracking Point-Würfel, Deckenhänger, Bodenkleber sowie diversen Give-Aways an die Porsche-Zentren (vgl. Abbildung 4).

Abb. 4: Präsentation des Porsche Macan am Point-of-Sale

Quelle: *Porsche AG*

Vorbereitet und flankiert wurden die Aktivitäten der Marketingkommunikation in der Markteinführungsphase durch **kommunikative Maßnahmen der Public Relations**, und zwar insbesondere der **Pressearbeit**. So war die Vorstellung des neuen Fahrzeuges bei einer renommierten Automobilmesse (Autoshow in Los Angeles) sowie die Fahrvorstellung, zu der ausgewählte Fachjournalisten eingeladen wurden, Gegenstand einer umfangreichen Berichterstattung sowohl in Off- wie auch in Online-Medien mit einer großen Breitenwirkung.

Zusammenfassend ist festzustellen, dass bei der Auswahl der Kommunikationsinstrumente auf ein ausgewogenes Verhältnis zwischen breit streuenden Maßnahmen einerseits und intensiv und dialogorientiert einsetzbaren Instrumenten andererseits geachtet wurde. Während die breit streuende Print- und TV-Werbung das Produkt einem großem Publikum bekannt machte, dienten die Online- und die Aktivitäten des Dialogmarketings vorrangig dazu, mit Interessenten in einen intensiven Kontakt zu kommen, um damit Leads für die Handelsorganisation zu generieren.

6.4 Zeitliche Dimension: Strukturierung des Kampagnenzeitraums

Der zeitliche Ablauf der Aktivitäten im Rahmen einer Markteinführungskampagne muss einer bestimmten „Dramaturgie" folgen. Die Aufgabe besteht dabei darin, einen Spannungsbogen von den ersten kommunikativen Aktivitäten bis zur Präsentation des neuen Fahrzeugs am Point-of-Sale aufzubauen. Andernfalls besteht die Gefahr, dass die kommunikativen Highlights entweder zu früh gesetzt werden und es im weiteren Verlauf der Kampagne zu einem Spannungsabfall und damit zu seiner sinkenden Aufmerksamkeit bei den relevanten Zielgruppen kommt. Oder die kommunikativen Highlights werden zu spät gesetzt, sodass im Hinblick auf die anvisierte Generierung von Interessenten nicht das volle Potenzial ausgeschöpft wird. Voraussetzung für ein gutes Timing der eingesetzten Maßnahmen ist eine Strukturierung des Kampagnenzeitraums in bestimmte Phasen, wobei der Start und das Ende der jeweiligen Phase durch markante Ereignisse geprägt sein sollten.

Die **Markteinführungskampagne** für den Porsche Macan wurde in **drei Phasen** eingeteilt:

- Phase I: Vorkampagne
- Phase II: Pre-Launch
- Phase III: Launch.

Abbildung 5 gibt einen Überblick über die Timeline der Macan-Einführungskampagne.

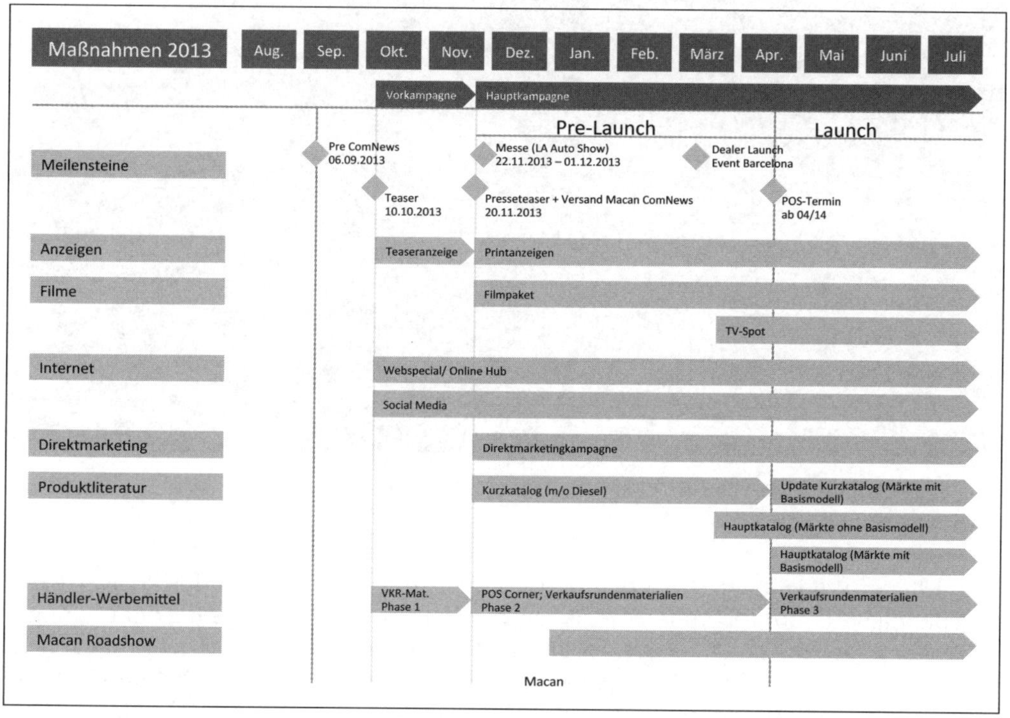

Abb. 5: Timeline der kommunikativen Aktivitäten – Markteinführung Porsche Macan

Quelle: *Porsche AG*

Die **Vorkampagne** (Phase I) startete am 10.10.2013 mit einem Teaser, der das Fahrzeug in einer dunklen Studio-Atmosphäre zeigt. Der Fokus liegt auf der Porsche Flyline mit abfallender Dachlinie, den auf der Tür aufsitzenden Außenspiegeln, den breiten Schultern über den Hinterrädern sowie den markanten 4-Punkt-LEDs. Klar sichtbar ist das Porsche Markenzeichen (vgl. Abbildung 6). Das Teaser-Motiv sollte bei den relevanten Zielgruppen Aufmerksamkeit und Interesse wecken, ohne schon zu viel über den Macan zu verraten. Bereits hier wurde der Online-Hub mit einem Webspecial eingerichtet, wobei dieser aber das Fahrzeug ebenfalls noch nicht „enthüllte". Das Webspecial wurde im weiteren Verlauf ständig aktualisiert. POS-Werbemittel waren in dieser Phase ein Fensterkleber sowie ein Megaboard mit dem Teaser-Motiv.

Abb. 6: Teaser-Motiv im Rahmen der Vorkampagne zur Markteinführung des Porsche Macan

Quelle: *Porsche AG*

Phase II, der **Pre-Launch**, startete am 20.11.2013 mit dem Versand des Presse-Teaser und der dicht darauf folgenden offiziellen Vorstellung des Fahrzeugs bei der Los Angeles Motor Show am 22.11.2013. Das Fahrzeug wurde nun voll sichtbar in Printanzeigen beworben und das Webspecial entsprechend aktualisiert. Außerdem starteten jetzt die Direktmarketingaktivitäten.

Die Porsche Zentren erhielten in dieser Phase verschiedene Werbemittel, mit denen sie die Kundenakquisition starten konnte (Verkaufsfreigabe war am 20.11.2013). Von besonderer Bedeutung war dabei eine **Augmented Reality App**, mit welcher der Macan auch ohne physische Präsenz im Porsche-Zentrum im Maßstab 1:1 interaktiv erlebt werden konnte.

Gegen Ende dieser Phase wurde TV-Werbung eingesetzt, um die Interessenten für den bevorstehenden Launch zusätzlich zu aktivieren. Durch diese Maßnahme wurden der beabsichtigte Spannungsaufbau und der Wunsch, das Fahrzeug nun mehr physisch zu erleben, verstärkt.

Die **Launch-Phase** (Phase III) startete mit der Vorstellung des Macan durch die Vertragspartner im Handel. Grundsätzlich konnten die Events sowohl im Porsche-Zentrum selbst oder in einer anderen geeigneten Location durchgeführt werden. Die Launch-

Phase wurde durch weitere, breit streuende kommunikative Aktivitäten wie Print- und TV-Werbung sowie die Aktualisierung des Webspecials begleitet.

6.5 Organisatorische Dimension: Durchführung der kommunikativen Maßnahmen

Im Hinblick auf die Umsetzung und Durchführung der kommunikativen Aktivitäten sind zwei Ebenen zu unterscheiden:

- **zentrale Aktivitäten**
- **länderspezifische Aktivitäten**.

Die Federführung für die Durchführung der Markteinführungskampagne lag bei der Marketing-Kommunikation und der Öffentlichkeitsarbeit, wobei eine enge Abstimmung durch regelmäßige Projektmeetings sichergestellt wurde.

Die länderspezifischen Aktivitäten lagen in der Verantwortung der jeweiligen Landesgesellschaften. Dabei erfolgte eine Anpassung der einzelnen Maßnahmen an den jeweils spezifischen nationalen Bedingungen. Die POS-Kommunikation wurde von den Landesgesellschaften gesteuert.

6.6 Finanzielle Dimension: Festlegung des Budgets und Erfolgskontrolle

Die **Budgetierung der kommunikativen Maßnahmen** erfolgte entsprechend der zweistufigen organisatorischen Steuerung ebenfalls sowohl auf Zentral- wie auch auf Länderebene. Die Ausgaben des Handels wurden im Rahmen der durch den Händlervertrag vorgegebenen Standards hinsichtlich der Durchführung werblicher Aktivitäten budgetiert.

Zur **Durchführung der Erfolgskontrolle** der kommunikativen Aktivitäten wurden in Deutschland die Marketingbudgets der Porsche-Zentren analysiert und geprüft, inwiefern für den Macan sowohl online wie auch offline Kommunikationsmaßnahmen durchgeführt wurden. Zudem konnten über die Bestellvolumen und die Art der gewählten Dialogmaterialien Rückschlüsse auf die Ansprache der unterschiedlichen Zielgruppen gezogen werden. Über eine kontinuierliche Kampagnen-Erfolgskontrolle werden in 6-, 12- und 18-Monatsrythmen Analysen hinsichtlich der Entwicklung des Zielgruppenstatus durchgeführt.

7. Ergebnis der Markteinführungskampagne

Der Porsche Macan wurde zu einer der erfolgreichsten Modelleinführungen im deutschen Automobilmarkt der letzten Jahre. Die Nachfrage nach dem neuen Modell lag deutlich über den Erwartungen und damit auch über den für den deutschen Markt vorgesehenen Kontingenten. Dementsprechend waren lange Lieferzeiten von zeitweise mehr als sechs Monaten die Folge. Trotz beschränkter Verfügbarkeit konnte der Macan im Jahr 2014 auf Anhieb einen Marktanteil von 6,6 % im Vergleich mit den Kernwettbewerbern der Vergleichsklasse erreichen.

Im Hinblick auf die anvisierten Ziele ist ein Jahr nach der Markteinführung festzustellen:

- Der Macan wurde von den Kaufinteressenten sofort als SUV mit Sportwagencharakter wahrgenommen. Besonders bemerkenswert ist, dass die Turbo-Variante in der Einführungsphase einen extrem hohen Bestellanteil hatte, der in dieser Form nicht vorausgesehen wurde.
- Mit dem Macan ist es Porsche tatsächlich gelungen, eine neue Zielgruppe zu erschließen. Mit einem Anteil von ca. 79 % Nicht-Porschefahrern unter den Erstkäufern hat das Modell sein „Eroberungspotenzial" eindrücklich unter Beweis gestellt. Die Kannibalisierung des Porsche Cayenne war minimal.
- Der Macan wurde von Anbeginn an als ein „echter" Porsche wahrgenommen und hat zu einer Dynamisierung und Verjüngung des Markenimages beigetragen.

Insgesamt hat Porsche mit dem Macan seine dominierende Stellung im Sportwagensegment weiter ausgebaut. Porsche konnte im Jahr der ersten Macan-Auslieferungen gegenüber dem Vorjahr eine Steigerung der Auslieferungen an Kunden – sowohl weltweit wie auch in Deutschland – von über 17 % realisieren.

8. Generalisierende Learnings

Als generalisierende Learnings für die Durchführung von Markteinführungskampagnen im Bereich von langlebigen Konsumgütern mit Premiumcharakter kann Folgendes festgehalten werden:

- Der Erfolg der Markteinführungskampagne wurde zweifellos von der herausragenden Produktsubstanz des Macan und den zahlreichen wettbewerbsdifferenzierenden technischen Features getragen. Darüber hinaus hat das innovative, eigenständige und marken-typische Design einen hohen Anteil an der hervorragenden Aufnahme des neuen Modells im Markt.
- Aufgabe der Marketingkommunikation war es, einen hohen Bekanntheitsgrad und vor allem Begehrlichkeit bei den relevanten Zielgruppen aufzubauen. Dies ist durch einen emotionalen kommunikativen Auftritt sowohl in Offline- wie auch in Online-Medien sowie deren synergetische Vernetzung gelungen. Gerade im Rahmen einer Markteinführungskampagne kann auf die Push-Elemente von Above-the-Line-Medien sowie der Öffentlichkeitsarbeit nicht verzichtet werden.

- Die Marketingkommunikation in der Markteinführungsphase muss sehr eng mit einem konsequenten Lead Management verbunden werden. Neben der frühzeitigen Generierung von Leads gehört dazu die Verfolgung und Qualifizierung der Leads mit dem Fortschreiten der Kampagne im Zeitablauf. Nur so können Kaufentscheidungen für alternative Angebote blockiert und ein hoher Auftragseingang beim Start der Verkaufsfreigabe sicherstellt werden.

Die Markteinführung des Macan hat zweifellos von dem herausragenden Image der Marke Porsche profitiert. Aufgrund einer sehr spitzen Positionierung des neuen Modells sind die in der Anfangsphase immer wieder geäußerten Bedenken, dass mit diesem Modell der Exklusivitätsanspruch der Marke verloren gehen könnte, nicht eingetreten. Im Gegenteil: Die anhaltend starke Nachfrage nach dem Macan steigert die Begehrlichkeit der Marke Porsche. Der Macan wird nicht als ein weiterer Porsche, sondern als „Porsche intensiv" wahrgenommen.

9. Mögliche Fehlerquellen bei der Bearbeitung der Fallstudie

Im Wesentlichen lassen sich die folgenden Fehlerquellen bei der Bearbeitung der Fallstudie identifizieren:

- Positionierung des Macan als „sportliches Alltagsauto" und nicht als Sportwagen mit hoher Alltagstauglichkeit
- angesichts der immer wieder geäußerten Kritik an geländetauglichen Fahrzeugen eine rechtfertigende und damit defensive Kommunikation
- zu starke Fokussierung der Kommunikationsaktivitäten auf Online-Medien
- mangelnde Einbindung der Vertragspartner im Handel (Porsche-Zentren) in die kommunikativen Aktivitäten
- keine Vernetzung von kommunikativen und vertrieblichen Aktivitäten
- mangelnde zeitliche Strukturierung der Kommunikationsaktivitäten (fehlende „Dramaturgie").

Die Bearbeitung der Fallstudie erfordert eine ganzheitliche Sicht auf die Durchführung der kommunikativen Aktivitäten wie auch deren Fokussierung in einem eng begrenzten Zeitraum. Fehler in der Markteinführung können während einer laufenden Kampagne kaum noch korrigiert werden. Daher ist eine stringente und nach allen Seiten abgesicherte Planung ein wichtiger Erfolgsfaktor.

10. Literatur

Becker, J., Marketing-Konzeption, 7. Auflage, München 2001

Caspar/Burmann, Markenerweiterungsstrategien, in: Meffert/Burmann/Koers (Hrsg.), Markenmanagement, Wiesbaden 2005, S. 245 - 270

Diez, W., Automobilmarketing, 6. Auflage, München 2015

Diez, W., Automobilmarketing, 5. Auflage, Landsberg a. Lech 2006

Esch/Bräutigam, Corporate Brands versus Product Brands? Zum Management von Markenarchitekturen, in: Thexis Nr. 4/2001, S. 27 - 34

Fuchs, A., Modelllebenszyklen in der Automobilindustrie – Eine segment- und herstellerspezifische Analyse, Master-Thesis, Geislingen/St. 2013

Meffert/Burmann/Kirchgeorg, Marketing, 10. Auflage, Wiesbaden 2008

Porsche, Geschäftsbericht, Stuttgart 2014

Weis, H. C., Marketing, 17. Auflage, Herne 2015

Die Dreh OHG – Metall- und Kunststoffverbinder

Von Prof. Werner Pepels

1. Problemstellung und Zielsetzung

Für den Einsatz speziell im Baugewerbe stehen zwei technische Systeme für Spezialverschraubungen zur Verfügung: **Metallverbinder** und **Kunststoffverbinder**. Metallverbinder werden ausschließlich aus Spezialstahllegierungen hergestellt; Kunststoffverbinder sind in großer Materialvielfalt vertreten. Preislich liegen die beiden technischen Verbindersysteme in etwa auf vergleichbarem Niveau.

Die Dreh OHG stellt ausschließlich Metallverbinder her und ist in diesem Marktsegment der größte Anbieter. Im Markt für Metallverbinder ist daneben im Wesentlichen nur noch die MKV-GmbH tätig. Im Markt für Kunststoffverbinder gibt es mehrere kleinere Anbieter; die wichtigsten sind die X-AG, die Y-KG und die Z-Ltd.

Metallverbinder werden vorwiegend zum Schrauben oder Bolzen angeboten, Kunststoffverbinder hingegen in Form von Zapfen und zugehörigen Schlaghülsen (ähnlich Dübeln).

Abb. 1: Metallverbinder

Quelle: © fefufoto – Fotolia.com

Abb. 2: Kunststoffverbinder

Quelle: http://www.volierenbau-ferwagner-shop.de/T-Form-Kunststoffverbinder

Die wichtigsten Marktsegmente im Baugewerbe in Deutschland sind der Gewerbeimmobilienneubau, der Wohnimmobilienneubau und die Bestandswohnungsrenovierung:

- Der **Gewerbeimmobilienneubau** ist branchenbedingt starken konjunkturellen Schwankungen unterworfen. In diesem Segment sind mehrere Anbieter nebeneinander tätig, wobei die Dreh OHG mit ihren Metallverbindern mit einigem Abstand zum Marktführer den zweitgrößten Marktanteil hält (20 %).
- Beim **Wohnimmobilienneubau** ist in den nächsten Jahren mit einem deutlichen Rückgang der Bautätigkeit zu rechnen. Hier hat die Dreh OHG in den letzten vier Jahren einen Verlust von 35 Marktanteilspunkten (von 50 % auf 15 %) hinnehmen müssen. Im gleichen Zeitraum ist der Anteil der Kunststoffverbinder um 22 Marktanteilspunkte (von 3 % auf 25 %) angestiegen. Den größten Marktanteil hat hier die MKV-GmbH (50 %). Der starke Zuwachs an Kunststoffverbindern hatte auf den Erfolg der MKV-GmbH in diesem Segment keinen negativen Einfluss.
- Bei der **Bestandswohnungsrenovierung** ist mit einem vergleichsweise starken Marktwachstum zu rechnen. Die Dreh OHG ist dort der größte Anbieter. Zugleich bedingen die umweltrechtlichen Anforderungen, dass Kunststoffverbinder dort nur sehr eingeschränkt eingesetzt werden dürfen.

Hinsichtlich der wichtigsten Marktdaten bleibt zu erwähnen, dass das mengenmäßige Marktvolumen für Verbindungselemente in Deutschland ca. 8 Mrd. Stück p. a. beträgt, das wertmäßige Marktvolumen ca. 130 Mio. € p. a. (Stückpreis: ca. 0,61 €).

Segmentanteile 2015 (nach Wert) am Gesamtmarkt Baugewerbe		**Segmententwicklung für die Zukunft geschätzt**
Gewerbeimmobilienneubau	26,15 %	+ 5 Prozentpunkte in drei Jahren
Wohnungsneubau	42,73 %	- 10 Prozentpunkte in drei Jahren
Bestandswohnungsrenovierung	31,12 %	+ 15 Prozentpunkte in drei Jahren

Marktanteile 2015 (nach Wert)	Wohnungsneubau	Bestandswohnungs-renovierung	Gewerbeimmobilien-neubau
Dreh OHG	15 %	80 %	20 %
MKV-GmbH	50 %	5 %	38 %
X-AG	11 %	3 %	11 %
Y-KG	7 %	3 %	12 %
Z-Ltd.	8 %	1 %	16 %
Sonstige	9 %	8 %	3 %

In der Vergangenheit beschränkten sich die Verkaufsaktivitäten der Dreh OHG im Wesentlichen auf die passive Entgegennahme von Aufträgen. Dies wurde im Großen und Ganzen auch einwandfrei erledigt.

Allerdings konnten in jüngerer Vergangenheit einige Aufträge nicht zeit- und inhaltsgerecht ausgeführt werden, da sich Lagerung und Transport aufgrund eines fehlerhaften PPS-Systems als nicht ausreichend steuerbar erwiesen. Dieser Mangel führte zu Verärgerung bei den gewerblichen Abnehmern. Nunmehr soll ein modifiziertes PPS-System dafür sorgen, dass alle Aufträge korrekt ausgeführt werden können. Darüber hinaus gingen Daten von mehreren Bestelleingängen verloren, weil ein Mitarbeiter mit der Technik überfordert war. Auch dies war Anlass für Verärgerung bei den betroffenen Kunden. Der betreffende Mitarbeiter wurde zwischenzeitlich freigesetzt. Zu allem Überfluss entstanden Probleme, weil die informatorische Schnittstelle eines externen Warenwirtschaftssystems zum PPS-System der Dreh OHG nicht sauber definiert war, sodass es sowohl zu Doppellieferungen als auch Nichtlieferungen bei einzelnen Kunden kam.

Daher hat die Dreh OHG einiges bei ihren Kunden „gut zu machen". Hierfür soll zunächst der Verkaufsprozess restrukturiert werden. In diesem Zusammenhang steht eine Reihe von Aktivitäten an, wobei Sie als Experte gefordert sind.

2. Aufgabenstellungen

Aufgabe 1:

Die Verkaufsleiter der Dreh OHG verabreden unter der Leitung von Marketingmanager Norbert Laut ein Meeting zur Mittelfristplanung; mit dabei sind die Vertriebsmanager Gerhardt, zuständig für Gewerbeimmobilien, Wilhelm, zuständig für Wohnimmobilien, und Bertrand, zuständig für Bestandswohnungen. Gegenstand des Meetings ist im Wesentlichen die Aufteilung des Marketingbudgets für die kommenden Jahre.

Jeder der Vertriebsmanager ist bemüht, die Bedeutung seines Bereichs hervorzuheben, um von der Budgetzuteilung zu profitieren. Gerhardt weist darauf hin, dass der Markt für Gewerbeimmobilien angesichts der gesamtwirtschaftlichen Stagnation zukünftig ein solides Wachstum erfahren dürfte und es daher unbedingt vermieden werden müsse, in eine zu große Abhängigkeit von Bestandswohnungsrenovierungen zu geraten.

Daher beansprucht er eine überproportionale Budgetierung, zumal es gelte, den Anschluss zum Marktführer MKV-GmbH nicht zu verlieren.

Wilhelm widerspricht dem. Er verweist darauf, dass der Wohnungsneubau schließlich der größte Teilmarkt sei und daher auch die meisten Potenziale biete. Die kurzfristige negative Entwicklung hält er für eine Chance, gegen den Trend – also antizyklisch – Marktanteile hinzuzugewinnen, zumal der überragende Marktführer MKV-GmbH dafür jede Menge Angriffsfläche biete. Er beansprucht daher einen überproportionalen Anteil des Budgets für seinen Bereich.

Bertrand kann dieser Argumentation nicht folgen, denn der von ihm zu vertretende Bereich Bestandswohnungsrenovierung sei der einzige, der überhaupt ein nachhaltiges Wachstum erwarten lasse. Und im Übrigen sähe es für das Gesamtunternehmen düster aus, wenn die Stellung in diesem Teilmarkt erodieren würde. Also gelte es, die überragende Marktstellung mit aller Macht zu verteidigen, und das sei nur mit entsprechenden Finanzressourcen möglich. Folglich müsse der größte Teil des Budgets seinem Bereich zugedacht werden.

Marketingmanager Norbert Laut ist konsterniert. Er kann den Argumenten seiner Vertriebsmanager zwar im Einzelnen folgen, aber wie soll er letztendlich entscheiden? Er löst das Meeting auf und wendet sich an Sie als seinen Stabsassistenten, um einen Plan zu entwickeln.

Stellen Sie bitte dar, welche strategischen Überlegungen aus den Marktdaten für die Dreh OHG folgen. Analysieren Sie dabei systematisch, welche Geschäftseinheiten Ihrer Meinung nach welche Priorität im Marketing-Mix einnehmen sollten und begründen Sie dies. Nutzen Sie dazu das Instrument der (modifizierten) Portfolio-Analyse nach *Boston Consulting Group (BCG)*.

Aufgabe 2:

Unterstellen Sie für die nächsten drei Jahre der Einfachheit halber konstante Marktanteile der Dreh OHG in allen bearbeiteten Marktsegmenten. Beantworten Sie auf dieser Basis bitte folgende Fragen:

- Welche Gefahr resultiert aus dieser Situation insbesondere für den Teilmarkt Bestandswohnungsrenovierung?
- Welche marktstrategischen Maßnahmen könnten bei unverändertem Produktprogramm helfen, diese Gefahren zu vermindern?
- Welche zusätzlichen Aktivitäten sind dazu aus Kapazitätsgründen im persönlichen Verkauf und/oder in der Werbung zum Vorverkauf erforderlich? (Bedenken Sie dabei die limitierte Budgetsituation.)

Aufgabe 3:

Norbert Laut hat entschieden, dass die Dreh OHG eine schriftliche Befragung durchführen soll. Er beauftragt Sie als seinen Stabsassistenten mit der Vorbereitung:

- Laut hat entschieden, dass es aus Kosten- und Zeitgründen ausreicht, 200 Probanden zu befragen. Was halten Sie davon und wie strukturieren Sie diese Gruppe im konkreten Fall?
- Nennen Sie beispielhaft zehn relevante Untersuchungsaspekte, die Ihrer Ansicht nach Gegenstand der Marktforschung sein sollten (auf Basis der Inhalte der nachfolgenden Frage 4).

Aufgabe 4:

Vertriebsmanager Gerhardt will rasch Karriere machen; folglich überlegt er, welche schlauen Vorschläge er einbringen kann. Ihm fällt auf, dass Dienstleistungen im Trend liegen. In der Mittagspause treffen Sie Gerhardt in der Kantine. Er kommt beiläufig auf Dienstleistungen zu sprechen und darauf, welche Dienstleistungen für die Dreh OHG aus Ihrer Sicht infrage kommen.

Welche Dienstleistungen kann ein industrieller Anbieter wie die Dreh OHG offerieren?

3. Überlegungen zur Entwicklung einer Lösung und Umsetzung

Lösung zu Aufgabe 1:

- Gesamtvolumen Baumarkt 2015: 130,0 Mio. €
  - davon Gewerbeimmobilienneubau: 34,0 Mio. €
  - Wohnungsneubau: 55,5 Mio. €
  - Bestandswohnungsrenovierung: 40,5 Mio. €

Geschätztes Marktwachstum in den nächsten drei Jahren (gewichtet Ø 1,6 %):

- Gewerbeimmobilienneubau: + 5 % (gering positiv)
- Wohnungsneubau: - 10 % (negativ)
- Bestandswohnungsrenovierung: + 15 % (stark positiv)

Marktanteil bzw. relativer Marktanteil der Dreh OHG:

- Gewerbeimmobilienbau:
  Marktführer: MKV-GmbH mit 38 %
  Dreh OHG: 20 %, relativer Marktanteil: 0,5
- Wohnungsneubau:
  Marktführer: MKV-GmbH mit 50 %
  Dreh OHG: 15 %, relativer Marktanteil: 0,3
- Bestandswohnungsrenovierung:
  Marktführer: Dreh OHG: mit 80 %
  MKV-GmbH: 5 %, relativer Marktanteil: 16

Bedeutung der Strategischen Geschäftseinheiten (SGE) der Dreh OHG in 2015
(Umsatzvolumen: 47,5 Mio. €, Marktanteil total: 36,5 %)

- Gewerbeimmobilienbau: 6,8 Mio. € (= 14,3 %)
- Wohnungsneubau: 8,3 Mio. € (= 17,5 %)
- Bestandswohnungsrenovierung: 32,4 Mio. € (= 68,2 %)

Positionen im BCG-Portfolio
Marktwachstumsrate:

- Gewerbeimmobilienbau: + 5 %
- Wohnungsneubau: - 10 %
- Bestandswohnungsrenovierung: + 15 %

Relativer Marktanteil:

- Gewerbeimmobilienbau: 0,5
- Wohnungsneubau: 0,3
- Bestandswohnungsrenovierung: 16,0

Bedeutung der SGE:

▸ Gewerbeimmobilienbau	100 (Index)
▸ Wohnungsneubau	122
▸ Bestandswohnungsrenovierung	476

Strategische Überlegungen anhand einer Portfolio-Matrix:

- Gewerbeimmobilienneubau: geringes positives Marktwachstum und niedriger relativer Marktanteil: Poor Dog-Position
- Wohnungsneubau: hohes negatives Marktwachstum und niedriger relativer Marktanteil: Underdog-Position
- Bestandswohnungsrenovierung: hohes positives Marktwachstum und hoher relativer Marktanteil: Star-Position

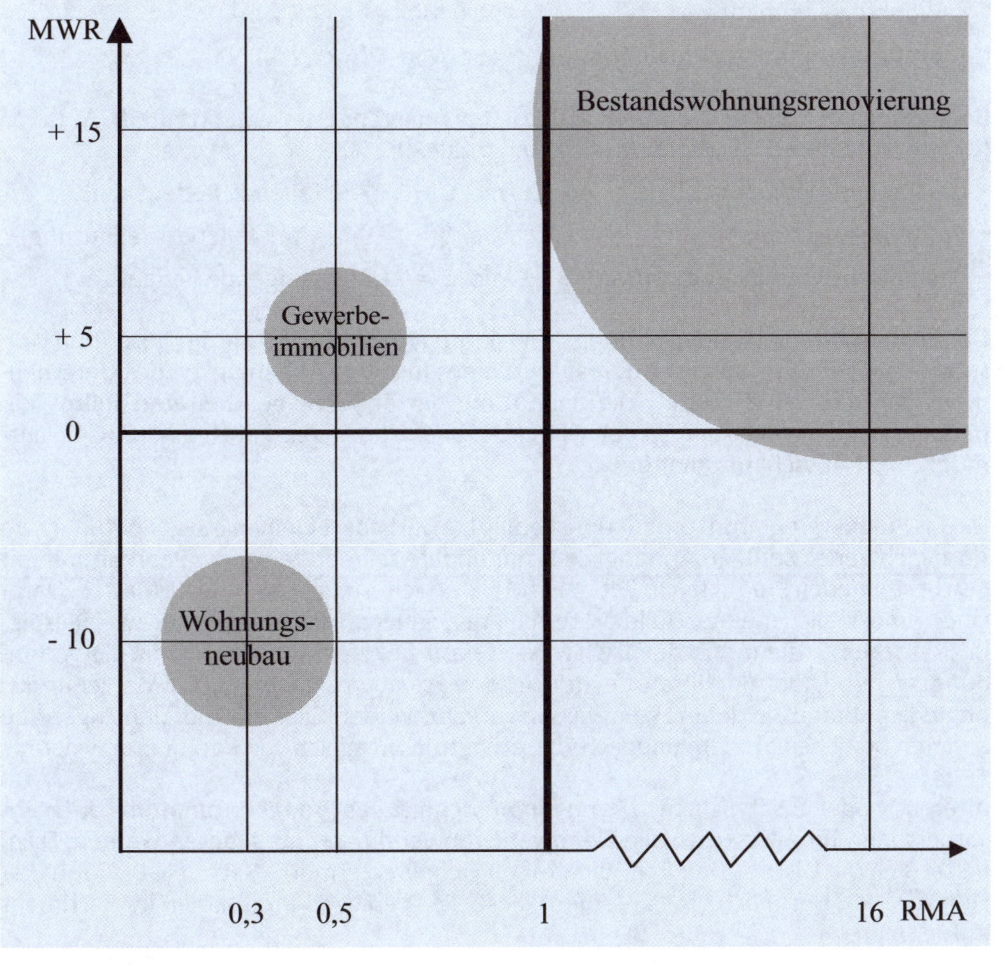

Abb. 3: Portfolio-Matrix

Marketingstrategien:

- Gewerbeimmobilienneubau: Marktführerschaft anstreben, um Segment zum „Star" zu entwickeln. Wenn dies nicht möglich erscheint, Aktivitäten herunterfahren oder ganz aufgeben.
- Wohnungsneubau: Ressourcen abziehen und bei Gewerbeimmobilienneubau einsetzen. Relaunch scheint wegen des erwarteten Marktrückgangs nicht sinnvoll.
- Bestandswohnungsrenovierung: Marktanteile halten und ausbauen, Umsatz steigern, Kunststoffverbinder verdrängen, Marktwachstum überholen, alle freien Ressourcen auf dieses Segment konzentrieren.

Lösung zu Aufgabe 2:

- Gesamtvolumen Baumarkt in 2016   132,2 Mio. € (+ 1,6 %)
  - davon Gewerbeimmobilienneubau: 35,7 Mio. € (= 27,0 %)
  - Wohnungsneubau: 50,0 Mio. € (= 37,8 %)
  - Bestandswohnungsrenovierung: 46,5 Mio. € (= 35,2 %)

Bedeutung der SGE der Dreh OHG in 2016 (bei unverändertem Marktanteil)
(Umsatzvolumen: 51,8 Mio. €, Marktanteil total: 39,2 %)

- Gewerbeimmobilienneubau: 7,1 Mio. € (= 13,7 %, fallende Bedeutung)
- Wohnungsneubau: 7,5 Mio. € (= 14,5 %, stark fallende Bedeutung)
- Bestandswohnungsrenovierung: 37,2 Mio. € (= 71,8 %, steigende Bedeutung)

Der Teilmarkt für Bestandswohnungsrenovierung macht über 70 % des gesamten Umsatzes der Dreh OHG aus. Daraus resultiert eine einseitige Abhängigkeit des Unternehmens von diesem Teilmarkt. Die Bedeutung der anderen bearbeiteten Teilmärkte nimmt spiegelbildlich für die Dreh OHG ab. Daher ist dringend nach einer Ausgleichsmöglichkeit Ausschau zu halten.

Da das Produktprogramm produktionsbedingt unverändert bleiben muss, kommen zum Ausgleich der einseitigen Abhängigkeit nur andere Teilmärkte für die Bearbeitung mit den bestehenden Produkten in Betracht (Markterweiterung in der Ansoff-Matrix). Dafür sind grundsätzlich mehrere Teilmärkte geeignet, daher an dieser Stelle nur zwei Beispiele. So kann z. B. die Industrie als OEM[1]-Lieferant beliefert werden, damit die Verbindungssysteme dort als Hilfsstoffe, möglicherweise auch als integrierter Markenartikel (Ingredient Brand), in deren Erzeugnissen verbaut werden. Dies eröffnet den Zugang zu anderen Branchen als dem Baugewerbe, etwa zum Ausgleich von Konjunkturzyklen.

Alternativ oder zusätzlich dazu kann ein Ausschnitt des Produktprogramms auch Privatpersonen für anspruchsvolle Heimwerkeranwendungen angeboten werden. Dazu bietet sich die Distribution über die großen Heimwerkermarkt-Ketten (OBI, Bauhaus/Home Depot, Hornbach etc.) an, sofern diese die Dreh OHG-Produkte in ihr Sortiment aufnehmen.

---

1 OEM = Original Equipment Manufacturer

Bei Belieferung der Industrie ist im persönlichen Verkauf eine zusätzliche Außendienstorganisation erforderlich. Dabei kann es sich um eigenes oder angemietetes Personal handeln. Denkbar ist zu Beginn auch der Einsatz von Handelsvertretern, um bei weitgehend variabilisierten Kosten die Risiken des Markteintritts niedrig zu halten.

Bei Belieferung der Heimwerkermärkte ist Endverbraucherwerbung unvermeidlich. Dabei kann es sich um eigene Werbemaßnahmen handeln, die praktisch jedoch rasch an Budgetgrenzen stoßen dürften, oder um Coop-Werbemaßnahmen mit dem belieferten Einzelhandel, etwa in Form von Werbekostenzuschüssen für Tageszeitungsbeilagen oder Handelsplatzwerbemittel.

Lösung zu Aufgabe 3:

Repräsentative Untersuchungsergebnisse können bei Eigenmarktforschung ohnehin kaum angestrebt werden; insofern sind nur Tendenzen zu erheben. Im B-to-B-Bereich, wo der Kreis der Abnehmer meist klein und überschaubar ist, sind 200 Probanden durchaus eine nennenswerte Zahl, sodass diese Begrenzung nicht von vornherein negativ zu bewerten ist.

Die Aufteilung der Befragungsteilnehmer auf die Teilzielgruppen sollte folgendermaßen erfolgen:

- Bauunternehmen/Bauträger: 50 Probanden
- Baustoffgroßhandel und Do-it-yourself-Märkte: 50 Probanden
- Architekten: 50 Probanden (als Beeinflusser/Entscheider für Verbindungselemente)
- private und öffentliche Bauauftraggeber: 50 Probanden.

Beispiele für mögliche Fragen:

- Warum beeinflusst der wachsende Verbrauch von Kunststoffverbindern im Wohnungsneubau den Marktanteil der Dreh OHG, nicht aber den der MKV-GmbH?
- Worin liegen die Ursachen für die starke Position der MKV-GmbH im Gewerbeimmobilienneubau?
- Wie hoch ist die Bekanntheit und Vertrautheit von Dreh OHG bei Kunden und Interessenten?
- Wie werden die Produkteigenschaften von Metallverbindern und Kunststoffverbindern im Markt wahrgenommen?
- Welche Unterschiede sehen Kunden zwischen Metallverbindern und Kunststoffverbindern? (Vor- und Nachteile)
- Welche Zusatzleistungen wünschen sich Kunden im Zusammenhang mit dem Kauf von Verbindungselementen?
- Wie schätzen Kunden die zukünftige Marktentwicklung ein?
- Welche Anforderungen stellen Kunden an einen Verbindungselemente-Lieferanten?

- Wie wird das Preis-Leistungs-Verhältnis der derzeitigen Verbindungselemente-Lieferanten eingeschätzt?
- Welche Entscheidungskriterien sind für ein Unternehmen beim Kauf von Metallverbindern bedeutsam (Umweltfreundlichkeit, Lebensdauer, Zug- und Druckspannungsbelastung, Verarbeitungseffizienz etc.)?
- Aus welchen Quellen informieren sich Interessenten über Verbindungselemente?
- Ist die Programmpalette der Dreh OHG ausreichend bzw. welche Produktbereiche fehlen?
- Welche wesentlichen Eigenschaften verbindet man mit Dreh OHG-Produkten (im Vergleich zu Kunststoffverbindern)?

Lösung zu Aufgabe 4:

Mögliche Dienstleistungen der Dreh OHG sind folgende:

- Absatzhilfen (für mehrstufige Vermarktung)
- Anwendungsberatung
- Hilfe bei der Arbeitsvorbereitung
- Bedienerschulung
- Betriebsmittelberatung
- Ersatzteilversorgung
- Finanzierungshilfen
- Garantieleistungen
- Kompensationsgeschäfte
- Vormontageleistungen
- Online-Bestellung (24/7)
- Personalvermittlung (für Aushilfskräfte)
- Produktionsoptimierung
- Projektierung
- Recycling von Altmaterialien
- Rücknahme der Verpackung (Abholung)
- Spezialentwicklungen (kundenindividuell)
- Technologietests
- Transportversicherung
- Umweltverträglichkeitsprüfungen
- Werkzeugberatung
- Wertanalysen
- Zeitstudien.

4. Ergebnisse und allgemeine Learnings

An dieser Stelle soll auf drei Bereiche der Ergebnisse vertieft eingegangen werden:

a) die Aussagefähigkeit von Portfolios für Marketingentscheide

b) die Anlage von Marktforschungsstudien

c) die besonderen Merkmale von (produktbegleitenden) Dienstleistungen.

Zu a) Aussagefähigkeit von Portfolios für Marketingentscheide
Portfolio-Analysen weisen zahlreiche Vor- und Nachteile auf. Von **Vorteil** ist vor allem, dass sie ein Instrument zur didaktisch einfachen Visualisierung strategischer Erfolgspositionen darstellen. Ihre Rastertechnik zwingt zur gedanklichen Strukturierung komplexer Situationen und bringt eine analytische Denkweise auch solchen Personen im Unternehmen nahe, die eher holistisch zu denken gewohnt sind. Portfolio-Analysen sind zudem Auslöser für umfassendere weitere Analysen und ermöglichen die zentrale Integration externer und interner Sichtweisen. Weiterhin eignen sie sich besonders für eine erste Grobsichtung und Prioritätensetzung, bevor weitergehende Analysen eingesetzt werden.

Vorteile liegen zudem in ihrer Eignung als leicht verständliche Hilfsmittel. Ansonsten trostlose Zahlenfriedhöfe werden in ein visuelles Medium übersetzt, das eine nähere Beschäftigung erleichtert und das besser präsentierbar ist. Dabei geht zwangsläufig die Detailschärfe verloren, da eine erhebliche Datenreduktion erfolgt. Dem steht aber ein Gewinn an Prägnanz gegenüber. Derartige Analysen regen außerdem zur Beschäftigung mit strategischen Fragestellungen an, auch bei Personen, die ansonsten eher pragmatisch veranlagt sind und Probleme kasuistisch lösen. Allerdings erfordert die Handhabung dieses Verfahrens hohes Verantwortungsbewusstsein, um nicht der Versuchung der Manipulation zu erliegen. Auch werden sowohl interne wie externe, quantitative wie qualitative Größen berücksichtigt. Insofern entsteht eine höhere Datenverdichtung als bei anderen Analyseverfahren. Schließlich ist die Position der Strategischen Geschäftseinheiten ein wichtiges Argument bei der Zuteilung knapper Ressourcen. Dies betrifft nicht nur die Budgetierung.

Insgesamt überwiegen aber wohl die **Nachteile**. So ist die Theorie der Portfolio-Analysen recht „grob gestrickt", weil eine Fülle relevanter Einflussfaktoren auf eine kleine Auswahl reduziert wird. Meinungsverschiedenheiten über Gewinnaussichten und Risikoausmaße drohen, die sich im Ergebnis saldieren. Die vorgegebenen Normstrategien verleiten zu einer generellen Übernahme, bedürfen aber der situativ modifizierten und konkretisierten Überarbeitung. Ihnen mangelt es an operationaler Fassung. Damit besteht ein immanenter Trend zu konservativen Strategien. Hingegen sind Break-through-Erfolge kaum erzielbar. Es besteht eine Tendenz zur Nivellierung des Gesamtportfolios, d. h. zu einer Positionsanhäufung der beurteilten Geschäftseinheiten im Mittelfeld, dies mit steigender Zahl berücksichtigter Beurteilungskriterien. Damit aber wird eine differenzierte Aussage erschwert.

Zu b) Anlage von Marktforschungsstudien
Marktforschungsstudien können betrieblich als Eigenforschung oder institutionell als Fremdforschung durchgeführt werden. **Vorteile der betrieblichen Marktforschung** sind vor allem folgende:

- größere Vertrautheit mit dem Forschungsproblem bei internen Personen
- Einflussnahme und Kontrolle während des Projekts möglich
- Gewinnung von Forschungserfahrung für das Unternehmen
- geringeres Risiko der Indiskretion in Bezug auf die Ergebnisse
- keine Schnittstellen zu Betriebsexternen mit Informationsverlusten
- Nutzung spezifischer Kenntnisse der Entscheidungsträger.

Nachteile der betrieblichen Marktforschung sind folgende:

- forscherische Infrastruktur fehlt oder ist nur teuer zu unterhalten
- Gefahr der „Betriebsblindheit" engt Objektivität der Erhebung ein
- Self Fulfilling Prophecy, d. h. Ergebnisse entsprechen vorauseilender Erwartung
- fehlendes Expertenwissen schränkt Professionalität der Erhebung ein
- Organisation der Feldarbeit ist nur aufwändig umzusetzen
- Kapazitätsengpässe bzgl. Ressourcen wirken restriktiv.

Vorteile der Institutsmarktforschung sind hingegen vor allem folgende:

- keine Betriebsblindheit der Forschung zu befürchten
- geringe Gefahr interessengefärbter Auskünfte
- Zugang zu leistungsfähigen Erhebungsinstrumenten
- mehr Sachverstand durch Expertenwissen verfügbar
- aktuelle Methodenkenntnisse können vorausgesetzt werden
- Flexibilität bei Kosten (variabel statt fix).

Nachteile der Institutsmarktfoschung sind folgende:

- höhere Liquiditätsbelastung durch pagatorische Kosten
- unsolide Auftragserfüllung durch unseriöse Berater möglich
- Gefährdung der Geheimhaltung und Vertraulichkeit der Ergebnisse
- mangelnde Branchenkenntnisse erfordern Einarbeitungszeit
- Reporting-Probleme können entstehen (Schnittstellenverluste)
- keine Wissensakkumulation im Unternehmen erreichbar.

Weiterhin ist die Erhebungsart als **Primärforschung** (Feldforschung) oder **Sekundärforschung** (Schreibtischforschung) zu entscheiden. **Vorteile der Primärforschung** sind vor allem folgende:

- kann auf eine spezifisch interessierende betriebliche Zielsetzung ausgerichtet werden
- liefert aktuelle und detaillierte Informationen
- auch qualitativ anlegbar, z. B. als Gruppendiskussion bei kleiner Probandenzahl
- Daten stehen unternehmensexklusiv zur Verfügung
- auch Datenfortschreibung ist möglich (Tracking).

Nachteile der Primärforschung sind folgende:

- hohe Kosten für Vorbereitung, Durchführung und Auswertung
- hoher Zeitaufwand bis zur Zurverfügungstellung der Daten
- viele Daten sind primär nicht effizient zu erheben (z. B. makroökonomische Daten)
- Kenntnis des methodischen Instrumentariums wird vorausgesetzt
- erhobene Daten veralten rasch mit sich rapide wandelndem Umfeld.

Vorteile der Sekundärforschung sind hingegen vor allem folgende:

- deutlich geringere Kosten durch Outsourcing
- schnellerer Zugriff auf Daten
- Ermittlung auch von Daten, die primär anderweitig nicht zu erheben sind
- wertvolle Hilfe bei der Einarbeitung in eine neue Materie
- als Ergänzung zu Primärdaten ohnehin unabdingbar.

Nachteile der Sekundärforschung sind folgende:

- Daten nicht aktuell und genau abgrenzbar
- Daten nicht immer untereinander vergleichbar
- Daten nicht ohne Weiteres für eigene Zwecke umgruppierbar oder verknüpfbar
- Vollständigkeit und Detailliertheit der Daten oft nicht ausreichend
- auch Mitbewerber haben Zugriff auf diese Datenquellen.

Zu c) Merkmale von (produktbegleitenden) Dienstleistungen

Vor dem Angebot von produktbegleitenden Dienstleistungen (Kundendiensten) sind deren Besonderheiten in der Vermarktung zu beachten:

- Dienstleistungen sind abstrakt und immateriell, d. h. sie sind nicht stofflich fassbar (intangibel). Dies wirkt vermarktungserschwerend, ist doch schon allein die physische Präsenz eines Produkts aufmerksamkeitsfördernd und interesseweckend. Dienste sollen daher möglichst tangibilisiert werden, indem sie sich in Personen oder Sachen verkörpern.
- Dienste sind zudem personen- und kundenpräsenzgebunden. Das heißt, sie werden für den und unter Beteiligung des Kunden erbracht. Dienste sind deshalb einmalig

und nur schwer standardisierbar. Zur Gewährleistung gleich bleibender Qualität bedarf es daher rigider Kontrollmechanismen.

- Die Qualifikation und Motivation der Mitarbeiter ist von entscheidender Bedeutung. Dazu dienen Schulungs- und Trainingsmaßnahmen ebenso wie Anreiz- und Sanktionierungssysteme. Nur so können und wollen Mitarbeiter häufig ihre beste Leistung erbringen.
- Dienste sind nicht lager- und nur ausnahmsweise transportfähig. Sie können nicht auf Vorrat produziert und nur ausnahmsweise räumlich verbracht werden. Dies macht sie standort- und zeitpunktgebunden. Daraus ergibt sich eine Kapazitätsauslastungsproblematik, denn Dienste müssen dann und dort erbracht werden, wann und wo sie nachgefragt werden.
- Produktion und Konsumtion von Dienstleistungen erfolgen immer synchron. Dienste müssen sofort verbraucht werden und sind nicht wiederverkäuflich. Sie verlieren mit ihrer Bereitstellung an Marktfähigkeit und erleiden somit einen sofortigen Wertverlust.
- Der Arbeitsanfall ist fremdbestimmt. Deshalb muss eine stetige Leistungsbereitschaft vorgehalten werden, um Dienste in vertretbarer Frist auf hohem Niveau anbieten zu können. Daraus ergibt sich eine starke Fixkostenbelastung.
- Eine konstante Produktqualität ist nur schwer zu gewährleisten, denn die Parameter der Leistungserbringung wechseln von Mal zu Mal mit den daran beteiligten Akteuren, sodass jede Leistung ein Unikat ist.
- Hinter Diensten verbergen sich komplexe, erklärungsbedürftige, objektiv kaum nachprüfbare Qualitätsdimensionen auf Seiten der Nachfrager. Glauben und Vertrauen sind hier mangels anderer Parameter entscheidend.
- Es herrscht ein auffälliger Informationsmangel vor. Da die Angebote nur bedingt messbar und bewertbar sind, leidet darunter die Ex ante-Feststellung des Preis-Leistungs-Verhältnisses als Kaufvoraussetzung.

5. Literatur

Meffert/Bruhn/Hadwich, Dienstleistungsmarketing, 8. Auflage, Wiesbaden 2015

Pepels, W., Moderne Marktforschung, 3. Auflage, Berlin 2014

Pepels, W., Strategisches Markt-Management, 3. Auflage, Berlin 2015

Die Kooperation zweier Außendienste im FMCG-Bereich

Von Prof. Dr. Ilona Wistuba

1. Vorstellung des Unternehmens und Ausgangssituation

Basis dieser Fallstudie ist eine real umgesetzte Unternehmenskooperation zweier Außendienstorganisationen aus dem Fast Moving Consumer Goods-Bereich (FMCG), wobei auf Bitten der betroffenen Geschäfts- und Vertriebsleitungen beide Unternehmen hier verfremdet dargestellt werden.

Unternehmen 1: Sour Cannery ist ein traditionsreiches deutsches Unternehmen, dessen Gründungsursprünge in der 1. Hälfte des 18. Jahrhunderts liegen. Zu den Produkten, die vermarktet werden, gehören feste und flüssige Gewürze, Sauerkonserven und Feinkostwaren, welche bekannte Marken darstellen.

Das Unternehmen ist europäischer Marktführer im flüssigen Gewürzbereich mit weltweiten Exporten in über 50 Länder. Die Produktion erfolgt in sieben verschiedenen Werken in Deutschland; es gibt weitere fünf Standorte in Europa. Der Vertrieb erfolgt primär durch Außendienstbesuche in den Lebensmitteleinzelhandelsgeschäften/-ketten und Großhandelsunternehmen.

Die Stellung im Markt von Sour Cannery in Bezug auf Marktanteil, Bekanntheit und Kompetenz ist europaweit sehr gut. Die Marken genießen im Premiumsegment hohes Ansehen.

In Deutschland kennen über 90 % der Konsumenten-Zielgruppe die Unternehmensmarke sowie deren Marken. Ebenfalls werden in Deutschland ca. 60 % des Gesamtumsatzes von über 200 Mio. € erzielt; dieser Umsatz verteilt sich auf die Vertriebsschienen Handel, Industrie und Systemgastronomie (vgl. Abbildung 1). Weiterhin werden überwiegend Markenartikel (ca. 800) vertrieben, wobei fast jährlich eine erfolgreiche Produktinnovation lanciert wird.

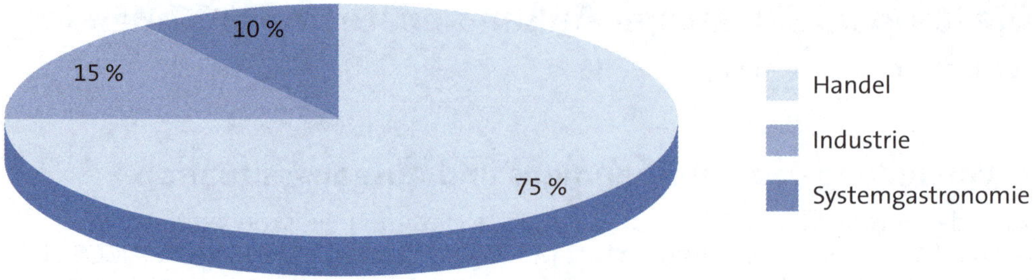

Abb. 1: Umsatzverteilung nach Vertriebsschienen

Unternehmen 2: snack & soup ist Tochter eines Ende des 19. Jahrhunderts gegründeten amerikanischen Unternehmens und vermarktet primär Suppen, Fertiggerichte und Säfte. Das Unternehmen besitzt im Markt für Suppen- und Fertiggerichte bekannte Marken und hat in den letzten Jahren mehrere kleinere Unternehmen mit das Portfolio ergänzenden Marken erfolgreich übernommen. Der Vertrieb erfolgt durch einen eigenen Außendienst über Besuche bei Groß- und Einzelhandelsunternehmen aus dem FMCG-Bereich.

Die Produkte konnten besonders durch den Einsatz von Künstlern und Schauspielern als Testimonials rasch hohe Bekanntheit auch in Deutschland verzeichnen. Die wichtigste Marke des Unternehmens ist ein Produkt aus dem Fertiggerichtebereich, welches die Marktführerschaft in Deutschland in dieser Warengruppe übernahm.

2. Problemstellung

Zwei Unternehmen mit ähnlichem Produktprogramm, d. h. bekannten und etablierten Marken aus dem Food-Bereich, treffen hier aufeinander, wobei im Folgenden deren gut etablierte **Außendienste (AD)** betrachtet werden:

- der Außendienst des Unternehmens Sour Cannery, der mit 60 ADM (Außendienstmitarbeiter) im Feld operativ arbeitet
- der Außendienst des Unternehmens snack & soup, der mit 30 ADM im Feld operativ arbeitet
- Beide Außendienste können aufgrund ihrer Größe nur einen Teil (Unternehmen 1: 68 %, Unternehmen 2: 60 %) von ca. 12.500 ähnlichen Märkten der FMCG-Segmente-Kunden (Edeka, REWE, Schwarz-Gruppe, Aldi, Lekkerland etc.) im Feld besuchen.
- Zugleich wird viel Fahrtzeit und wenig Besuchszeit für die erforderlichen Verkaufsgespräche und Produktplatzierungen aufgewendet.

Das hieraus entstehende Problem bedeutet für beide Unternehmen:

Die Anzahl der jeweiligen ADM in jedem Unternehmen allein betrachtet ist zu klein, um die großen zu betreuenden Gebiete, deren Outlets mit langen Besuchsanfahrtszeiten verbunden sind, wirtschaftlich zu bearbeiten, da die Fahrtzeiten in keinem vernünftigen Verhältnis zu den tatsächlichen Besuchszeiten und Verkaufsgesprächen in den Märkten im Feld stehen.

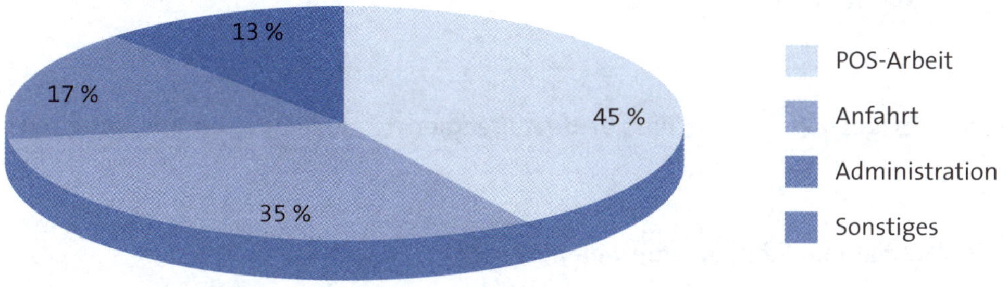

Abb. 2: Durchschnittlicher Zeitaufwand pro Bezirksleiter

Die **Problemstellung der Fallstudie** lautet: Wie können Unternehmen mit ähnlichem Warenangebot, aber unterschiedlichen Kulturen, Visionen und Philosophien grundsätzlich zusammenarbeiten und gleichzeitig Vertriebseckdaten effizienter – evtl. synergetischer – erzielen.

Es gilt insofern, **Vertriebseckdaten** sowie **Zielsetzungen** festzulegen, z. B. bezüglich

- Kundenzahl
- Zahl der zu besuchenden Märkte
- Anzahl der Außendienstmitarbeiter
- Anzahl der Besuchstage
- Anzahl der Besuche
- Anzahl der Besuche pro Tag/pro ADM
- durchschnittliche Besuchsdauer
- durchschnittliches verkauftes POS-Material pro Besuch
- gefahrene Kilometer pro Besuch eines ADM
- Distribution einkaufend/verkaufend/lagernd

  (Quotient aus Outlets, die das Produkt einkaufen/verkaufen/lagern jeweils zu den Outlets, die das Produkt führen könnten).

3. Zielsetzung und Aufgabenstellung

Zielsetzung der Fallstudie ist die Auseinandersetzung mit den Begriffen Kooperation, Allianz, Fusion und Akquisition. Zudem stellt sich die Aufgabe, einen Kooperationsprozess auf der Vertriebsebene an einem Praxisbeispiel nachzuvollziehen und Lösungsmöglichkeiten zu erarbeiten.

Aufgabe 1:

Welche Vertriebsstrategie wäre möglich, und wie können geeignete Kooperationspartner gefunden werden?

Aufgabe 2:

Wie kann festgestellt werden, dass beide Außendienste effizient zusammenarbeiten?

Aufgabe 3:

Welche Maßnahmen können empfohlen werden?

4. Schwierigkeitsgrad/Fachsemester/Bearbeitungszeit

Die Fallstudie eignet sich für Bachelor- (ab 6. Semester) und Masterstudierende (Schwerpunkt: Vertrieb/Verkauf) mit Grundkenntnissen in Vertriebs-/Verkaufsanalyse, -planung und -abläufen, Vertriebseckdaten sowie Marktforschung und in der Erstellung von Fragebögen. Zugleich ist die Fallstudie für Praktiker geeignet, die sich – auch in einer anderen Branche – mit dieser Thematik beschäftigen.

5. Empfohlene Hilfsmittel/Informationsquellen

Grundlagenliteratur zu Vertrieb und Verkauf sowie Markforschungsstudien und eigene Umfragen vor Ort, vorzugsweise mit Betonung von Feldarbeit mit Kundenbesuchen

6. Überlegungen zur Entwicklung der Lösungen

Als Strategiealternativen besteht für jedes Unternehmen die Möglichkeit, entweder zusätzlich neue ADM einzustellen oder mit anderen Unternehmen zu kooperieren.

Lösung zu 1:

Welche Vertriebsstrategie wäre möglich, und wie können geeignete Kooperationspartner gefunden werden?

Die Suche geeigneter Kooperationspartner
Hier ist es notwendig, sich mit verschiedenen Kriterien für erfolgreiche Kooperationen und für die Auswahl geeigneter Kooperationspartner zu beschäftigen.

Zu nennen wären:

- persönliche Kontakte auf Geschäftsleitungsebene
- Bekanntheit des Kooperationspartners im jeweils anderen Unternehmen und im Handel
- deckungsgleiche anzusprechende Märkte im Feld
- gleiche Ansprechpartner in den Märkten im Feld
- gleiche Arbeitsabläufe bei der Kundenakquise und bei Kundenpflege und -besuchen
- Ähnlichkeit der Produkte/Angebote/Hineinverkaufsaktionen.

Die Entscheidung fiel zu Gunsten einer ADM-Kooperation aus, da im vorliegenden Fall der Unternehmen Sour Cannery und snack & soup gute Kontakte zwischen den Unternehmen auf Ebene der Geschäftsleitung bestanden sowie ein ähnliches Produktprogramm mit ähnlichen Sell-in-Aktivitäten und ähnlichen zu besuchenden FMCG-Marktkunden im Feld vorlag.

Umsetzung von Marketing-Maßnahmen
Betrachtet werden vorliegend nicht die bekannten 4 Ps des Marketing (Product, Price, Promotion, Place) im Hersteller-/Endverbraucher- oder im Handels-/Endverbraucher-Bereich, sondern primär das **interne Marketing** in den beiden Unternehmen und zwischen den Unternehmen auf ADM-Ebene. Insofern wurden ein Testlauf durchgeführt und – um den primär betroffenen Außendienst auch psychologisch einzubeziehen und für eine Umorganisation zu gewinnen – eine kleine Marktforschungsstudie entwickelt, deren Ergebnisse auch den Ausbau von Hard Skills (Ausbau fachlicher Kompetenz) und Soft Skills der Außendienstmitarbeiter (Teamarbeit, Aufbau von Mitarbeitervertrauen, Kommunikation miteinander und untereinander) unterstützen sollen.

Lösung zu 2:

Wie kann festgestellt werden, dass beide Außendienste effizient zusammenarbeiten?

Es wurden zwei Maßnahmenmodule innerhalb der Kooperationsstrategie durchgeführt:

Modul a): Testlauf
Vor Beginn der Kooperation fand ein 5-monatiger Testlauf mit insgesamt acht ADM beider Unternehmen in einem ausgewählten Bundesland statt, wo mithilfe diverser Marktforschungsunternehmen (z. B. GfK und Nielsen) der Markt besonders gut beobachtet und abgebildet werden konnte.

Gewählt wurde ein Bundesland, das ein schwieriges Absatzgebiet mit starken Konkurrenten für beide Kooperationspartner darstellt. Die Märkte wurden in vier Zweier-Teams – jeweils ein ADM aus den Unternehmen Sour Cannery und soup & snack – besucht.

Ziele des Testlaufes waren

- die Sammlung von Eckdaten, um Synergieeffekte zu erzielen (Distributionsgrad, Besuchsfrequenz, gefahrene Kilometer pro Kundenbesuch etc.)
- die Beobachtung, wie die ADM jeweils mit den Partnerprodukten umgehen, wie sie diese besprechen und präsentieren
- festzustellen, wie die Einstellung von Wettbewerb und Handel gegenüber der Vertriebskooperation verläuft.

Modul b): Zusätzliche Umfrage bei acht ADM nach dem Testlauf
Ziel der Fragebogenaktion war, neben der Erforschung von veränderten Eckdaten mit Einbindung und persönlicher Ansprache der ADM ein Stimmungsbild über die angestrebte Kooperation zu erfragen. Die Umfrage bestand aus leitfadengesteuerten Tiefeninterviews à 90 Min. zu sechs Themenkomplexen (Meinungen zu Kooperation, Wahrnehmung des Kooperationspartners, Arbeitsalltag in der Kooperation, Hemmnisse in der Umsetzung, Herausforderungen der Kooperation, Anregungen und Wünsche).

Ergebnisse dieser Aktivitäten
Ergebnismodul Testlauf:

- 30 % weniger gefahrene Kilometer pro Monat/pro ADM und somit 30 % mehr Marktbesuche und -betreuung
- schnellere und intensivere Arbeit auf den Produkten (Neudistribution, Regalpflege, Gespräche mit Marktleitern)
- die erhöhte gemeinsame ADM-Zahl ermöglichte sechs Besuche pro Jahr pro Markt und bedeutete somit eine Frequenzerhöhung
- positive Reaktion des Handels, da die verfügbare Zeit eines Marktleiters nur noch für einen ADM zu disponieren ist, statt wie bisher getrennt sowohl für Sour Cannery und für snack & soup.

Ergebnismodul leitfadengesteuerte Tiefeninterviews:

- **Meinungen bezüglich der Kooperation** (positiv: Stärkung der Marktposition, Entwicklung zum aktiven Marktpartner, starke Verbesserung der Marktpräsenz; negativ: Verwässerung der geringeren Präsenz von snack & soup, Dominanz des Image von Sour Cannery)
- **Wahrnehmung des Kooperationspartners** (positiv: guter partnerschaftlicher Austausch, Lerneffekt hinsichtlich der hohen Kompetenz bei der Regalpflege und Marktbetreuung von Sour Cannery, dem größeren Marktpartner)
- **Arbeitsalltag in der Kooperation** (Fortschritt in der Arbeitsqualität, da mehr Zeit für Marktbearbeitung und -besuche, „verstärkte" ADM-Mannschaft wird aufgrund ihrer Größe besser wahrgenommen, geringere Fahrtzeiten)
- **Hemmnisse in der Umsetzung** (unterschiedliche CRM-Systeme, verbesserungswürdiger Austausch mit Innendienst des Partnerunternehmens, Gestaltung der ADM-Unterlagen, evtl. Verlust guter Kundenkontakte durch Umverteilung)
- **Herausforderungen in der Kooperation** (Angst vor Verlust des Arbeitsplatzes, Angst vor Gründung einer eigenständigen Vertriebsgesellschaft)
- **Anregungen und Wünsche** (bessere Ausbildung bezüglich Waren- und Sortiment, internetgestützte Wissensplattform, wirksames monetäres Anreizsystem sowie gleiche Kfz-Regelungen für die ADM beider Unternehmen).

Beide Ergebnismodule führten zu der **Entscheidung, eine Außendienst-Kooperation aufzubauen und diese deutschlandweit umzusetzen**.

Lösung zu 3:

Welche Maßnahmen können empfohlen werden?

Hierzu gehörten die Maßnahmen:

1. Information
2. Organisation mit Weisungsbefugnis und Rollenzuteilung
3. Gebietsaufteilung
4. Erstellung von Verkaufsrundenplänen
5. Entwicklung eines neuen CRM-Systems
6. eine anonyme Online-Befragung (siehe Fragebogen im Anhang) sämtlicher Bezirksleiter zu sieben Fragenkomplexen drei Monate nach Start der nationalen Umsetzung mit den Fragenkomplexen: Gefühlslage bei Kenntnisname der Kooperation, Informationspolitik des Vorgesetzten, Startprobleme in der Kooperationsanfangsphase, Veränderung des eigenen Arbeitsaufwandes im Zuge der Kooperation, Verhältnis der Mitarbeiter der beiden Unternehmen untereinander, Sortimentskenntnis und Zeitaufwand für das jeweils andere Sortiment, gegenwärtige Gefühlslage zur Kooperation.

Ergebnisse der Maßnahmen:

1. Information des Außendienstes (über Ergebnisse Tiefeninterviews), Kick-off-Meetings, Workshops
2. Organisation und Weisungsbefugnis
   Interessenausgleich für beide Kooperationspartner; hier geht es um die Aufteilung der Mannschaft in verschiedene Teams und die gerechte Verteilung von personalverantwortlichen Vorgesetztenpositionen, die Bestimmung von Teamleitern, die Zuordnung zu Key Accounts und die arbeitsrechtliche Festlegung der Weisungsbefugnisse.
3. Ebenfalls ist die Planung der geografischen Einsatzgebiete zu überdenken, wobei eine klare Abgrenzung sowie Ermittlung der Kaufkraft pro Gebiet und Abbildung mithilfe von Nielsen und GfK zu gewährleisten sind. Die Einteilung erfolgte in Nord, West, Ost und Süd gemäß den Nielsen-Bundesländern, was – mit zusätzlicher Zuordnung eines Bezirksleiters zu einem Postleitzahlengebiet – Kontrollierbarkeit und Übersichtlichkeit ermöglicht.
4. Im Verkaufsrundenplan werden sämtliche Aktivitäten von Vertrieb und Marketing in Einklang gebracht und koordiniert, um eine effiziente Marktbearbeitung sicherzustellen. Im vorliegenden Fall wurden drei große Planperioden à vier Monate (Frühjahr-, Sommer- und Winterperiode) festgelegt, die jeweils die Aktivitäten für Produkteinführungen, POS- oder Promotion-Aktionen mit unterschiedlichen Prioritäten festlegten, an denen sich die Feldmannschaft auszurichten hat. Im Verkaufsrundenplan sind ebenfalls Media-Aktivitäten pro Verkaufsrunde und Wettbewerbe für die Bezirksleiter enthalten sowie Verkaufsrundenplanungsziele.

Zahl der ADM	72
Kundenzahl	12.500
Zahl Besuchstage gesamt	181
Zahl Besuche gesamt	72.000
Zahl Besuche/Tag/ADM	5 - 6
Zahl besuchte Märkte	11.250
Abdeckung Besuche	90 %
Frequenz	6,9
Durchschn. Besuchsdauer (Min.)	60
Kilometer gesamt/ADM	24.875

Tab.: Leistungsziele als Vorgabe

5. Einführung eines neuen CRM-Systems
6. Ergebnisse der Online-Befragung
   siehe Fragebogen im Anhang; Grundgesamtheit 72 ADM, Rücklauf 37, davon 21 (57 %) von Sour Cannery und 16 (43 %) von snack & soup

   Zu Fragenblock 1:

   - Alter und die Anzahl der Dienstjahre werden mit berücksichtigt. Einflüsse auf die Beantwortung aufgrund unterschiedlicher Einstellungen und Motivationen von „altgedienten“ oder „jüngeren“ ADM und nachzuvollziehenden möglichen „Ablehnungen“ oder „begeisterten Zustimmungen“ sollen aufgedeckt werden.

Zu Fragenblock 2:

- Gefühlslage zu Beginn der Kooperation: Die meisten negativen Attribute („nervös", „unsicher", „ängstlich") werden abgelehnt; generell zeigen die Mitarbeiter des kleineren Unternehmens höheres Interesse und eine positivere Einstellung zur Kooperation, eher kritisch zeigt sich die Altersgruppe 50+ von Sour Cannery.
- Informationspolitik der Vorgesetzten: Auf der 5er-Skala lagen die Mittelwerte hinsichtlich der Informationsqualität über die Kooperationsziele, die Entwicklungsziele der Mitarbeiter und über den neuen Partner auf einem mittleren bis schwachen Wert zwischen 2,5 und 3. Dies kam insbesondere bei Mitarbeitern mit längerer Dienstzeit zum Ausdruck.

Zu Frage 3:

- Startprobleme in der Kooperationsanfangsphase: Genannt wurden u. a. die neu eingeführte Software, schwache Produktschulungen bezüglich des „fremden" Sortiments, Gebietsumstellungen mit Aufbau neuer Vertrauensverhältnisse zum Kunden bzw. Abgabe „alter" Kunden sowie Probleme mit der „neuen" Unternehmenskultur.

Zu Fragenblock 4:

- Veränderung des eigenen Arbeitsaufwandes: Wurde allgemein als erhöht bezeichnet.
- Verhältnis der Mitarbeiter untereinander: Hier wurden primär die positiven Attribute „freundschaftlich", „partnerschaftlich" und „respektvoll" genannt. ADM mit mehr als elf Dienstjahren nannten zum Teil „verunsichert" und „Konkurrenzdruck".
- Sortimentskenntnis und Zeitaufwand für das jeweils andere Sortiment: Die Sortimentskenntnis erreichte einen sehr guten Durchschnittswert von 4,2 auf der 5er-Skala. Der Zeitaufwand für das „andere" Sortiment wurde mit 4,1 als hoch eingestuft.
- Gegenwärtige Gefühlslage nach der Kooperation: Hier wurde ein positives Bild gezeichnet, da besonders die Werte für „stolz", „begeistert" und „freudig" verbessert werden konnten.

7. Fazit und generalisierende Learnings für vergleichbare Fälle

Zusammenfassend konnte auf Basis der Ergebnisse drei Monate nach Beginn der Kooperation diese als geglückt bezeichnet werden.

Hauptpunkte für den Erfolg waren

- die Durchführung eines Testlaufs
- die Einbindung der Mitarbeiter zur Schaffung von Harmonie und Verständnis für die neuen Prozessabläufe
- die für alle zufrieden stellende Regelung von Kompetenzen inklusive disziplinarischer und operativer Zuordnung in der neuen Organisationsstruktur und
- die sinnvolle Verteilung der Kosten- und Nutzeneffekte in der Kooperation.

8. Mögliche Fehlerquellen in Überlegung und Umsetzung

Voraussetzung für eine erfolgreiche Kooperation ist die Beschäftigung mit Kriterien für die Auswahl eines geeigneten Kooperationspartners. Im vorliegenden Fall waren gute Kontakte auf Geschäftsleiter-Ebene und ein ähnliches Produktprogramm für die Auswahl des Partners ausschlaggebend. Diese Punkte sollten durch intensivere Marktrecherchen ergänzt werden.

Hinzu kommt die Notwendigkeit, sich mit der langfristigen Strategie für die jeweiligen Geschäftsfelder der Partner zu beschäftigen, damit eine gut etablierte neue Kooperation auf operativer Ebene nicht durch mittelfristig oder langfristig ins Auge gefasste Strategien wieder zerstört wird.

Ebenfalls ist bezüglich der Marktforschung nach Kooperationsstart darauf hinzuweisen, dass Bewertungen und Nennungen (obwohl anonym) hinsichtlich der Response gering ausgefallen sind und möglicherweise nicht unbedingt den wahren Meinungen entsprechen.

9. Literatur zur Vertiefung

Baumgarten, Chr., Unternehmenskooperationen, München 1998

Bucerius, M., Marketing-Integration nach Fusionen und Akquisitionen, Wiesbaden 2004

Fontanari, M., et. al., Voraussetzungen für den Kooperationserfolg, in: Schertler, W. (Hrsg.), Management von Unternehmenskooperationen, Wien 1995

Jansen, St. A., Mergers & Acquisitions, 4. Auflage, Wiesbaden 2001

Lutz, V., Horizontale strategische Allianzen, Hamburg 1993

Pirwitz, C., Konzeption einer Außendienstorganisation, Lüneburg 2010

Schmidt, D., Unternehmenskooperationen in Deutschland, Wiesbaden 1997

Weis, H. Chr., Verkaufsmanagement, 7. Auflage, Herne 2010

Fragebogen

Fragenblock 1:

► Für welches Unternehmen sind Sie tätig?	Sour Cannery ☐		snack & soup ☐	
► Wie alt sind Sie	20 - 29 ☐	30 - 39 ☐	40 - 49 ☐	50+ Jahre ☐
► Wie lange sind Sie im Unternehmen tätig (in Jahren)	1 - 5 ☐	6 - 10 ☐	11 - 15 ☐	16+ Jahre ☐

Fragenblock 2:

Wie fühlten Sie sich, nachdem Sie über die Kooperation informiert wurden?

			Trifft		
	gar nicht zu	eher nicht zu	mittelmäßig zu	eher zu	eher voll zu
begeistert	☐	☐	☐	☐	☐
freudig	☐	☐	☐	☐	☐
stolz	☐	☐	☐	☐	☐
interessiert	☐	☐	☐	☐	☐
aufmerksam	☐	☐	☐	☐	☐
hoffend	☐	☐	☐	☐	☐
abwartend	☐	☐	☐	☐	☐
neutral	☐	☐	☐	☐	☐
gleichgültig	☐	☐	☐	☐	☐
unsicher	☐	☐	☐	☐	☐
nervös	☐	☐	☐	☐	☐
ängstlich	☐	☐	☐	☐	☐
ablehnend	☐	☐	☐	☐	☐

	ungenügend	ausreichend	befriedigend	gut	sehr gut
Wie gut fühlten Sie sich durch Ihre Vorgesetzten über die Ziele der Kooperation informiert?	☐	☐	☐	☐	☐
Wie gut fühlten Sie sich über das Partnerunternehmen informiert?	☐	☐	☐	☐	☐

Fragenblock 3:

Wie reibungslos startete die Kooperation aus Ihrer Sicht?

sehr viele Probleme	☐
viele Probleme	☐
vereinzelt Probleme	☐
wenige Probleme	☐
keine Probleme	☐

Nennen Sie die drei größten Probleme, die Sie persönlich zu lösen hatten:

____

Fragenblock 4:

Wie hat sich Ihr persönlicher Aufwand im Zuge der Kooperation gewandelt ?

deutlich mehr Arbeit	etwas mehr Arbeit	gleicher Arbeitsaufwand	deutlich weniger Arbeit
☐	☐	☐	☐

Wie würden Sie Ihr Verhältnis zu den Mitarbeitern des Partnerunternehmens beschreiben?

	Trifft gar nicht zu	eher nicht zu	mittelmäßig zu	eher zu	eher voll zu
freundschaftlich	☐	☐	☐	☐	☐
partnerschaftlich	☐	☐	☐	☐	☐
respektvoll	☐	☐	☐	☐	☐
neutral	☐	☐	☐	☐	☐
unsicher	☐	☐	☐	☐	☐
Konkurrenz	☐	☐	☐	☐	☐

	sehr schlecht	schlecht	mittelmäßig	gut	sehr gut
Wie gut kennen Sie mittlerweile das Sortiment des Partnerunternehmens?	☐	☐	☐	☐	☐

	viel weniger	etwas weniger	gleich viel	etwas mehr	viel mehr
Wie viel Zeit verbringen Sie mit Ihrem Sortiment im Vergleich mit dem des Partnerunternehmens?	☐	☐	☐	☐	☐

Wie fühlen Sie sich heute nach der Kooperation?

	Trifft gar nicht zu	eher nicht zu	mittelmäßig zu	eher zu	eher voll zu
begeistert	☐	☐	☐	☐	☐
freudig	☐	☐	☐	☐	☐
stolz	☐	☐	☐	☐	☐
interessiert	☐	☐	☐	☐	☐
aufmerksam	☐	☐	☐	☐	☐
hoffend	☐	☐	☐	☐	☐
abwartend	☐	☐	☐	☐	☐
neutral	☐	☐	☐	☐	☐
gleichgültig	☐	☐	☐	☐	☐
unsicher	☐	☐	☐	☐	☐
nervös	☐	☐	☐	☐	☐
ängstlich	☐	☐	☐	☐	☐
ablehnend	☐	☐	☐	☐	☐

Strategische Neuorientierung im Mobilfunksektor: Entwicklung einer neuen Marketing- und Vertriebsstrategie bei E-Plus Mobilfunk GmbH & Co KG

Von Prof. Dr. Ralf Schlottmann und Prof. Dr. Susanne Stark

1. Das Unternehmen: E-Plus, der Herausforderer im Mobilfunkmarkt

Die E-Plus-Gruppe (im Folgenden: E-Plus) ist mit über 25 Mio. Kunden und 3,2 Mrd. € Jahresumsatz (in 2013) der drittgrößte Mobilfunkanbieter in Deutschland. Hauptsitz des Unternehmens ist in Düsseldorf; fast 5.000 Mitarbeiter sind für E-Plus tätig. Nach der Firmengründung in 1992 erfolgte 1994 der Netzstart und damit begann die Erfolgsgeschichte des Unternehmens – konsequente Kundenorientierung und gezielte Innovationspolitik sorgten für beständigen Zuwachs an Kunden und Umsatz. So bot E-Plus als erster deutscher Mobilfunkanbieter Prepaid-Tarife („Free & Easy“) oder Minutenpakete („Time & More“) an, um nur zwei der vielen innovativen Angebote zu nennen. Seit 2000 ist E-Plus hundertprozentige Tochter des niederländischen Telekommunikationskonzerns KPN[1]. E-Plus bedient sowohl das Segment der Privatkunden als auch das Segment der Geschäftskunden; beständige Erweiterung und Ausbau der Funkstandorte in den letzten Jahrzehnten sicherten eine gute Netzabdeckung und hohe Netzqualität.

Als modernes Unternehmen pflegt E-Plus den aktiven Austausch mit der Gesellschaft. Wenn es heißt *„wir bringen Menschen ins Gespräch“*, bezieht sich dies nicht nur auf Handys und Smartphones, sondern meint den offenen Dialog am runden Tisch, auf Veranstaltungen, in Blogs und in den Sozialen Netzwerken. E-Plus hat sich auf die Fahne geschrieben, gesellschaftliche Verantwortung zu übernehmen und ein Höchstmaß an Transparenz zu bieten, wozu nach Firmenverständnis auch gehört, Einblicke in Initiativen und Unternehmensentscheidungen zu geben. Informationen zu Strategien und Positionen der E-Plus-Gruppe werden öffentlich zugänglich gemacht, um die Diskussion mit den Menschen über die Zukunft in einer digitalisierten und mobilen Arbeits- und Freizeitwelt zu fördern.

Abb. 1: Das Unternehmen

Quelle: http://eplus-gruppe.de/ueber-uns/

---

1 Die Informationen dieser Fallstudie zu E-Plus beruhen im Wesentlichen auf Angaben des Unternehmens selbst; siehe Literaturverzeichnis im Einzelnen.

Im Jahr 2005 sah sich E-Plus (wie andere Mobilfunkanbieter auch) in einer schwierigen Situation – die „bequemen" Jahre des stetig wachsenden Mobilfunksektors waren vorbei. Strategische Entscheidungen wurden notwendig, um für die Zukunft in einem heftig umkämpften Markt gerüstet zu sein. Die Herausforderungen für E-Plus stellten sich im ersten Jahrzehnt des neuen Jahrhunderts wie folgt dar.

2. Der Mobilfunkmarkt im Jahr 2005

Nach Jahren des starken Marktwachstums im deutschen Mobilfunkmarkt war eine Sättigung eingetreten. Die Anzahl der Mobilfunkkunden nahm deutlich weniger zu; viele Kunden hatten inzwischen bereits zwei Produkte (z. B. einen Vertrag, der beruflich, und einen Vertrag, der privat genutzt wird). Annähernd 80 Mio. Mobilfunkverträge bestanden inzwischen in Deutschland – damit näherte sich die Marktdurchdringung der 80 %-Marke. Der amtierende E-Plus-CEO prognostizierte in einem Interview, dass das weitere Wachstum im Mobilfunksektor in Deutschland in den nächsten Jahren noch drastischer abflachen werde (*FAZ, 31.05.2005, Nr. 123, S. 17*). Dabei erwirtschafteten die Mobilfunkbetreiber zwar hohe Gewinne aus dem operativen Geschäft (EBITDA[1]), hatten aber auch hohe Verbindlichkeiten aufgrund der erforderlichen Investitionen in die Netzinfrastruktur einerseits und die Zahlungen für die UMTS-Lizenzen[2] andererseits.

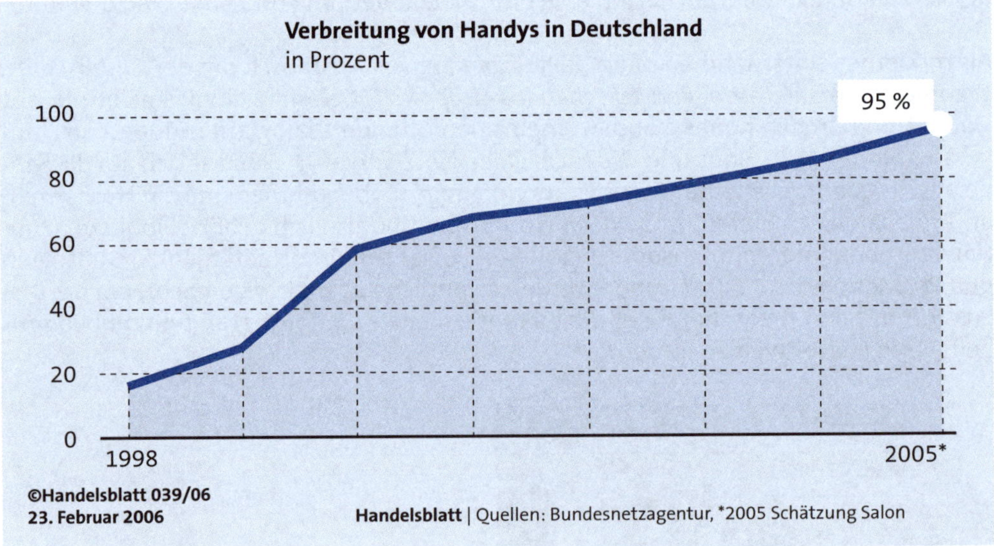

Abb. 2: Marktsituation

[1] EBITDA ist eine betriebswirtschaftliche Kennziffer zur Rentabilität des Unternehmens. Die Abkürzung steht für Earnings Before Interest, Taxes, Depreciation and Amortization und beschreibt die operative Leistungsfähigkeit.

[2] UMTS = Universal Mobile Telecommunications System: Mobilfunkstandard der 3. Generation mit hohen Datenübertragungsraten

Markt-Trends

Der Markt bestand im Wesentlichen aus dem „Telefonie- bzw. Sprachmarkt". Umsätze aus dem so genannten „Daten-Markt" waren noch gering (im Wesentlichen SMS), allerdings wiesen alle Marktprognosen für dieses Segment ein hohes Potenzial auf. Perspektivisch sollten hierbei Endkunden ihr Endgerät für Nutzungen analog denen im Internet gebrauchen, z. B. um sich Websites und Filme anzusehen (heute eine gängige Nutzungspraxis, in 2005 noch in den Anfängen). Für eine kundenfreundliche Nutzung des Datennetzes war eine separate Infrastruktur erforderlich (Aufbau eines Datennetzes). Diese wurde über Jahre hinweg aufgebaut, da die erforderlichen Standorte für die Mobilfunkmasten sukzessive erschlossen werden müssen. Ein Mindestaufbau von Infrastruktur war im gewissen Umfang von der Bundesnetzagentur vorgeschrieben als Auflage zur Vergabe der Lizenz. Die Kosten für diesen Aufbau lagen im mehrstelligen Millionenbereich. Weiterhin wurde davon ausgegangen, dass ohne attraktive Endgeräte eine Vermarktung von Datenprodukten nicht erfolgreich sein würde. Mobilfunkbetreiber bieten damals wie heute üblicherweise bei Vertragsabschluss ein subventioniertes Endgerät an.

Auf **Kundenseite** zeichnete sich eine Differenzierung der Bedürfnisse ab, die auch noch heute zu beobachten ist. Man kann Wenig-, Normal- und Vieltelefonierer unterscheiden. Verständlicherweise sind die Vieltelefonierer hinsichtlich der Minutenpreise äußerst preissensibel und neigen zu schnellem Wechsel. Manche Kunden nutzen ihr Handy ausschließlich für das Telefonieren und den SMS-Versand, andere wollen auch ins Internet. Interessanterweise zeigte sich schon früh, dass die Gruppe der türkisch-stämmigen Kunden eine besondere Handyaffinität aufweist; sie nutzen neben deutschen auch gerne türkische Netze.

Regulierung: Immer wieder führten Maßnahmen der Bundesnetzagentur und die europäische Regulierung zu deutlichen Gewinneinbußen bei den Mobilfunkbetreibern, da diese Maßnahmen in der Regel auf eine Senkung der Preise abzielten. Für die Zukunft war weiterer Regulierungsdruck, z. B. bei den Roaming-Tarifen, zu erwarten.

Wettbewerber: Vier große Mobilfunkanbieter teilten sich den Markt – T-Mobile und Vodafone waren die „Platzhirsche" in dem oligopolistisch strukturierten Markt. Marktanteile veränderten sich kaum; lediglich O_2 Germany (im Folgenden: O_2) konnte Wachstum verzeichnen und bedrohte somit die Position des nächstgrößeren Anbieters E-Plus.

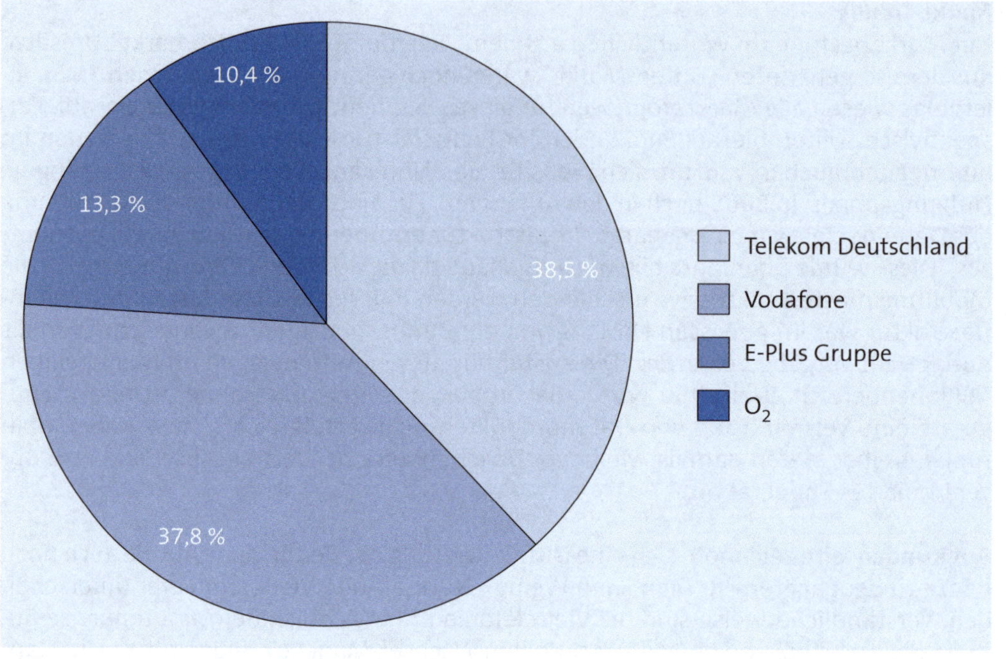

Abb. 3: Marktanteile Mobilfunksektor 4. Quartal, 2004

Quelle: www.bundesnetzagentur.de

Jeder der großen Player hatte zu diesem Zeitpunkt Stärken und Schwächen, die sich m. E. bis heute zeigen. Die Telekomtochter T-Mobile besticht als Traditionsunternehmen mit einer weiten Kundenbasis; es handelt sich hierbei nach wie vor um eine starke Premium-Marke, sowohl im Geschäftskundenmarkt als auch im entsprechenden Premium-Verbrauchersegment. Allerdings weist auch das Tochterunternehmen die Schwerfälligkeit eines lang etablierten Players mit früherem Monopolisten-Status auf. Vodafone verfügt ebenfalls über eine starke Marke und ist im Bereich innovative Services und Produkte aktiv – hatte allerdings im Bereich der Geschäftskunden Marktanteile verloren. O_2 war vergleichsweise klein und hatte – hauptsächlich im Privatkundenmarkt – eine entsprechend geringe Kundenbasis. Das Unternehmen verfügte über einige Angebote mit Alleinstellungsstatus und konnte damit in der Aufholjagd gegen E-Plus im Markt punkten.

Marketing/Vertrieb: Die zunehmende Marktsättigung führte zu zunehmend aggressiven Angeboten, welche ihren Ausdruck in verstärkter (TV-)Werbung, niedrigeren monatlichen Grundpreisen, niedrigeren Minutenpreisen und stärker subventionierten Endgeräten fanden. Hierdurch stiegen die so genannten „Churn-Raten“[1], also der Anteil

[1] Der Begriff „Churn“ ist ein Kunstwort aus „Change“ (Wechsel) und „Turn“ (Abkehr). Üblicherweise wird er im Kundenbindungsmanagement eingesetzt. Die Churn-Rate ist die Abwanderungsrate, die aus der Anzahl der abgewanderten Kunden einer Periode im Verhältnis zum durchschnittlichen Kundenstamm errechnet wird.

der Kunden, die ihren Vertrag nicht verlängern und nach Ablauf der Vertragslaufzeit kündigen.

Viele etablierte Firmen fragten bei den Mobilfunkanbietern an, inwieweit sie Mobilfunkminuten dort einkaufen könnten, um dann Mobilfunkprodukte im eigenen Namen vermarkten können (**„Wholesale-Geschäft"**). Ein prominentes Beispiel hierfür ist Tchibo; das Unternehmen bot im Oktober 2004 ein Mobilfunkprodukt unter eigener Marke an. Lieferant der Mobilfunkminuten ist O_2. Eine der wesentlichen Zielsetzungen eines solchen Modells ist es, mit den Kunden über den Mobilfunk in ein Vertragsverhältnis zu kommen und somit Zugriff auf Kundendaten zu erhalten bzw. Maßnahmen der Kundenbindung und -entwicklung durchführen zu können. Zudem sind die hohen Margen aus dem operativen Geschäft interessant für potenzielle Vertriebspartner. Diese werden als so genannte MVNOs bezeichnet, also Mobile Virtual Network Operator, da sie die Mobilfunkprodukte unter ihrer eigenen Marke vermarkten und die Marke des Mobilfunkanbieters – wenn überhaupt – nur im Hintergrund zu sehen ist[1].

Vertriebskanäle: Alle Mobilfunkanbieter bedienen sich in 2005 wie auch heute in unterschiedlichem Umfang der folgenden wesentlichen Vertriebskanäle

- eigene Filialen/Shops
- E-Commerce
- Direktvertrieb für Geschäftskunden
- Handel (Belieferung über den Großhandel)
- Service Provider (z. B. debitel, mobilcom).

Indirekte Vertriebskanäle sind der Handel und die Service Provider, die alle vier Mobilfunkbetreiber vermarkten. Service Provider versuchen dabei, von allen Mobilfunkanbietern einheitliche Produkte zu beziehen, um diese dann wiederum in ihren eigenen Vertriebskanälen zur Vermarktung anzubieten. Da sie Zugriff auf attraktive Vertriebskanäle wie z. B. Media Markt/Saturn haben, üben sie eine entsprechende Marktmacht aus. Zudem können sie durch attraktive oder auch unattraktive Angebotsgestaltung die Marktanteile der Lieferanten (also der Mobilfunkbetreiber) innerhalb der eigenen Kunden schnell und deutlich verschieben. Grundlage für die Angebotsgestaltung der Service Provider sind neben den Mobilfunktarifen, die unterschiedliche Pull-Wirkungen erzielen, auch die Einkaufsbedingungen. Diese setzen sich aus einer Vielzahl von Konditionenelementen zusammen, u. a. den Margen, Prämien und Zielvereinbarungen. In Abhängigkeit der Attraktivität der jeweiligen Einkaufsbedingungen wird von den Service Providern das entsprechende Angebot mehr oder weniger attraktiv gestaltet. Dies erschwert die Planbarkeit der Geschäftsentwicklung der Mobilfunkbetreiber mit den Service Providern.

---

1 In Abhängigkeit des Leistungsumfangs des Vertriebspartners können unterschiedliche Geschäftsmodelle abgegrenzt werden. In dieser Fallstudie soll auf diese Differenzierung verzichtet und alle Modelle, bei denen branchenfremde Anbieter Mobilfunkprodukte unter der eigenen Marke anbieten, als MVNO-Modell bezeichnet werden.

Auf den indirekten Vertrieb entfällt im Markt in 2005 ein Umsatzanteil von mehr als 50 %. Jedoch verloren die indirekten Vertriebskanäle zunehmend an Bedeutung, u. a. da die Mobilfunkbetreiber zunehmend eigene Vertriebskanäle ausbauten (*Herken/Acker/Böckmann, 2006, S. 40*). Durch die aggressive Vermarktung stiegen die Marketing- und Vertriebskosten, insbesondere Werbung und Kundengewinnungskosten (SACs = Subscriber Acquisition Costs). Die indirekten Vertriebspartner wurden von den Mobilfunkbetreibern in den Quartals- bzw. Jahresgesprächen zu Wachstum aufgefordert (z. B. in Zielvereinbarungen), konnten dies aufgrund des gesättigten Marktes jedoch nur schwer erreichen. Daher forderten die indirekten Vertriebspartner mehr finanzielle Unterstützung von den Mobilfunkbetreibern, die sie in der Regel auch erhalten. Mit dieser finanziellen Unterstützung wurden weitere aggressive Vertriebsmaßnahmen finanziert. In Extremfällen fanden sich im Internet Angebote, oftmals durch einzelne Internet-Händler, bei denen der Kunde bei Abschluss von zwei Mobilfunkverträgen zusätzlich einen Motorroller erhielt.

Preisgestaltung: Insgesamt hatte sich im Markt, obwohl es nur vier große Anbieter gab, ein „Tarifdschungel“ herangebildet (*CEO Bergheim in: FAZ, 31.05.2005, Nr. 123, S. 17*). Wie eine verschworene Gemeinschaft hielten die Netzbetreiber bis dato am bestehenden Tarifgefüge mit 1.800 Varianten (!) fest, bei dem selbst aufmerksame Pfennigfuchser den Überblick verlieren (*Kerbusk, in: Der Spiegel, Heft 50/2005*).

3. Marketing- und Vertriebsstrategie von E-Plus vor der Neuorientierung

E-Plus, der Nummer 3 im Markt, sitzt O_2 im Nacken. Im Jahr 2004 konnte O_2 seine Kundenzahl von 2 auf 8 Mio. steigern, während E-Plus kaum noch Zuwachs generieren konnte. Laut CEO hatte E-Plus in 2005 zwar 9,5 Mio. Kunden, hätte aber für weitere 20 Mio. Platz, schließlich hätte man ähnlich viel in den Netzausbau investiert wie T-Mobile oder Vodafone (*FAZ, 31.05.2005, Nr. 123, S. 17*).

Obwohl E-Plus sehr aggressiv in der Neukundengewinnung vorging, waren die Marktanteilsverschiebungen nur gering. Dies wurde zum einen auf den hohen Marktanteil von Vodafone und T-Mobile im Geschäftskundensegment zurückgeführt. Geschäftskunden wechselten vergleichsweise selten den Mobilfunkanbieter. Zum anderen hatte E-Plus im Vergleich zu den anderen Anbietern weiterhin ein Image-Problem bei weiten Teilen der Bevölkerung – dergestalt, dass die Netzqualität schlechter sei. Auf der anderen Seite hatte E-Plus bei den Bestandskunden ein sympathisches Image. Dieses Image wurde u. a. durch einen sehr guten Kundenservice über zahlreiche Call Center-Mitarbeiter erzielt, wofür E-Plus auch verschiedene Auszeichnungen erhielt.

Ebenfalls problematisch für E-Plus waren die hohen Churn-Raten. Diese waren in den indirekten Vertriebskanälen deutlich höher als in den direkten Vertriebskanälen. Ein wesentlicher Grund hierfür war, dass E-Plus in den direkten Vertriebskanälen das Kundenmanagement selbst durchführte, während dies beispielsweise im Service Provider-Vertriebskanal durch den jeweiligen Service Provider geschah. Und aus Sicht eines Service Providers, wie beispielsweise mobilcom, stellte der Wechsel eines Kunden von mobilcom-E-Plus zu mobilcom-Vodafone keinen Churn dar, wohl aber aus Sicht des Mobilfunkanbieters E-Plus.

Bei E-Plus betrug der Umsatzanteil der indirekten Kanäle – wie bei den Wettbewerbern – mehr als 50 %. Durch aggressive Angebote mit kostenintensiven Zugaben einzelner Vertriebspartner (wie oben am Beispiel Motorroller aufgeführt) kam es zu erheblicher Unruhe bei den anderen Vertriebspartnern von E-Plus. Diese beschwerten sich, dass solche Angebote nur mit ungewöhnlich hohen Konditionen überhaupt möglich seien, und sie selber aufgrund solcher Angebote ihre eigenen Zielvereinbarungen nicht erreichen könnten. Teilweise wandten sich diese Vertriebspartner von E-Plus ab bzw. vermarkteten E-Plus nicht mehr im großen Umfang. Zudem stießen derartige Vermarktungsaktionen im Marketing von E-Plus auf Unverständnis, da man hierdurch die Marke beschädigt sah.

4. Zielsetzung und Aufgabe

Die Aufgabenstellung dieser Fallstudie besteht in der Suche nach einem neuen strategischen Ansatz für E-Plus. Wie kann das Unternehmen die bestehenden Marktstrukturen aufbrechen und eine Geschäftsausweitung erreichen?

Wie dargestellt, waren die Geschäftsentwicklungen in den Jahren 2004/05 unbefriedigend, und die Prognosen für die Zukunft nicht optimistisch. E-Plus als dritter im Markt mit dem Verfolger O_2 auf den Fersen brauchte eine Neuausrichtung.

Aufgaben:
Sie sind im Jahr 2005 als Mitarbeiter/in im Marketing/Vertrieb von E-Plus tätig. In Vorbereitung eines Aufsichtsrats-Meetings kommt der Geschäftsführer Marketing/Vertrieb mit folgenden Aufgaben auf Sie zu:

a) *„Können Sie bitte kurzfristig eine Auswertung erstellen? Zum einen benötige ich eine Analyse der Ausgangssituation. In Anbetracht des Zeitdrucks erstellen Sie bitte eine kurze, prägnante SWOT-Analyse, auf einer Seite zusammengefasst:* ***Was sind die wesentlichen marketingtechnischen und vertrieblichen Herausforderungen für E-Plus?***

b) *Auf einer zweiten Seite bitte eine übersichtliche Darstellung, wie eine neue Markenstrategie für E-Plus aussehen könnte. Skizzieren Sie eine Segmentierungsstruktur als Grundlage für eine Mehrmarkenstrategie. Begründen Sie Ihren Entwurf – achten Sie auf eine konsequente Orientierung an der erstellten SWOT-Analyse.*

c) *Auf einer dritten Seite unterbreiten Sie bitte Vorschläge, mit welchen Vertriebs-Maßnahmen wir den bestehenden Herausforderungen in der nächsten Zeit begegnen werden bzw. welche Vertriebswege für eine Mehrmarkenstrategie genutzt werden können – natürlich mit einer kurzen Bewertung (wesentliche Vor- und Nachteile der jeweiligen Maßnahme).*

d) *Abschließend bewerten Sie bitte die aktuelle Situation im Mobilfunkmarkt und den Einfluss der E-Plus-Strategie auf die Situation. Welche Entwicklung erwarten Sie zukünftig im deutschen Mobilfunkmarkt?“*

5. Bearbeitungshinweise

Die vorliegende Fallstudie sollte idealerweise von Studierendengruppen der Vertiefungsrichtung Marketing/Vertrieb im 5. oder 6. Fachsemester bearbeitet werden. Der Schwierigkeitsgrad ist bei mittel bis anspruchsvoll einzuordnen. Die Erstellung der Situationsanalyse erfordert aufmerksames Durcharbeiten der dargestellten Fakten und die Fähigkeit zur Strukturierung. Die Erarbeitung von Empfehlungen für eine Marketing- und Vertriebsstrategie setzt grundlegende Kenntnisse im Markenmanagement (Segmentierung, Positionierung etc.) voraus. Die Website von E-Plus (http://eplus-gruppe.de/) kann als Informationsquelle ergänzend hinzu gezogen werden.

Überlegungen zum Lösungsansatz: E-Plus wurde herausgefordert – vom Markt, von den Kunden und vom Wettbewerb. Es musste gelingen, die E-Plus typischen Stärken zu nutzen, um eine Neupositionierung zu erreichen. E-Plus als der „Kleine" mit sympathischen Image musste sich mit konsequenter Kundenorientierung flexibel anpassen. Ziel sollte die Ausweitung der Marktanteile deutlich über die 15 %-Marke sein, um sich messbar vom Verfolger O_2 abzusetzen und den Giganten T-Mobile und Vodafone gegenüber Stärke zu beweisen. Wie stark würde ein Tabubruch im Markt wirken – also der Ausbruch aus dem stillschweigenden wirtschaftsfriedlichen Verhalten, nicht mit Kampfpreisen an den Markt zu gehen?

6. Die Lösung von E-Plus: Strategische Neupositionierung durch eine konsequente Mehrmarkenstrategie

Mit Einführung der Marke „simyo" im Juni 2005 eröffnete E-Plus das **Discount-Segment im Mobilfunkmarkt** in Deutschland – und machte den entscheidenden ersten Schritt hin zu einer **Mehrmarkenstrategie**. Nach dem Vorbild der Billigflieger verfolgte man das Konzept „No Frills", also kein „Schnickschnack": keine Grundgebühr, keine Extras, kein Handy – nur ein günstiger, rund um die Uhr fester Preis und SMS-Versand 20 % günstiger als der herrschende Marktpreis. Der Vertrieb erfolgte konsequent nur über das Internet. Der Mobilfunkmarkt erlebte infolge dessen einen drastischen Preiseinbruch; weitere Billiganbieter zogen nach. Die großen Netzbetreiber konnten nicht widerstehen und verkauften Kapazitäten ihrer nicht ausgelasteten Netze an die Discounter. Wenig später kooperierte E-Plus mit dem größten deutschen Lebensmitteleinzelhändler: Unter „ALDI TALK" sollten 750.000 Karten mit Festpreis rund um die Uhr verkauft werden (*Kerbusk, in: Der Spiegel, Heft 50/2005*).

Abb. 4: Einführungswerbung simyo

Nach Einführung der Discount-Marke simyo setzte E-Plus das Konzept einer gezielten Mehrmarkenstrategie fort. *„Die Zeit der Vier-Marken-Herrschaft ist vorbei"*, verkündete der amtierende CEO, er sähe noch viel Potenzial für weitere Brands und Kooperationen (*Saal, 2005*). E-Plus setzte auf konsequente Segmentierung und individuelle Kundenbearbeitung. Entscheidendes Segmentierungskriterium war und ist das Nutzungsverhalten der Mobilfunkkunden. Neben der etablierten Marke E-Plus⁺, die für Vielfalt und Service steht, ging nach der Discount-Marke simyo die Marke BASE im August 2005 auf den Markt – mit dem Slogan *„Freedom of Speech"* wurde die erste Handyflatrate eingeführt. Für die Kampagne stand ein Einführungsbudget im niedrigen zweistelligen Millionenbereich zur Verfügung (*Saal, 2005*).

Abb. 5: Einführungswerbung BASE

Durch die ethnische Marke AY YILDIZ wird eine optimale Marke für die türkisch-stämmige Zielgruppe mit Prepaid-Angeboten für deutsche und türkische Netze geschaffen.

	BASE	simyo	ay yildiz
Kunde	Normal- und Vieltelefonierer, Internetnutzer	Wenig- und Normaltelefonierer, Internetnutzer	Türkischstämmige Mobilfunkkunden in Deutschland
Produkt	Vertrag für Sprache/SMS und Internet	Prepaid	Prepaid, Vertrag
Vertrieb	Alle Vertriebskanäle	Nur Internet	Alle Vertriebskanäle, zusätzlich türkische Vertriebswege

Abb. 6: Segmentierung und Mehrmarkenstrategie

Der Vertrieb spielte bei der Umsetzung der Mehrmarkenstrategie eine entscheidende Rolle. Marken wie simyo und AY YILDIZ hat E-Plus selbst aufgebaut. Für die differenzierte Ansprache weiterer Kundensegmente gewann E-Plus Vertriebspartner im Rahmen von Exklusivvereinbarungen. Beispiele sind MedionMobile (ALDI TALK) und MTV. Hierfür hat E-Plus einen eigenen Bereich gegründet (Wholesale), der dieses Geschäft systematisch auf- und ausbaut. Viele dieser Partner boten ihre Produkte ausschließlich im Internet an, sodass die Kundengewinnungskosten niedriger waren als im Vergleich dazu die klassischen Vertriebskanäle. Dieser Vorteil wurde in Form niedrigerer Preise an die Kunden weitergegeben.

Wie in Kapitel 2 beschrieben, hatten viele unterschiedliche und aggressive Angebote im Markt das Image der Marke geschädigt und zu Unruhe unter den Vertriebspartnern und steigenden Kundengewinnungskosten geführt. In einer solchen Situation ist es schwierig, attraktive neue Vertriebspartner zu gewinnen und mehrere Marken erfolgreich aufzubauen. Daher erhöhte E-Plus die Kontrolle der Vermarktung im Vertrieb. Wesentliches Instrument hierfür war die **Stärkung eigener Vertriebskanäle**, u. a. über eine Expansion des Filialnetzes.

Aber auch für ausgewählte indirekte Vertriebspartner hat E-Plus ein Modell gefunden, um diese in die Neupositionierung zu integrieren und dennoch die Kontrolle in der Vermarktung weiter zu erhöhen: das **Partnershop-Modell**. Anfang Februar 2005 fiel der Startschuss zum neuen Partnershop-Programm von E-Plus. Hierbei handelte es sich um selbstständige Unternehmer, die exklusiv die E-Plus-Produkte vermarkten und hierfür umfassende Unterstützung von E-Plus erhalten. Oftmals waren dies ehemalige leistungsstarke Händler, die sich nun stärker an einen Mobilfunkbetreiber binden wollten, um vom erwarteten Wachstum und der Unterstützung des Mobilfunkbetreibers zu profitieren.

Abb. 7: Beispiel für Partnershop

Die Mehrmarkenstrategie und die neue Vertriebsstrategie haben sich somit ergänzt. So wurde über die neuen Marken das Angebot erweitert und zusätzliche Nachfrage nach E-Plus-Produkten geschaffen. Aus den entsprechenden Umsatzsteigerungen konnten die für die Stärkung der eigenen Vertriebskanäle notwendigen Investitionen vorgenommen werden. Eine hohe Auslastung eigener Vertriebskanäle kann zu sinkenden Kundengewinnungskosten führen, was wiederum in günstigere Preise umgesetzt werden konnte und somit eine Positionierung im Discount-Segment stützt. Zudem hat E-Plus mehr Möglichkeiten zur Kundenbindung bei Kunden, die über eigene Vertriebskanäle gewonnen werden. Über die Stärkung der eigenen Vertriebskanäle wurde die Kontrolle über die Vermarktung erhöht und so die Voraussetzung für ein zielführendes Multichannel-Management geschaffen.

Abb. 8: Mehrmarkenstrategie bei E-Plus

7. Ergebnisse der Aktivitäten

Bereits nach kurzer Zeit zeigte sich der Erfolg der Neupositionierung auch in den Kennziffern. So vermeldete E-Plus schon im dritten Quartal 2005 die folgenden Erfolgszahlen:

- über eine Million Neukunden in einem Jahr
- operativer Umsatz um 6 % gestiegen
- Umsatz aus Mobilfunk-Dienstleistungen 8 % höher.

E-Plus hat die neue Strategie weiter verfolgt. Nach simyo, BASE, AY YILDIZ und ALDI TALK wurden weitere Marken zur Ergänzung des Markenportfolios eingeführt wie beispielsweise blau.de in 2008.

Und auch mittelfristig wirkt sich die Strategie erfolgreich auf die Kennziffern aus. Zwischen 2005 und 2009 wächst kein Netzbetreiber bei Umsatz, Marge, Kunden und EBITDA so dynamisch wie die E-Plus-Gruppe. In diesem Zeitraum sind die Kundenzahlen von 10,7 auf 19 Mio. und der Umsatz von 2,8 auf 3,2 Mrd. € gestiegen. Beachtlich ist vor allem der gleichzeitige und sehr deutliche Anstieg des Ergebnisses (EBITDA) – von 635 Mio. € (2005) auf 1.333 Mio. € (2009). Hervorzuheben ist auch der Anstieg der Marge, denn üblicherweise geht starkes Wachstum mit einer sinkenden Marge einher. Dies ist im Wesentlichen auf die gesenkten Kundengewinnungskosten zurückzuführen.

8. Status quo – wie stellt sich die Situation knapp zehn Jahre nach der Neupositionierung dar?

Der Mobilfunkmarkt in Deutschland hat sich seit Umsetzung der Neupositionierung deutlich verändert; inzwischen boomt das Discount-Geschäft mit steigenden Umsätzen und Kundenzahlen. Der Anteil des Discount-Segments ist von 17 % in 2009 auf 29 % in 2012 gestiegen (*Wocher, 2013*). Alle Mobilfunkanbieter haben inzwischen eigene Marken im Discount-Segment positioniert, so beispielsweise die Telekom congstar, O_2 FONIC und Vodafone Otelo. E-Plus konnte als Ergebnis der Neupositionierung seinen Marktanteil kontinuierlich ausbauen. So ist der Marktanteil des Unternehmens von 13,3 % auf über 21,6 % in 2013 gestiegen:

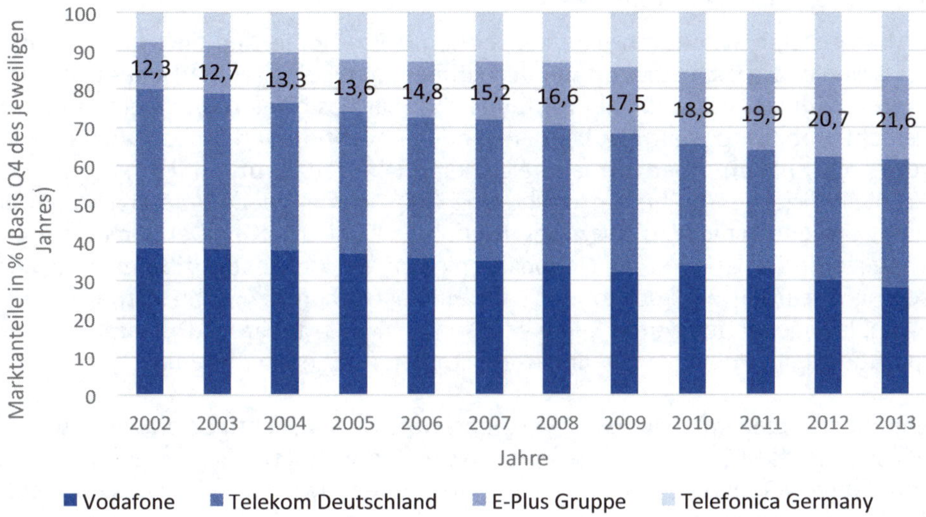

Abb. 9: Marktanteile der Mobilfunkanbieter

Quelle: www.bundesnetzagentur.de

Auch die Vertriebsstrategie hat E-Plus konsequent weiter verfolgt, sodass Stand Juli 2014 nunmehr 800 exklusive Shops die Marke BASE vermarkten. Diese setzen sich zusammen aus eigenen Shops und den Partnershops, sodass E-Plus eine hohe Kontrolle über die Vermarktung hat. Auch die Anzahl der Wholesale-Vertriebspartnerschaften hat sich deutlich erhöht. E-Plus zählt heute namhafte Firmen wie ADAC, die WAZ-Mediengruppe und WhatsApp zu seinen Partnern.

Die Preise im Mobilfunkmarkt sind deutlich gesunken, und es wird von einem ruinösen Preiskampf gesprochen. So hat Tchibo beim Launch in 2004 noch mit Minutenpreisen von 35 Cent gelockt, während heute Minutenpreise um 9 Cent angeboten werden. Einige Anbieter verschenken sogar Prepaid-Karten, um ihre Kundenzahlen „aufzuhübschen“ (*Berke, 2010*).

Am 01.10.2014 wurde der Erwerb von E-Plus durch Telefónica Deutschland abgeschlossen. Hierdurch werden die ehemaligen Rivalen O_2 und die E-Plus Gruppe zusammengeschlossen, und es entsteht einer der größten Telekommunikationsanbieter in Deutschland mit fast 47 Mio. Kundenanschlüssen (https://blog.telefonica.de).

9. Learnings aus der Fallstudie

E-Plus hat gezeigt, wie durch eine konsequente Positionierung eine bzw. mehrere Zweitmarken erfolgreich etabliert werden können, ohne die Kernmarke des Unternehmens zu schädigen. Wesentlicher Bestandteil dieser Positionierung ist eine zielgruppengerechte Produktgestaltung, bei der Handy-Subventionen nur noch eine untergeordnete Rolle spielen. Aber oftmals reicht eine Differenzierung durch Produkt und Marke allein nicht aus. E-Plus hatte schon vor 2005 immer wieder günstige Angebote im Markt, die jedoch nicht zu einem vergleichbaren Erfolg führten. Der durchschlagende Erfolg stellte sich erst mit der Neupositionierung ein, bei der die differenzierte Kundensegmentbearbeitung konsequent über alle Instrumente, u. a. auch spezielle Vertriebskanäle angegangen wurde. E-Plus war Pionier für das Mobilfunk-Discount-Segment und profitiert heute noch von einer extrem starken Position in diesem.

Zudem hat sich die Umstellung der Vertriebsstrategie als wichtige Voraussetzung für den Einstieg in das Discount-Segment erwiesen. Stärkere Kontrolle der Vermarktung, zukunftsfähige Vertriebskanäle und niedrigere Kundengewinnungskosten sind wichtig für den Erfolg einer Mehrmarkenstrategie, gerade wenn diese erhöhte Anforderungen an das Multichannel-Management stellt und sich im Discount- Segment bewegt.

Weiterhin hat die Fallstudie aufgezeigt, wie Partnerschaften einen vergleichsweise schnellen und kostengünstigen Weg darstellen können, neue Zielgruppen zu erreichen. Gerade bei der Positionierung einer neuen Marke sind oftmals nicht ausreichend Kenntnisse innerhalb einer Firma über die Zielgruppe, die die neue Marke ansprechen soll, vorhanden. Außerdem werden Ressourcen beispielsweise für die Vermarktung benötig, die im werbeintensiven Mobilfunkmarkt erheblich sind. E-Plus hat Vertriebspartner gewonnen, die ihre eigenen Vertriebsstrukturen und Marketingaktivitäten einbringen, wie beispielsweise MedionMobile (ALDI TALK).

Die Fallstudie zeigt aber auch die langfristige Gefahr einer solchen Strategie, denn in der Regel werden die Konkurrenzunternehmen das Discount-Segment nicht ohne eigene Angebote dem Wettbewerber überlassen. Dies ist auch im Mobilfunkmarkt geschehen mit der Folge eines deutlich gesenkten Preisniveaus.

Unternehmen, die Überlegungen zur Einführung von Zweitmarken im Discount-Segment anstellen, werden insbesondere beurteilen müssen, wie sich Pioniervorteil und Preisverfall langfristig im Markt auswirken werden. Auf der anderen Seite ist abzuwägen, wie wahrscheinlich es ist, dass ein Wettbewerber ebenfalls diese Strategie verfolgt, und somit der mögliche Pioniervorteil gefährdet ist. Mit Hinblick auf die starke Verbreitung des Discount-Segments in vielen Branchen und auch bei Betrachtung dieser Fallstudie sollte hier von einer eher hohen Wahrscheinlichkeit ausgegangen werden.

10. Literatur

Berke, J., „Spontaner Wechsel", in: Wirtschaftswoche, Nr. 046, vom 15.11.2010

Herken/Acker/Böckmann, „Auf allen Kanälen", in: absatzwirtschaft – der Vertrieb, 08.05.2006

Kerbusk, K.-P., „Straßenkampf im Handymarkt", in: Der Spiegel, Heft 50/2005

Lessmann, P., „E-Plus heizt mit Billigmarke Wettbewerb an", in: Handelsblatt, 30.05.2005

Metzger/Wocher, „Vodafones Kampf gegen die Kleinen", in: Handelsblatt 29, 11.2.2013

Saal, M., „E-Plus startet Flatrate-Marke", in: Horizont, Heft 30, 2005

Sturbeck, W., „Der erste deutsche Mobilfunkdiscounter", in: FAZ, 31.05.2005, Nr. 123, S. 17

Wocher, M., „Mobilfunkdiscounter auf dem Vormarsch", in: Handelsblatt 120, 26.06.2013, S. 25

E-Plus-Unternehmensinformationen

http://eplus-gruppe.de/
http://eplus-gruppe.de/mobilfunk/
http://eplus-gruppe.de/ueber-uns/public-affairs/
http://eplus-gruppe.de/mobilfunk/

o. V., „E-Plus Gruppe stellt sich vor", Unternehmensflyer, Juli 2014

Marktanteile Mobilfunksektor

http://www.bundesnetzagentur.de/cln_1412/DE/Sachgebiete/Telekommunikation/Unternehmen_Institutionen/Marktbeobachtung/Deutschland/Mobilfunkteilnehmer/Mobilfunkteilnehmer_node.html

Telefonica Blog

https://blog.telefonica.de/2014/10/telefonica-deutschland-schliesst-den-erwerb-der-e-plus-gruppe-ab/

Die Schwob-Gruppe – Managementherausforderung Unternehmenswachstum

Von Prof. Dr. Stefan Jugel

1. Aus dem Geschäftsbericht der Schwob Gruppe

Geschäftsverlauf und Umsatzentwicklung

Die Schwob-Gruppe sieht sich als international führendes Technologie- und Dienstleistungsunternehmen und erwirtschaftete im Geschäftsjahr 2013 mit rund 281.000 Mitarbeitern einen Umsatz von 46,1 Mrd. €. Die Aktivitäten des Unternehmens gliedern sich in die vier Unternehmensbereiche Kraftfahrzeugtechnik, Industrietechnik, Gebrauchsgüter sowie Energie- und Gebäudetechnik (vgl. Abbildung 1).

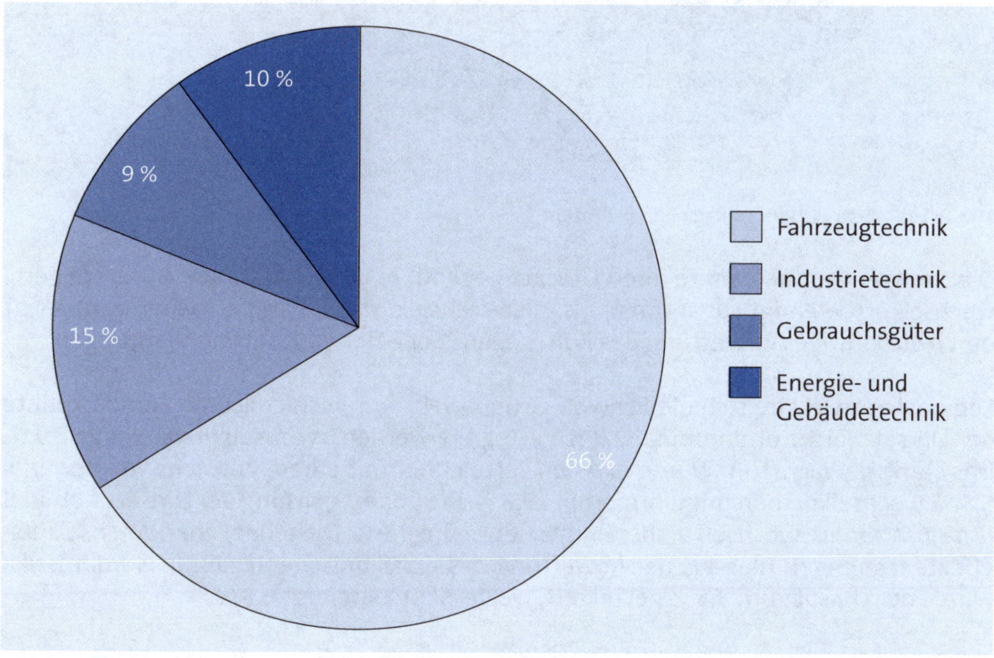

Abb. 1: Umsatzstruktur nach Unternehmensbereichen in Prozent

Die Schwob-Gruppe umfasst die Schwob GmbH und ihre rund 360 Tochter- und Regionalgesellschaften in rund 50 Ländern. Mithilfe von Vertriebspartnern ist Schwob in rund 150 Ländern vertreten (vgl. Abbildung 2).

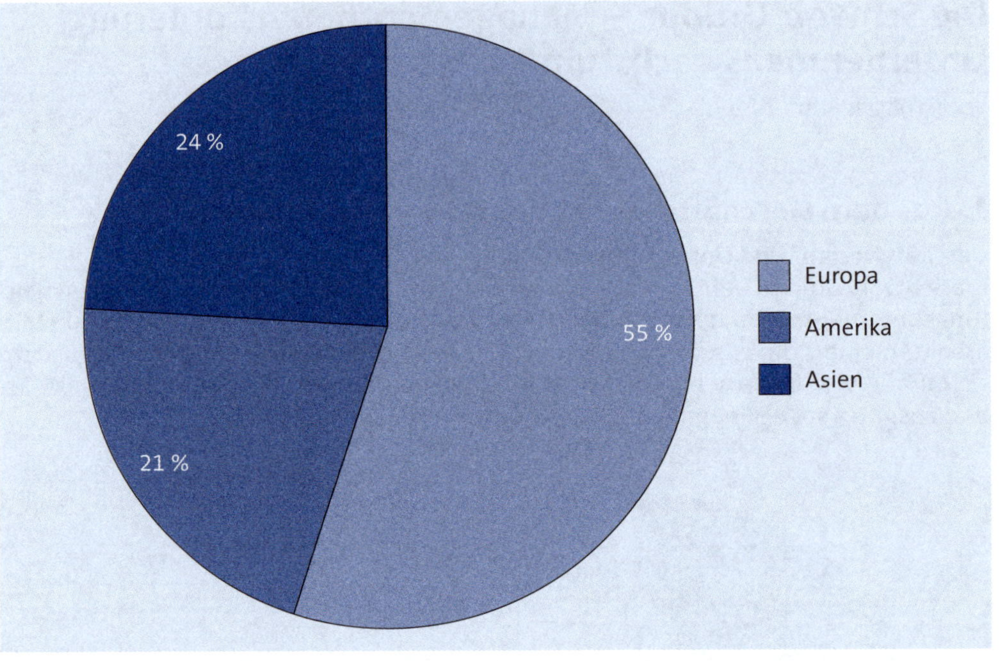

Abb. 2: Umsatzstruktur nach Regionen in Prozent

Die Schwob-Gruppe konnte ihren Umsatz gegenüber dem Vorjahr um 3,1 % steigern, wechselkursbereinigt sogar um 6,3 %. Die Wechselkursbelastungen waren verursacht durch die kräftige Aufwertung des Euro gegenüber einer Vielzahl von Währungen.

Regional entwickelte sich die Schwob-Gruppe sehr unterschiedlich. In Europa konnte der Umsatz leicht um nominal 2,2 % gesteigert werden, wechselkursbereinigt 2,9 %. Das stärkste Wachstum wurde in Asien verzeichnet mit einem Zuwachs von nominal 5,8 %, wechselkursbereinigt immerhin 13,8 %. In Südamerika ging der Umsatz nominal um 3,6 % zurück, wechselkursbereinigt stieg er um 8,9 %. Die erheblichen Wechselkurseffekte resultieren hier aus der Abwertung des brasilianischen Reals. In Nordamerika wurde der Umsatz um 3,5 % gesteigert, wechselkursbereinigt 6,8 %.

Große Unterschiede zeigten sich in den Entwicklungen der verschiedenen Unternehmensbereiche. In der Kraftfahrzeugtechnik konnte der Umsatz nominal um 6,7 % gesteigert werden, wechselkursbereinigt um 10,3 %. Speziell China hat erheblich zu diesem Wachstum beigetragen. Ein deutlicher Umsatzeinbruch war in der Industrietechnik zu verzeichnen, die durch das schwierige Umfeld im Maschinenbau erheblich belastet wurde. Der Umsatz ging um nominal 9,2 % und wechselkursbereinigt um 6,5 % zurück. Die Bereiche Gebrauchsgüter sowie Energie- und Gebäudetechnik verzeichneten moderate Zuwächse.

Das Finanzergebnis vor Steuern (EBIT) verbesserte sich auf 2,8 Mrd. € und eine Rendite von 6 % vom Umsatz. Dies wird als wichtiger Schritt auf dem Weg zur angestrebten Zielrendite von 8 % bezogen auf das EBIT angesehen. Zu dem verbesserten Ergebnis trugen neben der guten Entwicklung in der Kraftfahrzeugtechnik auch die Maßnahmen auf der Kostenseite bei (vgl. Abbildung 3).

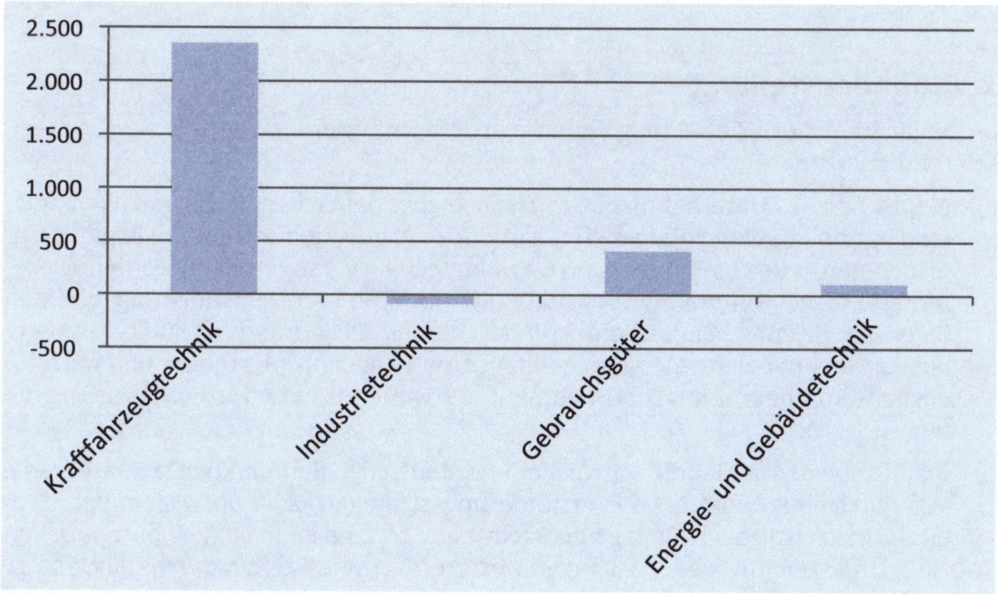

Abb. 3: EBIT nach Unternehmensbereichen

Der Markt für Kraftfahrzeugtechnik teilt sich in den Markt für Erstausrüstung (OEM = Original Equipment Manufacturing) und den Handelsmarkt (Automotive Aftermarket) auf. Der Handelsmarkt trägt maßgeblich zum guten EBIT dieses Unternehmensbereichs bei.

Chancen und Risiken

Das Unternehmen sieht sich mit seinem Produkt- und Dienstleistungsportfolio gut aufgestellt. Zudem bieten sich mittel- bis langfristig in allen Unternehmensbereichen weitere Wachstumschancen durch einen Ausbau der internationalen Präsenz.

Risiken werden im Bereich der Kraftfahrzeugtechnik vor allem in der Zielerreichung bei Markt- und Lieferanteilen gesehen, zudem in der Marktposition in Schwellenländern, in Preisentwicklungen sowie Marktveränderungen aufgrund neuer Geschäftsmodelle, Technologien und Wettbewerber.

Ziele und Strategie

Ziel des Unternehmens ist es, auch weiterhin zu den weltweit führenden Technologie- und Dienstleistungsunternehmen zu gehören. Unter dem Leitmotiv „Technik fürs Leben“ soll nutzbringende Technik angeboten werden, die u. a. durch ihre Funktionalität und das Design die Kunden begeistert. Um diese übergeordneten Ziele wirtschaftlich umzusetzen, wird ein Umsatzwachstum von 8 % pro Jahr im langfristigen Durchschnitt einschließlich Akquisitionen angestrebt. Die damit korrespondierende Zielrendite bezogen auf das Ergebnis vor Finanzergebnis und Steuern (EBIT) beträgt ebenfalls 8 %.

Dazu soll die globale Marktposition gestärkt werden. Bezogen auf die Unternehmensbereiche wird langfristig ein ausgewogenes Verhältnis zwischen der Kraftfahrzeugtechnik und den weiteren Unternehmensbereichen angestrebt.

2. Aufgabenstellung

Im Hinblick auf diese Zielsetzung bieten sich dem Unternehmen derzeit zwei strategische Optionen:

a) Akquisition des Unternehmens Solartech, einem deutschen und europaweit agierenden Anbieter von Solarpanelen. Mit dieser Akquisition soll der Ausbau des Unternehmensbereichs Energie- und Gebäudetechnik vorangetrieben werden. Dieser umfasst bisher ein breites Spektrum an Produkten und Dienstleistungen in den Bereichen Heizung, Klimatisierung und Sicherheit. Die Abrundung durch das Angebot von Solarpanelen unterstreicht das Leitmotiv „Technik fürs Leben" und kann auf die hohe Kompetenz des Unternehmens in kosteneffizienter Fertigung zurückgreifen.

b) Akquisition der seit Jahren schwächelnden deutschen Baumarktkette Stratego, die sich durch eine verfehlte Verkaufsförderungsstrategie (*„20 % auf alles außer ..."*) in eine wirtschaftliche Schieflage gebracht hat. Stratego ist in einigen europäischen Hauptmärkten mit Niederlassungen vertreten. Schwob verfügt durch seine Sparte „Automotive Aftermarket" seit Jahrzehnten über Kompetenz im Handelsmarkt und könnte für gleich mehrere Unternehmensbereiche, wie Gebrauchsgüter, Energie- und Gebäudetechnik sowie Kraftfahrzeugtechnik, einen festen Absatzkanal etablieren.

Diskutieren Sie kritisch die zwei sich bietenden strategischen Optionen vor dem Hintergrund der übergeordneten Ziele des Unternehmens. Gehen Sie bei der Bearbeitung des Falls dabei nach folgendem Schema vor:

a) **Situation:** Kurze Beschreibung der aktuellen Lage der Gesellschaft.

b) **Zielsetzung:** Fassen Sie kurz das Ziel des Unternehmens zusammen und hinterfragen Sie vor dem Hintergrund der zwei genannten strategischen Optionen, was das Unternehmen eigentlich will bzw. was ihm nützt angesichts der in a) analysierten Situation.

c) **Alternativen:** Zeigen Sie über die zwei genannten strategischen Optionen weitere Möglichkeiten auf, das in b) zusammengefasste Ziel des Unternehmens zu erreichen.

d) **Bewertung:** Diskutieren Sie die Vor- und Nachteile der unter c) aufgeführten Alternativen.

e) **Empfehlung:** Sprechen Sie eine Empfehlung aus, zu welcher Alternative Sie nach Ihrer kritischen Bewertung in d) raten würden.

Methodische Hinweise

Die Fallstudie eignet sich für Marketingstudenten im Hauptstudium. Sie setzt Kenntnisse des Strategischen Marketing voraus. Die empfohlene Bearbeitungszeit liegt bei 1,5 - 2 Std.

3. Überlegungen zur Entwicklung einer Lösung

a) Situation

Das Unternehmen ist stark abhängig von der Kraftfahrzeugtechnik. Die anderen drei Unternehmensbereiche machen zusammengenommen gerade einmal ein Drittel des Konzernumsatzes aus. Die Umsatzstruktur nach Regionen zeigt zwar eine starke Internationalisierung, global aufgestellt ist das Unternehmen aber weder hinsichtlich der Umsatzanteile nach Regionen noch hinsichtlich der Produktionsstätten. Dies drückt sich insbesondere in hohen Wechselkursbelastungen bedingt durch Produktionsstätten im Euro-Raum aus. Das Finanzergebnis vor Steuern (EBIT) ist laut Geschäftsbericht im Kerngeschäft Kraftfahrzeugtechnik starken Risiken einschließlich hohem Wettbewerbs- und Kostendruck ausgesetzt. Der Unternehmensbereich Gebrauchsgüter hat eine überdurchschnittliche Rendite im Vergleich zu den anderen Unternehmensbereichen, was darauf hindeutet, dass dieser Unternehmensbereich als **Cash Cow** geführt wird.

b) Zielsetzung

Klar erklärtes Ziel des Unternehmens ist das Wachstum. Primär im Hinblick auf die Erreichung dieses Ziels sind Strategien (Alternativen im folgenden Punkt c) zu entwickeln. Weiterhin strebt das Unternehmen eine bessere Risikodiversifikation im Hinblick auf seine globale Aufstellung sowie auf die Umsatzbedeutung der Kraftfahrzeugtechnik im Verhältnis zu den anderen Unternehmensbereichen an.

Die Vision des Unternehmens „Technik fürs Leben" und ihr Beitrag als Klammer und Handlungsmaxime für derzeitige und künftige Aktivitäten lassen sich anhand der Informationen aus dem Geschäftsbericht nicht einordnen.

c) Alternativen

Die strategische Stoßrichtung Wachstum lässt sich nach *Ansoff (1957)* durch folgende Basisstrategien erreichen:

	Bestehende Produkte	**Neue Produkte**
Bestehende Märkte	Marktdurchdringung	Produkterweiterung
Neue Märkte	Markterweiterung	Diversifikation

Seitens des Unternehmens werden zwei strategische Optionen genannt. Dies sind beide Diversifikationen.

Der Kauf von Solartech ist eine **horizontale Diversifikation**. Schwob ist im Bereich Energie- und Gebäudetechnik zwar aktiv, bisher aber nur mit dem Verkauf von Heizungs-, Klimatisierungs- und Sicherungstechnik. Der Vertrieb von Solarpanelen richtet sich mit einem neuen Produkt an neue Märkte bzw. Kunden. Lateral ist die Diversifikation jedoch nicht, da man sich in dieser Branche schon bewegt und im Marketing und Vertrieb auf ähnliche Erfahrungen zurückgreifen kann.

Der Kauf von Stratego stellt eine **vertikale Diversifikation** dar. Man würde quasi einen ehemaligen Kunden übernehmen und damit eine nachgelagerte Wertschöpfungsstufe. Schwob hat zwar Handelserfahrung im Unternehmensbereich Kraftfahrzeugtechnik. „Automotive Aftermarket" ist jedoch keine Handelsstufe, die sich an Konsumenten wendet, sondern dort werden OEM-Erzeugnisse für den Ersatz- oder Nachrüstungsbedarf an den Handel vertrieben.

Die Diversifikation sollte im Kontext der anderen von *Ansoff* genannten strategischen Alternativen diskutiert werden:

- Marktdurchdringung
- Produkterweiterung
- Markterweiterung
- horizontale Diversifikation
- vertikale Diversifikation.

d) Bewertung

Die Bewertung kann sich an der Strategiemusterempfehlung von *Becker (2013)* orientieren. Auf jeden Fall sollte sie die im Hinblick auf Diversifikationserfolge kritische Sicht der Literatur *(Porter, 1987; Bühner, 1988; Buzzell/Gale, 1989)* widerspiegeln.

Marktdurchdringung

Vorteile:

- Langsames, organisches Wachstum hat sehr gute Erfolgsaussichten.

Nachteile:

- Hohe Anforderungen an die Managementfähigkeiten des Unternehmens in Marketing und Vertrieb.

Produkterweiterung

Vorteile:

- Gute Erfolgsaussichten, weil auf bestehenden Kompetenzen aufgebaut wird.
- Schafft die Basis für eine spätere Markterweiterung und Diversifikation.
- Wird der Schwerpunkt der Produkterweiterung in Bereichen außerhalb der Kraftfahrzeugtechnik gelegt, wird auch das Ziel der Risikodiversifikation erreicht.

Nachteile:

- Hohe Anforderungen an die Innovationskraft des Unternehmens.

Markterweiterung

Vorteile:

- Hohes Potenzial in Märkten außerhalb Europas.
- Trägt zur Erreichung des Unternehmensziels Globalisierung bei.

Nachteile:

- Schwierigkeiten im Erschließen neuer Märkte mit den bestehenden Produkten werden jetzt schon als Risiken im Geschäftsbericht erwähnt und sind in zu hohen Kosten bzw. Preisen im Markt begründet.

Horizontale Diversifikation durch Akquisition von Solartech

Vorteile:

- Die Akquisition von Solartech stellt ein externes Wachstum dar und erreicht damit schnell und im Hinblick auf unternehmerische Anforderungen mit geringerem Anfangsaufwand das Unternehmensziel Wachstum.

- Die Akquisition trägt zum Erreichen der Unternehmensziele Risikodiversifikation und Reduktion der Abhängigkeit von der Kraftfahrzeugtechnik bei.

Nachteile:

- Diversifikationen bergen ein sehr hohes Risiko des Scheiterns in sich *(Porter, 1987; Becker, 2013)* und stellen besondere Anforderung an deren Management *(Jugel, 1991)*. Der Vertrieb von Solarpanelen wächst nicht organisch aus den Unternehmensaktivitäten heraus. Er wird vielmehr dazu gekauft, ohne dass das Management bisher entsprechende Kompetenzen aufweist oder aufbauen konnte.
- Die Abhängigkeit vom Euro-Raum wird weiter ausgebaut.

Vertikale Diversifikation

Hier gelten zunächst die gleichen Argumente wie bei der horizontalen Diversifikation. Als weitere Argumente können aufgeführt werden:

Vorteile:

- Sehr gute Möglichkeit der Steuerung und Kontrolle der Distribution eigener Handelsprodukte.

Nachteile:

- Diese Option beschränkt sich auf die Länder, in denen Stratego vertreten ist.
- Das Unternehmen macht durch diese Akquisition den eigenen Handelskunden Konkurrenz, was mit hoher Wahrscheinlichkeit große Akzeptanzprobleme und einen Umsatzrückgang bei diesen Kunden nach sich zieht.

e) Empfehlung

Von den beiden Akquisitionen ist aus den genannten Gründen abzuraten. Das Unternehmen sollte sich vielmehr auf internes Wachstum konzentrieren, um durch Marktdurchdringung und Produkterweiterung die Basis für eine spätere Markterweiterung und Diversifikation zu legen. Damit lassen sich zwar die Ziele Risikodiversifikation und Globalisierung erst mittelfristig realisieren, langsames organisches Wachstum ist jedoch eher zu empfehlen als ein zu schnelles Vorgehen, bei dem die unternehmerischen Kompetenzen fehlen.

4. Das Ergebnis in der Praxis

Die vorliegende Fallstudie orientiert sich an einem real existierenden Unternehmen. Die Auszüge aus dem Geschäftsbericht stammen aus dem Geschäftsbericht 2013 dieses Unternehmens. Die strategische Option der horizontalen Diversifikation in die Solarindustrie wurde von dem Unternehmen 2008 ausgeübt und nach großen Verlusten 2013 der Ausstieg aus diesem Bereich angekündigt. Die strategische Option der vertikalen Diversifikation wurde aus didaktischen Gründen hier ergänzt, orientiert sich aber ebenfalls an zwei real existierenden Unternehmen: Zum einen handelt es sich hierbei um einen Konsumgüterhersteller, der die vertikale Diversifikation in den Handel Ende der 1950er-Jahre einging und 1997 wieder aufgab. Zum anderen handelt es sich um ein Unternehmen der Kraftfahrzeugzuliefererindustrie, das auf die strategische Option des Kaufs eines Kraftfahrzeugherstellers setzte. Die strategische Option der Fallstudie ist also aus diesen beiden Fällen konstruiert und soll beispielhaft die Sinnhaftigkeit der vertikalen Diversifikation zum Thema machen. Der Name des hier betrachteten Unternehmens wurde verfremdet, weil sich die akademische Lehre mit der Diskussion strategischer Fehlentscheidungen viel leichter tut als die Praxis und eben deshalb diese Diskussion hier vermieden werden soll, indem keine Unternehmensnamen im Zusammenhang mit Fehlentscheidungen genannt werden.

Lehren aus dem Fall und mögliche Fehlerquellen in der Fallbearbeitung
Es sollte kritisch diskutiert werden, welche Optionen sich Unternehmen hinsichtlich des Ziels Wachstum bieten. Ein häufig praktizierter und im Hinblick auf die unternehmerischen Fähigkeiten einfacher Weg für das Management ist das externe Wachstum durch Akquisition. Hier zeigte sich jedoch in der Unternehmenspraxis der letzten Jahrzehnte, dass dies in der Mehrzahl der Fälle scheitert. Dennoch ist zu beobachten, dass sich diese Managementfehler wiederholen. In der Bearbeitung der Fallstudie soll erkannt werden, dass es aber auch unternehmerische Alternativen zum externen Wachstum gibt, die sogar mit einer höheren Erfolgswahrscheinlichkeit versehen sind.

Als Hürde der Fallstudie erweist sich das Finden einer Struktur, anhand derer Alternativen zur Erreichung des Ziels Wachstum diskutiert werden können. Vielfach beschränkt sich die Diskussion auf die zwei im Text genannten Optionen und führt dazu, dass eine der beiden Alternativen empfohlen wird.

Werden – wie in der Aufgabenstellung angeregt – weitere Alternativen in die Diskussion gebracht, gibt es häufig willkürliche und unstrukturierte Muster, z. B. werden die beiden Alternativen der Diversifikation diskutiert im Kontext von preis- oder kommunikationspolitischen Maßnahmen. Im Vergleich der Alternativen eine einheitliche und einfache Betrachtungsebene zu finden, z. B. die Basisstrategien von *Ansoff* wie oben ausgeführt, ist der „Aha-Effekt" der Fallstudie.

5. Literatur

Ansoff, H. I., Strategies for Diversification, in: Harvard Business Review, 35. Jg., Nr. 5, 1957, S. 113 - 124

Ansoff, H. I., Management-Strategie, München 1966

Becker, J., Marketing-Konzeption, 10. Auflage, München 2013

Bühner, R., Gefährliche Versuchung High-Tech, in: Harvard Manager, 10. Jg., Nr. 5, 1988, S. 387 - 406

Buzzell/Gale, Das PIMS-Programm, Wiesbaden 1989

Jugel, S., Ansatzpunkte einer Marketingkonzeption für technologische Innovationen, Stuttgart 1991

Porter, M. E., Diversifikation ohne Konzept, in: Harvard Manager, 9. Jg., Nr. 4, 1987, S. 30 - 49

Markt- und Wettbewerbsstrategien in der Erneuerbare Energien-Branche – dargestellt am Beispiel der SOLON SE

Von Prof. Dr. Annett Wolf

1. Vorstellung der SOLON SE – ein Unternehmen der Solarindustrie

SOLON wurde am 27.11.1996 in Berlin als Hersteller von Solarmodulen gegründet. Im Jahr 2008 wandelte sich die SOLON AG für Solartechnik in eine europäische Gesellschaft – die SOLON SE – um. Im Dezember 2011 musste der Solarmodulproduzent Insolvenz anmelden. Unter dem neuen Eigentümer Microsol fand im März 2012 die anschließende Neugründung der SOLON Energy GmbH als Teil der SOLON International LL FZE statt.

Erneuerbare Energien, auch regenerative Energien genannt, sind Energien aus Quellen, die sich entweder kurzfristig von selbst erneuern oder deren Nutzung nicht zur Erschöpfung der Quelle beiträgt. Entsprechend einer anbieterbezogenen Betrachtung gehören Unternehmen zu dieser Branche, wenn deren Produkte oder Leistungen zur Erzeugung nachhaltig zur Verfügung stehender Energieressourcen beitragen. Dazu eignen sich bspw. Wasserkraft, Windenergie oder solare Strahlung (Sonnenenergie). Die Sonnenenergie lässt sich vielfältig verwenden. Die direkte Nutzung erfolgt zumeist mithilfe so genannter Photovoltaikanlagen, indem Sonnenlicht in elektrischen Strom verwandelt wird. Für diesen Wertschöpfungsprozess sind neben der Gewinnung und Verarbeitung des Siliziums zur Erzeugung von Solarzellen und -modulen auch die Fertigung von Wechselrichtern notwendig (*Bruns et al., 2009, S. 28 ff.*). Während eine Solarzelle als ein elektrisches Bauelement zu verstehen ist, welches die kurzwellige Strahlungsenergie (in der Regel Sonnenlicht) direkt in elektrische Energie umwandelt, besteht ein Solarmodul aus mehreren Solarzellen, die in Serie oder parallel verschalten sind. Für die Einspeisung der Solarenergie in das Stromnetz ist die Wandlung des in den Solarmodulen erzeugten Gleichstroms in Wechselstrom nötig. Darüber hinaus muss eine Synchronisation mit dem vorhandenen Netz stattfinden, was durch einen Solarwechselrichter bewirkt wird (*Bruns et al., 2009, S. 229 ff.*).

Die nachfolgende Abbildung 1 veranschaulicht die Stellung der SOLON SE in der solaren Wertschöpfungskette grafisch (in dunkelgrau).

Die SOLON SE versteht sich nicht nur als Hersteller von Solarmodulen, sondern vielmehr als Anbieter von solaren Systemlösungen in der Erneuerbare Energien-Branche. Zu den Kunden der SOLON SE zählen Besitzer von Einfamilienhäusern oder Gewerbeimmobilien, welche PV-Anlagen zur solaren Energiegewinnung nutzen wollen. Die produzierten Solarmodule werden jedoch nicht direkt an den Endkunden verkauft, sondern über Installateure und lizensierte Handwerksbetriebe des SOLON Partnerprogramms „Solar Pioneers" vertrieben. Zu den Vertriebsregionen zählen neben Deutschland, Österreich und Italien auch die USA. Darüber hinaus sollen auch Investoren oder internationale Energieversorger angesprochen werden, welche schlüsselfertige Photovoltaikkraftwerke als Kapitalanlageform oder als Möglichkeit zur Erweiterung des Energieportfolios sehen (klassisches Projektgeschäft). So zählen z. B. das amerikanische Unternehmen PG&E oder der norwegische Versorger Statkraft AS zu den Kunden der SOLON SE (vgl. *SOLON-Geschäftsberichte 2009 und 2010*).

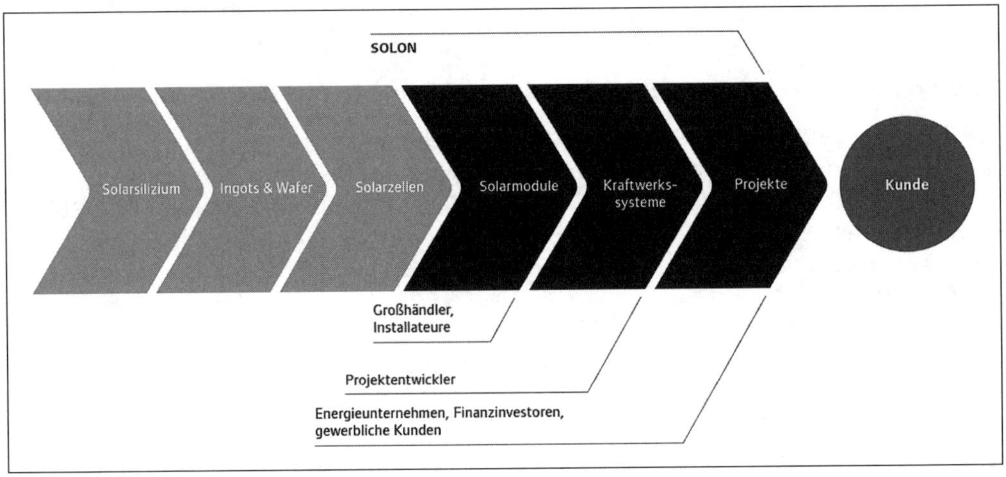

Abb. 1: Wertschöpfungskette der SOLON SE

Quelle: *SOLON-Geschäftsbericht 2010 (S. 44)*

2. Markt- und Wettbewerbsbedingungen in der Erneuerbare Energien-Branche

In Deutschland stehen der Klimaschutz und die damit verbundene rohstoffschonende Energiegewinnung durch die Nutzung Erneuerbarer Energien, wie z. B. Sonne oder Wind, wie kaum ein anderes Thema im Zentrum der öffentlichen Diskussion. Aktuell haben die verbliebenen Unternehmen der Photovoltaikbranche jedoch mit Überkapazitäten und einem enormen Preisverfall zu kämpfen. Die SOLON SE ist nur ein Beispielunternehmen dafür, wie nachteilig sich die vielfältigen Marktfaktoren auf die Unternehmensführung auswirken können. So begann für die SOLON SE der „Untergang" bereits im Jahr 2008, als die Subventionen für Solarstrom in Spanien radikal reduziert wurden und damit die sehr hohe Nachfrage spanischer Kunden einbrach. Dieser Ländermarkt war für deutsche Hersteller sehr wichtig und diente als Orientierungsrahmen für den Ausbau der Produktionskapazitäten. Zudem vollzog sich ein Wechsel vom Verkäufer- hin zum Käufermarkt, dessen Auswirkungen die Unternehmen der Photovoltaikbranche unterschätzt haben. So war der Wettbewerb bis dato nicht existent. Zwar verstand sich die SOLON SE darauf, einen differenzierungsfähigen Wettbewerbsvorteil als Hersteller des „Mercedes unter den Solarmodulen" aufzubauen, verteidigen konnte das Unternehmen diesen jedoch nicht. Auch die steigende Anzahl an chinesischen Konkurrenzunternehmen wurde lange Zeit nicht beachtet.

Eine weitere Ursache kann in dem einst sehr engen Kooperationsverhältnis zwischen der SOLON SE als Solarmodulproduzent und dem Zellenlieferant Q-Cells gesehen werden (Q-Cells musste 2011 Insolvenzantrag stellen und wurde Ende 2012 unter Hanwha

Q-Cells in die südkoreanische Hanwha-Gruppe integriert), denn diese Kooperationsbeziehungen waren ab dem Jahre 2009 rückläufig. So produzierte Q-Cells selbst Solarmodule (Vorwärtsintegration innerhalb der solaren Wertschöpfungskette), und die SOLON SE ging dazu über, preisgünstigere Zellen chinesischer oder taiwanesischer Anbieter zu verbauen. Darüber hinaus war die SOLON SE bestrebt, die Wertschöpfungskette weiter zu vertikalisieren und eine eigene Siliziumproduktion in Italien aufzubauen (Rückwärtsintegration). Dabei wurde jedoch nicht frühzeitig erkannt, dass neben dem Wertverlust infolge der Überkapazitäten auch ein steigender Preisverfall bei den Rohstoffen einsetzten würde. Darüber hinaus wurde durch die rückläufige Förderung durch das Erneuerbare Energien Gesetz (EEG) von Seiten der Investoren ein zusätzlicher Kostendruck auf die SOLON SE aufgebaut. Eine spürbare Preisanpassung an die veränderten Marktbedingungen war für die Solarmodule der SOLON SE jedoch nicht möglich, da das Unternehmen zum größten Teil in Deutschland produzierte (hohe Lohnkosten und Sozialabgaben). Auch wäre eine Verlagerung der Produktionskapazitäten ins Ausland aufgrund der zu erwartenden Subventionsrückzahlungen nur bedingt möglich gewesen. Infolge der hohen Kosten und des damit einhergehenden Preisniveaus kam es zu Verlusten relevanter Marktanteile.

Die Schwäche der deutschen Unternehmen haben asiatische Anbieter zielorientiert zum Ausbau der eigenen Produktionskapazitäten genutzt. So bekamen chinesische Unternehmen zinsgünstige bzw. zinslose Kredite, um die Produktion im eigenen Land auszuweiten. Dies führte einerseits dazu, dass der Preisdruck auf die deutschen Anbieter weiter verschärft wurde, da die asiatischen Konkurrenten ihre Produkte durch die geringere Kostenbelastung und die Ausnutzung von Skaleneffekten günstiger verkaufen konnten (u. a. durch geringe Zinsaufwendungen oder geringe Lohnkosten). Andererseits erhielten die chinesischen Unternehmen trotz der in Europa beginnenden Marktkonsolidierungsphase weiter Liquidität zur Verfügung gestellt, während es den deutschen Anbietern in der Finanz- und Wirtschaftskrise kaum möglich war, Kredite von Banken zu erhalten. Dieser unfaire Wettbewerbsvorteil wurde erst durch die Einführung von Strafzöllen auf chinesische Solarprodukte im Jahre 2013 durch die EU abgemildert.

3. Zielsetzung und Aufgabenstellung

Die Bundesregierung hat sich im Juni 2011 für eine beschleunigte Energiewende ausgesprochen. Die aktuellen Entwicklungen zeigen jedoch, dass Gesetze wie das EEG nicht ausreichen, um für ein weiteres Marktwachstum der Photovoltaikbranche zu sorgen. Ein strategisches Vorgehen im Sinne der Aufstellung eines Verhaltensplans zur Sicherung der langfristigen Existenz des Unternehmens erscheint zwingend geboten. Infolge des angespannten Marktumfelds gibt das Management der SOLON Energy GmbH als Teil der SOLON International LL FZE Ihnen den Auftrag, ein Gutachten zur Ableitung einer zukunftsfähigen Marktbearbeitungsstrategie zu erstellen. Grundlage dessen soll u. a. die Aufarbeitung der z. T. fehlerhaften Unternehmensführung bei der SOLON SE sein. Die Zielsetzung besteht darin, eine geeignete Markt- und Wettbewerbsstrategie für eine Zukunft in der Erneuerbare Energien-Branche zu erarbeiten. Hierzu sind folgende **Teilaufgaben** zu lösen:

Aufgabe 1:

Um geeignete Wettbewerbsstrategien ableiten zu können, ist es zunächst erforderlich, die **relevanten Rahmenfaktoren der Branche** zu erfassen. Diese sollen Aufschluss darüber geben, ob der Markt auch in Zukunft als attraktiv bewertet werden kann. Wie können Sie dabei vorgehen? Belegen Sie Ihre Ergebnisse möglichst mit quantitativen Größen. *(Schwierigkeitsgrad leicht, Bachelor BWL)*

Aufgabe 2:

Sie überlegen nun, ob die SOLON SE vielleicht den Markt und damit die Kunden sowie die Konkurrenz nicht richtig definiert hat. Grenzen Sie den **relevanten Markt** mithilfe geeigneter Methoden ab. Nutzen Sie hierfür z. B. den dreidimensionalen Bezugsrahmen nach *Abell (1989)*. Welche Marktbearbeitungsstrategie leiten Sie für die Zukunft des Unternehmens ab? *(Schwierigkeitsgrad mittel, Bachelor BWL)*

Aufgabe 3:

Im Geschäftsbericht der SOLON SE aus dem Jahr 2010 finden Sie folgende Aussage vom ehemaligen CEO, *Stefan Säuberlich*:

> Und natürlich haben wir auch unser Geschäftsmodell an sich noch einmal gründlich auf den Prüfstand gestellt. Dabei sind wir zu dem Schluss gekommen, dass wir als Anbieter hochwertiger solarer Systemlösungen nach wie vor gut positioniert sind – auch und gerade im wachsenden Wettbewerb mit asiatischen Anbietern. Um hier unserem Wettbewerb tatsächlich immer eine Nase voraus zu sein, haben wir unser Innovationstempo forciert und unsere Produktentwicklung ausgebaut. Und wir haben in unser Marketing investiert, um die Bekanntheit unserer Marke weiter zu stärken.
>
> Bislang wurde SOLON in erster Linie als Hersteller von Solarmodulen wahrgenommen. Tatsächlich aber sind wir längst viel breiter aufgestellt. Wir liefern unseren Kunden solare Systemlösungen – von der Anlage für das Einfamilienhaus über Großanlagen auf Gewerbeimmobilien bis hin zum schlüsselfertigen Multimegawatt-Kraftwerk. Allein an Freiflächenanlagen hat SOLON in den letzten Jahren weltweit rund 250 MW realisiert. Das können nicht viele unserer Wettbewerber von sich behaupten. Und genau darin liegt eine unserer Kernkompetenzen. SOLON ist ein solares Systemhaus. Wir beschäftigen uns seit bald 15 Jahren mit Photovoltaik und wissen, dass es nicht darum geht, den Kunden eine bestimmte Leistung auf dem Papier zu verkaufen, sondern eine Anlage, die über die gesamte Lebensdauer zuverlässig arbeitet und optimierte Erträge liefert. Das ist unser Anspruch. Und daher setzen wir auch auf eine konsequente Premiummarkenstrategie. Denn wir sind überzeugt, dass es in einem Markt, der immer reifer wird, in Zukunft immer mehr Kunden geben wird, die nicht nur auf die Anfangsinvestition schauen, sondern genau die gleiche Lebensdauerbetrachtung anstellen wie bei jedem anderen langfristigen Investment. Diese Kunden sprechen wir mit unseren Superior Solar Solutions an. Das heißt, wir bieten ihnen technisch überlegene Lösungen, die auf ihre spezifischen Bedürfnisse zugeschnitten sind, und verbinden das Ganze mit einem umfassenden Qualitäts- und Serviceversprechen.

Nehmen Sie zu der darin genannten Premiummarkenstrategie der SOLON SE kritisch Stellung. War diese **Wettbewerbsstrategie** Ihrer Meinung nach richtig, um sich gegenüber der wachsenden Konkurrenz aus dem asiatischen Raum abzugrenzen? Nehmen Sie in Ihrer Argumentation auch Bezug zu der von *Porter* aufgestellten **U-Kurve**. Nähere Informationen finden Sie hierzu u. a. bei *Porter (2013)*. (*Schwierigkeitsgrad mittel, Bachelor BWL)*

Aufgabe 4:

Da die SOLON SE trotz der Premiummarkenstrategie und zahlreicher Kooperationsverträge im Jahr 2011 Insolvenz anmelden musste, überlegen Sie, ob nicht die **Entwicklung eines neuen Geschäftsmodells in Anlehnung an die Blue Ocean Strategie** notwendig gewesen wäre. Nähere Informationen finden Sie hierzu u. a. bei *Kim/Mauborgne (2005)*. Nehmen Sie hierzu Stellung und diskutieren Sie mögliche Handlungsoptionen aufbauend auf den Teilaufgaben 1 - 3. (*Schwierigkeitsgrad hoch, Bachelor/Master BWL*)

4. Bearbeitungshinweise

Zur Bearbeitung sind Grundkenntnisse des Strategischen Management notwendig. Die einzelnen Schwierigkeitsgrade sind an den Teilaufgaben 1 - 4 vermerkt. Die Bearbeitungszeit für alle Aufgaben beträgt insgesamt 90 Min. Als Hilfsmittel sind die angegebene Literatur sowie das Internet zur Recherche von Markt- und Branchendaten geeignet.

5. Lösungsweg und Diskussion möglicher Handlungsoptionen

Lösung zu Aufgabe 1: Branchenstrukturanalyse nach *Porter*

Während der Schwerpunkt bei der Analyse der **globalen Umwelt** auf allgemeinen und in gleicher Weise alle Unternehmen betreffenden Faktoren gelegt wird, sieht die Untersuchung der **Branchenumwelt** solche Faktoren vor, die den Wettbewerb innerhalb der Branche bestimmen. Dabei wird die Struktur einer Branche genauer betrachtet, da diese die Wettbewerbsintensität und damit die Gewinnchancen bestimmt. Ziel der **Branchenstrukturanalyse** ist es, aus den fünf Wettbewerbskräften einen analytischen Rahmen zu entwickeln, der es dem Unternehmen ermöglicht, komplexe Erscheinungen zu überblicken, Wettbewerbsfaktoren für die eigene Branche herauszufiltern und solche Innovationen zu entdecken, welche die Rentabilität der Branche und des Unternehmens verbessern können. Als relevante **Triebkräfte des Wettbewerbs** klassifiziert *Porter (2013)* folgende fünf Faktoren: Bedrohung durch neue Konkurrenten, Verhandlungsmacht der Abnehmer und Lieferanten, Wettbewerb in der Branche selbst sowie Bedrohung durch Ersatzprodukte. Ein detaillierter Einblick ist der angegebenen Grundlagenliteratur zu entnehmen.

Die Triebkräfte des Wettbewerbs einer Branche können sowohl gleich als auch unterschiedlich stark ausgeprägt sein. Um zu einer realistischen Bewertung der fünf Komponenten sowohl für die Gegenwart als auch für die Zukunft zu gelangen, bietet sich neben einer inhaltlichen Diskussion auch die Verwendung der so genannten **Nutzwertanalyse** (vgl. Abbildung 2) an. Im vorliegenden Kontext der Erneuerbaren Energien-Branche sind – ausgenommen der Bedrohung durch Ersatzprodukte – alle Faktoren gleich stark ausgeprägt, was zu einem Gewichtungsfaktor von 0,225 bzw. 0,1 führt. Die Bewertung bzw. Einschätzung der Entwicklung der Faktoren in der Zukunft kann bspw. mithilfe von **Experteninterviews** vorgenommen werden. Diese Herangehensweise führt nicht nur zu quantifizierbaren Ergebnissen, sondern erhöht auch die Objektivität des Verfahrens.

Aus der Abbildung 2 wird ersichtlich, dass der Markt von den befragten Experten langfristig als unattraktiv eingeschätzt wird. Ursächlich hierfür sind insbesondere die hohe Wettbewerbsintensität aufgrund der Konkurrenz aus den asiatischen Ländern, deren Anstieg jedoch infolge der zunehmenden Marktkonsolidierung gebremst wird, sowie die hohe Verhandlungsmacht der Abnehmer und Lieferanten. So steigt bspw. der Preisdruck seitens der Abnehmer, da die gesetzlich zugesicherte Vergütung durch ständige Veränderungen des Erneuerbaren Energien Gesetzes (EEG) sehr volatil ist. Diese sinkenden Ertragserwartungen sollen durch günstigere Modulpreise ausgeglichen werden. Da der Wettbewerbsdruck jedoch hoch ist und die Abnehmer eine große Anzahl an möglichen Herstellerunternehmen zur Auswahl haben, erhöht dies die Verhandlungsmacht der Abnehmer und reduziert damit die Marktattraktivität der Branche. Überraschend ist, dass auch das Bedrohungspotenzial durch Ersatzprodukte wie bspw. Windkraft- oder Biogasanlagen (als alternative Formen der Erzeugung von Strom aus regenerativen Energien) als zukünftig steigend eingeschätzt wird. Dies kann u. U. auf die Reaktanz für Solarstrom in Politik und Öffentlichkeit als Folge der steigenden Strompreise zurückgeführt werden.

X – momentan O – in 10 Jahren	Sehr attraktiv 1	2	3	4	Sehr unattraktiv 5	Gewichtung	X – momentan	O – in 10 Jahren
Bedrohung durch neue Wettbewerber			X	O		0,225	3,2	4,2
Wettbewerbsintensität der Branche			X	O		0,226	3,2	4,2
Verhandlungsmacht der Kunden			X	O		0,225	2,9	3,3
Verhandlungsmacht der Lieferanten		X	O			0,225	2,4	3,1
Bedrohung durch Ersatzprodukte	X	O				0,1	1,6	2,2
Gesamtdurchschnitt:			X	O		1	2,66	3,4

Abb. 2: Exemplarische Nutzwertanalyse für die Entwicklung der Triebkräfte des Wettbewerbs in der Branche der Erneuerbaren Energien in Deutschland

Lösung zu Aufgabe 2: Ableitung einer Marktbearbeitungsstrategie nach dem Ansatz von *Abell (1980)*

Im Rahmen einer ersten Analyse kann festgestellt werden, dass keine detaillierte Beschreibung der Kunden sowie der Konkurrenten entlang der Wertschöpfungskette vorliegt. In diesem Zusammenhang gilt es, nicht nur die Bedürfnisse der Kunden besser zu verstehen und folglich zu befriedigen, sondern auch neue Kundensegmente ggf. auf internationalen Märkten zu erschließen. Als eine Möglichkeit zur Abgrenzung des relevanten Marktes bietet sich der **dreidimensionale Bezugsrahmen** von *Abell (1980)* an. Dieser kombiniert anhand der Frage *„Wer hat welche Bedürfnisse und wie werden diese befriedigt?"* nachfrage- und angebotsbezogene Kriterien. Einen detaillierten Einblick liefert die angegebene Grundlagenliteratur von *Bea/Haas (2012)*.

Der Abbildung 3 ist eine exemplarisch vorgenommene Marktabgrenzung für die SOLON SE zu entnehmen. Darin ist der vom Unternehmen bisher bearbeitete Markt i. S. des Verkaufs von Solarmodulen als Stückware im Produktgeschäft farblich markiert (A). Hier wäre ggf. eine räumliche Fokussierung angebracht, z. B. auf den bisher unbearbeiteten südamerikanischen Raum. Zur Ableitung einer **zukunftsfähigen Marktbearbeitungsstrategie** hat im Anschluss an diese dreidimensionale Darstellung eine detaillierte Erfassung und Beschreibung der einzelnen Teilmärkte zu erfolgen. Im Zentrum der zukünftigen Überlegungen sollten dabei die Fragen stehen, welche Märkte für das Unternehmen interessant sind, wie die Konkurrenzsituation in diesen Märkten ist und vor allem wo sich attraktive, neue Märkte befinden, die ggf. noch unbearbeitet sind.

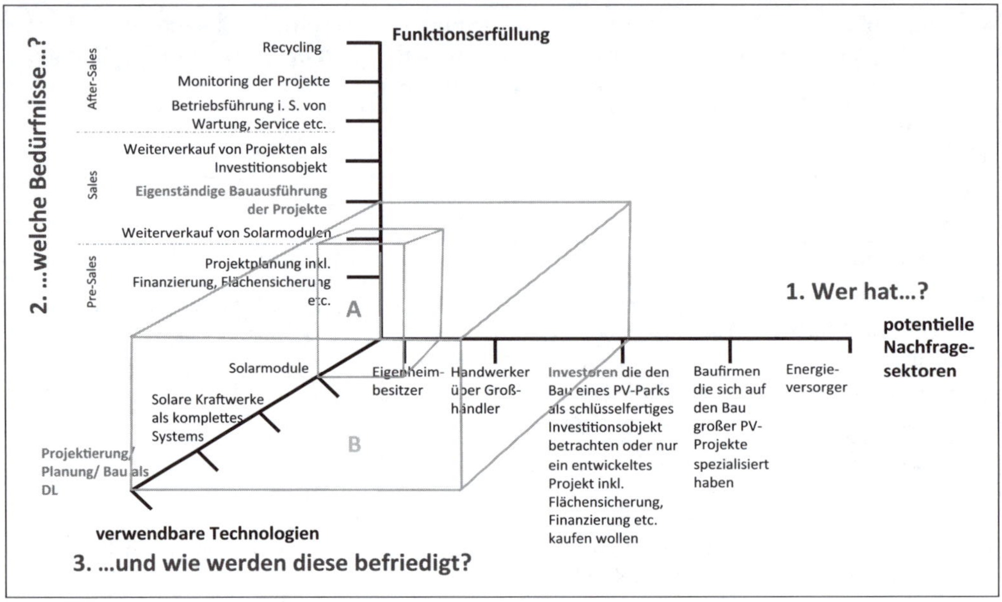

Abb. 3: Dreidimensionaler Bezugsrahmen nach *Abell (1980)* – dargestellt am Beispiel der SOLON SE

Aus Abbildung 3 geht hervor, dass die Bauausführung der entwickelten und geplanten Projekte als Dienstleistung (B) einen nicht uninteressanten Teilmarkt darstellt. Die Bearbeitung eines derartigen Marktes bietet nicht nur Potenziale zur Differenzierung von konkurrierenden Unternehmen der Solarindustrie, sondern auch die Möglichkeit, sich dem Preisdruck seitens der Abnehmer oder Lieferanten zu entziehen. Mit dem Bau eines entwickelten PV-Parks kann nämlich die Wertschöpfungskette vertieft werden, wodurch sich Skaleneffekte und Verbundvorteile entsprechend positiv auf die Preisgestaltung ausüben dürften. Auch kann in einem Gesamtpaketpreis das Image eines Herstellers von Solarmodulen „Made in Germany“ besser eingepreist werden. Eine solche Marktbearbeitungsstrategie wäre der SOLON SE zu empfehlen gewesen.

Lösung zu Aufgabe 3: Wettbewerbsstrategie nach *Porter (2013)*

Der Aufbau einer differenzierungsfähigen Marke (Premiummarkenstrategie) kann entsprechend der Argumentation von *Porter* zu einem entscheidenden Wettbewerbsvorteil gegenüber konkurrierenden Anbietern beitragen, wenn der relative Marktanteil entweder so groß ist, dass man sich im Gesamtmarkt der Branche behauptet, oder so klein, dass man einen Nischenmarkt besetzt (**Differenzierungsstrategie**). Dies wird in der nachfolgenden Abbildung 4 grafisch veranschaulicht. Der relative Marktanteil gibt dabei das Verhältnis der eigenen Umsätze zu denen des Hauptkonkurrenten wieder.

Für das Fallbeispiel der SOLON SE lässt sich aufgrund der vorliegenden Daten zunächst konstatieren, dass die Umsetzung einer Differenzierungsstrategie im Gesamtmarkt durchaus sinnvoll und vielversprechend war. Das Management hat jedoch die frühzeitige Anpassung dieser Wettbewerbsstrategie an die sich verändernden Umweltbedingungen verpasst. Ein Markenimage als „Mercedes unter den Solarmodulen“ reicht allein nicht aus, um dem steigenden Konkurrenzdruck Stand zu halten. Somit befand sich das Unternehmen schließlich in der „Stuck in the Middle“-Position, die langfristig keine angemessene Rendite einbringt. Ein detaillierter Einblick ist der angegebenen Grundlagenliteratur von *Porter (2013)* zu entnehmen.

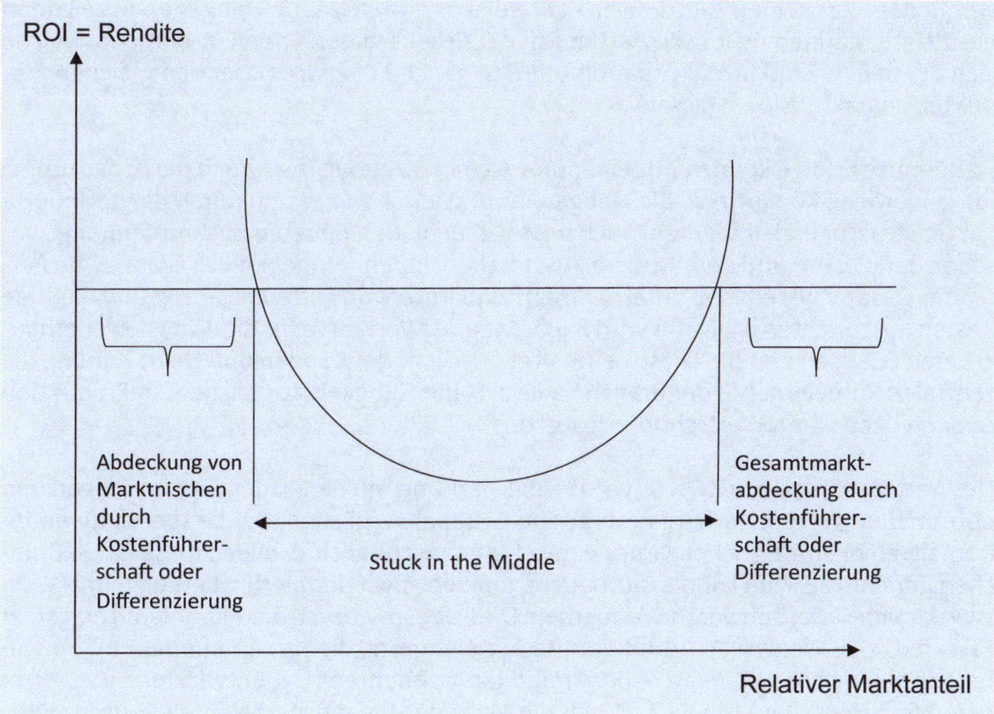

Abb. 4: U-Kurve nach *Porter*

Quelle: eigene Darstellung, in Anlehnung an *Porter (2013, S. 83)*

Lösung zu Aufgabe 4: Blue Ocean-Strategie

Die erneute Abgrenzung des relevanten Marktes brachte durchaus interessante Teilmärkte hervor, wie bspw. die Positionierung in einer Marktnische als Dienstleister für den Bau der schlüsselfertigen PV-Parks. Zudem erscheint unter Berücksichtigung der Ergebnisse der Branchenstrukturanalyse eine derartige Marktbearbeitungsstrategie durchaus sinnvoll. Hiermit wird nämlich der Preisdruck seitens konkurrierender asiatischer Hersteller abgemildert, da man sich nicht in einem direkten Wettbewerb befindet. Nach *Porter* kann das „Stuck in the Middle“-Problem durch eine Fokussierung auf eine Marktnische gelöst werden. Hierbei muss jedoch klar kommuniziert werden, worin der Wettbewerbsvorteil liegt – entweder in der Entwicklung von PV-Projekten unter Verwendung der hergestellten Premiumsolarmodule oder in einem Kosten- respektive Preisvorteil. Die Zukunftsaussichten für die Erneuerbare Energien-Branche wurden insgesamt jedoch als nicht positiv beurteilt, weshalb sich eher die Entwicklung eines neuen Geschäftsmodells durch die Bearbeitung bisher unberührter Märkte oder Industriezweige i. S. der so genannten Blue Ocean-Strategie empfiehlt. Geschäftsmodelle beschreiben dabei die Funktionsweise eines Unternehmens, d. h. wie eine Organisation Werte schafft und vermittelt.

Durch den Begriff „Blue Ocean-Strategie" soll zum Ausdruck gebracht werden, dass sich für diejenigen Unternehmen, die in den „Blauen Ozean" eintauchen, Märkte bieten, die wenig oder gar keinen Wettbewerb aufweisen. „Rote Ozeane" hingegen bezeichnen gesättigte Märkte wie im skizzierten Fall der Erneuerbaren Energien-Branche, welche sich durch eine Konkurrenzsituation mit den gleichen Services oder den gleichen Produkten charakterisieren lassen.

Dauerhafte Erfolge können mit einer Blue Ocean-Strategie u. a. durch die bedeutungslos gewordene Konkurrenz, die Neugewinnung von Kunden und durch die optimierte Kostenstruktur erzielt werden. Auch wird versucht, den direkten Zusammenhang zwischen den Kosten und dem Nutzen auszuheben, indem entgegen der Theorie von *Porter* das Gesamtsystem der Unternehmensaktivitäten auf Differenzierung *und* niedrige Kosten auszurichten ist. Dafür wird zunächst eine Wertkurve für die Branche der erneuerbaren Energien erstellt. Diese beinhaltet aus Sicht der Kunden und Nicht-Kunden die zentralen Kernelemente der Branche, wie z. B. die Fähigkeit zur effizienten Produktion entlang der solaren Wertschöpfungskette.

Die Wertkurve für die SOLON SE wird visualisiert und mit denen der gegenwärtigen und potenziellen Wettbewerber (strategische Gruppe) verglichen. Da die Wertekurven innerhalb einer strategischen Gruppe meist austauschbar sind, bilden diese einen Branchenstandard ab. Nun können aufbauend auf den zuvor definierten Kernelementen die Wertkurven dauerhaft verändert werden. Dies ist bspw. durch das Eliminieren einzelner Faktoren (z. B. Weglassen unnötiger Produktelemente, die keinen Kundennutzen stiften) oder durch das Kreieren neuer Produktkomponenten (z. B. Entwicklung von formbaren Solarmodulen) möglich. Durch die Veränderung der Kernelemente einer Wertkurve können somit neue Geschäftsmodelle entstehen. Ein detaillierter Einblick hierzu kann der angegebenen Grundlagenliteratur von *Kim/Mauborgne (2005)* entnommen werden.

6. Generalisierbare Strategien für vergleichbare Fälle

Die skizzierten Lösungsmöglichkeiten können insbesondere im Hinblick auf die Blue Ocean-Strategie in stagnierenden oder gesättigten Märkten angewendet werden. Auch sollten Unternehmen vor einer Neuausrichtung klar den Markt mit den potenziellen Nachfragern und den relevanten Wettbewerbern abgrenzen. Daraufhin ist zu prüfen, wie genau die eigenen Produkte oder Dienstleistungen das Nachfrageproblem besser befriedigen können als die Konkurrenz. Es gilt jedoch, unbedingt zu berücksichtigen, dass neben dieser Effektivitätsdimension auch ein ökonomischer Vorteil zu erzielen ist (Effizienz). Gelingt diese Balance aus Effektivität und Effizienz auf Dauer nicht, kann das Unternehmen langfristig nicht im Wettbewerb bestehen.

7. Mögliche Fehlerquellen

Mögliche Fehlerquellen bei der Ableitung einer neuen Markt- und Wettbewerbsstrategie sind einerseits in der Veränderung globaler Umweltfaktoren und deren Einfluss auf die Bewertung der relevanten Branchenkräfte zu sehen. Zu nennen sind hier die teilweise unvorhersehbaren Entwicklungen in der Politik und damit die Änderung des EEG oder die starke Abhängigkeit von der gesellschaftlichen Akzeptanz infolge des steigenden Strompreises i. F. der EEG-Umlage. Andererseits kann auch eine Fehldefinition des relevanten Marktes dazu führen, dass interessante Teilmärkte aufgrund einer zu engen Marktdefinition vernachlässigt werden. Eine zu weite Auslegung des Absatzmarktes birgt hingegen die Gefahr, den Überblick zu verlieren, Ressourcen zu verschwenden oder auch seine Kernkompetenzen zu verwässern.

8. Literaturempfehlung

Bea/Haas, Strategisches Management, 6. Auflage, München 2012

Bruns/Ohlhörst/Wenzel/Köppel, Erneuerbare Energien in Deutschland – Eine Biographie des Innovationsgeschehens, http://opus.kobv.de/tuberlin/volltexte/2010/2557/, Berlin 2009, Zugriff: 23.02.2015

Kim/Mauborgne, Der Blaue Ozean als Strategie, München 2005

Macharzina/Wolf, Unternehmensführung – Das internationale Managementwissen, Wiesbaden 2010

Porter, M., Wettbewerbsstrategie, 12. Auflage, Frankfurt a. M. 2013

SOLON SE, Geschäftsbericht 2009 und 2010, www.solon-se.de/finanzberichte.html, Zugriff: 23.02.3015

Welge/Al-Laham, Strategisches Management, 6. Auflage, Wiesbaden 2012

Fall BAUMEISTER – Erschließung eines neuen Marktsegments

Von Prof. Dr. Sammy Ziouziou

1. Einleitung

In der vorliegenden Fallstudie geht es um eine ausländische Tochter eines deutschen Unternehmens der Bauwirtschaft. Es handelt sich um eine reale Fallstudie, die sich mit einem realen Problemszenario auseinandersetzt. Da die Bauwirtschaft in Bezug auf andere Wirtschaftszweige einige Besonderheiten aufweist, werden diese zur Verdeutlichung in einem separaten Absatz skizziert, damit Sie sich diese Hintergrundinformationen nicht mühsam erschließen müssen, sondern Ihre Energie auf die Bearbeitung der Fallstudie konzentrieren können.

Die Besonderheiten der Bauwirtschaft

Obwohl die Bauwirtschaft in den meisten entwickelten Volkswirtschaften zwischen 5 und 8 % zur Entstehung des Bruttosozialprodukts beiträgt, wird dieser Branche in den Wirtschaftsmedien relativ wenig Aufmerksamkeit geschenkt. Im Blickpunkt des öffentlichen Interesses stehen häufig eher Unternehmen aus der Automobilindustrie, aus der Unterhaltungselektronik oder aus dem Chemie- und Pharmabereich. In diesem Abschnitt werden die allgemein weniger bekannten, aber für die Branche spezifischen Strukturen erläutert. Insbesondere werden der Produktionsprozess, die Faktoren für die Nachfrage nach Bauleistungen, das Produkt „Baudienstleistung" und die unterschiedlichen Marktbedienungsformen beschrieben.

Der **Produktionsprozess** lässt sich grundsätzlich in drei Phasen einteilen: die Phase vor der Bauausführung bzw. die Angebotsphase (Phase 1), die Bauausführungsphase oder Auftragsabwicklung (Phase 2) und in die Phase nach Fertigstellung des Bauwerks (Phase 3). Da die einzelnen Bauwerke technisch gesehen Unikate sind, weil sich z. B. der Kundenwunsch, die geologischen Gegebenheiten oder rechtlichen Voraussetzungen mit jedem Bauwerk ändern, sind die technischen Anforderungen zum Teil sehr anspruchsvoll. Dies hat zu einem relativ hohen Grad an Spezialisierung geführt, was sich auch in den drei genannten Phasen deutlich widerspiegelt.

So sind in der Angebotsphase u. a. unterschiedliche Planungsabteilungen, Ingenieurbüros und staatliche Genehmigungsstellen daran beteiligt, die rechtlichen, wirtschaftlichen und technischen Voraussetzungen für die beabsichtigte Errichtung eines Bauwerks zu schaffen. Erst nach erfolgreichem Abschluss dieser Phase kann zur zweiten Phase übergegangen werden, d. h. dem Beginn der Bauausführung. Auch hier ist, je nach Komplexität und technischen Erfordernissen, ein relativ hoher Grad an Spezialisierung zu beobachten. Bei größeren und anspruchsvollen Bauprojekten, z. B. bei einem Flughafenbau, sind häufig mehrere hundert Nachunternehmer beschäftigt. Diese Nachunternehmer werden von einem Generalunternehmer gesteuert, der wiederum dem Auftraggeber oder Kunden gegenüber verantwortlich ist. Die folgende Abbildung stellt die für die Bauindustrie übliche Hierarchie dar:

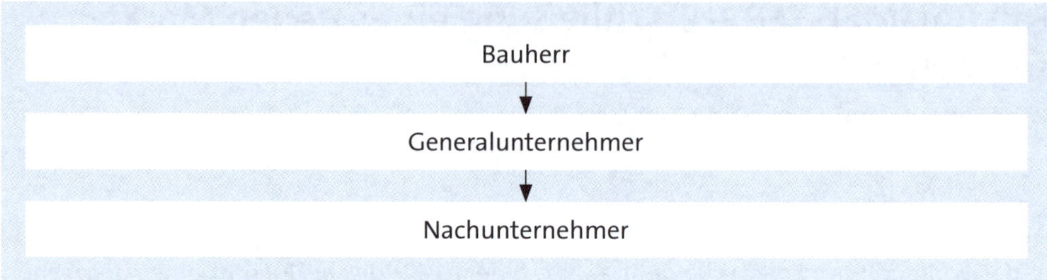

Hierarchie/Arbeitsteilung in der Bauproduktion

Die Abläufe während der Bauphase sind besonders bei größeren Bauwerken sehr komplex und stellen hohe Anforderungen an alle Beteiligten. In der Regel ist mit der Errichtung des Bauwerks für die Generalunternehmen der Auftrag beendet. Zur dritten Phase gehören u. a. das Betreiben der Bauwerke, wie das eines Flughafens, oder etwa das so genannte Facility Management, das grundsätzlich alle technischen und infrastrukturellen Dienstleistungen rund um den Betrieb eines Bauwerkes umfasst. Auch in dieser dritten Phase ist häufig eine hohe Spezialisierung festzustellen.

Die oben kurz skizzierten Phasen des Bauablaufs zeigen deutlich den **Projektcharakter in der Bauwirtschaft** auf. Die Dominanz von Projekten in dieser Branche hat unterschiedliche Auswirkungen auf die Unternehmen. Typisch für das Kunden-Lieferanten-Verhältnis bei Projekten ist der Diskontinuitätscharakter, d. h. nach Fertigstellung des Bauwerks (Phase 2) ist das Kunden-Lieferanten-Verhältnis zunächst auf unbestimmte Zeit beendet. Dieser eher **zyklische Produktionsablauf** schafft für das bauausführende Unternehmen teilweise erhebliche Probleme. Diese hängen mit der möglichst effizienten Planung der Ressourcennutzung und dem Vorhalten der entsprechenden Ressourcen für die Projekte zusammen. Die Reaktionszeit, um notwendige Anpassungen an die jeweilige Auftragssituation vorzunehmen, ist für die Unternehmen relativ kurz. Auch aus diesem Grund wird ein erheblicher Teil der Wertschöpfungskette ausgelagert und an Nachunternehmer vergeben.

Da die einzelnen Bauprojekte, speziell im Auslandsbau, einen relativ hohen Anteil an der Gesamtleistung der Bauunternehmung ausmachen können, kann das Risiko für die Firmen in Einzelfällen sehr hoch sein. Die Risiken für Bauunternehmen erwachsen vor allem aus der Phase der Angebotsbearbeitung, d. h. aus der **Kalkulation für das Bauprojekt** und aus der **Vertragsgestaltung**. Eine fehlerhafte Kalkulation kann zu einer fehlerhaften Ermittlung des Angebotspreises führen, und je nach Höhe erhebliche negative Folgen für das betroffene Unternehmen haben. Eine unzureichende Vertragsgestaltung kann ebenfalls negative wirtschaftliche Folgen haben, wenn z. B. die Risiken vertragsrechtlich einseitig bei der Bauunternehmung angesiedelt sind. Während der Auftragsabwicklung sind mangelhafte Bauausführung oder mangelnde Termintreue und die daraus resultierenden Vertragsstrafen die Hauptrisiken für die Unternehmen.

Ein wesentlicher Unterschied zwischen Bauunternehmen und klassischen Produktionsunternehmen wird bei der Nachfrage nach Bauleistungen deutlich. Die **Baunachfrage** wird im Wesentlichen durch makroökonomische Faktoren bestimmt, z. B. durch die

Höhe des Zinsniveaus, durch die Staatsnachfrage oder durch die Investitionstätigkeit der privaten Industrie. Die Bauunternehmen haben nur geringe Einflussmöglichkeiten, um die Nachfrage zu stimulieren. Die in der Konsumgüterindustrie üblichen Marketinginstrumente sind bei Bauunternehmen nur sehr begrenzt einsetzbar, daher verzichten viele Baufirmen auf eine Marketingabteilung.

Eine Möglichkeit, die Nachfrage zu beleben, besteht im Anbieten von Finanzierungsinstrumentarien. Hierbei finanziert das Bauunternehmen mit geeigneten Institutionen, wie etwa mit Banken, das Bauprojekt vor und erhält im Anschluss an die Fertigstellung über einen bestimmten Zeitraum eine Nutzungsgebühr. Es existieren sehr unterschiedliche Modelle; ein häufig genanntes ist das so genannte **BOT-Model** (Build-Operate-Transfer), bei dem die Bauunternehmen nach Fertigstellung des Bauwerks zu Betreibern dieser Einrichtung werden. Generell kann man jedoch sagen, dass die Möglichkeiten der Bauunternehmen, die Nachfrage zu stimulieren, eher begrenzt sind.

Das Endprodukt der Bauleistung ist in der Regel ein Bauwerk, z. B. ein Gebäude, ein Flughafen oder ein Staudamm. Wie bereits erwähnt, hat sich die Fertigungstiefe der meisten Generalunternehmen in den letzten Jahren stark reduziert; sie umfasst in den meisten Fällen heute deutlich weniger als 50 % der gesamten Wertschöpfungsaktivitäten. Die Leistung der Generalunternehmen bezieht sich zunehmend auf das Management der Bauaktivitäten, so genanntes **Construction Management**, während die eigentliche Bauausführung an Nachunternehmer vergeben wird. Das bedeutet, dass die Generalunternehmer die Leistungserstellung der Nachunternehmer koordinieren und überwachen.

Bei **grenzüberschreitenden Aktivitäten der Generalunternehmer** wird die Baudienstleistung in der Regel gemeinsam mit Nachunternehmern des jeweiligen ausländischen Marktes erbracht, sofern das entsprechende Knowhow vorhanden ist. Da das Endprodukt immobil und nicht lagerfähig ist, muss die Leistungserstellung am Ort des Bedarfs stattfinden, d. h. die Bauunternehmen müssen den Kunden an den jeweiligen Ort des Bedarfs folgen. Grundsätzlich trifft dies auch auf die zu erbringenden Dienstleistungen zu, obwohl durch den technischen Fortschritt zunehmend viele Dienstleistungen, etwa Planungsdienstleistungen, ortsunabhängig erstellt werden können.

Die Tatsache, dass in der Bauwirtschaft die Leistungserstellung am Ort des Bedarfs erfolgt, prägt daher auch die Form des Auslandsengagements der Baufirmen. Aufgrund der Immobilität des Endprodukts sowie der meisten Halbfertigprodukte existiert kein Export von Endprodukten der Bauleistungen, sondern es findet ein Transfer von Service statt. Das bedeutet, dass die Baufirmen in der Regel eine kleine Mannschaft in das Zielland entsenden, die in der Angebotsphase unterstützend tätig ist. Nach einer Auftragserteilung werden ebenfalls Fachkräfte, so genannte Expatriates, in das Zielland entsandt, um das Projekt abzuwickeln. Die Arbeiten werden zum überwiegenden Teil von lokalen Nachunternehmern ausgeführt. Diese Form der Bedienung eines Auslandsmarktes ist mit herkömmlichem Export vergleichbar.

Vorstellung des Unternehmens

BAUMEISTER (BM) wurde Mitte der 1960er-Jahre in Sao Paulo, Brasilien, als Tochter eines deutschen Bauunternehmens gegründet und hat sich seitdem als technisch kompetentes Unternehmen im lokalen Baumarkt eine gute Reputation erworben. BM war in den letzten Dekaden in unterschiedlichen Marktsegmenten entlang der Wertschöpfungskette Bau tätig; heute ist BM überwiegend in den Bereichen Hochbau, Infrastruktur- und Industriebau tätig. Etwa zwei Drittel des Umsatzes speisen sich aus dem Segment Hochbau, das restliche Drittel entfällt auf die Bereiche Infrastruktur- und Industriebau.

Der brasilianische Baumarkt

Der brasilianische Baumarkt ist nach der Höhe der Bauinvestitionen einer der größten Baumärkte in der Welt – im Jahr 2011 nach China, USA, Japan und Deutschland auf Rang 5. Der Anteil der Wertschöpfung am Bruttoinlandsprodukt liegt bei 5 bis 6 %, wobei hier nur die klassische Bauleistung gezählt wird. Berücksichtigt man noch Baumaterialien, Ausrüstung und baunahe Dienstleistungen kommt man auf einen Anteil von ca. 12 %.

Die Bautätigkeit ist innerhalb der verschiedenen Regionen Brasiliens sehr unterschiedlich. So liegt der Anteil der regionalen Bautätigkeit im Südosten (bezogen auf das Jahr 2011) im Verhältnis zum gesamten Bauvolumen des Landes bei ca. 51 %, während das Volumen im Nordosten ca. 17 % ausmacht. Es folgen die Regionen Süden (15,6 %), Mitte/Osten mit 9,2 % und relativ abgeschlagen der Norden mit 7,2 %. Dies zeigt einen relativ heterogenen bzw. unterschiedlich stark konzentrierten Gesamtbaumarkt auf.

Der größte Anteil der Bautätigkeit mit fast 50 % entfällt auf das Marktsegment Infrastruktur, während der Wohnungsbau bei etwa 21 % und der Industrie-/Geschäftsbau und die baunahen Dienstleistungen jeweils bei 15 % rangieren (2011).

Eine relativ kleine Anzahl an auch international tätigen heimischen Bauunternehmen mit exzellenten Kontakten in die Politik dominiert die Branche.

Rangfolge	Unternehmen	Gesamtumsatz x 1.000 RS (2013)
1	Odebrecht	10.149.170
2	Andrade Gutierres	5.323.921
3	OAS	5.130.928
4	Camargo Correa	4.783.751
5	Queiros Galvao	4.687.784
6	Galvao Engenharia	3.956.496
7	Construcap	2.650.000
8	MRV Engenharia	2.381.783
9	Racional Engenharia	2.018.429
10	A. R. G.	1.881.047
25	BM	900.000

Die 10 größten Bauunternehmen Brasiliens und BAUMEISTERs Position

Quelle: *O Empreiteiro*

2. Problemstellung

Das Unternehmen BAUMEISTER hatte von 2003 bis 2008 eine stabil steigende Umsatzentwicklung. In dieser Zeit stieg BM in ein neues Marktsegment (Kleinwasserkraftwerke) ein. Dieser Einstieg erfolgte jedoch ohne ausreichende eigene Kompetenz, sodass dadurch Risiken „eingekauft" wurden, die später zu betriebswirtschaftlich unzureichenden Ergebnissen führten. Darüber hinaus wurden die Projekte durch relativ hohe Preisnachlässe akquiriert, sodass die wirtschaftliche Substanz teilweise geschädigt wurde (in dem aufgezeigten Zeitraum wurde ein negativer, hoher zweistelliger Euro-Millionenbetrag erwirtschaftet).

Die Erstellung eines Projektangebots (Angebotsabgabe) ist je nach Projekttyp und in Abhängigkeit von weiteren Faktoren, wie der Verfügbarkeit von qualifizierten Mitarbeitern, mit einem relativ hohen Aufwand verbunden. Dieser ist langfristig nur gerechtfertigt, wenn das Unternehmen durch seine Angebotsabgaben auch lukrative Aufträge erhält; der (wirtschaftliche) Aufwand für die Erstellung von Angeboten und die hiermit erzielten Erträge müssen in einem angemessenen Verhältnis zueinander stehen. Dieses Aufwands- und Ertragsverhältnis wird in der Bauwirtschaft oft als **„Hit-Rate"** bezeichnet. Im Betrachtungszeitraum sank diese „Hit-Rate" für BM auf ein Niveau unterhalb von dessen Wettbewerbern.

3. Zielsetzung und Aufgabenstellung der Fallstudie

Mit der Fallstudie werden die folgenden Ziele verfolgt:

- Anhand dieser Fallstudie sollen Sie die Besonderheiten einer Branche (hier der Baubranche) und die Auswirkungen dieser Spezifika auf das Marketing kennen lernen.
- Sie können auf der Basis eines realen Problemszenarios für die Praxis relevante Lösungen entwickeln.
- Sie sollen die Interdependenzen zwischen unterschiedlichen betriebswirtschaftlichen Aspekten (z. B. zwischen Angebotsverhalten bzw. Preispolitik und betriebswirtschaftlichen Ergebnissen) erkennen und verstehen können.

Die Aufgabenstellung bezieht sich im Wesentlichen auf die Analyse der Ist-Situation und auf das Entwickeln adäquater Lösungsansätze. Zur **Aufgabenstellung** im Einzelnen:

- Erläutern Sie in eigenen Worten die Situation von BM und dessen Hauptprobleme. Zeigen Sie die Konsequenzen auf, die bei einer Beibehaltung der beschriebenen Vorgehensweise mit hoher Wahrscheinlichkeit aufgetreten wären.
- Zeigen Sie die Bereiche auf, die Anknüpfungspunkte für eine Lösung liefern können. Welche Organisationseinheiten bzw. Funktionsbereiche (z. B. Forschung & Entwicklung, Einkauf, Produktion, Marketing) können betroffen sein?
- Entwickeln Sie einen Maßnahmenplan zur Restrukturierung und begründen Sie diesen.

4. Schwierigkeitsgrad, empfohlenes Fachsemester, Bearbeitungszeit

Die Studie richtet sich an Studierende, die die Grundlagenfächer der Betriebswirtschaftslehre inklusive Marketing bereits erfolgreich absolviert haben und die somit in der Lage sind, unterschiedliche Aspekte betriebswirtschaftlichen Handelns miteinander verknüpft betrachten zu können. Je nach Aufbau des Curriculums ist dies häufig erst ab dem 4. Semester möglich.

Empfohlene Hilfsmittel/Informationsquellen
Die übliche betriebswirtschaftliche Literatur (allg. BWL, Unternehmensführung, Marketing) sowie das Internet zur spezifischen Recherche müssten ausreichend sein. Zur Vertiefung des Verständnisses werden die Bücher „Bau-Marketing“ und „Bau-Vertrieb“ (*Ziouziou*) empfohlen.

5. Überlegungen zur Entwicklung einer Lösung

Zunächst müssen die direkt betroffenen Problembereiche identifiziert werden. Diese liegen u. a. im Marketing:

- Einstieg in ein neues Geschäftsfeld bzw. Marktsegment (Kleinwasserkraftwerke) ohne ausreichende eigene Kompetenzen
- Projektbearbeitungspolitik, die nur unzureichende Ergebnisse in der Auftragsakquisition erzielt („Hit-Rate")
- Angebotspreispolitik, die die mit dem Projekt verbundenen Kosten und Risiken nicht ausreichend abdeckt.

Weitere betroffene Bereiche, die an das Marketing angrenzen, sind:

- die Angebotskalkulation
- das Projektcontrolling/Vertragsmanagement (Contract Management)
- der Einkauf
- die Personalabteilung.

Die Angebotskalkulation

Im Rahmen der Angebotskalkulation müssen die einzelnen Prozessstufen transparent aufgezeigt und die Fehlerquellen identifiziert werden. Beispielsweise muss analysiert werden, welche Ressourcen einem Unternehmen in welcher Qualität zur Verfügung stehen und welche Chancen/Risiken damit verbunden sein können. Gerade beim Einstieg in neue Geschäftsfelder muss ein ausreichendes Erfahrungs- und Informationsniveau vorhanden sein. In der Phase der Angebotsbearbeitung (Frühphase des Projekts) werden wichtige Weichenstellungen vorgenommen, die mit zunehmender Projektdauer kaum noch korrigiert werden können. Beispielsweise können steigende Stahlpreise im Zeitraum zwischen Angebotsabgabe und Beginn des Bauprojekts den Gewinn substanziell schmälern, sodass eine entsprechende vertragliche Regelung (Preisgleitklauseln) eingearbeitet werden muss.

Projektcontrolling/Contract Management

Die Angebotskalkulation (später Arbeitskalkulation) bildet die Grundlage für das Projektcontrolling. Hier ist es von immenser Bedeutung, dass bei auftretenden Abweichungen frühzeitig analysiert wird, welches die Ursachen sind und welche Auswirkungen dies möglicherweise auf das Projektergebnis haben kann (Risikomanagement). Auch das so genannte „Nachtragsmanagement" ist ein wesentlicher Teil, da bei Änderungen nach Projektbeginn mit dem Bauherrn (Kunden) verhandelt werden muss, inwieweit diese Änderungen zu Mehrkosten auf der Seite des Bauunternehmens führen und wer diesen Aufwand bezahlen soll.

Der Einkauf

Der Einkauf ist üblicherweise für die Beschaffung von Nachunternehmerleistungen zuständig (siehe oben „Die Besonderheiten der Bauwirtschaft"), und daher haben diese Kaufentscheidungen eine hohe Auswirkung auf die Qualität der Leistungen des Bauunternehmens. Wenn z. B. ein Bauunternehmen ein Luxushotel bauen soll und hierfür die Leistungen eines spezialisierten Schreinereibetriebes einkauft, ist das Bauunternehmen dem Kunden gegenüber verpflichtet, dass sämtliche sichtbaren und nicht sichtbaren Holzarbeiten auf dem vertraglich vereinbarten Niveau erbracht werden; sollte das nicht der Fall sein, haftet der Bauunternehmen sowohl finanziell als auch durch seine Reputation.

Personalabteilung
Gerade im Bau ist der Einfluss des eingesetzten Personals von großer Bedeutung für den wirtschaftlichen Erfolg, da Bauwerke Unikate sind und eine Standardisierung und der Einsatz von Maschinen im Vergleich zu anderen Industriezweigen nur eingeschränkt möglich sind. Aber nicht nur die fachliche Qualifikation, sondern auch die sozialen Kompetenzen sind von hoher Wichtigkeit. In dieser Branche existieren zahlreiche Situationen, in denen die Qualität des Umgangs mit Kunden (als Bauleiter auf der Baustelle oder während der Akquisitionsverhandlungen) einen erheblichen Einfluss auf den wirtschaftlichen Erfolg haben kann.

Umsetzung von Marketing-Maßnahmen
Die einzuleitenden Maßnahmen setzen sich aus unterschiedlichen Elementen zusammen: marketingstrategische Maßnahmen, Marketing-Mix-Maßnahmen, Maßnahmen aus anderen Funktionsbereichen wie Vertrieb (Angebotsbearbeitung), Controlling (Projektcontrolling), Recht (Contract-Management), Einkauf und Personal. Überdies müssen in Teilbereichen akute Maßnahmen getroffen werden, während anderweitig langfristige Betrachtungen angestellt werden sollten.

Aus einer **marketingstrategischen Perspektive** müssen sämtliche Marktsegmente hinsichtlich ihrer Rentabilität und ihres Wertbeitrages untersucht werden. Die zentralen Fragen sind damit verknüpft, welche Segmente für BM unter Rentabilitätsaspekten langfristig und unter Berücksichtigung der Qualität und Verfügbarkeit eigener Ressourcen interessant erscheinen. Eine reine Preisdifferenzierung erscheint grundsätzlich wenig sinnvoll. Aus **operativer (Marketing)Perspektive**, d. h. kurzfristig, müssen die laufenden, im Ergebnis defizitären Projekte mit der Zielsetzung einer Schadensbegrenzung untersucht werden. Hier stehen die Aspekte möglicher preislicher Nachverhandlung und vertragsrechtlicher Überprüfung im Vordergrund. Ebenfalls sind sämtliche aktuellen Akquisitionsprozesse hinsichtlich ihres Risikos lückenlos zu untersuchen und konsequent nach Rentabilität und Risiko auszurichten.

Nach Abarbeitung der Akutmaßnahmen müssen die neu definierten marketingstrategischen Festlegungen (z. B. Marktsegmente) Teil der Zuarbeitungsprozesse werden. Beispielsweise muss die Personalabteilung frühzeitig eingebunden werden, sollte BM beabsichtigen, das Segment Facility Management aufzubauen, weil hierfür eine spezifische Kompetenz und ein spezifisches Netzwerk. erforderlich sind. Die Personalabteilung sollte auch eine zentrale Rolle bei der Vermittlung von Kompetenzen für die bereits im Unternehmen tätigen Mitarbeiter spielen. So kann es erforderlich sein, Qualifizierungsmaßnahmen mit dem Ziel einer deutlich verbesserten Kommunikation innerhalb des Unternehmens zu initiieren. Gegebenenfalls sind auch die Anreizsysteme hinsichtlich ihrer unterstützenden Wirkung der Ziele zu analysieren.

Darüber hinaus sind sämtliche Wertschöpfungsprozesse im Einkauf – auch vor dem Hintergrund der Strategiekompatibilität – zu überprüfen. Wenn BM beabsichtigt, sich in einem qualitativ hochwertigen Marktsegment zu engagieren, muss auch der Zugriff auf entsprechend qualifizierte Nachunternehmen existieren, ansonsten drohen möglicherweise juristische Auseinandersetzungen aufgrund von Minderleistungen, die auch die Reputation von BM schädigen können.

Die skizzierten Maßnahmen wurden von BM in unterschiedlicher Akzentuierung umgesetzt. Die notwendigen Sofortmaßnahmen zur Reduzierung des Schadens griffen relativ zeitnah im Rahmen des Machbaren. Die Planung zur Restrukturierung sah einen Zeitraum bis 2013 vor; das Ziel wurde jedoch aufgrund der sehr erfolgreichen Umsetzung bereits zwei Jahre früher erfüllt.

6. Generalisierende Learnings für vergleichbare Fälle

Die generalisierbaren Learnings können folgendermaßen zusammengefasst werden:

- Die Unternehmen müssen im Spannungsfeld zwischen Rentabilität, Umsatz und Kosten eine optimale Lösung finden.
- Kurzfristige Umsatzoptimierung kann langfristig die Unternehmenssubstanz erheblich schmälern.
- In der Regel wirken zahlreiche Faktoren in ein erfolgreiches Unternehmensergebnis ein, was nicht immer von den beteiligten Akteuren ausreichend wahrgenommen wird.
- Eine Marketingstrategie muss dauerhaft und unmissverständlich in sämtliche Unternehmensbereiche kommuniziert werden.
- Eine entsprechende Marketingstrategie muss auch dauerhaft hinsichtlich ihrer erfolgreichen Umsetzung institutionell einer Kontrolle unterzogen werden.

7. Mögliche Fehlerquellen in Überlegung und Umsetzung

Die möglichen Fehlerquellen werden hier kurz zusammengefasst dargestellt:

- Eine der Hauptfehlerursachen liegt in der isolierten Betrachtung der Problemstellung als Marketingproblem, ohne die Interdependenzwirkung der zuarbeitenden Bereiche ausreichend zu betrachten. Dies kann zu einem suboptimalen Lösungsansatz und häufig zu so genannten „Insellösungen" führen.
- Die mangelnde berufspraktische Erfahrung kann zu einer realitätsfremden Wahrnehmung führen; beispielsweise wird tendenziell das Loyalitätsverhalten der Kunden auch bei gutem Leistungsangebot seitens eines Unternehmens überschätzt.
- Die mangelnde Branchenkenntnis und demzufolge das mangelnde Verständnis des „Geschäftsmodells Bau" kann ebenfalls eine möglicherweise Fehlerquelle sein.

8. Literatur zur Vertiefung

Ziouziou, S., Bau-Marketing, München 2010

Ziouziou, S., Bau-Vertrieb, München 2012

Nachhaltigkeits-Controlling bei PUMA SE

Von Prof. Dr. Kai-Michael Griese und Prof. Dr. Wolfgang Seyfert

1. Vorstellung des Unternehmens und die Situation im Markt

Das Unternehmen PUMA SE[1] wurde 1948 in Herzogenaurach gegründet. Es hat seinen Hauptsitz noch immer dort, ist aber inzwischen in jeder Beziehung ein globales Unternehmen. Im Jahr 2013 erzielte PUMA einen konsolidierten Umsatz von 2.986 Mio. €, nach 3.271 Mio. € im Jahr zuvor.

Die PUMA SE hatte sich in einer Zeit rasanten Wachstums und großen wirtschaftlichen Erfolgs (bis 2005) auf allen Unternehmensebenen dem Leitbild der nachhaltigen Entwicklung verpflichtet. Dies war ein sehr wichtiger Schritt, da PUMA in einer Branche tätig ist, die einen großen ökologischen Fußabdruck[2] besitzt und deren Reputation bezüglich der sozialen Nachhaltigkeitsziele noch durchwachsen ist. Marktführer Nike hatte in der Vergangenheit einen schlechten Ruf, was die Arbeitsbedingungen in seinen asiatischen Werken angeht. Auch bei Adidas sind diesbezüglich in jüngster Vergangenheit Defizite aufgedeckt worden (*Facing Finance, 2013, S. 8 - 9*). Nike hat inzwischen umgesteuert und fordert seine Konkurrenten zum Wettbewerb um Nachhaltigkeit auf (*Epstein, 2010, S. 355*). PUMA hat die Aufforderung angenommen und als eines der ersten Unternehmen eine Selbstverpflichtung abgegeben, bis 2020 sämtliche gesundheitsgefährdenden Chemikalien aus seinen Produkten zu verbannen. Diesem Vorgehen folgten Nike und Adidas einige Zeit später. Alle drei arbeiten jetzt in der „Sustainable Apparel Coalition" mit (http://www.apparelcoalition.org/). Ziel hierbei ist es, die Sozialstandards in der Lieferkette anzuheben. Insgesamt zeigt sich, dass Nachhaltigkeits-Probleme in der Sportartikelbranche seit einiger Zeit aktiv angegangen werden.

PUMA ist, auch was die Nachhaltigkeit betrifft, zurzeit in einer Konsolidierungsphase. Den Geschäftsbericht 2012 leitete der damalige CEO *Franz Koch* noch so ein: *„Unsere Mission ist es, das begehrteste und nachhaltigste Sportlifestyle-Unternehmen der Welt zu werden."* 2013 stellte der Nachfolger von *Franz Koch, Björn Gulden*, das neue Leitbild vor: *„PUMA verfolgt künftig das Ziel, die schnellste Sportmarke der Welt zu sein. PUMAs neue Markenbotschaft „Forever Faster" verkörpert dieses Leitbild [...] Mit dieser neuen Ausrichtung wenden wir uns von unserem bisherigen Leitbild ab, „das begehrteste und nachhaltigste Sportlifestyle-Unternehmen der Welt" zu werden" (Geschäftsbericht 2013, S. 11).*

Björn Gulden kommt im Geschäftsbericht 2013 auch unmittelbar auf Probleme im Markt, auf Handlungsbedarf und Herausforderungen zu sprechen: *„Die erste Herausforderung ist das unscharfe Markenprofil und die fehlende Markenbegehrtheit. Für viele*

---

[1] SE steht für Societas Europaea. Das ist eine Rechtsform für Aktiengesellschaften in der Europäischen Union.

[2] *„Der ökologische Fußabdruck ist ein Bild, das für unseren Ressourcenverbrauch steht. Er bezieht sich auf die Leistungsfähigkeit des Systems Erde und sagt aus, wieviel Biokapazität gemessen in Hektar bereitgestellt werden muß, um die Ressourcen für eine Nation, eine Region, eine Stadt, einen Haushalt, ein Unternehmen oder eine Person bereitzustellen und ihre Abfälle aufzunehmen."* (Lexikon der Nachhaltigkeit, 2015)

unserer Kunden ist nicht mehr klar, wofür PUMA als Marke steht. Wir wollen Markenstories zu PUMA erzählen, die der Verbraucher versteht und die für ihn relevant sind.

Die zweite Herausforderung besteht darin, im Hinblick auf unsere Produkte wieder kommerzieller zu denken.“ Mit anderen Worten: *Björn Gulden* sieht PUMA im Markt nicht sehr gut aufgestellt und glaubt, dass PUMA sich so viel Nachhaltigkeit wie bisher nicht mehr leisten kann.

2. Problemstellung

Controlling ist eine Servicefunktion für das Management, deren Zweck die Verbesserung unternehmerischer Entscheidungen ist. Die immer schon enge Verbindung zwischen Controlling und Marketing wird im Hinblick auf das Nachhaltigkeits-Controlling und -Marketing noch enger. Wertorientiertes Nachhaltigkeits-Marketing (*Köhler, 1996, S. 520 ff.*) muss mit der Frage verbunden werden, mit welchen Nachhaltigkeits-Kosten die Erbringung von wertschaffenden Marktleistungen verbunden ist. Genau diesen Weg hat PUMA als Pionier mit der ökologischen Gewinn- und Verlustrechnung beschritten (s. u.).

Nachhaltigkeits-Controlling ist nur sinnvoll, wenn das Nachhaltigkeitsziel in einem Unternehmen verfolgt wird. Ob dies der Fall ist, hängt in unserer Wirtschaftsordnung sehr stark davon ab, ob nachhaltig solide Gewinne erzielt werden. Falls ja, dann erzielt das Unternehmen auf Dauer gesehen solide positive Netto-Cashflows, hat also einen soliden positiven Unternehmenswert. Umgekehrt gilt, wenn Gewinne schwinden oder ausbleiben, dann werden zunächst die Erwartungen der Kapitaleigner enttäuscht. Wenn eine Wende zum Gewinn nicht gelingt, dann droht der Konkurs. Hier ist unsere wirtschaftliche Rechtsordnung sehr streng: Illiquidität wird mit dem „Unternehmenstod“ bestraft. Liquidität ist eine unbedingt einzuhaltende Nebenbedingung. Wenn sie gefährdet ist, muss ein Unternehmen kurzfristig sogar das Gewinnziel aufgeben, um zahlungsfähig zu bleiben.

Bezüglich der Nachhaltigkeit sind die gesellschaftlichen und rechtlichen Normen noch deutlich flexibler. Wer die Erwartungen der Umwelt oder zukünftiger Generationen enttäuscht, zahlt dafür recht oft noch keinen nennenswerten Preis. Das Problem der zurzeit nicht gesicherten Nachhaltigkeit ist global. Es gibt aber bisher nur in Ansätzen ein global durchsetzbares Nachhaltigkeits-Recht. Selbst um nicht rechtlich bindende Konventionen wird noch immer „gerungen“, wie jeder Klimagipfel zeigt. Folglich kommt es vor allem auf die Unternehmenskultur an, wie intensiv das Nachhaltigkeitsziel verfolgt wird. Bei PUMA wurde unter *Jochen Zeitz*, der bis 2011 CEO des Unternehmens war, der Fokus auf Nachhaltigkeit gelegt. Zudem ist Kering Eigentümer von PUMA, ein französischer Mode-Konzern, bei dem Nachhaltigkeit im Leitbild verankert ist. Dies waren gute Voraussetzungen für ein eigeninitiatives Engagement von PUMA in Sachen Nachhaltigkeit.

Einen weiteren wichtigen Hebel haben die Kunden in der Hand, und hier kommen Nachhaltigkeits-Controlling und Nachhaltigkeits-Marketing schließlich zusammen.

Marketing hat als strategisches Marketing die Aufgabe, wichtige und deshalb lukrative Probleme von zahlungskräftigen Kunden aufzudecken, die das Unternehmen besser als der Wettbewerb zu lösen im Stande ist. Als operatives Marketing muss es die Kunden von der Leistungsfähigkeit des Unternehmens für die Lösung seiner Probleme bzw. Ansprüche überzeugen. Wenn dies gelingt und das operative Management mit Unterstützung des Controlling die Kundenlösung mithilfe effizienter Prozessen zu Stande bringt, macht das Unternehmen Gewinn. Wenn zahlungswillige Kunden verlangen, dass das Unternehmen nachhaltig arbeitet, dann wird Nachhaltigkeit zur Quelle für wirtschaftlichen Erfolg. Dies gilt aber eben auch **nur** dann – falls die Nachhaltigkeit nicht von externen Autoritäten mittels Regeln von den Unternehmen eingefordert wird.

Genau an dieser Stelle hat PUMA nun ein Problem, das Sie beleuchten sollen. PUMA hat ein vorbildliches Nachhaltigkeits-Management mit zugehörigem Nachhaltigkeits-Controlling etabliert und wurde hierfür bereits mehrfach mit Preisen ausgezeichnet. Unter anderen hat das Unternehmen für seine **ökologische Gewinn- und Verlustrechnung** 2013 den Preis des britischen Guardian für das nachhaltigste Unternehmen gewonnen. Aber konnte PUMA seine Kunden überzeugen? Haben die Kunden das Leitbild der Nachhaltigkeit akzeptiert? Konnte mit Nachhaltigkeit wirtschaftlicher Erfolg gesichert werden? Das erscheint fraglich, denn PUMA hat zurzeit eher Probleme mit dem Gewinn, dem Standardmaß für wirtschaftlichen Erfolg.

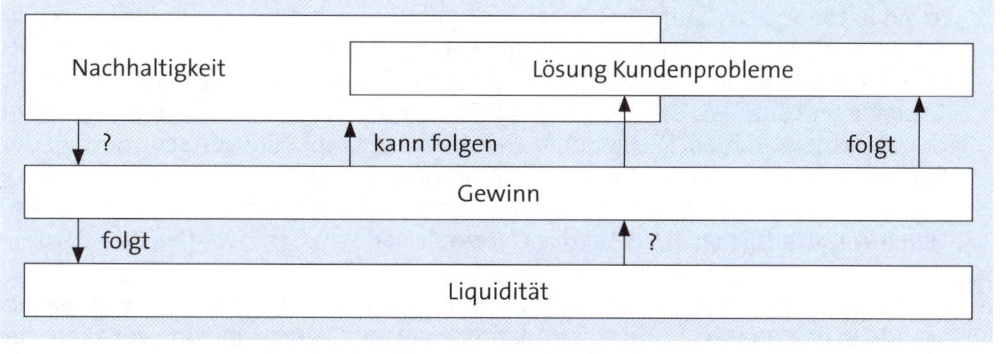

Abb. 1: Klassische Unternehmensziele und das Nachhaltigkeitsziel

Nun findet die Nachhaltigkeits-Debatte nicht nur zwischen Unternehmen und ihren Kunden statt, sondern sie nimmt in der gesellschaftlichen Diskussion breiten Raum ein. Der Begriff Nachhaltigkeit wurde im so genannten **Brundtland-Report** geprägt. Sein Inhalt unterliegt einem gesellschaftlichen Diskussionsprozess, für den sich mindestens drei Phasen unterscheiden lassen:

1. Die Entstehungsphase des Brundland-Reports („Our common future") von 1982 bis 1987. Die norwegische Politikerin *Gro Harlem Brundtland* nahm den Vorsitz der letztendlich nach ihr benannten UN-Kommission nur zögernd an. Der Auftrag erschien ihr unrealistisch, die Ziele zu hochgesteckt. Letztlich ließ sie sich in die Pflicht nehmen, weil sie sich positiv gegen das in der internationalen Gemeinschaft weitverbreitete Gefühl von Frustration einsetzen wollte, das bezüglich unserer Fähigkeit herrscht, die entscheidenden globalen Fragen zu stellen und sie effektiv zu behan-

deln (*WCED, 1987, S. 5*). Auf Seite 41 des Berichts findet sich die grundlegende Definition von Nachhaltigkeit: *„Sustainable development is development that meets the needs of the present without compromising the ability of future generations to meet their own needs. It contains within it two key concepts:*

- *the concept of ‚needs', in particular the essential needs of the world's poor, to which overriding priority should be given; and*
- *the idea of limitations imposed by the state of technology and social organization on the environment's ability to meet present and future needs."*

2. Die Zeit zwischen dem Erscheinen des Brundtland-Reports und der internationalen Konferenz in Rio 1992. Der Begriff der Nachhaltigkeit wurde systemisch und umfassend operationalisiert. Während der Konferenz von Rio wurde dann als Ergebnis dieses Prozesses die Agenda 21 verabschiedet, ein Papier mit 361 Seiten.
3. Die Zeit zwischen der Konferenz von Rio und dem Weltgipfel in Johannesburg 2002. In der Agenda 21 (Rio, 1992) wurde der Begriff der nachhaltigen Entwicklung auf 361 Seiten operationalisiert. In der öffentlichen Wahrnehmung ist daraus das so genannte 3-Säulen-Modell entstanden. Im „Leitbild der Nachhaltigen Entwicklung" der Bundeszentrale für politische Bildung (*BPB, 2008*) wird noch ein Zielsystem präsentiert, in dem die ökologischen Ziele oben stehen und die ökonomischen und sozialen Ziele darunter angesiedelt sind. Die Teilzielsysteme sind durch die Strategien von Effizienz, Suffizienz und Konsistenz aufeinander bezogen. Hier gibt insbesondere die Betonung der Suffizienz (genug ist genug) noch den wachstumskritischen Tenor der Agenda 21 wieder. Nach Johannesburg verbreitete sich dann in der öffentlichen Wahrnehmung das Modell der 3 Säulen. Die Säulen stehen für Wirtschaft, Ökologie und Soziales. Die ökonomische Säule kann durch Wachstum und Gewinn charakterisiert werden. Die anderen Ziele sind auf Empfehlungen reduziert. In der Praxis dominiert damit heute wieder (oder noch immer) das „Business as usual"; ökologische und soziale Aspekte werden nur berücksichtigt, wenn sie einen zusätzlichen wirtschaftlichen Wert für das Unternehmen schaffen (*Schäffer, 2010, S. 82*).

An ein Unternehmen, das sich für die nachhaltige Entwicklung der Welt engagieren will, wurde in den Phasen 1 und 2 der Anspruch gestellt, Verantwortung vor allem für die Armen der Welt zu übernehmen und sich als Teil eines Gesamtsystems zu verstehen, das die Grenzen der Tragkraft der Erde respektiert. Hier geht es um die Unternehmenskultur, um Vision und Mission eines Unternehmens. Die Tragkraft der Erde war eines der Motive, die das Top Management von PUMA zur Etablierung seiner ursprünglichen Nachhaltigkeits-Strategie motivierte. Nichtwirtschaftliche Ziele hatten einen eigenen Stellenwert. Dies war neu am Nachhaltigkeits-Controlling und neu für das Controlling. PUMA hat hier etliche Instrumente entwickelt, die Sie noch weiter untersuchen werden, und mit der ökologischen Gewinn- und Verlustrechnung sehr innovativ versucht, nicht-wirtschaftliche Auswirkungen seines Handelns als externe Kosten zu bewerten.

Am Schluss der Phase 3 war der Unternehmenswert wieder das Maß aller Dinge für Management und Controlling. Damit wäre das Nachhaltigkeits-Controlling nichts prinzipiell Neues. Die relevante Zielfunktion wäre weiter allein der Unternehmenswert –

eben „Business as usual". Bei PUMA wirkt aber die Phase 2 noch nach; die Strukturen im Nachhaltigkeits-Controlling sind anders als in vielen anderen Unternehmen. Dies werden Sie im Hinblick auf seine Relevanz für die Entwicklung von Nachhaltigkeits-Controlling und Nachhaltigkeits-Management bei PUMA untersuchen.

Gerade in der Sportartikelbranche, mit ihrem großen ökologischen Fußabdruck, kann man erwarten, dass das von allen wichtigen Wettbewerbern als relevant angesehene Thema „Nachhaltigkeit" auch noch anders als durch die Befolgung von Vorschriften (Compliance) oder durch Nachhaltigkeits-Marketing zum Kunden behandelt wird. Dies ist auch tatsächlich geschehen, und das Unternehmen PUMA ist Teil dieser Bemühungen. Die 70 wichtigsten Hersteller von Sportbekleidung haben sich zur „Sustainable Apparel Coalition" (SAC) zusammengeschlossen. Der Koalition gehören auch NGOs und staatliche Einrichtungen an, wie z. B. die Deutsche Gesellschaft für internationale Zusammenarbeit (GIZ) und die amerikanische Umweltbehörde (EPA). Am sinnfälligsten hat die Aufgabe der SAC die Leitung von Nike beschrieben: *„ ... driving a ‚race to the top' in the apparel supply chain"* (*Nike, 2011, p. 34*). Compliance ist für Nike auch nicht sportlich genug: *„‚When it comes to saving the planet, compliance doesn't cut it. We can't just be less bad', says Hannah Jones, vice president of sustainable business and innovation at Nike" (Balch, 2012).*

PUMA ist nicht nur Teil der SAC, sondern setzt auch eigene Akzente. Es war eines der ersten Unternehmen, die in der AFIRM Gruppe mitwirkten, deren Ziel es ist, alle gefährlichen Chemikalien aus Produktionsprozessen und Produkten der Sportbekleidung zu eliminieren. PUMA war zudem das erste Unternehmen, das die Detox-Kampagne von Greenpeace unterstützte, mit der bis 2020 alle bioresistenten Gefahrstoffe ersetzt oder vermieden werden sollen. Auch wenn Nachhaltigkeit nicht mehr im Leitbild erscheint, „Detox" ist bei PUMA nach wie vor ein Top-Thema (Interview *Seyfert* mit *Stephan Seidel,* Deputy Head PUMA.Safe, am 29.01.2015). Was die Sportartikelbranche hier umsetzt, ist firmenübergreifendes Nachhaltigkeits-Management und -controlling. Ist es auch Nachhaltigkeits-Marketing? Von *Albrecht Deyhle*, einer zentrale Person für die Einführung von Controlling in Deutschland, stammt der Satz: *„Controlling ist Marketing für Zahlen"*. Die Autoren unterstützen diesen Satz. Was in der Sportartikelbranche abläuft, ist dann **Ideenmarketing**: Es geht nicht um das Marketing von Produkten, sondern um Marketing für die Idee, dass ein sportlicher, fairer Lebensstil nichts mit der Vergiftung von Menschen und Ökosystemen zu tun haben sollte.

3. Zielsetzung und Aufgabenstellung

Verschaffen Sie sich einen Überblick über Möglichkeiten und Grenzen des Nachhaltigkeits-Management, Nachhaltigkeits-Controlling und Nachhaltigkeits-Marketing bei PUMA. Sie sollten ein Gefühl dafür entwickeln, wohin die Reise für das Unternehmen gehen könnte. Dieses Gefühl sollten Sie durch eine recht umfangreiche Quellenanalyse rational absichern.

Die Fallstudie ist in **drei Teilaufgaben** unterteilt:

Aufgabe 1:

Analysieren Sie die Struktur der Instrumente des Nachhaltigkeits-Controlling bei PUMA. Klären Sie, inwiefern diese Instrumente der Compliance (dem Nachweis der Einhaltung von Nachhaltigkeits-Regeln), dem Reporting gegenüber den Eigentümern bzw. dem Finanzmarkt, der Kundenansprache oder der Beteiligung von PUMA an Nachhaltigkeits-Aktivitäten der Branche dienen.

Aufgabe 2:

„Eine ökologische Gewinn- und Verlustrechnung gibt Antwort auf die Frage: Wie hoch wären die Kosten für bestimmte Dienstleistungen der Natur in einem bestimmten Zeitraum, wenn die Natur Rechnungen stellen würde?" (Hengstmann/Seidel, 2014, S. 179). Kommt die ökologische Gewinn- und Verlustrechnung (ÖGV) dieser selbstgestellten Aufgabe nach? Findet eventuell eine Reduktion eines umfassenden Begriffes von Natur auf einen engen Begriff statt, sodass der Begriff zu einer Gewinn- und Verlustrechnung passt? Wird eventuell nicht aus Sicht der Natur bewertet? Wenn ja, was hat das für Auswirkungen für die Aussagekraft der ÖGV?

Aufgabe 3:

Traditionellerweise wird gesagt, dass das Controlling eher nach innen, das Marketing eher nach außen orientiert ist. Warum ist eine derart einseitige Orientierung weder für das Nachhaltigkeits-Controlling noch für das Nachhaltigkeits-Marketing sinnvoll? Analysieren Sie zur Beantwortung dieser Frage die Auswirkungen des Nachhaltigkeits-Management in Bezug auf vom Kunden wahrnehmbare Angebote bei PUMA – und zum Vergleich bei Nike – in den letzten 10 - 15 Jahren.

4. Bearbeitungszeit, Schwierigkeitsgrad und empfohlenes Semester

Die Übung ist auf eine Zeit von 5-mal 45 Min. ausgerichtet: eine Einheit für Teilaufgabe 1, je zwei Lerneinheiten für 2 und 3. Der Schwierigkeitsgrad ist mittel bis schwierig. Daher wird die Übung im Rahmen von Master-Kursen im Marketing empfohlen, die zum einen die Grundlagen des Controlling und zum anderen die Grundlagen des Marketing bereits kennen.

5. Empfohlene Hilfsmittel

Für die Bearbeitung der Fallstudie ist ein Internet-Zugang notwendig. Hilfsmittel für die Teilaufgaben sind:

Teilaufgaben 1 und 3:

- Vor allem die Geschäfts- und Nachhaltigkeitsberichte von PUMA, die unter folgendem Link abrufbar sind: http://about.puma.com/de/nachhaltigkeit
- Recherchieren Sie im Internet auch nach den Namen und/oder Positionen: *Reiner Hengstmann* (Global Director PUMA.Safe Supply chain), *Stephan Seidel* (Deputy Head PUMA.Safe Global) und *Hannah Jones* (Vice President of Sustainable Business & Innovation at Nike). Die Namen sind aktuell für Anfang 2015.

Teilaufgabe 2:
Bitte verwenden sie die bei der Aufgabe angegebene, deutsch-sprachige Literatur oder laden sich das ursprüngliche Konzeptpapier zur ÖGV/EPL herunter (http://glasaaward.org/wp-content/uploads/2014/01/EPL080212final.pdf).

Suchen Sie dann nach „*PUMA's Environmental Profit and Loss Account for the year ended 31 December 2010*".

Teilaufgabe 3:

- TV-Spot aus 2015, „Forever Faster"
  (https://www.youtube.com/watch?v= LUZ5m_402MU)
- PUMAs Vorstellung seiner InCycle-Kollektion
  (https://www.youtube.com/watch?v=j9zfkYHtuMc)
- Cradle to Cradle-Institute mit der Präsentation der Incycle-Kollektion rein aus Nachhaltigkeitssicht
  (http://www.c2ccertified.org/innovation-stories/puma)
- Nikes früherer Corparate Responsibility Report (FY 07 08 09) und den Case Studies
  (http://www.nikebiz.com/crreport/content/environment/4-1-0-overview.php?cat=overview)
- Nikes New World-Seite
  (http://www.nike.com/us/en_us/c/better-world)

Die folgenden Lösungen sind als Vorschläge zu betrachten, wobei auch andere Lösungen möglich sind.

6. Instrumente des Nachhaltigkeitscontrolling bei PUMA (Lösung zur Aufgabe 1)

Um die Nachhaltigkeits-Leistung zu bestimmen, kommen bei PUMA z. B. zum Einsatz:

1. **Ökologische Gewinn- und Verlustrechnung:** PUMA erhält hierfür im Jahr 2012 den „Sustainable Business Award 2012" des britischen Guardian: *„Puma's Environmental Profit & Loss Account is, in our view, a truly pioneering attempt to put a cost on the impact a business has on the environment, across its entire supply chain – providing lessons for the corporate world" (Beavis, 2012;* vgl. auch http://about.puma.com/de/nachhaltigkeit/umwelt/oekologische-gewinn-und-verlustrechnung).
2. **S-Index:** Der PUMA S-Index misst, wie viel Prozent der ausgelieferten Produkte einem Mindeststandard entsprechen, den PUMA zurzeit an „nachhaltig erträgliche" Produkte anlegt (*PUMA Nachhaltigkeitsbericht 2010, Geschäftsbericht 2013, S. 31, 32, 62*).
3. **Sustainability Scorecard:** Dabei handelt es sich nicht um eine klassische Balanced Scorecard, die um eine Nachhaltigkeits- oder Nicht-Markt-Perspektive angereichert ist, sondern um die Definition von relevanten Nachhaltigkeits-Kriterien und Zielvorgaben für die Veränderung dieser Kriterien in einem 5-Jahres-Zeitraum für die Produkte und sämtliche für PUMA tätigen Arbeitsstätten (*Geschäftsbericht 2013, S. 42*; hier wird insbesondere die Veränderung der Zielwerte mit der neuen Unternehmensstrategie dokumentiert). Hier werden zurzeit Ansprüche PUMAs an sich und seine Wertkette formuliert und nachgehalten.
4. **GRI-Report:** PUMA hat sich, wie viele an nachhaltiger Entwicklung interessierte Unternehmen, der Global Reporting Initiative angeschlossen. Der GRI-Berichtsrahmen ist ein einerseits flexibles, andererseits genau spezifiziertes Berichtstemplate, mittels dessen das informierte Publikum, z. B. Analysten, sich schnell einen Überblick über die Nachhaltigkeitsleistung eines Unternehmens verschaffen kann. PUMA erreicht regelmäßig die bestmögliche GRI-Kategorie A+ (*Geschäftsbericht 2012, S. 206*).

Besonderes Gewicht ist auf den Vergleich des Berichts für 2013 mit den Vorgängerberichten zu legen, da im Jahre 2013 ein Strategiewechsel zu mehr Kommerzialität stattfand. Die Instrumente des Nachhaltigkeits-Controlling haben diesen Wechsel aber weitgehend überlebt. Der S-Index taucht namentlich nicht mehr auf, ist aber in der Sustainable Scorecard inhaltlich noch enthalten.

Die ÖGV kann als Angebot an die Branche und als kundenorientiertes Steuerungsinstrument für die Prozesse des Unternehmens interpretiert werden. Der S-Index ist eine Orientierungshilfe für die Kunden und könnte im Marketing eingesetzt werden, wenn die Eigenschaften der Produkte oder Prozesse kommuniziert werden, die dieses Produkt als richtigen Schritt in Richtung Nachhaltigkeit kennzeichnen. Er könnte auch als Messlatte für die Branche dienen, zumal Nike auch einen „Sustainability Index" hat. Nike bewertet seine Produkte mit Gold, Silber und Bronze und schafft es damit, dass z. B. nur 15 % seiner Schuhe keine Nachhaltigkeits-Medaille erhalten (*Nike, 2014, S. 64*).

Die Sustainability Scorecard ist ein Exzellenz-Modell, wie die klassische Balanced Scorecard oder das EFQM-Modell (European Foundation for Quality Management). Als solches dient es einerseits dem internen Controlling von PUMA. Da die Sustainble Balanced Scorecard im Geschäftsbericht veröffentlicht wird, dient sie jedoch auch der Kommunikation mit den Finanzmärkten und der Öffentlichkeit. Sie könnte sicherlich auch sehr gut als Wettbewerbsinstrument für das „Race to the Top“ dienen (vgl. Seite 281). Für den Endkunden ist sie, genau wie der GRI-Bericht, eher zu sperrig. Letzterer ist wichtig für Analysten und Handelspartner. Als Kommunikationsinstrument für die Ausrichtung der Branche ist der GRI-Bericht zu wenig fokussiert, insbesondere zu wenig branchenspezifisch angelegt. Zur Ausrichtung auf Branchen gibt es allerdings bereits Aktivitäten bei der GRI.

Zusammenfassend lässt sich sagen, dass PUMA sowohl innovative, neue Instrumente für sein Nachhaltigkeits-Controlling einsetzt, wie auch in der Wirtschaft etablierte Planungs- und Berichtsstrukturen verwendet. PUMA verfügt damit über einen gut gefüllten Werkzeugkasten, dessen Ergebnisse auch für das Nachhaltigkeits-Marketing gegenüber allen relevanten Stakeholdern geeignet sind.

7. Ökologische Gewinn- und Verlustrechnung (Lösung zur Aufgabe 2)

Die Grundfrage, die sich *Zeitz (2011)* im Vorwort zu dem Konzeptpapier der ökologischen Gewinn- und Verlustrechnung stellt ist: *„While nature is much more to us as humans than a mere ‚business‘, the simple question I put forward was – if our planet was a business, how much would it ask to be paid for the services it provides to a company in order to operate?"*

Um diese Frage zu beantworten, wird in der ÖGV in einem aufwändigen Verfahren ermittelt, welche materiellen Wirkungen von den Produkten und Prozessen PUMAs auf die Ökosysteme ausgehen. Dies wären dann die Mengen zu den einzelnen Rechnungspositionen. Dieser Teil der Unternehmerfiktion hat also einen realen Hintergrund. Mit Ökobilanzen wird schon seit einiger Zeit versucht, dem Mengenproblem auf den Grund zu gehen. Die ÖGV geht innovative Wege, die aber der Philosophie einer Ökobilanz entsprechen. Das Mengengerüst ist prinzipiell unproblematisch und nicht das Thema dieser Aufgabe.

... wenn die Natur eine Rechnung stellen würde? Tatsächlich stellt die Natur keine Rechnung. Die Natur bewertet auch nicht monetär. Dies tut nur der Mensch. Das Innovative an der Unternehmerfunktion ist daher auch nicht, dass die Natur monetär bewerten soll, sondern dass ihr das Recht dazu gegeben wird. Sie wird damit zu einem gleichberechtigten Subjekt und nicht mehr zu einem Objekt der Ausbeutung mittels „externalisierter“ Kosten. Eine derartige Subjektivierung der Natur findet sich auch bei einigen anderen Gesellschaften. So hat das Recht der Natur auf Nichtzerstörung in Ecuador Verfassungsrang. Theoretisch ist damit ein Kontrapunkt zur ökonomistischen Verwertungslogik gegenüber der Natur gesetzt, und der Mensch wird Teil eines gemeinsamen Lebenskreislaufs aller Wesen.

Praktisch wird in der ÖGV bei der Bewertung der Beeinträchtigung der Natur durch die direkten oder indirekten Aktivitäten von PUMA dann doch wieder gänzlich der anthropozentrische Standpunkt eingenommen, der mit der Unternehmensfiktion auch nur infrage gestellt, aber nicht verlassen wurde. Die Natur ist zwar bei *Zeitz* mehr als ein reines Geschäft, aber dann doch wieder nur für uns Menschen, nicht an und für sich.

„The E P&L measures and values both reductions in ecosystem services and increases in environmental impacts which occur as a result of PUMA's operational and supply chain activities." Und in der Fußnote 1 wird erläutert: *„It is necessary to consider both because it is often more straightforward to value environmental impacts in terms of their direct effects on human wellbeing than to evaluate the complex ways in which they effect ecosystem services and natural capital, and then to value the consequences of those changes for society" (Zeitz, 2011, S. 2).*

Nun ist die andine Weltsicht zwar für viele umwelt- und sozialbewegte Menschen sehr attraktiv, aber sie ist nicht zwingend. PUMA bleibt letztlich bei der westlich anthropozentrischen Grundeinstellung, hat aber mit der ÖGV ein Werkzeug kreiert, mit dem es seine Auswirkungen auf die Umwelt wissenschaftlich ehrlich ermittelt: Es wird nichts verschleiert, alle Auswirkungen werden entsprechend dem Stand der relevanten Wissenschaft (z. B. Medizin, Ökologie) bewertet. Die Volkswirtschaftslehre spricht seit langem von externen Kosten, welche von den Unternehmen der Umwelt und der Gemeinschaft aufgebürdet werden. PUMA ermittelt diese externen Kosten mit einem in sich stimmigen und nicht verschleiernden Ansatz und macht sich damit zumindest im Gesamtsystem ehrlich. Außerdem erhält es mit dem Instrument wesentliche Steuerinformationen, wo das Unternehmen ansetzen muss, um so effizient wie möglich nachhaltiger zu werden.

8. Entwicklung Nachhaltigkeits-Management im Vergleich (Lösung zur Aufgabe 3)

Sowohl Nike wie auch PUMA haben viel Arbeit in eine nachhaltigere Gestaltung ihrer Schuhkartons gesteckt. PUMA hat sein Clever Little Bag in 2010 eingeführt und damit die für Schuhkartons verwendete Zellstoffmenge um 65 % vermindert. Dies erschien als ein beachtlicher ökologischer Fortschritt, da Schuhkartons den größten einzelnen Abfallstrom innerhalb der Wertkette eines Sportschuhherstellers darstellen. Nike startete daraufhin ein eigenes „Shoebox-Experiment". Letztlich wurde eine Kopie des Clever Little Bag von Nike verworfen, da dieses Konzept Bestandteile enthielt, die nicht recycelbar waren; Pappkartons sind aber recycelbar. Nike blieb deshalb bei der Pappe. In 2011 sollte ein Karton eingeführt werden, der 30 % weniger Material enthalten und damit 200.000 Bäume einsparen sollte (*Nike, 2010, p. 124*). Für den Schuh Nike Free 5.0 wurde ein Schuhkarton entworfen, der nur ein Drittel des Gewichts eines herkömmlichen Schuhkartons hat. Der Karton wurde jedoch als Marketing-Idee präsentiert, um die Flexibilität der darin verpackten Schuhe zu demonstrieren (https://www.youtube.com/watch?v=A6WCAcChrj0). Nike selbst hat praktisch nichts zu dem neuen Verpackungskonzept publiziert; dies wurde anderen überlassen. Bei seiner übrigen Schuhkollektion bleibt Nike beim traditionellen Schuhkarton, es werden lediglich kleinere

Verbesserungen zum Ende des Geschäftsjahrs 2015 realisiert (*Nike, 2014, p. 26*). Das Unternehmen räumt sogar freimütig ein, dass selbst das Ziel, 10 % Material einzusparen, weit verfehlt wird, es werden letztlich nur 3 %. Nike stimmt offensichtlich seine Nachhaltigkeits-Aktivitäten, welche die Wahrnehmung beim Kunden betreffen, sehr sorgfältig mit seinem Marketing ab. Produktperformance beim Kunden scheint das Maß aller Dinge zu sein. Nachhaltigkeit wird dazugegeben.

PUMA hat mit der InCycle-Linie eine C2C-zertifizierte Produktlinie. Cradle to Cradle ist ein Konzept von *Michael Braungart* und *William MCDonough* (*Braungart, 2011*). Auf der Website des C2C Product Innovation Instituts in San Francisco wird die InCycle-Kollektion von PUMA vorgestellt (http://www.c2ccertified.org/innovation-stories/puma); auf dieser Seite findet sich auch folgendes Bild:

Abb. 2: Der Schuh löst sich im Rahmen der Kompostierung langsam auf

Hier wird das Ergebnis eines industriellen Kompostierungsprozesses für den Schuh In-Cycle Basket dargestellt. Dieses Bild ist eine technisch korrekte Darstellung. Ebenso ist der You Tube-Film von PUMA (vgl. empfohlene Hilfsmittel in Abschnitt 5) zu den Recycling-Prozessen der InCycle-Kollektion aus naturwissenschaftlicher Sicht sehr gelungen. Er erinnert etwas an die „Sendung mit der Maus“, aber er assoziiert nicht mit Spitzenleistung. Genau dies ist bei der Darstellung der vergleichbaren Recycling-Prozesse von Nike auf deren Better World-Präsentation der Fall (vgl. ebenfalls empfohlene Hilfsmittel in Abschnitt 5). Hier werden aus eigentlich blitzsauberen Plastikflaschen (die zu recyceln nichts Besonderes ist) erst diamantenähnliche Gebilde, die dann schmelzen und schließlich in einem mit High-Tech-Symbolen angedeuteten Prozess in Trikots von Spitzenmannschaften verzaubert werden. Und gebrauchte Sportschuhe (die im Bild brandneu aussehen) werden in einem sauberen, vollautomatischen, mechanischen Prozess in Tartanbahnen und Hallenbodenbeläge verwandelt: Die Schuhe der Spitzensportler erhalten das perfekte Comeback, so die verbale Botschaft. Der „Nike Better World“-

Auftritt steht unter folgendem Motto: NIKE BETTER WORLD – MAKING ATHLETES FASTER, STRONGER, BETTER WITH LESS IMPACT: THAT'S NOT SUSTAINABLE. THAT'S UNSTOPPABLE.

Einzig der ebenfalls dargestellte Flyknit-Schuh war aus Nachhaltigkeitssicht ein technologischer Durchbruch. Traditionelle Sportschuhe werden aus vielen Teilen zusammengesetzt und haben genau deshalb in der Produktion einen recht hohen CO_2-Fußabdruck (*Chu, 2013*). Nike konnte diesen mit der neuen Technologie erheblich senken. Auf diese „Details" wird bei Better World nicht eingegangen. Was dem Kunden vermittelt wird, ist, dass Flyknit wie angegossen passt. Man könnte sagen, dass Nikes Marketing konsequent die sportlichen Vorteile von Nachhaltigkeits-Leistungen herauskehrt, wobei es Nike mit dem Reporting über die Wirksamkeit seiner Maßnahmen für die Nachhaltigkeit, mit quantitativen Informationen und mit der Darstellung technischen Knowhows nicht so genau nimmt.

PUMA und Nike arbeiten aus Sicht der Nachhaltigkeit oft an ähnlichen Problemen. Bei Nike scheint die Abstimmung zwischen Controlling und Marketing besser zu funktionieren; das Unternehmen geht ganz entschlossen wichtige Probleme an. Diese Probleme werden aber relativ wenig von den Mitarbeiter, sich mit Nachhaltigkeitsthemen befassen, nach außen kommuniziert. Nach außen, insbesondere an den Konsumentenmarkt, werden sportliche Botschaften gesandt. Nachhaltigkeit wird immer im sportlichen Kontext und eher beiläufig thematisiert. Darum braucht sich der Sportler nicht intensiv zu kümmern, Nike macht das schon – so könnte man die Botschaft verstehen. PUMA geht mit seiner strategischen Neuausrichtung in dieselbe Richtung. Wenn Sie sich überlegen, welche Spitzensportler PUMA unter Vertrag hat, dann drängt sich das neue Motto „Forever Faster" aus Marketingsicht geradezu auf, und das Nachhaltigkeits-Controlling passt sich in dieser Botschaft an.

9. Generalisierende Learnings für vergleichbare Fälle

Die Fallstudie beinhaltet verschiedene Erfahrungen, die sich auf vergleichbare Fälle übertragen lassen. Dazu zählen z. B.:

- **Dimensionen der Nachhaltigkeit:** Die drei Dimensionen der nachhaltigen Entwicklung lassen sich auch auf andere Bereiche im Unternehmen (z. B. Logistik, Produktion) übertragen und dort anwenden.
- **Grundverständnis von Kosten:** Die „echten" Kosten (also internalisierte und externe Kosten) werden im Unternehmen in der Regel nicht berücksichtigt. Ganz überwiegend finden in der Kostenrechnung und in der Finanzbuchhaltung nur die internalisierten Kosten Berücksichtigung, also diejenigen, für die Geld bezahlt werden musste. Dadurch wird, im Sinne nachhaltigkeisbezogener Aussagen, die Gewinn- und Verlustrechnung verfälscht, und Kosten werden an die Gesellschaft weitergegeben.
- **Bedeutung des Nachhaltigkeits-Controlling:** Am Beispiel Puma SE wird deutlich, wie umfangreich Führungskräfte ein Unternehmen im Sinne einer nachhaltigen Entwicklung (Sustainable Development) revolutionieren können. Insbesondere unter der Führung von *Jochen Zeitz* wurden vielfältige Instrumente im Unternehmens-Control-

ling etabliert, die helfen, das Unternehmen nachhaltiger zu entwickeln. Es wird ferner deutlich, wie wichtig relevante Instrumente sind, um nachhaltiges Wirtschaften messbar zu machen. Erst auf diese Weise können komplexe Prozesse in der Wertschöpfungskette zielorientiert weiterentwickelt werden.

- **Nachhaltige Unternehmensführung als permanente Aufgabe:** Es wird aber auch deutlich, dass Instrumente im Nachhaltigkeits-Controlling zwar helfen, die Auswirkungen der Unternehmenstätigkeit auf den ökonomischen, ökologischen und sozialen Dimensionen abzubilden. Jedoch sind diese kein Garant für eine langfristig nachhaltige Entwicklung eines Unternehmens. Nachhaltigkeits-Controlling ermöglicht eine wichtige Infrastruktur, diese muss jedoch permanent durch Entscheidungen jedes einzelnen Mitarbeiters auch gelebt werden. Insofern ist eine nachhaltige Entwicklung eines Unternehmens ein sehr fragiles Konzept, das es permanent zu beobachten gilt. Insbesondere aktuelle ökonomische Rahmenbedingungen (z. B. der Gewinneinbruch von PUMA im Jahr 2014) können dazu führen, dass formulierte Benchmarks im Nachhaltigkeits-Controlling weniger aktiv verfolgt werden können.

10. Mögliche Fehlerquellen in Überlegung und Umsetzung

Bei der Bearbeitung der Fallstudien können z. B. folgende Fehlerquellen auftreten:

- Die Recherche führt nicht zu den wirklich wichtigen Quellen.
- Man glaubt, eine falsche Lösung zu haben, weil sie nicht mit den Lösungsvorschlägen übereinstimmt. Bei der Fülle an Material, das es zu den Aufgaben gibt, ist es aber ohne Weiteres möglich, dass man aus anderen Quellen andere Schlüsse zieht.
- Man glaubt, dass es nur eine Lösung geben könne. Auch das ist nicht der Fall. Die gestellten Aufgaben betreffen Probleme, bei denen das Unternehmen PUMA teilweise noch in einem Suchprozess ist und dies voraussichtlich auch in absehbarer Zeit bleiben wird. Zu nicht definitiv gelösten Problemen gibt es im Allgemeinen mehrere plausible Lösungen.

11. Literatur

Braungart, M., Die nächste industrielle Revolution: Die cradle to cradle-Community, Hamburg 2011

Chu, J., Footwear`s (carbon) footprint, MIT News Office, 2013, http://newsoffice.mit.edu/2013/footwear-carbon-footprint-0522, abgerufen am 01.05.2015

Facing Finance, Dirty Profits, 2013 http://www.facing-finance.org/de/die-kampagne/facing-finance-e-v/, abgerufen am 01.04.2015

Hengstmann/Seidel, Berechnung externer Umweltkosten: Die Ökologische Gewinn- und Verlustrechnung von PUMA, in: Schulz/Bergius, CSR und Finance, Berlin 2014, S. 179 - 192

Köhler, R., Marketingcontrolling, in: Schulte, C. (Hrsg.), Lexikon des Controlling, München/Wien 1996, S. 520 - 524

Informationen über PUMA und den Wettbewerb sowie die Marktsituation:

Balch, O., Nike reveals a new, innovative game plan for sustainability, Guardian, 2012, http://www.theguardian.com/sustainable-business/nike-sustainability-report-social-environmental-impact, abgerufen am 05.02.2015

Beavis, S., Puma: business and the environment – counting the cost, 2012, http://www.theguardian.com/sustainable-business/best-practice-exchange/puma-impact-environment-counting-cost, abgerufen am 03.09.2013

Koch, F., Geschäfts- und Nachhaltigkeitsbericht Puma 2012, http://www.puma-annual-report.com/en/2012/, abgerufen am 02.09.2013

Lexikon der Nachhaltigkeit, https://www.nachhaltigkeit.info/artikel/kologischer_fussabdruck_733.htm, abgerufen am 01.07.2015

Market Research Reports, Global Sports Equipment Market 2012 - 2016, 2013, http://www.marketresearchreports.biz/analysis-details/global-sports-equipment-market-2012-2016, abgerufen am 21.12.2013

Nike, Corporate Responsibility Report Nike Inc. FY 07 08 09, 2010, http://www.nikebiz.com/crreport/content/environment/4-7-0-case-study-rethink-the-box.php, abgerufen am 05.02.2015

Nike, Sustainable Business Performance Summary, 2011, http://www.nikeresponsibility.com/report/downloads, abgerufen am 10.09.2013

Nike, Case Study – Working across the industry – How we do Business, 2012, http://www.nikeresponsibility.com/report/downloads, abgerufen am 05.02.2015

Nike, Sustainable Business Performance Summary Nike Inc. FY 12 / 13, 2014 http://www.nikeresponsibility.com/report/downloads, abgerufen am 05.02.2015

PUMA, Geschäfts- und Nachhaltigkeitsbericht 2010, http://about.puma.com/de/nachhaltigkeit/berichte/pumas-nachhaltigkeitsberichte, abgerufen am 05.02.2015

PUMA, Geschäfts- und Nachhaltigkeitsbericht 2012, http://www.puma-annual-report.com/en/2012/, abgerufen am 27.09.2013

Zeitz, J., Puma's Environmental Profit and Loss Account for the year ended 31 December 2010, 2011, http://about.puma.com/category/sustainability/epla/, abgerufen am 10.09.2012

Zielgruppenspezifische Entwicklung einer Value Proposition am Beispiel von System 180

Von Ebru Broda, Tim Neugebauer und Prof. Dr. Annette Pattloch

1. Vorstellung des Unternehmens System 180 – von der Museumswerkstatt zum Lösungsanbieter

Unter dem Namen „System Steiner“ entwickelte der Architekt, Ausstellungsmacher, Bühnen- und Beleuchtungsmeister Prof. Jürg Steiner im Jahr 1981 ein Bausystem aus Stahlrohren. Dieses diente zunächst zum Bau von Decken, Gerüsten, Kuppeln und Treppen in Berliner Museen und Theatern. Das Prinzip – flach gepresste Rohre übereinander zu legen und im folgenden Entwicklungsgeschäft mit einer Noppenprägung zu stabilisieren – bildete dabei die konstruktive Grundlage.

Die Vorteile der Bauweise führten zur Weitentwicklung als modulares Einrichtungssystem. Im Jahr 1991 wurde die System 180 – Stahlrohrentwicklungs- und -vertriebsgesellschaft mbH gegründet, deren Ziel Entwicklung, Herstellung und Vertrieb eines modularen Bausystems für Wohn-, Büro-, und Ladeneinrichtungen sowie für architektonische Konstruktionen (z. B. Treppen, Kuppeln, Bedachungen) ist. Die Noppenscheibe ist ein Alleinstellungsmerkmal im Produktdesign und wird im Logo des Unternehmens visualisiert.

SYSTEM 180

ARCHITEKTUR + EINRICHTUNG

Abb. 1: Logo von System 180

Kompetenzfelder von System 180: Projekte und Produkte

Mit dem erfahrenen Team aus Architekten, Designern und Konstrukteuren und der Fertigung innerhalb des Unternehmens ist System 180 in der Lage, gestalterisch überzeugende Lösungen für komplexe und anspruchsvolle Aufgabenstellungen zu entwickeln und zu realisieren. Hierdurch kann System 180 einen individuellen architektonischen oder einrichtungsspezifischen Full-Service vom Entwurf über die Planung bis zur Produktion und Montage anbieten. Dabei bedient das Unternehmen sowohl Endkunden (B2C) als auch Geschäftskunden (B2B), wie Architekten und Innenarchitekten, sowie den Fachhandel.

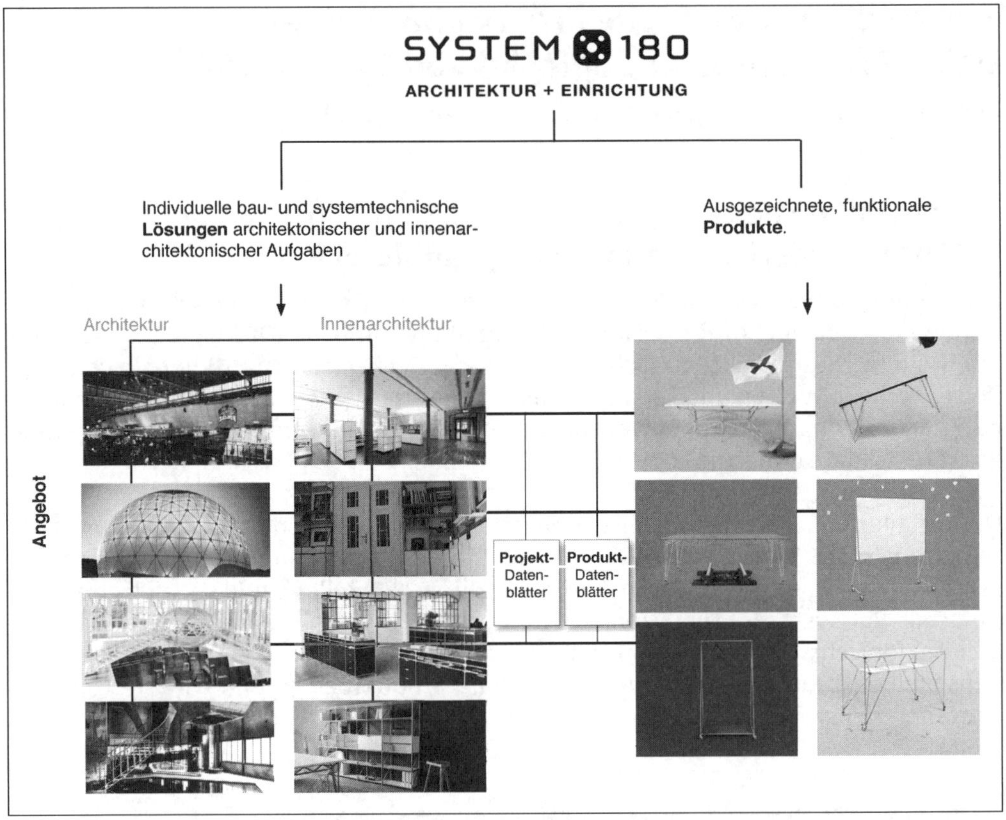

Abb. 2: Kompetenzfelder von System 180

Im B2B-Geschäftsfeld für **Architektur** positioniert sich System 180 als Dienstleister für individuelle Problemlösungen. Ein herausragendes Beispiel hierfür ist das 2010 realisierte Hochbau-Projekt für die Modemesse „Bread & Butter" auf dem historischen Berliner Flughafen Tempelhof: eine temporäre Fassade als klimatischen Abschluss des Flugvorfelds. (Eine 400 m lange und 12 m hohe Stahlkonstruktion wird durch das Aufziehen von Luftkissenmembranen geschlossen. Hierdurch sind die Aussteller und Besucher vor Wind und Wetter geschützt.) Die modulare Bauweise der temporären Fassade ermöglicht eine platzsparende Einlagerung und kann immer wieder genutzt werden. System 180 bietet für B2B-Kunden neben der Konzeption auch die Montage der Konstruktion als Dienstleister an.

In der **Objektmöblierung**, einem Geschäftsfeld, das primär Architekten/Innenarchitekten bedient, bietet das Möbelbausystem Tische, Regale, Sideboards und Container für die Möblierung von Büros, Praxen und Kanzleien – konstruktiv, individuell und langlebig gemäß der Werthaltung des Unternehmensgründers Jürg Steiner: *„Menschen sollten die Räume, in denen sie leben und arbeiten, selbst konstruieren und gestalten können – damit sie so sind, wie sie ihnen entsprechen und ihrer Selbstentfaltung zuträglich sind."*

Neben den genannten B2B-Kunden sind auch die privaten **Endkunden** eine relevante Zielgruppe von System 180. Bei diesem Kundensegment stattet System 180 Wohnungen aus: Regale im Wohn- oder privaten Arbeitszimmer ebenso Sideboards oder Tische.

Distribution
Der Kauf von System 180-Möbeln ist sowohl über den Fachhandel als auch direkt über System 180 möglich. Ein Produktkonfigurator auf der unternehmenseigenen Webseite unterstützt die Endkunden; ein gut geschultes Verkaufsteam mit technisch-konstruktivem Wissen und gestalterischer Kompetenz berät die Endkunden und den Fachhandel persönlich und erstellt mittels einer 3D-Software einzelne System 180-Möbel bis hin zu umfassenden Raumplanungen.

„Made in Berlin"
System 180 entwickelt und fertigt zu 100 % in Berlin. Basierend auf dem Anspruch, ein nachhaltiges Produkt herzustellen, welches über Jahre hinweg veränderbar ist, werden die einzelnen Komponenten klassisch gestaltet. Dabei setzt das Unternehmen auf langlebige, anpassungsfähige und umweltschonende Materialien. Zudem wird zur Steigerung der Produktqualität in modernste Fertigungstechnik investiert.

2. Situation in Bezug auf den Markt

Positionierung von System 180
Die Positionierung des Unternehmens am Markt ist die eines Problemlösers, der auf der Basis eines universellen Stahlrohrverbindungssystems Produkte und bautechnische Lösungen für vielfältige Anwendungsbereiche entwickelt und realisiert. Die Kunden schätzen die Qualität und Langlebigkeit der Lösungen ebenso wie das mit System 180 verbundene Image des Dreiklangs aus Design, Technik und Ästhetik.

Wettbewerb
Im Bereich Architektur ist die MERO-TSK International GmbH & Co. KG, deren Fokus auf dem Bausektor liegt, ein relevanter Wettbewerber. Als modulares Regalsystem im Home- und Office-Bereich zählt USM U. Schärer Söhne AG zu den bekanntesten Wettbewerbern. Auf dem Markt differenziert sich System 180 gegenüber diesen beiden genannten Unternehmen zum einen durch ein breiteres Anwendungsfeld und zum anderen durch das Angebot von Sonderanfertigungen, die vom Systemraster losgelöst sind.

Nachfrager
Kunden von System 180 sind wie bereits beispielhaft erwähnt:

- Absatzmittler, wie Architekten, Inneneinrichter und der Fachhandel
- Geschäftskunden, wie wissenschaftliche Institute, Messegesellschaften, Agenturen, sowie
- Privatpersonen.

Die gestalterische Kompetenz zur Planung der Einrichtung mit System 180 ist in den Kundensegmenten heterogen ausgeprägt. Grundsätzlich eint diese Kundensegmente jedoch, dass sie design- und technikaffine Ästheten sind, die individualistische Ideen verwirklichen wollen.

3. Problemstellung der Fallstudie

Architekten und Innenarchitekten räumt das modulare Objekteinrichtungssystem gestalterische Spielräume ein, die sie kompetent nutzen können. Was ist aber mit den Endkunden, die keine Einrichtungsprofis sind?

Für diese Endkunden ist die Architektur-Kompetenz von System 180 wichtig, da sie zum einen für die Aktualität der Produkte sorgt und zum anderen das Image nährt. Der Vorteil von System 180 als Anbieter flexibler Einrichtungsobjekte, der viele Ideen verwirklichen helfen kann, ist für sie aber auch eine Herausforderung, denn ohne spezifisches Produktwissen oder technische Hilfsmittel lassen sich Einrichtungen mit System 180 nicht effizient planen und die modulare Bauweise kann in ihrer Komplexität überwältigend wirken. Um im Folgenden auf diese Zielgruppe zu verweisen, wird – ausschließlich für diese Fallstudie – ein Label verwendet, das diese Kunden von den Architektur- und Einrichtungsprofis unterscheiden helfen soll: **Design-Aficionados** als wertschätzende Bezeichnung für die Liebhaber des Designs, die Formen und Funktionen zu schätzen wissen, ohne diese selbst konzipieren zu können.

Die Problemstellung, mit der sich System 180 konfrontiert sieht, ist somit folgende: Welche Faktoren sind für diese Design-Aficionados relevant in Bezug auf den Kauf von System 180- Möbeln und welchen konkreten Nutzen kann System 180 bieten?

4. Aufgabenstellungen der Fallstudie

Gegenstand der vorliegenden Fallstudie soll die Zielgruppe der privaten Endkunden sein: die so genannten Design-Aficionados. Sie sind in kreativen Berufen tätig, z. B. als Führungskraft in einer Agentur oder als Selbstständige in der Beratungsbranche unterwegs.

Die hier behandelten konkreten Fragen sind:

1. Wie kann diese relevante Zielgruppe beschrieben werden?
2. Welchen Nutzen kann System 180 den Design-Aficionados bieten?
3. Wie könnte die Marke System 180 aussehen, damit sie diese Zielgruppe anspricht?

5. Schwierigkeitsgrad, empfohlenes Fachsemester, Bearbeitungszeit

Die Fallstudie eignet sich für Module der Marketingvertiefung sowohl auf Bachelor- als auch Masterniveau. Als Bearbeitungszeiten werden empfohlen: 30 Min. für das Lesen und Analysieren der Informationen des Fallstudientexts, 45 Min. je Frage für das Entwickeln einer Lösung sowie weitere 45 Min. für die Diskussion und Reflektion im Team. In der Literaturliste sind die verwendeten Quellen aufgeführt, die sich auch zur Vertiefung ausgewählter Aspekte eignen.

6. Überlegungen zur Entwicklung einer Lösung

Im Folgenden werden zu den drei genannten Fragestellungen praktische und auch theoriebasierte Hinweise gegeben. Neben den obigen Informationen zur Unternehmensbeschreibung ist eine Internet-Recherche zu System 180 und seinen Wettbewerbern empfehlenswert. Die Instrumente **Persona, Customer Value Proposition** und **Markensteuerrad** werden hier skizziert; die Literaturangaben verweisen auf die Quellen für eine vertiefende Beschäftigung.

Zu Frage 1: Wie kann die relevante Zielgruppe beschrieben werden?

Grundsätzlich zielt jede Marketingstrategie auf die Befriedigung der Bedürfnisse der relevanten Zielgruppe ab. Somit sollte der erste Schritt die Identifikation und Beschreibung der Zielgruppe sowie die darauf ausgerichtete Beschreibung eines Nutzenversprechens sein. Im Folgenden sind dazu einige Überlegungen angeführt.

Marktsegmentierung „klassisch"

Im Sinne des STP-Marketings – Segmenting, Targeting, Positioning – segmentiert System 180 zunächst „klassisch" den Markt und bedient sich dabei den Segmentierungskriterien für Konsum- und Industriegütermärkte (*Freter, 2008*). Dabei könnte die Zielgruppe für das Segment „System 180 Home" wie folgt beschrieben werden: Primär markentreue Männer im Alter zwischen 35 und 55 Jahren mit akademischem Abschluss in technikaffinen Disziplinen, die als kreativ und innovativ zu charakterisieren sind, ihren eigenen Geschmack haben und vertreten. Sie leben alleinstehend im urbanen Raum, wollen sich vom Mainstream abheben und suchen die individuelle Lösung für die Einrichtung des Wohn- und Arbeitsbereiches. Sie präferieren klare Linien und Strukturen sowie kühles, sachliches Material (Stahl und Holz) der Systemmöbel. Die Zielgruppe verfügt über eine überdurchschnittliche Kaufkraft von mindestens 6.000 € monatlichem Haushaltsnettoeinkommen.

Service Design

System 180 ergänzt das STP-Marketing in den Prozessphasen des Segmentierens und Positionierens durch Elemente des Service-Designs, dessen Ziel es ist, aus Sicht des Kunden Lösungen zu entwickeln und auch zu visualisieren (*Mager/Gais, 2009*). Mögliche Instrumente, die zur Klärung der relevanten Kundenbedürfnisse beitragen können, sind Personas und das Customer Profile eines Value Proposition Canvas.

Personas

Personas sind fiktive Personen, die die Zielgruppe archetypisch repräsentieren; sie „verleihen" somit der mehr oder weniger abstrakten, textuellen Beschreibung „ein Gesicht". Für System 180 liefern sie folgenden Nutzen:

- Personas machen Annahmen und Wissen über Nutzer explizit, schaffen eine gemeinsame Sprache, um über die Nutzer bedeutungsvoll zu sprechen.
- Personas ermöglichen es, sich auf eine begrenzte Anzahl von Nutzern zu konzentrieren, und helfen, bessere Entscheidungen zu treffen.
- Personas erzeugen Interesse an und Empathie gegenüber Nutzern, involvieren ein Team in einer Art und Weise, die andere Datendarstellungen nicht erreichen (*Pruitt/Adlin, 2006, S. 14*).

Um die Persona für die Design-Aficionados zu entwickeln, werden interne Workshops durchgeführt. An ausgewählten Kunden werden die Persona-Beschreibung dann „gematcht". Dabei ist ein Zitat eines Kunden prägnant und soll als „achetypisch" für die Design-Aficionados gelten:

„Ich will Dinge mit eigener Identität, Geschichte und Persönlichkeit, die mich durch Leistung und Anmutung überzeugen und mir Optionalität bieten, und ich erwarte Services entlang des gesamten Produkt-Lebenszyklusses."

Die Daten, die eine Persona beschreiben können, variieren in ihrer Detailgenauigkeit. Eine umfängliche Darstellung der möglichen Aspekte basierend auf *Pruitt/Adlin (2006)* liefert die folgende Tabelle.

Identifizierende Details	
Name	Typischer Name – Achtung: Es gibt besonders beliebte Namen in einer Alterskohorte; Internetrecherche (z. B. Gesellschaft für deutsche Sprache unter http://gfds.de).
Alter	Typisches Alter
Tag Line	Slogan; beispielsweise Lebensmotto, häufig getätigte Aussage
Zitat (zum Produkt)	Besondere Aussage mit Bezug zum Produkt, für das diese Persona geschaffen wird; beispielsweise Qualität, Nutzung oder besondere Merkmale des Angebots
Familie	Herkunftsfamilie: Eltern, Geschwistern, evtl. auch zum „Clan" gehörige weitere Personen, die einen prägenden Einfluss haben
Familienstand	Eigene familiäre Situation; beispielsweise in Partnerschaft lebend, verheiratet, geschieden, Single
Wohnort	Aktueller geografischer Lebensmittelpunkt
Rollen und Aufgaben	
Unternehmen	Bezeichnung des Arbeitgebers oder Benennung der selbstständigen Tätigkeit
Position	Rolle am Arbeitsplatz; beispielsweise hierarchische Einordnung
Typische Aktivitäten	Unternehmungen, Beschäftigungen und Arbeiten, die die Persona regelmäßig oder in besonderem Stil ausführt und die für das zu erstellende Produkt relevant sein könnten
Wichtige atypische Aktivitäten	Unternehmungen, Beschäftigungen und Arbeiten, die man der Persona zunächst nicht „zutrauen" würde; beispielsweise besonders seltene Hobbies, Extremsportarten, unerwartetes gesellschaftliches oder politisches Engagement
Herausforderungen, Schmerzpunkte	Die besonderen Probleme, denen sich die Persona in ihrem Beruf, täglichen Beschäftigungen stellen muss
Verantwortlichkeiten	Zuständigkeiten im Beruf und Alltag
Interaktion mit anderen Personas, Systemen und Produkten	Kontakte mit anderen (entwickelten Personas) im Rahmen der beruflichen Tätigkeit oder des Alltags, die eine besondere Bedeutung für das Produkt haben könnten. Beschreibung von Systemen und Produkten, die für die Rolle der Persona wichtig sind.

Ziele	
Lebensziele kurz-, mittel-, langfristig	Angestrebte Zustände in materieller und geistiger Beziehung, ggf. nach zeitlicher Dimension geordnet
Ziele in Bezug auf das Produkt	Angestrebte konkrete Zustände, die mit dem zu entwickelnden Produkt erreicht werden (sollten)
Arbeitsbezogene Ziele	Angestrebte Zustände im beruflichen Kontext
Grundsätzliche Lebensziele, Sehnsüchte	Fundamentale angestrebte Zustände
Fähigkeiten und Wissen	
Allgemeine Computerkenntnisse und Internetnutzung	Wissen in der Nutzung von Hard- und Software
Fachgebiet	Expertise
Häufig genutzte Produkte	Relevante Produkte für Beruf und Alltag
Spezialkenntnisse	Besonderes Wissen; beispielsweise in Bezug auf den Beruf oder auch im Privaten
Wissen über Wettbewerber	Kenntnis von Alternativen
Kontext	
Ausstattung	Ausrüstung, beispielsweise beruflich oder privat relevante Technik, Materialien, Hilfsmittel
„A day in the life"-Beschreibung	Darstellung eines typischen Tages der Persona. Dieser „typische Tag" muss in der Gänze nicht der Realität entsprechen, sondern umfasst die relevanten, häufig wiederkehrenden Tätigkeiten, Kontakte, Unternehmungen etc.
Spezifische Nutzungsorte	Orte, an denen das zu entwickelnde Produkt eingesetzt wird
Haushalt und Freizeitbeschäftigungen	Die typischen Aktivitäten, die nicht zur beruflichen Rolle (s. o.) gehören, sondern für den privaten Bereich relevant sind
Beziehungen zu anderen Personas	Benennung der Personas, die nicht zum Berufs-, sondern zum persönlichen Alltag gehören können
Psychografisches und persönliche Details	
Charakterzüge	Beschreibung der Persönlichkeit anhand „menschlicher Eigenschaften"
Werte und Einstellungen (politische und religiöse)	Überzeugungen in Bezug auf Politik und Religion
Ängste, Hindernisse, Ärgernisse	Emotionale Zustände, die das Denken und Fühlen der Persona prägen
Persönlich Artefakte (Auto, Spielereien)	Beschreibung der Gegenstände, die für die Persona besondere Bedeutung haben in Bezug auf das zu entwickelnde Produkt

Abb. 3: Persona-Vorlage

Quelle: Eigene Darstellung und Übersetzung nach *Pruitt/Adlin (2006, S. 230 ff.)*

Zu Frage 2: Welchen Nutzen kann System 180 den Design-Aficionados bieten?

Customer Profile

Die **Value Proposition Canvas** ist ein auf dem Prozess der Zielgruppendefinition aufbauendes Managementwerkzeug zum strukturierten Design und zum iterativen Testen werthaltiger Angebote aus Konsumentensicht. Sie dient System 180 zur Visualisierung und zum Verstehen ihres zukünftigen Angebotes mit dem Ziel, ein organisationsweit einheitliches Verständnis über die Nutzenelemente des eigenen Geschäftsmodells zu erreichen. Die Value Proposition Canvas besteht dazu aus zwei Sichten: 1. einem Customer Profile, dass ein vertiefendes Verständnis über das zu betrachtende Kundensegment der Design-Aficionados liefert sowie 2. einer Value Map, welche die ermittelten Einsichten in werthaltige Angebote durch System 180 überführt (*Osterwalder et al., 2014, S. 8*).

Die bereits in der Auseinandersetzung mit dem Personas-Konzept generierten Kundeninformationen werden hier weiter konkretisiert. Dazu sind diese während eines Workshops in ein **Customer Profile** zu überführen, welches die aus Nutzersicht zu erledigenden **Customer Jobs** enthält. Customer Jobs beschreiben konkrete Aufgaben oder Problemstellungen sowie übergreifende Bedürfnisse der Design-Aficionados in Bezug auf ihre persönlichen Lebens- und Arbeitsaspekte (*Osterwalder et al., 2014, S. 12*). Hierbei unterscheidet die Literatur funktionale, soziale, emotionale und unterstützende Jobs. Alle Customer Jobs werden explizit aus Sicht und in Worten der Persona erstellt und sollten zudem in engem Bezug zum hier besprochenen Kontext stehen. Sie bilden weiterhin die Grundlage für eine zusätzliche Konkretisierungsebene der Persona-Informationen: Customer Gains und Customer Pains. **Customer Pains** lassen sich in Bezug auf die Customer Jobs der Design-Aficionados als mit diesen in Verbindung stehende unerwünschte Ergebnisse, Probleme, Hindernisse und Risiken darstellen (*Osterwalder et al., 2014, S. 14*). **Customer Gains** untergliedern sich wiederum in geforderte, erwartete, erwünschte und nicht erwartete Nutzenaspekte hinsichtlich der erfassten Customer Jobs der Design-Aficionados (*Osterwalder et al., 2014, S. 16*). Die Gesamtheit aller drei Ebenen bildet das Customer Profile der Design-Aficionados, für welches es im weiteren Verlauf passende werthaltige Nutzenangebote für System 180 zu entwickeln gilt.

Value Map

Das konkrete Nutzenangebot von System 180 an die Zielgruppe der Design-Aficionados wird nun – ebenfalls mittels eines Workshops – mithilfe der Value Map der Value Proposition Canvas erzeugt und mit den Inhalten des Customer Profiles abgeglichen. Dabei ist es zunächst hilfreich, die im Customer Profile ermittelten Annahmen wiederum anhand von ausgewählten realen Kunden zu testen sowie Persona und Customer Profile der Design-Aficionados iterativ fortzuentwickeln. Zentrales Anliegen des Value Proposition Canvas ist es nun, aufbauend auf den validierten Kundeninformationen eine strategische Passgenauigkeit zwischen den Elementen des Customer Profiles der Design-Aficionados und den im folgenden in der Value Map zu beschreibenden Angeboten seitens System 180 herzustellen. Dazu werden in der Value Map deckungsgleich zu den Elementen des Customer Profiles spezifische Products & Services, Pain Relievers und Gain Creators erfasst. Der Bereich Products & Services stellt im Rahmen des weiteren Vorgehens eine Aufzählung an bestehenden oder neuen Dienstleistungen und Produkten dar, die System 180 in der Lage ist, für konkrete Bedürfnisse der Zielgruppe der Design-Aficionados bereitzustellen (*Osterwalder et al. 2014, S. 29 ff.*). Pain Relievers und Gain Creators konkretisieren dieses Angebot von System 180 in Hinblick auf die spezifischen Customer Pains und Customer Gains des Customer Profiles der Design-Aficionados.

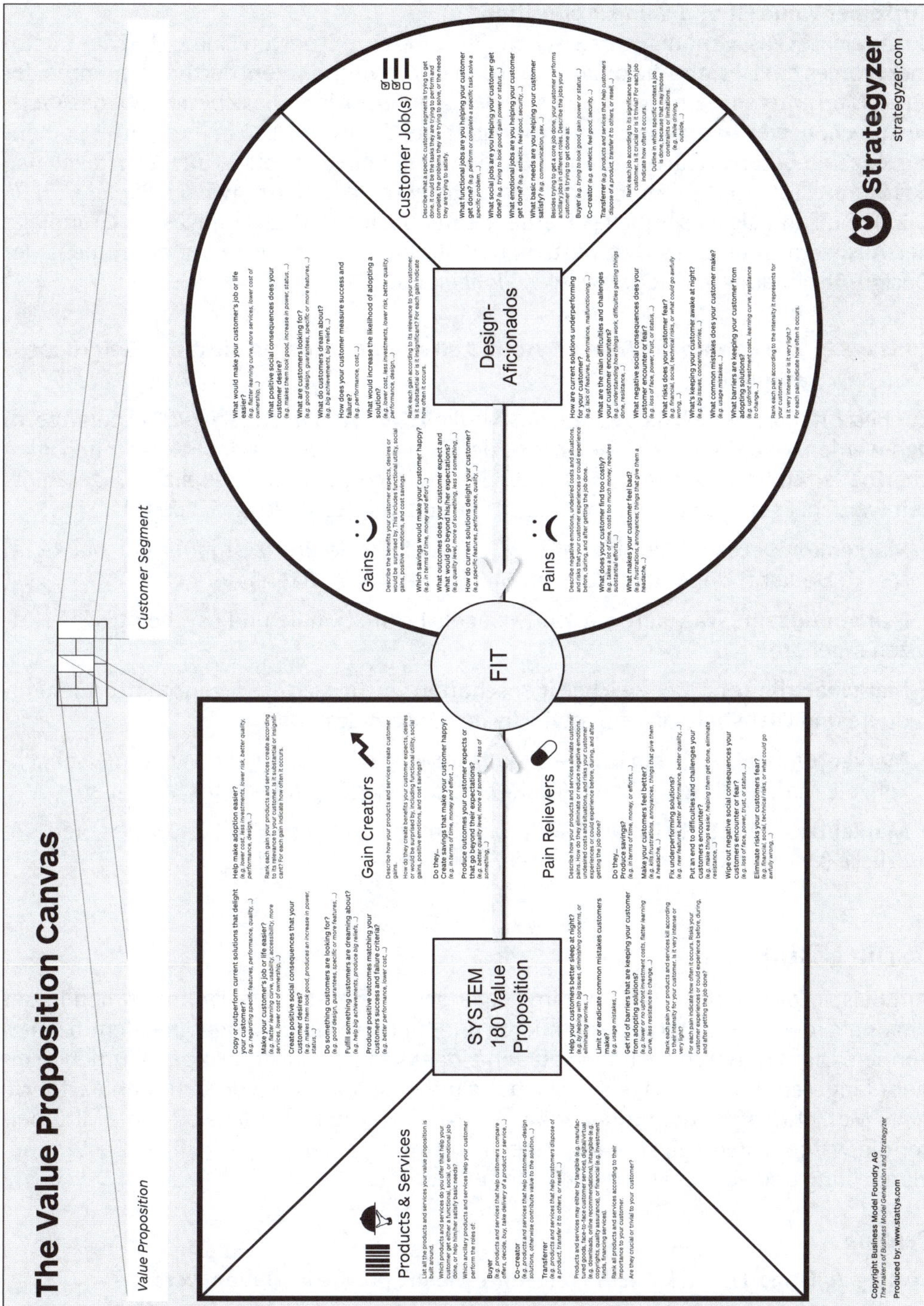

Abb. 4: Value Proposition Canvas

Quelle: *Osterwalder/Pigneur/Bernarda/Smith, Copyright by Strategyzer AG*, www.strategyzer.com

Customer Value Fit und Value Proposition
Bei erreichter Passgenauigkeit zwischen den kundenzentrierten Elementen des Customer Profiles der Design-Aficionados und den unternehmenszentrierten Elementen der Value Map entsteht nun eine spezifische **Value Proposition**. Diese beschreibt das Wertversprechen, welches die Design-Aficionados durch System 180 im Verhältnis zu Konkurrenzangeboten erwarten können. Es stellt damit ein Bündel an Nutzenvorteilen dar, das System 180 für die betrachtete Zielgruppe bereitstellt (*Osterwalder/Pigneur, 2010, S. 22*) und kann als wesentliches Element einer Business Model Canvas die Grundlage der Ausgestaltung eines Geschäftsmodells im Verhältnis zum Kundensegment der Design-Aficionados sein (*Osterwalder/Pigneur, 2010, S. 16 ff.*).

Zu Frage 3: Wie könnte die Marke System 180 aussehen, damit sie diese Zielgruppe anspricht?

Zur Beschreibung einer Marke kann das **Markensteuerrad** nach *Esch (2012)* herangezogen werden. Dabei sollte die Zielgruppe der Design-Aficionados im Fokus stehen, gleichermaßen sollten aber auch die anderen o. g. Zielgruppen nicht explizit ausgeschlossen werden. Es sind folgende Aspekte zu formulieren (*Esch, 2012, S. 103 ff.*):

- **Markenkompetenz:** „Wer bin ich?“ – Markenhistorie und Zeitdauer der Marke im Markt, Herkunft der Marke, Rolle im Markt, zentrale Markenassets
- **Markennutzen:** „Was biete ich an?“ – Sachlich-funktionale und psychologische Nutzenangebote
- **Markenattribute:** „Über welche Eigenschaften verfüge ich?“ – Eigenschaften der Produkte und Dienstleistungen, sowie die des Unternehmens
- **Markentonalität:** „Wie bin ich?“ – Zugangsmöglichkeiten über die Markenpersönlichkeit, die Markenbeziehungen oder durch die Festlegung relevanter Erlebnisse
- **Markenbild:** „Wie trete ich auf?“ – Berücksichtigung aller modalitätsspezifischen Eindrücke (visuell, akustisch, olfaktorisch, haptisch, geschmacklich).

7. Die Lösung

Am Beispiel von System 180 wird im Folgenden aufgezeigt, wie Unternehmen in der Praxis die relevante Zielgruppe definieren und für diese Nutzenangebote identifizieren können. Die skizzierten Lösungen zu den eingangs formulierten Fragen wurden in einem längeren Prozess mittels Workshops unter Beteiligung von externen Partnern, einer Marketingagentur und Hochschule entwickelt. Letztlich aber sind es die Mitarbeiter, die System 180 prägen mit ihren Ideen und im täglichen Arbeiten in der Gestaltung, Herstellung und Vermarktung der System-Produkte.

Persona

Lösung zu Frage 1: Wie kann die relevante Zielgruppe beschrieben werden?
Das Konzept der Persona wurde von System 180 erstmals 2014 aufgegriffen und in einem Projekt in Zusammenarbeit mit der Beuth Hochschule für Technik Berlin entwickelt.

In der Phase der „Familienplanung" recherchierte ein gemischtes Kernteam (aus System 180 und Hochschule) innerhalb der Organisation und ging folgenden Fragen nach:

- Wer sind unsere aktuellen Kunden, die zu den Design-Aficionados passen könnten?
- Wie sehen sie aus?
- Wie und wo wohnen sie?
- Welche Ziele verfolgen sie allgemein und mit System 180-Möbeln?
- Welche typischen und welche atypischen Tätigkeiten und Hobbies zeichnen sie aus?

In der folgenden Phase der „Schwangerschaft" wurden in Gesprächen mit Kunden diese Fragen aufgenommen und zu einer Beschreibung konkretisiert. Ein abschließender Vergleich verschiedener Aspekte führte dann im Dezember 2014 zur „Geburt" der Persona „Dirk". Damit Dirk so konkret wie möglich wird, wurde er von dem System 180-Mitarbeiter und Grafiker Vincent Richter visualisiert.

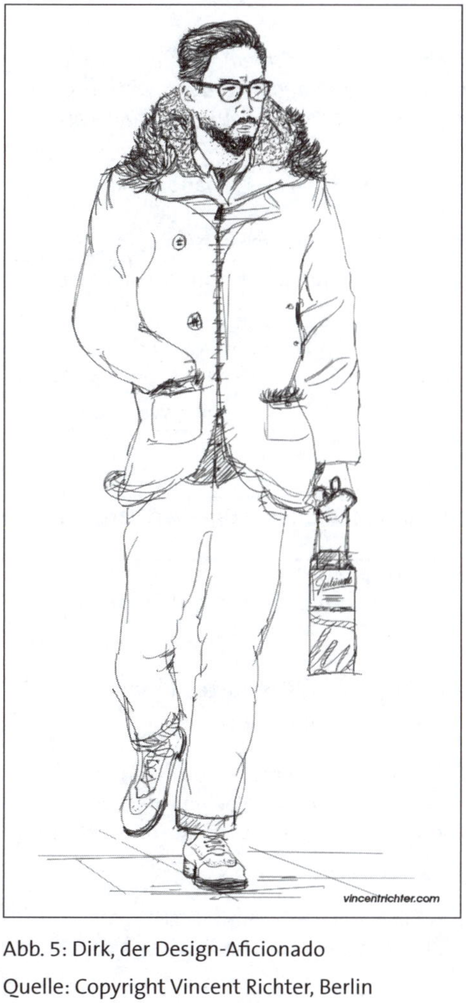

Abb. 5: Dirk, der Design-Aficionado

Quelle: Copyright Vincent Richter, Berlin

Dirk ist kein realer Kunde. Er ist ein Archetypus für den Design-Aficionado und wird an der Realität geprüft werden. In den kommenden Phasen des „Erwachsenenlebens“ wird System 180 immer wieder bei der Marketingstrategie fragen:

- Würde Dirk dieses Regal nutzen?
- Könnte er es selbst aufbauen?
- Wo würde er es kaufen?
- Welche Nutzenargumente überzeugen ihn?

Es könnte durchaus sein, dass System 180 feststellt, dass Dirk noch andere Eigenschaften, Wünsche, Schmerzpunkte und Ziele hat. Dann wird Dirk modifiziert. Bis dahin soll er die Kreativität von System 180 weiterhin befeuern.

Name	Dirk
Alter	37
Tag Line	*„Hauptsache echt!“*
Zitat	*„Ich will Dinge mit eigener Identität, Geschichte und Persönlichkeit, die mich durch Leistung und Anmutung überzeugen und mir Optionalität bieten, und ich erwarte Services entlang des gesamten Produkt-Lebenszyklusses.“*
Familie	Vater: Maurer, später im Industriebetrieb als Haushandwerker beschäftigt Mutter: Bürokauffrau, nach Geburt des Sohnes Hausfrau
Familienstand	Lebt seit drei Jahren in einer festen Partnerschaft mit Britta; keine Kinder.
Wohnort	Wohnt in einer schönen Vier-Zimmer-Altbauwohnung in Berlin, Wilmersdorf. Ursprünglich kommt Dirk aus Denkendorf bei Esslingen.
Unternehmen	Marketing Agentur in Berlin (50 Mitarbeiter, Full-Service-Werbeagentur)
Position	Creative Director Abschluss: Dipl. Industrie Designer
Typische Aktivitäten	Beruflich verantwortet Dirk die schöpferischen Tätigkeiten der Agentur. Einhergehend mit seinem Beruf ist er auch privat kreativ. Sein Wohnstil ist individuell (alte Eames-Chairs kombiniert mit DIY-Möbeln aus Echtholz) Typische Freizeitaktivitäten sind regelmäßiges Joggen (mind. dreimal wöchentlich) und Badminton mit einem Freund. Obwohl er sehr sportlich ist, genießt Dirk gerne gutes Essen und Wein. Er kocht mit seiner Lebensgefährtin am Wochenende und pflegt regelmäßig soziale Kontakte bei einem Essen zu Hause oder im Restaurant. Außerhäusig ist Dirk hauptsächlich zu Events rund ums Thema Design & Kunst (DMY Berlin, Illustrative Berlin, Berlin Graphic Days) unterwegs.

	Durch seine Lebensgefährtin, die Kulturwissenschaften studiert hat, ist Dirk seit einigen Jahren ein Australien-Fan geworden. Dorthin verreisen sie – wenn es zeitlich passt – regelmäßig alle zwei Jahre. Dort bieten sich dann auch schöne Motive für seine Leidenschaft die Fotografie.
Wichtige atypische Aktivitäten	Dirk ist nicht nur kreativ interessiert, sondern hat auch ein starkes Interesse an Naturwissenschaften. Hier liest er einige Bücher insbesondere zu Physik und Biologie. Daher rührt auch sein persönliches Engagement für den Naturschutz: Einmal im Jahr beteiligt sich Dirk an den Populationszählungen der Kraniche in Linum.
Schmerzpunkte	Fashion und Möbel aus Billiglohnländern
Verantwortlichkeiten	Dirks Verantwortlichkeiten sind bislang nur jobbezogen: Karriere war ihm bisher am wichtigsten. Für sein Studium war er nach Hamburg gezogen, hat danach einige Jahre in London gelebt. Nach Berlin hat es ihn aufgrund der kreativen Szene gezogen, wo er auch schnell eine passende Stelle besetzt hat.
Ziele: kurz-, mittel-, langfristig, Lebensziele	Mittelfristig wünscht sich Dirk auch Kinder. Grundsätzlich plant er mit 50 aus der Kreativbranche auszusteigen und sein berufliches Können mit ökologischen Zielsetzungen zu verbinden. Dagegen könnte lediglich sein derzeitiger Lebensstil sprechen, der finanziell aufwändig ist (Reisen, hochwertige Designermöbel).
Fähigkeiten und Wissen: Computerkenntnisse und Internetnutzung, Wissen über Wettbewerber	Design-Klassiker wie Eames-Chair (von Vitra), Stühle und Lampen von Arne Jacobsen sind ihm bekannt, er möchte aber keine Mainstream-Produkte. Berufsbedingt kennt er sich gut mit Grafikprogrammen, Animationsprogrammen zur fotorealistischen Darstellung aus. Seine Spezialkenntnis sind Schrifttypen, hier hat er auch selbst Typen entwickelt.
Kontext: Ausstattung **Freizeitbeschäftigungen** **psychografische und persönliche Details** **Charakterzüge, Werte und Einstellungen (politische und religiöse), Ängste und Hindernisse, Ärgernisse** **Persönliche Artefakte (Auto, Spielereien)**	In seiner Wohnung herrscht ein kreativer Mix aus alten Möbeln (z. B. die Polstermöbelgarnitur seiner Großmutter aus den 50er-Jahren) und modernen Einzelstücken (Sessel von Eames, Esstisch von Vitra, Regalwand von System 180). Daneben sind auch selbstgebaute Möbel für seinen Wohnstil charakteristisch (selbst aufgearbeitetes Esche-Sideboard im Wohnzimmer). Typische Wesensmerkmale von Dirk sind sein ökologisch verantwortungsvolles Denken und Handeln: Er kauft Bioprodukte und fährt in Berlin viel mit seinem Fahrrad. Das Auto soll zwar formschön sein, aber gleichermaßen auch ökologisch. Deshalb fährt er einen Audi A3 Ultra. Etwas im Widerspruch zu seiner „ökologischen Ader" steht seine große Affinität zu Australien. Die Ökobilanz seiner Australienflüge rechnet er sich „schön" durch sein Fahrradfahren in der Stadt und die regelmäßige Arbeit im Dienste des Naturschutz (Linum).

	Dirk ist zwar römisch-katholisch getauft, aber mit 16 Jahren aus der Kirche ausgetreten. Er selbst würde sich als Atheisten bezeichnen. Politisch ist Dirk interessiert; er wählt Grün und kann als tendenziell links bezeichnet werden. Fast schon ein „persönlicher Ärger“ ist ihm schlechte und oberflächliche Gestaltung. Auch berufsbedingt ist er schnell verärgert über Menschen, die meinen „Jeder weiß was gefällt“ und deshalb auf Fachleute verzichten.

Abb. 6: Beschreibung der Persona Dirk

Quelle: in Anlehnung an *Pruitt/Adlin (2006, S. 230 ff.)*

Value Proposition Canvas

Lösung zu Frage 2: Welchen Nutzen kann System 180 den Design-Aficionados bieten?
Das Konzept der Value Proposition Canvas ist ein seit dem Jahr 2014 verfügbares und damit relativ junges Managementwerkzeug, dass durch *Osterwalder et al.* als Ergänzung der weit verbreiteten Business Model Canvas bereitgestellt wird. System 180 griff dieses – unterstützt durch das Beratungsunternehmen DMK INNOVATIONS – im Zusammenhang der Projektarbeit mit der Beuth Hochschule für Technik Berlin auf. Hierfür erarbeitete ein funktionsübergreifendes Team – bestehend aus erfahrenen Consultants von DMK INNOVATIONS sowie Mitarbeitern von System 180 – in einem Workshop die Inhalte der Value Proposition Canvas und optimierte diese durch iterative Markttests fortlaufend.

Im ersten Schritt erzeugte das Projektteam das Customer Profile, in dem für die Zielgruppe der Design-Aficionados passende Aspekte ermittelt wurden. Zentrale Fragen waren:

- Welche **funktionalen** Jobs möchte die betrachtete Zielgruppe in Bezug auf den diskutierten Bereich erledigen (z. B. Bearbeitung einer spezifischen Aufgabe, Lösung eines konkreten Problems etc.)?
- Welche **sozialen** Jobs möchte die betrachtete Zielgruppe in Bezug auf den diskutierten Bereich erledigen (z. B. Abheben gegenüber dem sozialen Umfeld, Beförderung des persönlichen Status etc.)?
- Welche **emotionalen** Jobs möchte die betrachtete Zielgruppe in Bezug auf den diskutierten Bereich erledigen (z. B. ästhetische Aspekte, „sich gut fühlen“ etc.)?
- Welche weiteren **Basisbedürfnisse** möchte die betrachtete Zielgruppe in Bezug auf den diskutierten Bereich befriedigen (z. B. Kommunikation, Sicherheit etc.)?

Darauf aufbauend erstellte die Projektgruppe eine Übersicht der angenommenen Pains (Was sind unerwünschte Aspekte bestehender Lösungen?) und Gains (Was sind die erwarteten Nutzenaspekte?), die das Kundensegment der Design-Aficionados zum Zeitpunkt der Workshop-Phase annahmegemäß verspürte. Alle erfassten Elemente wurden nun anhand ihrer wahrgenommenen Priorität sortiert, die höchstgewichteten Customer Jobs, Pains und Gains nachfolgend im Customer Profile festgehalten.

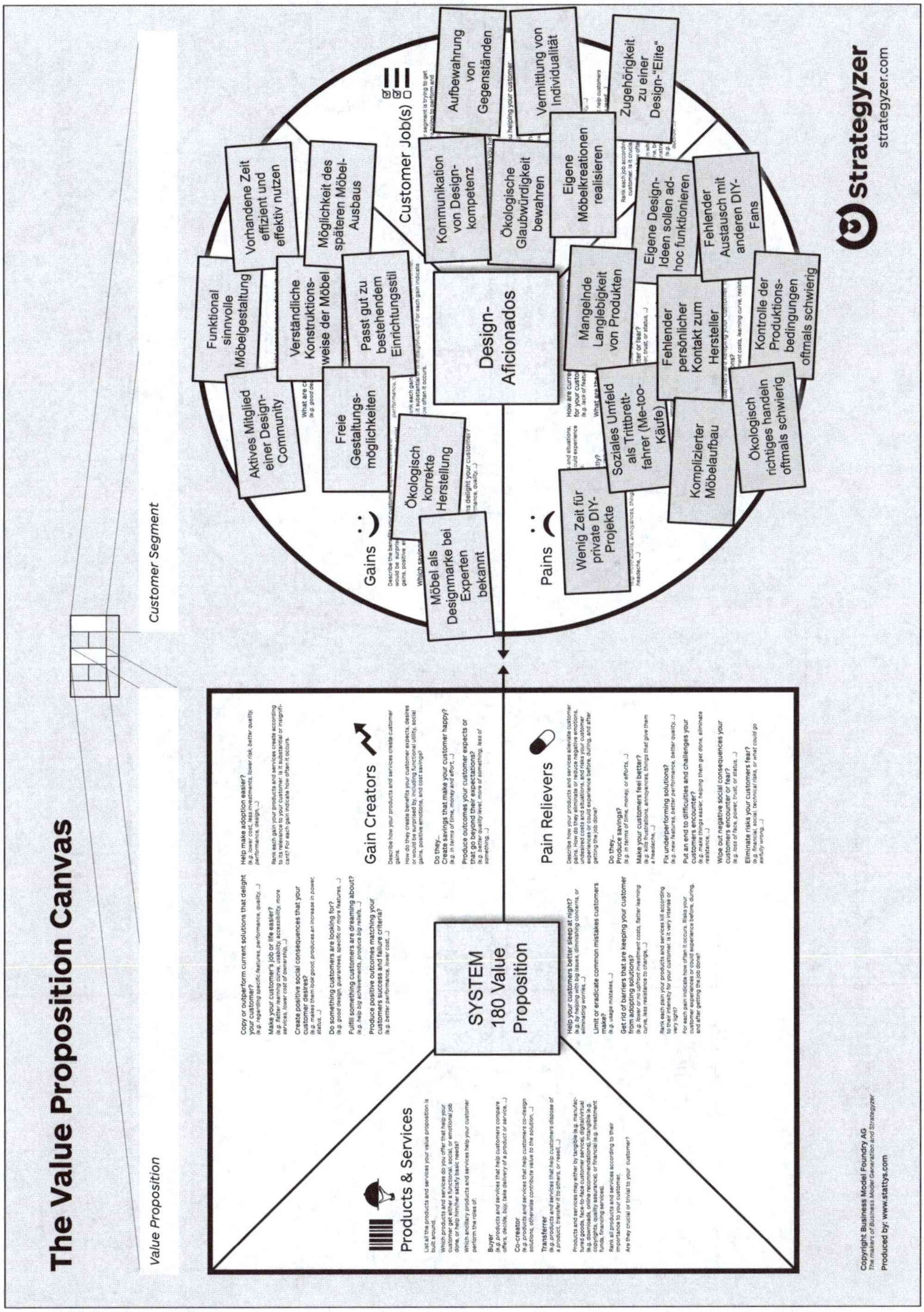

Abb. 7: Design-Aficionados-Perspektive, Value Proposition Canvas

Quelle: *Osterwalder/Pigneur/Bernarda/Smith, Copyright by Strategyzer AG*, www.strategyzer.com

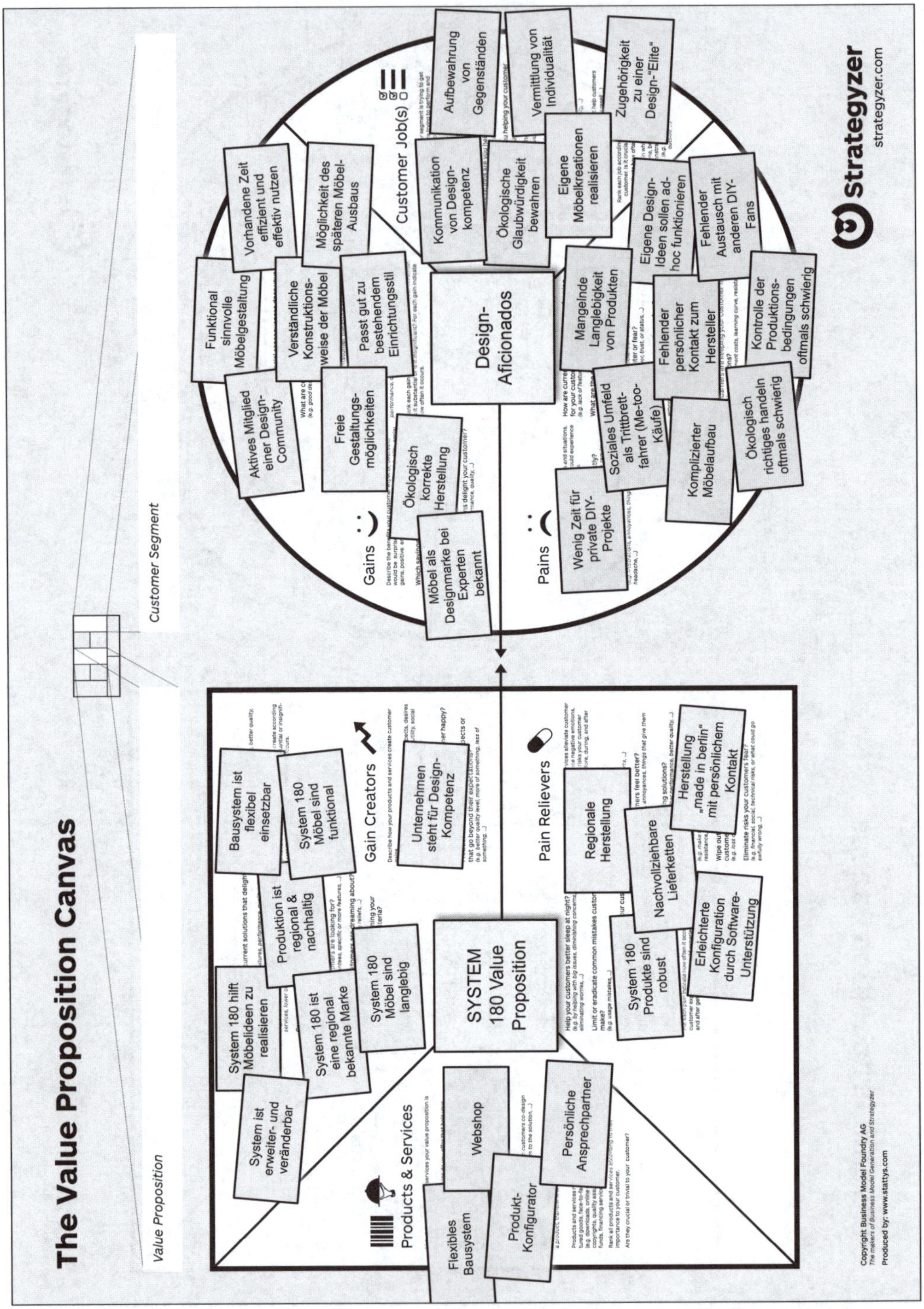

Abb. 8: System 180 Value Propositions, Value Proposition Canvas

Quelle: *Osterwalder/Pigneur/Bernarda/Smith, Copyright by Strategyzer AG,* www.strategyzer.com

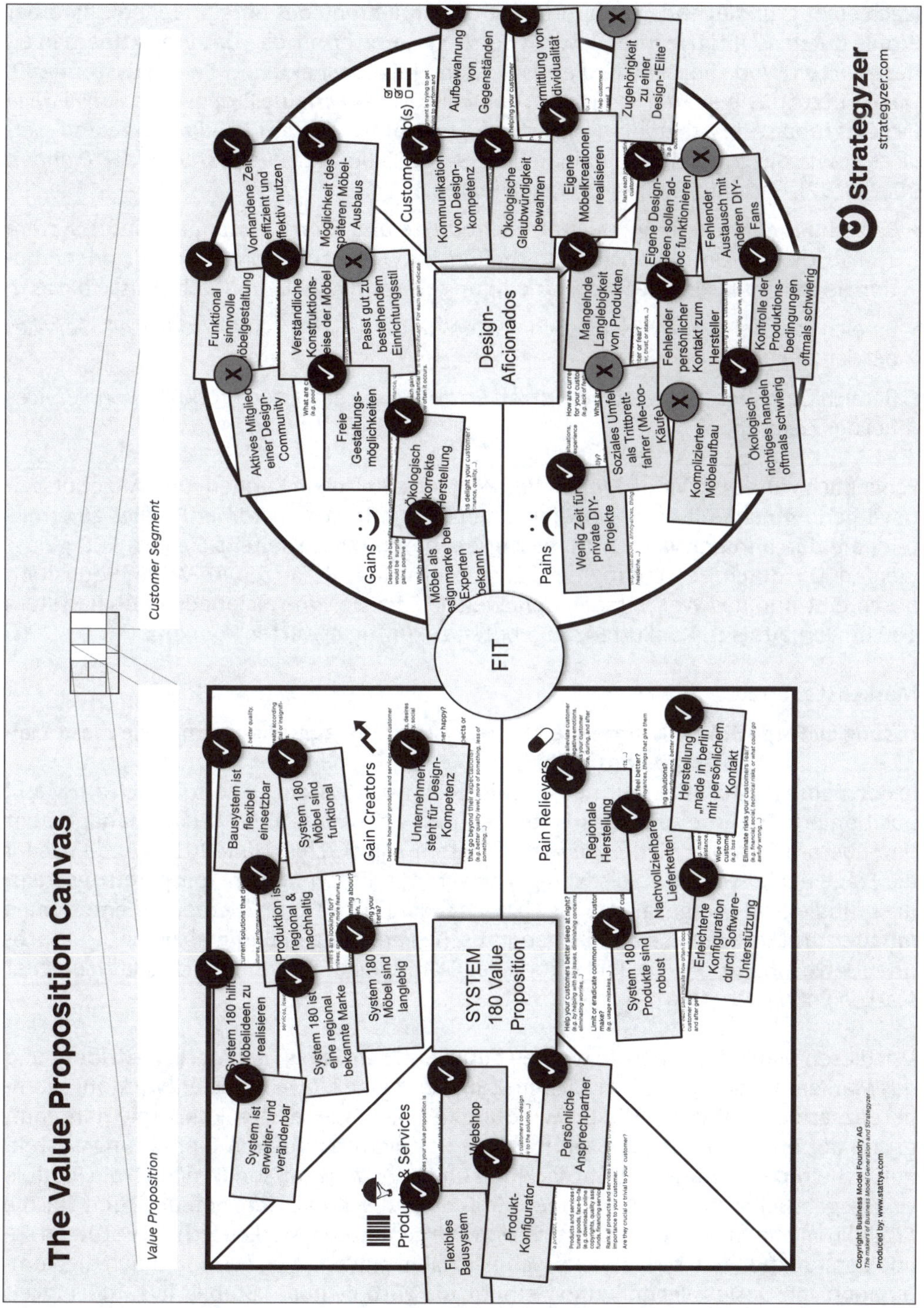

Abb. 9: Fit zwischen System 180 und den Design-Aficionados, Value Proposition Canvas

Quelle: *Osterwalder/Pigneur/Bernarda/Smith, Copyright by Strategyzer AG,* www.strategyzer.com

Nach einer grundlegenden Überprüfung der Annahmen des entstandenen Customer Profile durch qualitative Interviews in der Zielgruppe ermittelte das Projektteam in einer zweiten Workshop-Phase die relevanten Nutzenaspekte auf Seiten System 180. Dazu nutzte das Team die Strukturen der Value Map der Value Proposition Canvas. Die Projektgruppe erfasste und priorisierte alle relevanten System 180-Produkte und -Services sowie die zugehörigen Pain Relievers und Gain Creators (*Osterwalder/Pigneur, 2010, S. 37*). Handlungsleitende Fragen waren:

- Bereich **Produkte & Services:** Welche Produkte und Dienstleistungen bietet System 180 an, die den Design-Aficionados helfen, entweder funktionale, soziale oder emotionale Jobs zu lösen oder der Befriedigung wesentlicher Grundbedürfnisse diesen?
- Bereich **Pain Relievers:** Welche „Schmerzen" lindern die erfassten Produkte & Services bei der Zielgruppe?
- Bereich **Gain Creators:** Welche Nutzen erzeugen die erfassten Produkte und Services bei der Zielgruppe?

Schließlich wurde ein **Value Proposition Mapping** zwischen Kunden- und Angebotsseite vorgenommen, mit dem Ziel, diejenigen Elemente des Customer Profiles zu ermitteln, die durch in der Value Map beschriebene Angebote seitens System 180 gelöst werden. Die durch Herstellung des „Customer Value Fits" erzeugte Value Proposition beschreibt nun das Wertversprechen, welches die Design-Aficionados durch System 180 im Verhältnis zu Konkurrenzangeboten zukünftig erwarten können.

Markensteuerrad

Lösung zu Frage 3: Wie könnte die Marke System 180 aussehen, damit sie diese Zielgruppe anspricht?

In der mehr als 20-jährigen Firmengeschichte hat sich System 180 erfolgreich am Markt positioniert. Dazu betreibt das Unternehmen systematisches Markenmanagement und überprüft immer wieder die Marke System 180. Auch im Jahr 2014 wurde wieder die Frage nach der mehr oder weniger unveränderlichen **Markenkompetenz** gestellt; die grundlegende Frage lautet: Wer bin ich? System 180 kann hierbei auf **emotionale Inhalte** zurückgreifen, die auf die geografische Verortung in Berlin abzielen, und **sachorientierte Inhalte**, die aus der Historie der Gründung durch einen Architekten und der starken Entwicklungskompetenz resultieren.

Um diesen Markenkern herum werden dann die „Hard Facts" der **Markenattribute** und des **Markennutzens** formuliert. System 180 bietet eine starke Möbelentwicklungskompetenz, ermöglicht durch die Entwicklung der flach gepressten Rohre, die dann aufgrund der Erfahrung im Ausstellungsbau zu einem modularen Einrichtungssystem geführt wurde. Nicht nur die Entwicklung und Konstruktion, sondern auch die Produktion liegen bei System 180 an einem Standort, der Kreativität befeuert und für die Produktion eher ungewöhnlich ist: Berlin! Die genannten Markenattribute stützen solide den funktionalen sowie den psycho-sozialen Nutzen. Hierbei sind durch die Kombination von Design, Technik und Ästhetik die Vorteile in der Stabilität, Langlebigkeit und letztlich auch Risikoreduktion zu sehen. Für die kreative Zielgruppe spielt Design eine große Rolle. Dabei möchte diese auch die eigene Individualität ausleben, was System 180 durch die modulare Bauweise ermöglicht und somit letztlich den psychosozialen Nutzen liefert.

Auf der rechten Seite des Markensteuerrads sind die „Soft Facts" zu finden: Für die **Markentonalität** wurde bei System 180 der Zugang über die Markenpersönlichkeit gewählt. Diese wird als vielseitig, professionell, leistungsstark, konsequent nutzenorientiert, männlich und technisch-ästhetisch beschrieben und reflektiert die Persönlichkeitsmerkmale der Design-Aficionados. Letztlich soll die Markentonalität durch das **Markenbild** erlebbar werden: Hierbei ist die Tonalität offen, klar und markant – das schwarz-weiß gehaltene Logo, die Subline mit Bezug auf die Geschäftsfelder und die Noppenscheibe als Symbol für das System.

Das Markensteuerrad ist Bestandteil des Brandbooks, das für das interne und externe Branding alle relevanten Informationen enthält.

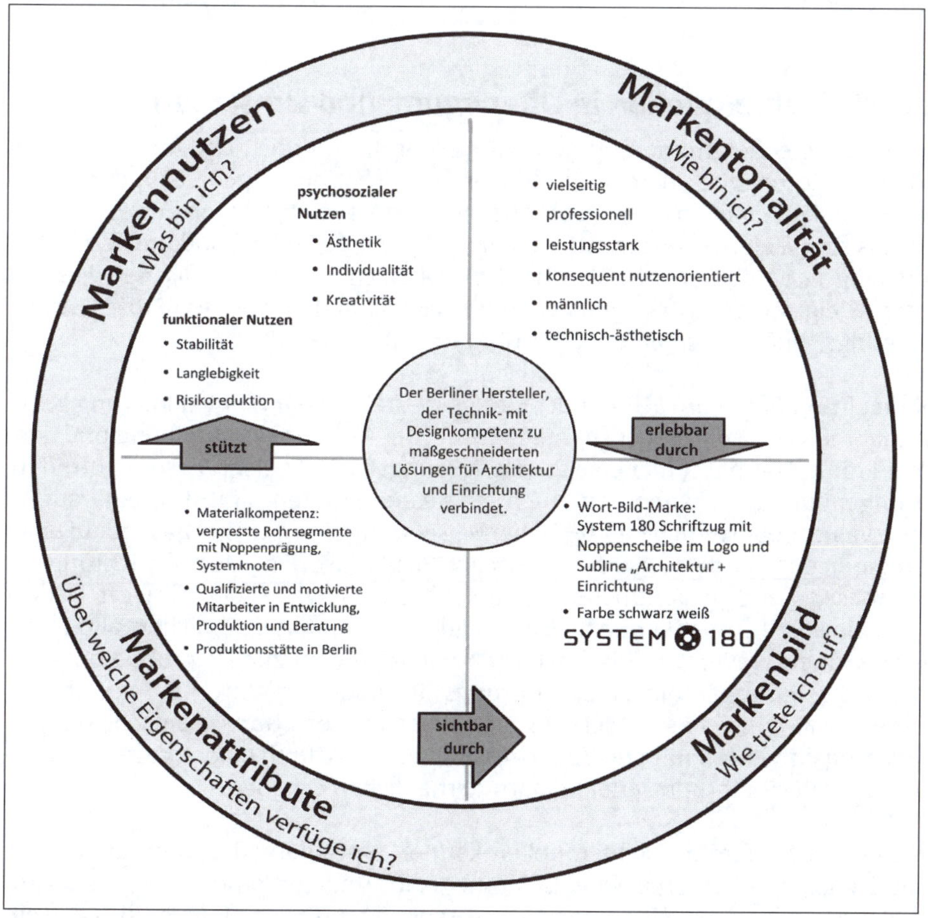

Abb. 10: Markensteuerrad

Quelle: *System 180*

8. Generalisierende Learnings für vergleichbare Fälle

Jede Marketingstrategie sollte mit der Definition der relevanten Zielgruppe starten. Dabei stehen vielfältige Zugänge zur Verfügung. Die Segmentierungskriterien für B2B- und B2C-Märkte sollten umfänglich angewendet werden. Wie im Vorgehen von System 180 illustriert wurde, ist die „Geburt" einer Persona für die interne Kommunikation hilfreich. Dadurch konnte System 180 immer wieder bei der Definition der Value Proposition und der Marke konkret hinterfragen.

Im nächsten Schritt werden die zielgruppenspezifischen Erkenntnisse in ein bestehendes Geschäftsmodell integriert (Geschäftsmodelloptimierung). Alternativ können ein vollkommen neues Geschäftsmodell entwickelt (Geschäftsmodellinnovation) sowie die darauf basierenden konkreten Kommunikationsmaßnahmen geplant und umgesetzt werden. Auch hier greifen die dargestellten Überlegungen in Bezug auf die relevanten Nutzenargumente für die kognitive Ansprache ebenso wie die Moods für die emotionale Komponente.

9. Mögliche Fehlerquellen in Überlegung und Umsetzung

Im Hinblick auf die Zielgruppensegmentierung gibt die Theorie richtigerweise vor, in sich möglichst homogene und nach außen hin möglichst heterogene Gruppen zu bilden. Das Herstellen eines solchen Qualitätsgrades erfordert Vorwissen und Erfahrung. In der Praxis sind Zielgruppendefinitionen oftmals weniger scharf und unspezifischer als notwendig. Es entstehen oftmals inhaltliche Überschneidungen zwischen den segmentierten Zielgruppen, woraus sich ein unklares Bild in den weiteren Prozessstufen des „Targetings" und „Positionings" des STP-Marketings ableitet.

Ein weiterer in der Praxis anzutreffender Mangel besteht in der Nichtvalidierung gebildeter Annahmen zur Zielgruppensegmentierung, der Persona-Beschreibung und dem Customer Profile. Häufig ist hier eine stark erfahrungsbasierte Sichtweise anzutreffen, die nur ungenügend Rückkopplung durch reale Kundendaten erfährt. Die daraufhin generierte Value Proposition bleibt typischerweise weniger genau und basiert auf einer primär ressourcenbasierten unternehmerischen Sichtweise. Eine Übergewichtung der „Resource based Views" gegenüber den „Market based Views" erfolgt allzu oft. Daraus ergibt sich eine weitere Fehlerquelle: Die gebildeten Personas sind nicht realitätsnah und leiten sich entweder aus klischeehaften Vorstellungen zur Zielgruppe oder gewünschten Vorstellungen einzelner (Führungs-)Personen im Unternehmen ab. Der Wert des Persona-Konzeptes für den Abgleich aller weiteren Strategieentscheidungen und Marketingaktivitäten mit den Bedürfnissen und Strukturen einer fiktiven archetypischen Person der Zielgruppe erleidet damit erheblichen Schaden.

Zusätzliche Unschärfen und Fehlerquellen können typischerweise dann entstehen, wenn die ermittelten Customer Jobs, Customer Pains und Customer Gains des Customer Profiles der Value Proposition Canvas nur ungenügend oder zu unspezifisch in ein konkretes Nutzenangebot übersetzt werden. Hier ist einerseits anzumerken, dass hervorragende Nutzenangebote niemals alle erkannten, sondern vielmehr einige wenige und die für die Zielgruppe sehr zentralen Bedürfnisse befriedigen (*Osterwalder et al., 2014, S. 39*). Andererseits entsteht ein strategischer „Fit“ zwischen den Beschreibungen der Zielgruppe und den Nutzenangeboten des Unternehmens auf mehreren Detaillierungsebenen. *Osterwalder et al. (2014, S. 49)* unterscheiden hier:

- einen Problem-Lösungs-Fit
- einen Produkt-Markt-Fit sowie
- einen Geschäftsmodell-Fit.

Damit lehnen sie sich an aktuelle und insbesondere aus dem Umfeld digitaler Entrepreneure bekannte Konzepte wie „Lean Startup“ oder „Customer Development“ an. Zwischen der ersten Zielgruppensegmentierung und einem tatsächlich werthaltigen Nutzenangebot, das noch dazu in ein tragfähiges Geschäftsmodell mündet, können durchaus Phasen der Bestätigung von Annahmen, aber auch des (intelligenten) Scheiterns liegen. Als resultierende Konsequenz ist schließlich festzustellen, dass ein tiefgreifendes Verständnis über die zu adressierenden Zielgruppen eine notwendige Voraussetzung zur Erzeugung einzigartiger Wertversprechen ist. Dieses Verständnis, aber auch die sich daraus ableitenden Angebote auf Unternehmensseite lassen sich in der Regel nur iterativ und im ständigen Abgleich zwischen getroffenen Annahmen und realen Bedingungen entwickeln.

10. Literatur

Esch, F.-R., Strategie und Technik der Markenführung, 7. Auflage, München 2012

Freter, H., Markt- und Kundensegmentierung: Kundenorientierte Markterfassung und -bearbeitung, Stuttgart 2008

Mager/Gais, Service Design, Stuttgart 2009

Osterwalder/Pigneur/Bernarda/Smith, Value Proposition Design, New Jersey 2014

Osterwalder/Pigneur, Business Model Generation, New Jersey 2010

Pruitt/Adlin, The Persona Lifecycle: Keeping People in Mind throughout Product Design, San Francisco 2006

Steiner, J., System 180 Bauwelten, Berlin 2010

Bausteine einer Design-Strategie am Beispiel von KAHLA/ Thüringen Porzellan

Von Prof. Dr. Günter Buerke

1. KAHLA/Thüringen Porzellan – ein designorientiertes Unternehmen mit Tradition

Das Thüringer Porzellanunternehmen KAHLA/Thüringen Porzellan (K/TP) praktiziert seit Mitte der 90er-Jahre eine ausgeprägte Design-Strategie. Dies hat in knapp 20 Jahren zu mehr als 90 Design-Preisen geführt.

Einige Fakten zu KAHLA/Thüringen Porzellan (K/TP):

- **Firmengründung:** Gegründet wurde die Porzellanfabrik Kahla im Jahr 1844 durch Christian Eckardt; Neugründung in der jetzigen Form im Jahr 1993 durch die Familie Raithel. Bemerkenswerte historische Eckdaten: 1914 war die Porzellanfabrik Kahla das größte Unternehmen der deutschen Porzellanindustrie. Zur DDR-Zeit gehörte das Kahlaer Porzellanwerk zum „VEB Vereinigte Porzellanwerke Kahla" mit insgesamt 17 Porzellanwerken und rund 18.000 Beschäftigten.
- **Rechtsform:** GmbH
- **Firmensitz:** Kahla
- **Geschäftszweck:** Entwicklung, Herstellung und Vertrieb von Porzellanwaren, insbesondere Trink- und Essgeschirr
- **Mitarbeiterzahl:** ca. 300 Mitarbeiter
- **Umsatz:** 22 Mio. € im Jahr 2013; 30 Mio. € im Jahr 2014
- **Export:** Export findet in 60 Länder statt; der Exportanteil beträgt etwa 40 %; ca. 70 % wird im deutsch-sprachigen Raum[1] abgesetzt
- **Zielgruppen und Marktsegmente:** B2C-Bereich über Glas-, Porzellan-, Keramik- und Hausrat-Handel, Warenhäuser, Möbelhandel und andere Großbetriebsformen des Handels sowie Versender

  B2B-Bereich im Direktgeschäft:

  - Hotellerie- und Gastronomie
  - Werbeartikel für Industrieunternehmen u. a.
- **Produktportfolio:** Neben zahlreichen Einzelprodukten oder individualisierbaren Produkten gibt es für die privaten Konsumenten und für die gewerblichen Kunden je 19 Porzellankollektionen. Letztere basieren meist auf den Kollektionen für die Konsumenten und wurden aber variiert und/oder ergänzt.

[1] Deutschland, Österreich, Schweiz

Umsatzstärkstes Produkt:	Five Senses
Meist verkauftes Produkt	Update
Meist kopiertes Produkt:	Abra Cadabra
Schwierigstes Produkt:	Opus
Ältestes Produkt:	Blau Saks

In rund 20 Jahren hat K/TP es in einem schwierigen Markt geschafft, einer der modernsten Porzellanhersteller Europas, das größte Porzellanunternehmen in Thüringen und eine der fünf wichtigsten Marken auf dem deutschen Porzellanmarkt zu werden.

2. Markt-/Konkurrenz-/Handelssituation und Käuferverhalten im deutschen Porzellanmarkt

Marktsituation

In den Jahren der globalen Finanzkrise kam es zu größeren Umsatzeinbußen der GPK-Branche, von denen diese sich langsam wieder erholt. Neben dem harten Wettbewerb der nationalen Anbieter untereinander gibt es seit längerem eine starke internationale Konkurrenz, die mit ihren Exporten nach Deutschland stets das Preisgefüge unter Druck hält. Nicht zuletzt das drastisch veränderte Käuferverhalten (siehe unten) hat dazu geführt, dass der Gesamtumsatz der inländischen Produzenten von Geschirr und Porzellan seit längerem stark zurückging. Eine Erleichterung für die deutschen Hersteller sind die seit 2012 geltenden EU-Strafzölle gegen chinesische Hersteller von mindestens 17 %.

Konkurrenzsituation

Der Wettbewerb im Inland hat diverse Turbulenzen in den letzten Jahrzehnten hinter sich. Von den früher drei klaren Marktführern Rosenthal, Hutschenreuther, Villeroy & Boch hat nur Letzterer seine Marktbedeutung erhalten können. Zunächst ging Hutschenreuther bereits in den 90er-Jahren insolvent. Die Nachfolgegesellschaft BHS-Tabletop AG ist aktuell einer der wichtigsten Konkurrenten von K/TP im Segment Hotellerie/Gastronomie. Die einstige Vorzeigefirma Rosenthal – ebenfalls mit einer Design-Strategie durch Einbeziehung vieler internationaler Künstler – wurde zunächst ins Ausland verkauft und ging dann im Jahr 2010 ebenfalls insolvent. Rosenthal ist – in reduziertem Ausmaß – immer noch im B2C- und B2B-Markt vertreten.[1] Mit Abstand größter Porzellanhersteller aus Deutschland ist heute die Fa. Villeroy & Boch. Im Segment Tischkultur (Geschirr, Besteck, Gläser u. a.) erwirtschaftet das Unternehmen über 289 Mio. € Umsatz.

Handelssituation

Seit Jahrzehnten verliert der Glas-, Porzellan, Keramik- (GPK)- Fachhandel Marktanteile an andere Betriebsformen, ist aber bis heute der bedeutendste Vertriebsweg für Porzellan. Die nachfolgende Abbildung entstammt dem *Markt:Monitor GPK/Haushaltswaren 2012/2013* (vgl. *BBE Handelsberatung München* und *Marktdaten24*) und zeigt die

[1] Hinweis: Der Firmengründer von K/TP, Günther Raithel, war früher Vorstandsmitglied bei Rosenthal.

Positionierung der unterschiedlichsten Absatzkanäle, in denen Porzellan angeboten wird. Nicht enthalten sind beispielsweise Versender und der Großhandel (wie C&C-Märkte), die beide auch relevante Absatzkanäle sind.

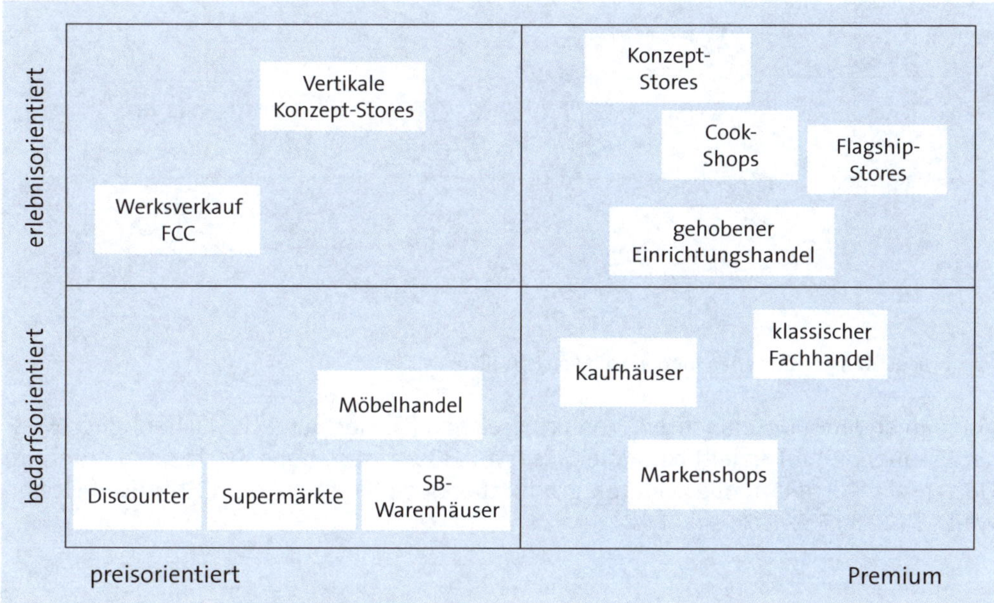

Abb. 1: Markt:Monitor GPK/Haushaltswaren 2012/2013

Käuferverhalten
Der vor Jahrzehnten wichtigste Hauptumsatzträger für die Porzellanbranche, das Komplettservice, hat kontinuierlich an Bedeutung verloren. Stattdessen liegen Single- und Duo-Sets, Spezialgeschirre (z. B. Espresso), Sammeltassen, Einzelteile (z. B. Becher, Schalen), Themengeschirre (z. B. Sushi) und zahlreiche Artikel für spezielle Anlässe (z. B. Geschenkartikel für Geburtstage und Besuche, Hausschmuck) im Trend.

Die Untersuchung der *BBE Handelsberatung* und *Marketmedia24* (*Markt:Monitor GPK/ Haushaltswaren 2012/2013*) spezifiziert die Bedeutung unterschiedlicher Kriterien für den Kauf von Haushaltswaren. Für Porzellan ist Design von zentraler Bedeutung.

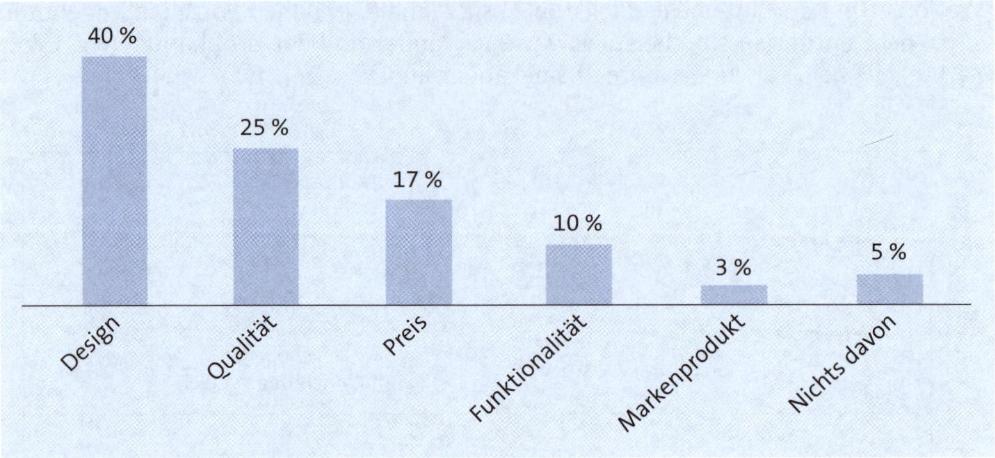

Abb. 2: Bedeutung der Kriterien für den Kauf von Porzellan

Von den anderen untersuchten Produktbereichen (Gläser, Besteck, Küchenhelfer, Messer, Pfannen, Töpfe) erzielten nur die Gläser mit 30 % fast so hohe Werte beim Kriterium Design wie Porzellan. Alle anderen Produktbereiche fielen bei dem Kriterium Design weit ab (22 %, 5 %, 2 %, 1 %, 1 %).

3. Die Design-Strategie von K/TP

3.1 Das Design-Konzept im Überblick

Die hohe Kunst industriell gefertigter Produkte ist die Balance zwischen Attraktivität für die potenziellen Kunden und Machbarkeit in der (eigenen) Produktion. Insofern stellt sich für Industrie-Design immer ein Datenrahmen.

Bei K/TP sind die Grundlagen des Industrie-Designs die vier Faktoren Technologie in der Produktion, Innovation, Qualität und Nachhaltigkeit. Gerade Fortschritte in der Technologie können bestimmte Formen erst möglich machen, und hohe Standards an Qualität und Nachhaltigkeit treiben oft die Entwicklung neuartiger Produkte an.

Bezüglich der konkreten Produktformen spielen bei K/TP fünf Faktoren eine zentrale Rolle: Emotion, Individualität, hohe Funktionalität und Nutzenorientierung, Einzigartigkeit sowie Originalität. Mal ist es nur einer dieser Faktoren, mal sind es zwei oder mehrere, die im Zusammenspiel zu neuen, attraktiven Produkten führen.

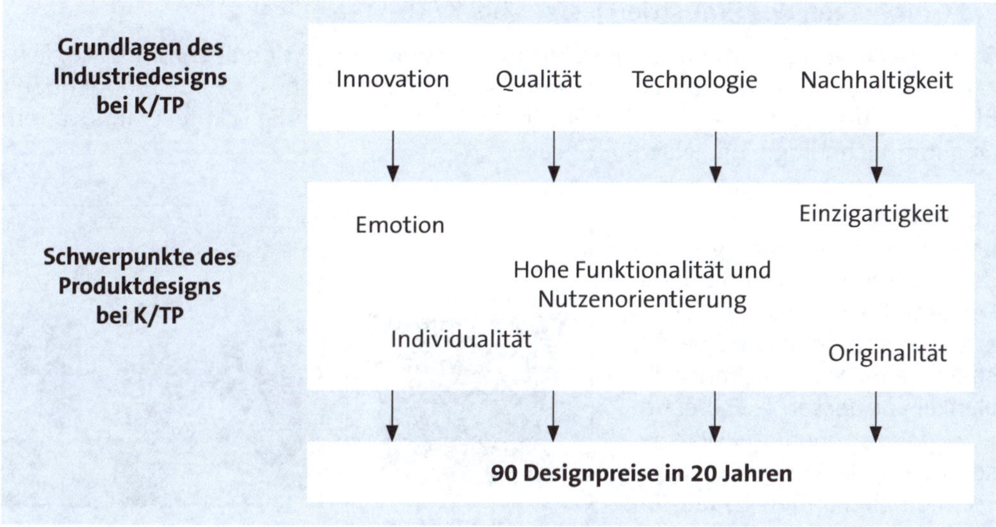

Abb. 3: Das Design-Konzept von K/TP

Zusatzbemerkung
Während Rosenthal seine Produkte oft auch von international bekannten Künstlern entwickeln ließ, setzt K/TP im Wesentlichen auf Produkt-Designer. Alleine die Hälfte aller K/TP-Produkte mit Design-Preisen stammt von der Designerin Barbara Schmidt, Hauptdesignerin für K/TP.

Interessante Besonderheit bei K/TP
1998 fand der erste von bislang fünf internationalen Porzellanworkshops „Kahla-Kreativ" in Kahla statt. Künstler können im Rahmen dieser Workshops für mehrere Wochen die Ressourcen von K/TP nutzen, und ihre Werke werden danach in Ausstellungen (z. T. im Museum) präsentiert. Zu Zeiten knapper Kommunikationsbudgets war dies oft eine elegante Möglichkeit, dass in Einrichtungsmagazinen o. Ä. über K/TP und die Workshops berichtet wurde (Stichwort: Earned Media). Die im Jahr 2010 gründete Günther Raithel Stiftung – Bildungsinitiative Kahla-Kreativ – hat sich zur Aufgabe gemacht, die künstlerische und experimentelle Auseinandersetzung mit Porzellan und damit verwandten Themen zu fördern. Sie ist Träger des Internationalen Porzellanworkshops Kahla-Kreativ.

Die Grundhaltung der Geschäftsführung *„Design mit Mehrwert"* (Zitat des Geschäftsführers *Holger Raithel*) – nicht zuletzt aufgrund der schwierigen Branchenbedingungen und der Notwendigkeit einer klaren Positionierung im Wettbewerbsvergleich – wird im konkreten Design-Prozess durch sinnvolle und zugleich sinnliche Produkte umgesetzt (www.kahlaporzellan.com/designhaltung).

3.2 Grundlagen des Industrie-Designs bei K/TP

Da K/TP alle Design-Entwürfe selbst fertigt, muss die Produktion bestimmte Möglichkeiten bereithalten, damit moderne, trendgerechte oder trendsetzende Produktideen überhaupt umgesetzt werden können. Bei K/TP sind dies die vier Eckpfeiler Innovation, Qualität, Technologie und Nachhaltigkeit.

Innovation

Abb. 4: touch-Produkte

Bei der touch!-Technologie werden Produktteile mit feinsten Polyamidfasern beschichtet. Es entstehen samtweiche Oberflächen, die Teile von Bechern oder Henkel von Tassen (z. B. bei der Erfolgsserie touch! als Wärmeschutz) bedecken. Mit Lasertechnologie können zudem individuelle Muster oder Namen in die touch!-Oberflächen geschnitten werden. Das Material ist spülmaschinenfest. Die Entwicklung dauerte viele Jahre.

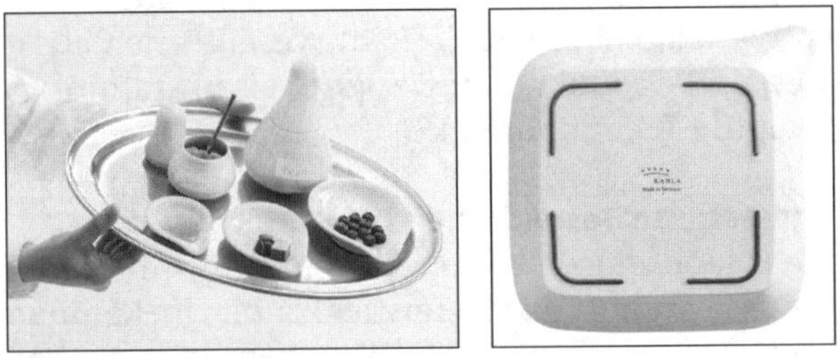
Abb. 5: Magic Grip-Produkte

Mit Magic Grip wird eine dünne, kaum sichtbare Silikonapplikation auf der Unterseite des Geschirrs aufgetragen, sodass dieses nicht rutscht, kratzt oder klappert. Magic Grip ist mikrowellenfest, spülmaschinenfest und lebensmitteltauglich, in der Variante als schwarze Silikonapplikation sogar ofenfest.

Qualität

- Bereits seit 1996 ist K/TP als erstes Porzellanunternehmen der neuen Bundesländer nach dem Qualitätsstandard der DIN ISO 9001 zertifiziert.
- 2011/2012 wird ein Umweltmanagementsystem auf Basis von EMAS easy zur kontinuierlichen Verbesserung der Umweltleistung eingeführt.
- 2012 erfolgte die TÜV-Zertifizierung als umweltfreundliches Unternehmen nach der weltweit anerkannten Norm ISO 14001.

Technologie

- In den letzten 20 Jahren wurden hohe Investments in moderne, energieeffiziente Anlagen vorgenommen. Diese Fertigungsmöglichkeiten sind ein Beitrag zur betrieblichen Nachhaltigkeitsstrategie.

- Zur Fertigung technologisch anspruchsvoller Formen, wie die asymmetrischen Artikel der Kollektion Elixyr, wird Robotertechnologie eingesetzt.
- 2004 wird in eine Roboterpresse der neuesten Generation investiert, die im isostatischen Pressverfahren Flachgeschirr (Teller, Platten) produziert und gleichzeitig maschinell verputzt.

2006 wird eine Tassendruckgussanlage in Betrieb genommen, die das nachträgliche Anbringen von Henkeln überflüssig macht.

Innovatives Design, wie beispielsweise die besonderen Tellerformen bei Elixyr und Opus, oder ein Tassenhenkel, der aus einem Tassenkörper „herauswächst" und damit fest verbunden ist wie bei der Kollektion TAO, erfordern neben der kreativen Idee auch eine innovative Technik zur Herstellung dieser anspruchsvollen Formen.

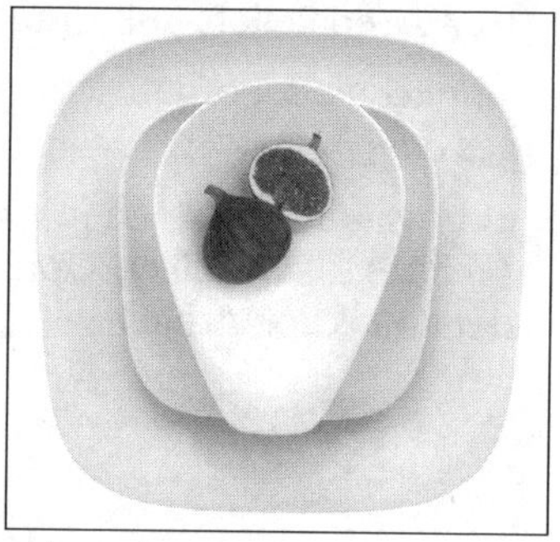

Abb. 6: Elixyr-Produkte

Nachhaltigkeit

2009 präsentierte K/TP seine Nachhaltigkeitsstrategie „KAHLA pro Öko". Zentrale Bausteine sind:

- Verwendung natürlicher Rohstoffe (Kaolin, Feldspat, Quarz)
- regelmäßige Prüfung der Materialien auf Schadstoffe durch unabhängige Institute
- Verringerung des CO_2-Ausstoßes durch moderne, energieeffiziente Produktionsanlagen und Nutzung eigener Photovoltaikanlagen
- Nutzung eigener Brunnen und Aufbereitung von Brauchwasser
- Verwendung von Recycling- und FSC-Papier für Verpackungen und Werbemittel
- Erzeugung langlebiger, hochfester Produkte
- gezielte Nachwuchsförderung und Integration von behinderten Menschen am Arbeitsplatz
- 100 % Made in Germany; dies vermeidet überflüssige Transporte
- Aufbau eines eigenen Umweltmanagementsystems (2011/2012)
- TÜV-Zertifizierung als umweltfreundliches Unternehmen (2012) nach DIN ISO 14001
- seit 2014 Mitglied im Netzwerk Thüringer Nachhaltigkeitsabkommen.

3.3 Schwerpunkte des Produkt-Designs bei K/TP

Um die Bedürfnisse und Lebensziele vieler heterogener Zielgruppen zu treffen, ist ein breites Programm erforderlich. Die Leitlinien der K/TP-Design-Philosophie lassen sich mit fünf Punkten beschreiben: Emotion, Individualität, hohe Funktionalität und Nutzenorientierung, Einzigartigkeit sowie Originalität. Dabei ist es immer wieder nicht nur ein Faktor, der zu Marktakzeptanz und eventuell zu Design-Preisen führt, sondern oft das Zusammenwirken mehrerer der genannten Entwicklungsleitlinien.

Emotion

Die Bandbreite zur Erzeugung von Emotion ist sehr breit. Varianten sind beispielsweise:

- haptische Erlebnisse: Produkte mit touch! oder fühlbaren Reliefstrukturen (z. B. Centuries)
- sinnliche oder organische Formen wie bei Five Senses oder TAO
- extravagante Formen in Anlehnung an Kunst oder Architektur wie Elixyr, Opus oder Designer's Cut aus der Kollektion Atelier.

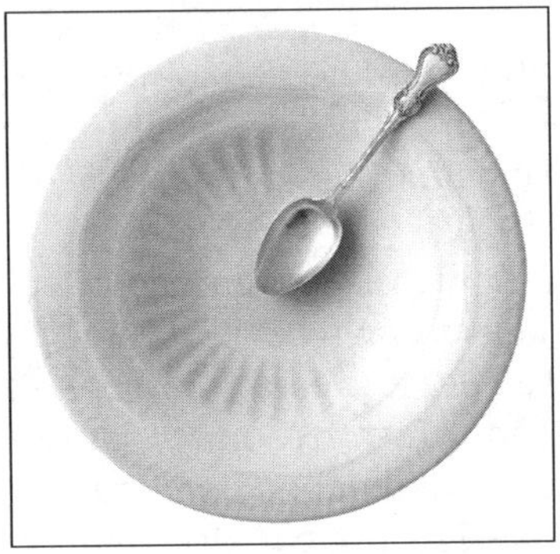

Abb. 7: Centuries-Produkt

Individualität

- Bei der Samtbeschichtung touch! können individuelle Schriften und Konturen aus einer Fläche herausgelasert werden.
- Innerhalb einzelner Serien besteht die Möglichkeit, Farben nach eigenem Wunsch zu kombinieren.
- Artikel von Notes kann man mit Notizen oder kleinen Botschaften beschreiben. Es handelt sich um eine spezielle Beschichtung des Porzellans, die mit Blei- und Buntstift beschrieben oder bemalt werden kann. Späteres Wegradieren der Notizen ist jederzeit möglich.

Abb. 8: Notes-Produkt

- Im Werbeartikelbereich Artvertising können zudem verschiedene Individualwünsche erfüllt werden:
  - Porzellan in den Corporate Colours eines Unternehmens
  - eigene Dekorentwicklung für eine vorhandene Serie (als Unikate, Kleinst- oder Kleinserie)
  - Dekore aus Edelmetallen wie Platin oder Gold
  - Spezialwünsche bei touch! wie z. B. die Aufbringung von QR-Codes oder individuellen Farb- und Dekordrucken auf den Samtflächen
  - Die beschreibbare Oberfläche bei Notes ist in verschiedenen Farben erhältlich, kann durch einen Rahmen markiert und mit linierten oder karierten Linien versehen werden.

Hohe Funktionalität und Nutzenorientierung

Abb. 9: Elixyr-Produkte

- Mehrfach haben Service von K/TP bei den Untertassen asymmetrische Formen (Elixyr) oder eine asymmetrische Aufteilung (Five Senses), um kleine Gebäckstücke (Kekse o. Ä.) direkt neben der Tasse platzieren zu können. Dies ist nicht nur in Privathaushalten beim nachmittäglichen Kaffeetrinken, sondern gerade auch in der Gastronomie sehr sinnvoll. Nahezu alle CoffeeShops präsentieren neben der Tasse Kaffee noch einen Keks oder ein Stückchen Schokolade u. Ä.
- Verschiedene Geschirrservice bieten die Stapelfähigkeit einzelner Serviceteile, z. B. Update und Abra Cadabra. Die Formen Cumulus und Abra Cadabra sind beispielsweise hilfreich bei der Präsentation von Pasten, Cremes, kleinen Ergänzungen von Hauptspeisen u. v. m. auf einem Esstisch.
- Magic Grip – als Zusatzfunktion – verhindert Rutschen, Klappern oder Verkratzen.
- Das Service Café Sommelier – entwickelt in Zusammenarbeit mit einem bekannten Kaffee-Sommelier – ist hinsichtlich Größe, Wandstärke, Rand- und Innenform sowie Henkel so gestaltet, dass Aroma und Geschmack des Kaffees ideal zur Geltung kommen können.

Einzigartigkeit

Abb. 10: touch!-Produkt

- Die Produkte mit touch!-Technologie sind wegen des Patentrechtes in dieser Form nicht von Wettbewerbern nachahmbar. Die zahlreichen Möglichkeiten des Einsatzes – flächig, akzentuiert, mit Ausschnitten für Schriften, Motive oder Konturen – haben bereits umfangreich Einzug in das Produktprogramm von K/TP gehalten. Diese Produktmöglichkeiten sind nicht nur für den B2C-, sondern gerade auch für den B2B-Bereich interessant.
- Produkte mit Magic Grip richten sich sehr stark an den Bedürfnissen einzelner B2B-Sektoren aus. Zu nennen wäre hier die Hotellerie und Gastronomie einschließlich der Kreuzschifffahrt und Einrichtungen wie Krankenhäuser, Alten- und Pflegeheime, Kantinen etc. Auch Magic Grip ist international zum Patent angemeldet.

Originalität

- Originalität im hier verstandenen Sinne bezieht sich auf die Form. Oftmals haben originelle Formen aber auch einen funktionalen Nutz- oder Mehrwert.
- Manchmal sind Produkte wie z. B. Opus und Pronto in sich noch einmal unterschiedlich kombinierbar, sodass für den Nutzer neue, frische Formen entstehen können.
- Vereinzelt ist es auch schlicht der Produktwitz, der im Vordergrund steht: gepiercte Becher oder der Becher mit Schlitz für den Teebeutel (Mind the Gap).

Abb. 11: Mind the Gap-Produkte

Literatur- und Quellenhinweise

BBE Handelsberatung München/Marktdaten24, Markt:Monitor GPK/Haushaltswaren 2012/2013

Berthot, C., Kahla Porzellan zaubert mit weißem Gold, in: TLZ vom 17.09.2013

Dostert, E., Szenen einer Scherbensammlung, in: SZ vom 17.05.2010

Hummel, A., Kahla Porzellan wird Musterschüler der Branche, in: TLZ vom 08.01.2015, S. 4

Kahlaer Pozellanworkshop kreativ, in: TLZ vom 22.06.2010

O. V., Erfolgsfaktor Design – Kahla: Thüringer Porzellan für Besucher im Büro, in: cebra, 06/2011

O. V., Kahla Thüringen Porzellan mit eigenen Läden im Ausland, in: TLZ vom 08.01.2013

O. V., 170 Jahre Porzellan aus Kahla, in: www.nwzonline.de, 07.06.2014

Perl, J., Neue Strategie mit Öko-Porzellan, in: impulse vom 24.03.2014

Schimmel, A., Tausend Möglichkeiten – Zwölf Künstler aus neun Ländern sind beim Sywottek, C., Mut zur Lücke, in: brand eins, 09/2006

Scholz, K.-U., Das Porzellan neu erfunden, in: design report, 02/2010

Zippel, T., Mehr Umsatz bei Kahla Porzellan, in: OTZ vom 21.01.2014

Zippel, T., Kahla Thüringen Porzellan erfindet rutschfestes Flüsterporzellan, in: OTZ vom 05.02.2014

Zippel, T., 25 Prozent Umsatzplus zum Geburtstag bei Kahla Thüringen Porzellan, in: OTZ vom 07.06.2014

4. Aufgabenteil

4.1 Design-Konzept von K/TP

Bitte erläutern Sie, welche wesentlichen Erkenntnisse Sie aus den in Kapitel 3. beschriebenen Bausteinen des Design-Konzeptes von K/TP ziehen können.

4.2 Zentrale Unterschiede in den Geschäftskonzepten von Glaskoch/Leonardo und K/TP

Ein früher sehr erfolgreiches Unternehmen der GPK-Branche ist die Fa. Glaskoch, Bad Driburg, mit der bekannten Marke Leonardo (www.leonardo.de).

Bitte beschreiben Sie die zentralen Unterschiede und Gemeinsamkeiten zwischen den Unternehmen Glaskoch und KAHLA/Thüringen Porzellan (K/TP).

Literatur- und Quellenhinweise

Enders/Hampel, Der Zukunftscode – Evolutionäre Strategien für Marketing/Design/Technik, Oldenburg, 2011, S. 88 - 103

Kleine/Enders, Vom Glasanbieter zur Lifestylemarke, in absatzwirtschaft, 10/2008, S. 48 - 50

Scharrenbroch, C., Das Unternehmergespräch: Oliver Kleine – Wir wollen Glas erlebbar machen, in: FAZ vom 11.05.2009, S. 18

4.3 Alternative Design-Strategien am Beispiel Vitra und Apple

Es gibt andere Anbieter, wie beispielsweise den Büromöbelhersteller Vitra oder das Unternehmen Apple mit seinen iPhones, die sehr erfolgreich eine designorientierte Strategie verfolgen.

Bitte kennzeichnen Sie die Besonderheiten der von diesen Firmen jeweils verfolgten Design-Konzepten.

Literatur- und Quellenhinweise

Elsing, S., Besser, schneller, dünner, in: die Welt vom 07.09.2011, S. 25

Hofer/Kölling/Postinett, Apples Zauber verblasst, in: Handelsblatt vom 15.01.2013, S. 16/17

Koenen/Postinett, Jonathan Ive – Der heimliche Erbe, in: Handelsblatt vom 31.10.2012, S. 46

O. V., Fünf Jahre AppStore von Apple, in WISO 7/2013, S. 851

O. V., Ein bisschen Frieden im Patentstreit, in: Handelsblatt vom 07.08.2014, S. 21

Postinett, A., Apple gegen den Rest der Branche, in: Handelsblatt vom 20.09.2011, S. 18/19

Schier, S., Das Christkind und das iPhone, in: Handelsblatt vom 28. - 30.11.2014, S. 54/55

Online-Quellen

- www.apple.com
- www.femb.org (FEMB TOP 100 January 2014 Report)
- www.vitra.com

5. Lösungshinweise

Lösungshinweise zu Aufgabe 4.1: Design-Konzept von K/TP

Wesentliche Lernziele zu den vier Grundlagenfaktoren sind:

- Technologie und Innovation ermöglichen neue Produktvariationen.
- Technologie hilft beim Sparen von Wasser, Strom und Gas (die Porzellanindustrie ist eine sehr energieaufwändige Branche) und dient gleichzeitig Nachhaltigkeitszielen.
- Hohe Qualität benötigt regelmäßige Zertifizierungen bzw. Qualitätsaudits. Im Ergebnis gibt es ökonomische Effekte wie geringer Ausschuss (< 5 % bei K/TP) und akquisitorische Wirkungen (positive Aufladung der Marke K/TP durch Kundenzufriedenheit und Weiterempfehlungen).
- Eine konsequente Nachhaltigkeitsstrategie kann neue Kunden (bei K/TP z. B. die Organisationen Greenpeace, BUND, Fairtrade Österreich oder einen Hersteller von Bio-Tee-Marke Lebensbaum) oder neue Absatzkanäle (z. B. den Versender Hess Natur) erschließen.

Die fünf genannten Kriterien zu den Schwerpunkten des Produkt-Designs bei K/TP können bei anderen Unternehmen teilweise auch vorhanden, durch andere ersetzt oder ergänzt sein. Sie entfalten eine besondere Wirkungskraft, wenn sie vertikal (vgl. Abbildung 3: Grundlagen bzw. Schwerpunkte) auf den Vorteilen aus den Basisbausteinen Innovation/Technologie/Qualität/Nachhaltigkeit aufbauen können, und/oder horizontal (vgl. Abbildung 3: zwischen den Schwerpunkten), wenn Produktideen/-formen sich eventuell nicht nur auf ein, sondern auf zwei oder mehrere Kriterien stützen. Ein Beispiel hierfür ist touch! mit hoher Funktionalität (Schutz vor Wärme) und Emotion (schöne Haptik) oder Individualität (spezifische Kontur) und Einzigartigkeit (bei keinem anderen Hersteller vorhanden, da patentgeschützt).

Lösungshinweise zu Aufgabe 4.2: Zentrale Unterschiede in den Geschäftskonzepten von Glaskoch/Leonardo und K/TP

Einige Fakten zu Glaskoch/Leonardo:

- **Firmengründung:** 1859 von der Familie Koch
- **Rechtsform:** GmbH & Co. KG
- **Firmensitz:** Bad Driburg/NRW
- **Geschäftszweck:** Glashandel
- **Mitarbeiterzahl:** ca. 500 Mitarbeiter
- **Umsatz:** ca. 100 Mio. € im Jahr 2008, davon etwa 85 % mit der Marke Leonardo und rund 15 % mit der Marke Montana (für Supermärkte)

Zentrale Unterschiede und Gemeinsamkeiten zwischen Glaskoch/Leonardo und KAHLA/Thüringen Porzellan

Geschäftsmodell
K/TP ist ein Produzent von Porzellan, während Glaskoch/Leonardo quasi eine „Marketingfirma" im Glasbereich ist mit hauseigenen und externen Designern, aber ohne eigene Produktion (ähnlich wie dies im Sportartikelbereich bei adidas und nike der Fall ist).

Zielgruppen
K/TP und Glaskoch/Leonardo bearbeiten neben dem B2C-Markt explizit den Hotel-/Gastronomiesektor und den Bereich Industrie (z. B. mit Werbeartikeln).

Marke
Der Bekanntheitsgrad von Leonardo ist im B2C-Segment wesentlich höher als der von K/TP. 60 % aller Haushalte haben mindestens ein Leonardo-Produkt. Der Bekanntheitsgrad von Leonardo liegt bei 80 %, der von K/TP bei unter 30 %

Programm/Sortiment
Das Sortiment von Glaskoch ist mit 2.000 Artikeln ungleich höher als das Programm von K/TP. Dies zeigt sich auch darin, dass Glaskoch pro Jahr ca. 600 - 800 Neuheiten präsentiert.

Beachte: Sowohl Glaskoch/Leonardo wie auch K/TP erweiterten in den letzten Jahren in neue Segmente. Leonardo hat seit Mitte des letzten Jahres eine Schmuckkollektion (jewels by leonardo) und Möbelkollektion (leonardo living). K/TP begann vor kurzem mit der Produktion von Leuchten (aus Porzellan). Ziel von Glaskoch ist es, die Marke Leonardo zu einer Lifestyle-Marke weiterzuentwickeln.

Preisgefüge
K/TP verfolgt eine Premiumstrategie, während Glaskoch/Leonardo schon bei attraktiven Preiseinstiegsklassen vertreten ist. Letzteres wird auch durch das Geschäftsmodell möglich, bei dem sich weltweit die unterschiedlichsten Glasproduzenten um Aufträge von Glaskoch/Leonardo bewerben.

Distribution
Leonardo-Produkte sind aufgrund von Sortimentsbreite, Preisattraktivität und Bekanntheit sehr breit im Glas/Porzellan/Keramik-Handel vertreten. Darüber hinaus schafft es Leonardo immer wieder, im Handel eine Blockpräsentation zu erhalten – das erhöht auch die Markenwahrnehmung. Weltweit gibt es über 4.500 Verkaufsstellen, davon über 2.500 in Deutschland, vielfach mit Shop in the Shop-Systemen sowie eigene Filialen und Franchisebetriebe (im zweitstelligen Bereich). Zudem bietet Glaskoch Leonardo-Produkte seit mehreren Jahren direkt im eigenen Online-Shop an.[1]

Die Distributionsbasis von K/TP stellt sich wesentlich kleiner dar, zum einen wegen der zahlreichen Wettbewerber im Porzellanbereich, zum anderen wegen des Neuanfangs

---

[1] Zusatzbemerkung zu Glaskoch/Leonardo: Sehenswert bei Glaskoch ist am Firmensitz ein 2007 eröffneter „Glass Cube", in dem auf 2.800 m² die Marke Leonardo erlebt werden kann.

Mitte der 90er-Jahre nach Jahrzehnten der Abwesenheit in westlichen Ländern. 2013 eröffnete K/TP seinen ersten Brandstore zentral in der Friedrichstraße in Berlin.[1]

Lösungshinweise zu Aufgabe 4.3: Alternative Design-Strategien am Beispiel Vitra und Apple

Einige Fakten zu **Vitra:**

- **Firmengründung:** 1950 von der Familie Fehlbaum
- **Rechtsform:** nicht börsennotierte Aktiengesellschaft
- **Firmensitz:** Birsfelden bei Basel (Vitra Campus in Weil am Rhein/Baden-Württemberg)
- **Geschäftszweck:** Hersteller von designorientierten Wohn- und vor allem Büromöbeln
- **Mitarbeiterzahl:** über 900
- **Umsatz:** 290 Mio. € im Jahr 2013 für die Vitra Holding

Vitra-Erfolgsfaktoren

Abb. 12: Vitra-Erfolgsfaktoren

In den 50er-Jahren erwarb Vitra für Europa die Lizenzrechte für Herstellung und Vertrieb der Charles und Ray Eames-Designklassiker. Dies war der Grundstock zum Aufbau eines Unternehmens, das sich bis heute der Herstellung designorientierter Möbel für den privaten, gewerblichen und öffentlichen Bereich widmet.

Parallel begann Vitra seit den 80er-Jahren, seine Produktionsstätten architektonisch markant zu gestalten (in Deutschland gibt es mit dem Porzellanhersteller Rosenthal ein ähnliches Beispiel). Auf dem Firmengelände in Weil am Rhein sind mittlerweile neben den Produktionsgebäuden auch Ergänzungsbauten wie das Vitra Design Museum (Frank Gehry), der Konferenzpavillion (Tadao Ando), das Feuerwehrhaus (Zaha Hadid) und das neue Ausstellungsgebäude VitraHaus (Herzog & de Meuron) von weltweit renommierten Architekten entworfen worden.

1 Zusatzbemerkung zu KAHLA/Thüringen Porzellan: Weniger markenbezogen, aber ebenfalls spektakulär ist die Ausstellung „Porzellanwelten" in der Leuchtenburg oberhalb des Firmensitzes in Kahla.

Entstanden ist der so genannte VitraCampus, der letztlich die Einheit von Design und Architektur (sowie Kunst) verkörpern soll. Dies setzt konsequent an der Kernzielgruppe von Vitra an: Unternehmen und Entscheider als Endkunden und ihre jeweiligen (Innen-) Architekten als Meinungsführer und Entscheidungsbeeinflusser.

Die Einflüsse der vielen renommierten Designer und Architekten (Letztere z. T. auch als Produkt-Designer) aus unterschiedlichen Kulturkreisen (Europa/Asien/Amerika) beleben das Produktprogramm und geben den Produkten schon durch den Entwicklernamen ein gewisses Renommee.

Bedeutende Architekten für Vitra (Auswahl)

1981/1986	Nicholas Grimshaw	Produktionshallen
1989	Frank Gehry	Produktionshalle
1989	Frank Gehry	Vitra Design Museum
1993	Tadao Ando	Konferenzpavillion
1993	Zaha Hadid	Feuerwehrhaus
1994	Alvaro Siza	Produktionshalle
2002	Architekturbüro SANAA	Produktionshalle
2010	Herzog & de Meuron	VitraHaus (ein „Flagshipstore" als Möbel-Showroom und zugleich ein Besucherzentrum)

Bedeutende Produkt-Designer für Vitra (Auswahl)

- Ron Arad
- Mario Bellini
- Ronan & Erwan Bouroullec
- Antonio Citterio
- Frank Gehry
- Norman Foster
- Zaha Hadid
- Hella Jongerius
- Alberto Meda
- Jasper Morrison
- Verner Panton
- Philippe Starck

INFO

Drei der berühmtesten zeitgenössischen Architekten (Zaha Hadid, Frank Gehry, Norman Foster) und einer der bekanntesten Designer der Welt, Philippe Starck, haben zumindest einzelne Design-Stücke für Vitra entwickelt.

Besonderheiten: Klassiker des Designs

Charles & Ray Eames	Seit 1957 hat Vitra die Lizenzrechte zum Bau der weltbekannten Eames-Entwürfe (z. B. die Aluminium Chairs oder der Lounge Chair).
Jean Prouvé	Seit 2002 legt Vitra Entwürfe von Prouvé in Re-Editionen neu auf.
Alvar Aalto	2013 hat Vitra das von einem der bedeutendsten skandinavischen Architekten und Designer mitgegründete Design-Unternehmen Artek übernommen.

Einige Fakten zu **Apple:**

- **Firmengründung:** 1976 von Steve Jobs, Steve Wozniak und Ron Wayne
- **Rechtsform:** Aktiengesellschaft (Inc.)
- **Firmensitz:** Cupertino/Kalifornien
- **Geschäftszweck:** Herstellung und Vertrieb im Wesentlichen von PCs, Laptops, iPads, iPhones und iPods
- **Mitarbeiterzahl:** rund 80.000 Mitarbeiter weltweit
- **Umsatz:** 170 Mrd. US-$ im Jahr 2013, 182 Mrd. US-$ im Jahr 2014; Besonderheit: Im November 2014 betrug der Börsenwert von Apple erstmals 700 Mio. US-$.

Apple-Erfolgsfaktoren

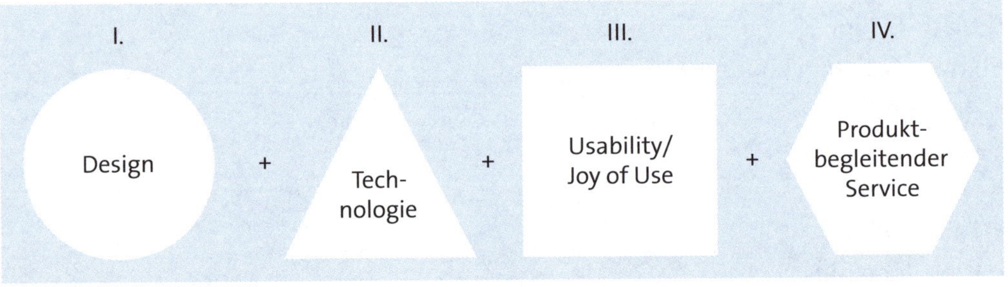

Abb. 13: Apple-Erfolgsfaktoren

Design

Vorbild des Chef-Designers Jonathan Ive von Apple sind sowohl die Bauhaus-Philosophie (mit prägenden Industrie-Designern dieser Zeit wie beispielsweise Wilhelm Wagenfeld) als auch die Design-Strategie des früheren Unterhaltungselektronikspezialisten Braun unter der langjährigen Ägide des Designers Dieter Rams. Dies drückt sich in der klaren Formensprache aller iPhones (genauso der iPods und iPads) aus. Das Design tritt klar zurück, um die Inhalte hervorzuheben bzw. einen Rahmen zu geben. Zugleich bestimmt aber das Gesamtdesign (äußere Form bis hin zur Strukturdarbietung der Inhalte, der Farbgebung und beispielsweise der Schriftgestaltung) das Nutzererlebnis erheblich mit.

Technologie und Usability/Joy of Use
Mit dem Start des ersten iPhones im Jahre 2007 begann der Siegeszug der Smartphones mit Funktionen wie Touchscreen, integrierter Kamera, Internet-Nutzung und Integrationsmöglichkeit von Apps. Die Möglichkeiten des Touchscreens wurden erstmals durch Funktionen wie einfaches Weiterblättern oder Bildvergrößerung/-verkleinerung per Fingerwisch zu einer besonderen Customer Experience. Hohe Usability (einfaches, intuitives Bedienen) bis hin zum Joy of Use (leichtes Tippen oder Wischen mit dem Finger statt ständiger Tastendruck oder Nutzung eines Stiftes) sind untrennbar mit den iPhones verbunden. Im Jahr 2011 kam beispielsweise auch der Sprachassistent Siri hinzu.

Mutig (langfristig vielleicht zu mutig) ist der Ansatz von Apple, ausschließlich auf ein eigenes Betriebssystem zu setzen. Die große Mehrheit aller Wettbewerber nutzt demgegenüber das Android-Betriebssystem. Erwähnt sei auch der Hauptwettbewerber Samsung, der jedes Jahr mehrere neue Modelle vorstellt, während Apple die iPhones nahezu nur jährlich ändert/erneuert.

Ergänzend sei noch darauf hinzuweisen, dass Apple eine ausgeprägte Patentstrategie zum Schutz seiner Produkte und Technologien verfolgt, um diese Schutzrechte auch in intensiven Patentstreitigkeiten international vor Gericht durchzusetzen (2011 - 2014 rund 50 Klagen in verschiedenen Ländern).

Produktbegleitender Service
So wie der Musikstore iTunes ein zentraler Erfolgsfaktor der iPods war, so wichtig ist der App-Store für die iPhones. Hierdurch wird die Funktionalität des iPhones extrem ausgedehnt und jedes iPhone komplett individualisierbar. Im App-Store von Apple sind nahezu 1 Mrd. Apps verfügbar (30 % des Verkaufspreises einer App verdient Apple).

merz+benteli – Markteintritt Russland

Von Dr. Paul Ammann

1. Das Unternehmen merz+benteli (m+b)

merz+benteli will weiter wachsen

Der Kleb- und Dichtstoffe-Hersteller merz+benteli (m+b) mit Hauptsitz in Bern ist wirtschaftlich gut aufgestellt und international breit vertreten. Um die hohen Wachstumsziele zu erreichen, muss er weitere Märkte erschließen. Zusammen mit der Geschäftsleitung hat Paul Riedl, Direktor Marketing und Verkauf, Russland als möglichen neuen Exportmarkt definiert.

Einführung

Der Hunger der Industrie nach Kleb- und Dichtstoffen wächst. Dabei kommt vor allem den so genannten Leichtgewichtklebstoffen eine große Bedeutung zu. So können etwa beim Bau eines Autos durch den Einsatz von Klebstoffen anstelle von Schrauben bis zu 80 kg Gewicht gespart werden, wodurch sich der CO_2-Ausstoß merkbar vermindern lässt. Ein weiterer Vorteil der Klebstoffe: Sie sind günstiger als Schrauben.

Eine europäische Branchenstudie geht von einer Zunahme des Klebstoffverbrauchs von jeweils 3 % in den nächsten 8 Jahren aus. Der weltweite Umsatz mit Klebstoffen dürfte damit 2019 bereits 50 Mrd. US-Dollar betragen. Dies ist auch der Konkurrenz von m+b bewusst, und die Konkurrenz schläft bekanntlich nicht. Um sich im harten Verdrängungskampf auf dem Markt behaupten zu können, setzt m+b auf großes Knowhow und umweltfreundliche Produkte von konstant hoher Qualität. Flexibilität und Service würden dabei groß geschrieben, unterstreicht *Paul Riedl*, Direktor Marketing und Verkauf: *„Wir sind stets imstande, die Rezepturen unserer Produkte rasch und zuverlässig den Wünschen unserer Abnehmer anzupassen."* Die typischen Strukturen eines KMU und die damit zusammenhängenden kurzen Entscheidungswege unterstützten die individuelle Betreuung des Kunden. In spezialisierten hausinternen Labors werde permanent geforscht, entwickelt und getestet, so *Riedl*: *„Man muss der Konkurrenz immer einen Schritt voraus sein – das gilt für die Produkte ebenso wie für den Service."* Die qualitativ hochwertigen Produkte sind im oberen Preissegment angesiedelt. Den Absatz hat m+b in den letzten Jahren stetig erhöht: 2001 beschäftigte die Firma bei einem Umsatz von 20 Mio. CHF 55 Angestellte. Heute sind es 85 Angestellte – bei einem Umsatz von rund 41 Mio. CHF. 80 % des Umsatzes stammen aus dem Export.

MEDIEN

Firmenportrait zu merz+benteli:
http://tinyurl.com/p3teheg

Internationalisierung

Zu den Kunden von m+b zählen in der Schweiz hauptsächlich Direktkunden. Dazu kommen einige Händler sowie wenige private Label-Bezieher aus dem Baubereich. Im Gegensatz dazu sind die Kunden aus dem Ausland keine Direktkunden. Hier steht zwischen m+b und dem Endkunden immer ein Händler der Markenprodukte von m+b oder ein privater Label-Händler. Das Unternehmen ist international gut vertreten in Nord-, Mittel- und Südeuropa mit Partnern u. a. in Deutschland, Frankreich, Dänemark und Zypern. Zudem hat es Absatzpartner in den USA, in Kanada, Mexiko sowie in mehreren Ländern Asiens. Für eine weitere Internationalisierung wurde ein Screening potenzieller Märkte durchgeführt (vgl. Abbildung 1).

Potenzieller Markt in Russland

Nun geht es darum, die Marktexpansion nach Russland zu prüfen. Auf dem osteuropäischen Markt hat m+b keinerlei Erfahrung. Deshalb muss der geplante Schritt nach Russland sorgfältig geprüft werden. Was für Russland spricht, ist die Größe des Marktes. Interessant für m+b ist zudem, dass das Unternehmen mit Russland in die Märkte der BRICS-Staaten einsteigen würde. Und schließlich sind Marine- und Auto-Industrie sowie Bau- und Energietechnik in Russland wichtige Branchen – Branchen, in denen Kleb- und Dichtstoffe stark gefragt sind.

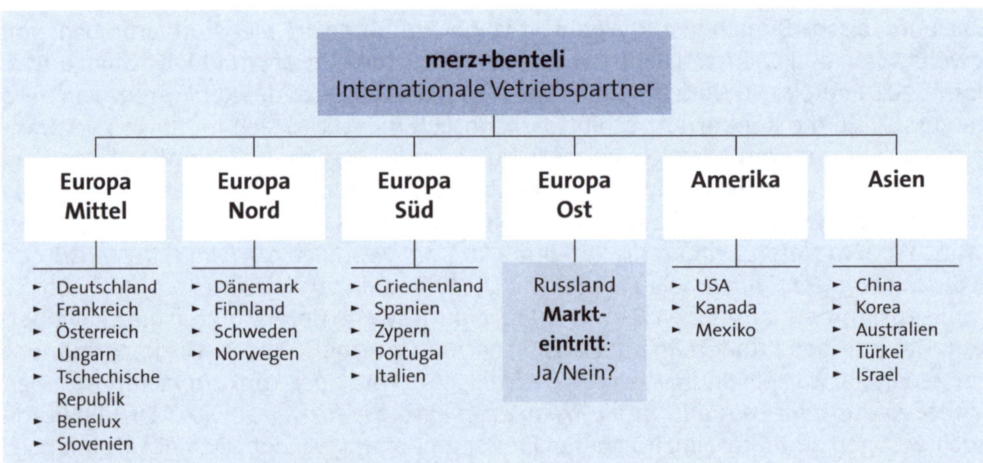

Abb. 1: Internationales Vertriebssystem der merz+benteli

Der Kleb- und Dichtstoff Merbenit

Mit Merbenit hat m+b eine Produktreihe entwickelt, die in mehreren Branchen eingesetzt werden kann: Zum Verkleben von Windschutzscheiben im Automobil-Bau, zum Verkleben der Decks bei Schiffen, im Bausektor, in der Energietechnik und in der Industrie (vgl. Abbildung 2). Merbenit erfüllt strenge ökologische Auflagen und hat gegenüber Konkurrenz-Produkten den Vorteil, dass vor dem Verkleben keine Vorbehandlung nötig ist, was Zeitgewinn und höhere Effizienz bedeutet. Hauptkonkurrenten sind große europäische Anbieter wie Henkel oder SIKA.

MEDIEN

Weitere Informationen zu Merbenit siehe unter www.kiehl.de auf der Produktseite zu „Fallstudien zum Marketing" – http://www.kiehl.de/de-de/shop/bücher/66241.aspx.

Abb. 2: Merbenit – Kleb- und Dichtstoff für verschiedene Branchen

1.1 Situation in Bezug auf Markt, Wettbewerb und Nachfrage

Umfeldanalyse: Chancen und Gefahren des Marktes Russland

Vor dem Entscheid für oder gegen den Eintritt in den russischen Markt muss sich Paul Riedl ein Bild der Marktstruktur und der Marktsegmente machen (vgl. Abbildung 3). Zu diesem Zweck analysiert er die Umweltfaktoren und die drei Zielbranchen Transport/Automobil, Bau und Industrie. Außerdem überlegt er sich, wie der Marketingmix für Russland ausgestaltet werden sollte. m+b plant, über einen Absatzpartner in Russland tätig zu werden; eine Tochtergesellschaft ist nicht geplant. Aufgrund dieser Beobachtungen und Analysen entscheidet er, ob ein detaillierter Businessplan für den Markteintritt Russland entwickelt werden soll.

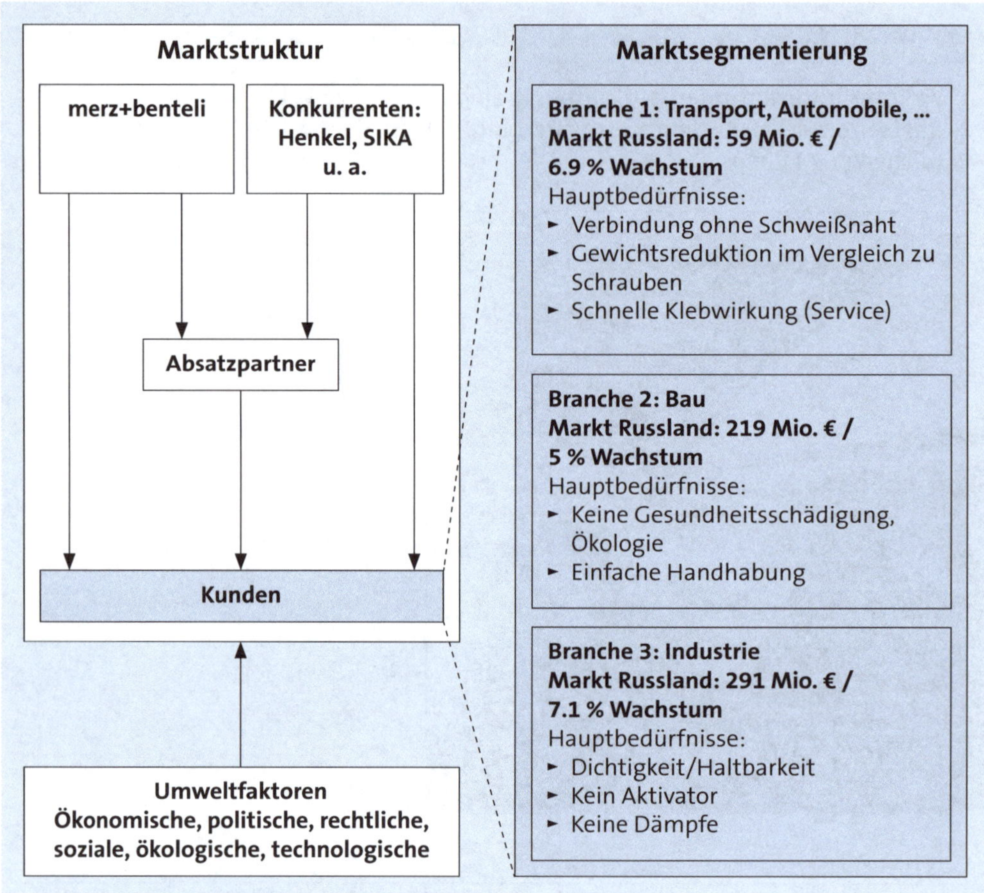

Abb. 3: Das Umfeld und die Marktsegmentierung

Quelle der Marktzahlen: *Feica (2012)*

Russland ist mit 140 Mio. Einwohnern eines der bevölkerungsreichsten Länder und reich an Bodenschätzen. Es gehört zu den bedeutendsten Schwellenländern und wird bis 2020 voraussichtlich signifikant stärker wachsen als etwa die Schweiz oder Deutschland – allerdings weniger stark als Indien oder China (vgl. Tabelle 1). Russland wurde von der Finanzkrise stark getroffen und wies 2009 ein Rückgang des BSP von -7.8 % auf. Einerseits ist das Land stark im Bereich der Rohstoffe wie Öl, Gas, Stahl und Aluminium. Erdgas und Ölprodukte machen 68 % der Exporte Russlands aus (http://www.zeit.de/wirtschaft/2014-07/export-gas-erdoel-russland, abgefragt am 23.02.2015). Andererseits sind viele russische Industriesegmente international nicht konkurrenzfähig und hängen damit von der internen Nachfrage ab. Die große Bedeutung der Rohstoffe macht Russland abhängig von den oft hohen Preisausschlägen bei Öl und Gas. Die russische Regierung investiert viel, um die Abhängigkeit von den Rohstoffexporten zu reduzieren. Gefördert werden vor allem die Automobil-, die Flugzeug- und die IT-Industrie. Für m+b sind die Automobil- und Flugzeugindustrie interessant. Russland ist Mitglied der WTO und bildet zusammen mit Weißrussland, Kasachstan und Armenien die eurasische Zollunion.

Ein enormes Problem für die russische Wirtschaft ist der markante Kurssturz der Währung um 40 % innerhalb eines Jahres. Während am 01.01.2014 ein Schweizer Franken noch 37 Rubel kostete, mussten russische Kunden dafür am 01.01.2015 bereits 61 Rubel zahlen. Das bedeutet, dass sich Güter aus der Schweiz für russische Kunden in einem Jahr um ca. 40 % verteuert haben. Gleichzeitig ist der Ölpreis gesunken. Am 01.01.2014 kostete ein Barrel Brent Öl 110 USD, am 01.01.2015 waren es nur noch 56 USD (www.finanzen.ch, abgefragt am 23.02.2015). Der Kauf ausländischer Güter wird damit für russische Kunden allgemein teurer und Exporterfolge für Schweizer Unternehmen unwahrscheinlicher. Zudem ist die politische Situation schwierig vorherzusehen mit den Konfliktfeldern Krim, Ostukraine, Georgien und Moldawien.

GDP Growth 2009 - 2020

GDP Growth, Annual %	2009	2010	2011	2012	2013	2014	2015	2016	2017	2018	2019	2020
World	-1,8	4,3	3,1	2,5	2,4	3,0	3,2	3,3	3,2	3,3	3,4	3,4
Russia	-7,8	4,5	4,4	3,5	1,3	2,0	2,5	3,0	3,5	3,7	3,7	3,7
Germany	-5,1	3,9	3,4	0,9	0,5	1,6	1,5	1,5	1,3	1,4	1,4	1,4
Switzerland	-1,9	3,0	1,8	1,0	2,0	2,4	2,6	2,1	1,7	1,7	1,7	1,7
Brazil	-0,3	7,5	2,7	1,0	2,3	1,8	2,1	3,0	3,0	3,0	3,0	3,0
India	8,3	10,2	6,7	4,7	4,7	6,1	6,4	6,4	6,5	6,6	6,6	6,6
China	9,2	10,4	9,3	7,7	7,7	7,3	6,9	6,8	6,3	6,0	6,0	6,0

Tab. 1: Wachstum Russlands im Vergleich zu anderen Ländern

Quelle: *IMF*

MEDIEN

International Monetary Fund:
http://www.imf.org/external/datamapper/index.php

„2013 haben Schweizer Firmen Güter und Dienstleistungen im Wert von 3,1 Milliarden Franken nach Russland ausgeführt, wie die Statistik der Zollverwaltung zeigt. Damit war das Riesenland der neuntwichtigste Exportmarkt in Europa, und weltweit betrachtet lag Russland auf Platz 14. Gemessen an den gesamten Schweizer Exporten betrug der Russlandanteil nur gerade 1,5 Prozent. Das ist aber nur die halbe Wahrheit. Denn seit der Gründung der Russischen Föderation 1992 sind die Schweizer Ausfuhren massiv angestiegen. So stark, dass die Zollverwaltung eine Mitteilung fast schon verwegen mit ‚bärenstarke Exporte nach Russland' titelte. Bis 2013 wuchsen die Warenlieferungen um das Zehnfache an. Die Ausfuhren stiegen im Durchschnitt mit rund 13 Prozent pro Jahr fast dreimal mehr als die helvetischen Exporte insgesamt. Verglichen mit 1992 hat sich Russ-

land auf der Liste der größten Absatzmärkte der Schweiz um 28 Plätze auf Rang 14 vorgearbeitet" (*Aargauerzeitung, 18.12.2014*).

Die EU hat im Herbst 2014 wegen der Krim- und Ukrainekrise Sanktionen gegen Russland erlassen. Verboten ist der Export nach Russland von militärischen Gütern und von Produkten mit doppeltem Verwendungszweck (Dual-Use) für den zivilen und militärischen Einsatz. Des Weiteren dürfen gewisse Dienstleistungen und Produkte für den Ölbereich nicht mehr geliefert/ausgeführt werden. Daneben wird der Zugang bestimmter großer russischer Staatsbanken und russischer Unternehmen der Öl- und Rüstungsindustrie zum Kapitalmarkt der EU stark beschränkt. Merbenit zählt nicht zu den von den Sanktionen betroffenen Produkten.

Um die Attraktivität der Zielbranchen von m+b in Russland abzuklären, hat sich Paul Riedl zu mehreren Gesprächen mit Daniel Rehmann getroffen, dem Geschäftsführer von Russia Contact in St. Petersburg (www.russiacontact.ch), einem Unternehmen, das Schweizer Exporteure beim Markteintritt nach Russland unterstützt. Dabei interessiert Riedl besonders, wie Rehmann den Zustand der wichtigsten Absatzmärkte von Merbenit in Russland einschätzt.

Paul Riedl: Herr Rehmann, was können Sie mir über den Automobilmarkt in Russland sagen? Können wir dort eine Nachfrage nach Klebstoffen von m+b erwarten?

Daniel Rehmann: Der russische Automobilmarkt hat sich sehr dynamisch entwickelt und zwar mit Wachstumsraten von 32,2 % (2010), 24,6 % (2011) und 12,6 % (2012). Mit einer Produktion von 2,94 Mio. Pkws pro Jahr ist die Marktleistung vergleichbar mit der von Deutschland. Das höchste Wachstum erreichten dabei in Russland produzierende ausländische Automobilunternehmen wie VW, BMW, GM, Mitsubishi, Ford, Nissan, Renault, Toyota oder Hyundai. Die Anpassung der ausländischen Autoproduktion an den russischen Markt hat zur Ansiedelung weiterer Automobilzulieferer geführt, die wiederum ihre Vorlieferanten nachziehen. Zudem sollen auch russische Automobilproduzenten wie AvtoAZ/Lada, GAZ oder UAZ sowie deren Zulieferer modernisiert werden, damit sie im Markt konkurrenzfähig bleiben. Die Schweizer Autoneum AG (Akustik- & Wärmemanagement) wird noch dieses Jahr einen Produktionsbetrieb südlich von Moskau eröffnen. Ebenfalls sehr wichtig ist der After-Sales-Bereich des Automobilmarkts. Der Ersatz von Frontscheiben nach Steinschlag ist bei den vielen schlechten Straßen in Russland ein großes Geschäft – dazu eignet sich Merbenit mit einer schnellen Klebewirkung sehr gut.

Paul Riedl: Das klingt vielversprechend. Und wie sieht es im russischen Schiffbau und in der Bauindustrie aus?

Daniel Rehmann: Die Schiffbauindustrie wird gerade durch ein nationales Schiffbauprogramm modernisiert. Sie soll vermehrt den Bedürfnissen der zivilen Schifffahrt sowie der Öl- und Gasindustrie in der Arktis angepasst werden. Auch die russische Bauwirtschaft hat ehrgeizige Pläne, und zwar soll im Hinblick auf die Fußballweltmeisterschaft 2018 im Industrie- und Infrastrukturbau (Bahn, Straßen, Flughäfen, Energie), im Wirtschaftsbau (Einkaufszentren, Bürogebäude) sowie im privaten Wohnungsbau viel investiert werden. Dabei soll die Energieeffizienz bis 2020 deutlich verbessert werden.

Paul Riedl: Könnte auch die russische Industrie einen Absatzmarkt für Merbenit darstellen?

Daniel Rehmann: Russland ist eine der am meisten industrialisierten ehemaligen Sowjetrepubliken. Allerdings wurden über lange Jahre die nötigen Investitionen aufgeschoben. Der Bedarf für die Modernisierung der Anlagen in den Industriebetrieben ist daher enorm. Russland verfügt über eine große Maschinenindustrie. Auch die Verteidigungs- und die Luftfahrtindustrie bieten international konkurrenzfähige Produkte an. Allerdings sank sie Industrieproduktion in Russland 2013 2,1 % gegenüber dem Vorjahr. Im Zeitraum 2006 - 2013 erreichte das Wachstum der Industrieproduktion in Russland durchschnittlich 2,8 % mit einem Allzeithoch von 12,6 % im Mai 2010 und einem Rekordrückgang von 16 % im Januar 2009. Noch wenig entwickelt sind Umweltschutzregularien in Russland. Es ist aber zu erwarten, dass hier Entwicklungen stattfinden werden.

Paul Riedl: Last but not least: Ist die Energietechnik eine wichtige Branche für den Absatz der Produkte von m+b. Wie sieht die Situation hier aus?

Daniel Rehmann: Russland ist im Bereich der Energieproduktionsprodukte exportstark, vor allem in der Nukleartechnologie. Zurzeit werden Atomkraftwerke mit russischer Technologie in mehreren Ländern, so etwa in Venezuela, in der Türkei, in China und Indien erstellt. Russland baut 15 der 60 Kernreaktoren, die zurzeit weltweit in Bau sind. Russland selber verfügt über mehr als 30 Kernreaktoren und plant eine Steigerung auf 59 Reaktoren bis 2020. Allgemein sind westliche Produkte in Russland begehrt. Das Label „Swiss made" hat dort einen guten Klang.

Daniel Rehmann hat Paul Riedl nicht nur mit wertvollen Informationen unterstützt, sondern ihm zudem Treffen mit potenziellen Absatzpartnern organisiert.

Eine weitere wichtige Informationsquelle für Paul Riedl ist die FEICA – der europäische Verband von Klebe- und Dichtstoffproduzenten. Die FEICA rechnet für Russland mit einer Zunahme der Nachfrage nach Klebstoffen und Dichtungsmittel von 1,2 Mrd. € im Jahr 2012 auf 1,5 Mrd. € 2015. Dies entspricht einem jährlichen Wachstum von 5,9 %. Dieses ist fast doppelt so hoch wie das Wachstum im übrigen Europa. Russland macht mit 32 % etwa ein Drittel der Nachfrage nach Klebstoffen und Dichtungsmittel in Osteuropa aus. Weitere wichtige Märkte in Osteuropa sind die Türkei mit 20 %, Polen mit 17 %, die Tschechische und die Slowakische Republiken mit 5 % und Ungarn mit 3 % (vgl. Abbildung 4). Im Markt Russland ist ein überdurchschnittliches Wachstum zu erwarten für den Bereich Transport (6,9 %). Dieser Markt ist zurzeit noch eher klein, wird aber durch die russische Regierung stark gefördert, um die Abhängigkeit von Öl und Gas zu vermindern. Bereits große – und für m+b wichtige – Segmente sind das Bau- und das Industriesegment (Assembly Operations). Das Bausegment wird von den Investitionen anlässlich der Fussballweltmeisterschaft 2018 profitieren. Die Wachstumsprognosen in Russland sind durchgehend höher als in Europa, wo Transport um 4 %, Bau um 2 % und das Industriesegment um 3 % wachsen werden.

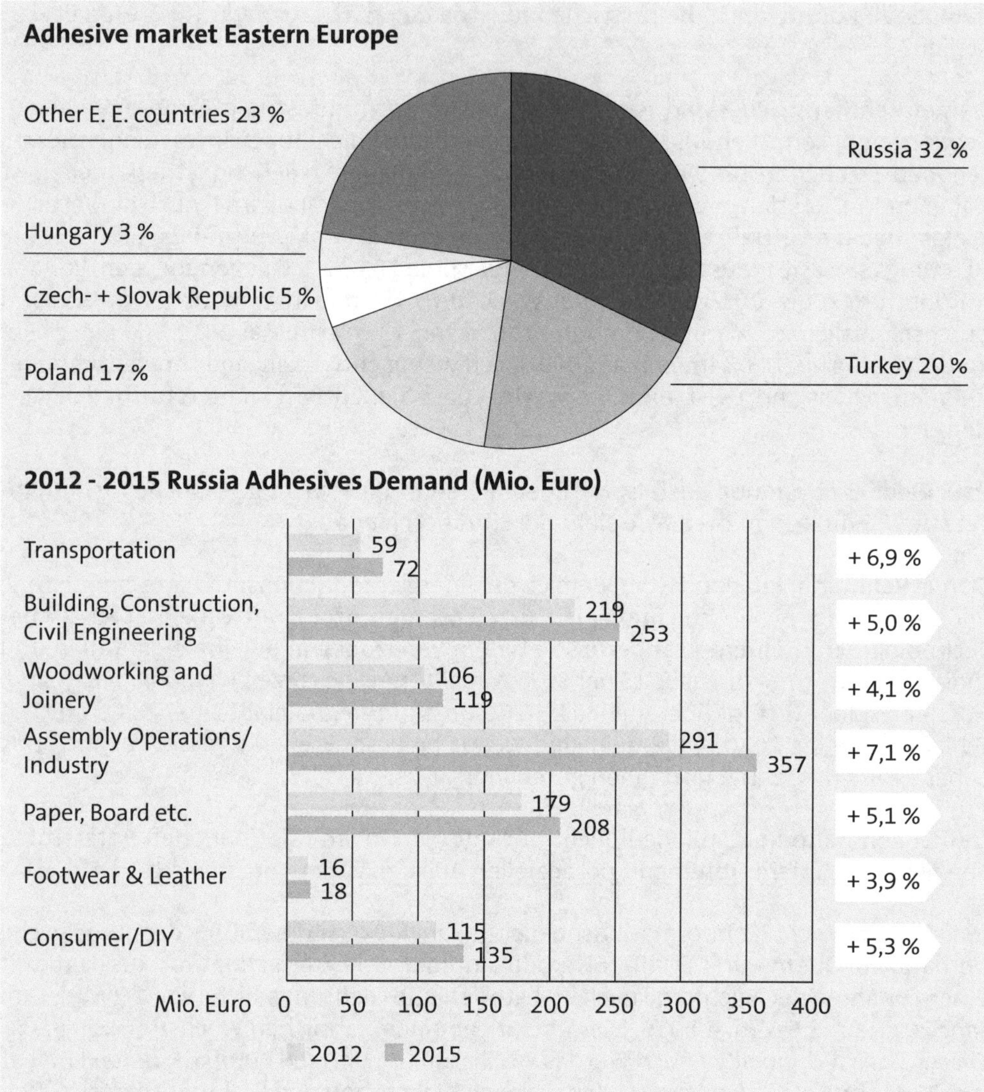

Abb. 4: Markt Osteuropa und die Entwicklung des Klebstoffmarktes Russland

Quelle: *FEICA (2013)*

Die Größe des Marktes und das Wachstum der Zielsegmente zeigen, dass Russland ein attraktiver Markt für m+b ist. Es gibt jedoch mehrere kritische Faktoren, die Paul Riedl analysieren muss (vgl. Abbildung 5), die wichtigsten davon sind Korruption, Steuersätze und Steuergesetze, der Zugang zu Finanzierungsmöglichkeiten, die ineffiziente Verwaltung, die Inflation und der Mangel an gut ausgebildeten und motivierten Mitarbeitenden.

Unter Korruption wird der Missbrauch einer Vertrauensstellung zur Erreichung eines materiellen Vorteils verstanden. Russland ist auf Rang 136 des Corruption Perceptions Index 2014 von Transparency International – auf dem gleichen Rang wie Nigeria (http://

www.transparency.org/cpi2014/results, abgefragt am 23.02.2015). Andere BRICS-Staaten (China: Rang 100, Indien: Rang 85, Brasilien: Rang 69) schneiden um einiges besser ab als Russland. *„Corruption is a major obstacle to doing business in Russia, and petty corruption is common. The business environment suffers from inconsistent application of laws and lack of transparency in public administration. The public procurement sector is notoriously corrupt, with fraud related to government tenders costing the state billions of dollars each year"* (http://www.business-anti-corruption.com/country-profiles/europe-central-asia/russia/snapshot.aspx, abgefragt am 23.02.2015).

Ineffiziente Verwaltung bedeutet, dass Termine und die Durchführung von administrativen Tätigkeiten – z. B. beim Zoll – teilweise unzuverlässig sind. Paul Riedl muss entscheiden, welche dieser Faktoren wichtig sind für m+b und wie das Unternehmen damit umgehen soll.

The most problematic factors for doing business in Russia

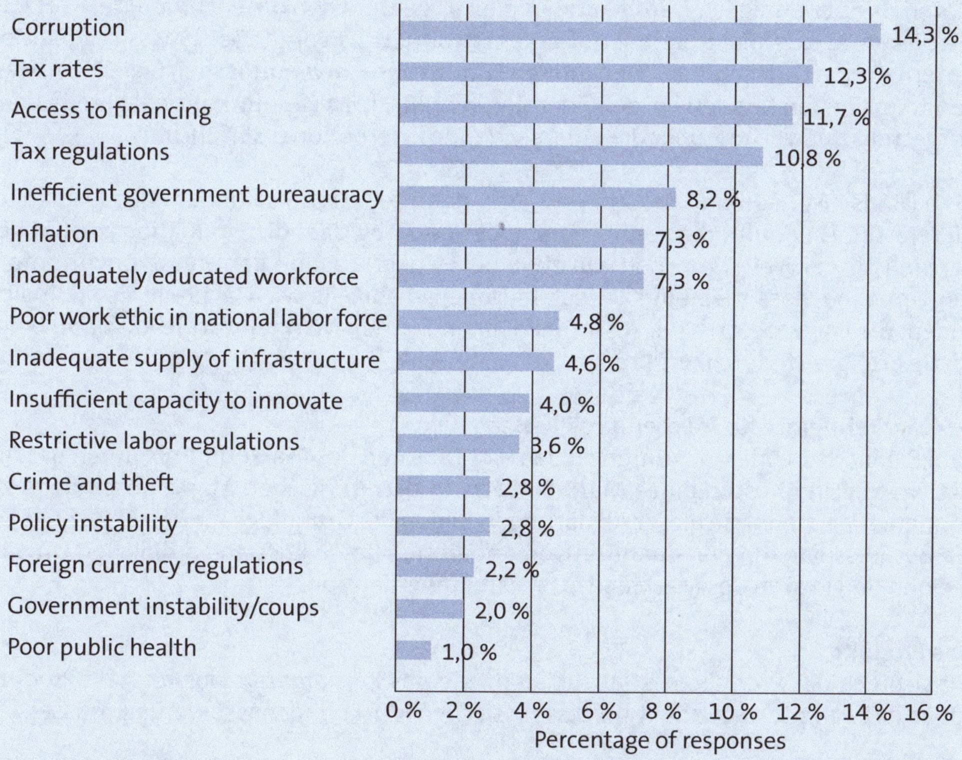

Note: From the factors above, respondents were asked to select the five most problematic for doing business in their country and to rank them between 1 (most problematic) and 5. The bars in the figure above shows the respondents weigthed according to their rankings.

Abb. 5: Kritische Faktoren im Geschäft mit Russland

Quelle: *Global Competitiveness Report (2014)*

MEDIEN

World Economic Forum:
www.weforum.org/

1.2 Unternehmensanalyse: Stärken und Schwächen der m+b

m+b zeichnet sich durch eine konsequent hohe Produktqualität aus. Kundenumfragen zeigen, dass m+b als zuverlässiger Partner wahrgenommen wird, der schnell auf technische und kommerzielle Anfragen reagiert. Geschätzt wird auch die flexible Reaktion auf besondere Bedürfnisse der Kunden. Das Unternehmen positioniert sich mit exzellenter Beratung und bietet qualitativ hochstehende Unterlagen und Verkaufshilfen. Merbenit zeichnet sich dadurch aus, dass vor der Verklebung keine Behandlung des Materials notwendig ist. Damit kann es gleich mehrere Konkurrenzprodukte ersetzen, die diesen Vorzug nicht bieten. Außerdem profitiert es vom Label „Swiss made". Das Unternehmen verfügt über einen großen Fundus von Anwendungsbeispielen von Merbenit, was neuen Kunden bei der Orientierung hilft. m+b ist international bereits breit aufgestellt und verfügt über die entsprechende internationale Erfahrung.

m+b ist als KMU agil und flexibel und kann damit eine starke Kundennähe aufbauen. Andererseits bedeutet die geringe Größe des Betriebs, dass die Produktionskosten höher sind als bei Weltkonzernen wie etwa bei Henkel – einem der Hauptkonkurrenten. Der Umstand, dass m+b ein KMU ist, hat ebenso Vorteile wie Nachteile. Es stellt sich zudem die Frage, ob m+b die Ressourcen hat, um einen Markteintritt in Russland langfristig erfolgreich durchzuführen.

Der Marketingmix für Merbenit in Russland

Paul Riedl führt Untersuchunten zu den vier Faktoren des Marketingmix durch um die Aktivitäten und Kosten eines Markteintritts in den russischen Markt abschätzen zu können: Die Ergebnisse dieser Abklärungen bilden die Grundlage für den Entscheid, ob ein Businessplan mit den quantitativen Annahmen des in Russland möglichen Umsatzes und den Kosten des Markteintritts erstellt werden soll.

Das Produkt

Hinsichtlich des Produktes ist abzuklären, wie das Kernprodukt, das formale Produkt sowie das erweiterte Produkt für den russischen Markt angepasst werden müssen.

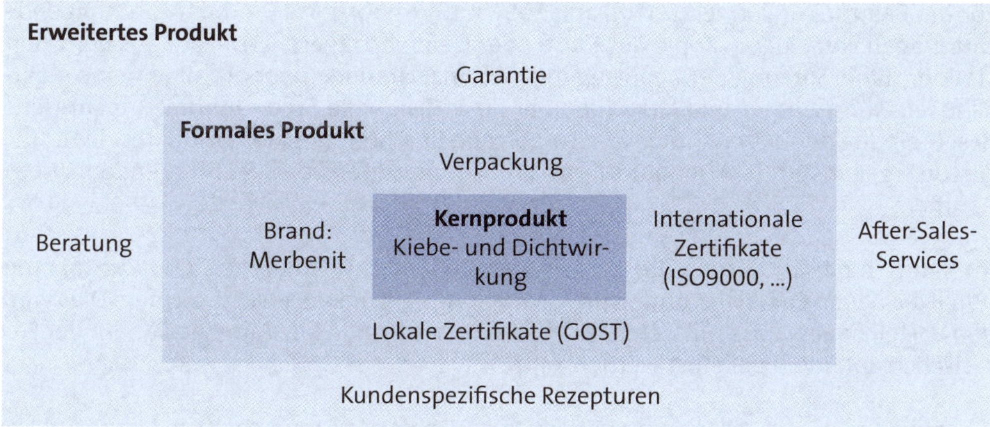

Abb. 6: Übersicht über die drei Produktebenen

Das **Kernprodukt** Merbenit soll unverändert wie in den anderen Exportmärkten angeboten werden. Im Fall von Merbenit musste untersucht werden, ob für Russland – wegen der teilweise sehr tiefen Temperaturen – spezielle Mischungen hergestellt werden müssen. Die technischen Spezialisten haben bestätigt, dass Merbenit die Temperaturen in Russland aushält, d. h. die Klebe- und Dichtwirkung durch das Einfrieren und Auftauen nicht beeinträchtigt wird.

Formales Produkt: m+b verfügt über mehrere internationale Zertifikate: Grundgedanke der in den letzten Jahren eingeführten Normen ist es, den Kunden eine gleichbleibend hohe Qualität der Produkte und Dienstleistungen zu garantieren. Daher hat das Unternehmen die Prozesse nach ISO 9001 ausgerichtet und zusätzlich die Zertifikate ISO 9001:2008 (Qualität) und ISO 14001:2004 (Umwelt) erworben. Daneben hat m+b weitere branchenspezifische Zertifizierungen in den Bereichen Hochbau, Marine, Brandschutz, Emissionen, Lebensmittel und Lufthygiene.

In Russland bedürfen alle Produkte der GOST-Zertifizierung, damit sie importiert werden können. Das Zertifikat GOST R ist ein offizielles Dokument, welches die Konformität der Ware mit den in technischen Reglements und staatlichen Standards vorgeschriebenen Qualitäts- und Sicherheitsanforderungen Russlands bestätigt. Diese Zertifizierung kostet rund 15.000 CHF pro Produkt. Dabei ist darauf zu achten, dass diese Zertifizierung nicht auf den Namen des Absatzpartners, sondern auf den Namen des exportierenden Unternehmens ausgestellt wird, weil sonst ein allfälliger Wechsel des Absatzpartners schwierig würde. Ein Wechsel kann notwendig sein, falls ein Absatzpartner nicht die versprochenen Leistungen und Resultate erbringt.

RECHTSGRUNDLAGEN

Informationen zu GOST:
http://www.gost-r.info/

Für die Beantragung eines Zertifikats GOST R für importierte Produkte sind folgende Unterlagen vorzulegen: Kopie des Kauf- oder Liefervertrages, Zertifikate aus dem Herstellungsland, Satzung der beantragenden Firma, Urkunde über die allgemeine staatliche Registernummer und Urkunde über die individuelle Steuernummer, technische Beschreibung der Ware, Antrag vom Importeur, Beschreibung des Produktes oder Ausrüstungsgegenstandes, Qualitätszertifikat, Antrag seitens des beantragenden Unternehmens.

Im Rahmen der Errichtung der Eurasischen Zollunion werden die GOST-Zertifikaten durch die neuen Eurasian Comformity Markt (EAC)-Zertifikate ersetzt werden. Dies wird den Vorteil haben, dass mit dem EAC-Produktezertifikat in alle Mitgliedsländer der Eurasischen Zollunion geliefert werden kann.

Außerdem muss die Verpackung gemäß Angaben des Absatzpartners in Bezug auf Label und Sprache gestaltet werden. Sie muss Russisch und Englisch bedruckt werden. Englisch macht für die russischen Kunden die Herkunft aus Westeuropa klar ersichtlich.

m+b will in Russland den globalen Brand „Merbenit“ in Zusammenarbeit mit dem Absatzpartner kommunizieren. Der Brand ist ein UAP (Unique Advertising Proposition) des Unternehmens und weithin bekannt. Diese Bekanntheit soll in Russland genutzt und gestärkt werden.

Erweitertes Produkt: Dieses ist entscheidend für die Positionierung von m+b in Russland. m+b sieht sich in Russland zwei Gruppen von Konkurrenten gegenüber (vgl. Abbildung 7). Die lokalen Produzenten bieten Produkte zu vergleichsweise tiefen Preisen an. m+b mit der Kostenstruktur eines Schweizer Unternehmens (hohe Schweizer Löhne und hoher CHF-Kurs) kann mit diesen Preisen nicht mithalten. Die zweite Gruppe von Konkurrenten sind internationale Player wie Henkel und SIKA mit qualitativ ähnlich guten Produkten wie m+b. Der Erfolg in Russland hängt – wie in den anderen Exportmärkten – ganz entscheidend davon ab, ob die höhere Qualität von m+b den Kunden in Russland vermittelt werden kann. Höhere Qualität bedeutet: Qualitativ hochstehende Beratung, kundenspezifische Rezepturen, schnelle und flexible Reaktion auf Kundenwünsche sowie die stets neuesten chemischen Formeln. Auch das Image „Swiss made“ ist erfolgsentscheidend.

Die Definition der Kommunikation und des Vertriebs soll im Hinblick auf die Positionierung von m+b in Russland erfolgen. Merbenit ist ein im Verkauf beratungsintensives Produkt. Diese Soll-Positionierung ist ein wichtiger Faktor für die Wahl des Absatzpartners (siehe unten). Mit einem bloßen Me-too-Produkt kann m+b gegenüber den beiden Gruppen von Konkurrenten nicht bestehen.

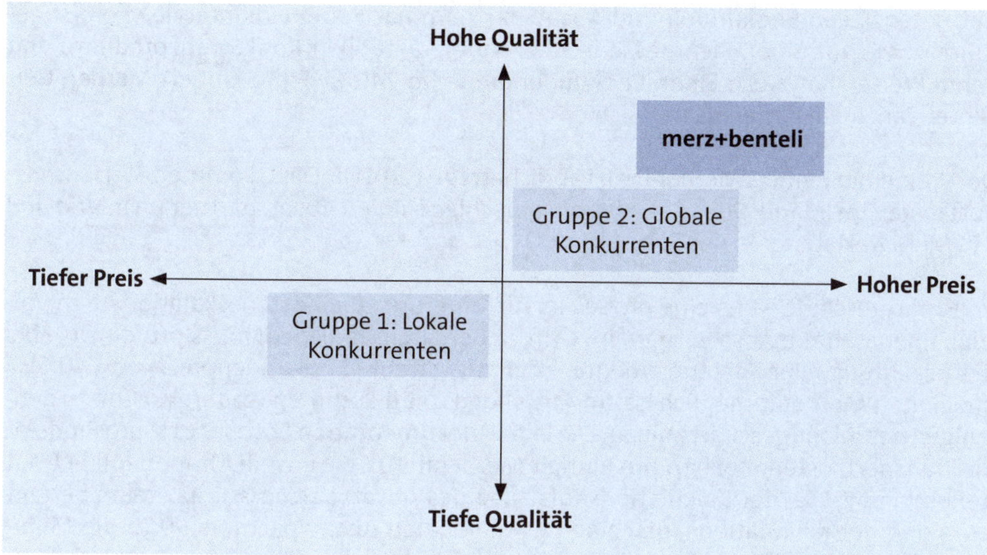

Abb. 7: Soll-Positionierung von m+b in Russland

Der Preis

Ganz entscheidend ist die Definition des Preises für den Zielmarkt Russland. Er steht immer in Bezug zur Positionierung und zu den Kosten des Produkts. Der Preis ist der einzige Faktor des Marketingmix, der tatsächlich Geld generiert. Die anderen Faktoren dagegen verursachen Kosten. Die Definition des Preises erfolgt aufgrund von zwei Überlegungen (vgl. Abbildung 8). Die Outside-in-Analyse geht von der Schätzung der Zahlungsbereitschaft der potenziellen Kunden sowie von den Preisen der gegenwärtig in Russland angebotenen Konkurrenzprodukte aus. Die Inside-out-Analyse zeigt, ob das Preisniveau in Russland ausreicht, um alle anfallenden Kosten zu decken, wie Transport, Zoll, Margen der Absatzpartner.

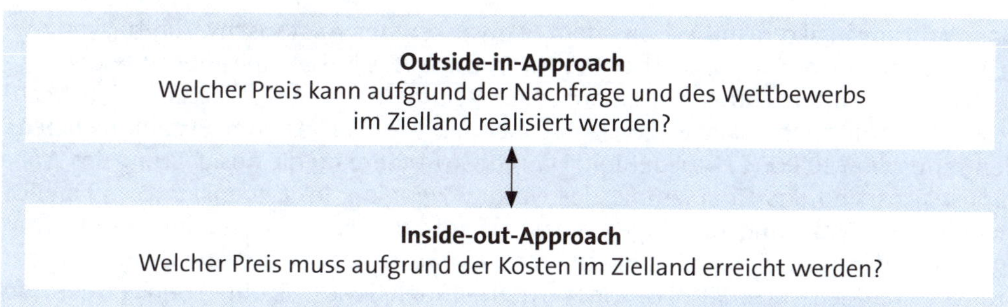

Abb. 8: Zwei Ansätze der Preisfindung

Mit potenziellen Endkunden und Absatzpartnern hat Paul Riedl Interviews durchgeführt sowie auf einer Fachmesse in Moskau die aktuellen Konkurrenzprodukte und deren Preise analysiert. Einen Endkundenpreis von 240 CHF pro Einheit Merbenit erachtet Paul Riedl daher als möglich.

Der Preis einer Einheit Merbenit ab Fabrik beträgt 100 CHF. Dazu kommen 5 CHF Transportkosten im Inland, 50 % Kalkulationsaufschlag für den Absatzpartner im Inland und 8 % Mehrwertsteuer in der Schweiz.

Im Exportgeschäft ist es eine große Herausforderung, die Kosteneskalation beim Vertrieb über mehrere Absatzstufen im Griff zu behalten. Paul Riedl muss prüfen, ob – bei der Beachtung aller Kostenelemente – der angestrebte Endkundenpreis von 240 CHF pro Einheit Merbenit möglich ist. Im Auslandgeschäft kommen weitere Kosten zu denjenigen des Inlandgeschäfts hinzu: Die Exportdokumentation kostet 3 CHF pro Produkt; die Transportkosten machen pro Einheit Merbenit 10 CHF aus; der Importzoll beträgt in Russland 7,5 %; der Kalkulationsaufschlag des Absatzpartners/Importeurs beträgt 25 % und der Kalkulationsaufschlag des regionalen Absatzpartners 50 %; die Mehrwertsteuer in Russland beträgt 18 %. Die abgemachten Incoterms sind „ex-works"[1].

Im Zusammenhang mit dem Preis überlegt sich Paul Riedl auch mögliche Risikoabsicherungen. Dabei identifiziert er zwei Hauptrisiken im Zusammenhang mit dem Verkauf von Merbenit in Russland: das Delkredere- und das Währungsrisiko. Das Delkredererisiko ist das Risiko, dass ein Kunde die erhaltenen Waren nicht bezahlt. Dafür gibt es verschiedene Absicherungsmöglichkeiten; eine davon ist die Lieferung nach Vorinkasso. Dabei bezahlt der Kunde aus Russland, bevor er die Waren erhält. Die zweite Möglichkeit ist der Abschluss einer Kreditversicherung. Dabei zahlt das Unternehmen einen Anteil des Umsatzes (ca. 0,5 %) an eine Versicherung, die dann ausstehende Kundenzahlungen übernimmt. Falls private Versicherungsgesellschaften ein Kundenrisiko nicht übernehmen, springt die SERV ein, die eidgenössische Exportrisikogarantie. Sie sichert Geschäfte in politisch risikoreichen Ländern ab.

Das Währungsrisiko resultiert aus dem Schwanken des Austauschverhältnisses zwischen der in- und der ausländischen Währung. Dieses Risiko hat eine enorme Bedeutung für Schweizer Unternehmen. Bei einem Offert-Volumen von 3 Mio. CHF kann eine Wechselkursänderung von 1 % zwischen Unterzeichnung des Vertrags und Bezahlung bereits den Verlust von 30.000 CHF bedeuten! Hauptinstrumente für die Absicherung des Währungsrisikos sind das Finance und das Natural Hedging. Im Gegensatz zum Finance Hedging (z. B. Währungstermingeschäfte) erfolgt beim Natural Hedging die Absicherung nicht durch eine finanztechnische Maßnahme, sondern durch die Gestaltung der realwirtschaftlichen Verhältnisse eines Unternehmens, wie z. B. durch den vermehrten Einkauf im Euro-Raum bei Euro-Schwäche. Weitere Instrumente, mit denen das Währungsrisiko abgesichert werden kann, sind der Vertragsabschluss in Schweizer Franken – falls vom Kunden akzeptiert – oder Offerten mit Verfalldatum, außerdem Preiserhöhungen im Ausland – falls durchsetzbar – und eine Gleitklausel im Vertrag, welche die

---

[1] ex-works, deutsch „Ab Werk": Der Verkäufer verkauft seine Ware ab Werk und der Kunde holt diese von dort ab.

Preisanpassung bei Wechselkursänderungen ermöglicht. Wie Unternehmen mit der Aufwertung des Schweizer Frankens umgehen, hat die Schweizerische Nationalbank in einer Umfrage erfasst. Immerhin 16,5 % der Unternehmen können die Preise anheben, falls sie über einen klaren Konkurrenzvorteil verfügen. Das Natural Hedging sowie Kostenreduktionen in der Schweiz sind die wichtigsten Instrumente für Schweizer KMUs.

Promotion/Einsatz der Kommunikationsinstrumente

Mit Merbenit bewegt sich m+b im B2B-Geschäft (Business-to-Business), in welchem die potenziellen Geschäftspartner ebenfalls Unternehmen sind. Im Gegensatz dazu sind die Geschäftspartner beim B2C-Geschäft Konsumenten (Consumer). Der persönliche Verkauf und das Direktmarketing sind im B2B-Geschäft von großer Bedeutung. Dagegen spielt die klassische Werbung mit Anzeigen in Zeitungen und im Fernsehen kaum eine Rolle, da die Anzahl potenzieller Kunden von Merbenit beschränkt ist und der Streuverlust bei diesen Kommunikationsinstrumenten groß wäre (vgl. Tabelle 2). Der Einsatz des persönlichen Verkaufs steht in direktem Zusammenhang mit dem Marketingmix-Faktor Place/Distribution und wird im entsprechenden Unterkapitel behandelt. Wichtig sind für die Promotion Messen wie z. B. die mirexpo in Moskau und russische Verkaufsunterlagen. Im Internet erwarten die Kunden Produktunterlagen, Antworten zu FAQ (Frequently asked Questions) sowie Einsatzbeispiele von Merbenit.

Bedeutung der Kommunikationsinstrumente		
	Bedeutung im B2C-Geschäft	**Bedeutung im B2B-Geschäft**
Persönlicher Verkauf (siehe Place)	gering	sehr hoch
Werbung: Anzeigen in Printmedien, TV, Kino und Außenwerbung	sehr hoch	gering
Verkaufsförderung: Messen, Vorführungen	hoch	hoch
Direktmarketing: Mailings, Internet/E-Business	hoch	sehr hoch

Tab. 2: Bedeutung der Kommunikationsinstrumente im B2C- und im B2B-Geschäft

Kommunikationsunterschiede im geschäftlichen Umgang

Wegen der hohen Bedeutung des persönlichen Verkaufs im B2B-Geschäft spielen kulturelle Unterschiede eine große Rolle, da sich diese auch im Kommunikationsstil bemerkbar machen. Sensibilität für diese Unterschiede ist unabdingbar für erfolgreiche Geschäfte mit russischen Partnern. Paul Riedl hat die kulturellen Dimensionen für die Schweiz und Russland im Modell von *Geert Hofstede* verglichen und davon Verhaltensvorschläge für die Kommunikation in Russland abgeleitet (vgl. Abbildung 9).

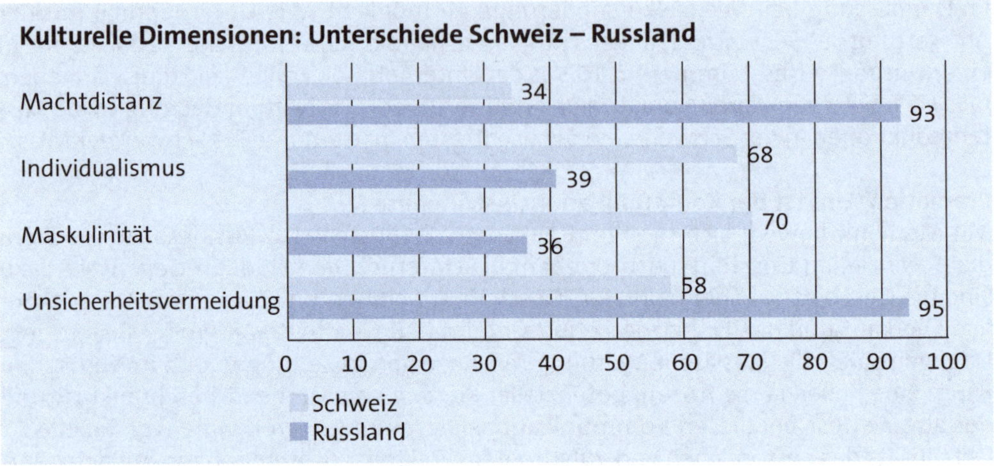

Abb. 9: Vergleich Schweiz – Russland anhand von vier kulturellen Dimensionen

Quelle: http://geert-hofstede.com/countries.html, abgefragt am 25.02.2015

Im Fokus stehen vier der von *Geert Hofstede* definierten kulturellen Dimensionen: Machtdistanz, Individualismus, Maskulinität und Unsicherheitsvermeidung.

MEDIEN

The Hofstede Centre:
http://geert-hofstede.com/countries.html

Die **Machtdistanz** beschreibt, wie gleichmäßig oder ungleichmäßig die Entscheidungskompetenz verteilt ist. Je größer die Machtdistanz ist, desto mehr Macht konzentriert sich im oberen Management. Das mittlere und das untere Management haben wenig Entscheidungskompetenz und müssen bei Entscheidungen das obere Management einbeziehen. Je höher der **Individualismus-Faktor** in einer Kultur ist, desto wichtiger sind Selbstbestimmung, Ich-Erfahrung und Eigenverantwortung. Die **Maskulinität** beschreibt, wie hoch die Bedeutung von Konkurrenzbereitschaft und Selbstbewusstsein in einer Kultur ist. Je höher die Maskulinität, desto egoistischer ist eine Kultur. Bei einer geringen Maskulinität werden die Mitmenschen stärker einbezogen; das Denken für die Gemeinschaft ist wichtig. Der Index der **Unsicherheitsvermeidung** beschreibt, wie stark die Abneigung gegenüber unvorhersehbaren Situationen ist. In Bezug auf die vier genannten Dimensionen ergeben sich markante Unterschiede zwischen der Schweiz und Russland (vgl. Abbildung 9). Paul Riedl steht vor der Herausforderung, bei einem Markteintritt von m+b in Russland konstruktiv mit diesen Unterschieden umzugehen.

ACHTUNG

Unternehmen unterschätzen oft den Einfluss kultureller Unterschiede auf den Erfolg eines Markteintritts!

Place/Distribution

Für m+b sind die Absatzpartner in den internationalen Märkten von entscheidender Bedeutung. Als exportierendes KMU kann m+b gegenüber globalen Konkurrenten wie Henkel oder SIKA nur dann erfolgreich auftreten, wenn die Positionierung von Merbenit durch die Absatzpartner gegenüber den Endkunden funktioniert. Die Motivation und die Art des Vertriebs sind deshalb entscheidend für m+b. Der Partner spielt auch deshalb eine entscheidende Rolle für m+b, weil dieser sich in der komplexen russischen Gesetzgebung – z. B. im Bereich Importe – auskennt.

Auswahl und Betreuung des Absatzpartners

Hinsichtlich des potenziellen Absatzpartners interessiert m+b zunächst dessen komplettes Produkt-Portfolio mit ergänzenden Produkten, eine solide Geschäftsstrategie, ein starkes Netzwerk zu potenziellen Kunden sowie eine gute finanzielle Situation. Zudem sind Wissen und Erfahrung des Unternehmens bezüglich des Marktes und der Kunden gefragt, ausreichende Englisch-Kenntnisse, eine gute Qualität des Vertriebs sowie Konzentration und Aufmerksamkeit für die Produkte im Anwendungsbereich von Merbenit. m+b sollte der größte oder zumindest einer der größten Anbieter des Partners werden können, damit dieser an einer langfristigen Partnerschaft interessiert ist. Ein guter Ruf und eine positive Erfolgsbilanz sind weitere Faktoren, die bei der Partnerwahl untersucht werden. Der Partner sollte zudem über etablierte Verkaufskanäle in den Märkten Automobilbau, Maschinenindustrie und Bau verfügen sowie Erfahrung mit dem Import von Produkten aus Europa haben. Wichtig sind daneben technisch gut qualifizierte Mitarbeiter, die den Pre- und After-Sales-Service betreuen. Schließlich sollte der Partner bereit sein, Geld und Manpower in die Promotion der m+b-Produkte in Russland zu investieren.

ACHTUNG

Unternehmen führen oft die Wahl der Absatzpartner nicht genügend gründlich durch!

Eine nachhaltige Betreuung des Partners ist entscheidend für den Erfolg von m+b in einem Exportland. Die Partner müssen hinsichtlich Verkaufstechnik, Taktik und Strategien im Zusammenhang mit dem Produkt beraten werden. Des Weiteren braucht es Produkt- und Verkaufsschulungen. Mit dem Partner sollte eine enge Geschäftsbeziehung gepflegt werden, damit dieser motiviert ist und den Umsatz steigert. Die persönlichen Beziehungen sollten in Verkaufsveranstaltungen und Messen sowie durch persönliche Besuche in beide Richtungen entwickelt und aufrechterhalten werden. Preise an Gewinner von Verkaufswettbewerben und persönliches Lob für erbrachte Leistungen wirken psychologisch motivierend.

Die langfristige und nachhaltige Betreuung der Absatzpartner in den internationalen Zielmärkten hat eine hohe Bedeutung für den Markterfolg. Der Hersteller hat konkrete Anforderungen an das Aktivitätsniveau seiner Absatzpartner und zwar in quantitativer und in qualitativer Hinsicht. Unter dem quantitativen Aktivitätsniveau sind die Anzahl Kundenbesuche und andere Marketingmaßnahmen, d. h. ganz allgemein alle Aktivitäten gemeint, die der Absatzpartner für den Vertrieb der Produkte des Herstellers durchführt. Aber nicht nur der quantitative Einsatz des Absatzpartners zählt: Ebenso wichtig ist die Qualität der von ihm durchgeführten Vertriebsmaßnahmen.

ACHTUNG

Die Betreuung der Absatzpartner wird durch Unternehmen oft unterschätzt und zu wenig konsequent durchgeführt!

Schließlich entwickelt Paul Riedl ein Konzept für das Controlling des Partners.

1.3 Problemstellung der Fallstudie

Im Rahmen dieser Fallstudie soll geprüft werden, ob für m+b ein Markteintritt in Russland sinnvoll und erfolgversprechend ist. Das Ziel von m+b ist ein nachhaltiges, in die Zukunft gerichtetes Wachstum auch in neuen Märkten. Für den Markteintritt gilt es vor allem, Folgendes abzuklären: Welche Stärken und Schwächen hat das Unternehmen im Hinblick auf den Markteintritt? Welche Chancen und Gefahren hat der Markt Russland? Wie muss der Marketingmix für das Produkt Merbenit im russischen Markt gestaltet werden?

1.4 Zielsetzung und Aufgabenstellung der Fallstudie

Das Ziel der Fallstudie ist, eine Entscheidung zu treffen, ob im Projekt Markteintritt Russland der nächste Schritt gemacht werden soll; konkret heißt das, ob ein Businessplan mit Abschätzung der quantitativen Potenziale pro Marktsegment und der Kosten des Markteintritts erstellt werden soll.

MEDIEN

Die Aufgaben im Wordformat sind unter www.kiehl.de auf der Produktseite zu „Fallstudien zum Marketing“ abgelegt– http://www.kiehl.de/de-de/shop/bücher/66241.aspx.

Aufgabe 1:

Erstellen Sie aufgrund der Information in 1.2 die SWOT-Analyse für den Markteintritt in Russland von m+b. Ordnen Sie dabei die Punkte der SWOT nach deren Bedeutung, d. h. die wichtigste Stärke steht an erster Stelle usw. Zur Erstellung einer SWOT (Strengths, Weaknesses, Opportunities, Threats) siehe *Lombriser/Abplanalp (2010, S. 218)*.

Stärken ► Welche Stärken hat m+b in Bezug auf den Markteintritt Russland?	**Schwächen** ► Welche Schwächen hat m+b in Bezug auf den Markteintritt Russland?
Chancen ► Welche Chancen bietet der Markt Russland für m+b?	**Gefahren** ► Welche Gefahren birgt Russland für m+b?

Tab. 3: SWOT

Aufgabe 2:

Bestimmen Sie die Bedeutung der kritischen Faktoren mit Begründung und Vorschlag für das Verhalten von m+b. Bedenken Sie dabei, dass m+b den russischen Markt über einen Absatzpartner bearbeiten wird. Eine Tochtergesellschaft von m+b in Russland ist nicht geplant.

	Bedeutung für m+b (gering, hoch)	**Begründung**	**Vorschlag für Verhalten**
Korruption			
Steuersätze			
Zugang zu Finanzierung			
Steuerbestimmungen			
Ineffiziente Regierungsbürokratie			
Inflation			
Mangelhaft ausgebildete Arbeitskräfte			
Schlechte Arbeitsethik bei inländischen Arbeitskräften			

Tab. 4: Kritische Faktoren im Geschäft mit Russland

Aufgabe 3:

Ein Endkundenpreis von 250 CHF pro Einheit Merbenit ist akzeptabel. Ist dieser Preis aus Sicht des Inside-out möglich? m+b liefert die Produkte ex-works an den Absatzpartner in Russland (ex-works: der Verkäufer verkauft seine Ware ab Werk und der Kunde holt diese von dort ab). Zur internationalen Preisfestlegung siehe *Ammann/Lehmann/ Van den Bergh/Hauser (2012, S. 120)*.

	Inlandgeschäft	**Export nach Russland**
	CHF	CHF
Preis ab Fabrik pro Einheit	100	100
Transport im Inland pro Einheit	5	
Exportdokumentation pro Einheit		
Transportkosten und Versicherung (gemäß Incoterms ex-works)		
Total	105	
Importzölle (7,5 % der Importkosten)		
Total		
Kalkulationsaufschlag Absatzpartner/Importeur (15 %)		
Preis 1: Absatzpartner an m+b		
Kalkulationsaufschlag Detailstufe/Endkundenstufe (50 %)	53	
Preis 2: Endkunden-Preisuntergrenze	**158**	
Mehrwertsteuer	**Schweiz 8 %**	**Russland: 18 %**

Tab. 5: Preisgestaltung Inlandgeschäft

Aufgabe 4:

Welche Absicherungsmaßnahmen für das Delkredere- und das Währungsrisiko wählen Sie? Zu den internationalen Risiken und den Absicherungsmaßnahmen siehe *Ammann/ Lehmann/Van den Bergh/Hauser (2012, S. 169)*.

Im Zusammenhang mit dem Markteintritt in Russland sind für m+b vor allem das Delkredererisiko und das Währungsrisiko entscheidend.

Risiko	**Absicherungsmaßnahmen**	**Welche wählen Sie?**
Delkredererisiko: Zahlungsunfähigkeit oder -unwilligkeit von Schuldnern	Variante V.1: Zahlungsfähigkeit des Kunden vor Vertragsabschluss abklären, siehe z. B. www.dnb.com.	
	V.2: Voraus-/Anzahlung vereinbaren, d. h. der Kunde zahlt vor der Lieferung.	
	V. 3: Akkreditiv abschließen: Es wird sichergestellt, dass der Kunde das Geld für den Auftrag bei einer Bank hinterlegt hat, die mit einer Bank in der Schweiz eine Partnerschaft eingegangen ist.	
	V. 4: Inkasso (Einkassierung der Rechnungen) durch Drittunternehmen	

Risiko	**Absicherungsmaßnahmen**	**Welche wählen Sie?**
	V. 5: Schweizerische Exportrisikoversicherung: Exportrisikogarantie bei Risiken, die durch private Versicherer nicht gedeckt sind, siehe z. B. www.serv-ch.com.	
Währungsrisiko: Schwankungen des Austauschverhältnisses zwischen der in- und der ausländischen Währung	Variante V.1: Vertragsabschluss in Schweizer Franken	
	V.2: Offerten mit Verfalldatum erstellen (oft 90 Tage)	
	V.3: Gleitklausel im Vertrag: Der Kunde übernimmt Teile des Währungsverlusts, der zwischen Vertragsabschluss und Auslieferung des Produkts eintritt.	
	V.4: Financial Hedging (Absicherung), z. B. Devisentermingeschäfte	
	V.5: Natural Hedging (Absicherung), z. B. Einkauf im Euroraum bei Euroschwäche	

Tab. 6: Risikoabsicherung

Aufgabe 5:

Zeigen Sie auf, wie m+b mit den Kulturunterschieden zwischen der Schweiz und Russland umgehen soll. Zu den kulturellen Faktoren siehe *Hofstede/Hofstede/Minkov (2010, S. 53 ff.).*

	Schweiz	**Russland**	**Verhalten?**
Machtdistanz	gering	hoch	
Maskulinität	hoch	gering	
Individualismus	hoch	gering	
Ungewissheitsvermeidung	gering	hoch	

Tab. 7: Umgang mit kulturellen Unterschieden

Aufgabe 6:

Auswahl des Partners
Bestimmen Sie die detaillierten Auswahlkriterien/Fragen, die Gewichtung pro Kriteriengruppe sowie die Informationsquellen, die der Beantwortung der Fragen dienen. Zur Auswahl siehe *Ammann/Lehmann/Van den Bergh/Hauser (2012, S. 147 ff.).*

MEDIEN

Instrument zur Auswahl neuer Marktprtner im Ausland:
http://tinyurl.com/lapg2cx

Kriteriengruppen	Detaillierte Auswahlkriterien/ Fragen	Gewichtung in Prozent (Total: 100 %)	Informationsquellen
Motivation für Merbenit			
Vertriebsstärke			
Finanzen			
Marketing & Produktsupport			
Logistik & Transport			

Tab. 8: Auswahlkriterien für einen Absatzpartner

Aufgabe 7:

Bestimmen Sie die Betreuungsmaßnahmen für den Absatzpartner in Russland – vor allem in Bezug auf den Transfer des für den Verkauf von Merbenit notwendigen Know-hows. Zur Betreuung von Absatzpartnern siehe *Ammann/Lehmann/Van den Bergh/Hauser (2012, S. 152 ff.).*

MEDIEN

Kommunikationsplan gegenüber Absatzpartnern:
http://tinyurl.com/osdq85e

Aufgabe 8:

Bestimmen Sie das Vorgehen für das Controlling des Absatzpartners und die Zahlen, die regelmäßig überprüft werden sollen. Zum Controlling von Partnern siehe *Ammann/Lehmann/Van den Bergh/Hauser (2012, S. 162).*

Aufgabe 9:

Nehmen Sie eine Gesamteinschätzung vor, ob Sie den Markt Russland insgesamt als attraktiv wahrnehmen. Würden Sie m+b raten, einen Businessplan für den Markteintritt in Russland zu erstellen? Bewerten Sie dazu die SWOT und die Überlegungen zu Produkt, Preis, Promotion und Place.

1.5 Bearbeitungszeit, Schwierigkeitsgrad/empfohlenes Fachsemester

- Bearbeitungszeit: 2 Std.
- Schwierigkeitsgrad: Einführung in das internationale Business Development
- Bachelor in International Management
- Konsekutive Master Studien
- Executive MBA in International Management

1.6 Empfohlene Hilfsmittel/Informationsquellen

Ammann/Lehmann/Van den Bergh/Hauser, Going International – Konzepte und Methoden zur Erschliessung ausländischer Märkte, Zürich 2012

Lombriser/Abplanalp, Strategisches Management – Visionen entwickeln, Erfolgspotenziale aufbauen, Strategien umsetzen, 5. Auflage, Zürich 2010

Hofstede/Hofstede/Minkov, Cultures and Organizations, Software of the Mind, 3. Auflage, New York 2010

Online-Informationsquellen

- Website der merz+benteli AG: www.merz-benteli.ch
- Competitiveness Report – Russland: http://www.weforum.org/issues/global-competitiveness
- Country Page Russland CIA: https://www.cia.gov/library/publications/the-world-factbook/geos/rs.html
- Country Page Russland S-GE: http://www.s-ge.com/de/country/Russia
- Hofstede-Website zu Kulturunterschieden: http://geert-hofstede.com/countries.html
- Quellen für die internationale Marktforschung: http://www.going-international.ch/internationale-marktforschung-1
- Euler Hermes Risk Map für Russland: http://www.eulerhermes.ch/de/economic-research/Pages/interaktive-world-risk-map.aspx
- Unterlagen des europäischen Verbands FEICA (Association of the European Adhesive & Sealant Industry): www.feica.com

2. Musterlösungen

Lösung zu Aufgabe 1: SWOT

Überlegungen zur Lösung: Im Hinblick auf einen möglichen Eintritt in den russischen Markt verfügt m+b über bedeutende Stärken. Das Unternehmen ist bereits international tätig und kann auf entsprechende Erfahrungen zurückgreifen. Weiterhin kann m+b die angestrebte Positionierung in Russland durch kundenspezifische, problemlösungsorientierte Spezialmischungen von Merbenit durchsetzen. Als KMU kann m+b einerseits äußerst schnell und flexibel auf Kundenwünsche eingehen. Andererseits birgt die geringe Größe des Unternehmens im Vergleich zu den großen internationalen Konkurrenten aufgrund der Skaleneffekte Kostennachteile. Russland ist als Markt für m+b neu und der Aufwand für den Beziehungsaufbau mit dem Absatzpartner darf nicht unterschätzt werden. Der Markt in Russland ist außerordentlich groß, und die Zielsegmente weisen ein sehr viel höheres Wachstum auf als in Westeuropa. Staatliche Modernisierungsprogramme sowie die Umsetzung des WTO-Beitritts machen Russland zusätzlich interessant. Die Hauptgefahren ergeben sich aus der unsicheren politischen und wirtschaftlichen Zukunft sowie aus der Abhängigkeit der russischen Volkswirtschaft von Rohstoffen und den damit zusammenhängenden Preisausschlägen.

Stärken	Schwächen
1. Merbenit: Kundenspezifische Anwendungen & viele Anwendungsfälle für unterschiedliche Branchen 2. Als KMU flexibles und rasches Reagieren auf Kundenbedürfnisse 3. Bereits heute international tätig und daher gewohnt im Umgang mit fremden Kulturen 4. Merbenit kann mehrere Wettbewerbsprodukte ersetzen 5. Image „Made in Switzerland"	1. Als kleiner Betrieb aufgrund der Skaleneffekte Kostennachteile im Vergleich zu globalen Konkurrenten 2. Neu in Osteuropa: kulturelle Unterschiede in Doing Business nicht bekannt 3. Knappe Kapazität für die Betreuung des Absatzpartners
Chancen	**Gefahren**
1. Großer Markt (30 % von Osteuropa) 2. Hohes Wachstum der Zielsegmente in Russland: Transport/Automobil, Industrie, Bau; Investitionen für Fussballmeisterschaft 2018 3. Staatliche Modernisierungsprogramme 4. Attraktivität westlicher Produkte 5. Umsetzung WTO-Beitritt und Eurasische Union 6. Strengere Umweltregulierungen – Merbenit bevorzugt	1. Unsichere politische und wirtschaftliche Zukunft (Ölpreis, Rubel-Kurs, EU-Sanktionen) 2. Hohe Abhängigkeit von Rohstoffen der russischen Volkswirtschaft (Boom/Bust wegen starken Preisschwankungen der Rohstoffe) 3. Bürokratie 4. Mangel an Fachkräften 5. Konkurrenz-/Preisdruck: alle großen europäischen Unternehmen sind bereits aktiv in Russland 6. Komplexe Gesetzgebung, z. B. bei Importen nach Russland

Tab. 9: SWOT – Lösungsvorschlag; die Punkte sind absteigend nach Bedeutung aufgeführt

Lösung zu Aufgabe 2: Umgang mit problematischen Faktoren in Russland

Überlegungen zur Lösung: Die Situation bezüglich Korruption ist für m+b unwesentlich, da die einzelnen Auftragsmengen von m+b relativ klein sind und m+b selten an den staatlichen Sektor liefert. Zudem liefert m+b immer über den Absatzpartner und nicht direkt. Die Art der Geschäftstätigkeit des Absatzpartners muss vor Vertragsabschluss durch Referenzinterviews abgeklärt werden, da bei Korruptionsfällen Reputationsschäden wahrscheinlich sind. Grundsätzlich sollen alle benötigten formalen Dokumente für den Export der Produkte für die Zollabfertigung (inklusive Zertifikate) gemäß Vorschriften erstellt werden. Auch wenn dies zeit- und kostenintensiv ist, ist das Unternehmen hierdurch letztlich weniger korruptionsanfällig.

Die Faktoren Steuern und Finanzierung sind für m+b unbedeutend, da das Unternehmen nicht plant, eine Tochtergesellschaft in Russland aufzubauen, sondern den russischen Markt über einen Absatzpartner beliefern wird. Dagegen ist die Motivation der Mitarbeiter des Absatzpartners äußerst wichtig und in der Evaluation des Absatzpartners zu berücksichtigen.

Umgang mit kritischen Faktoren in Russland			
Kritische Faktoren	**Bedeutung für m+b**	**Begründung**	**Vorschlag für Verhalten**
Korruption	gering	▸ eher kleine Aufträge, keine Großprojekte ▸ keine Lieferungen an den Staatssektor ▸ alle Geschäfte laufen über einen Absatzpartner	▸ Einführung klarer interner Compliance-Regeln – auch für geringe Beträge –, die jedes unrechtmäßige Verhalten ausschließen ▸ Situation vor Wahl des Absatzpartners analysieren ▸ Bereitstellen der benötigten formalen Dokumente bzw. Zertifikate, damit Korruption als Lösung von Geschäftsproblemen minimiert werden kann
Steuersatz	gering	m+b will keine Tochtergesellschaft aufbauen und wird deshalb in Russland keine Steuern zahlen.	------
Zugang zu Finanzierungsmöglichkeiten	gering	m+b will keine Tochtergesellschaft aufbauen und hat deshalb in Russland keinen Finanzierungsbedarf.	------
Steuergesetzgebung	gering	m+b will keine Tochtergesellschaft aufbauen und wird deshalb keine Steuern in Russland zahlen.	------

Umgang mit kritischen Faktoren in Russland			
Kritische Faktoren	**Bedeutung für m+b**	**Begründung**	**Vorschlag für Verhalten**
Ineffiziente staatliche Stellen	hoch	Für m+b vor allem im Bereich Import/Zollverwaltung sehr wichtig.	Bei der Wahl des Absatzpartners prüfen, ob dieser über die entsprechende Erfahrung verfügt; u. U. mit einem Zollagenten zusammenarbeiten.
Inflation	hoch	Sehr wichtig, da Inflation meistens die Abwertung der Landeswährung nach sich zieht.	Im Businessplan muss eine entsprechende Preisreduktion in Zukunft eingeplant werden.
Ungenügend ausgebildete Mitarbeitende	hoch	Sehr wichtig: Es ist schwierig, gute und motivierte Verkäufer zu finden, die englisch sprechen (Kommunikation mit den Ansprechpartnern in der Schweiz).	Die Motivation der Mitarbeiter des Absatzpartners muss höchste Priorität haben – in der Evaluation und Betreuung des Absatzpartners berücksichtigen.
Arbeitsmoral bei Angestellten	hoch	Sehr wichtig: Es ist schwierig, gute und motivierte Verkäufer zu finden.	Die Motivation der Angestellten muss höchste Priorität haben – in der Evaluation und Betreuung des Absatzpartners berücksichtigen.

Tab. 10: Umgang mit kritischen Faktoren – Lösungsvorschlag

Lösung zu Aufgabe 3: Preissetzung in Russland

Überlegungen zur Lösung: Die Endkunden-Preisuntergrenze unter Einbezug aller zusätzlichen Kosten und der Mehrwertsteuer beträgt 229 CHF und liegt damit unter dem Zielpreis von 240 CHF. Von der Preissetzung her ist der Markteintritt also möglich. Hierbei müssen jedoch im Businessplan zukünftige Rubel-Abwertungen in die Überlegungen mit einbezogen werden.

Inside-out-Preissetzung für Russland		
Alle Preise in CHF für eine Einheit Merbenit	**Inlandgeschäft**	**Export nach Russland**
	CHF	CHF
Preis ab Fabrik	100	100
Transport im Inland	5	0
Exportdokumentation		3
Transportkosten und Versicherung (gemäß Incoterms ex-works[1])		0
Total	105	103
Importzölle (7,5 % der Importkosten)		0
Total		103

1 Da „ex-works" Lieferung vereinbart, übernimmt der Importeur/Absatzpartner diese Kosten. Diese sind somit im Kalkulationsaufschlag des Importeurs/Absatzpartners von 25 % enthalten.

Inside-out-Preissetzung für Russland		
Alle Preise in CHF für eine Einheit Merbenit	**Inlandgeschäft**	**Export nach Russland**
Kalkulationsaufschlag Importeur/Absatzpartner (25 %)		26
Total 1: Preis an Absatzpartner		**129**
Kalkulationsaufschlag Detailstufe/Endkundenstufe (50 %)	53	65
Total 2: Endkunden - Preisuntergrenze	**158**	**194**
Dazu kommt: Mehrwertsteuer	Schweiz 8 %	Russland: 18 %

Tab. 11: Preissetzung – Lösungsvorschlag

Lösung zu Aufgabe 4: Risiken eingrenzen

Überlegungen zur Lösung:

1. Delkredererisiko

Dieses Risiko bezeichnet die Zahlungsunwilligkeit von Kunden. Zur Absicherung dieses Risikos muss die Zahlungsfähigkeit eines potenziellen Kunden oder Absatzpartners in einer internationalen Datenbank abgeklärt werden, etwa bei Dun and Bradstreet (www.dnb.com). Das Akkreditiv und die Kreditversicherung sind mit Kosten verbunden. Beim Akkreditiv wird – einfach gesagt – sichergestellt, dass der Kunde das Geld für den Auftrag bei einer Bank im Zielland hinterlegt hat, die mit einer Bank in der Schweiz eine Partnerschaft eingegangen ist. Die Kreditversicherung ist eine Versicherung, die den Schaden übernimmt, wenn Kunden nicht zahlen und kostet ca. 0,5 % des Umsatzes. Die Exportrisikogarantie SERV übernimmt Risiken, die durch private Versicherer nicht abgedeckt werden, wie z. B. politische Risiken. Das Inkasso durch Drittunternehmen ist ebenfalls eine mögliche Absicherung dieses Risikos.

m+b sichert das Delkredererisiko durch folgende Maßnahmen ab: Neben den Vorschlägen, wie eine Offerte gemacht werden sollte, hat m+b mit dem Absatzpartner in Russland die Vorauszahlung vereinbart. m+b liefert die Produkte also erst nach erfolgter Zahlung. Damit hat m+b das Delkredererisiko vollständig abgesichert.

2. Währungsrisiko

Dieses Risiko bezeichnet Verluste aufgrund von Schwankungen des Austauschverhältnisses zwischen dem Schweizer Franken und der ausländischen Währung. Die beste Absicherung ist der Vertragsabschluss in Schweizer Franken; damit übernimmt der Kunde die Währungsrisiken. Es ist jedoch klar, dass Kunden diese Risiken nicht gerne übernehmen. Ebenfalls zu empfehlen ist es, auf der Offerte ein Enddatum aufzuführen. Oft werden Gleitklauseln in einem Vertrag aufgenommen. Diese bestimmen, dass der Kunde Teile des Währungsverlusts, der zwischen Vertragsabschluss und Auslieferung des Produkts eintritt, übernimmt. Oft führen Unternehmen Finanzhedging durch; dies bedeutet, dass Fremdwährungskredite oder -anlagen zu Zwecken der Wechselkursabsicherung eingesetzt werden. Das Natural Hedging wird bei langfristig ungünstigen Währungsverhältnissen angewandt. Es bedeutet, die Kostenstruktur nach Währungsgebieten an die Erlösstruktur anzupassen z. B. durch Kostenabbau oder Einkauf im Ausland. Langfristig müssen Schweizer Exportunternehmen Innovationen fördern, um die

Differenzierung der Produkte zu erhöhen. Damit erhöht sich die Chance, die Produkte auch bei gegenüber Konkurrenzangeboten höheren Preisen im Ausland verkaufen zu können.

m+b sichert das Währungsrisiko ab, indem es den Absatzpartner die Rechnungen in Euro und nicht in Rubel bezahlen lässt. Die Währungsschwankungen des Rubels gegenüber dem Euro werden damit durch den Absatzpartner übernommen – die Währungsschwankungen des Euro gegenüber dem Schweizer Franken übernimmt m+b.

Risiko	Absicherungsmaßnahmen	Welche wählen Sie?
Delkredererisiko: Zahlungsunfähigkeit oder -unwilligkeit von Schuldnern	Variante V. 1: (siehe Tabelle 6)	Ja: 42 %[1]
	V. 2	Ja, falls der Kunde/Absatzpartner einverstanden ist: 68 %[1]
	V. 3	Oft aufwändig, Kosten-Nutzen-Abschätzung durchführen: 26 %[1]
	V. 4	Ja, durch Bank abklären lassen: 8 %[1]
	V. 5	SERV: Schweizerische Exportrisikoversicherung: 8 %[1]
Währungsrisiko: Schwankungen des Austauschverhältnisses zwischen der in- und der ausländischen Währung	Variante V. 1 (siehe Tabelle 6)	Ja, falls der Kunde/Absatzpartner einverstanden ist: 32 %[1]
	V. 2	Ja
	V. 3	Nein, nur falls zwischen Bestellung und Lieferung eine lange Zeitdauer ist: 14 %[1]
	V. 4	Nur falls Währung konvertierbar (für Rubel eher schwierig): 29 %[1]
	V. 5	Nein, da der potenzielle Umsatz von m+b in Russland zu klein ist, um z. B. Lieferanten in Russland zu akquirieren 52 %[1]

Tab. 12: Risikoabsicherung

[1] Prozentsatz der Unternehmen, die diese Absicherung einsetzen: www.ti.bfh.ch/exportrisiko_monitor

Lösung zu Aufgabe 5: Umgang mit kulturellen Unterschieden

Überlegungen zur Lösung: In der unten stehenden Tabelle sind Überlegungen zum Umgang mit kulturellen Unterschieden aufgeführt.

Vorschlag für den Umgang mit kulturellen Unterschieden			
***Hofstedes* Dimensionen der Kultur**	**Schweiz**	**Russland**	**Verhalten**
Machtdistanz	gering	hoch	► Hohe Bedeutung von Statussymbolen für Vorgesetzte. Benehmen muss den Status reflektieren: bei Besuchen, Verhandlungen usw. Ansatz eher top-down mit klaren Anweisungen für alle Beteiligten. ► Bei Besuchen in Russland: Falls möglich mit dem obersten Chef verhandeln, sonst Zeitverlust, da die ganze vorhergehende Verhandlung infrage gestellt werden kann, wenn der oberste Chef nicht einbezogen wurde. ► Typisch schweizerisches Understatement vermeiden! Hart verhandeln und auf seine Standpunkte bestehen. Damit wird der Respekt der russischen Seite erreicht (gleiche Augenhöhe) und es werden Kompromisse möglich. Nur mit dem Chef auf der russischen Seite die entscheidenden wichtigsten Vertragsinhalte diskutieren und fixieren. ► Kleine Geschenke (z. B. Schweizer Schokolade) für den Geschäftspartner bzw. die Mitarbeiter des Unternehmens wichtig als Zeichen der Seriosität der Geschäftspartnerschaft. ► Geschäftspartnern Ehre und Respekt erweisen, Abholen vom Flughafen durch Fahrer (nicht selbst), um zu zeigen, dass sich die Firma dies leisten kann (Prestige bei großen Unternehmen); Einladung zu einem gemeinsamen Abendessen sowie kulturellen Veranstaltungen. ► Geschäftspartner auf gleicher Augenhöhe persönlich abholen bei KMU, um den Respekt sowie die Wichtigkeit des Geschäftspartners zu betonen. Gemeinsames Abendessen und Besuchsprogramm persönlich geführt vom Inhaber. ► Probleme sollten mit dem direkten Gegenüber persönlich besprochen werden. Die persönliche Beziehung zwischen den beiden Entscheidungsträgern ist das Fundament einer erfolgreichen Geschäftsbeziehung.
Unsicherheitsresistenz	gering	hoch	► Zweideutige Situationen vermeiden. Sehr detaillierte Planung ist normal. Kontext und Hintergründe müssen erläutert werden. Warum machen wir etwas?

Vorschlag für den Umgang mit kulturellen Unterschieden			
Hofstedes **Dimensionen der Kultur**	**Schweiz**	**Russland**	**Verhalten**
			► Vertrag vorher besprechen und zwar jeden Punkt, denn nur dann gilt dies auch. Selbst danach flexibel bleiben, auch wenn Vertrag etwas anderes sagt. ► Bedenken ernst nehmen und Lösungen zu Bedenken eventuell sogar im Voraus ansprechen. ► Stille in einer Verhandlung muss nicht schlecht sein, Nachdenken in Meetings ist erlaubt.
Individualismus	hoch	gering	► Beziehungen sind sehr wichtig, um Informationen zu erhalten und für den Erfolg von Verhandlungen. Beziehungen müssen aufgebaut werden, bevor eine Verhandlung oder ein Projekt durchgeführt werden. ► Partner zuerst kennen lernen, bevor das Geschäftliche besprochen werden kann. Genug Zeit einräumen, nicht drängen, sondern lieber abwarten. ► Persönliches Kennenlernen der russischen Firma sowie ihrer Mitarbeiter, um das Kollektiv der Firma zu kennen. ► Dem russischen Geschäftspartner Zeit geben, Entscheidungen mit seinen Mitarbeitern zu besprechen. ► Insbesondere in russischen Familienunternehmen ist die ganze Familie sowie Verwandtschaft im Unternehmen präsent und sollte einbezogen werden. ► Bereitschaft, die lokale Geschäftskultur und Besonderheiten kennen zu lernen.
Maskulinität	hoch	gering	► Unter Kollegen sind Russen eher bescheiden. Dominantes Verhalten wird vom Vorgesetzten akzeptiert, nicht aber von Kollegen. Hohe Bedeutung der Lebensqualität. ► Betonen, dass Lebensqualität und Arbeit zusammen passen können, dass für uns auch beides zählt; wir also Lebensqualität auch schätzen. ► In wichtigen Fragen klar besprechen und abmachen, welche Erwartungen da sind und nicht enttäuscht werden dürfen. ► Bereitschaft, in eine langfristige Partnerschaft zu investieren (z. B. Ausbildung und Anstellung von Mitarbeitern beim Geschäftspartner in Russland; regelmäßiger Kontakt betreffend Geschäftsaufbau). ► Damit auch Bereitschaft, (temporäre) wirtschaftliche Krisen und Unsicherheiten in Russland gemeinsam durchzustehen.

Tab. 13: Umgang mit kulturellen Unterschieden – Lösungsvorschlag
(in Anlehnung an www.geert-hofstede.com)

Lösung zu Aufgabe 6: Auswahl des Partners

Überlegungen zur Lösung: Die Auswahl des optimalen Absatzpartners ist entscheidend für einen erfolgreichen Markteintritt. Deshalb ist es wichtig, detaillierte Fragen wie in der unten stehenden Tabelle zu definieren und zu analysieren.

Auswahlkriterien für einen Absatzpartner in Russland			
Kriteriengruppe	**Detaillierte Fragen**	**Gewichtung in Prozent** (Total: 100 %)	**Informationsquellen, die der Bestimmung der Auswahlkriterien dienen**
Motivation für Merbenit	► Wie stark ist das Interesse an Merbenit? Gründe für das Interesse? ► Potenzieller Anteil des Umsatzes mit Merbenit am Gesamtumsatz des Absatzpartners?	40 %	► Interview mit dem potenziellen Absatzpartner: Ist er z. B. bereit für Vorinvestitionen? ► Interview mit Lieferanten, die bereits mit diesem Absatzpartner zusammenarbeiten
Vertrieb	► Geografische Abdeckung/geografische Lage des Absatzpartners ► Abdeckung der Segmente (Automobil, Bau und Industrie) ► Welches sind die Vertriebskanäle des Absatzpartners? Kontakte zu den wichtigen Ansprechpartnern der Kanäle ► Image des Absatzpartners bei den Kunden in Russland ► Anzahl der Verkäufer; Erfahrung und Ausbildung der Verkäufer ► Ist der Vertrieb auf beratungsintensiven Verkauf eingestellt? (Positionierung von m+b) ► Marge/Vertriebsvergütung	20 %	► Interview mit Absatzpartner ► Interview mit potenziellen Kunden, die bereits Produkte vom Absatzpartner beziehen ► Interview mit anderen Lieferanten ► Interviews mit Beratungsunternehmen wie z. B. Russia Contact
Marketing & Produktsupport	► Kann das Unternehmen die von m+b benötigten Marketingaktivitäten ausführen (Pre- und Aftersales, Messeauftritte, Demos, Schulungen)? ► Wie viel Wert wird auf das Training der Mitarbeiter gelegt? (wichtig, da Training der Kunden ein Verkaufsinstrument ist)	20 %	► Interview mit potenziellen Absatzpartnern ► Interview mit anderen Lieferanten, die bereits durch den Absatzpartner vertreten werden

Auswahlkriterien für einen Absatzpartner in Russland			
Kriteriengruppe	**Detaillierte Fragen**	**Gewichtung in Prozent** (Total: 100 %)	**Informationsquellen, die der Bestimmung der Auswahlkriterien dienen**
	► Wie gut kennt das Unternehmen den Markt der Klebe- und Dichtstoffe in Russland (Kunden, Konkurrenten)? ► Welche Komplementärprodukte von anderen Lieferanten vertreibt der potenzielle Absatzpartner?		
Finanzen	► Wie ist die finanzielle Lage des Absatzpartners? ► Kann das Unternehmen wachsen und Material vorfinanzieren? ► Ist das Unternehmen bereit, die Rechnungen in Schweizer Franken zu bezahlen?	10 %	► Dun & Bradstreet/ Bisnode Datenbank ► Datenbanken vor Ort in Russland (z. B. Spark-Interfax) ► Interview mit dem potenziellen Absatzpartner ► Interview mit anderen Lieferanten
Logistik & Transport	► Wie ist das Unternehmen in Russland organisiert (lokale Stützpunkte)? Wie schnell erhalten die Kunden die Produkte? ► Hat der Absatzpartner ein Lager, das Wachstum verträgt? ► Hat der potenzielle Absatzpartner Erfahrung mit dem Import von Produkten aus Westeuropa? ► Hat das Unternehmen Mitarbeitende mit den nötigen Englischkenntnissen im Innendienst?	10 %	► Interview mit potenziellen Absatzpartnern

Tab. 14: Kriterien zur Auswahl eines Absatzpartners – Lösungsvorschlag

Das Beratungsunternehmen Russia Contact in Sankt Petersburg hat für m+b eine Long List und eine Short List mit möglichen Absatzpartnern in Russland erstellt. Paul Riedl hat darauf die vier potenziellen Partner auf der Short List zusammen mit Mitarbeitern von Russia Contact besucht und analysiert. Als Absatzpartner wurde das Unternehmen ATF der DGE Firmengruppe ausgewählt (http://www.dge-europe.com/members/atf-dge-russia/, abgefragt am 25.02.2015). Dieses zeichnet sich vor allem in folgenden Punkten aus: Motivation und Interesse an Merbenit, Angebot komparativer Produkte, gute Kontakte zu den Zielsegmenten von m+b, gute lokale Vertretungen mit Lagerkapazitäten in den für m+b interessanten geografischen Gebieten Russlands.

Lösung zu Aufgabe 7: Betreuung des Absatzpartners

Überlegungen zur Lösung: Paul Riedl nimmt sich persönlich genügend Zeit für die Betreuung des Absatzpartners. Dies fordert er auch von seinen Mitarbeitern. Die zentralen Maßnahmen betreffen einerseits die Professionalisierung, andrerseits die Mobilisierung.

Professionalisierung
Um die Mitarbeiter soweit auszubilden, dass sie die Kompetenzen und die Positionierung in den Verkaufsgesprächen an die Endabnehmer weitergeben können, hat m+b folgendes Programm zum Knowhow-Transfer ausgearbeitet:

- m+b führt in Russland zwei Tage pro Jahr ein Training beim Absatzpartner durch. Die Trainingsmodule beinhalten sowohl technische Inhalte, wie Produktschulungen, als auch Verkaufsschulungen.
- Mitarbeitende des Absatzpartners kommen mindestens einmal pro Jahr zu m+b in die Schweiz und werden hier geschult. Schulungsthemen sind Anwendungsbeispiele und die Produktion.
- Paul Riedl begleitet Mitarbeitende des Absatzpartners bei wichtigen Kundenbesuchen und unterstützt die Verkäufer in der Argumentation.
- Paul Riedl ist bei einzelnen Messen, an denen der Absatzpartner die Produkte von m+b ausstellt, anwesend. Dabei unterstützt und motiviert er das Verkaufspersonal.

Mobilisierung
- m+b und der Absatzpartner haben vereinbart, in den ersten drei Jahren der Zusammenarbeit einen Verkäufer gemeinsam anzustellen. Jedes Unternehmen zahlt 50 % der diesbezüglichen Aufwände. Damit stellt m+b sicher, dass der Absatzpartner den nötigen Fokus auf die Produkte von m+b hat.
- Eine faire Kommissionierung hilft dabei, die Absatzpartner zu motivieren.
- Das Einladen von Mitarbeitern des Absatzpartners in die Schweiz hilft beim Aufbau der persönlichen Beziehung und unterstützt nachhaltig den Geschäftserfolg in Russland.
- m+b beantwortet technische und kommerzielle Fragen des Absatzpartners schnell und umfassend. Es ist zu bedenken, dass Fragen, die einem langjährigen Angestellten von m+b vielleicht banal erscheinen, aus Sicht des Absatzpartners, der neu mit den Produkten von m+b arbeitet, wichtig sind.

Lösung zu Aufgabe 8: Controlling des Partners

Überlegungen zur Lösung: Bei der Bewertung der Leistung der Absatzpartner untersucht m+b wichtige Zielgrößen, die vorher mit dem Partner vereinbart wurden. Der entscheidende Faktor ist der Absatz, jedoch werden dabei das Potenzial und die langfristige Entwicklung des Partners berücksichtigt. Weiterhin werden die Marketingaktivitäten und die Verkaufsbesuche des Partners überprüft. Absatzprobleme werden sofort über telefonische Kontakte abgeklärt. Das Unternehmen versucht eher, die Partner zu unterstützen, und weniger, diese zu kontrollieren. Die sorgfältige Auswahl der Partner und deren Motivation sind somit auch für die Kontrolle der Partner wichtig.

Bei Absatzschwierigkeiten werden gemeinsam Maßnahmen für die Verbesserung der Situation definiert. Falls der Partner diese nicht einhält, kann der Vertrag aufgelöst werden und ein neuer Partner wird evaluiert.

Es ist besser, wenige Schlüsselkennzahlen zu prüfen, aber diese konsequent zu verfolgen. Konkret überprüft m+b regelmäßig folgende Schlüsselkennzahlen des Absatzpartners:

- Absatz von Merbenit und Umsatz
- Anzahl der Besuche bei Neukunden
- Messebeteiligungen
- bei Kunden durchgeführte Produktschulungen, da diese oft eine wichtige Rolle im Verkaufsprozess bei neuen Kunden spielen.

Lösung zu Aufgabe 9: Abschließende Einschätzung

Überlegungen zur Lösung: Einschätzung SWOT und Marketingmix

Die SWOT-Analyse zeigt, dass der Markt Russland für m+b aufgrund der Größe und des Wachstums der Zielsegmente durchaus attraktiv ist. Zur Zeit der Entstehung dieser Fallstudie (Januar 2015) ist Russland als Kandidat für einen Markteintritt nicht geeignet, da die politischen und wirtschaftlichen Unsicherheiten zu groß sind. Der tiefe Ölpreis und der stark gesunkene Rubel-Kurs haben das bis dahin stabile makroökonomische Umfeld Russlands empfindlich gestört. Als das Unternehmen die Analyse vor einigen Jahren durchgeführt hat, wurde die Situation in Bezug auf den Ölpreis und den Rubel und damit auf die makroökonomischen Faktoren sehr positiv bewertet und der Markteintritt wurde initialisiert.

Auch wenn die gegenwärtig negativen makroökonomischen Gegebenheiten außer Acht gelassen werden, zeigt die Analyse, dass m+b mit Merbenit vor einigen Herausforderungen steht, um einen erfolgreichen Markteintritt sicherzustellen. Die Preissetzung Outside-in und Inside-out sieht befriedigend aus – aber die geplanten Preise müssen nun im Markt auch realisiert werden. Dies ist nur in der Zusammenarbeit mit einem Absatzpartner möglich, der die Positionierung über kompetente Verkaufsgespräche und den Einsatz anderer Kommunikationsinstrumente wie Messen und Internet bis zum Endabnehmer weitergeben kann. Deshalb hat die Auswahl und die Betreuung des Absatzpartners erste Priorität. m+b hat dies erkannt und dafür die nötigen Ressourcen und Kompetenzen zur Verfügung gestellt.

3. Ergebnisse dieser Aktivitäten: Status Markteintritt Russland der m+b AG

m+b hat den Markteintritt in Russland erfolgreich gemeistert. Das Geschäftsmodell mit Vertrieb über einen Absatzpartner hat sich bewährt. m+b wird auch in Zukunft über den gewählten Absatzpartner verkaufen und den Markt Russland nicht aufgeben –

trotz der aktuell schwierigen Lage, verursacht durch den Zerfall des Ölpreises und den stark gesunkenen Rubel-Kurs. m+b weiß, dass der Markteintritt nie ganz abgeschlossen ist, denn die Betreuung des Absatzpartners – die Professionalisierung und Mobilisierung – geht ständig weiter.

4. Generalisierende Erkenntnisse für vergleichbare Fälle

1. Informationen für die Analyse eines Zielmarktes: Viele Informationen sind online und in Publikationen von Verbänden vorhanden. Beratungsunternehmen in den Zielländern wie Russia Contact können wichtige marktspezifische Informationen zur Verfügung stellen.
2. Kultur ist entscheidend: Die unterschiedlichen Geschäftskulturen müssen analysiert und das eigenen Vorgehen muss entsprechend angepasst werden.
3. Zeitdauer: Es ist sehr wichtig, langfristig zu denken – gerade beim Management in der Schweiz muss dieser Punkt hervorgehoben werden. Heute überwiegt das kurzfristige Denken in Quartalen. Ein Markteintritt im Ausland dauert oft länger als vorerst geplant. Geduld und Durchhaltewillen sind wichtig.
4. Die Hauptherausforderung besteht darin, die gewünschte Positionierung in einem Exportland zu erreichen. Dabei spielen die Absatzpartner eine entscheidende Rolle, da ein exportierendes KMU aus Kapazitätsgründen oft kein Tochterunternehmen gründen kann. Der Transfer der Soll-Positionierung von Merbenit bis zum Endkunden ist das Hauptziel des Markteintrittsprojekts.
5. Auswahl des Absatzpartners: Eine gründliche Analyse der potenziellen Absatzpartner ist wichtig. Der Erfolg der Wahl wird sich erst nach Vertragsunterzeichnung zeigen. Ein späterer Wechsel eines Absatzpartners ist aufwändig!
6. Kontinuierliche Betreuung des Absatzpartners ist entscheidend: Es sollte möglichst immer dieselbe Person sein, die den Absatzpartner betreut. Organisationsänderungen führen regelmäßig zu einem verminderten Commitment des Absatzpartners – der Erfolg beruht auf persönlichen Beziehungen. Der Betreuer in der Schweiz sollte daher nicht zu oft wechseln. Beide müssen sich kennen lernen, sich respektieren und gemeinsam erfolgreich werden.

5. Mögliche Fehlerquellen in Überlegung und Umsetzung

Oft wird die Bedeutung der Kulturunterschiede unterschätzt. Diese zeigen sich oft erst im täglichen Geschäft – lange nach dem Vertragsabschluss mit einem neuen Absatzpartner. Ein weiterer Fehler ist, den persönlichen Beziehungen zu den Mitarbeitenden des Absatzpartners nicht die nötige Bedeutung zuzumessen. Eine Geschäftsbeziehung besteht immer zwischen Menschen, nicht nur zwischen Unternehmen! Manager sind oft ungeduldig – sie werden ja am Umsatz gemessen –, aber Geduld und langfristiges Denken sind für den Erfolg im internationalen Geschäft wichtig. Ein weiterer Fehler vieler Manager – trotz MBA-Ausbildung – ist es, die bekannten Vorgehensweisen bei Auswahl, Betreuung und Controlling eines Absatzpartners nicht einzuhalten.

6. Literatur zur Vertiefung

Ammann/Lehmann/Van den Bergh/Hauser, Going International – Konzepte und Methoden zur Erschliessung ausländischer Märkte, Zürich 2012

CHEM Research, The European Adhesives and Sealants Market 2012 – 2015, a quantitative demand analysis and trend forecast, 2013 for FEICA – the Association of European Adhesives Manufacturers

Hofstede/Hofstede/Minkov, Cultures and Organizations, Software of the mind, 3. Auflage, New York 2010

Lombriser/Abplanalp, Strategisches Management – Visionen entwickeln, Erfolgspotenziale aufbauen, Strategien umsetzen, 5. Auflage, Zürich 2010

Rehmann, D., Wirtschaftsentwicklung und Geschäftspotenziale in Russland, in: Swissexport Journal 1/2014, S. 19, http://www.fargate.com/de/docu/press/53.pdf

Sportmarketing bei Fußball-Weltmeisterschaften

Von Prof. Dr. Gerd Nufer

1. Grundlagen des Sportmarketing

Bis dato existiert keine einheitliche Begriffsdefinition von Sportmarketing, gleichzeitig kursieren jedoch viele unterschiedliche Auffassungen, was darunter zu verstehen sei. Vergleicht man die gängigen Sportmarketing-Definitionen, so erkennt man zwei verschiedene Lager: Auf der einen Seite finden sich diejenigen Ansätze, für die Sportmarketing die **Vermarktung von Produkten mithilfe des Sports** darstellen. Diesem Ansatz zufolge ist der Sport Mittel zum Zweck, wobei die vermarktungsfähigen Produkte nicht unbedingt etwas mit Sport zu tun haben müssen. *Kaser/Oelkers (2007, S. 12)* sind prominente Vertreter dieser Auffassung: *„Sport marketing means using sports to market products" (2007, S. 12).*

Auf der anderen Seite stehen diejenigen Definitionsansätze, die Sportmarketing aus Sicht der Sportanbieter betrachten. Für sie stellt der **Sport das Produkt selbst** dar, das mithilfe von allgemeinen Marketinginstrumenten vermarktet werden soll. Die davon ausgehenden Sportmarketing-Definitionen sind im Kern lediglich modifizierte Definitionen der allgemeinen Marketing-Definition. So haben *Shilbury/Quick/Westerbeck* die Marketing-Definition von *Kotler* nur in Nuancen verändert: *„Sport marketing is a social and managerial process by which the sport manager seeks to obtain what sporting organisations need and want through creating and exchanging products and value with others" (2009, S. 15).*

Van Heerden (2001, S. 93) führt in seiner Definition die Ansichten beider Lager zusammen: *„Sport marketing is the specific application of theoretical marketing principles and processes to sport products and services; the marketing of non-sport and sport-related products and services through an association – such as a sponsorship – with sport; and the marketing of sport bodies and codes, their personalities, their events, their activities, their actions, their strategies and their image."* Diese Betrachtung **vereint die zwei Perspektiven** von Sportmarketing: Marketing *von* Sport und Marketing *mit* Sport. Darüber hinaus impliziert *van Heerdens* Definition, dass Sportmarketing einerseits auf den Grundlagen des allgemeinen Marketing basiert, andererseits aber auch eine spezielle Adaption notwendig ist, damit Sportmarketing funktioniert.

Abbildung 1 zeigt das **Sportmarketing-Modell** von *Bühler/Nufer (2013)*, das die Protagonisten, die zu vermarktenden Produkte und die Zielgruppen des Sportmarketing-Marktes sowie die beiden Hauptformen des Sportmarketing vorstellt: **Marketing von Sport** und **Marketing mit Sport**. Diese Differenzierung ist für das Verständnis von Sportmarketing zentral.

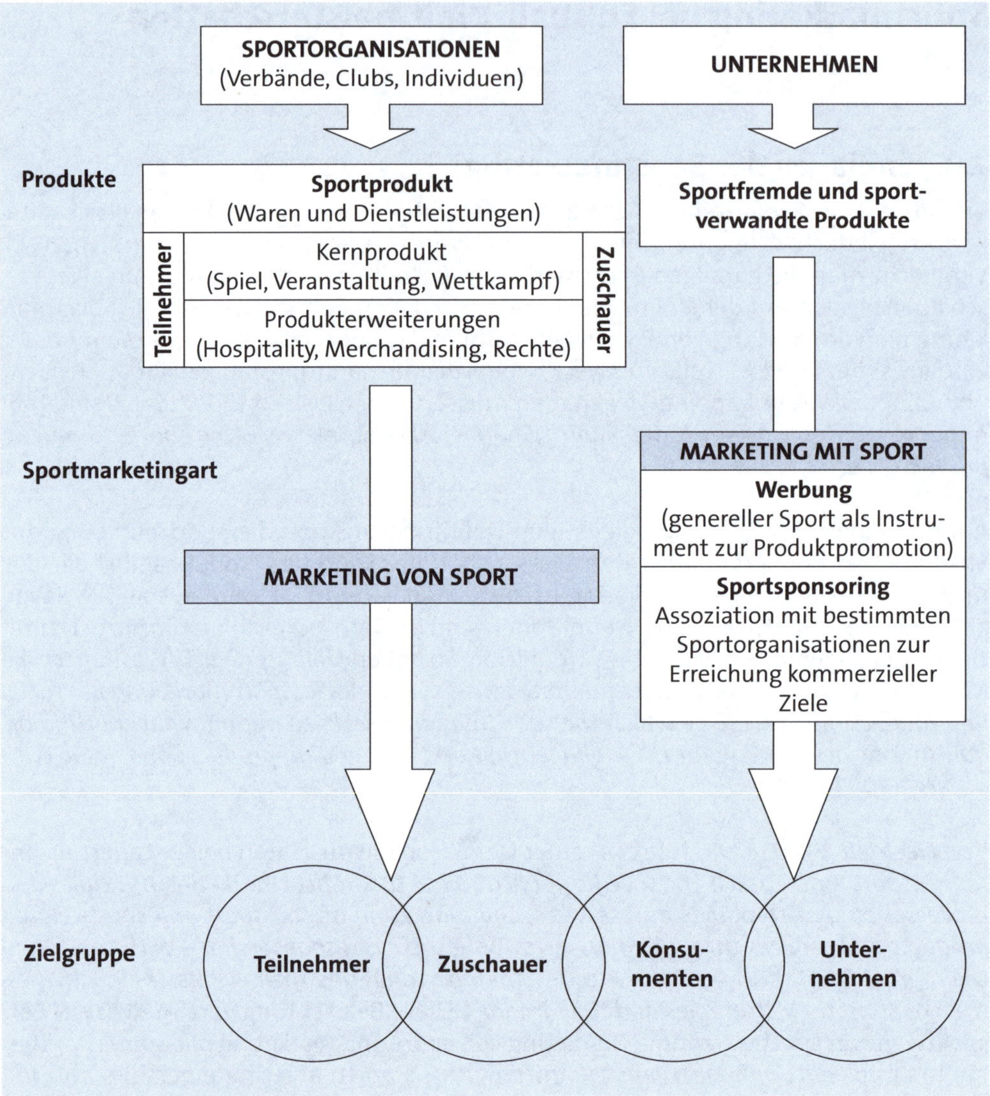

Abb. 1: Das Sportmarketing-Modell

Quelle: *Bühler/Nufer (2013, S. 43)*

2. Sportmarketing im Rahmen von Fußball-Weltmeisterschaften

2.1 Sponsoring im Sport: Das Beispiel FIFA Fußball-Weltmeisterschaft 2014

Bei Sportsponsoren setzt sich zunehmend die Erkenntnis durch, dass klassisches Sportsponsoring von Einzelpersonen oder Teams sehr riskant sein kann, da im Falle eines Image-Einbruchs seitens der Gesponserten (beispielsweise hervorgerufen durch Skandale oder Niederlagenserien) auch das Ansehen des Sponsors in Mitleidenschaft gezogen werden kann. Insbesondere internationale Unternehmen agieren deshalb immer häufiger als Sponsoren attraktiver Großveranstaltungen, die auf die Öffentlichkeit eine enorme Anziehungskraft ausüben und bei denen sie dieses Risiko nicht fürchten müssen. Man spricht in diesem Zusammenhang vom **Sport-Event-Sponsoring**. Sport-Event-Sponsoring bildet somit einen Spezialfall des Sportsponsoring *(Nufer, 2002, 2010)*.

Viele Sportgroßveranstaltungen haben sich zum Inbegriff für Spannung, Unterhaltung und sportliche Höchstleistungen entwickelt. Sport-Events besitzen nicht nur bei der sportinteressierten Bevölkerung einen hohen Bekanntheitsgrad und üben eine riesige Faszination aus. In Verbindung mit Sportveranstaltungen lassen sich kommunikative Wettbewerbsvorteile erzielen, womit eine Differenzierung von Werbemaßnahmen der Konkurrenz erreicht werden kann. Fußball-Weltmeisterschaften erreichen weltweit kumuliert weit über 30 Mrd. Fernsehzuschauer und sind damit das populärste Sportereignis der Welt überhaupt *(Nufer, 2010; Nufer/Bühler, 2013b)*.

Im Rahmen der Fußball-Weltmeisterschaft 2014 in Brasilien gab es insgesamt **20 offizielle Sponsoren**, die in drei Kategorien eingeteilt waren: sechs FIFA-Partner, acht Sponsoren der FIFA-WM und sechs Nationale Förderer:

Abb. 2: Marketing-Partner der FIFA 2014

Quelle: *FIFA (2014)*

Dabei gehen die sechs **FIFA-Partner** die engste Partnerschaft mit dem Weltfußballverband ein; sie können über einen längeren Zeitraum im Rahmen aller FIFA-Wettbewerbe werben. Die Rechte der **Sponsoren der FIFA-WM 2014** beschränkten sich dagegen auf diese Veranstaltung. Die **nationalen Förderer** waren schließlich lokale Unternehmen, die das Recht hatten, innerhalb des Gastgeberlandes mit dem Event zu werben. Für sämtliche Marketing- und Medienrechte bezahlten diese Unternehmen zusammen insgesamt über 1 Mrd. € *(Nufer/Bühler, 2013a)*.

2.2 Merchandising im Sport: Die Materialschlacht der Ausrüster

Bei der Fußball-WM 2014 standen sich Deutschland und Argentinien in einem nervenaufreibenden Finale gegenüber. Eine andere Schlacht war jedoch schon vor Anpfiff des Endspiels klar entschieden: Das von adidas ausgestattete deutsche Team schlug im Halbfinale das Nike-Flaggschiff Brasilien vor dessen heimischer Kulisse vernichtend mit

7:1. Einen Tag später setzte sich im zweiten Halbfinalspiel Argentinien (in adidas-Trikots) gegen die Niederländer (mit Nike-Jerseys) durch. Das Finale wurde somit zu einem reinen adidas-Festival, das nicht nur im verdienten deutschen Sieg gipfelte, sondern auch mit individuellen Auszeichnungen für adidas-Protagonisten endete: Manuel Neuer wurde als bester Torwart der WM ausgezeichnet und Lionel Messi als bester Spieler des Turniers geehrt, Torschützenkönig der WM 2014 wurde der Kolumbianer James Rodriguez – alle drei Gewinner sind adidas-Testimonials *(Nufer, 2014b)*.

Fußball-Weltmeisterschaften sind seit Jahrzehnten zugleich **Materialschlachten der Ausrüster**. Die Kampagnen der Sportartikelriesen sind im Vorfeld des Turniers oft kompletter als viele WM-Stadien, denn kein anderes Sport-Event hat für die Sportartikelindustrie eine vergleichbare Marketing-Bedeutung wie eine Fußball-Weltmeisterschaft. Mit immensem Werbedruck, heutzutage interaktiv verlängert in die sozialen Netzwerke, wetteifern die Ausrüster um die Gunst der Zielgruppe *(Nufer, 2014a)*.

Nike rüstete in Brasilien zehn Teams aus, darunter wurden mit Gastgeber Brasilien, den USA und England die wichtigsten Absatzmärkte bedient. Das französische Nationalteam warben sie 2011 von adidas ab. Zusätzlich setzte das amerikanische Unternehmen auf Australien, Griechenland, Kroatien, die Niederlande, Portugal und Südkorea *(Sportinsider, 2013)*.

Adidas rüstete Spanien aus und verteidigte dank des deutschen Sieges gewissermaßen den Weltmeister-Titel. Parallel wurden die Teams aus Argentinien, Japan, Kolumbien, Mexiko, Nigeria und Russland von adidas unterstützt. Dem fränkischen Sportartikelhersteller gelang kurz vor dem Turnier zusätzlich ein Marketing-Coup: Der Ausrüster des Teams aus Bosnien-Herzegowina, die italienische Marke Legea, hatte das Endturnier nicht im Vertrag mit der überraschend qualifizierten Mannschaft miteingeschlossen. Adidas nutzte die Vertragslücke und Bosnien-Herzegowina lief in Brasilien ebenfalls in adidas-Trikots auf.

Die restlichen Teams wurden von folgenden Sportartikelmarken unterstützt:

- **Puma:** Algerien, Chile, Elfenbeinküste, Ghana, Italien, Kamerun, Schweiz, Uruguay
- **Uhlsport:** Iran
- **Burrda:** Belgien
- **Marathon:** Ecuador
- **Lotto:** Costa Rica
- **Joma:** Honduras.

Von einem für rund 80 € verkauften Trikot bleiben der Herstellerfirma rund 15 € Gewinn (vgl. Abbildung 3). Den Löwenanteil kassiert der Handel *(Mersch/Merx, 2014)*.

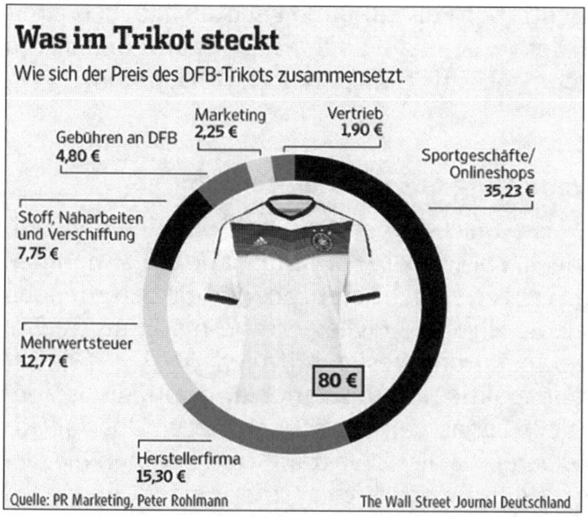

Abb. 3: Wie sich der Preis des DFB-Trikots zusammensetzt

Quelle: *PR Marketing (2014), zitiert in Mersch/Merx (2014)*

Die Herstellerfirmen müssen also auf die richtigen Teams setzen, um Kasse zu machen. Die Preise für die Materialschlacht gehen dabei seit Jahren nach oben. Nike gab für die Ausrüsterrechte an seine unterstützten WM-Teams rund 136 Mio. € aus, adidas etwa 100 Mio. €, gefolgt von Puma, das seine WM-Mannschaften vergleichsweise günstig für 33 Mio. € unter Vertrag genommen hat. Zum Vergleich: Allein die Franzosen erhalten als aktueller Trikot-Primus 40 Mio. € im Jahr von Nike (vgl. Abbildung 4).

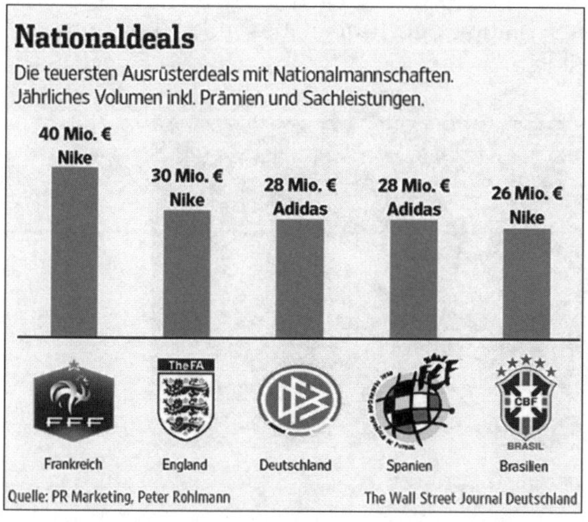

Abb. 4: Die teuersten Ausrüsterdeals mit Nationalmannschaften

Quelle: *PR Marketing (2014), zitiert in Mersch/Merx (2014)*

Zum Rekordpreis für die Équipe Tricolore hatte sich Nike hinreißen lassen, nachdem der Konzern vor einigen Jahren vergeblich versucht hatte, in Deutschland adidas abzulösen.

Jährlich 60 Mio. € soll Nike 2007 dem Deutschen Fußball-Bund geboten haben, um mit dem deutschen Team zu werben. Doch der Verband hielt adidas die Treue – und das zu weit geringeren Konditionen (und unter nicht ganz transparenten Umständen).

2.3 Ambush Marketing im Sport: Marketing aus dem Hinterhalt

Ambush Marketing ist die Vorgehensweise von Unternehmen, dem direkten und indirekten Publikum durch eigene Marketing-, insbesondere Kommunikationsmaßnahmen eine autorisierte Verbindung zu einem Event zu signalisieren, obwohl die betreffenden Unternehmen keine legalisierten oder lediglich unterprivilegierte Vermarktungsrechte an dieser von Dritten gesponserten Veranstaltung besitzen (*Nufer, 2010, 2013*). Der Grat zwischen kreativer Kommunikationspolitik und der Verletzung von Sponsorenrechten ist dabei oft sehr schmal: Offizielle Sponsoren bezeichnen diesen Überfall aus dem Hinterhalt auf teuer gekaufte Werberechte als „Diebstahl" und betonen die illegalen Aspekte des Ambush Marketing. Es gibt jedoch auch Vertreter einer Gegenposition; sie sehen Ambush Marketing als eine „legitime Kraft", die dem Sponsoringmarkt zu mehr Effizienz verhilft. Ambush Marketing wird deshalb sehr kontrovers diskutiert.

Für große Aufmerksamkeit im Rahmen der beiden Fußball-Weltmeisterschaften 2010 und 2006 sorgte die Bier-Marke **Bavaria** aus dem niederländischen Bierkonzern Heineken *(Nufer/Bühler, 2013c)*:

Vor und während der **Fußball-Weltmeisterschaft 2006 in Deutschland** verteilte Bavaria in den Niederlanden rund 250.000 Exemplare von Lederhosen-Imitaten in der Landesfarbe Orange mit dem Werbeaufdruck „Bavaria" (vgl. Abbildung 5). Die Intention war, dass die niederländischen Fans diese Lederhosen während ihres WM-Aufenthalts im vermeintlichen „Lederhosen-Land" Deutschland tragen und insbesondere bei ihren Stadionbesuchen öffentlich zur Schau stellen.

Abb. 5: Ambush Marketing von Bavaria im Rahmen der Fußball-WM 2006

Diese Strategie ging zunächst auch auf, denn tausende Holland-Fans tauchten vor dem Vorrundenspiel der Niederlande gegen die Elfenbeinküste in Stuttgart in den Latzhosen auf, um – bewusst oder unbewusst – unautorisierte Werbung als Multiplikatoren in die Stadien zu transportieren. Seitens des Veranstalters war schnelle Entschlussbereitschaft gefordert, um die offiziellen Sponsoren zu schützen. Die FIFA berief sich auf ihre

Ticket-Geschäftsbedingungen, deren Regel 10 besagte, dass *„werbende, kommerzielle, politische oder religiöse Gegenstände aller Art, einschließlich Banner, Symbole und Flugblätter [...] unzulässig [sind] und [...] nicht mit ins Stadion gebracht werden [dürfen], sofern das Organisationskomitee Anlass zur Annahme hat, dass diese im Stadion zur Schau gestellt werden."* Das Rights-Protection-Team der FIFA sorgte deshalb dafür, dass sämtliche unautorisierten Bavaria-Werbemittel vor den Stadiontoren verbleiben mussten, d. h. über 1.000 holländische Anhänger mussten ihre Lederhosen ausziehen, da ihnen ansonsten von der FIFA der Stadioneinlass verwehrt worden wäre. Obwohl es sich letztlich um einen abgewehrten Ambush-Versuch handelte, brachte die Aktion Bavaria immense Aufmerksamkeit ein: Der Tatsache, dass über 1.000 Personen ein WM-Spiel im Stadion in Unterhosen verfolgten, brachten die Medien großes Interesse entgegen.

Auch während der **Fußball-Weltmeisterschaft 2010 in Südafrika** setzte Bavaria wieder auf Ambush Marketing und erreichte erneut eine hohe mediale Aufmerksamkeit – dieses Mal mit den so genannten „Beer Babes". Im Publikum des Vorrundenspieles Niederlande gegen Dänemark in Johannesburg präsentierten sich 36 junge Frauen in orangefarbenen Minikleidern der Brauerei. Der Markenname Bavaria war dabei dieses Mal nur auf einem kleinen Etikett an der Naht angebracht (vgl. Abbildung 6).

Abb. 6: Ambush Marketing von Bavaria im Rahmen der Fußball-WM 2010

Erneut ging die FIFA rigoros gegen diese Aktion vor, führte die Damen aus dem Stadion und nahm deren vermeintliche Anführerinnen sogar kurzzeitig fest. Die Wogen schlugen danach hoch: Der Fußball-Weltverband reichte vor Gericht Klage gegen die geplante Aktion ein. Die niederländische Botschaft sicherte den Frauen juristische Unterstützung zu. Wiederum erst durch das Einschreiten der FIFA erreichte die Aktion mediale Aufmerksamkeit.

2.4 Testimonial-Werbung im Sport: Marketing mit Sport-Prominenz

Auf dem Fußballplatz sind **Lionel Messi** und **Cristiano Ronaldo** (vgl. Abbildung 7) ebenbürtige Rivalen. In puncto Gehalt gibt es dagegen einen klaren Gewinner: Der portugiesische Superstar von Real Madrid kommt nach einer Analyse der Sponsoringberatung PR Marketing auf ein jährliches Einkommen von 38,5 Mio. €. Die Einnahmen von Ronaldo liegen danach um ein Viertel höher als die von Messi, der 31 Mio. € im Jahr einstreicht. Die Studie basiert auf aktuellen Verträgen der beiden Spieler, die Werte sind teilweise geschätzt *(PR Marketing, 2014, 2011; Mersch, 2011).*

Abb. 7: Lionel Messi (links) und Cristiano Ronaldo (rechts)

Laut der Studie schlägt Ronaldo Messi sowohl beim **Gehalt** als auch bei **Werbeverträgen**: 25 Mio. € erhält Ronaldo demnach von Sponsoren wie Armani, Coca-Cola und Castrol – 6,5 Mio. € davon zahlt Ausrüster Nike. Bei Messi, den unter anderem Herbalife, Pepsi und Autohersteller Chery sponsern, seien es 20 Mio. €. Ronaldos Club-Gehalt sei zudem höher – Real Madrid zahlt 13,5 Mio. € jährlich. Barcelona lasse sich die Dienste von Messi 11 Mio. € im Jahr kosten. Auch beim Absatz von Fan-Artikeln lässt Ronaldo Messi weit hinter sich: Real Madrid verkauft 1,2 - 1,5 Mio. Trikots mit Ronaldos Namen – doppelt so viele wie Barcelona von Messi vermarkten kann.

Bei der skizzierten Form von Kommunikationspolitik mit Lionel Messi und Cristiano Ronaldo handelt es sich um **Testimonial-Werbung**. Ein Testimonial ist ein Fürsprecher, der sich zum beworbenen Produkt bzw. Unternehmen bekennt und/oder vorgibt, es selbst zu nutzen. Häufig wird hierfür auf Prominente („Celebrities") zurückgegriffen, im vorliegenden Fall auf Prominenz aus dem Sport *(Heider/Nufer, 2013)*.

3. Aufgabenstellungen und Bearbeitungshinweise

3.1 Zu bearbeitende Aufgaben

Sponsoring im Sport:

a) Was sind die Ziele eines Sportsponsors im Allgemeinen und darüber hinaus die von offiziellen WM-Sponsoren im Speziellen?

b) Kann Ihrer Meinung nach der Gesponserte (im vorliegenden Fall der Weltfußballverband FIFA als Veranstalter der WM) den Erfolg eines Sponsorships für die Sponsoren gewährleisten? Wenn ja, wie?

Merchandising im Sport:

c) Vergleichen Sie die Merchandising- bzw. Partner-Strategien von adidas, Nike und Puma im Rahmen der WM 2014! Zu welchem Fazit gelangen Sie?

d) Können die Sportartikelhersteller über Trikot-Merchandising die Kosten der Partnerschaften mit den Nationalteams refinanzieren? Welche Überlegungen stecken dahinter?

Ambush Marketing im Sport:

e) Was wollte Bavaria durch die Ambushing-Aktionen aus 2006 und 2010 erreichen? Sind die Vorgehensweisen dieser beiden Jahre Ihrer Meinung nach vergleichbar oder völlig unterschiedlich?

f) Nehmen Sie eine allgemeine kritische Würdigung (Vor- und Nachteile) des Ambush Marketing vor! Welche Position nehmen Sie als Fazit ein? Begründen Sie Ihre Antwort!

Testimonial-Werbung im Sport:

g) Was sind die Ziele von Testimonial-Werbung? Sehen Sie bei dieser Vorgehensweise auch Gefahren?

h) Passt das Testimonial Lionel Messi Ihrer Meinung nach zu Pepsi? Welche weiteren Marken bzw. Unternehmen sollten Ihrer Meinung nach im Rahmen ihrer Kommunikationspolitik auf Cristiano Ronaldo setzen? Begründen Sie Ihre Ideen!

3.2 Bearbeitungshinweise

Bearbeitungszeit: 2 - 4 Std. (je nach Vorkenntnissen)

Zugelassene Hilfsmittel/Informationsquellen: Alle (vgl. auch Literaturempfehlungen)

Empfohlene Fachsemester:

- Bachelor (höhere Semester mit Marketing-Grundkenntnissen)
- Master

Schwierigkeitsgrad insgesamt: Mittel

4. Lösungsskizzen

Zu Sponsoring im Sport:

a) Was sind die Ziele eines Sportsponsors im Allgemeinen und darüber hinaus die von offiziellen WM-Sponsoren im Speziellen?

Schwierigkeits-Niveau: leicht

Allgemeine Ziele von Sportsponsoren:

- Psychologische Ziele:
  - Bekanntheitsgrad (Erhöhung bzw. Stabilisierung der Unternehmens- bzw. Markenbekanntheit)
  - Image (Aufbau bzw. Veränderung bestimmter Imagedimensionen)
  - Kontaktpflege mit geladenen Gästen (Hospitality)
  - Leistungsdemonstration von Produkt und Unternehmen
  - Schaffung von Goodwill und Demonstration gesellschaftlicher Verantwortung
  - Motivationsförderung bei den eigenen Mitarbeitern
- Ökonomische Ziele:
  - Absatz
  - Umsatz
  - Marktanteil
  - Gewinn

Spezifische Ziele von WM-Sponsoren:

- Ausnutzen des immensen „Hypes" um das Mega-Event Fußball-Weltmeisterschaft
- Ansprache eines globalen Publikums
- Generierung von Aufmerksamkeit (z. B. durch Aktivierung des Sponsorships im Rahmen des Events, integrierte Unternehmenskommunikation)

→ Differenzierung B2C versus B2B (z. B. Technologie-Kompetenz, Referenz für zukünftige potenzielle Kunden)

→ Differenzierung nach den drei Sponsoren-Kategorien

b) Kann Ihrer Meinung nach der Gesponserte (im vorliegenden Fall der Weltfußballverband FIFA als Veranstalter der WM) den Erfolg eines Sponsorships für die Sponsoren gewährleisten? Wenn ja, wie?

Schwierigkeits-Niveau: mittel

Während beim Sponsoring von Einzelpersonen oder Teams im Falle eines Image-Einbruchs seitens der Gesponserten (beispielsweise hervorgerufen durch Skandale oder Niederlagenserien) auch das Ansehen des Sponsors in Mitleidenschaft gezogen werden kann, haben Event-Sponsoren dieses Risiko nicht zu fürchten.

Der Event-Veranstalter kann den Erfolg für die WM-Sponsoren nicht garantieren, sondern nur die Rahmenbedingungen für Erfolg schaffen (beispielsweise, indem er Maßnahmen gegen Ambusher ergreift etc.).

Zu Merchandising im Sport:

c) Vergleichen Sie die Merchandising- bzw. Partner-Strategien von adidas, Nike und Puma im Rahmen der WM 2014! Zu welchem Fazit gelangen Sie?

Schwierigkeits-Niveau: leicht

Adidas und Nike kämpfen um die Vormachtstellung im Fußball, was sich auch in deren jeweiligen Merchandising-Strategien widerspiegelt. Adidas unterstützte den Titelverteidiger Spanien, die mitfavorisierten Argentinier sowie den späteren neuen Weltmeister Deutschland – und setzte damit auf den sportlichen Erfolg dieser Teams. Mit Russland, Bosnien-Herzegowina, Kolumbien, Mexiko, Nigeria und Japan deckte der fränkische Sportartikelhersteller nahezu alle Kontinente ab.

Ähnlich ging Nike vor und bediente mit Gastgeberland Brasilien, den USA, England und Frankreich seine wichtigsten Absatzmärkte. Parallel deckte das amerikanische Unternehmen mit Australien, Südkorea, Griechenland, Kroatien, den Niederlanden und Portugal globale Märkte ab.

Ganz anders sah die Vorgehensweise von Puma aus. Mit Ausnahme von Italien setzte das Unternehmen auf vergleichsweise preiswerte Außenseiter – vornehmlich aus Afrika. Es scheint nicht der Anspruch von Puma zu sein, mit adidas und Nike mitzuhalten. Deshalb setzte PUMA auf „Underdogs" und das Überraschungsmoment bei geringerem finanziellen Mitteleinsatz.

d) Können die Sportartikelhersteller über Trikot-Merchandising die Kosten der Partnerschaften mit den Nationalteams refinanzieren? Welche Überlegungen stecken dahinter?

Schwierigkeits-Niveau: mittel

Exemplarisch berechnet anhand der Partnerschaft von Nike mit der französischen Nationalmannschaft: Um die Investition von 40 Mio. € bei einem Gewinn von 15 € pro Trikot zu refinanzieren, müssten annähernd 2,7 Mio. französische Trikots verkauft werden – und das nicht nur im WM-Jahr, sondern pro Jahr während der Dauer der Vertragslaufzeit. Diese Rechnung dürfte wohl nicht einmal beim Gewinn des Weltmeistertitels aufgehen – und ist ohnehin eine „Milchmädchenrechnung", denn den Sportartikelunternehmen ist klar: Ein Großteil der Rechtekosten muss als Marketingaufwand verbucht werden. Im Durchschnitt können die Sportartikler über Trikot-Merchandising nur rund ein Drittel der Kosten wieder einspielen. Dies ist jedoch nicht gleichbedeutend mit einer Fehlinvestition, denn es gilt: Der Imagegewinn für die gesamte Marke und damit verbundene positive Ausstrahlungseffekte auf den Verkauf aller Markenprodukte des Unternehmen stehen im Vordergrund.

Weiteres Beispiel: Adidas konnte während der Heim-WM 2006 1,5 Mio. deutsche Trikots absetzen, zur WM 2010 in Südafrika waren es 1,1 Mio. Gemäß obiger Rechnung wären zur Refinanzierung 2014 rund 1,9 Mio. verkaufte Deutschland-Trikots nötig. Rund 2 Mio. deutsche Trikots hatte adidas bereits bis zum Endspiel verkauft.

Zu Ambush Marketing im Sport:

e) Was wollte Bavaria durch die Ambushing-Aktionen aus 2006 und 2010 erreichen? Sind die Vorgehensweisen dieser beiden Jahre Ihrer Meinung nach vergleichbar oder völlig unterschiedlich?

Schwierigkeits-Niveau: mittel

Sowohl die Bavaria-Aktion von 2006 als auch die Neuauflage von 2010 stellen auf den ersten Blick gleichermaßen den Versuch von Werbung auf dem Veranstaltungsgelände dar. Da im Fall der Latzhosen die Werbung das Stadion – durch das schnelle Eingreifen der FIFA – erst gar nicht erreichte, blieb es hier bei gut sichtbarer Werbung im geografischen Umfeld, deren Wirkung durch die Medienberichterstattung noch um ein Vielfaches verstärkt wurde.

Die „Beer Babes" dagegen konnten aufgrund des kaum erkennbaren Bavaria-Logos ohnehin weder im Stadion, noch in dessen Umfeld kaum auf eine direkte Werbewirkung hoffen. Die Initiatoren hatten vielmehr von Anfang an auf die Berichterstattung in den Medien gesetzt. Es ist davon auszugehen, dass Bavaria selbst während des Spiels die „Beer Babes" der FIFA (anonym) gemeldet hat, um deren Einschreiten und die damit verbundene Medienberichterstattung zu provozieren. Somit handelt es sich hierbei um ein Musterbeispiel für wohlkalkuliertes Ambush Marketing im medialen Umfeld.

f) Nehmen Sie eine allgemeine kritische Würdigung (Vor- und Nachteile) des Ambush Marketing vor! Welche Position nehmen Sie als Fazit ein? Begründen Sie Ihre Antwort!

Schwierigkeits-Niveau: schwierig

Contra Ambush Marketing:

- Illegaler Diebstahl teuer erkaufter Werberechte, vgl. *Michael Payne* (früherer IOC Marketing Director): *„...thieves knowingly stealing something that does not belong to them"*.
- Allein Unternehmen, die Sponsoringbeiträge bezahlen, sollten auch von einem Event profitieren dürfen.
- Irreführung der Konsumenten
- Schaden für Sponsoren
- Schaden für Event-Veranstalter

→ Was wäre, wenn alle Unternehmen Ambushing dem Engagement als offizieller Sponsor vorziehen würden?

Pro Ambush Marketing:

- Legitime Kraft, die dem Sponsoringmarkt zu mehr Effizienz verhilft, vgl. *Jerry Welsh* (früherer Marketing Executive bei American Express): *„When you own and license Kermit you have only given the rights you own to one specific frog, and maybe not even to all green ones"*.
- Offizielle Sponsoren kaufen zwar Werberechte an einem Event, nicht aber das gesamte thematische Umfeld.

- Ambush Marketing ist die natürliche Konsequenz eines gesunden Wettbewerbs und der aktuellen Entwicklungen im Sponsoringmarkt.
- Erfolgreiches Ambush Marketing ist das Ergebnis hervorragender Marketingaktivitäten und hoher Kreativität.
- Ambush Marketing ist nur dann möglich/effizient, wenn die offiziellen Sponsoren ihre Aktivitäten nicht genügend abschirmen bzw. ihr Potenzial nicht vollständig ausschöpfen.

→ Ambush Marketing als neues, innovatives Instrument im Marketing-Mix!

Zu Testimonial-Werbung im Sport:

g) Was sind die Ziele von Testimonial-Werbung? Sehen Sie bei dieser Vorgehensweise auch Gefahren?

Schwierigkeits-Niveau: leicht

Ziele:

- Aufmerksamkeit
- Image-Transfer vom Testimonial auf das beworbene Produkt (Vormachen, Bestätigen, Konditionierung)

Gefahren:

- fehlende Glaubwürdigkeit
- Kannibalismus/Vampier-Effekt (Testimonial zieht die gesamte Aufmerksamkeit auf sich, für das beworbene Produkt bleibt nichts mehr übrig)
- fehlende Verbindung (z. B. bei Multi-Testimonials)
- Image-Einbruch des Testimonials (z. B. durch Niederlagen oder Skandale)

h) Passt das Testimonial Lionel Messi Ihrer Meinung nach zu Pepsi? Welche weiteren Marken bzw. Unternehmen sollten Ihrer Meinung nach im Rahmen ihrer Kommunikationspolitik auf Cristiano Ronaldo setzen? Begründen Sie Ihre Ideen!

Schwierigkeits-Niveau: mittel

Vorgehensweise:

- Welche Image-Eigenschaften besitzt das infrage kommende Testimonial?
- Wofür steht das zu bewerbende Produkt?
- Besteht eine glaubwürdige Affinität zwischen Testimonial und Produkt?

→ Kreativität ist gefragt!

5. Literatur

Zitierte Literatur

Bühler/Nufer, Marketing im Sport, in: Nufer/Bühler (Hrsg.), Marketing im Sport. Grundlagen und Trends des modernen Sportmarketing, 3. Auflage, Berlin 2013, S. 27 - 64

FIFA, Offiziell Partner der FIFA WM Brasilien 2014™ - FIFA.com, http://de.fifa.com/worldcup/organisation/partners (Zugriff: 30.12.2014)

Heider/Nufer, Wirkungen von Testimonialwerbung mit prominenten Sportlern – Ergebnisse einer empirischen Untersuchung, in: Sciamus – Sport und Management, Heft 2, 2013, S. 1 - 17

Kaser/Oelkers, Sports and Entertainment Marketing, 3. Auflage, Mason 2007

Mersch, T., Ronaldo schlägt Messi – beim Einkommen, in: Handelsblatt online, 2011, http://www.handelsblatt.com/sport/fussball/nachrichten/topverdiener-im-fussball-ronaldo-schlaegt-messi-beim-einkommen/4338500.html (Zugriff: 30.12.2014)

Mersch/Merx, Fußball-WM 2014 wird zur Materialschlacht der Ausrüster, in: The Wall Street Journal Deutschland, 2014, http://www.wsj.de/article/SB10001424052702304518704579523410651407326.html (Zugriff: 30.12.2014)

Nufer, G., Wirkungen von Sportsponsoring. Empirische Analyse am Beispiel der Fußball-Weltmeisterschaft 1998 in Frankreich unter besonderer Berücksichtigung von Erinnerungswirkungen bei jugendlichen Rezipienten, Berlin 2002

Nufer, G., Ambush Marketing im Sport. Grundlagen – Strategien – Wirkungen, Berlin 2010

Nufer, G., Ambush Marketing in Sports. Theory and Practice, London/New York 2013

Nufer, G., Adidas gegen Nike: Die Materialschlacht der WM-Ausrüster, in: Nachspielzeit – Die Schriftenreihe des Deutschen Instituts für Sportmarketing, 2014a - 5

Nufer, G., Deutschland ist Fußball-Weltmeister – und adidas erst Recht, in: Nachspielzeit – Die Schriftenreihe des Deutschen Instituts für Sportmarketing, 2014b - 6

Nufer/Bühler, Sponsoring im Sport, in: Nufer/Bühler (Hrsg.), Marketing im Sport. Grundlagen und Trends des modernen Sportmarketing, 3. Auflage, Berlin 2013a, S. 263 - 291

Nufer/Bühler, Event-Marketing im Sport, in: Nufer/Bühler (Hrsg.), Marketing im Sport. Grundlagen und Trends des modernen Sportmarketing, 3. Auflage, Berlin 2013b, S. 293 - 322

Nufer/Bühler, Ambush Marketing im Sport, in: Nufer/Bühler (Hrsg.), Marketing im Sport. Grundlagen und Trends des modernen Sportmarketing, 3. Auflage, Berlin 2013c , S. 445 - 474

PR Marketing, Pressemitteilungen 2011, http://www.pr-marketing.org/content.php?content=news&section=presse&page=2011 (Zugriff: 30.12.2014)

PR Marketing, Pressemitteilungen 2014, http://www.pr-marketing.org/content.php?content=news&section=presse&page=2014 (Zugriff: 30.12.2014)

Shilbury/Quick/Westerbeek, Strategic Sport Marketing, 3. Auflage, Crow Nest 2009

Sportinsider, Nike (10), Puma (8), Adidas (8) bei der Fußball-WM Brasilien 2014, 2013, http://sportinsider.wordpress.com/2013/11/24/nike-10-puma-9-adidas-8-bei-der-fusball-wm-brasilien-2014 (Zugriff: 30.12.2014)

Van Heerden, C. H., Factors affecting decision-making in South African sport sponsorships, Doctoral Thesis, University of Pretoria 2001

Literatur zur Vertiefung

Beech/Chadwick (Hrsg.), The Business of Sport Management, Harlow 2004

Bühler, A., Professional Football Sponsorship in the English Premier League and the German Bundesliga, Berlin 2006

Bühler/Nufer, Relationship Marketing in Sports, London 2010

Bühler/Nufer (Hrsg.), International Sports Marketing. Principles and Perspectives, Berlin 2014

Daumann, F., Grundlagen der Sportökonomie, 2. Auflage, Konstanz/München 2015

Nufer, G., Wirkungen von Sportsponsoring. Empirische Analyse am Beispiel der Fußball Weltmeisterschaft 1998 in Frankreich unter besonderer Berücksichtigung von Erinnerungswirkungen bei jugendlichen Rezipienten, Berlin 2002

Nufer, G., Ambush Marketing im Sport. Grundlagen – Strategien – Wirkungen, Berlin 2010

Nufer, G., Event-Marketing und -Management. Grundlagen – Planung – Wirkungen – Weiterentwicklungen, 4. Auflage, Wiesbaden 2012

Nufer, G., Ambush Marketing in Sports. Theory and Practice, London/New York 2013

Nufer/Bühler (Hrsg.), Management im Sport. Betriebswirtschaftliche Grundlagen und Anwendungen der modernen Sportökonomie, 3. Auflage, Berlin 2012

Nufer/Bühler (Hrsg.), Marketing im Sport. Grundlagen und Trends des modernen Sportmarketing, 3. Auflage, Berlin 2013

Nufer/Bühler, Event-Marketing in Sport und Kultur. Konzepte – Fallbeispiele – Trends, Berlin 2015

Rohlmann, P., Merchandising im Sport, in: Nufer/Bühler (Hrsg.), Marketing im Sport. Grundlagen und Trends des modernen Sportmarketing, 3. Auflage, Berlin 2013, S. 175 - 206

Schaaf, D., Testimonial- und Celebrity-Werbung im Sport, in: Nufer/Bühler (Hrsg.), Marketing im Sport. Grundlagen und Trends des modernen Sportmarketing, 3. Auflage, Berlin 2013, S. 323 - 352

Internetlinks

Deutsches Institut für Sportmarketing:
http://www.sportmarketing-institut.de
http://www.facebook.com/sportmarketinginstitut
http://twitter.com/_sportmarketing
http://www.xing.com/net/sportmarketing

Nachspielzeit – die Schriftenreihe des Deutschen Instituts für Sportmarketing:
http://www.sportmarketing-institut.de/index.php/publikationen/nachspielzeit

Reutlinger Diskussionsbeiträge zu Marketing & Management:
http://www.esb-business-school.de/forschung/publikationen/reutlinger-diskussionsbeitraege.html

Sciamus – Sport und Management:
http://www.sport-und-management.de

Marketing für „gesunde“ Lebensmittel – eine Fallstudie zum Landesmarketing im Zuge der Gesundheitsstrategie Mecklenburg-Vorpommerns

Von Prof. Dr. Michael Harth

1. Vorstellung des Untersuchungsgegenstandes: Das Land Mecklenburg-Vorpommern

Hauptakteur dieser Fallstudie ist das Bundesland Mecklenburg-Vorpommern und die damit verbundene Ernährungswirtschaft. Konkreter Untersuchungsgegenstand sind Lebensmittel, die als „gesund“ im Sinne der Ernährungsphysiologie und der Gesundheitswissenschaften gelten.

Mecklenburg-Vorpommern ist ein Küstenland im Nordosten Deutschlands. Es grenzt im Osten an die Republik Polen, im Süden an das Bundesland Brandenburg, im Westen an Niedersachsen und Schleswig-Holstein, im Norden bildet die Ostsee eine natürliche Grenze. Knapp zwei Drittel (63 %) der Landesfläche werden landwirtschaftlich genutzt. Rund 1.6 Mio. Menschen leben in Mecklenburg-Vorpommern, das mit durchschnittlich 69 Einwohnern je Quadratkilometer das am dünnsten besiedelte Bundesland in Deutschland ist. Die demografische Entwicklung (z. B. Abwanderung junger Menschen) bereitet dem Land erhebliche Probleme.

Das Land verfügt über das geringste durchschnittlich verfügbare Haushaltseinkommen (15.935 € je Einwohner und Jahr, Stand: 2011) und über das geringste Bruttoinlandsprodukt in Deutschland. Die Lage auf dem Arbeitsmarkt ist dauerhaft angespannt, trotz einer positiven wirtschaftlichen Entwicklung. Nichtsdestotrotz verfügt das Land über ein erhebliches Entwicklungspotenzial im Hinblick auf die Wirtschaftskraft, wie der Dynamikvergleich im Bundesländerranking zeigt (*Institut der deutschen Wirtschaft Köln Consult GmbH, 2012*). In der Volkswirtschaft des Landes sind insbesondere der Tourismus, die Ernährungswirtschaft und die Bio- und Medizintechnik als Branchen mit erheblichem Potenzial zu nennen. Die Ernährungsindustrie in Mecklenburg-Vorpommern trägt bedeutend zur Wirtschaftskraft des Landes bei, sie erwirtschaftet über ein Drittel des Umsatzes in der Wirtschaftskategorie „Verarbeitendes Gewerbe“ – deutlich über dem bundesdeutschen Durchschnitt. Große Bedeutung für das Land hat aber auch der Tourismus, mit beispielsweise 28.2 Mio. Übernachtungen im Jahr 2013.

2. Problemstellung der Fallstudie: Gesunde Lebensmittel und Ernährungsverhalten

Das gestiegene Bewusstsein für gesunde Ernährung zählt zu den wichtigsten gesellschaftlichen Trends der Gegenwart. Viele Unternehmen der Ernährungswirtschaft in Deutschland haben sich bereits darauf eingestellt und ihr Produktspektrum entsprechend angepasst. Lebensmittel mit gesundheitlich fördernden Zusatzstoffen, Nahrungsergänzungsmittel, Bioprodukte, gentechnikfreie Produkte, zuckerfreie und laktosefreie Produkte, diätetische Nahrungsmittel, probiotische Lebensmittel, Vollwertkost, vegetarische und vegane Ernährungsweise und andere Schlaglichter sind in diesem Zusammenhang zu nennen.

Es stellt sich die Frage: Was sind nun „gesunde" Lebensmittel? Zumindest diverse Gesundheits- und Fitnessratgeber scheinen die richtigen Lebensmittel ausgemacht zu haben. Gemäß der Zeitschrift FOCUS beispielsweise sind die TOP 10 der gesunden Lebensmittel folgende: Äpfel, Fisch, Knoblauch, Erdbeeren, Karotten, Chili, Bananen, Grüner Tee, Soja, Milch (*Focus Online, 04.01.2007*). Anders beim Journal BRIGITTE, welches sieben gesunde Lebensmittel als die besten deklariert: Aprikose, Artischocke, Buttermilch, Hirse, Makrele, Mandel, Mango (*BRIGITTE, Ausgabe 16/2012*).

Abgesehen von diesen häufig mit gewissem Eigeninteresse verfolgten Bewertungen, stellt sich die Frage, ob man „gesunde" Lebensmittel überhaupt definieren kann? Und wenn ja, welche Kriterien müssten dann hierbei beachtet werden? Spielen lediglich intrinsische Faktoren (also Inhaltsstoffe, Äußeres usw.) eine Rolle, oder gibt es weitere extrinsische Kriterien (z. B. Herkunft, Sicherheit, Gesundheits- und Umweltschutzbewusstsein usw.), die für die Verbraucher in ihrem Ernährungsverhalten von Bedeutung sind und Auswirkungen auf ihre Gesundheit haben? Bekanntlich macht ja „Genuss" beim Essen auch gesund, wie schon das deutsche Sprichwort *„Essen und Trinken hält Leib und Seele zusammen!"* andeutet. Warum sollten also gelegentlich konsumierte Pommes Frites schädlich sein? Häufig ist aber das gegenteilige Verhalten zu beobachten, d. h. trotz des Wissens um Gesundheitsgefahren bei häufigem Konsum von bestimmten Nahrungsmitteln treffen die Konsumenten systematisch und wiederholt Entscheidungen, die dieser Einsicht diametral entgegenstehen. Somit haben oft die kurzfristig hedonischen Aspekte (Genuss, Belohnung, Trost usw.) einen größeren Einfluss auf die Ernährung als die vernunftgeleitete Ernährungsweise mit langfristigen Gewichtsidealen und Gesundheitszielen.

Im Allgemeinen weisen alle Ernährungsberater auf eine „ausgewogene", sprich abwechslungsreiche Ernährung hin. Demnach kommt es nicht auf das einzelne Lebensmittel an, sondern auf die Kombination von in bestimmten Zeitabständen und Mengen aufgenommen Nahrungsmitteln. Andererseits wird uns in der Werbung häufig suggeriert, dass jeweils nur das einzelne Produkt besonders gesundheitsfördernd ist. Nur in seltenen Fällen werben die Unternehmen der Ernährungswirtschaft für eine ernährungsphysiologisch abgestimmte Kombination von verschiedenen Lebensmitteln.

Das Bundesland Mecklenburg-Vorpommern hat sich zum Ziel gesetzt, Gesundheitsland Nr. 1 in Deutschland zu werden. Es wirbt u. a. mit dem Slogan *„Gesundheitsland Mecklenburg-Vorpommern"* (*Ministerium für Wirtschaft, Bau und Tourismus, 2014*). Hierfür wurde ein Masterplan *„Gesundheitswirtschaft Mecklenburg-Vorpommern 2010"* erstellt mit dem Ziel, eine langfristige und auf Nachhaltigkeit ausgerichtete Entwicklungsstrategie für die Branche Gesundheitswirtschaft bis zum Jahr 2020 zu entwerfen. Im Masterplan wird neben den Themen „Life Science", „Gesundheitsdienstleistungen", „Gesundes Altern" und „Gesundheitstourismus" explizit das Zukunftsthema „Ernährung für die Gesundheit" priorisiert. Dabei sollen Lebensmittel, die einen gesundheitlichen Zusatznutzen haben, ernährungs(mit)bedingten Erkrankungen oder Lebensmittelintoleranzen entgegenwirken und so die Gesundheit der gesamten Bevölkerung nachhaltig befördern (*Ministerium für Wirtschaft, Bau und Tourismus Mecklenburg-Vorpommern, 2012*). Das Thema soll auch in den zentral übergreifenden Handlungsschwerpunkt „Landesmarketing" einfließen. Dabei wird angestrebt eine Marketingstrategie *„Bewusst essen – gesund ernähren"* zu entwickeln und hierfür eine PR-Kampagne durchzuführen.

Wie gesund sind die Einwohner von Mecklenburg-Vorpommern nun tatsächlich? Hierzu gibt es unterschiedliche Hinweise in den statistischen Veröffentlichungen. Während beispielsweise der *DKV-Report 2012* zu dem Ergebnis kommt, dass Mecklenburg-Vorpommern den größten Anteil an Menschen hat, die rundum gesund leben, zeigt ein Blick in die amtliche Statistik ein gegenteiliges Bild vom Gesundheitszustand der Einwohner Mecklenburg-Vorpommerns. Auch wenn der Krankenanteil (12,1 %) im Jahr 2009 unter dem Bundesdurchschnitt liegt (14 %), schneidet Mecklenburg-Vorpommern bei den Anteilen der Raucher und Übergewichtigen (bis hin zu Adipositas-Patienten) eher schlecht ab. Demnach ist Mecklenburg-Vorpommern das Bundesland mit dem zweithöchsten Raucheranteil (30,4 %), dem höchsten Body-Mass-Index (BMI = 26,4 kg/m^2) und dem zweithöchsten Anteil an Übergewichtigen (57,6 %) (*Statistisches Amt Mecklenburg-Vorpommern, 2011*).

Gründe für eine ungesunde Ernährungsweise können vielfältig sein. Neben Informationsdefiziten spielen sicherlich auch die geringe Kaufkraft der Verbraucher in Mecklenburg-Vorpommern und der damit häufig ausgelöste preisdominierte Lebensmittelkonsum eine wichtige Rolle. Somit kann es auch nicht verwundern, dass der regionale Absatz von höherwertigen und besonders nachhaltig erzeugten Produkten im Land – unter der Prämisse, dass diese auch tatsächlich einen höheren Beitrag zur Gesundheit leisten – bislang gering bzw. auf bestimmte Nischen beschränkt ist (Öko-Einkäufer, Restaurantbesucher, Gourmets, Touristen).

3. Zielsetzung und Aufgabenstellung der Fallstudie

Aus Sicht der Landespolitik besteht ein besonderes Interesse daran, die heimischen Verbraucher vor Krankheiten und gesundheitlichen Risiken zu schützen. Selbstverständlich nimmt die Ernährung in diesem Zusammenhang eine außerordentlich wichtige Position ein. Hierzu zählt beispielsweise die Verhinderung von Übergewicht bei Kindern oder sonstiger beobachtbarer Fehlverhalten in der Ernährung. Diese Zielsetzung lässt sich nur sehr eingeschränkt mit ordnungsrechtlichen Maßnahmen bewältigen. Vielmehr müssten die Verbraucher in geeigneter und durchdringender Weise alle notwendigen Informationen vermittelt bekommen, sodass gegebenenfalls eine Änderung des Konsumverhaltens möglich wird. Für die Bereitstellung dieser Informationen gibt es zwar mannigfaltige Möglichkeiten, doch um den Verbraucher tatsächlich zu erreichen und auch langfristig einen Bewusstseinswandel herbeizuführen gilt es, moderne und speziell an die Verbraucher in Mecklenburg-Vorpommern angepasste Kommunikationstechniken des Ernährungs- und Lebensmittelmarketings zu verwenden.

Hauptziel der Studie ist es demnach zu untersuchen, welches Verständnis und Konsumverhalten die Einwohner in Mecklenburg-Vorpommern gegenüber gesunden Lebensmitteln besitzen. Im Ergebnis sollen erste Hinweise auf zukünftige Kommunikationsstrategien einer gesunden Ernährungsweise in Mecklenburg-Vorpommern erfasst werden. Die Hochschule Neubrandenburg hat sich dieser Forschungsaufgabe angenommen und im Rahmen eines studentischen Projektseminars bearbeitet. Im Mittelpunkt stand hierbei eine **Konsumentenbefragung**. Folgende wichtige **Fragestellungen** standen zu Beginn des Projektes im Vordergrund:

Aufgabe 1:

Welche Schritte des Marketingforschungsprozesses sind im Allgemeinen zu berücksichtigen?

Aufgabe 2:

Auf welche Art und Weise sollten Ihrer Meinung nach die Konsumenten in Mecklenburg-Vorpommern befragt werden? Berücksichtigen Sie bei Ihren Überlegungen insbesondere folgende Aspekte: Datenerhebungsmethode, Stichprobenauswahl, Gestaltung des Erhebungsinstruments und Abwägung des Forschungsbudgets.

Aufgabe 3:

Welches spezielle Analyseverfahren der Marketingforschung eignet sich besonders gut, um Präferenzen für Produkte (hier: Lebensmittel) zu ermitteln? Welche Vor- und Nachteile sind bei Anwendung dieser Methode zu berücksichtigen?

4. Bearbeitungszeit, Schwierigkeitsgrad/empfohlenes Fachsemester

Die Fallstudie ist ab dem 4. Fachsemester zu empfehlen, wenn bereits ausreichende Statistikkenntnisse erworben und erste Erfahrungen in der Marketingforschung gesammelt wurden. Dabei haben die Aufgaben 1 und 2 ein leichtes bis mittleres Lösungsniveau. Bei Aufgabe 3 ist der Schwierigkeitsgrad aufgrund der im Mittelpunkt stehenden speziellen Analysemethode der Marketingforschung – wofür zudem spezielle Kenntnisse in der Anwendung entsprechender Statistik-Software erforderlich ist – höher einzustufen.

5. Empfohlene Hilfsmittel/Informationsquellen

Backhaus/Erichson/Weiber, Fortgeschrittene multivariate Analysemethoden. Eine anwendungsorientierte Einführung, 2. Auflage, Berlin 2013

6. Überlegungen zur Entwicklung einer Lösung

Folgende Lösungsvorschläge sind lediglich Anregungen und haben keinen Anspruch auf Vollständigkeit. Sie beziehen sich in erster Linie auf die in der konkreten Fallstudie durchgeführten Maßnahmen. Da Marketingforschungsprozesse immer den lokalen Gegebenheiten und Vorstellungen des Forscherteams unterliegen, können – abgesehen von grundsätzlichen Prinzipien der Marketingforschung – durchaus alternative Lösungsansätze gefunden werden.

Lösungsvorschlag zu Aufgabe 1:

Systematische Marketingforschung ist gekennzeichnet durch wissenschaftlich fundierte Untersuchungsmethoden und einen geplanten Untersuchungsprozess. In diesem Zusammenhang bietet die Orientierung an einem idealtypischen Prozess der Marketingforschung an. Dabei könnte der Marketingforschungsprozess unterteilt werden in Problemformulierung, Festlegung des Untersuchungsdesigns, Bestimmung des Durchführenden, Festlegung der Datenerhebungsmethode, Stichprobenauswahl (so genanntes Sampling), Gestaltung des Erhebungsinstrumentes, Durchführung der Datenerhebung, Editierung und Kodierung der Daten, Datenanalyse und -interpretation sowie Präsentation der Ergebnisse. Zur Vertiefung hierfür eignet sich u. a. das Lehrbuch von *Homburg/Krohmer (2009)*.

Lösungsvorschlag zu Aufgabe 2:

Im Mittelpunkt der Fallstudie steht eine Konsumentenbefragung. Für die zentrale Befragung wurde das so genannte **CAPI-Konzept**[1] gewählt. Mündliche Befragungen haben eine relativ hohe Erfolgsquote und können auch bei komplexen Umfragen eingesetzt werden. Dagegen stehen als Nachteile die relativ hohen Interviewkosten (die in diesem Fall aufgrund der hohen Anzahl der Studierenden im Seminar gering gehalten werden konnten) und mögliche Verzerrungen durch den Einfluss des Interviewers gegenüber. Der Fragebogen der Fallstudie ist in drei Teile gegliedert: Beginnend mit Fragen zur Einstellung und Motivation gegenüber gesunden Lebensmitteln befindet sich im mittleren Teil die computergestützte Anwendung der speziellen Marketingforschungsmethode (siehe Lösung zu Aufgabe 3). Zum Abschluss werden den Befragungsteilnehmern noch soziodemografische Fragen gestellt.

Zur Unterstützung der Interviewer wurde ein Interviewleitfaden entwickelt, der Verhaltensregeln und Tipps für die Befragung gemäß den Grundprinzipien der empirischen Sozialforschung enthält (auch zur Verringerung des „Interviewer-Effekts"). Vor der eigentlichen Befragung wurde ein Pretest in Neubrandenburg durchgeführt (n = 55), sodass entbehrliche Fragestellungen oder unklare Formulierungen bereinigt werden konnten.

---

[1] **Computer Assisted Personal Interviewing** = Rechnerunterstützte, persönliche Befragung. Dabei befindet sich das Fragebogenprogramm auf einem Notebook-Rechner. Gemeinsam mit dem Interviewer durchläuft der ausgewählte Proband den Fragebogen am Bildschirm. Technisch macht es dabei keinen Unterschied, ob der Interviewer die Fragen stellt und die Antworten eingibt oder ob die zu befragende Person selbst den Bildschirm betrachtet und die Tastatur verwendet.

Neben der Befragung in Mecklenburg-Vorpommern wurde der Fragebogen auch in verschiedenen Internetportalen als Online-Fragebogen zur Verfügung gestellt (z. B. „Interessenvertretung Gesunde Lebensmittel“ [1]). Online-Befragungen verursachen relativ geringe Kosten, man kann die befragten Personen schnell und mit einer hohen Reichweite kontaktieren (per E-Mail bzw. Internetseite) und die Daten können automatisch erfasst werden. Einschränkend gilt für Online-Befragungen eine in der Regel geringe Rücklaufquote, unzureichende Informationen über die Grundgesamtheit und aufgrund der heute noch begrenzten Verbreitung des Internets eine ggf. eingeschränkte Repräsentativität. Mit der in dieser Studie durchgeführten Online-Befragung sollten die Ergebnisse in Mecklenburg-Vorpommern eine Vergleichsstichprobe erhalten und auf ihre Messgüte geprüft werden.

Zur Ergänzung der Konsumentenbefragung wurden im Oktober 2013 ausgewählte Lebensmittelexperten auf der ANUGA in Köln in einer persönlich-schriftlichen PAPI-Befragung (Paper-and-Pencil-Interview) interviewt (n = 28). Die ANUGA ist die weltgrößte Lebensmittel-Fachmesse. Im Jahr 2013 waren über 6.000 Aussteller aus 97 Ländern und über 154.000 Fachbesucher aus 185 Ländern vor Ort.

Lösungsvorschlag zu Aufgabe 3:

Zur Ermittlung der Präferenzen der Konsumenten gegenüber gesunden Lebensmitteln wurde die Methode der **Discrete Choice Experiments** in die Befragung integriert.

Discrete Choice Experiments (DCE)[2] zählen zu den quantitativen Methoden der Präferenzmessung. Im Rahmen von Marketingaktivitäten werden sie häufig bei Produktneugestaltungen verwendet. Das dekompositionelle Grundprinzip der DCE besteht darin, dass ein empirisch erhobenes Gesamturteil für ein komplexes Beurteilungsprodukt (wie z. B. Lebensmittel) in merkmalspezifische Teilpräferenzbeiträge zerlegt (dekomponiert) wird. Dabei wird davon ausgegangen, dass Konsumenten ein Produkt nicht als ein Ganzes betrachten, vielmehr besteht die Nachfrage nach einem Gut aufgrund einer ganz bestimmten Kombination nutzenstiftender Eigenschaften, die in diesem Produkt zusammengefasst sind. Diese Eigenschaften und die dazugehörigen Ausprägungen sind vor Anwendung der DCE zu ermitteln, evtl. durch eine vorgelagerte Befragung der Zielgruppe und ggf. Auswertung mithilfe der Faktorenanalyse. Zudem müssen die Eigenschaften und ihre Ausprägungen bestimmten Kriterien entsprechen, z. B. Unabhängigkeit, Relevanz usw.

Bei den DCE werden Probanden wiederholt mit einer Auswahl verschiedener Produktalternativen (den so genannten „Choice Sets“) konfrontiert. Ein Choice Set besteht aus zwei oder mehreren Alternativen. Jede Alternative setzt sich aus verschiedenen Ausprägungen von Eigenschaften zusammen. In jedem neuen Choice Set werden die Ausprägungen gemischt, sodass jeweils neue Produktalternativen angeboten werden. In

1 www.ig-fuer.de/

2 In der Literatur werden die Begriffe „Discrete Choice Experiment“ (DCE), „Discrete Choice Model“ (DCM), „Discrete Choice Analysis“ (DCA) und „Choice-Based Conjoint Analysis“ (CBC oder CBCA) oft synonym verwendet. Bei Backhaus et al. (2013) wird die Methode als „Auswahlbasierte Conjoint-Analyse“ bezeichnet.

Abbildung 1 ist eine für die Fallstudie typische Auswahlentscheidung mit zwei Alternativen und einer Nicht-Wahl-Option dargestellt. Die Probanden entscheiden sich dann entweder für eines der präsentierten Produkte oder bei Nichtgefallen für die Nicht-Wahl-Option.

Die befragten Personen haben somit die Aufgabe, Lebensmittel gegeneinander abzuwägen und diesbezüglich Wahlurteile abzugeben. Dabei können aufgrund bestimmter Kombinationen von Ausprägungen Trade-Off-Situationen entstehen, sodass Befragungspersonen Prioritäten setzen müssen. Damit lässt sich feststellen, inwieweit die Probanden bestimmte Ausprägungen gegenüber anderen in einem Produkt präferieren, wiederum andere in Anwesenheit gewünschter Ausprägungen gerade noch tolerieren. Die „Vehemenz" der getroffenen Trade-Off-Entscheidungen schlägt sich in der Höhe der auf Basis von OLS-Regressionen geschätzten Teilnutzenwerte für die jeweiligen Ausprägungen nieder (bei den DCE als „effects" bezeichnet). Bei den DCE wird durch die verwendeten Regressionsmodelle neben einem beobachtbaren auch ein zufälliger Nutzeneffekt berücksichtigt.

Wenn Sie „gesunde" Lebensmittel kaufen wollen, für welches Produkt würden Sie sich entscheiden?

Lebensmittel 1	Lebensmittel 2	Nicht-Wahl-Möglichkeit
Einkaufsort: Reformhaus, Bioladen	**Einkaufsort:** Supermarkt (z. B. EDEKA, REWE)	**Nein, ich würde keines der Lebensmittel wählen.**
Verarbeitungsgrad: Nicht verarbeitet (Rohkost)	**Verarbeitungsgrad:** Stark verarbeitet (Fertigprodukte)	
Herkunft: Europäische Union	**Herkunft:** Deutschland	
Preisklasse: Normaler Preis	**Preisklasse:** Günstiger	
☐	☐	☐

Abb. 1: Beispiel eines Choice Sets in einem DCE

Quelle: *eigene Darstellung*

Der große Vorteil der DCE liegt in der relativ realitätsnahen Entscheidungssituation, d. h. es werden echte Auswahlentscheidungen getroffen, vergleichbar mit einer realen Kaufentscheidungssituation. Als Nachteil der DCE ist in erster Linie die limitierte Anzahl an verwendbaren Eigenschaften und Ausprägungen zu nennen, da ansonsten das Bewertungssystem zu viele Choice Sets erfordern würde. Insgesamt stellt die Methode hohe kognitive Anforderungen an die befragten Personen. Detaillierte Informationen zu den DCE finden sich bei *Backhaus et al. (2013)*, *Baier/Brusch (2009)* und *Harth (2008)*.

7. Umsetzung der Konsumentenbefragung

Zur Identifizierung der zu bewertenden Eigenschaften und Eigenschaftsausprägungen im Rahmen der DCE wurde eine vorgeschaltete Befragung in Neubrandenburg (n = 60) durchgeführt. Bei der Auswahl der Bewertungskriterien kam im Besonderen die **Repertory-Grid-Methode** zum Einsatz (siehe dazu *Harth, 2008*; *Harth/Meurer, 2014*). Die daraus abgeleiteten und letztendlich in den DCE dieser Studie berücksichtigten Eigenschaften und Eigenschaftsausprägungen zur Beschreibung einer Wahlalternative („Gesunde Lebensmittel") sind in Tabelle 1 aufgelistet.

Bei Kreuzung aller in Tabelle 1 dargestellten Eigenschaften und Ausprägungen würden sich theoretisch 3 • 3 • 3 • 3 = 81 mögliche Kombinationen zur Beschreibung einer einzelnen Wahlalternative ergeben. Eine Wahlalternative wäre beispielsweise ein Lebensmittel, das beim „Discounter" erhältlich ist, „wenig verarbeitet" wurde, aus „Deutschland" stammt und zu einem „günstigen Preis" angeboten wird. Um die Befragten nicht zu überfordern wird bei den DCE deshalb in der Regel ein reduziertes Design angestrebt, d. h. letztendlich wird rechnergestützt eine überschaubare Anzahl von Choice Sets mit einer ausgewogenen Mischung der Eigenschaftsausprägungen in den Wahlalternativen generiert. Die DCE wurden mit der Befragungs- und Statistiksoftware der Firma *Sawtooth* (USA) durchgeführt.

Eigenschaften	Ausprägungen
Einkaufsort	Discounter (z. B. Aldi, Lidl) Supermarkt (z. B. EDEKA, REWE) Reformhaus, Bioladen
Verarbeitungsgrad	Nicht verarbeitet Wenig verarbeitet Stark verarbeitet
Herkunft	Mecklenburg-Vorpommern Deutschland Europäische Union
Preisklasse	Günstiger Normaler Preis Teurer

Tab. 1: Eigenschaften und Ausprägungen für „gesunde" Lebensmittel im Rahmen der DCE

Quelle: *eigene Darstellung*

Die Hauptbefragungen fanden in den wichtigsten Einkaufscentern der Großstädte Mecklenburg-Vorpommerns statt (n = 133): Rostock (Galerie Rostocker Hof, n = 38), Neubrandenburg (Marktplatz, n = 43), Stralsund (Strelapark, n = 52). Für die Befragung wurde hinsichtlich Standgestaltung und Interviewerbekleidung das einheitliche Corporate Design der Hochschule Neubrandenburg verwendet (vgl. Abbildung 2).

Abb. 2: Befragung „Gesunde Lebensmittel" durch Studierende im Einkaufscenter Strelapark Stralsund

Quelle: *Schmückert (2013)*

Als Befragungspersonen kamen grundsätzlich alle zufällig vorbeikommenden Besucher der Einkaufscenter infrage. Die Interviewer erhielten zuvor einen Quotenplan, wobei eine anzustrebende Anzahl von Personen nach verschiedenen Kriterien, wie Geschlecht und Alter, befragt werden sollte. Als Anreiz für die Befragung wurden neben Merchandising-Produkten der Hochschule Neubrandenburg auch Äpfel als „Give-Aways" verschenkt. Gemäß dem Sprichwort *„An apple a day keeps the doctor away!"* kann der Apfel sinnbildlich als gesundes Lebensmittel betrachtet werden.

Insgesamt wurden jeder Befragungsperson neben den weiteren Fragestellungen des CAPI-Interviews jeweils 12 Choice Sets mit je 2 Alternativen und einer Nicht-Wahlmöglichkeit zur Wahlentscheidung im Rahmen der DCE vorgelegt. Daraus ergaben sich 133 • 12 = 1.596 auswertbare Beobachtungen. Detaillierte Informationen zur Umsetzung der Konsumentenbefragung finden sich bei (*Harth/Meurer, 2014*).

8. Ergebnisse der Konsumentenbefragung und Implikationen

Im Folgenden soll schwerpunktmäßig auf die Ergebnisse der DCE eingegangen werden, weniger auf die allgemeinen Fragestellungen zu Motivation, Einstellung und Soziodemografie. Aufgrund der relativ geringen Stichprobengröße (befragte Personen aus Mecklenburg-Vorpommern n = 133) und der damit niedrigen Repräsentativität sind diese Einschätzungen natürlich nur eingeschränkt aussagekräftig. Andererseits wurden die Ergebnisse durch die deutschlandweite Online-Befragung in mancher Hinsicht gestützt (n = 438).

In Tabelle 2 sind die geschätzten Nutzenwerte der DCE für alle Ausprägungen dargestellt. Für die Interpretation muss beachtet werden, dass negative Nutzenwerte darauf hinweisen, dass die Befragungsteilnehmer negative Präferenzen für diese Ausprägungen hegen. Hohe positive Teilnutzenwerte hingegen entsprechen hohen Präferenzen.

Geringe Teilnutzenwerte (z. B. bei der Eigenschaft „Einkaufsort") deuten eine mögliche Indifferenz im Kaufverhalten an.

Eigenschaften	Ausprägungen	Teilnutzenwerte
Einkaufsort	Discounter	-0,0296
	Supermarkt	0,1690
	Reformhaus/Bioladen	-0,1394
Verarbeitung	Nicht verarbeitet	0,4810
	Wenig verarbeitet	0,3048
	Stark verarbeitet	-0,7858
Herkunft	MV	0,2765
	Deutschland	0,0972
	EU	-0,3737
Preis	Günstiger	0,1001
	Normal	0,1859
	Teurer	-0,2860

Tab. 2: Geschätzte Nutzenparameter für „gesunde" Lebensmittel auf Basis der DCE

Quelle: *eigene Darstellung auf Basis von Stata output (n = 133)*

Im Folgenden werden einige Interpretationsmöglichkeiten der DCE wiedergegeben. Demgemäß ergibt sich für Mecklenburg-Vorpommern, dass gesunde Lebensmittel vor allem mit einem geringen Verarbeitungsgrad und einer möglichst regionalen Rohstoffherkunft in Verbindung gebracht werden (hohe positive Teilnutzenwerte). Der Einkaufsort spielt hierbei in Relation nur eine untergeordnete Rolle, d. h. den Probanden ist unter Umständen nicht bewusst, wo man „gesunde" Lebensmittel einkaufen kann. Auf Basis der DCE-Ergebnisse ordnen die Konsumenten aus Mecklenburg-Vorpommern gesunden Lebensmitteln einen höheren Preis zu, was vermutlich auf der Annahme von wertvolleren Inhaltsstoffen oder einer erwarteten höheren Prozessqualität (z. B. Tierwohl, Ökolandbau) beruht. Dennoch ist auch darauf hinzuweisen, dass der Preis insgesamt nicht als entscheidendes Einkaufskriterium beim Einkauf von gesunden Lebensmitteln empfunden wird, da die geschätzten Teilnutzenwerte über alle Ausprägungen relativ geringe Werte aufweisen.

Auf Basis der geschätzten Teilnutzenwerte lässt sich nun auch das Produkt finden, welches zum einen den höchsten und zum anderen den geringsten Gesamtnutzenwert aufweist (es wird dabei von einem additiven Verknüpfungsmodell ausgegangen). Demnach würden die Konsumenten in Mecklenburg-Vorpommern auf Basis der DCE gesunde Lebensmittel am ehesten bevorzugen, wenn sie im „Supermarkt" (als Einkaufsort), möglichst naturbelassen („keine Verarbeitung"), zu einem „normalen" (mittleren) Preis und aus „Mecklenburg-Vorpommern" stammend (Herkunft) verfügbar wären (größter Gesamtnutzenwert). Dagegen würden gesunde Lebensmittel mit Verkaufsort „Reformhaus" oder „Bioladen", mit einem „hohen Verarbeitungsgrad", aus dem Ausland stammend („EU") und mit einem „hohen Preis" nur geringe Präferenzwerte der Konsumenten hervorrufen (geringster Gesamtnutzenwert). Auffallend ist die geringe Assoziation von gesunden Lebensmitteln mit der Einkaufsortkategorie „Reformhaus/Bioladen“.

Grundsätzlich hat sich bei der Befragung herausgestellt, dass die Konsumenten unterschiedliche Vorstellungen von gesunden Lebensmitteln haben. Die geäußerten Assoziationen im CAPI-Interview und die Ergebnisse der DCE könnten verstärkt in der Kommunikation und im Marketing für gesunde Lebensmittel verwendet werden. Für eine detaillierte Darstellung der Ergebnisse und zur vertieften Diskussion siehe *Harth/Meurer (2014)*.

9. Generalisierende Learnings für vergleichbare Fälle

Grundsätzlich eignen sich die Discrete Choice Experiments aufgrund der realitätsnahen Bewertungssituation sehr gut zur Feststellung von Verbraucherpräferenzen, auch wenn der kognitive Anspruch an die befragten Personen relativ hoch ist.

10. Mögliche Fehlerquellen in Überlegung und Umsetzung

Große Bedeutung bei den Discrete Choice Experiments kommt der Auswahl der Eigenschaften und Eigenschaftsausprägungen zu. Da die Anzahl limitiert ist, in der Regel zwischen 3 - 6 Eigenschaften mit entsprechenden Ausprägungen, ist hierbei besondere Sorgfalt anzuwenden. Wie in vorliegender Fallstudie dargestellt, gab es beispielsweise bei der Eigenschaft „Einkaufsort“ nur sehr geringe Präferenzwerte, sodass diese Eigenschaft im Präferenzsystem der Konsumenten im Grunde keine Rolle spielt und somit für die Befragung von geringer Relevanz war.

11. Literatur zur Vertiefung

Backhaus/Erichson/Weiber, Fortgeschrittene multivariate Analysemethoden. Eine anwendungsorientierte Einführung, 2. Auflage, Berlin 2013

Baier/Brusch, Conjointanalyse. Methoden, Anwendungen, Praxisbeispiele, Berlin/Heidelberg 2009

Harth, M., Multikriterielle Bewertungsverfahren als Beitrag zur Entscheidungsfindung in der Landnutzungsplanung. Unter besonderer Berücksichtigung der Adaptiven Conjoint-Analyse und der Discrete Choice Experiments, Saarbrücken 2008

Harth/Meurer (Hrsg.), Was sind gesunde Lebensmittel? – eine interdisziplinäre Annäherung für Mecklenburg-Vorpommern: Hochschule Neubrandenburg (Schriftenreihe der Hochschule Neubrandenburg / I, 2), 2014

Homburg/Krohmer, Grundlagen des Marketingmanagements. Einführung in Strategie, Instrumente, Umsetzung und Unternehmensführung, 2. Auflage, Wiesbaden 2009

Institut der deutschen Wirtschaft Köln Consult GmbH, Bundesländer im Vergleich. Wer wirtschaftet am besten? Hrsg. v. Initiative Neue Soziale Marktwirtschaft und Wirtschaftswoche, Köln 2012, www.bundeslaenderranking.de

Ministerium für Wirtschaft, Bau und Tourismus Mecklenburg-Vorpommern; BioCon Valley GmbH (Hrsg.), Masterplan Gesundheitswirtschaft Mecklenburg-Vorpommern 2020. Fortschreibung des Masterplans Gesundheitswirtschaft 2010. Schwerin: Ministerium für Wirtschaft Arbeit und Tourismus Mecklenburg-Vorpommern, Schwerin 2012

Ministerium für Wirtschaft, Bau und Tourismus Mecklenburg-Vorpommern, Investorenportal. Ernährungsindustrie in MV, Schwerin 2014, http://www.regierung-mv.de/cms2/Regierungsportal_prod/Regierungsportal/de/wm/Themen/Wirtschaft/Wachstumsbranchen/Wachstumsbranche_Ernaehrungsindustrie/index.jsp.

Statistisches Amt Mecklenburg-Vorpommern (Hrsg.), Krankheiten, Rauchgewohnheiten und BMI der Bevölkerung (Mikrozensus) in Mecklenburg-Vorpommern. 2009. A IV - 4j. Schwerin (Statistische Berichte – Gesundheitswesen) 2011

Social Media als Marketinginstrument eines B2B-Unternehmens

Von Prof. Dr. Elke Theobald

1. Vorstellung des Unternehmens/Produkts

Das Unternehmen Doduco ist ein weltweit führender Hersteller für elektrische Kontakte (vgl. Abbildung 1), die in unterschiedlichsten Branchen und Endprodukten zum Einsatz kommen. Die elektrischen Kontakte gehen als Bauteile in Produkte der Energietechnik, der Unterhaltungselektronik, der Gebäudeinstallationstechnik, der Automobilindustrie, in Haushaltsgeräte und Telekommunikationsgeräte ein. Hier regeln elektrische Kontakte den Stromkreislauf und übertragen bzw. unterbrechen die Elektrizität im Schalter. Überall, wo Strom fließt, sind Kontakte von Doduco im Einsatz: in der elektrischen Zahnbürste ebenso wie im Kühlschank, im Smartphone und im Auto.

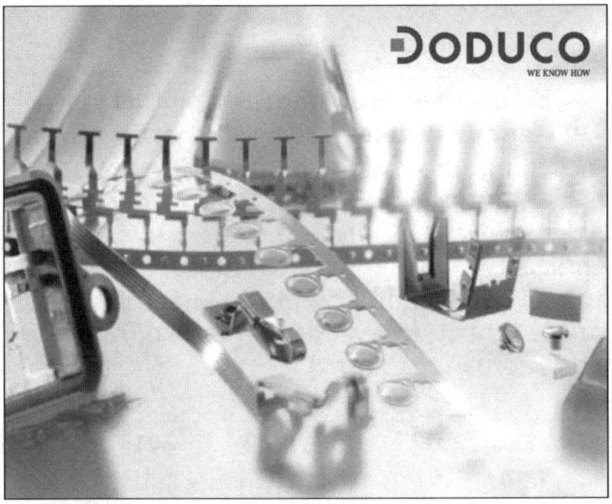

Abb. 1: Kontaktmaterial Doduco

Weitere Tätigkeitsfelder von Doduco sind Beschichtungen von Produkten (edelmetall- und nicht-edelmetallhaltig), das Recycling von Edelmetallen und die Herstellung von Silberpulver. Im Fokus dieser Fallstudie steht ausschließlich der Produktbereich „Elektrische Kontakte".

Mit vier Produktionsstandorten in Europa und Asien ist Doduco ein international agierendes Unternehmen. Doduco erzielte in 2013 einen Gesamtumsatz von 228 Mio. € und beschäftigt ca. 1.200 Mitarbeiter weltweit. Das Unternehmensvideo gibt einen guten Einblick in die Geschäftstätigkeit des Unternehmens, siehe http://www.doduco.net/de/doduco/das-unternehmen/unternehmensvideo.aspx.

2. Situation in Bezug auf Markt, Wettbewerb und Nachfrage

Nachfrage

Das Unternehmen Doduco verkauft seine Produkte weltweit an produzierende Unternehmen und ist daher dem B2B-Segment zuzuordnen. Potenzielle Kunden von Doduco sind alle elektromechanischen Schalterhersteller und deren Kunden in den Endmärkten Automotive, weiße und braune Ware (= Haushaltsgeräte und Unterhaltungselektronik), Energiemanagement und -verteilung, Transportation und Industriesteuerungen. Für den Verkauf der elektrischen Kontakte muss Doduco in der Regel mehrere Zielpersonen in den produzierenden Unternehmen überzeugen: Zum einen ist dies der Entwicklungsingenieur und Projektmanager von Neuprodukten, der bei der Produktentwicklung die fachliche Einschätzung vornimmt, welche Komponenten in dem Produkt verbaut werden können und müssen. Zum anderen sind dies aber auch die strategischen Entscheider und die Einkäufer, die letztendlich die Verhandlungen führen und die kaufmännische Entscheidung fällen. Jeder Auftrag ist dabei eine Individualfertigung für den Kunden, die in der Regel in hoher Stückzahl an das produzierende Unternehmen geliefert wird. Doduco entwickelt in enger Zusammenarbeit mit dem Kunden den zu liefernden elektrischen Kontakt.

Markt und Wettbewerb

Es ist schwierig, in dem betreffenden Markt konkrete Daten wie die Anzahl der Entwicklungsprojekte oder das konkrete Marktvolumen zu erhalten. Einige Branchenverbände liefern Daten, die für eine Einschätzung herangezogen werden können. Wir betrachten als Basis für die Markteinschätzung die Daten des *Zentralverbandes der Elektrotechnik- und Elektronikindustrie, ZVEI*, (www.zvei.org), insbesondere das Faktenblatt „Elektroindustrie in Zahlen" vom April 2014 mit den Zahlen zu 2012 und 2013 (http://www.zvei.org/Publikationen/ZVEI-Elektroindustrie-in%20Zahlen-2014.pdf) und das Konjunkturbarometer Februar 2015 (http://www.zvei.org/Verband/Publikationen/Seiten/ZVEI-Konjunkturbarometer-Februar-2015.aspx).

	2012		**2013**	
	Mrd. € Billion €	Δ in %	Mrd. € Billion €	Δ in %
Produktion/Production davon/thereof:	142,5	-3,9	137,9	-3,2
▸ Investitionsgüter Investment Goods	114,4	-2,4	109,7	-4,2
▸ Gebrauchsgüter Consumer Goods	13,3	-2,8	13,9	4,8
▸ Bauelemente der Elektronik Electronic Components and Systems	14,9	-14,4	14,4	-3,3
Umsatz/Turnover	170,2	-4,6	166,9	-1,9
▸ Inland/Domestic	88,9	-5,8	85,3	-4,0
▸ Ausland/Foreign	81,3	-3,5	81,6	0,4
Ausfuhr/Exports	159,9	1,6	158,3	-1,0
Einfuhr/Imports	137,3	-0,8	135,0	-1,6

	2012		2013	
	Mrd. € Billion €	Δ in %	Mrd. € Billion €	Δ in %
Forschung und Entwicklung (F&E) **Research & Developement (R&D)**	14,1	5,4	14,7	4,5
	Index: 2010=100		Index: 2010=100	
Auftragseingang/New orders	97,6	-8,7	101,0	3,5
► Inland/Domestic	96,3	-13,8	96,7	0,4
► Ausland/Foreign	98,9	-3,3	105,0	6,2

Tab. 1: Elektroindustrie in Zahlen in Deutschland 2012/2013

Quelle: *Elektroindustrie in Zahlen (Februar 2014)*

Doduco ist dem Segment der „Bauelemente der Elektronik" zuzuordnen. Dieses Segment hat in 2013 einen Umsatz von 14,4 Mrd. € erzielt und ist im Vergleich zu 2012 um 3,3 % geschrumpft. Dies deutet auf einen verschärften Wettbewerb im Markt hin, allerdings sind die Umsatzeinbrüche in 2013 deutlich geringer als noch im Jahr 2012 mit einem Umsatzrückgang um 14,4 %. Im Jahr 2014 wurde somit der Abwärtstrend gebremst.

	Einheit	**2013**	**2014 Dezember**	**2014 Jan.-Dez.**
Auftragseingänge Veränderung gegenüber Vorjahr	in %	3,5	2,2	0,6
von inländischen Kunden Veränderung gegenüber Vorjahr	in %	0,4	-2,5	0,0
von ausländischen Kunden Veränderung gegenüber Vorjahr	in %	6,2	6,2	1,2
► aus der Eurozone Veränderung gegenüber dem Vorjahr	in %	1,6	8,0	3,5
► von ausländischen Kunden Veränderung gegenüber Vorjahr	in %	9,1	5,2	0,0
Produktion, preisbereinigt Veränderung gegenüber Vorjahr	in %	-2,7	3,4	2,5
Umsatz Veränderung gegenüber Vorjahr	Mrd. Euro in %	166,9 -1,9	15,3 6,4	171,9 3,0
mit inländischen Kunden Veränderung gegenüber Vorjahr	Mrd. Euro in %	85,3 -4,0	7,8 7,4	86,7 1,7
mit ausländischen Kunden Veränderung gegenüber Vorjahr	Mrd. Euro in %	81,6 0,4	7,5 5,5	85,2 4,3
► aus der Eurozone Veränderung gegenüber Vorjahr	Mrd. Euro in %	29,9 -4,0	2,5 -0,3	30,8 2,9
► von ausländischen Kunden Veränderung gegenüber Vorjahr	Mrd. Euro in %	51,7 3,1	5,0 8,7	54,4 5,1

Tab. 2: Kennzahlen zur Elektrokonjunktur Deutschland 2014

Quelle: *Konjunkturbarometer (Februar 2015)*

Die Marktsituation hat sich weiter stabilisiert, und sowohl Auftragseingänge als auch Produktion und Umsatz sind gestiegen. Das Umsatzwachstum konnte in der Branche eher im Ausland als im Inland generiert werden (siehe Zahlen in der obigen Tabelle für Umsatz und Auftragseingang). Die stärksten ausländischen Märkte sind hierbei Südostasien (inklusive Japan und China) mit einem Exportanteil von 16,7 %, die USA mit 8,3 % und Frankreich mit 7,3 % *(Elektroindustrie in Zahlen, Februar 2014)*. Für unsere Fallstudie bedeutet dies, dass international wirksame Maßnahmen entwickelt werden müssen.

Betrachtet man die Kundensegmente, also die produzierenden Unternehmen, so gliedern sich die Teilmärkte in die Segmente in Abbildung 2 auf (http://www.zvei.org/Publikationen/Elektroindustrie-weltweit.pdf):

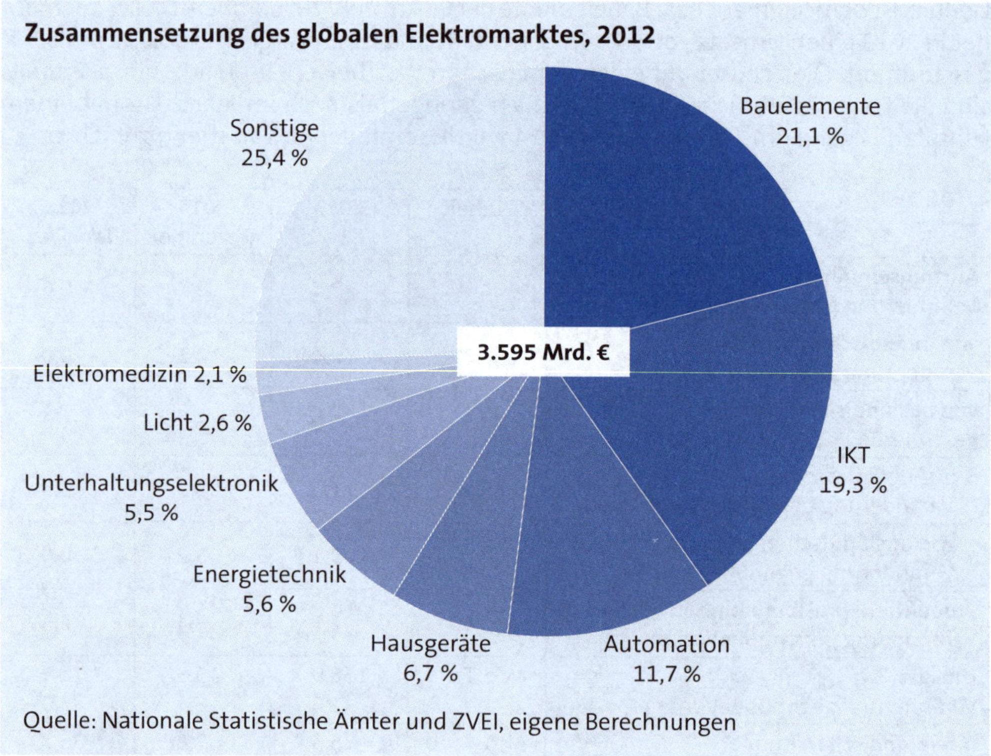

Abb. 2: Globaler Elektromarkt 2012

Quelle: *Elektroindustrie weltweit*

Die Produkte von Doduco gehören dem Markt der Bauelemente an, der das größte Marktsegment mit 21,1 % ausmacht. Bedeutende Marktsegmente, denen die Kunden von Doduco zuzuordnen sind, sind die Informations- und Kommunikationstechnik, die Bereiche Automation und Hausgeräte sowie Energietechnik und Unterhaltungselektronik. Die Bereiche Automation und Hausgeräte haben ihr Volumen in den letzten 10 Jahren mehr als verdoppelt, die Informations- und Kommunikationstechnik ist dagegen in den letzten Jahren geschrumpft. Dieser Überblick zeigt deutlich, wie breit und vielfältig das Spektrum der potenziellen Kunden von Doduco ist und wie unterschiedlich sich die verschiedenen Segmente entwickeln.

Um den Blick auf die Kundensegmente anzureichern, soll die Studie der *BayernLB* zum Elektronikmarkt herangezogen werden (http://www.zvei.org/Publikationen/BayernLB-Research-ZVEI-Technology-2014.pdf).

Laut dieser Studie erwarten die Analysten für den Markt der elektronischen Bauelemente im Jahr 2014 in Deutschland ein starkes Wachstum im Bereich der Kfz-Elektronik, der Industrielektronik und der Datentechnik (vgl. Abbildung 3).

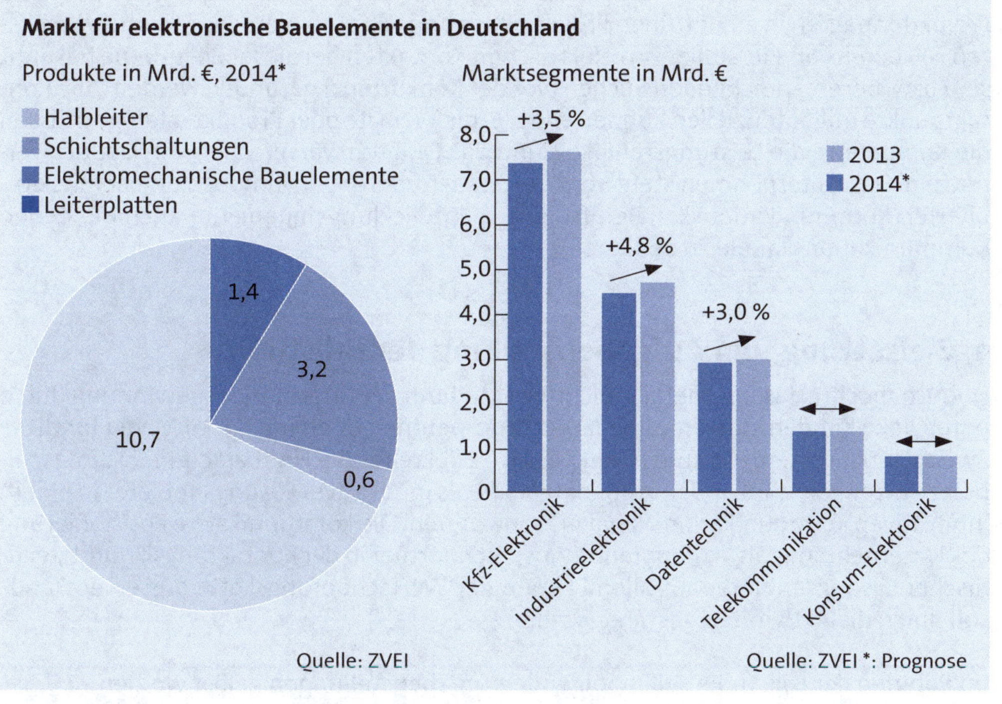

Abb. 3: Markt für elektronische Bauelemente in Deutschland 2014

Quelle: *BayernLB Research, Länderrisiko- und Branchenanalyse: Deutsche Elektroindustrie profitiert von ansteigenden Investitionen (Juli 2014)*

Der Markt unterliegt also einer großen Dynamik; es entstehen vielfältige Entwicklungsprojekte in allen Industrien und Doduco muss Kontakte zu vielen unterschiedlichen Branchen und Unternehmen pflegen, um bei möglichen Projekten als Lieferant präsent zu sein.

Doduco besitzt viele internationale **Wettbewerber** in den unterschiedlichen Marktsegmenten. In dieser Fallstudie sollen die Wettbewerber Umicor (ein Unternehmen aus Deutschland) und Modison (ein Unternehmen aus Indien) näher betrachtet werden.

3. Problemstellung der Fallstudie

Doduco muss für die Kundenakquise zu einem frühen Zeitpunkt in das Projekt des jeweiligen Kunden integriert werden – in der Regel geschieht dies in der Phase der Produktentwicklung und der Produktplanung. Hierin liegt für Doduco auch die Herausforderung in der Kundenakquise: In der Regel ist die Produktentwicklung in den Unternehmen kein öffentlicher Prozess (Ausnahmen sind Produktinnovationen über Social Networks unter Einbindung der Prosumenten, also Konsumenten die im Innovationsprozess zu Produzenten werden); man erfährt häufig erst dann von einem neuen Produkt, wenn es in den Markt eingeführt wird, also letztendlich bereits produziert wurde.

Doduco steht somit vor der Herausforderung, aktiv von Entwicklungsingenieuren und Projektmanagern in einer frühen Projektphase angefragt zu werden, und muss im besten Fall bereits als Hersteller von elektrischen Kontakten bei dieser Zielgruppe bekannt sein bzw. bei entsprechenden Suchen (vor der Konkurrenz) gefunden werden. Alle Kontaktpunkte mit potenziellen Kunden wie z. B. die Website oder Produktkataloge müssen die Kompetenz, die Leistungsfähigkeit und das Qualitätsversprechen von Doduco vermitteln. Das Unternehmen steht vor der Herausforderung, hier neben den bereits etablierten Kommunikationskanälen für junge Entwicklungsingenieure auch die neuen Kommunikationskanäle zu bedienen.

4. Zielsetzung und Aufgabenstellung der Fallstudie

Doduco möchte das Internet als wichtiges Medium der Informationsgewinnung durch potenzielle Kunden stärker nutzen. Das Unternehmen überlegt, Social Media für diese Zwecke einzusetzen, um zum einen positive Effekte für die Findbarkeit in Suchmaschinen zu erzeugen, zum anderen aber auch um als innovativer Lösungsanbieter in einem innovativen Kommunikationskanal präsent zu sein. Die kommunikative Positionierung des Unternehmens als „kompetenter Ansprechpartner in der Kontaktphysik" und „technischer Lösungsanbieter auf allen Ebenen der Wertschöpfungskette aus einer Hand" soll durch die Aktivitäten gestärkt werden.

Im Rahmen der Fallstudie sollen folgende Aufgabenstellungen gelöst werden:

Aufgabe 1:

Durchführung einer Potenzialanalyse für den Einsatz von Social Media für das Unternehmen Doduco, die das Potenzial der Social Media-Kanäle für die Kommunikationsziele Kundenbindung, Kundengewinnung und Bekanntheitssteigerung abschätzt

Aufgabe 2:

Bewertung der Social Media-Kanäle hinsichtlich der erforderlichen Ressourcen und der Machbarkeit

Aufgabe 3:

Auf Basis der Analyseergebnisse soll eine Social Media-Strategie für das Unternehmen entwickelt werden, die das Unternehmen als kompetenten Lösungsanbieter präsentiert.

Die Fallstudie kann in 180 Min. bearbeitet werden.

5. Empfohlene Hilfsmittel/Informationsquellen

Grundsätzlich soll das Internet – insbesondere Suchmaschinen und Social Media-Plattformen – als Zielobjekte der Studie genutzt werden. Ferner ist es hilfreich, die Webpräsenz des Unternehmens Doduco und die Webaktivitäten der Wettbewerber zu analysieren sowie die Website des Branchenverbandes der Elektroindustrie (www.zvei.org) zu konsultieren. Zur Analyse der Social Media-Aktivitäten kann z. B. www.netvibes.com oder auch jedes andere frei verfügbare Social Media Monitoring Tool eingesetzt werden. Alternativ kann aber auch gut mit der Google-Suche ein Status-quo aufgenommen werden.

Als **Basisliteratur** für die Entwicklung einer Social Media-Strategie wird folgendes aktuelles Buch empfohlen:

Weinberg, T., Social Media Marketing – Strategien für Twitter, Facebook & Co., 4. Auflage, Köln 2014

6. Überlegungen zur Entwicklung einer Lösung

Zur Lösung der Fallstudie stehen zunächst folgende grundlegende Überlegungen im Fokus:

1. Was charakterisiert die anvisierten Zielgruppen und welche Kanal-Präferenzen und Themen-Affinitäten haben sie?
2. Welche verschiedenen Social Media-Plattformen gibt es und welche Einsatzmöglichkeiten bieten diese?
3. Welche sozialen Medien setzen die Wettbewerber ein und wie positionieren sie sich hierbei?
4. Wie können die Sozialen Medien für die spezifische Zielgruppe und zur Erreichung der Kommunikationsziele eingesetzt werden?

Zu 1.: Was charakterisiert die anvisierten Zielgruppen und welche Kanal-Präferenzen und Themen-Affinitäten haben sie?

Die Zielgruppe der Fallstudie sind potenzielle und bestehende Kunden des Unternehmens Doduco. Die Zielpersonen sind zum einen Entwickler und technische Projektmanager, in der Regel Ingenieure, die in der Produktentwicklung arbeiten. Für sie stellt sich die Frage, mit welchem elektrischen Kontaktmaterial oder Kontaktteil sie eine Aufgabenstellung in der Produktentwicklung lösen können. Zum anderen müssen neben den Fachleuten auch die Entscheider und Einkäufer in den Unternehmen überzeugt werden, die für die kaufmännische Abwicklung der Beschaffungen verantwortlich sind. Da für die erste Kontaktaufnahme in der Regel zunächst fachliche Fragen in der Produktentwicklung zu klären sind, wird die Zielgruppe der Ingenieure als primäre Zielgruppe bestimmt. Diese Zielgruppe soll in der Fallstudie fokussiert werden.

Ingenieure sind in der Regel erfahrene Internet-Nutzer, die in der Internet-Recherche nach benötigten Komponenten und Verfahren sehr versiert sind. Sie recherchieren mit sehr konkreten Fragestellungen z. B. nach bestimmten Kontaktwerkstoffen, nach deren Leitfähigkeit oder Widerstand oder andere entwicklungsrelevante Fragen. Sehr häufig nutzen sie dabei Begriffe aus ihrer Fachsprache, und sie arbeiten meist unter sehr hohem Zeitdruck. Sie suchen qualitativ hochwertige Informationen und verlässliche Quellen, die ihnen bei ihrer täglichen Arbeit wirklich weiterhelfen. Dabei sind in ihrer Bewertung der Social Media-Kanäle Diskussionsforen für Experten und Wikipedia als umfassendes Nachschlagewerk neben spezifischen Branchen-Portalen seriöse Quellen. Langwierige Lektüre und umständliches Suchen möchten sie in ihrer Nutzungssituation vermeiden. Um weltweit diese Fachkräfte zu erreichen, sollte eine Internet-Präsenz unbedingt in englischer Sprache erfolgen.

Die Recherche mit dem **Google Keywordtool** über die Suchanfragen der User bezüglich elektrischer Kontakte zeigt sehr spezifische Suchanfragen. So finden sich u. a. folgende Keywords bei Google:

electrical contact material	material graphene
agcdo contact material	silver contacts
copper contacts	application of engineering materials
contact rivets	important engineering materials
thermal contacts	conductive contact
current conductivity	applications of engineering materials
conductivity of	electrical contact switch
grapheme material	electrical contact grease
thermal conduc	sliding electrical contact
copper chromium	

Tab. 3: Von Anwendern genutzte Suchausdrücke bei der Recherche nach „electrical contact material" bei Google; Auszug aus der Keyword-Liste des Google Keyword Tools

Zu 2.: Welche verschiedenen Social Media-Plattformen gibt es und welche Einsatzmöglichkeiten bieten diese?

Social Media-Kanäle sind digital-basierte Kommunikationskanäle, die den Anwendern Möglichkeiten zur sozialen Interaktion geben. Die Nutzer der Kanäle werden selbst zu Redakteuren und können so in eine lebendige Kommunikation mit dem Plattformbetreiber eintreten. Die Plattformen sind einfach zu handhaben und erfordern keine besondere Schulung der Anwender; die Nutzungshürden sind also gering. Teilweise besitzen die Social Media-Plattformen weltweit riesige Nutzerzahlen, sodass sie als Kommunikationskanal für Unternehmen attraktiv sind.

Der Einsatz von Social Media kann im Unternehmenskontext grundsätzlich in zwei verschiedenen Formen geschehen:

- **Partizipative Nutzung bestehender Kanäle:** Bei dieser Nutzungsvariante könnte Doduco z. B. auf eine bereits bestehende, unabhängige soziale Plattform wie z. B. eine Facebook-Gruppe zu elektrischen Kontakten, eine XING-Gruppe oder einen Branchenblog zurückgreifen und inhaltliche Beiträge in diesen Gruppen leisten. Der Vorteil dieser Variante ist der überschaubare Ressourceneinsatz für diese Aktivitäten. Die partizipative Nutzung ist vor allem dann angezeigt, wenn bereits starke Gruppen bzw. Plattformen existieren, die eine Vielzahl der möglichen Mitglieder auf sich vereinen. Ein Nachteil dieser Betriebsform ist die Abhängigkeit von anderen Anbietern (die Inhaber der Gruppen und die Plattformbetreiber), die dadurch gegebenen eingeschränkten Gestaltungsmöglichkeiten und die stark reduzierte Präsenz des eigenen Unternehmens.

  Um festzustellen ob diese Variante grundsätzlich in Betracht kommt bzw. aufgrund bestehender fester und bekannter Gruppen sogar zwingend erforderlich ist, muss im Rahmen der Fallstudie ein Social Media Monitoring durchgeführt werden. Im Zusammenhang mit dem Monitoring müssen bestehende Gruppen identifizieren werden, um eine Entscheidungsgrundlage zu haben.

- **Nutzung eigener sozialer Medien:** Bei dieser Nutzungsform baut das Unternehmen einen eigenen sozialen Kanal auf, z. B. in Form eines Doduco-Blogs, eines eigenen YouTube-Channels, einer Doduco-Facebook-Fanpage oder einer Doduco-XING-Gruppe. Diese Betriebsvariante hat den grundlegenden Vorteil, dass das Medium vollständig (bei freien Formaten wie Blog und Diskussionsforum) bzw. im Rahmen der gegebenen Möglichkeiten (bei bestehenden Portalen wie Facebook oder XING) nach eigenen Vorstellungen gestaltet werden kann. Damit zahlt die Plattform ausschließlich auf die Kompetenz des eigenen Unternehmens ein und liefert einen eindeutigen Beitrag zur Kundenbindung und Kundengewinnung. Allerdings ist bei dieser Art der Präsenz die finanzielle und personelle Investition deutlich größer, da eine Content-Strategie entwickelt und kontinuierliche Inhalte erstellt werden müssen.

Je nach konkreter Branchen- und Unternehmenssituation bietet sich die partizipative Nutzung bestehender Kanäle oder die Nutzung eigener sozialer Medien oder eine Mischform beider Szenarien an. Wichtiger Entscheidungsfaktor ist dabei die bereits bestehende Abdeckung des Themenfeldes in den sozialen Medien.

Existieren bereits starke Gruppen bzw. Plattformen, die viele Anwender auf sich vereinen und das Thema bereits inhaltlich gut bedienen, kann eine partizipative Nutzung sinnvoll in Betracht gezogen werden. Ist das Thema nur am Rande in den sozialen Medien präsent oder wird es noch nicht in der gewünschten oder unternehmensspezifischen Form bespielt, kann ein eigenständiger Social Media-Kanal sinnvoll sein. Fällt die Entscheidung für einen eigenständigen Kanal, gibt es einige Voraussetzungen, die für die Etablierung einer eigenständigen Plattform gegeben sein müssen. Es gilt hierzu folgende Fragen zu klären:

- Ist das Thema für die anvisierte Zielgruppe relevant? Dies kann durch die Suchhäufigkeiten z. B. mit dem Google Keyword Tool oder durch eine Zielgruppenbefragung verifiziert werden.
- Kann das Thema medial gut für soziale Medien aufbereitet werden? Bieten sich aufgrund der vorhandenen Medien (z. B. Video-Beiträge) bestimmte Kanäle an?
- Gibt es genügend personelle Ressourcen im Unternehmen für die kontinuierliche Betreuung der Plattform? Dieser Aspekt ist insbesondere für Plattformen wie Facebook oder eigene Blogs wichtig, die einen Interaktionsgrad mit den Anwendern stimulieren sollen und kontinuierlich neue Inhalte benötigen.

Bei den Social Media-Plattformen können folgende grundlegende Arten unterschieden werden:

- Soziale Netzwerke wie z. B. Facebook, XING , LinkedIn
- Blogs wie z. B. Daimlerblog und Microblogs wie Twitter
- Kollektivprojekte wie z. B. Wikipedia
- Content Communities wie z. B. YouTube
- soziale virtuelle Welten wie z. B. Internet-Rollenspiele.

Zur Lösung der Fallstudie ist es sinnvoll, eine Übersicht über die Einsatzschwerpunkte der verschiedenen sozialen Medien für Unternehmen mit den jeweiligen Vor- und Nachteilen für Doduco zu erstellen (vgl. Tabelle 4). Wir fokussieren hierbei auf die im Unternehmenseinsatz am stärksten genutzten sozialen Medien.

Plattform	Einsatzschwerpunkt für Unternehmen	Vorteile	Nachteile
Soziales Netzwerk Facebook	Interaktive Plattform zur Selbstinszenierung des Unternehmens und für User-Feedback auf eigener Fanpage/in eigener Gruppe.	Große Reichweite weltweit.	Nutzungsfokus: Private Kommunikation; personeller Betreuungsaufwand.
Soziales Netzwerk XING	Professionelle Profile und Unternehmensseiten; Fokus: Recruiting und Employer Branding in Europa.	Große Reichweite in Deutschland.	Regionaler Fokus auf Europa bei internationalen Zielgruppen zu eng.
Soziales Netzwerk LinkedIn	Professionelle Profile und Unternehmensseiten; Fokus: Recruiting und Employer Branding außerhalb Deutschlands.	Große Reichweite außerhalb Deutschlands.	Geringe Reichweite bei deutschen Zielgruppen.
Unternehmensblog	Thematische Beiträge auf Augenhöhe mit der Zielgruppe z. B. über technische Fragen der Ingenieure mit Kommentarmöglichkeiten.	Klares Branding für das Unternehmen.	Starker personeller Einsatz zur Betreuung des Blogs, der kontinuierlich neue Beiträge benötigt. Wettbewerb liest mit.
Microblog Twitter	Gut geeignet für spannende Kurznachrichten fachlicher Natur.	Geringe Reichweite in der Zielgruppe.	Personelle Kapazitäten durch die persönlichen Beiträge.
Wikis	Kompetente Aufbereitung von Fakten, steht für Qualität.	Sehr hohe Akzeptanz und Nutzung bei allen Zielgruppen. Geringer Pflegebedarf.	Erstmalige Contenterstellung sehr umfangreich.
YouTube	Videoplattform für Unternehmensvideos/ Unternehmenschannel z. B. Bedienungsanleitungen.	Sehr hohe Akzeptanz und Nutzung bei allen Zielgruppen.	Erstellung des Video-Contents aufwändig.
Diskussionsforum	Dialogische Plattform zur themenspezifischen Fachdiskussion mit Experten.	Ausführliche Diskussion möglich.	Reichweite muss zunächst aufgebaut werden; Konkurrenz liest mit.

Tab. 4: Einsatzschwerpunkte sowie Vor- und Nachteile von Social Media-Kanälen für das Unternehmen Doduco

Im nächsten Schritt soll nun durch **Social Media Monitoring** festgestellt werden, welche Plattformen und Gruppen für das Thema „Elektrischer Kontakt" bereits bestehen. Da die Entwickler-Community der Ingenieure weltweit in der Regel in Englisch arbeitet, wird die Analyse mit englischen Suchbegriffen durchgeführt.

Nachfolgende Abbildungen zeigen die Suchergebnisse von Netvibes und Facebook nach „electrical contact" bzw. „electrical contact material".

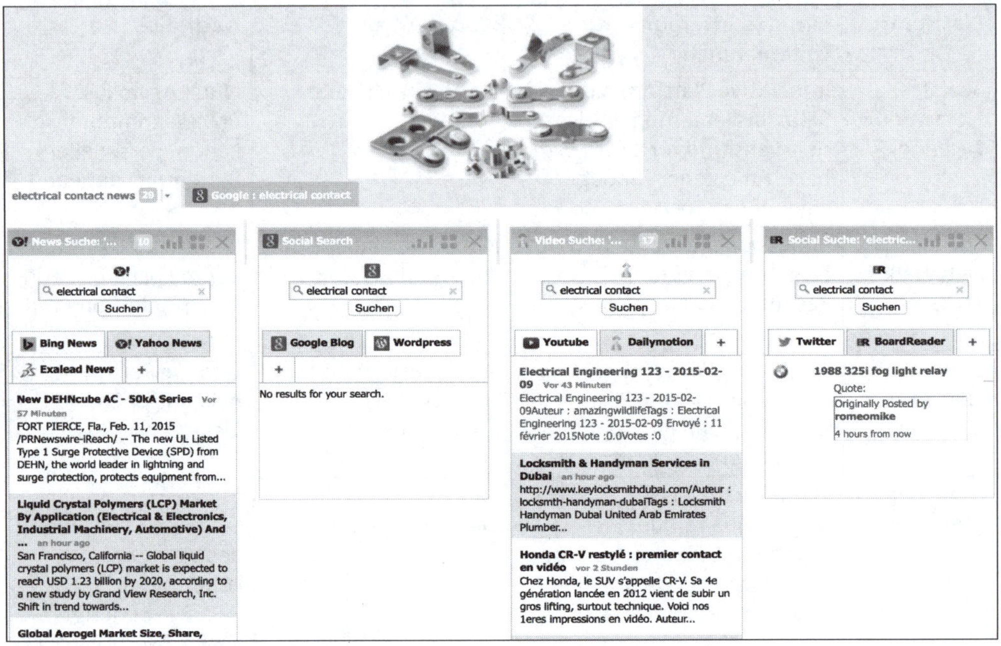

Abb. 4: Suchergebnis-Übersicht zu „electrical contact" bei Netvibes.com

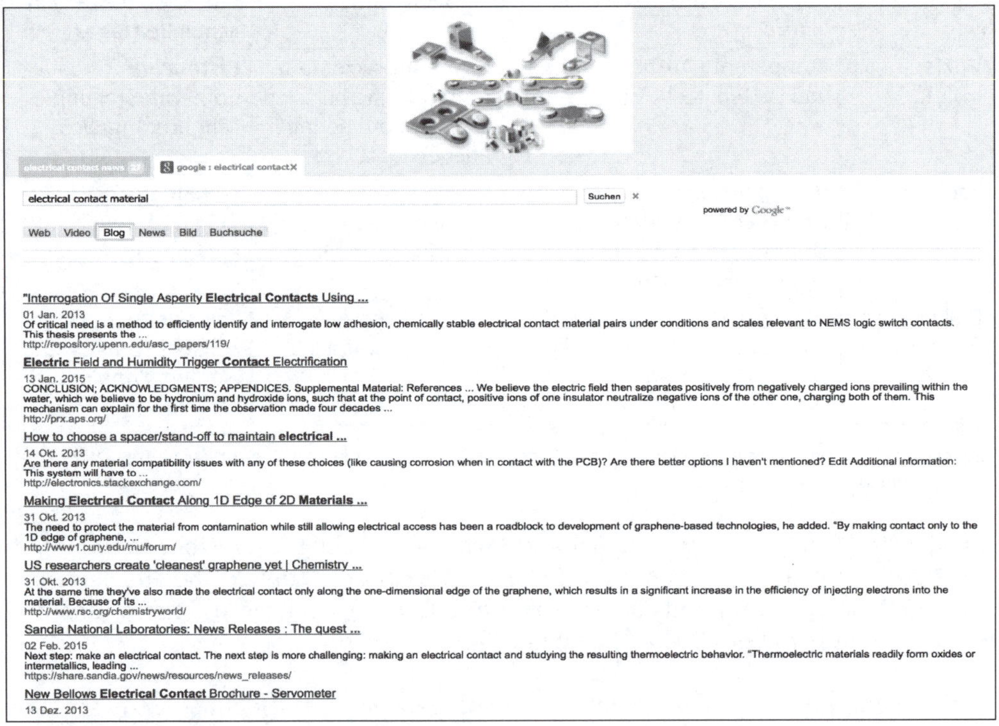

Abb. 5: Suchergebnisse zu „electrical contact material" bei Netvibes.com über die Blogsuche von Google

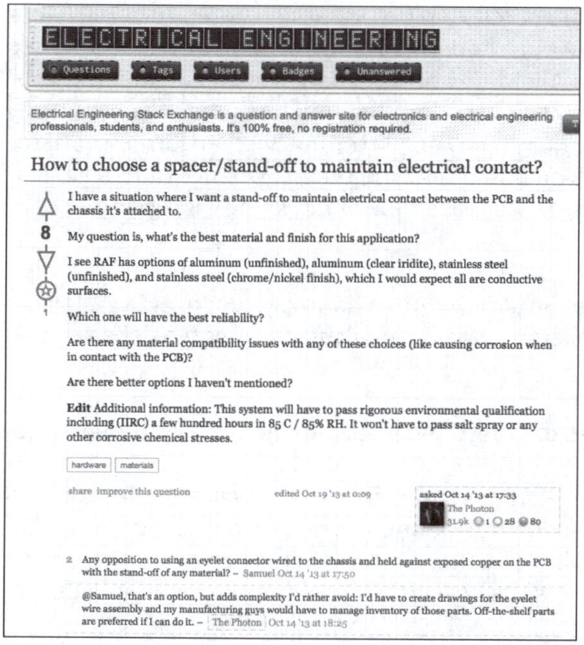

Abb. 6: Beispiel einer Diskussionsplattformen für Electrical Engineers, http://electronics.stackexchange.com/questions/85356/how-to-choose-a-spacer-stand-off-to-maintain-electrical-contact

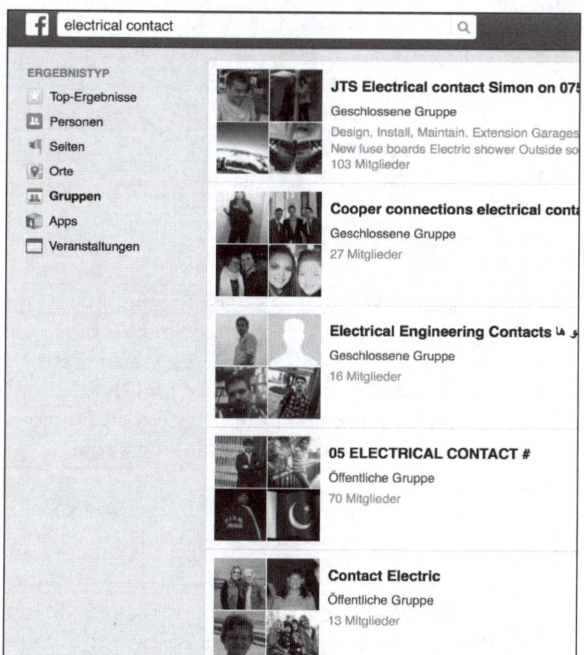

Abb. 7: Suchergebnisse bei Facebook bei der Recherche nach Gruppen zu dem Thema „Electrical Contact"

Eine Analyse der Fundstellen zeigt, dass bereits einige Diskussionsforen zu dem Thema bestehen, in denen sich Fachleute austauschen. Das Thema scheint also eine gewisse Relevanz für die Zielgruppe zu haben. Allerdings sind bei den Foren die Teilnehmerzahlen noch recht gering, sodass eine Partizipation an einem bestehenden Forum nicht zwingend notwendig ist. Vielmehr ist durch die Zersplitterung der Plattformen das Problem gegeben, dass eine Mit-Diskussion durch Mitarbeiter von Doduco durch die Vielzahl der Kanäle sehr zeitaufwändig wäre. Auf Facebook findet keine Diskussion zu dem Thema Electrical Contact statt.

Die Herausforderung in der aktuellen Situation dürfte darin bestehen, eine Plattform mit einer großen Strahlkraft zu etablieren, sodass möglichst viele potenzielle Kunden auf diese aufmerksam werden.

Zu 3.: Welche sozialen Medien setzen die Wettbewerber ein und wie positionieren sie sich hierbei?

Bei den Wettbewerbern sollen zwei Konkurrenten fokussiert werden: Umicor und Modison. Diese zwei Unternehmen sollen mit Doduco hinsichtlich ihrer Social Media-Aktivitäten verglichen werden (vgl. Tabelle 5). Dabei interessieren neben der Frage nach der Präsenz in den jeweiligen Plattformen die besetzten Themen, die redaktionelle Frequenz und die Interaktivität der User.

	Umicor	**Modison**	**Doduco**
YouTube	Eigener Channel mit 30 Videos: eher werblicher Auftritt in den Videos; kein Video zu elektrischen Kontakten	--	--
Twitter	Eigener Twitter-Channel; 560 Tweets seit 2010, 1.500 Follower; posten allgemeine News; keine Interaktion.	Es besteht zwar ein Twitter-Channel, aber bislang ohne Tweets, 2 Follower.	--
Facebook	--	Eigene Facebook-Fanpage mit 81 Fans seit 2011, fast keine Beiträge. Einstellige „Gefällt-mir“-Angaben.	Eigene Facebook-Fanpage mit 78 Fans seit 2013. Viele Presseberichte und News zu Mitarbeitern als Employer Branding Kanal.
XING	XING-Seite für Employer Branding, regelmäßig Jobangebote und News, 426 Abonnenten.	--	--
LinkedIn	--	Eigene LinkedIn-Seite mit 45 Followern, außer dem Profil keine eigenen Beiträge.	Eigene LinkedIn-Seite mit 58 Followern, außer dem Profil keine eigenen Beiträge.

	Umicor	Modison	Doduco
Diskussionsforum	--	--	--
Blog	--	--	--
Bemerkung	Werbliche Social Media-Präsenz, kein Fokus auf elektrische Kontakte.	Hat produktseitig den Fokus auf elektrische Kontakte, in Social Media inaktiv.	Facebook-Seite lebendig. Keine Themenplattform zu elektrischen Kontakten im sozialen Web.

Tab. 5: Vergleich der Social Media-Aktivitäten der Wettbewerber mit Doduco

Insgesamt kann festgestellt werden, dass Social Media bislang für die Wettbewerber kein wichtiger Kanal zur Erreichung der Zielgruppen ist. Anscheinend werden zwar viele Social Media-Kanäle erprobt, aber nicht ernsthaft und nachhaltig umgesetzt. Dies ist für Doduco eine Chance, das Thema „Elektrische Kontakte" nachhaltig in den Sozialen Medien zu besetzen und sich einen Wettbewerbsvorteil zu schaffen.

Zu 4.: Wie können die Sozialen Medien für die spezifische Zielgruppe und zur Erreichung der Kommunikationsziele eingesetzt werden?

Die Anforderungen der Zielgruppe Entwicklungsingenieure an einen Informationskanal in den Sozialen Medien sollen zunächst noch einmal zusammengefasst werden. Diese Zielgruppe sucht:

- qualitativ hochwertige und präzise Informationen
- Antworten auf sehr spezifische Fragestellungen
- einfache Zugänglichkeit der Informationen
- Möglichkeit der fachlichen Diskussion auf Augenhöhe.

Diese Zielgruppen-Anforderungen sollen um die Anforderungen des Unternehmens ergänzt werden. Das Unternehmen möchte mit dem Social Media-Kanal:

- Ein breites Informationsangebot für die vielfältigen Fragestellungen der Kunden-Branchen bieten.
- Einen überschaubaren Pflegeaufwand betreiben. Personelle Ressourcen werden nur in einem sehr begrenzten Umfang zur Verfügung gestellt.
- Und letztendlich: Interaktivität soll weniger auf dem sozialen Kanal stattfinden; vielmehr sollen Interessenten zügig zum direkten Kontakt mit dem Unternehmen geführt werden.

Doduco besitzt ein sehr renommiertes und seit vielen Jahren etabliertes Handbuch zu elektrischen Kontaktmaterialien. Dieses könnte ein Ausgangspunkt für eine Social Media-Präsenz darstellen. In diesem Handbuch liegen vielfältige Informationen und reichhaltiges Bildmaterial vor, die sich sehr gut für die mediale Aufbereitung eignen.

7. Umsetzung von Marketing-Maßnahmen

Auf Basis der Vorüberlegungen muss nun ein Bewertungsschema für den Einsatz der sozialen Kanäle bei Doduco entwickelt werden. Hierzu sollen die Anforderungen der Anwender und des Unternehmens in einer Bewertungsmatrix zusammengefasst und mit den Kommunikationszielen abgeglichen werden.

Die potenziellen Kanäle werden in einem 5-stufigen Scoring bezüglich ihres Erfüllungsgrades bewertet und als Ergebnis eine Rangreihe der Kanäle gebildet (vgl. Tabellen 6 und 7). Nachfolgend findet sich eine exemplarische Bewertung der Kanäle. In der Praxis würde diese Bewertung mit Zielpersonen im Rahmen einer Befragung und durch das eigene Unternehmen (z. B. in einem Workshop) erarbeitet werden.

	Facebook	XING	LinkedIn	YouTube	Twitter	Blog	Forum	Wiki
Anforderung Kunden								
Qualitäts-Content	0	2	2	0	-2	2	2	2
Spezifischer Inhalt	2	0	2	-2	-2	2	2	2
Schnell + einfach zugänglich	-1	0	0	-2	2	-1	1	2
Fachliche Diskussion	2	2	2	-2	-2	1	2	0
Vertrauenswürdiger Kanal	0	2	2	1	0	1	1	2
Erwartete Interaktivität	2	2	2	-2	-2	1	2	0
Summe Erfüllung	**5**	**8**	**8**	**-9**	**-6**	**6**	**10**	**8**
Anforderung Unternehmen								
Breite der Information	0	2	2	-2	1	2	2	2
Überschaubarer Aufwand	-2	-2	-2	-2	-2	-2	-2	2
Führt zum direkten Unternehmens-Kontakt	-2	-2	-2	-2	-2	2	0	0
Summe Erfüllung	**-4**	**-2**	**-2**	**-6**	**-3**	**2**	**0**	**4**
Erreichung Kommunikationsziele								
Kundengewinnung	0	1	1	-2	-2	1	1	2
Kundenbindung	2	2	2	-2	2	1	2	2
Bekanntheit aufbauen	0	1	1	0	-2	0	1	2
Aufmerksamkeit für Kanal	0	1	1	0	0	1	1	2
Summe Erfüllung	**2**	**5**	**5**	**-4**	**-2**	**3**	**5**	**8**

Tab. 6: Bewertungsschema für den Einsatz der sozialen Kanäle bei Doduco

Skala: 2 = gute Erfüllung, 1 = Erfüllung, 0 = nicht anwendbar, -1 = keine Erfüllung, -2 = konträre Effekte

Die Gesamtbewertung der einzelnen Plattformen stellt sich wie folgt dar:

	Face-book	XING	Linked-In	You-Tube	Twitter	Blog	Forum	Wiki
Anforderung Kunden	5	8	8	-9	-6	6	10	8
Anforderung Unternehmen	-4	-2	-2	-6	-3	2	0	4
Erreichung Kommunikationsziele	2	5	5	-4	-2	3	5	8
Gesamtbewertung	3	11	11	-19	-11	11	15	20
Rangreihe		3b.	3b.			3a.	2.	1.

Tab. 7: Gesamtbewertung der Plattformen für Doduco

Als Fazit der Analyse und als Lösung der Fallstudie kann folgende Empfehlung gegeben werden: Zur Erreichung der Kommunikationsziele bei gleichzeitiger Deckung mit den Unternehmensanforderungen kann die Umsetzung eines Wikis als Social Media-Kanal empfohlen werden. Ferner wäre der Aufbau eines Diskussionsforums denkbar, das allerdings hinsichtlich der Betreuungsintensität eine stärkere Ressourcenzuordnung erfordern würde. An dritter Stelle wäre die Umsetzung eines Unternehmensblogs möglich, aber auch hier stellt sich die Frage der personellen Ressourcen und der organisatorischen Einordnung im Unternehmen. Der Aufbau eines XING- und eines LinkedIn-Profils werden im Rahmen des Employer-Branding empfohlen.

8. Ergebnisse dieser Aktivitäten

In einem ersten Schritt gilt es, das Wiki zu „Elektrische Kontakte" umzusetzen. Als Basis für das weltweit erste Wiki der elektrischen Kontakte kann das Datenhandbuch der Firma Doduco herangezogen werden. Die qualitativ hochwertigen und spezifischen Informationen des Handbuchs sollen über ein Wiki einer größeren Zielgruppe bekannt und für bestehende Kunden leichter zugänglich gemacht werden. Für die Umsetzung muss zunächst das Datenhandbuch in ein Wiki-Format übertragen werden. Ergebnis ist ein umfassendes digitales Nachschlagewerk zu elektrischen Kontakten in englischer und deutscher Sprache, das mit einem hohen Qualitätsanspruch und dezentem Branding durch Doduco auf die Kompetenz des Unternehmens als Lösungsanbieter verweist.

Das Electrical Contact Wiki wurde in der Tat im Jahr 2014 umgesetzt und ist ein großer Erfolg in der Branche (vgl. www.electrical-contacts-wiki.com). Durch die tiefgehenden und ausführlichen Informationen werden Kundenkontakte und direkte Nachfragen stimuliert und damit das Kommunikationsziel Kundengewinnung erfüllt.

Das Kommunikationsziel Bekanntheitssteigerung wird zum einen durch die mediale Berichterstattung erreicht, zum anderen aber auch durch die sehr gute Findbarkeit des Wiki bei Google. Sogar Wikipedia verweist inzwischen bei den relevanten Keywords auf dieses Spezial-Wiki. Die Social Media-Plattform trägt zur Kundenbindung bei, da Kunden das Nachschlagewerk als Bookmark im Browser aufnehmen und immer wieder bei der täglichen Arbeit in dem Fundus recherchieren. Doduco ist somit immer wieder auf dem Desktop des Kunden präsent. Durch das Monitoring der Zugriffszahlen kann der Erfolg des „Electrical-Contact-Wiki" kontinuierlich gemessen werden. Nach diesen ersten erfolgreichen Schritten im Bereich Social Media werden in Zukunft möglicherweise noch weitere Social Media-Kanäle erschlossen werden.

9. Generalisierende Learnings für vergleichbare Fälle

Diese Fallstudie soll exemplarisch am Beispiel des Unternehmens Doduco verdeutlichen, wie eine systematische Entscheidung für eine Social Media-Strategie getroffen werden kann. Als generelles Lernziel soll vermittelt werden, wie mithilfe einer systematischen Medien-, Situations- und Zielgruppenanalyse eine Entscheidungsgrundlage für eine Kanalauswahl vorbereitet und die Entscheidung letztendlich sinnvoll getroffen werden kann.

10. Mögliche Fehlerquellen in Überlegung und Umsetzung

Eine große Fehlerquelle bei den Überlegungen zu und der Umsetzung einer Social Media-Strategie ist vor allem eine vorschnelle Entscheidung für einen Kanal ohne eine fundierte Analyse. Der Griff zu dem am weitesten verbreiteten Netzwerk (Facebook) ist nicht immer erfolgsträchtig. Gerade bei Fragestellungen aus dem B2B-Bereich müssen die Zielgruppen und ihre spezifischen Bedürfnisse genauer analysiert werden, um wirklich zielführende Ergebnisse zu erreichen. Neben der Zielgruppe müssen gerade im Social Media-Bereich sowohl der Kontext als auch der Content wirklich detailliert aufeinander abgestimmt werden. Es genügt nicht, die eigenen Social Media-Erfahrungen auf andere Zielgruppen und andere Nutzungsanlässe und -kontexte zu übertragen.

Eine weitere Fehlerquelle ist der unreflektierte Aufbau eigener Social Media-Plattformen. Um für eigene Plattformen wie z. B. Blogs oder Diskussionsforen eine ausreichende Rezipientenzahl entwickeln zu können, bedarf es eines langen Atems. Es muss viel Content/Inhalt produziert und mit flankierenden Marketingmaßnahmen das Angebot bekannt gemacht werden. Der Schritt in den eigenen Blog oder in das eigene Forum sollte daher gut überlegt werden. Dies ist nur umsetzbar, wenn entsprechende personelle Ressourcen zur Verfügung gestellt werden.

Nichts ist schlimmer als die Etablierung einer neuen Plattform zu Marketingzwecken, die von der Zielgruppe nicht angenommen wird. Deshalb muss im Vorfeld auf jedem Fall geprüft werden, ob entsprechende Communities bereits bestehen, und es muss abgeschätzt werden, inwieweit diese Communities zusätzlich zu den bestehenden Plattformen an eigene Angebote gebunden werden können. Nur mit einer einzigartigen und stringenten Content-, Entertainment- oder Interaktionsstrategie kann dies gelingen.

11. Literatur zur Vertiefung

Als Klassiker für die Entwicklung einer Social Media-Strategie:

Li/Bernoff, Facebook, YouTube, Xing & Co: Gewinnen mit Social Technologies, München 2009

Kreutzer/Rumler, B2B-Online-Marketing und Social Media: Ein Praxisleitfaden, Heidelberg 2014

WAGO – der Weg eines Hidden Champion ins Social Web

Von Prof. Dr. Andrea Rumler und Susanne Ullrich, Brandwatch GmbH

1. Unternehmensvorstellung WAGO

WAGO ist mit einem Umsatz von über 600 Mio. € und weltweit mehr als 6.300 Mitarbeitern ein klassischer deutscher **„Hidden Champion“** (vgl. zu Hidden Champions *Simon, 1996,* und *Simon, 2012*). Umsatz und Mitarbeiterzahl haben sich in den vergangenen zehn Jahren etwa verdoppelt. Anfang der 50er-Jahre wurde das **inhabergeführte Familienunternehmen** in Minden gegründet. Ein zweiter deutscher Standort befindet sich in Sondershausen, Thüringen. In sieben weiteren Ländern, darunter China, Indien und die USA, wird ebenfalls produziert. Als erste **Produktinnovation** wurden zum Unternehmensstart **Federklemmen** als Alternative zum bis dahin üblichen Schraubanschluss in der Verbindungstechnik entwickelt. Der Geschäftsbereich Electrical Interconnections, in dem WAGO-Produkte der elektrischen **Verbindungstechnik** zusammengefasst sind, basiert noch heute auf dieser Technologie, die sich längst als weltweiter Standard etabliert hat. In den 90er-Jahren wurde ein zweites Geschäftsfeld institutionalisiert. Im Bereich Automation werden WAGO-Produkte für die **Automatisierung** sowie so genannte Interface-Bausteine für Abnehmer aus der Industrie, der Prozesstechnik und Gebäudetechnik angeboten. WAGO liefert unter anderem Technik und Software zum so genannten **„Internet der Dinge“**, bei dem es um das Zusammenwachsen der realen und der virtuellen Welt geht.

2. Situationsanalyse: Nachfrage und Wettbewerber, Personalmarketing

Nachfrage und Wettbewerb sind in den beiden WAGO-Geschäftsfeldern recht verschieden. Im Bereich der Automatisierungstechnik sind **Planer** ganz unterschiedlicher Branchen die **Kernzielgruppe**. Es ist nur schwer möglich, die Nachfrager zu quantifizieren. Anders dagegen bei den verbindungstechnischen Produkten. Hier gibt es beispielsweise in Deutschland ca. 60.000 **Elektroinstallationsbetriebe**, die ihre Nachfrage vorwiegend über den Großhandel decken, als die wichtigste Kundengruppe. Daneben gibt es auch noch einige wenige Privatpersonen, die WAGO-Produkte für Heimanwendungen kaufen. Etwa 70 % des Umsatzes werden außerhalb Deutschlands erzielt, ca. 30 % davon auch außerhalb Europas. WAGO ist auf allen Kontinenten mit Tochtergesellschaften oder Vertretungen präsent. Drei der großen **Wettbewerber**, Phoenix Contact, Weidmüller und Harting, die gemeinsam mit WAGO auf einen Weltmarktanteil von 75 % kommen, liegen weniger als eine Stunde Fahrt vom WAGO-Stammhaus in Minden entfernt.

Mit einer Verdoppelung der Mitarbeiterzahl in den vergangenen Jahren ist WAGO überdurchschnittlich gewachsen. Dabei steht das Unternehmen bei der Rekrutierung von Ingenieuren und anderen Fachkräften vor einer doppelten Herausforderung: Zunächst einmal bewegt sich WAGO auf einem umkämpften Bewerbermarkt um Fachkräfte mit ingenieurswissenschaftlichem Hintergrund. Daneben ist der Standort bei der überregionalen Bewerberakquise eher ein Nachteil, denn viele potenzielle Mitarbeiter möchten lieber in einer Großstadt arbeiten. WAGO hat diese Themen frühzeitig erkannt und versucht, mit einem aktiven **Personalmarketing** gegenzusteuern, sodass man sich bis dato im Bewerbermarkt behaupten konnte. Und so erhält das Unternehmen bereits 2002 das TOP JOB-Siegel, mit dem Arbeitgeberqualitäten von Mittelständlern systematisch überprüft werden, für sehr gute Leistungen in der Kategorie „Strategie/Vision". Im Jahr 2007 führt eine erneute Prüfung zur Auszeichnung, zu den 100 besten Arbeitgebern im deutschen Mittelstand zu zählen. Als eines der ersten Unternehmen in Deutschland bekommt WAGO zudem das Prüfsiegel „Ausgezeichneter Arbeitgeber für Ingenieure" von den VDI Nachrichten und dem TÜV Rheinland verliehen, das 2015 auf die Zertifizierung „Ausgezeichneter Arbeitgeber" erweitert wurde. Das Nachrichtenmagazin FOCUS kürte WAGO 2015 bereits zum dritten Mal in Folge zum „Top Nationalen Arbeitgeber". Bei den Großunternehmen in der Branche „Elektronik und Elektrotechnik, medizinische Geräte" platzierte sich das Unternehmen auf dem fünften Platz. Darüber hinaus ist WAGO vom Top Employers Institute als „Top Arbeitgeber Ingenieure Deutschland 2015" zertifiziert worden.

3. Problemstellung

Wir reden heute von **Sozialen Medien** oder auch **Social Media**, wenn es darum geht, die veränderte Nutzung des Internets, die stärkere Vernetzung sowie die Einbindung von Internet-Nutzern in die Generierung von Content zu beschreiben. Ende 2011 nutzten bereits über 800 Mio. Menschen weltweit Facebook, das derzeit mit Abstand wichtigste soziale Netzwerk für private Anwender, das 2004 gegründet wurde (*Pattloch/Rumler/Schuchert-Güler, 2012*).

Im Jahr 2011 ergreift die Geschäftsführung von WAGO die Initiative und beschließt, das eigene Unternehmen in die seit einigen Jahren im Marketing immer stärker diskutierten Sozialen Medien zu bringen. Zu diesem Zweck wird Anfang 2012 zunächst ein hauptverantwortlicher Mitarbeiter eingestellt, dem verschiedene weitere WAGO-Angestellte als Content-Lieferanten und Ansprechpartner in ausgewählten Unternehmensbereichen zur Seite gestellt werden. Von Beginn an ist geplant, ein **systematisches Monitoring** der Social Media-Aktivitäten zu integrieren. Intern soll die im Online-Bereich angesiedelte Social Media-Stelle v. a. mit den Abteilungen Unternehmenskommunikation, Produktmanagement und Human Resources eng zusammenarbeiten.

4. Zielsetzung und Aufgabenstellungen

Im Folgenden sollen Sie das Grundgerüst einer **Social Media-Strategie** für WAGO erarbeiten. Neben der grundsätzlichen Zielrichtung der Aktivitäten geht es insbesondere um die Auswahl geeigneter Social Media-Kanäle sowie um die Konzeption von Erfolgsmessungs- und Monitoring-Maßnahmen.

Aufgabe 1:

Was könnten WAGOs **strategische Überlegungen** für die Aktivitäten in sozialen Netzwerken sein? Welche **Zielgruppen** sollen damit angesprochen werden? Welche **Zielsetzungen** könnte das Unternehmen bei seinem Vorhaben verfolgen?

Aufgabe 2:

Welche **Social Media-Plattformen** kommen für einen Auftritt von WAGO infrage? Listen Sie zunächst mögliche Kanäle auf, erarbeiten Sie **Auswahlkriterien** und geben Sie eine **Handlungsempfehlung** ab, welche der Kanäle auch genutzt werden sollten.

Aufgabe 3:

Beim **Social Media-Monitoring** geht es um die systematische Beobachtung und Auswertung von sozialen Medien. Es geht u. a. um die Ermittlung von Themen, über die in Verbindung mit dem eigenen Unternehmen, den Mitbewerbern oder der eigenen Branche gesprochen wird und darum, herauszufinden, wer über das Unternehmen auf welchen Kanälen spricht, um ggf. in einen Dialog einzusteigen. Beim **Social Media-Controlling** wird versucht, den **Return-on-Investment** des Social Media-Einsatzes zu erfassen. Es handelt sich um die Ermittlung quantitativer Daten in Form von Kennzahlen (*Kreutzer/Rumler/Wille-Baumkauff, 2015*). Wie könnte ein Social Media-Monitoring für WAGO aussehen? Und wäre es Ihrer Einschätzung nach möglich, ein Social Media-Controlling durchzuführen?

5. Bearbeitungszeit, Schwierigkeitsgrad/empfohlenes Fachsemester

Die **Bearbeitungszeit** der Fallstudie beträgt 90 Min. für die Aufgaben 1 und 2 sowie weitere 30 Min. für Aufgabe 3.

Der **Schwierigkeitsgrad** der Aufgaben 1 und 2 ist mittel, derjenige der Aufgabe 3 ist hoch.

Die Fallstudie ist für **Bachelorstudierende höherer Semester** sowie für **Masterstudierende** geeignet.

6. Empfohlene Hilfsmittel/Informationsquellen

Als **Grundlagenliteratur** zum Einsatz von Social Media in B2B-Unternehmen ist das folgende Buch geeignet: *Kreutzer/Rumler/Wille-Baumkauff, B2B-Online-Marketing und Social Media, Wiesbaden 2015.*

Recherchieren Sie darüber hinaus im Internet die verschiedenen **Social Media-Plattformen** sowie Möglichkeiten zum **Social Media-Monitoring**.

Im der folgenden Tabelle finden Sie eine Übersicht der wichtigsten Social Media-Kanäle und ihre Nutzerzahlen für das Jahr 2012.

	Deutschland	Weltweit
Facebook	24,87 Mio.	1 Mrd.
Twitter	0,825 Mio. (aktive Nutzer)	200 Mio. (aktive Nutzer) 500 Mio. Accounts
Instagram	Nicht bekannt	100 Mio. Accounts
Kununu	3 Mio. Seitenaufrufe pro Monat	-
YouTube	37,73 Mio.	800 Mio.
XING	6,1 Mio.[1]	12,9 Mio.
LinkedIn	3 Mio.[1]	202 Mio.
Google +	2,1 Mio.	100 Mio. (aktive Nutzer) 400 Mio. Accounts
Pinterest	0,31 Mio. (Besucher)	20 Mio.

[1] Zahlen für die DACH-Region – Deutschland, Österreich, Schweiz

Nutzerzahlen ausgewählter Social Media-Plattformen in 2012

Quellen:

- http://de.statista.com/statistik/daten/studie/70189/umfrage/nutzer-von-facebook-in-deutschland-seit-2009/
- http://www.faz.net/aktuell/wirtschaft/soziales-netzwerk-facebook-hat-eine-milliarde-nutzer-11913558.html
- http://www.socialmediastatistik.de/825000-aktive-twitter-accounts-interview-mit-thomas-pfeiffer/
- http://www.telegraph.co.uk/technology/twitter/9945505/Twitter-in-numbers.html
- http://www.businessinsider.com/zuckerberg-instagram-has-100-million-registered-users-2012-9?IR=T
- https://corporate.xing.com/fileadmin/IR/XING_AG_ergebnisse_Q1_2013.pdf
- http://de.statista.com/statistik/daten/studie/165334/umfrage/anzahl-der-deutschen-nutzer-von-youtube-seit-2008/
- http://de.slideshare.net/sagarkm/latest-social-media-statistics-2012-india
- https://corporate.xing.com/fileadmin/IR/XING_AG_ergebnisse_Q1_2013.pdf
- http://www.networkfinder.cc/xing-vs-linkedin/drei-millionen-linkedin-nutzer-mitglieder-in-deutschland-oesterreich-schweiz
- http://de.statista.com/statistik/daten/studie/198224/umfrage/anzahl-der-mitglieder-von-linkedin-quartalszahlen/
- http://de.statista.com/statistik/daten/studie/243919/umfrage/laender-weltweit-nach-der-anzahl-der-nutzer-von-google/
- http://www.businessinsider.com/google-plus-users-2012-9?IR=T
- http://www.socialmediastatistik.de/pinterest-visits-deutschland-april/
- http://www.forbes.com/sites/investor/2012/07/02/why-pinterest-could-be-the-next-social-media-giant/

7. Überlegungen zur Entwicklung einer Lösung

Überlegen Sie, mit was für einer Art von **B2B-Geschäftstyp** wir es bei den Produkten von WAGO zu tun haben. Nutzen Sie dabei die **Typologie nach *Backhaus*** (*Backhaus/Voeth, 2014*), nach der Systemgeschäft, Zuliefergeschäft, Anlage-/Projektgeschäft und Produktgeschäft unterschieden werden. Wenn Sie ermittelt haben, um welchen Geschäftstyp es sich handelt, lesen Sie nach, welche Empfehlungen für das Marketing es bei dem betreffenden Typ gibt. Wie könnten diese im Social Media-Marketing realisiert werden?

8. Der Weg von WAGO in die sozialen Medien

Im folgenden Abschnitt wird der von WAGO eingeschlagene Weg in die sozialen Medien beschrieben.

Lösung zu Aufgabe 1:

Strategische Überlegungen, Zielgruppen und Zielsetzungen
Sowohl für B2B- als auch für B2C-Unternehmen ist bei Marketing-Aktivitäten das Internet kaum noch wegzudenken. Die vielfältigen **Einsatzpotenziale des Online-Marketing** im B2B reichen von der Informationsvermittlung im Kaufentscheidungsprozess bis hin zum Kaufabschluss. Auch wenn im Marketing deutscher B2B-Unternehmen Social Media bislang eher zurückhaltend eingesetzt werden und die Unternehmen mit dem Erfolg ihrer Social Media-Aktivitäten nicht immer zufrieden sind, wird eine **Zunahme der Bedeutung von Social Media** auch für das **B2B-Marketing** prognostiziert (*B2B-Online-Monitor, 2014*).

WAGOs Produkte gehören nach der Systematisierung von *Backhaus* zum Geschäftstyp des **Produktgeschäfts** (*Backhaus/Voeth, 2014*). Das Produktgeschäft ähnelt in Teilen den Beziehungen auf B2C-Märkten. Die Integration der Kunden ist vorwiegend gering, die Produkte sind eher standardisiert und Anbieter und Nachfrager begeben sich typischerweise nicht in eine Abhängigkeit voneinander (*Kreutzer/Rumler/Wille-Baumkauff, 2015*).

Es gibt, wie in den Informationen zu WAGO dargelegt, eine Vielzahl potenzieller Kunden. Zunächst gilt es, diese potenziellen Kunden auf das Unternehmen aufmerksam zu machen – im Sinne von **Bekanntheit** als Marketingziel. Weiterhin geht es darum, eine **emotionale Bindung** der (potenziellen) Kunden an das Unternehmen aufzubauen und zu stärken, um dadurch auch das **Unternehmensimage** positiv zu beeinflussen. Die Auslösung eines Kaufaktes bietet sich im Moment als Zielsetzung für das Unternehmen eher nicht an. Es ist aber in der Zukunft nicht ausgeschlossen, dass es in sozialen Netzwerken wie z. B. Facebook oder Google+ auch B2B-Onlineshops gibt, wie es sie vereinzelt für B2C-Marken bereits gibt.

Nun zu den **Zielgruppen:** Zunächst sollen sowohl **Neukunden** als auch **Bestandskunden** angesprochen werden. Daneben bietet sich aber im Fall von WAGO eine weitere Zielgruppe an: die der tatsächlichen und potenziellen **Mitarbeiter**. Wie in der Fallbeschreibung dargelegt, ist der Human Resources (HR)-Bereich ein Engpassfaktor für das expandierende Unternehmen. Das in den vergangenen Jahren vieldiskutierte **Employer Branding** (*Stolz/Wedel, 2013*) liefert das Stichwort für die Notwendigkeit der Imagepflege bei den eigenen und potenziellen Mitarbeitern.

Lösung zu Aufgabe 2:

Auswahl von Social Media-Plattformen für WAGO, Erarbeitung von Auswahlkriterien, Ableitung von Handlungsempfehlungen

Eine Vielzahl möglicher **Social Media-Kanäle** bietet sich für den Auftritt von WAGO im Social Web an. Eine Vorauswahl wurde bereits in der obigen Tabelle vorgestellt. Die darin genannten Plattformen waren auch tatsächlich die Kanäle, die bei WAGO in Erwägung gezogen wurden.

Es sind im Einzelnen, gegliedert nach Social Media-Kategorien (*Kreutzer/Rumler/Wille-Baumkauff, 2015*):

- **professionelle soziale Netzwerke:** XING, LinkedIn
- **private soziale Netzwerke:** Facebook, Google+, Instagram, Pinterest
- **Micro-Blogs:** Twitter
- **Media-Sharing-Portale:** YouTube
- **Bewertungsportale** als Sonderform eines **Online-Forums:** Kununu.

In einem zweiten Schritt sollten **Auswahlkriterien** für die Social Media-Kanäle entwickelt werden, in denen WAGO auch tatsächlich aktiv werden sollte. Die folgenden Kriterien bieten sich an – angelehnt an relevante Faktoren bei der Medienauswahl im Allgemeinen:

- **Reichweite** – hier gemessen in (aktiven) Nutzern bzw. hilfsweise in Besuchern.
- **Zielgruppenaffinität** – wobei es um die Frage geht, ob die jeweiligen Kanäle auch tatsächlich von den eigenen Kunden und Mitarbeitern genutzt werden. Dies kann durchaus auch auf Privatpersonen zutreffen und nicht im geschäftlichen Kontext.
- **Kosten** – die sowohl unternehmensintern als auch ggf. bei der Nutzung einzelner Kanäle anfallen.
- **Darstellungsbasis** – Text, (Ton), Bild, Video.

Bewertet man nun die Kanäle anhand der oben angeführten Kriterien, ergibt sich das in der folgenden Tabelle dargestellte Bild.

	Reichweite	Zielgruppenaffinität	Kosten	Darstellungsbasis
XING	Sehr hoch	Sehr hoch	Gering bis hoch (bei Job-Ads)	Text, Bild, Video
LinkedIn	Sehr hoch	Sehr hoch	Gering	Text, Bild, Video
Facebook	Sehr hoch	Mittel	Mittel	Text, Bild, Video
Google+	Mittel	Mittel	Gering	Text, Bild, Video
Instagram	Gering	Mittel/gering	Gering	Text, Bild, Video
Pinterest	Gering	Mittel/gering	Mittel	Text, Bild, Video
Twitter	Gering	Mittel	Gering	Text
YouTube	Sehr hoch	Sehr hoch	Sehr hoch	Video
Kununu	Sehr hoch (Zielgruppe potenzielle Mitarbeiter)	Sehr hoch (Zielgruppe potenzielle Mitarbeiter)	Mittel (bei eigenem Profil), gering (bei passiver Nutzung)	Text, Bild, Video

Bewertung verschiedener Social Media-Plattformen für WAGO

WAGO entschied sich auf Basis der **Medienbewertung**, ergänzt um eine Analyse der **Wettbewerbsaktivitäten** in den sozialen Medien, für die **folgende Kanalauswahl:**

- professionelle soziale Netzwerke: XING, LinkedIn
- private soziale Netzwerke: Facebook
- Micro-Blogs: Twitter
- Media-Sharing-Portale: YouTube.

Instagram, Pinterest und Google+ wurden dagegen zunächst nicht belegt. Grund dafür war im Wesentlichen die zu diesem Zeitpunkt mangelnde Reichweite der Medien sowie die unklare Zielgruppenaffinität.

Im Folgenden werden die **Aktivitäten** auf **ausgesuchten Kanälen** vorgestellt. Abbildung 1 zeigt das **LinkedIn-Profil** von WAGO als Beispiel für die professionellen sozialen Netzwerke. Hier steht die Ansprache der Zielgruppe der (potenziellen) Kunden im Vordergrund. Es gibt einen aktuellen Newsfeed, der Beiträge der WAGO-Webseite verlinkt.

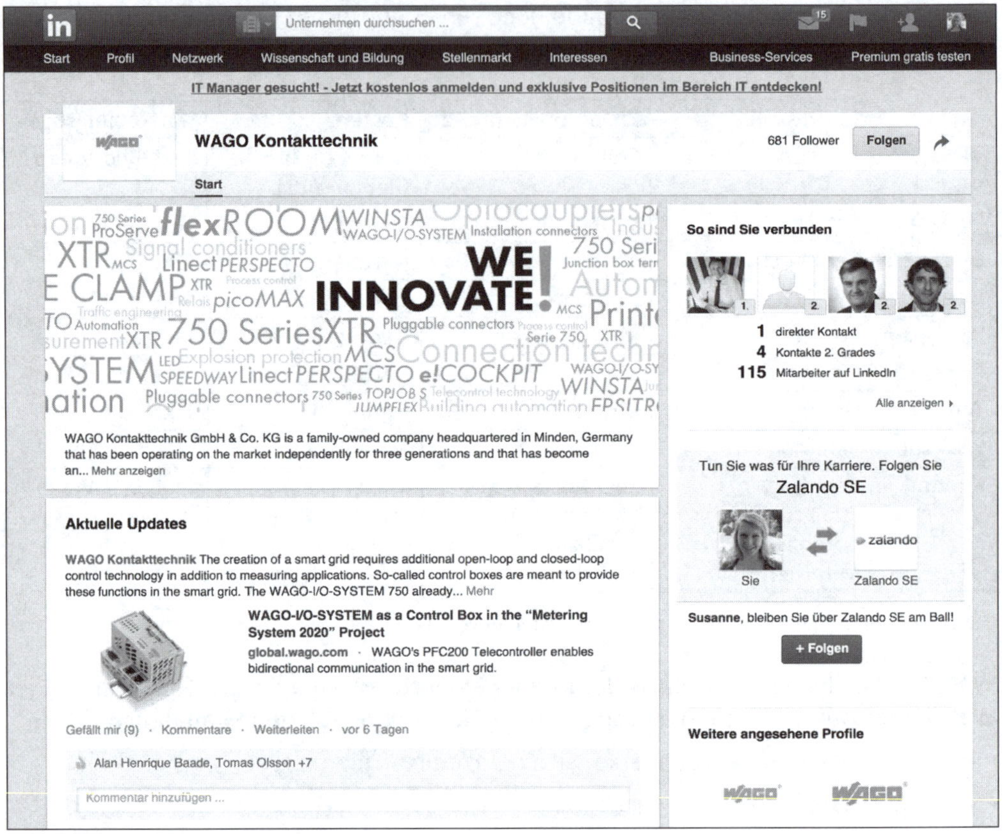

Abb. 1: LinkedIn-Profil von WAGO

Bei den privaten sozialen Netzwerken entschied sich WAGO für einen Auftritt bei Facebook. Gründe dafür waren neben der hohen Reichweite auch die vermutete Zielgruppenaffinität bei potenziellen und tatsächlichen Mitarbeitern sowie – in privater Nutzung – bei Kunden. In Abbildung 2 ist die **Facebook-Seite** von WAGO dargestellt.

Abb. 2: Facebook-Seite von WAGO

WAGO hat eine klassische **Fanseite**, mit der Unternehmen bei Facebook in Erscheinung treten können. Eine Facebook-Seite sollte regelmäßig mit relevantem **Content** gefüllt werden, da nur dieser zu einem Beziehungsaufbau zwischen Unternehmen und (potenziellen) Kunden und Mitarbeitern führt – beide Gruppen werden hier angesprochen. Die Zielgruppen müssen über regelmäßige und sie interessierende Posts angesprochen werden. Eine Fanpage ist auch **kein Pull-Medium**, auf das die Zielpersonen regelmäßig von selbst zugreifen. Sie verursacht interne oder ggf. zusätzlich externe **Kosten**, da eine kontinuierliche Betreuung der Seite nötig ist. Seit einiger Zeit schaltet WAGO auch **Werbung** auf Facebook. Zusammenfassend hat sich Facebook, trotz sinkender Nutzerzahlen in den jüngeren Altersgruppen, als geeigneter Kanal zur **Beziehungspflege** mit den eigenen Mitarbeitern bewährt. Darüber hinaus werden über den Facebook-Auftritt (potenzielle) Kunden angesprochen und beachtliche Reichweiten erzielt.

Weiterhin investiert WAGO in einen Auftritt bei **Twitter**. Die Reichweite und der vermutete Impact sind zwar eher mittel bis gering. Die Kosten sind aber auch durch eine Mehrfachnutzung von Content so gering, dass der Twitteraccount sinnvoll erscheint.

Schließlich unterhält WAGO einen eigenen **YouTube-Kanal**. Hier sind die Kosten, insbesondere für die Content-Erstellung, sehr hoch. Da die einzelnen Beiträge aber hohe Abrufzahlen haben und die Reichweite damit insgesamt sehr hoch ist, wird WAGO sein Engagement fortsetzen. Zudem können die für YouTube produzierten Videos mehrfach eingesetzt werden, z. B. eingebunden in die Corporate Website und in professionelle oder private Netzwerke.

Lösung zu Aufgabe 3:

Wie könnte ein Social Media-Monitoring für WAGO aussehen? Und wäre es möglich, ein Social Media-Controlling durchzuführen?

Zunächst noch einmal zur Unterscheidung: Beim **Social Media-Monitoring** geht es um die systematische Beobachtung und Auswertung von sozialen Medien, Blogs, Foren und Nachrichtenportalen, um qualitative und quantitative Daten zu gewinnen. Es geht u. a. um die Ermittlung von Themen, über die in Verbindung mit dem eigenen Unternehmen gesprochen wird und darum, herauszufinden, wer über das Unternehmen auf welchen Kanälen spricht, um ggf. in einen Dialog einzusteigen. Beim **Social Media-Controlling** wird dagegen versucht, den Return-on-Investment des Social Media-Einsatzes zu erfassen. Es handelt sich um die Ermittlung quantitativer Daten in Form von Kennzahlen (*Kreutzer/Rumler/Wille-Baumkauff, 2015*).

Das Monitoring von Social Media-Maßnahmen wird von den meisten Unternehmen mithilfe von professionellen Dienstleistern wie z. B. Brandwatch, BIG, Sysomos, Synthesio oder Radian6 realisiert. Diese Firmen bieten Software as a Service (Saas) Tools an, mit deren Hilfe das Monitoring unternehmensintern durchgeführt werden kann. Einige Anbieter liefern darüber hinaus entsprechende Services wie Beratung, Training, Setup oder das Erstellen von Reports. WAGO entschied sich von Anfang an dafür, das Monitoring der Social Media-Aktivitäten in die Hände von Spezialisten zu legen und wählte dazu Brandwatch aus.

In den folgenden Abbildungen sind Beispiele für das Monitoring der WAGO-Aktivitäten zu sehen.

Eine Suchanfrage (Query) für den reinen Markenbegriff „WAGO" sieht wie folgt aus und beinhaltet diverse Ausschlussterme, um irrelevante Mentions zu vermeiden:

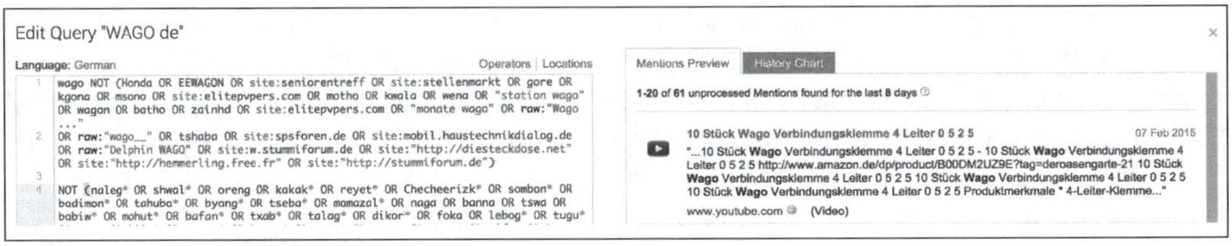

Abb. 3: Auszug der deutsch-sprachigen Marken-Query für WAGO

Abbildung 4 zeigt eine so genannte Tag-Cloud, in der die Themen, die in den sozialen Netzwerken in Verbindung mit WAGO auftauchen, angeordnet sind. Die Größe des Wortes deutet auf die Häufigkeit der jeweiligen Nennung hin.

Abb. 4: Tag-Cloud für WAGO

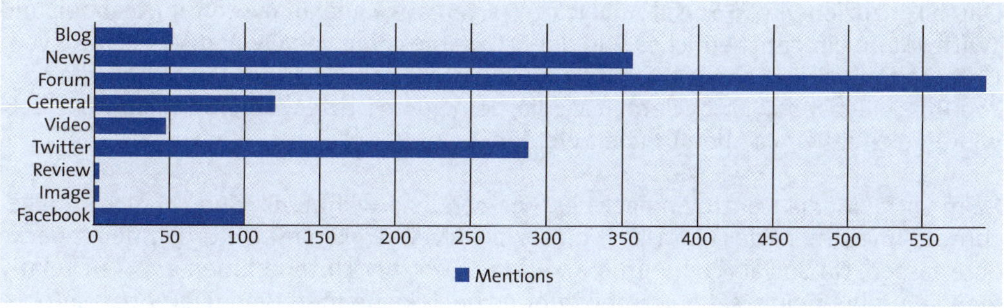

Abb. 5: Mentions von WAGO nach Kanälen

Als „Mentions" werden Erwähnungen zuvor definierter Keywords (z. B. „Verbindungsklemme") im Kontext des zu beobachtenden Unternehmens oder der zu beobachtbaren Produkte definiert. Abbildung 5 zeigt die Verteilung der deutsch-sprachigen Mentions der WAGO-Keywords nach Kanälen. In Abbildung 6 ist zudem die zeitliche Verteilung der Mentions zu beobachten.

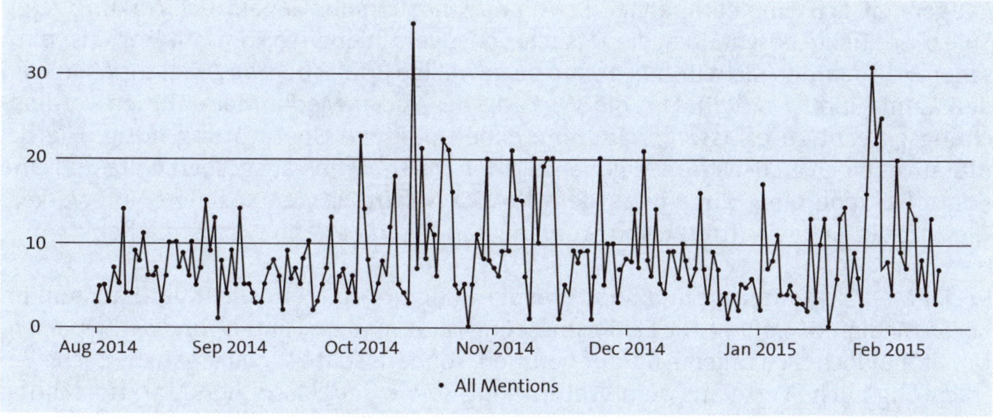

Abb. 6: Häufigkeit der Mentions von WAGO-Keywords im Zeitablauf

Dies sind ausgewählte Beispiele für das Social Media-Monitoring von WAGO. Weiterhin kann beispielsweise im Rahmen einer **Share of Buzz-Analyse** beobachtet werden, wie oft WAGO im Vergleich zu den Mitbewerbern genannt wird. Darüber hinaus lassen sich **Top-Seiten** und **Top-Autoren** identifizieren, um einen besseren Überblick zu bekommen, welche einzelnen Webseiten und Meinungsführer für die Kommunikation rund um Thema und Marke besonders relevant sind.

Um stärker in die Zielgruppenanalyse einzusteigen, können auch die demografischen und geografischen Daten der Community ausgewertet werden. So wird z. B deutlich, in welchen Ländern oder von welchen Berufsgruppen besonders häufig über WAGO gesprochen wird und die Marketingmaßnahmen können daraufhin optimiert werden.

Durch Hinzuziehen von **Social Analytics-Werten** aus Kanalanalysen für Facebook und Twitter kann ein ganzheitliches Bild der Erfolgsmessung von Owned Media, also vom Unternehmen selbst generierte und kontrollierte Inhalte (z. B. Corporate Website oder You Tube Videos), sowie von Earned Media, dem durch Dritte verbreiteten Content (z. B. weitergeleitete Virale Spots), erzielt werden.

Beim Social Media-Controlling geht es, wie bereits erwähnt, um den Versuch, den Return-on-Investment des Einsatzes von sozialen Netzwerken für Unternehmenszwecke zu erfassen. Da Social Media im Marketing deutscher Unternehmen erst seit relativ wenigen Jahren eingesetzt werden, gibt es noch keine marktgängigen Analysetools. Was in jedem Fall unternehmensintern veranlasst werden sollte, ist, die Kosten des Social Media-Einsatzes verursachungsgerecht zu tracken. Diese Kosten in Relation zu den verfolgen Zielen bzw. zum Zielerreichungsgrad zu setzen, ist deshalb schwierig, weil soziale Netzwerke selten isoliert, sondern im Rahmen einer umfassenden Kommunikationsstrategie, die oftmals viele Kanäle umfasst, eingesetzt werden.

Problematisch sind hierbei die so genannten **Carry over-** und **Spill over-Effekte** kommunikationspolitischer Maßnahmen. Carry over bedeutet, dass Maßnahmen aus der Vergangenheit, z. B. eine Kampagne der Vorjahre, noch in der Gegenwart Wirkung zeigt. Spill over-Effekte beschreiben die Tatsache, dass verschiedenen kommunikationspolitischen Maßnahmen nicht immer genau der jeweilige Erfolgsbeitrag zugeschrieben werden kann (*Rumler, 2006*). Um die Wirkung der Social Media-Maßnahmen verursachungsgerecht zu erfassen, wäre eine experimentelle Überprüfung nötig. Hierbei müsste es eine Versuchsgruppe geben, die den Maßnahmen ausgesetzt wäre und eine Kontrollgruppe ohne Zugang zu dem WAGO-Auftritt in den sozialen Netzwerken. Gleichzeitig ist das Auftreten von Störvariablen so gut es geht auszuschließen.

Social Media-Monitoring und Social Media-Analytics sind ein wichtiger Baustein im Social Media-Controlling. Die Erfolgsmessung kann vor dem Hintergrund der Repräsentativität jedoch nicht alleine darauf beruhen, sondern sollte für eine ganzheitliche Betrachtung auch Werte aus dem Webtracking sowie der klassischen Marktforschung (z. B. Befragung, Branchen-Analyse) und dem unternehmensinternen Controlling einbeziehen.

Um noch einmal auf das Fallbeispiel von WAGO zurückzukommen, sollte erwähnt werden, dass insbesondere die Zielgruppe der tatsächlichen und potenziellen Mitarbeiter durch die Social Media-Maßnahmen tatsächlich erreicht worden zu sein scheint. Dies zeigt sich, neben sehr geringen Fluktuationsraten in der Mitarbeiterschaft, auch an weiteren Auszeichnungen, die WAGO erhalten hat. So wurde das Unternehmen 2015 vom Magazin FOCUS zu den Top 10-Arbeitgebern im Bereich Elektronik ernannt.

9. Learnings

Auch für B2B-Unternehmen ist es sinnvoll, sich mit sozialen Medien zu beschäftigen. Denn diese erreichen inzwischen alle Bevölkerungsschichten und Stakeholder der Unternehmen. Die sozialen Netzwerke sind kraftvolle, weil öffentlichkeitswirksame Instrumente zur Kommunikation und Bewertung von Leistungen sowie zur unmittelbaren Kontaktaufnahme und damit zum Dialog (*Kreutzer/Rumler/Wille-Baumkauff, 2015*).

10. Literatur

Backhaus/Voeth, Industriegütermarketing, 10. Auflage, München 2014

B2B-Online-Monitor 2014, http://www.b2b-online-monitor.de

Dowideit, M., Familienunternehmen Wago im Gespräch: „Es ist gute Sitte, nicht über den Gewinn zu reden", in: Handelsblatt vom 08.04.2014, http://www.handelsblatt.com/unternehmen/mittelstand/familienunternehmen-wago-im-gespraech-es-ist-gute-sitte-nicht-ueber-den-gewinn-zu-reden/9720428.html

Kreutzer/Rumler/Wille-Baumkauff, B2B-Online-Marketing und Social Media, Wiesbaden 2015

Pattloch/Rumler/Schuchert-Güler (Hrsg.), Digitale Kommunikation, Berlin 2012

Rumler, A., Marketing-Controlling, in Müller/Uecker/Zehbold (Hrsg.), Controlling für Wirtschaftsingenieure, Ingenieure und Betriebswirte, 2. Auflage, Leipzig 2006, S. 206 - 222

Simon, H., Die heimlichen Gewinner (Hidden Champions), 5. Auflage, Frankfurt/New York 1996

Simon, H., Hidden Champions – Aufbruch nach Globalia, Frankfurt/New York 2012

Stotz/Wedel, Employer Branding, 2. Auflage, München 2013

Strategische Analyse und Handlungsempfehlungen für den Online-Handel der camel activefashionworld

Von Prof. Dr. Ute Gündling

1. Unternehmen und Geschäftstätigkeit

Die DIRKS Group mit Hauptsitz in Emden hat sich seit der Firmengründung im Jahr 1932 von einem reinen Speditions- und Transportunternehmen zu einem Systemdienstleister in den Bereichen „Technics & Quality, Engineering und Logistics" entwickelt *(DIRKS Group GmbH & Co. KG, 2014)*. Aktuell beschäftigt das Unternehmen rund 1.400 Mitarbeiter an 17 Standorten in Deutschland, Osteuropa, Nord- und Südamerika sowie an weiteren Projektstandorten weltweit. Der Geschäftsbereich Logistik realisiert logistische Komplettlösungen – von der Planung über den Aufbau bis zum Betrieb. In dem immer bedeutsamer werdenden Leistungsbereich E-Commerce entwickelt die DIRKS Group Fulfillment-Lösungen[1] und betreibt als externer Dienstleister Webshops inklusive Datenbankmanagement, Artikelpflege, Payment, Retouren-Management und Repair-Services *(DIRKS Group GmbH & Co. KG, 2014a)*.

Seit Anfang 2012 betreibt DIRKS auf eigenen Namen und auf eigene Rechnung einen Shop für Schuhe der Marke camel active. In 2014 wurde der Shop um weitere camel active-Produkte ergänzt, sodass ein kompletter camel active-Online-Store, die „activefashionworld", entstand.

Die Marke camel active umfasst neben Schuhen auch Bekleidung, Socken, Taschen, Uhren, Brillen und Unterwäsche. Um ein einheitliches Markenbild zu schaffen und dieses zu wahren, werden die einzelnen Produktgruppen seit dem Jahr 2000 unter dem Namen „camel active" zusammengefasst. Seit 2002 erfolgt die Steuerung der Dachmarke über die CMLC GmbH, eine Tochtergesellschaft der Seidensticker-Gruppe. Neben der weltweiten Markenkoordination und Steuerung des internationalen Vertriebs sowie der Marketingaktivitäten tritt die CMLC GmbH als Masterlizenznehmerin und damit als Koordinatorin der Einzellizenzen auf und trägt die Verantwortung für Design, Produktion, Vertrieb und Marketing für alle Produktgruppen *(CMLC GmbH, 2014, S. 1)*.

[1] Unter Fulfillment ist der gesamte Prozess der Auftragsabwicklung im E-Commerce zu verstehen. Er umfasst Lagerung, Kommissionierung, Transport, Auslieferung und teilweise die Bezahlung der Ware sowie den After-Sales-Service bis hin zur Retourenbearbeitung.

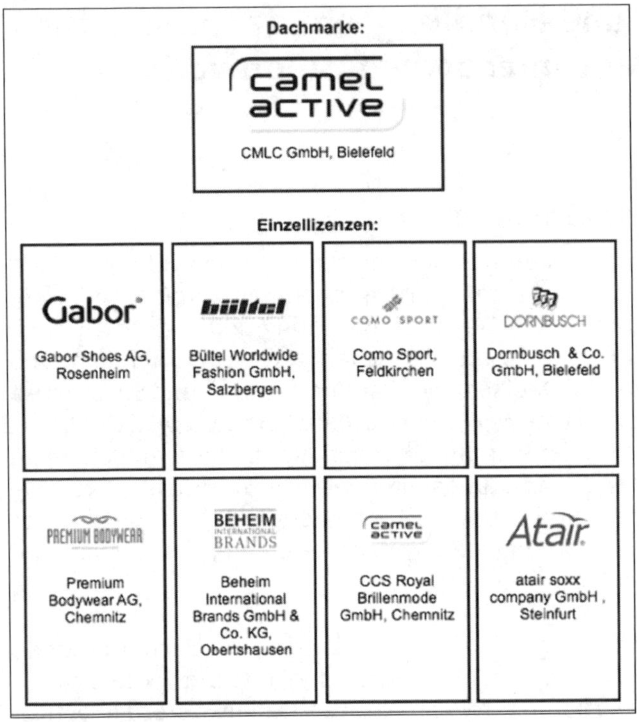

Abb. 1: Lizenzstruktur von camel active

Abbildung 1 verdeutlicht die Struktur der Einzellizenzen nach Produktgruppen: Neben der Gabor Shoes AG für die Produktgruppe camel Footwear ist die Bültel Worldwide Fashion GmbH in der Produktgruppe Clothing Lizenzinhaber für Jacken, Hosen und Accessoires, Como Sport für Lederbekleidung und die Dornbusch & Co. GmbH Lizenzinhaber für Hemden sowie für Stick- und Wirkwaren. Lizenzinhaber für die Produktgruppe Socks ist die atair soxx company GmbH; die Lizenz für Underwear liegt bei der Premium Bodywear AG. Die Produktgruppe Bags produziert und vertreibt die Beheim International Brands GmbH & Co. KG; Eyewear ist lizenziert an die CCS Royal Brillenmode GmbH *(CMLC GmbH, 2014, S. 2)*.

Trotz der Verantwortung für die weltweite Markenkoordination und Steuerung des internationalen Vertriebs ist es der CLMC GmbH seitens des Markeneigners Worldwide Brands (WBI) jedoch untersagt, einen eigenen Online-Shop für camel active-Produkte zu betreiben. Um die stetig wachsenden, sich im E-Commerce bietenden Umsatzpotenziale sukzessive abzuschöpfen und nichtsdestotrotz Online-Präsenz für die Marke in Deutschland zu zeigen, betreibt die DIRKS Group nun als eigenständiger Händler – und in enger Abstimmung mit der CLMC – die Online-Plattform activefashionworld (www.activefashionworld.de).

Nach dem Relaunch des E-Shops in 2014 umfasst der Store mit über 500 verschiedenen Artikeln alle Produktgruppen der Dachmarke camel active *(DIRKS Group GmbH & Co. KG, 2014b, S. 9 ff.)*.

Abb. 2: Homepages der ehemaligen activeshoeworld und der heutigen activefashionworld

Der Verkauf der Produkte erfolgt dabei nicht nur direkt über die Website des Shops (www.activefashionworld.de), sondern ist auch an online-basierte Marktplätze und Portale wie Amazon, Idealo und Google Shopping angebunden. Circa ein Drittel des derzeit online erwirtschafteten Umsatzes entfällt auf den eigenen E-Shop.

2. Nachfrage, Zielgruppe und Wettbewerb

Der **E-Commerce** gewinnt seit Jahren zunehmend an Bedeutung – und nicht zuletzt wird insbesondere dem Online-Bekleidungshandel eine (noch) rosigere Zukunft vorausgesagt. So konnte im 1. Quartal 2014 der interaktiv getätigte Umsatz im Bereich Bekleidung im Vergleich zum Vorjahr um weitere 10 % auf 2.752 Mio. € gesteigert werden. Die Bekleidung ist darüber hinaus die mit Abstand umsatzstärkste Warengruppe *(Bundesverband Versandhandel Deutschland, 2014)*.

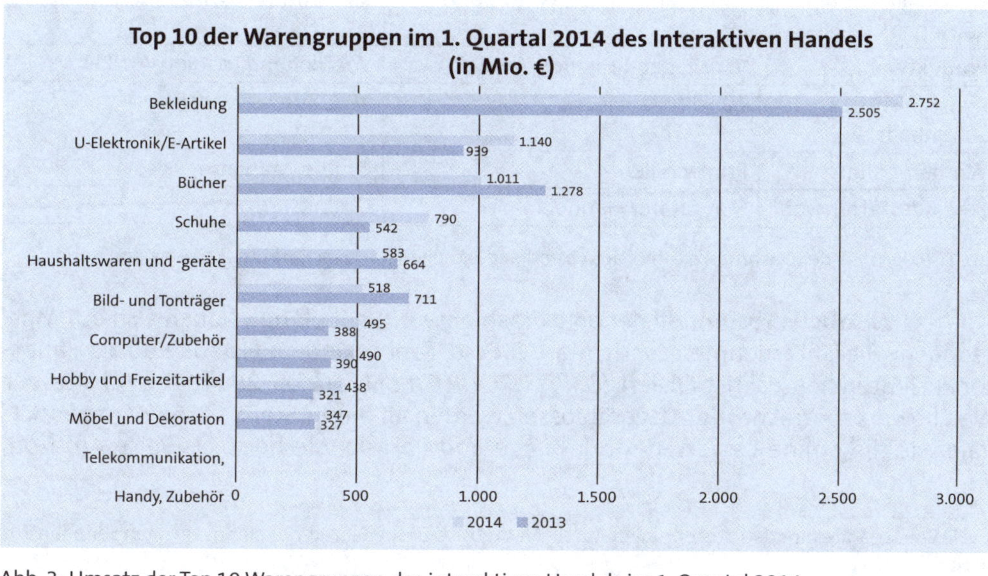

Abb. 3: Umsatz der Top 10 Warengruppen des interaktiven Handels im 1. Quartal 2014

Quelle: *Bundesverband Versandhandel Deutschland: Umsatzlage im deutschen interaktiven Handel 2014*

Der „neue" activefashionworld-E-Shop der DIRKS Group verzeichnet nach dem vorläufigen, noch nicht komplett abgeschlossenen Relaunch ca. 75.000 Seitenaufrufe pro Monat bei 13.000 Besuchen. Die durchschnittliche Besuchsdauer beträgt 3 Min., wobei 60 % der Besucher die Website das erste Mal besuchen. Die Bounce-Rate[1] beträgt 50 %. Im eigenen Online-Shop werden ca. 200 Transaktionen pro Monat getätigt, was einer Conversion-Rate[2] von 1,5 % entspricht. Der Umsatz liegt bei ca. 110,00 € pro Transaktion. Die Retouren-Quote beträgt ca. 35 % *(DIRKS Group GmbH & Co. KG, 2014b, S. 9 ff.).*

Die von camel active für ihre Dachmarke definierte Zielgruppe ist klar von der aus einer empirischen Analyse gewonnenen Käuferstruktur des activefashionworld-Online-Stores zu unterscheiden und abzugrenzen. In der nachfolgenden Tabelle erfolgt die Gegenüberstellung der vom Markeneigner „camel active" definierten Zielgruppe mit der aktuellen Käuferschaft der activefashionworld *(Beyer/Tönjes, 2014, S. 62; CMLC GmbH, 2014, S. 2 ff.).*

Kriterium	**Zielgruppe der Dachmarke**	**Käuferstruktur des Online-Shops**
Alter	Kernzielgruppe: 30 - 55 Jahre In der Zukunft avisierte Fokuszielgruppe: 20 - 29 Jahre	30 - 55 Jahre (72 %) 56 - 70 Jahre (22 %) Bis 29 Jahre (5 %)
Einkommen	> 2.500 €	Ø 2.000 €
Geschlecht	Gleichermaßen männlich und weiblich	57 % männlich 43 % weiblich
Verkaufsgebiet	DACH-Region Benelux-Länder	National begrenzt, Vorwiegend in den PLZ-Bereichen 3, 4, 5
Persönlichkeit der Käufer	Großstadthelden, Weltenbummler	Sport und Aktivitäten im Freien
Produktwahl	Vorwiegend Fashion-Artikel	Vorwiegend Fashion-Artikel
Preis/gekauftes Schuhpaar	70 - 170 €	79 € durchschnittlich
Werbemedium	Printmedien	Online-Marketing
Einkaufsstättenwahl	Stationärer Handel	Onlineshop

Tab. 1: Zielgruppe der Dachmarke camel active und der aktuellen Käuferschaft der activefashionworld

Was das **Wettbewerbsumfeld** der activefashionworld anbelangt, haben sich auf Markenebene die Unternehmen Esprit, Marc O´Polo, Timberland und Lands' End als Hauptkonkurrenten herauskristallisiert *(DIRKS GROUP GmbH & C. KG, 2014c, S. 2 ff.).* Aus der Wettbewerbsbetrachtung ausgeschlossen werden an dieser Stelle „reine" Vertriebskanäle wie die online-basierten Marktplätze und Portale wie beispielsweise Amazon,

1 Die Bounce-Rate gibt den prozentualen Anteil der Website-Besucher mit nur einem einzigen Seitenaufruf an.

2 Die Conversion-Rate gibt den prozentualen Anteil der Website-Besucher an, der innerhalb eines Monats ein oder mehrere Produkte im Online-Shop gekauft hat (*Chili-Conversion, 2013*).

Idealo und Google Shopping. Die Wettbewerbsbetrachtung erfolgt auf Basis des Produktangebots, der Distribution sowie der Usability des Online-Shops für den Kunden. Im Bereich des Produktangebotes werden Breite und Tiefe des Produktprogramms, die Produktqualität und -funktion (hier als Eignung der Produkte für Outdoor-Aktivitäten) sowie die Produktpreise verglichen. Die Qualität bemisst sich nach der vom Hersteller beschriebenen Verarbeitung sowie der eingesetzten Materialien. Der Vertrieb wird über die Kriterien „Versanddauer/-bedingungen" sowie „Präsenz des betrachteten Unternehmens im stationären Handel" bewertet.

Einen wichtigen Faktor im Rahmen der **E-Shop-Bewertung** stellt das Layout der Website dar, wobei hierunter auch die Navigation, die Prozesse im Hinblick auf Übersichtlich- und Bedienerfreundlichkeit sowie ihre Sicherheit subsumiert werden *(hmmh multimediahaus AG, 2013, S. 11)*. Die Kundenorientierung des Online-Shops setzt sich aus den vom Betreiber gestellten Kontaktmöglichkeiten (Service-Hotline, Mail-Kontakt) sowie einer möglichen Beratungsfunktion (persönlich oder als Online-Outfitgenerator) zusammen; die Zahlungsmöglichkeiten werden über die Anzahl der Zahlungsoptionen beurteilt *(hmmh multimedihaus AG, 2013, S. 11)*. Bewertungskriterien sind darüber hinaus der Anteil der reduzierten Waren im Shop zum Besuchszeitpunkt sowie die Auffindbarkeit und Suchfrequenz über gängige Suchmaschinen. Gemessen wird die Auffindbarkeit über die angezeigte Position des Suchergebnisses, die Suchfrequenz über das Suchvolumen *(Bischopinck/Ceyp, 2007, S. 12)*.

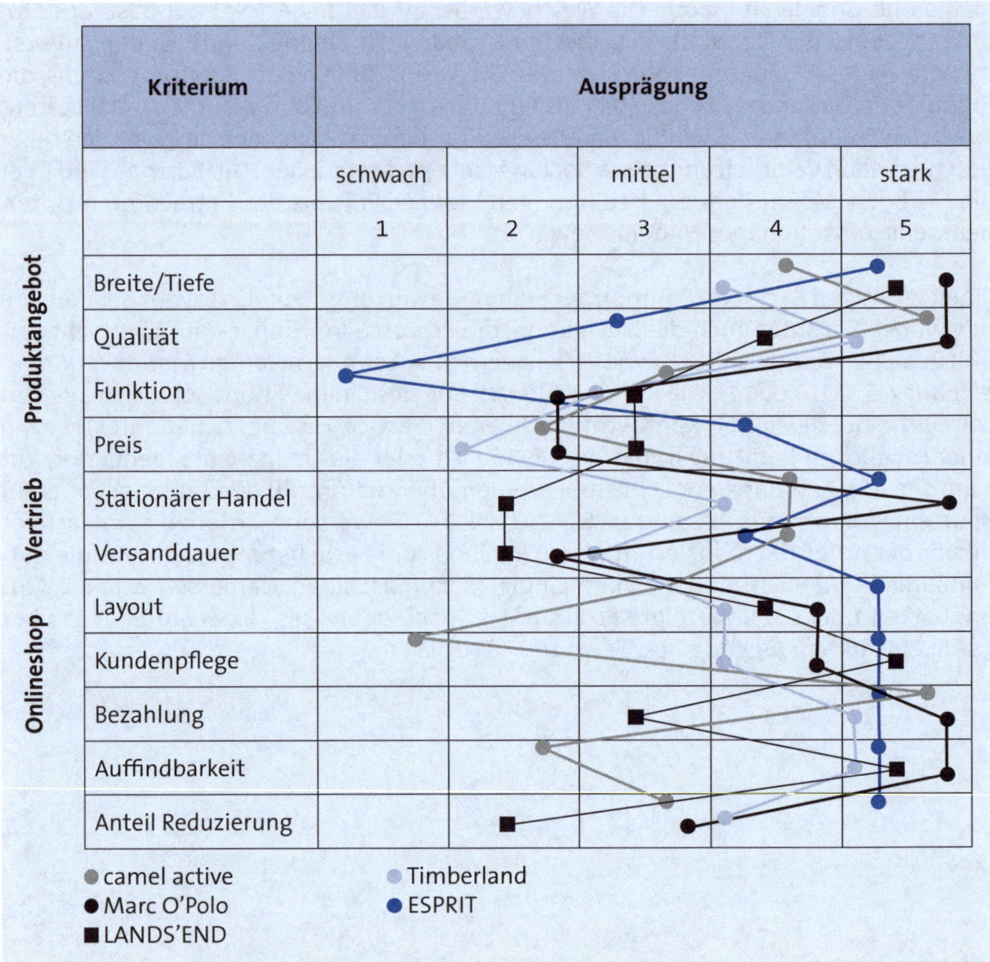

Abb. 4: Stärken-/Schwächen-Analyse von camel active im Konkurrenzumfeld

Abbildung 4 zeigt das **Stärken- und Schwächenprofil** des activefashionworld-Shops im Konkurrenzumfeld. Die Bewertung der Unternehmen erfolgte über die extrahierten Kriterien auf Basis einer Skala von 1 bis 5. 1 steht dabei für eine sehr schwache bzw. kundenunfreundliche Ausprägung des jeweiligen Kriteriums, 5 für eine sehr starke und aus Kundensicht positive Ausprägung.

3. Problemstellung und Zielsetzung der activefashionworld

Auch wenn die DIRKS Group nun als eigenständiger Webshop-Betreiber (inklusive Datenbankmanagement, Artikelpflege, Payment, Retouren-Management und Repair-Services) für camel active-Produkte fungiert, so fehlen ihr als klassischer Logistik-Dienstleister doch noch weitreichende Erfahrungen in diesem Geschäftsbereich:

Eine zielgruppenorientierte Vermarktungsstrategie des E-Stores existiert derzeit nicht; der für erfolgreichen E-Commerce notwendige Traffic fehlt noch. Die Conversion-Rate liegt mit 1,5 % im unteren Bereich *(Chili-Conversion, 2013)*, auch ist der Relaunch des Shops noch nicht endgültig abgeschlossen. Diese Faktoren führen in ihrer Gesamtwirkung zu einer noch unzureichenden Ausschöpfung der vorhandenen Umsatzpotenziale im eigenen Online-Shop.

Zielsetzung der DIRKS Group ist es nun, auf Basis einer fundierten Situationsanalyse Strategien zur zielgerichteten Vermarktung des activefashionworld-Shops zu erarbeiten und diese Strategien in Form einiger exemplarischer Handlungsempfehlungen zu operationalisieren. Im Rahmen der **strategischen Analyse** wird zunächst eine **Wichtigkeits-/Zufriedenheitsanalyse** für bestehende und potenzielle Kunden in Form einer Online-Befragung sowie einer praxisorientierten **Benchmark-Analyse** bzw. eines **Wettbewerbsvergleichs** konzipiert und durchgeführt. Hier schließt sich eine **SWOT-Analyse** an, in die die Ergebnisse der vorherigen Analysen einfließen. Mithilfe der kombinierten SWOT-Matrix werden strategische Ansätze erarbeitet, die dann in Form **ausgewählter Handlungsempfehlungen** operationalisiert werden.

4. Aufgabenstellung, Schwierigkeitsgrad, Bearbeitungszeit

Die Gesamtaufgabe lässt sich in drei Teilbereiche, die allesamt einen mittleren bis hohen Schwierigkeitsgrad aufweisen, einteilen. Die Bearbeitung der Fallstudie ist daher für Bachelorstudierende in den beiden letzten Fachsemestern sowie Masterstudierende in den beiden ersten Fachsemestern zu empfehlen. Grundkenntnisse in der Marktforschung bzw. empirischen Sozialforschung werden vorausgesetzt; weiterführendes Wissen in der Auswertung und Interpretation von empirisch erhobenen Daten ist von Vorteil. Die Bearbeitungszeit für die gesamte Fallstudie beträgt ca. 20 - 25 Std.

Nachfolgende **Teilaufgaben** sind im Rahmen der Gesamtstudie zu lösen:

Aufgabe 1:

Erarbeiten Sie im Rahmen der Fragebogenkonzeption für eine Online-Befragung eine **Wichtigkeits-/Zufriedenheitsanalyse** für/mit dem activefashionworld-Online-Shop. Beide Analysen erfolgen hierbei auf Basis der relevanten (Qualitäts)-Komponenten von Online-Stores:

a) Definieren Sie zunächst die aus Ihrer Sicht im Rahmen der Wichtigkeits-/Zufriedenheitsanalyse relevanten Forschungsfragen.

b) Erarbeiten Sie eine zur Analyse des Shops geeignete Itembatterie. Begründen Sie Ihr Vorgehen/Ihr Ergebnis auf wissenschaftlicher Basis.

c) Legen Sie eine aus Ihrer Sicht geeignete Skala zur Messung fest und erstellen Sie eine geeignete fragetechnische Gesamtlösung zur Ermittlung der Wichtigkeit/Zufriedenheit mit dem Online-Store der activefashionworld innerhalb eines Fragebogens.

d) Beschreiben und skizzieren Sie geeignete Verfahren zur Auswertung und optischen Darstellung der Untersuchungsergebnisse.

Aufgabe 2:

Bereiten Sie eine **Benchmark-Analyse/einen Wettbewerbsvergleich** für den activefashionworld-Online-Store vor:

a) Legen Sie sinnvolle Leistungsparameter für das Benchmarking fest. Entwickeln Sie auf Basis geeigneter Studien/Ausarbeitungen zunächst die Hauptkategorien für die Leistungsparameter und operationalisieren Sie diese dann durch geeignete Unterkategorien/Faktoren.

b) Erarbeiten Sie einen Vorschlag für ein Scoring-Verfahren im Rahmen der Benchmark-Analyse und stellen Sie ein geeignetes Verfahren zur Leistungsparametergewichtung vor.

Aufgabe 3:

Führen Sie eine **SWOT-Analyse** für die activefahsionworld durch:

a) Recherchieren Sie im Rahmen einer PESTLE-Analyse jeweils zwei mögliche Einflussgrößen pro Einflussbereich für den Online-Handel in der Fashion-Branche.

b) Erarbeiten Sie im Rahmen der internen Analyse Stärken und Schwächen des Shops auf Basis der Ergebnisse der in Abbildung 4 dargestellten Stärken-/Schwächenanalyse im Konkurrenzumfeld und leiten Sie aus den Ergebnissen Ihrer externen (PESTLE-) Analyse jeweils vier Chancen und Risiken ab. Führen Sie diese in einer SWOT-Matrix zusammen.

c) Erarbeiten Sie eine kombinierte SWOT-Matrix und leiten Sie für jedes Feld der Matrix eine geeignete übergeordnete Strategie ab. Operationalisieren Sie jede der entwickelten vier Strategien durch jeweils drei logisch ableitbare Handlungsempfehlungen.

d) Schließen Sie die Fallstudie mit einer gesamtstrategischen Empfehlung für den E-Commerce der activefashionworld ab.

5. Informationsquellen, Lösungshinweise und Empfehlungen zur Umsetzung

Als Informationsquellen zur Bearbeitung der Gesamtaufgabe werden in jedem Fall einschlägige literarische Werke zur empirischen Sozialforschung, insbesondere auch zur Konzeption von Wichtigkeits- und Zufriedenheitsstudien, empfohlen. Gleiches gilt für die Konzeptionierung und Durchführung von Wettbewerbsvergleichen sowie Benchmark- und SWOT-Analysen. Zur Einarbeitung in den Themenbereich des Online-Handels und die Besonderheiten der Fashion-Branche empfiehlt sich neben der Literatur- auch eine umfassende Internet-Recherche. Zur Lösung der Fallstudie sind mehrere sinnvolle Ansätze möglich. Die nachfolgenden Hinweise sind daher als eine exemplarische Lösungsskizze zu verstehen.

Lösung zu Aufgabe 1:

Erarbeiten Sie im Rahmen der Fragebogenkonzeption für eine Online-Befragung eine **Wichtigkeits-/Zufriedenheitsanalyse** für/mit dem activefashionworld-Online-Shop. Beide Analysen erfolgen hierbei auf Basis der relevanten (Qualitäts-)Komponenten von Online-Stores.

a) Folgende wesentliche **Forschungsfragen** sollten **im Rahmen einer Wichtigkeits-/Zufriedenheitsanalyse** beantwortet werden:

- Welchen Faktoren kommt welche Bedeutung für den Einkauf im E-Store der activefashionworld zu?
- Welche Kriterien lassen sich den Muss-, den Soll- und welche den Kann-Kriterien zuordnen?
- Wie zufrieden sind die Besucher des E-Stores mit dem Shop/den Dienstleistungen der activefashioworld?
- In Bezug auf welche Faktoren lässt sich Handlungsbedarf seitens des Shop-Betreibers erkennen?
- Inwieweit besteht ein Zusammenhang zwischen den statistischen Daten der Besucher und deren Einschätzung der Wichtigkeit der einzelnen Shop-Komponenten bzw. deren Zufriedenheit mit den einzelnen Kriterien und angebotenen Dienstleistungen?
- Lassen sich die im Rahmen der Wichtigkeits-/Zufriedenheitsanalyse extrahierten Kriterien auf wenige dahinter stehende Faktoren reduzieren?

b) Die **Itembatterie zur Analyse der Wichtigkeit/Zufriedenheit** sollte auf Basis wissenschaftlich etablierter Untersuchungen/Studien zum interaktiven Handel erarbeitet werden. Sie könnte beispielsweise folgendermaßen aussehen:

Gestaltung und Layout
Bedienerfreundlichkeit und Navigation
Produktauswahl
Produkterläuterung
Produktempfehlungen und Kombinationsvorschläge
Produktbewertungen von Kunden
Komplexität des Bestellvorgangs
Größentabellen
Einkaufserlebnis
Übersichtlichkeit
Zahlungsmöglichkeiten
Zahlungssicherheit
Trusted Shop (zertifizierter Shop mit Gütesiegel)
Einkaufshistorie
Paketverfolgung
Sonderangebote und Rabatte

Preise
Versandart
Lieferzeit
Umtausch und Reklamation
Verlinkung auf passende Produkte anderer Anbieter
Produktbündel (z. B. Sakko, Hemd und Krawatte)
Kundenkarte und damit verbundene exklusive Angebote
Newsletter
Clubmitgliedschaft und damit verbundene Clubvorteile
Kontaktmöglichkeiten (z. B. E-Mail, Telefon etc.)
Exklusivität des Online-Shops
Sonstiges: ________________ *(bitte eintragen)*

Tab. 2: Itembatterie zur Wichtigkeits-/Zufriedenheitsanalyse

c) Empfehlenswert ist in jedem Fall eine Skala mit intervallskaliertem Messniveau. In diesem Zusammenhang sind insbesondere die **Likert-Skalen** als geeignete Skalen einzustufen; hier geben die Befragten auf einer mehrstufigen Antwortskala (meist vier bis sieben Stufen) den Grad ihrer Zustimmung an. Die einzelnen Antwortvorgaben sollten unbedingt mit numerischen Werten versehen werden, sodass die Abstände zwischen den Antwortvorgaben eindeutig definiert sind und als gleich angesehen werden können, d. h. Äquidistanz aufweisen. Aufgrund ihres intervallskalierten Messniveaus lassen Likert-Skalen umfassende Auswertungsmöglichkeiten zu und eigenen sich besonders gut für multivariate statistische Analyseverfahren. Die Frage nach geradzahligen oder ungeradzahligen Skalen lässt sich nicht eindeutig beantworten. Eine gerade Zahl von Antwortkategorien ist ebenso gebräuchlich wie eine ungerade Zahl. Letztere wird verwendet, wenn eine neutrale (weder-noch) Ausprägung sinnvoll erscheint. Eine gerade Anzahl zwingt zur „forced choice", d. h. zur Entscheidung nach einer Seite hin. Die nachfolgende Abbildung zeigt eine mögliche fragetechnische Gesamtlösung zur Ermittlung der Wichtigkeit/Zufriedenheit mit der activefashionworld.

7. Bitte beurteilen Sie die nachfolgenden Kriterien zur activefashionworld... Zunächst nach Wichtigkeit für Ihren Online-Einkauf und anschließend nach Ihrer Zufriedenheit mit dem derzeitigen Shop-Auftritt								
	1	2	3	4	1	2	3	4
Entscheidende Kriterien sind...	Sehr wichtig	Wichtig	Weniger wichtig	Gar nicht wichtig	Sehr zufrieden	Zufrieden	Weniger zufrieden	Gar nicht zufrieden
Gestaltung und Layout	☐	☐	☐	☐	☐	☐	☐	☐
Bedienfreundlichkeit und Navigation	☐	☐	☐	☐	☐	☐	☐	☐

	1	2	3	4	1	2	3	4
Entscheidende Kriterien sind...	Sehr wichtig	Wichtig	Weniger wichtig	Gar nicht wichtig	Sehr zufrieden	Zufrieden	Weniger zufrieden	Gar nicht zufrieden
Produktauswahl	☐	☐	☐	☐	☐	☐	☐	☐
Produkterläuterung	☐	☐	☐	☐	☐	☐	☐	☐
Produktempfehlungen und Kombinationsvorschläge	☐	☐	☐	☐	☐	☐	☐	☐
Produktbewertungen von Kunden	☐	☐	☐	☐	☐	☐	☐	☐
Komplexität des Bestellvorgangs	☐	☐	☐	☐	☐	☐	☐	☐
Größentabellen	☐	☐	☐	☐	☐	☐	☐	☐
Einkaufserlebnis	☐	☐	☐	☐	☐	☐	☐	☐
Übersichtlichkeit	☐	☐	☐	☐	☐	☐	☐	☐
Zahlungsmöglichkeiten	☐	☐	☐	☐	☐	☐	☐	☐
Sicherheit	☐	☐	☐	☐	☐	☐	☐	☐
Trusted Shop (= vertrauenserweckender Online-Shop)	☐	☐	☐	☐	☐	☐	☐	☐
Einkaufshistorie (= Übersicht über die letzten persönlichen Käufe)	☐	☐	☐	☐	☐	☐	☐	☐
Paketverfolgung	☐	☐	☐	☐	☐	☐	☐	☐

	1	2	3	4	1	2	3	4
Entscheidende Kriterien sind…	Sehr wichtig	Wichtig	Weniger wichtig	Gar nicht wichtig	Sehr zufrieden	Zufrieden	Weniger zufrieden	Gar nicht zufrieden
Sonderangebote und Rabatte	☐	☐	☐	☐	☐	☐	☐	☐
Preise	☐	☐	☐	☐	☐	☐	☐	☐
Versandart	☐	☐	☐	☐	☐	☐	☐	☐
Lieferzeit	☐	☐	☐	☐	☐	☐	☐	☐
Umtausch und Reklamation	☐	☐	☐	☐	☐	☐	☐	☐
Verlinkung auf passende Produkte anderer Anbieter	☐	☐	☐	☐	☐	☐	☐	☐
Produktbündel (z. B. Sakko, Hemd und Krawatte)	☐	☐	☐	☐	☐	☐	☐	☐
Kundenkarte und damit verbundene exklusive Angebote	☐	☐	☐	☐	☐	☐	☐	☐
Newsletter	☐	☐	☐	☐	☐	☐	☐	☐
Clubmitgliedschaft und damit verbundene Clubvorteile	☐	☐	☐	☐	☐	☐	☐	☐
Kontaktmöglichkeiten (z. B. E-Mail, Telefon etc.)	☐	☐	☐	☐	☐	☐	☐	☐
Exklusivität des Online-Shops	☐	☐	☐	☐	☐	☐	☐	☐
Sonstiges: ______ (bitte eintragen)	☐	☐	☐	☐	☐	☐	☐	☐

Abb. 5: Exemplarische Gesamtlösung zur Ermittlung der Wichtigkeit/Zufriedenheit

d) Zur Beantwortung der Forschungsfragen erscheinen folgende **Auswertungsverfahren/Analysen** sinnvoll:

- relative Häufigkeiten zur Stichprobenbeschreibung
- Mittelwertvergleiche „Wichtigkeit/Zufriedenheit" zur Ermittlung von Handlungsbedarfen/Optimierungspotenzialen bei der Gestaltung des Online-Shops und der dazugehörigen Dienstleistungen
- Kreuztabellierungen/Korrelationsanalysen zur Ermittlung von Zusammenhängen zwischen den statistischen Daten der Befragten und der Wichtigkeit/Zufriedenheit mit einzelnen beschreibenden Kriterien
- Tests zur Überprüfung der Signifikanz ermittelter Korrelationen
- Faktorenanalyse zur Reduktion der Vielfalt der im Rahmen der Wichtigkeits-/Zufriedenheitsanalyse abgefragten Kriterien über die Ermittlung einiger weniger hinter den Kriterien stehenden Faktoren.

Zur grafischen Darstellung der Untersuchungsergebnisse eigenen sich **Mittelwertprofile** ebenso wie **Zufriedenheits-/Wichtigkeits-Matrizen**. Ein Beispiel für ein vergleichendes Mittelwertprofil findet sich in der nachfolgenden Abbildung:

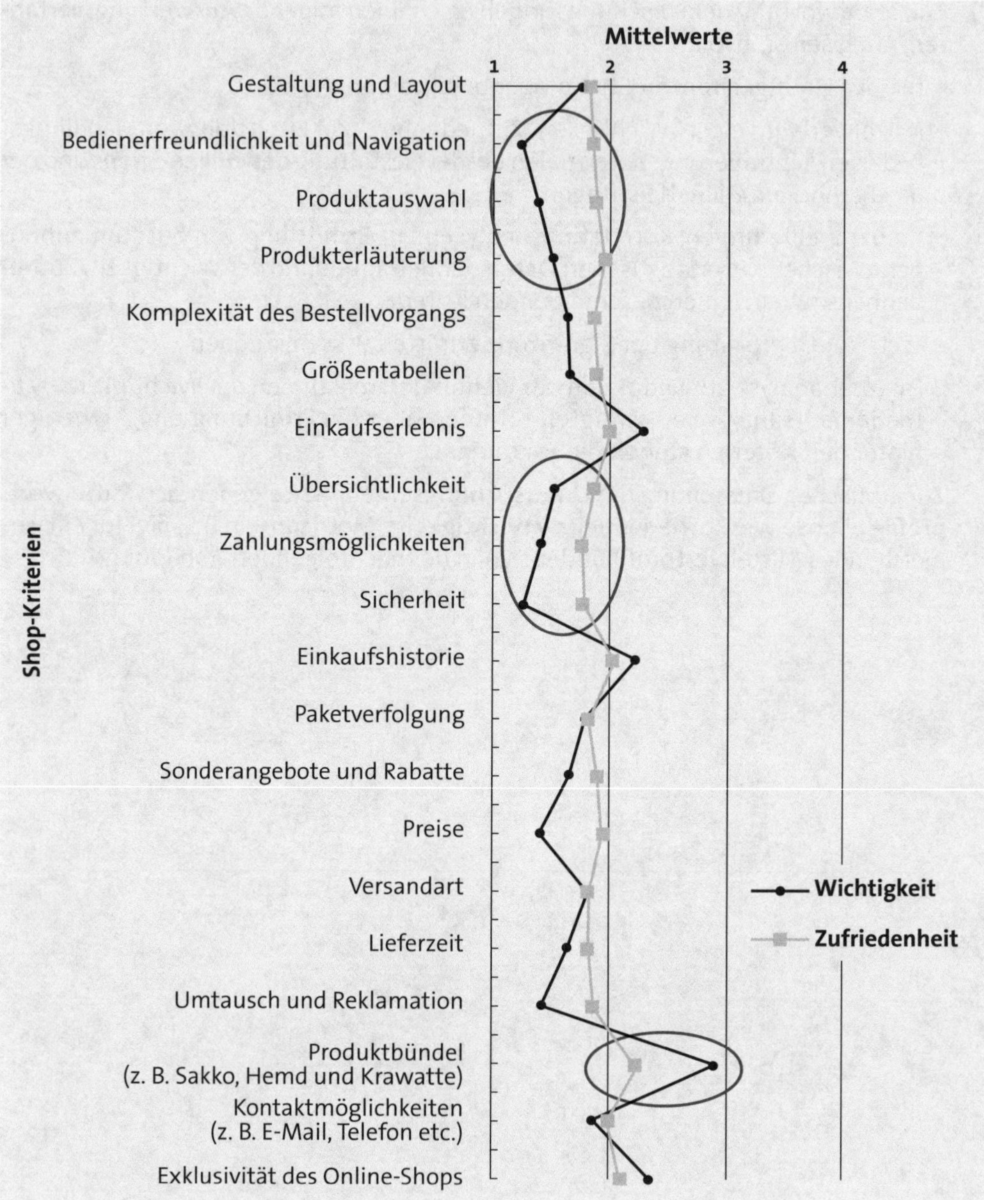

Abb. 6: Mittelwertvergleich Zufriedenheit/Wichtigkeit activefashionworld Online-Store

Lösung zu Aufgabe 2:

Bereiten Sie eine **Benchmark-Analyse/einen Wettbewerbsvergleich** für den activefashionworld-Online-Store vor.

a) Sinnvoll im Rahmen der **Benchmark-Analyse** für den Online-Store der activefashionworld einsetzbare **Leistungsparameter** zeigt die nachfolgende Tabelle. Die Leistungsparameter wurden in Hauptkategorien aufgeteilt und durch entsprechende Unterkategorien operationalisiert. Die Haupt- und Unterkategorien wurden in Anlehnung an bereits durchgeführte wissenschaftliche Untersuchungen im interaktiven Handel entwickelt:

Leistungsparameter	
Hauptkategorie	**Unterkategorie**
► Layout	► Struktur/Aufbau ► Übersichtlichkeit/Transparenz ► Einbindung externer Werbung ► Farbwahl/-gestaltung ► Erlebnischarakter ► Verlinkung ► App für mobile Endgeräte ► Restpostenplattform
► Versand und Lieferung	► Logistikpartner ► Versandarten ► Lieferzeiten ► Sendungsverfolgung ► Versandkosten ► Zustellung
► Bezahlung	► Zahlungsoptionen ► Sicherheit ► Finanzierung/Ratenkauf
► Service	► Kommunikationskanäle ► Erreichbarkeit ► Chat ► Blogs ► persönliche Beratung ► Avatare ► Rückgaberecht-/fristen ► Retouren-Abwicklung ► Beschwerdemanagement ► Garantien

Leistungsparameter	
Hauptkategorie	**Unterkategorie**
► Sicherheit	► AGB ► Datenschutz ► Secure Code ► Datenverschlüsselung ► Zertifikate ► Bewertungssysteme ► eigene Kreditkarte ► Garantien
► Benutzerfreundlichkeit	► Benutzerführung ► Übersichtlichkeit/Transparenz ► Bestelloptionen (mit/ohne Registrierung) ► Verfügbarkeit der Kaufhistorie ► One-Click-Option ► Individualisierungsoptionen ► Produktkonfigurator ► Größentabellen
► Sortiment	► Sortimentsbreite/-tiefe ► Produktinformationen ► individualisierte Produktempfehlungen/Vorschläge auf Basis der Kaufhistorie ► Bundles ► Rabatte ► Einbindung des Kunden in die Sortimentsgestaltung
► Preis-/Leistungsverhältnis	► Preis-/Leistungsverhältnis ► Konkurrenzfähigkeit ► Preisvorteile im Vergleich zum stationären Handel ► Sonderangebote ► Rabattsysteme ► Finanzierungsoptionen

Tab. 3: Leistungsparameter im Rahmen einer Benchmark-Analyse

b) Ein geeignetes Verfahren zur Leistungsparametergewichtung stellt das **Paarvergleichsverfahren** dar. Das Paarvergleichsverfahren ist eine Vergleichsmethode auf Basis einer einfachen Matrix, bei der die einzelnen Parameter paarweise verglichen werden. Über die Einschätzung der Bedeutung der einzelnen Parameter lässt sich eine Priorisierung der Parameter vornehmen und ein Gewichtungsfaktor berechnen, der wiederum die Bedeutung jedes einzelnen Parameters in der Gesamtbeurteilung des Shops widerspiegelt. Die Gewichtungsfaktoren für die einzelnen Kriterien lassen sich durch Division der jeweiligen Spaltensumme durch die Gesamtsumme errechnen. Das nachfolgende Beispiel zeigt exemplarisch die Vorgehensweise im Rahmen des Paarvergleichsverfahrens.

wichtiger \ **als**	Kriterium 1	Kriterium 2	Kriterium 3	Kriterium 4	Kriterium 5	Kriterium 6	Kriterium 7	Kriterium 8	Kriterium 9	Kriterium 10	**Summe**	%
Kriterium 1		1	1	1	1	1	1	1	1	1	9	28,13 %
Kriterium 2			1	1	1	1	0	0	1	1	6	18,75 %
Kriterium 3				1	1	0	0	1	1	0	4	12,50 %
Kriterium 4					1	1	0	1	0	0	3	9,38 %
Kriterium 5						1	0	1	1	0	3	9,38 %
Kriterium 6							1	1	1	1	4	12,50 %
Kriterium 7								1	0	0	1	3,13 %
Kriterium 8									1	0	1	3,13 %
Kriterium 9										1	1	3,13 %
Kriterium 10											0	0,00 %
											Prüfsumme	100,00 %

1 = wichtiger als, 0 = genauso wichtig wie

Abb. 7: Paarvergleichsverfahren

Quelle: *Six Sigma Black Belt: Paarweiser Vergleich – Nutzwertanalyse, 2015*

Die **Bewertung der einzelnen Leistungsparameter** kann auf Basis eines einfachen Schemas erfolgen. So scheint beispielsweise folgendes Bewertungsschema sinnvoll:

1 = mangelhaft oder nicht vorhanden/schlecht

2 = angemessen/durchschnittlich

3 = hervorragend/überdurchschnittlich

Der **Gesamtscore für eine Leistungsparameter-Hauptkategorie** (hier am Beispiel „Layout“) lässt sich damit wie folgt ermitteln:

Scoring Hauptkategorie „Layout“			
Unterkategorie	**Score**	**Multiplikator/Gewichtung**	**Endscore**
Aufbau/Struktur	2	0,20	0,40
Übersichtlichkeit/Transparenz	3	0,20	0,60
Einbindung externer Werbung	3	0,02	0,06
Farbwahl/-gestaltung	1	0,15	0,15
Erlebnischarakter	1	0,20	0,20
Verlinkung	2	0,03	0,06
App für mobile Endgeräte	2	0,08	0,16
Restpostenplattform	2	0,12	0,24
Gesamtscore		**1,0**	**1,87**

Tab. 4: Scoring am Beispiel des Leistungsparameters „Layout“ im Rahmen einer Benchmark-Analyse

Lösung zu Aufgabe 3:

Führen Sie eine **SWOT-Analyse** für die activefahsionworld durch.

a) Die **PESTLE-Analyse** ist ein Modell zur Umfeldanalyse und eignet sich daher sehr gut zur Ermittlung der Chancen und Risiken, die als externe vom Unternehmen nicht direkt beeinflussbare Faktoren in die SWOT-Analyse eingehen. Eine sinnvolle, auf je zwei Faktoren pro Einflussbereich beschränkte PESTLE-Analyse für die Fashion-Branche kann wie folgt aussehen:

PESTLE-Analyse „Interaktiver Handel Fashion-Branche“ **E = entscheidend, W = wichtig, U = unbedeutend**				
Einflussbereich	**Einflussfaktor**	**Einflussstärke**	**Zeitraum**	**Bedeutung**
Politisch	Kritik an Arbeitsbedingungen/Mitarbeiterorientierung Datenschutz	Hoch Mittel	Mittelfristig Langfristig	E W
Wirtschaftlich	Rasantes Marktwachstum Starker Konkurrenzdruck	Hoch Hoch	Mittelfristig Langfristig	E E
Sozio-kulturell	Individualisierung der Gesellschaft Hedonismus/Erlebnisorientierung	Mittel Mittel	Langfristig Langfristig	W W

PESTLE-Analyse „Interaktiver Handel Fashion-Branche" E = entscheidend, W = wichtig, U = unbedeutend				
Einflussbereich	**Einflussfaktor**	**Einflussstärke**	**Zeitraum**	**Bedeutung**
Technologisch	Mobile Payment Cloud-Marketing	Mittel Hoch	Kurzfristig Kurzfristig	W W
Gesetzlich	Wegfall des Rückgaberechts Mindestlöhne	Gering Hoch	Kurzfristig Kurzfristig	U E
Ökologisch	Nachhaltigkeit Zunehmende Bedeutung der Corporate Social Responsibility	Mittel Mittel	Langfristig Langfristig	W W

Tab. 5: PESTLE-Analyse in der Modebranche

b) In der nachfolgenden Darstellung sind die aus der Konkurrenzanalyse abgeleiteten Stärken und Schwächen des Shops sowie die aus der PESTLE-Analyse entwickelten Chancen und Risiken in einer **SWOT-Matrix** zusammengeführt.

Stärken	**Chancen**
► Breites und tiefes Produktprogramm ► Hohe Produktqualität ► Hohe Distributionsdichte im stationären Handel ► Kurze Lieferzeiten ► Sicheres, vielfältiges Bezahlungssystem	► Hohe Wachstumsraten im interaktiven Handel ► Cloud-Marketing ► Steigende Bedeutung der Nachhaltigkeit ► Trend zur Individualisierung
Schwächen	**Risiken**
► Preise im Konkurrenzvergleich eher hoch ► Mangelhafte Kundenbetreuung/ Kundenpflege ► Schlechte Auffindbarkeit des Shops im www ► Anteil reduzierter Ware eher gering	► Starke Konkurrenz mit ausgereiften Konzepten ► Mindestlöhne ► Zunehmende Bedeutung der Nachhaltigkeit ► Trend zur Individualisierung

Abb. 8 : Interne/externe Analyse für die activefashionworld

c) Aus den eruierten Stärken/Schwächen sowie Chancen/Risiken lässt sich nachfolgende **kombinierte SWOT-Matrix** erstellen. Durch sinnvolle logische Faktor-Kombinationen können für jeden Quadranten der Matrix übergeordnete strategische Handlungsempfehlungen abgeleitet und operationalisiert werden. Mögliche sinnvolle Lösungsansätze zeigt die nachfolgende Abbildung.

Extern / Intern	**Chancen** 1. Hohe Wachstumsraten 2. Cloud-Marketing 3. Nachhaltigkeit 4. Hedonismus/Erlebnisorientierung	**Risiken** 1. Starke Konkurrenz mit ausgereiften Konzepten 2. Mindestlöhne 3. Trend zur Nachhaltigkeit 4. Individualisierung
Stärken 1. Breites und tiefes Produktprogramm 2. Hohe Produktqualität 3. Hohe Distributionsdichte im stationären Handel 4. Kurze Lieferzeiten 5. Sicheres, vielfältiges Bezahlungssystem	**Differenzierungsstrategie** ► Social Commerce ► Multi-Channel-Integration ► Präferenzstrategie	**Individualisierungsstrategie** ► Mass Customization ► Targeting ► Curated Shopping
Schwächen 1. Preise im Konkurrenzvergleich eher hoch 2. Mangelhafte Kundenbetreuung/Kundenpflege 3. Schlechte Auffindbarkeit des Shops 4. Anteil reduzierter Ware gering	**Markenstrategie** ► Emotional Omni-Channel-Branding ► Erlebnismarketing ► Corporate Social Responsibility	**CRM-Strategie** ► Zielgruppenorientierung ► Kundenbeziehungsmanagement ► Cloud-Marketing/Viralmarketing

Abb. 9: Kombinierte SWOT-Matrix für die activefashionworld

d) Unter Berücksichtigung der spezifischen Stärken und Schwächen der activefashionworld und im Hinblick auf die sich für die Fashionbranche abzeichnenden Chancen – insbesondere das hohe Marktwachstum, die Erlebnisorientierung sowie der Trend zum Omni-Channeling – muss eine **Differenzierungsstrategie** im Fokus der unternehmerischen Aktivitäten der activefashionworld stehen. Ansatzpunkte hierfür stellen die Multi-Channel-Integration und die Einführung des Social Commerce dar; die erfolgreiche Differenzierung bedingt insbesondere aber auch die Realisierung einer durchgängigen **Präferenzstrategie** über alle Shopping-Kanäle hinweg.

Vor diesem Hintergrund erscheint das konsequente, über alle Kanäle hinweg einheitlich und konsequent umgesetzte Branding unabdingbar. Produkte, Services, Kommunikation und Einkaufsstätte/Umfeld (real und virtuell) müssen dabei der hedonistischen Lebenseinstellung der avisierten Zielgruppe Rechnung tragen und für sie zum Added Value werden. Die konsequente Umsetzung des Coporate-Social-

Responsability-Ansatzes auf allen Unternehmensebenen und auch in der Kommunikation verankert den Nachhaltigkeitsgedanken in der Markenidentität. Differenzierung gegenüber der Konkurrenz bedeutet heute vor dem Hintergrund gesättigter Märkte, vollkommener Markttransparenz, homogener und damit austauschbarer Produkte sowie einer permanent steigenden Marktmacht des Kunden die konsequente Ausrichtung aller unternehmerischer Aktivitäten an den Bedürfnissen des Kunden. **Individualisierung** lautet die Devise, d. h. Ansätze wie Mass Customization, Curated Shopping sowie Targeting und Cloud-Marketing müssen im unternehmerischen Fokus stehen. Individualisierung heißt konsequente Zielgruppenorientierung und verlangt Wissen über den Kunden und seine Bedürfnisse. Das im Rahmen von **Customer-Relationship-Management-Strategien** unabdingbare Datawarehousing und Data-Mining liefern die Basis für den Aufbau persönlicher, individualisierter und langfristig für Kunde und Unternehmen profitabler Kundenbeziehungen. Diese wiederum sind die Grundlage für erfolgreiches Viral- und Cloud-Marketing.

6. Ergebnisse

Circa vier Monate nach Umsetzungsbeginn der wesentlichen strategischen Eckpunkte konnten bereits folgende Ergebnisse im Online-Handel der activefashionworld verzeichnet werden:

- Die Seitenaufrufe pro Monat nahmen um ein Drittel von 75.000 auf 100.000 zu.
- Die durchschnittliche Besuchsdauer stieg leicht an; sie erhöhte sich von 3 Min. auf 3 Min. und 10 Sek.
- Die Bounce-Rate blieb mit 50 % konstant, jedoch konnte die Conversion-Rate von 1,5 % auf 1,95 % gesteigert werden.
- Die Anzahl der Transaktionen erhöhte sich um 60 %, der durchschnittliche Umsatz pro Warenkorb stieg um ca. 30 % auf 145 €.

Da bereits relativ kurz nach Umsetzungsbeginn der entwickelten Strategien und Maßnahmen positive Effekte auf die Geschäftstätigkeit der activefashionworld verzeichnet werden konnten, ist bis zum Implementierungsabschluss der neuen Strategieansätze und der dazugehörigen Maßnahmenbündel mit weiteren positiven Ergebnissen zu rechnen.

7. Literatur

Bischopinck/Ceyp, Suchmaschinen-Marketing – Konzepte, Umsetzung und Controlling für SEO und SEM, 2. Auflage, Heidelberg 2007

Bundesverband Versandhandel Deutschland, Studie „Umsatzlage im deutschen interaktiven Handel 2014“, https://www.bevh.org/uploads/media/140508_Top_10_der_Warengruppen_im_1.Q.2014_des_Interaktiven_Handels.jpg, abgerufen am 18.11.14

Chili-Conversion, Aktuelle Conversion-Rate-Studien – Ein Überblick, 2013, http://chili-conversion.de/aktuelle-conversion-rate-studien-2013, abgerufen am 23.09.2014

CMLC GmbH, Markenpräsentation camel active, Bielefeld 2014

DIRKS Group GmbH & Co. KG, Historie, 2014, http://www.dirks-group.de/index.php/home/historie, abgerufen am 01.04.2014

DIRKS Group GmbH & Co. KG, Daten/Fakten, 2014a, http://www.dirks-group.de/index.php/home/daten-fakten, abgerufen am 01.04.2014

DIRKS Group GmbH & Co. KG, Unternehmenspräsentation für die Hochschule Emden/Leer, Emden 2014b

DIRKS Group GmbH & Co. KG, Benchmarkanalyse camel active-Shop „activefashionworld" – Präsentation und Aufgabenstellung, Emden 2014c

hmmh multimediahaus AG, Fulfillment-Benchmarking 2013 – Fokus: Fashion- Standards, Benchmarks & Optimierungspotenziale in der Fashion-Branche, Bremen 2013

Sigma Sixt Black Belt, Paarweiser Vergleich – Nutzwertanalyse, http://www.sixsigmablackbelt.de/paarweiser-vergleich, abgerufen am 13.01.15

Vertiefende Literatur

Backhaus/Erichson/Plinke/Weiber, Multivariate Analysemethoden: Eine anwendungsorientierte Einführung, 13. Auflage, Berlin, Heidelberg, Wiesbaden 2010

Beyer/Tönjes, E-Commerce am Beispiel des camel active-Onlineshops www.activefashionworld.de – Empirische Analyse und Konzeptentwicklung, Emden 2014

Bruhn, M., Relationship Marketing: Das Management von Kundenbeziehungen, 3. Auflage, München 2012

Gündling, C., Maximale Kundenorientierung, 2. Auflage, Stuttgart 1997

Gündling, U., Grundlagen Database-Marketing – die Kundendatenbank im Direktmarketing, in Gündling, C. (Hrsg.), Erfolg durch Direktmarketing, Praxishandbuch für mittelständische Unternehmen im B-to-B, Band 1, Neuwied 2002, S. 1 - 24

Gündling, U., Die Neuausrichtung des Zeitungsmarketings durch Customer Relationship Management, München 2007

Haar, A., Erfolgsstrategien der Fashion-Branche: Von den Besten lernen: Unternehmen – Marken – Kunden, Frankfurt 2011

Heinemann/Haug, Web-Exzellenz im E-Commerce, Innovation und Transformation im Handel, Wiesbaden 2010

Heinemann/Schleusener/Zaharia, Modernes Multi-Channeling im Fashion-Handel: Konzepte Erfolgsfaktoren Praxisbeispiele, Frankfurt 2012

Hug/Poscheschnik, Empirisch forschen, Die Planung und Umsetzung von Projekten im Studium, 2. Auflage, Konstanz, München 2015

Kairies, P., So analysieren Sie Ihre Konkurrenz: Konkurrenzanalyse und Benchmarking in der Praxis, 9. Auflage, Renningen 2013

Kallus, W., Erstellung von Fragebogen, Stuttgart 2010

Kerth/Asum/Stich, Die besten Strategietools in der Praxis: Welche Werkzeuge brauche ich wann? Wie wende ich sie an? Wo liegen die Grenzen? München 2011

Paul/Wollny, Instrumente des strategischen Managements: Grundlagen und Anwendung, München 2011

Pepels, W., Professionelles Marketing: von den Grundlagen bis zum Marketingplan, München 2013

Dr. oec. HSG Paul Ammann leitet das Executive MBA in International Management am Managementzentrum der Berner Fachhochschule und ist Global Business Development Manager der ABB Power Products Division, Product Group Transformer Service. Er promovierte zu dem Thema „E-Business im Verkauf von Industriegütern" an der Universität St. Gallen. Dr. Ammann hat weitgehende Erfahrungen im Bereich des internationalen Marketings aufgrund seiner Aufgaben und Tätigkeiten bei IBM, der Berner Fachhochschule und bei ABB. Er ist Autor mehrerer Veröffentlichungen zu verschiedenen Bereichen des Marketings und des Einsatzes neuer Kommunikationstechnologien.

Ebru Broda ist seit 2012 Leiterin des Online-Shops der Design-Deli GmbH – einem Anbieter von sehr hochwertigen und exklusiven Designmöbeln und -accessoires. Nach ihrem dualen Studium der Betriebswirtschaftslehre war sie Store-Managerin und Marketing-Verantwortliche bei der System 180 GmbH. Im Anschluss ihres Bachelorstudiums erlangte sie einen Master-Abschluss in Management und Consulting an der Beuth Hochschule für Technik Berlin. Ihre Master-Thesis schrieb sie zum Thema „Vertrauen als Erfolgsfaktor im Online-Handel".

Prof. Dr. Günter Buerke ist Professor für Allgemeine Betriebswirtschaftslehre, insbesondere marktorientierte Unternehmensführung, und lehrt seit 1994 am Fachbereich Betriebswirtschaft der Ernst-Abbe-Hochschule Jena. Zuvor war er Marketingleiter und Geschäftsführer Marketing und Vertrieb in der Möbelindustrie. Seit dem Jahre 2000 ist er Prodekan des Fachbereichs Betriebswirtschaft. Prof. Buerke ist Leiter des Usability Centers der Ernst-Abbe-Hochschule Jena und Mitglied in den Kompetenzkreisen E-Business, Center for Innovation and Entrepreneurship sowie Regenerative Energien und Ressourceneffizienz der Engineering Research School for Sustainability. Zudem ist er Mitglied der Gesellschaft für Kreativität e. V. Seine Kompetenz- und Forschungsschwerpunkte liegen in den Bereichen strategisches Marketing und Vertrieb, Marktforschung und Marktsegmentierung, Kommunikation, Produkt- und Designmanagement sowie Usability Engineering.

Prof. Dr. Willi Diez studierte von 1973 bis 1979 Volkswirtschaftslehre an den Universitäten Freiburg i. Br. und Tübingen. Von 1979 bis 1992 war er in verschiedenen Funktionen bei der Daimler AG in Stuttgart tätig, zuletzt als Vorstandsassistent. Von 1983 bis 1986 promovierte er an der Universität Tübingen über ein Thema zum Nutzfahrzeugmarkt. Seit 1992 ist Willi Diez Professor für Betriebswirtschaftslehre, insbesondere Automobilwirtschaft, an der Hochschule für Wirtschaft und Umwelt (HfWU) Nürtingen-Geislingen. 1995 gründete er das Institut für Automobilwirtschaft (IFA), dessen Direktor er bis heute ist. Seine Lehr- und Forschungsschwerpunkte sind Produktmanagement sowie Marketing und Vertrieb. Er ist Autor des Standardwerks „Automobil-Marketing", das mittlerweile in der 6. Auflage vorliegt.

Prof. Dr. Kai-Michael Griese ist seit 2009 Professor für Betriebswirtschaftslehre, insbesondere Marketing an der Hochschule Osnabrück und vertritt in der Lehre das Thema Marketingmanagement mit dem Schwerpunkt Nachhaltigkeitsmanagement. Er studierte in Pforzheim, Den Haag und Hamburg und promovierte bei Prof. Dr. Cornelia Zanger am Lehrstuhl für Marketing und Handelsbetriebslehre. Seine Doktorarbeit beschäftigt sich mit der Bedeutung von Emotionen im Customer Relationship Management. Seit 2011 ist er Gastprofessor an der Shanghai University of International Business and Economics (SUIBE). Vor seiner Tätigkeit als Hochschullehrer war er über 10 Jahre in verschiedenen führenden Positionen in der Industrie (u. a. Leiter Marketingführung und Kommunikation der TUI Deutschland) sowie auf Dienstleistungsseite in der Beratung (u. a. für Ravensburger, Mercedes Benz, Postbank) tätig. Sein Forschungsinteresse liegt vor allem im Bereich des Nachhaltigkeitsmarketing mit Schwerpunkt Markenführung und -positionierung (Sustainable Branding) sowie der Konsumentenverhaltensforschung.

Prof. Dr. oec. Ute Gündling ist seit 2008 Professorin für Marketing und Vertrieb an der Hochschule Emden-Leer. Sie studierte Betriebswirtschaftslehre mit den Schwerpunkten Marketing und Unternehmensführung an der Universität Erlangen-Nürnberg und Internationales Marketing an der Université Strasbourg. Ihren beruflichen Einstieg fand sie als Assistentin der Geschäftsleitung und anschließend als Marktmanagerin bei der Bertelsmann AG. In den darauf folgenden Jahren verantwortete sie als Leiterin Zeitungsverkauf bei der Zeitungsgruppe „Saarbrücker Zeitung" das Verlagsmarketing sowie den Verkauf und die Auflagenentwicklung der Tageszeitung und weiterer Verlagsprodukte. 1999 wechselte sie als Gesamtmarketingleiterin „Tageszeitungen" zur Südwestdeutschen Medienholding nach Stuttgart und zeichnete dort für das komplette Anzeigen- und Vertriebsmarketing sowie den Verkauf der Kernprodukte – u. a. Stuttgarter Zeitung, Stuttgarter Nachrichten und Sonntag Aktuell – verantwortlich. 2006 promovierte sie zum Dr. oec. an der Universität Hohenheim. Prof. Gündling ist seit über 12 Jahren in der Beratung tätig. Ihre Schwerpunkte liegen im Bereich des strategischen Marketings, des Customer Relationship Managements sowie in der Marktforschung.

Prof. Dr. agr. Michael Harth ist seit 2011 Professor für Landwirtschaftliche Marktlehre und Agrarmarketing und lehrt an der Hochschule Neubrandenburg. Er studierte an der TU München – Zweigstelle Freising-Weihenstephan – Agrarwissenschaften. Von 2000 bis 2005 promovierte er zum Thema „Multikriterielle Bewertungsverfahren als Beitrag zur Entscheidungsfindung in der Landnutzungsplanung" (Adaptive Conjoint-Analyse, Discrete Choice Experiments) am Institut für Agrarökonomie der Martin-Luther-Universität Halle-Wittenberg. Von 2006 bis 2011 war er Referent für Agrarmarktpolitik, zunächst im Umweltministerium des Saarlandes in Saarbrücken, danach im Bundesministerium für Ernährung, Landwirtschaft und Verbraucherschutz in Berlin. Seine Kompetenz- und Interessengebiete liegen in den Bereichen Marketingforschung für Agrargüter und Lebensmittel sowie Konsumentenverhalten.

Prof. Dr. Heinrich Holland lehrt seit 1987 an der Hochschule Mainz. Er studierte Betriebswirtschaftslehre an der Westfälischen Wilhelms-Universität Münster und wurde dort im Jahr 1983 mit einer Dissertation zu einem Thema aus der Marktforschung promoviert. Er ist Akademieleiter der Deutschen Dialogmarketing Akademie (DDA) und Mitglied zahlreicher Beiräte und Jurys. Im Jahr 2004 wurde er in die Hall of Fame des Direktmarketings aufgenommen. Prof. Holland hat 20 Bücher und über 200 Aufsätze veröffentlicht; 2014 veröffentlichte er den Herausgeberband „Digitales Dialogmarketing".

Prof. Dr. Stefan Jugel ist Inhaber eines Lehrstuhls für Allgemeine Betriebswirtschaftslehre und Internationales Marketing an der zur Hochschule RheinMain gehörigen Wiesbaden Business School. Begleitend hierzu ist er seit vielen Jahren in verschiedenen Funktionen in jungen, wachstumsstarken Unternehmen tätig. Aktuelle Mandate sind der Vorsitz des Aufsichtsrats der Markenmehrwert AG sowie die Mitgliedschaft im Aufsichtsrat der DiVision AG. Ein weiterer Arbeitsschwerpunkt von Prof. Jugel ist die empirische Untersuchung des Investitionsverhaltens institutioneller Anleger in alternative Anlageformen. National und international hat er verschiedene Studien zu Themengebieten wie Private Equity und Secondaries durchgeführt und publiziert. Vor der Lehrstuhltätigkeit hatte Prof. Jugel verschiedene Positionen bei der Robert Bosch GmbH inne, zuletzt als Leiter Verkauf Westeuropa. Er hat Betriebs- und Volkswirtschaftslehre an den Universitäten Mannheim und Paris-Dauphine studiert und seine Promotion bei Prof. Raffée an der Universität Mannheim abgelegt.

Roman Kopf (B.A.) ist seit 2003 in der Veranstaltungsbranche tätig. Nach erfolgreicher Ausbildung zum Veranstaltungskaufmann (IHK) bei der Mannheimer Messegesellschaft MAG betreute er u. a. als Projektmanager den Marktstart der Multifunktionshalle „Maimarktclub" des Messegeländes bis 2007. An der Dualen Hochschule Baden-Württemberg in Mannheim studierte er anschließend BWL mit dem Schwerpunkt „Messe, Kongress- und Eventmanagement" zum Bachelor of Arts in Kooperation mit der m:con – mannheim:congress GmbH. Seine Bachelorthesis mit Schwerpunkt auf hybriden Konferenzen führte zu diversen Fachartikeln. 2010 bis 2011 betreute er Marketingkampagnen und Kundenveranstaltungen bei der m:con. Seit 2012 kümmert er sich als Business Development Manager um das Verbandsgeschäft des Kongressdienstleisters. Roman Kopf ist seit 2011 Projektleiter für die Entwicklung und Implementierung eines Virtuellen Projektraums.

Prof. Stefan Luppold ist seit 2006 Professor für Betriebswirtschaftslehre, insbesondere Messe-, Kongress- und Eventmanagement. Nach seinem Studium an der Universität Stuttgart (Schwerpunkte Marketing und Controlling) war er 20 Jahre in der MICE-Industrie tätig (Meetings, Incentive Travel, Conventions, Events und Exhibitions), darunter mit Projekten für Porsche, Manchester United und die EXPO 2000 in Hannover. Er lehrt als Studiengangsleiter an der DHBW (Duale Hochschule Baden-Württemberg) Ravensburg und ist Mitglied in mehreren wissenschaftlichen Beiräten nationaler Verbände der Veranstaltungswirtschaft. Neben Gastvorlesungen an Universitäten in China und im Baltikum publiziert Prof. Luppold regelmäßig Fachbücher und Beiträge in Branchenmagazinen.

Prof. Dr. Alexander Magerhans ist seit 2013 Professor für Marketing und lehrt an der Ernst-Abbe-Hochschule Jena. Er studierte an der Georg-August-Universität Göttingen Betriebswirtschaftslehre. Im Anschluss promovierte er zum Thema Kundenzufriedenheit im E-Commerce am Beispiel des deutschen Online-Buchhandels. Von 2000 bis 2004 war er wissenschaftlicher Mitarbeiter von Professor Dr. Günter Silberer am Institut für Marketing und Handel der Universität Göttingen. Dort verantwortete er mehrere Forschungsprojekte zum Thema Kundenzufriedenheit und E-Commerce. Anschließend arbeitete er als Research Consultant für die eResult GmbH in Göttingen. Seine Aufgabenbereiche umfassten die Konzeption und Durchführung von Usability-Studien und Expertengutachten. 2012 hat er zusammen mit Julia Cimbalista die almadra Managementberatung gegründet und berät mit seinem Team Unternehmen in Kommunikationsfragen. Seine Kompetenz- und Interessengebiete liegen in den Bereichen Usability Forschung, Online-Marketing, Handelsmanagement sowie Customer Relationship Management.

Prof. Dr. rer. pol. Holger Meister studierte nach einer Lehre als Industrie-Kaufmann Betriebs- und Volkswirtschaftslehre an der Universität Erlangen-Nürnberg, promovierte dort zum Dr. rer. pol. und forschte am Volkswirtschaftlichen Institut der Fakultät auf dem Gebiet der Effizienz in Markt und Staat. Danach war er kaufmännischer Leiter bei einem Marktführer in der Maschinenbau-Industrie und wechselte in die Unternehmensberatung, wo er zuletzt als Geschäftsführer tätig war. Gegenwärtig lehrt Dr. Meister als Professor für Betriebswirtschaftslehre an der Hochschule Landshut und ist Mitinhaber des Instituts für Managementfragen Meister & Meister in Altdorf bei Nürnberg. Der Schwerpunkt seiner zahlreichen Veröffentlichungen liegt auf dem Gebiet des Dienstleistungsmanagements und der Effizienzsteigerung im privaten und öffentlichen Sektor.

Prof. Dr. rer. pol. Ulla Meister studierte Sozialwissenschaft an der Universität Erlangen-Nürnberg und promovierte dort zum Dr. rer. pol. Anschließend arbeitete sie als wissenschaftliche Mitarbeiterin in zahlreichen Projekten des Forschungszentrums der Universität. Danach wechselte sie als Chef vom Dienst in einen Fachverlag und war dort verantwortlich für zwei Zeitschriften. Im Anschluss trat sie in ein Großunternehmen der Lebensmittel-Industrie ein, wo sie zunächst als Abteilungsleiterin, dann Prokuristin und zuletzt als Direktorin tätig war. Gegenwärtig lehrt Dr. Meister als Professorin für Allgemeine Betriebswirtschaftslehre, Unternehmens- und Personalführung an der Hochschule Mittweida (FH) und war nach ihrer Wahl zur Prorektorin für den Bereich Hochschulmarketing, Public Relations und Kontakte zu ausländischen Hochschulen zuständig. Ihre Veröffentlichungen beziehen sich auf die Massen- und Individualkommunikation sowie auf das Gebiet der Kundenzufriedenheit.

Dipl.-Kfm. Tim Neugebauer ist Mitgründer und Geschäftsführer der DMK E-BUSINESS GmbH. Er verantwortet in der Geschäftsführung die Bereiche Strategie und Beratung. An der Beuth Hochschule für Technik Berlin besitzt er Lehraufträge in den Bereichen Dienstleistungsmarketing sowie Innovationsmanagement. An der Fachhochschule Potsdam berät Tim Neugebauer beim Aufbau und der Etablierung eines Entrepreneurship- und Management-Labs. Seine Schwerpunkte sind Fragestellungen der digitalen Transformation von Prozessen, Produkten, Services und Geschäftsmodellen.

Prof. Dr. Gerd Nufer lehrt Betriebswirtschaftslehre mit dem Schwerpunkt Marketing an der ESB Business School der Hochschule Reutlingen und ist Akademischer Leiter des berufsbegleitenden Master-Studienprogramms M. A. International Retail Management. Gerd Nufer und André Bühler leiten gemeinsam das Deutsche Institut für Sportmarketing. Das DISM bietet auf wissenschaftlicher, unabhängiger und professioneller Basis Beratungs- und Weiterbildungsangebote für Sportvereine, Sportverbände, Sportsponsoren sowie sonstige Stakeholder des Sportbusiness zu allen Themenbereichen des Sportmarketing (vgl. auch www.sportmarketing-institut.de).

Prof. Dr. phil. Annette Pattloch ist seit 2005 Professorin mit dem Schwerpunkt Marketing an der Beuth Hochschule für Technik Berlin. Nach ihrem Studium der Informationswissenschaft in Saarbrücken und an der Rutgers University in den USA war sie mehr als zehn Jahre in der Industrie tätig, zuletzt in der Unternehmensberatung als Abteilungsleiterin für Customer Relationship Management Systeme. Ihre Forschungsschwerpunkte sind Dienstleistungsmarketing und Marke.

Prof. Werner Pepels studierte nach Fachabitur und kaufmännischer Berufsausbildung Wirtschaft an der FH Niederrhein und Wirtschaftswissenschaften an der Universität Duisburg mit Abschluss Dipl.-Betriebsw. und Dipl.-Kfm. Danach war er zwölf Jahre als Kundenberater in internationalen Werbeagenturen für renommierte Markenartikler tätig. Dabei stieg er vom Trainee über die Stationen Kontakter, Etat-Direktor und Prokurist zum Geschäftsführenden Gesellschafter einer der seinerzeit größten deutschen Werbeagenturgruppen auf. 1989 wurde er zum Professor für Betriebswirtschaftslehre, insbesondere Marketing, im Fachbereich Wirtschaft der Fachhochschule Pforzheim berufen. Es folgte 1995 ein Ruf in gleicher Funktion an die neugegründete Fachhochschule Gelsenkirchen. Er ist Autor zahlreicher Bücher und Fachaufsätze, Herausgeber diverser Sammelwerke und Lexika sowie mehrerer Schriftenreihen und gehört mit über 175.000 Exemplaren zu den meistverkauften Fachautoren im D. A.CH-Raum.

Prof. Dr. rer. oec. Kathrin Reger-Wagner arbeitet als Professorin für Marketing und Technischen Vertrieb am Fachbereich Wirtschaftsingenieurwesen der Ernst-Abbe-Hochschule Jena. Nach beruflichen Stationen am Denver International Airport, einem Tochterunternehmen des Boeing Konzerns sowie Führungspositionen im Public Utility Sektor promovierte sie im Jahr 2009 an der Handelshochschule Leipzig zu Fragestellungen des strategischen Markenmanagements von Messeunternehmen. Die Forschungsschwerpunkte von Prof. Reger-Wagner liegen in den Bereichen umweltorientiertes Produktmanagement und Vertrieb von Industriegütern unter Anwendung empirischer Verfahren.

Prof. Dr. Andrea Rumler ist seit 2012 Professorin für allgemeine BWL und Marketing an der HWR Berlin. Davor war sie 15 Jahre an der HTW Berlin in derselben Position beschäftigt. Sie studierte an den Universitäten München und Köln und promovierte 1990 bei Prof. Dr. Richard Köhler an der Universität zu Köln. Danach war sie bei der Verlagsgruppe Bertelsmann International tätig, zuletzt als Marketingleiterin, sowie als Managing Director der Modern Living Inc., New York. Prof. Rumler war im Auftrag der EU in verschiedenen Projekten in Osteuropa zur Korruptionsbekämpfung als Expertin für Kommunikation engagiert. Sie berät außerdem seit vielen Jahren Gründungszentren und UnternehmensgründerInnen. Ihre weiteren Interessengebiete sind Online-Marketing und Social Media sowie Internationales Marketing.

Nina-Sophie Schattling absolvierte von 2007 bis 2009 eine Ausbildung zur Kauffrau für Marketingkommunikation in Hamburg und wurde für ihren Abschluss als Hamburgs sowie Deutschlands Beste ausgezeichnet. Ebenfalls wurde sie für den dritten Platz des „Junge Wölfe"-Preises geehrt. Von 2009 bis 2013 absolvierte sie erfolgreich ein Studium der Betriebswirtschaftslehre mit dem Schwerpunkt Marketing und dem Nebenfach Wirtschaftspsychologie an der Leuphana Universität Lüneburg (Bachelor of Arts). Ergänzt wurde dieses Studium Anfang 2013 durch ein Lehramtsstudium für Berufsbildende Schulen mit dem Zweitfach Sport, welches im Jahr 2014 erfolgreich abgeschlossen wurde (Bachelor of Arts) und in einem Masterstudium fortgeführt wird. Ihre Bachelorarbeit behandelte das Thema: „Ein Kommunikationskonzept für das Deutsche Sportabzeichen des Deutschen Olympischen Sportbundes".

Prof. Dr. Ralf Schlottmann ist seit 2012 Professor an der Hochschule Bochum für Marketing und Vertriebsmanagement. Im Anschluss an sein Studium Economics an der University of Reading (UK) war er als Berater für die Unternehmensberatungen Simon, Kucher & Partners und OC&C Strategy Consultants tätig. Er promovierte zum Thema „Berücksichtigung von Wechselkursrisiken in der internationalen Preispolitik" und arbeitete dann bei der E-Plus Mobilfunk GmbH & Co. KG in verschiedenen Führungspositionen im Marketing und Vertrieb. Forschungsschwerpunkt ist das Vertriebsmanagement, insbesondere die Integration von Vertriebspartnern in die Vertriebsstrategie.

Prof. Dr. Holger J. Schmidt, Jahrgang 1969, studierte Betriebswirtschaftslehre in Mannheim und Barcelona. An der Leibnitz-Universität in Hannover am Lehrstuhl von Prof. Dr. Klaus-Peter Wiedmann promovierte er zum Thema „Markenmanagement bei erklärungsbedürftigen Produkten". Er verfügt über 20 Jahre Erfahrung in Theorie und Praxis der Markenführung. Seit 2011 ist er Professor für ABWL und Marketing an der Hochschule Koblenz und verantwortet dort Vorlesungen für Markenführung, Marketingkommunikation, Marketing, Marktforschung, empirische Sozialforschung und strategisches Management. Er nimmt regelmäßig Lehraufträge im In- und Ausland an, spricht auf Konferenzen und ist Verfasser zahlreicher wissenschaftlicher Fachbeiträge. Seine Forschungs- und Publikationsschwerpunkte liegen in den Bereichen der internen Markenentwicklung, der Markenorientierung, der strategischen Markenführung sowie der Markenführung von Sozialunternehmen.

Prof. Dr. Carsten Schröer ist seit 2011 Professor für BWL mit dem Schwerpunkt „Messe, Kongress- und Eventmanagement" an der Dualen Hochschule Baden- Württemberg in Mannheim. Er studierte an der Universität Osnabrück zum Dipl. Sozialwirt, um daraufhin den Ergänzungsstudiengang Medienmanagement an der Hochschule für Musik und Theater in Hannover als Diplom Medienwissenschaftler zu beenden. Im Anschluss promovierte er als Mitglied des DFG-Graduiertenkollegs „Europäische Gesellschaft" an der Universität Duisburg-Essen zum Thema „Fußball in Europa". Von 2004 bis 2011 war er Mitarbeiter des international tätigen Forschungs- und Beratungsunternehmens „SPORT+MARKT". Als Senior Consultant verantwortete er Studien mit Schwerpunkt in der Markt- und Medienforschung für international renommierte Kunden aus den Bereichen Verbände, Clubs, Vermarkter und Sponsoren. Auch heute berät er Kunden im Sport- und Eventsegment zu forscherischen Fragen im Kontext der Markt- und Mediaforschung.

Prof. Dr. Wolfgang Seyfert ist seit 1994 Professor für Controlling und Rechnungswesen. Er lehrt an der Hochschule Osnabrück. Nach einem Studium der Physik an der Universität Karlsruhe studierte er an der Wirtschaftsuniversität Wien und der Hochschule des Saarlandes Betriebswirtschaftslehre. Anschließend promovierte er in theoretischer Volkswirtschaftslehre zum Thema „Zins und wirtschaftliche Entwicklung". Nach der Promotion leitete er am Institut für theoretische Volkswirtschaftslehre das Projekt

„Intergenerationale Modelle zum Verbrauch nicht erneuerbarer Ressourcen". Bei der Schering AG in Berlin leitete er u. a. das Produktionscontrolling, wo er die Implementierung der neuen Umweltgesetzgebung unter Minister Klaus Töpfer begleitete. An der Hochschule Osnabrück hat er die SAP-Systeme in die Lehre eingeführt und zum Thema Prozessmodellierung und -Simulation geforscht. Seit der Wirtschaftskrise 2008 beschäftigt er sich vor allem mit ganzheitlichem Nachhaltigkeitscontrolling

Prof. Dr. Susanne Stark ist seit 1993 Professorin für Marketing und lehrt an der Hochschule Bochum. Sie studierte an der Universität Essen Wirtschaftswissenschaften. Im Anschluss arbeitete sie einige Jahre im Produktmanagement eines großen Markenartiklers. Dann wechselte sie zum Institut für Konsum- und Verhaltensforschung und promovierte zum Thema „Stilwandel von Zeitschriften und Zeitschriftenwerbung". Anschließend war sie als freie Trainerin für NGOs tätig. Mit Aufnahme ihrer Professur führte Prof. Stark Forschungsprojekte in den Bereichen Marketing für klein- und mittelständische Unternehmen, Kommunikationsforschung und zu Genderthemen durch.

Prof. Dr. Elke Theobald ist seit 1998 Professorin für Online-Marketing und lehrt an der Hochschule Pforzheim. Sie studierte an der Universität Heidelberg Computerlinguistik und an der DHBW Mannheim Betriebswirtschaft mit dem Schwerpunkt Wirtschaftsinformatik. Im Anschluss promovierte sie zum Thema Flexionsklassenschwankungen von Verben. Von 1992 bis 1994 war sie Projektleiterin für Elektronische Medien bei der Langenscheidt Verlagsgruppe München. Dort entwickelte und betreute sie unterschiedliche elektronische Publikationen für den Verlag. Anschließend arbeitete sie als Marketingleiterin beim Electronic Publishing Dienstleiter G.Braun ems in Karlsruhe. Ihre Aufgabenbereiche umfassten die Konzeption und Vermarktung elektronischer Produkte und die Entwicklung der ersten Online-Portale. 2001 hat sie die Steinbeis Institute für Unternehmensentwicklung an der Hochschule Pforzheim gegründet und berät mit ihrem Team Unternehmen in Fragen des Online-Marketing und der Marketing Intelligence. Ihre Kompetenz- und Interessengebiete liegen in den Bereichen Competitive Intelligence, Market Intelligence, Online-Marketing sowie Online-Forschung.

Dipl. Wirt.-Ing. (FH) Susanne Ullrich ist Head of Marketing DACH bei der internationalen Social Intelligence-Plattform Brandwatch und leitet das Berliner Büro. Bevor sie vor mehr als drei Jahren zu Brandwatch kam und dort das Marketing für Deutschland, Österreich und die Schweiz aufbaute, war sie bei einem Suchmaschinenspezialisten im Bereich Kommunikation & Kooperationen sowie in einer Agentur als Account- und Projekt-Managerin tätig. Im Social Web ist sie schon seit langer Zeit aktiv, genauso im Bundesverband der Digitalen Wirtschaft (BVDW) – aktuell als stellvertretende Vorsitzende der Fokusgruppe Social Media. Sie ist überzeugt, dass Frauen in der digitalen Branche sichtbarer werden sollten und engagiert sich daher im Team der Digital Media Women. Ihre Kompetenz- und Interessengebiete liegen in den Bereichen Social Media, Marketing, Social Analytics, Social Media Monitoring sowie Datenanalysen. Auf Twitter ist sie unter @ullrichsusanne zu finden.

Prof. Dr. rer. pol. Ilona Wistuba war von 1996 bis 09/2014 Professorin für allgemeine BWL und Marketing zunächst an der FH Nordostniedersachsen, danach an der Leuphana Universität in Lüneburg. Sie studierte an der Universität Hamburg Biologie, Mathematik und Pädagogik, anschließend BWL, Marketing und Arbeitswissenschaft. Während des Studiums erfolgten Praktika bei der Mobil Oil AG, Hamburg (Personal, Resale, Sponsoring und VKF). Anschließend promovierte sie zum Thema „Die theoretische und praxisbezogene Entwicklung der Arbeitswissenschaft und ihr Beitrag zur Lösung betriebswirtschaftlicher Produktions-, Organisations- und Entlohnungsprobleme". Sie arbeitete von 1984 - 1988 bei der Bayer AG, Leverkusen, im Zentralbereich Marketing und Kommunikation als Kommunikationsberaterin und -koordinatorin international für die Geschäftsbereiche Selbstmedikation, Polyurethane, Pigmente und Email. Danach war sie als Produktmanagerin OTC Medical Inland, Group PM für OTC Produkte und Leiterin Marketing Research für mehrere Pharmaunternehmen tätig und wechselte 1996 in den Hochschulbereich. Dort beschäftigte Prof. Wistuba sich primär mit der Marketing-Lehre, führte parallel bundesweite Vertriebsschulungen für einen Pharmaaußendienst (ethische Präparate) durch und betreute in Kooperation mit Unternehmen mehr als 400 praxisbezogene Abschlussarbeiten (Diplom, Master, Bachelor, Magister). Sie arbeitet zurzeit als freie Dozentin und Beraterin in der Privatwirtschaft.

Prof. Dr. Annett Wolf ist seit 2012 Professorin für Marketing und Strategische Unternehmensführung und lehrt an der Hochschule für Technik und Wirtschaft (HTW) Berlin. Sie studierte von 1999 bis 2004 an der Martin-Luther-Universität Halle-Wittenberg Betriebswirtschaftslehre. Im Anschluss promovierte sie zum Thema „Der Kauf von Premiumhandelsmarken im Lebensmitteleinzelhandel". Für diese Dissertation erhielt sie 2012 den renommierten Wolfgang-Wirichs-Förderpreis im Handel. Von 2004 bis 2009 war sie wissenschaftliche Mitarbeiterin am Lehrstuhl für Marketing und Handel von Prof. Dr. Dirk Möhlenbruch der Martin-Luther-Universität Halle-Wittenberg. Dort verantwortete sie mehrere Forschungsprojekte zum Thema Marken- und Sortimentsmanagement im Einzelhandel. Anschließend arbeitete sie für die Marketing- und Strategieberatung Conomic. Zudem betreute sie diverse Beratungsprojekte für namhafte Industrie- und Handelsunternehmen auf freiberuflicher Basis (u. a. Edeka, Rewe und Maritim Invest). Ihre Kompetenz- und Interessengebiete liegen in den Bereichen Handels- und B2B-Markenmanagement, Nachhaltigkeit und empirisch fundierter Strategieentwicklung (Business Development).

Dipl.-Bw. (FH) Klaus Zellmer studierte an der Hochschule für Wirtschaft und Umwelt (HfWU) Betriebswirtschaft, mit Schwerpunkt Automobilwirtschaft. Dabei leistete er Studiensemester auch an Hochschulen in Großbritannien und den USA. Seit 1997 arbeitet Klaus Zellmer bei Porsche und war unter anderem in der Vertriebsnetzentwicklung bei Porsche in Frankreich und als Regionalleiter für Nordamerika tätig. Zwischen 2002 und 2006 verantwortete er den Bereich Vertrieb und Marketing im Porsche Werk Leipzig. 2007 wechselte er als Marketing-Leiter zur Porsche Deutschland GmbH nach Bietigheim-Bissingen. Vom August 2010 bis Mai 2015 war Klaus Zellmer als Vorsitzender der Geschäftsführung für die Porsche Deutschland GmbH verantwortlich. Seit Juni 2015 fungiert er als Vice President und steuert den Porsche Vertrieb in der Region Overseas and Emerging Markets.

Prof. Dr. phil. Sammy Ziouziou M.B.A. ist seit 2006 Professor für Bau-Marketing; er lehrt und forscht an der Beuth Hochschule für Technik Berlin. Er studierte in Deutschland, den Niederlanden und in Großbritannien internationale Betriebswirtschaftslehre. In

Finnland promovierte er an der Turku School of Economics zum Thema „Internationales Marketing in der deutschen Bauindustrie". Zuvor war er langjährig in der Bauwirtschaft in unterschiedlichen Führungsfunktionen unter anderem in Tschechien, Indien, Argentinien, Brasilien und Griechenland tätig. Er ist Autor zahlreicher Fachpublikationen und Bücher. Seit Januar 2011 leitet er das von ihm gegründete ZIOUZIOU Institut für Bau-Marketing in Ratingen.